U0207338

中国黑土

侵蚀　修复　防控

刘晓冰　张兴义　隋跃宇 等　著

科学出版社
北京

内 容 简 介

本书基于作者主持和参与的多项科研项目的研究结果，结合其长期定点监测和实地调查及分析归纳、发表的近百篇论文、提出的系列技术规程，并汇集国内外相关研究的文献，围绕如何防控黑土侵蚀威胁生态环境和农业生产这一主题撰写而成。本书主要涉及世界土壤侵蚀类型、溯源、危害，土壤侵蚀过程和影响因素以及研究方法；世界黑土分布及其利用、管理现状，中国黑土分布、成土过程、分类及利用改良；侵蚀黑土耕层厚度对作物土壤系统的影响，有机肥恢复侵蚀黑土的机制，坡面侵蚀防控措施和效果；沟道侵蚀的分类、发生过程与影响因素，沟道侵蚀临界理论及沟头挺进速率和控制因素；黑土区沟道侵蚀的分类分级及特征，侵蚀沟演化、侵蚀过程、机制及影响因素；沟道侵蚀防控措施和修复模式，水土保持工程和耕作措施对侵蚀退化黑土地力的提升作用；未来黑土侵蚀管理的控制策略等内容。

本书适合从事水土保持科学、土壤生态学、环境科学和农学等领域的广大科技工作者和研究生以及政府相关部门管理人员阅读。

图书在版编目（CIP）数据

中国黑土：侵蚀、修复、防控/刘晓冰等著. —北京：科学出版社，2022.3
ISBN 978-7-03- 068942-9

Ⅰ. ①中… Ⅱ. ①刘… Ⅲ. ①黑土–研究–中国 Ⅳ. ①S155.2

中国版本图书馆 CIP 数据核字（2021）第 101217 号

责任编辑：马 俊 李 迪 郝晨扬 / 责任校对：杨 赛
责任印制：吴兆东 / 封面设计：无极书装

科学出版社 出版
北京东黄城根北街 16 号
邮政编码：100717
http://www.sciencep.com

北京中科印刷有限公司 印刷

科学出版社发行 各地新华书店经销

*

2022 年 3 月第 一 版 开本：787 × 1092 1/16
2022 年 3 月第一次印刷 印张：25 1/2
字数：602 000

定价：328.00 元

(如有印装质量问题，我社负责调换)

前　言

黑土是世界上最具生产力的土壤，几乎所有具有充足降水量的黑土区都被开垦进行粮食和饲料生产。世界有 9.16 亿 hm^2 的黑土，占世界无冰土地面积的 6.9%，连续分布的四大片黑土分别分布于北美洲的密西西比河流域、南美洲的潘帕斯大草原、东欧的俄罗斯和乌克兰大草原及我国东北平原，均是重要的粮食生产基地。

中国东北黑土区是我国最大的商品粮生产基地和生态安全屏障，尽管开发利用仅有百余年，但由于开发强度大、速度快，土地利用方式不合理，加之独特的起伏丘陵和漫川漫岗地形地貌以及降雨集中、冻融交替等气候特点，土壤侵蚀退化、耕层变薄、肥力质量下降、土地生产力降低、生产投入增加，加之沟道的形成破坏耕地，使耕地支离破碎，阻碍机械化作业，导致沉积物向下坡沉积的危险性增加，严重威胁该区的农业生产和生态环境。中国东北黑土区成为我国 3 个水土流失急需治理区域之一。

土壤侵蚀是人类活动引起的世界范围内土地退化最重要的表现形式，它给各国的粮食供应及安全、人类健康以及自然生态系统和经济发展均带来严重威胁。

人类意识到土壤侵蚀大约有 300 年的历史，但把土壤侵蚀作为一个学科开始研究还不到 100 年。我国的土壤侵蚀研究始于黄土高原，大约有 90 年的时间，东北黑土区土壤侵蚀研究仅有 50 年的历史。认知中国东北黑土侵蚀退化的危害，明晰黑土侵蚀发生和演化过程及其驱动因素，研发阻控黑土侵蚀的技术措施和模式，对黑土区水土流失防治及治理、确保粮食安全以及区域农业可持续发展均具有重要意义。

本书基于作者 20 年来承担国家科技攻关项目、国家重点研发项目、国家自然科学基金项目、中国科学院国际合作重点项目、黑龙江省杰出青年科学基金和重点项目以及水利部松辽水利委员会课题的研究结果，结合长期定点监测和实地调查及分析归纳，发表的近百篇论文，提出的系列技术规程，并汇集国内外相关研究的文献，围绕如何防控黑土侵蚀威胁生态环境和农业生产这一主题撰写而成。

全书分为五篇，共十二章。主要内容包括世界土壤侵蚀类型、溯源、危害，土壤侵蚀过程和影响因素以及研究方法；世界黑土分布及其利用、管理现状，中国黑土分布、成土过程、分类及利用改良；侵蚀黑土耕层厚度对作物土壤系统的影响，有机肥恢复侵蚀黑土的机制，坡面侵蚀防控措施和效果；沟道侵蚀的分类、发生过程与影响因素，沟道侵蚀临界理论及沟头挺进速率和控制因素；黑土区沟道侵蚀的分类分级及特征，侵蚀沟演化、侵蚀过程、机制及影响因素；沟道侵蚀防控措施和修复模式，水土保持工程和耕作措施对恢复侵蚀退化黑土地力的提升作用；未来黑土侵蚀管理的控制策略等。

第一章由刘晓冰、张兴义、陈一民撰写；第二章由隋跃宇、陈一民撰写；第三章由刘晓冰、张兴义撰写；第四章由刘晓冰、李浩、张兴义撰写；第五章由张兴义、李浩撰写；第六章由李彦生、刘晓冰、张兴义撰写；第七章由于镇华、刘晓冰、隋跃宇撰写；

第八章由陈一民、隋跃宇、刘晓冰撰写；第九章由李建业、张兴义撰写；第十章由李建业、张兴义撰写；第十一章由李浩、张兴义、刘晓冰撰写；第十二章由刘晓冰、张兴义、陈学文撰写。全书由刘晓冰、张兴义统稿。

本书的出版得到国家重点研发计划项目（2021YFD1500800/700）、中国科学院战略性先导科技专项课题（XDA28010200）和“一带一路”国际科学组织联盟（The Alliance of International Science Organizations）世界黑土联合会项目（ANSO-PA-2020-12）的支持。

非常感谢张少良、周克琴、苗淑杰、陈强和周萌博士，以及杨越、赵月、鄂丽丽、王雨辰等硕士研究生的辛勤劳动。特别感谢黑龙江省水利科学研究院王玉玺研究员，他不仅是我们的合作者，更是我们的好朋友；我们与他有关黑土侵蚀研究的非正式讨论，使我们得到许多启发并受益良多。

由于作者的知识深度和积累有限，书中不足之处在所难免，敬请各位读者批评指正。

作　者

2022 年 2 月 17 日

目　录

第二篇　土壤侵蚀

第三篇 中国黑土侵蚀

第一篇

世界黑土

第一章　国外黑土

第一节　黑土分类及共性

一、土壤及其分类

土壤是资源环境的重要组成部分，是地球生态系统物质和能量转化的枢纽，是农业可持续发展的基础，也是未来能源重要的供应基地。因此，土壤与人类息息相关，土壤质量的好坏影响着人类的生活质量和发展状态。

从农业文明开始，人类就注意到土壤的差异，并对各种土壤用传统的名称予以区别，以帮助人们传播从土地资源中获得的知识。但是，相对于其他科学研究而言，对土壤的系统研究起步较晚。科学的土壤分类始于 19 世纪 70 年代，1883 年俄国土壤地理学家 B. B. 道库恰耶夫建立了土壤发生分类体系（Brady and Weil，2008；Kravchenko et al.，2010），俄国、西欧和美国科学家在随后的研究中逐渐完善了这一体系。俄罗斯土壤发生分类研究将土壤分成 3 个类别、160 个类型。

随着土壤科学的发展，世界许多国家都根据本国的需要逐渐形成了具有地域特色和影响力的土壤分类系统（Soil Survey Staff，2010）。例如，受到俄罗斯土壤地域性概念的启发，新西兰土壤科学家在 20 世纪 40 年代末形成了新西兰土壤分类系统，将其土壤分为 15 个土纲，该系统尽管成功地促进了对新西兰土壤的勘察，但不能满足对广泛土壤分类的需求（Hewitt，1992）。以罗恩 • 麦克唐纳（Ron McDonald）、伯尼 • 鲍威尔（Bernie Powell）和拉伊 • 伊思贝尔（Ray Isbell）为代表的澳大利亚土壤科学家，经过 50 多年的努力，于 1996 年发表了适用于澳大利亚地域特点的土壤分类系统，该系统将澳大利亚土壤分为 14 个土纲，而加拿大建立的土壤分类系统将其土壤分为 10 个土纲。

为了提供一种用于全球土壤科学家交流的标准，并作为比较、修正各种当地土壤分类系统的参照，土壤科学家通过与联合国粮食及农业组织合作，建立了一个具有三层结构的分类系统，也就是世界土壤资源参比基础（World Reference Base for Soil Resources，WRB）。在最高层面，世界土壤被划分为 32 个土壤基准组（soil reference group，SRG），其分类依据主要是成土过程或成土母质等最能反映成土性质的因素。

美国农业部土壤调查组从 1951 年开始与来自不同国家的土壤学家合作，致力于建立一种足够广泛的分类系统，使其不仅能在美国使用，也能在全世界范围使用。最终在 1975 年完成并在 1999 年进行修订，该系统广泛应用于包括美国在内的全世界 50 多个国家。根据这个分类系统，世界土壤被分为 12 个土纲、68 个亚纲、444 个土类，约 2500 个亚类。

我国的土壤分类始于 20 世纪 30 年代，引进当时美国土壤分类——马伯特分类，建立了 2000 多个土系；50 年代，学习苏联地理发生分类；60～70 年代不断完善，并于 1978

年建立了统一的“中国土壤分类暂行草案”，将土壤发生分类和我国实际进一步结合起来；80年代，随着国际交往的增加，土壤系统分类和联合国土壤制图单元逐步传入我国，尽管这一阶段我国土壤分类仍为发生分类体系，但已不同程度地受到系统分类的影响。我国土壤科学家从1985年开始了中国土壤系统分类研究，并于1999年撰写了总结性专著《中国土壤系统分类——理论·方法·实践》一书。

我国土壤系统分类共设14个土纲，根据诊断层和诊断特性检索其土纲的归属。土纲是最高土壤分类级别，根据主要成土过程产生的特性或影响主要成土过程的性质划分。14个土纲分别为有机土、人为土、灰土、火山灰土、铁铝土、变性土、干旱土、盐成土、潜育土、均腐土、富铁土、淋溶土、雏形土、新成土。

由于每种体系都是从国家自身需求的角度形成的，有时会给不同国家间土壤科学家的信息交流带来困惑或混淆，但是，由于对土壤特性信息的需求远远超过对土壤分类的需求，不同土壤分类系统不会给科学家之间的交流带来过多的麻烦。

必须承认，B. B. 道库恰耶夫建立的发生分类体系仍是世界范围内广泛应用的土壤分类体系之一。

无论是B. B. 道库恰耶夫建立的土壤发生分类体系，还是G. D. 史密斯创立的土壤系统分类体系，其核心目标都重视草原生态系统下形成的土壤，并对其分类，因为这些土壤对他们各自国家的农业都至关重要。

二、黑土及其共性

黑土是世界上最具生产力的土壤。中国土壤科学家和公众熟知的黑土这个专有名词源于俄国农民的叫法，是由俄国土壤地理学家B. B. 道库恰耶夫在1877～1881年对俄国草原地带的土壤进行调查，于1883年发表的《俄国黑钙土》专著中，把农民和黑土地的名称两个字的前两个字节结合起来创建的，并在世界广为流行。黑土按字义是黑色的土地，译成英文就是Chernozem。我国农民把凡具有一犁深（约18 cm）黑土层的土壤称为黑土（张之一，2005）。

中国黑土的名字，是由原中国科学院林业土壤研究所（现为中国科学院沈阳应用生态研究所）宋达泉先生于1957年在全国第一次土壤普查中提出并命名的（龚子同，2014）。土壤科学家将黑土定义为：发育于温带湿润气候与灌丛草甸植被下，由强烈的腐殖质积累与水分潴积作用形成的，0～20 cm土层与0～100 cm土层腐殖质储量比≥0.4的典型的地带性土壤。

概括地讲，俄罗斯分类的黑钙土（Chernozems），联合国粮食及农业组织（Food and Agriculture Organization of the United Nation，FAO）制定的世界土壤资源参比基础（WRB）分出的黑土（Kastanozem或Phaoezem），美国土壤系统分类的软土（Mollisols）即深色柔软的草地土壤，中国土壤系统分类的均腐土（Lsohumisols），以及乌拉圭的土壤分类体系中划分的棕壤（brunosols）和淋溶土（argisols）两个土类（Duran，2010），均可以视为我们国内常讲的广义黑土。加拿大的土壤分类体系中没有对黑土进行定义，但是，黑钙土类（chernozemic soil）、碱化土类（solonetzic soil）和变性土类（vertisolic soil）

等3个土类是最接近黑土标准的土壤。

按照美国土壤系统分类，黑土（软土）可分为8个亚纲，分别是Albolls，漂白软土（有漂白层）；Aquolls，潮湿软土（潮湿条件）；Cryolls，寒性软土（寒冷条件）；Gelolls，寒冻软土（极寒条件）；Rendolls，黑色石灰软土（石灰质的）；Udolls，湿软土（湿润条件）；Ustolls，干软土（多雨或干旱条件）；Xerolls，干热软土（夏季干旱、冬季湿润）。

黑土是在草原植被和黄土母质上形成的，草原植被生长的植物是以禾本科、豆科和菊科为主的群落，植物生长繁茂，形成大量的有机质。黑土的主要形成过程是富含碳酸钙的有机物质的积累，多数在草原植被下发育，它的明显特征是具有由大量稠密的牧草根系积累而成的厚软暗沃表层，即有机质含量很高。这种富含腐殖质的表层通常厚度为60～80 cm，其阳离子交换能力在碱性离子（Ca^{2+}、Mg^{2+}等）饱和时超过50%，且通常具有颗粒状或碎屑状结构。大多数黑土的粉粒和砂粒中都含有大量的难风化矿物。

一般，整个黑土土体中阳离子交换量（CEC）都比较高。表层的CEC主要源于腐殖质中与pH相关的可变电荷和层状硅酸盐黏土矿物中的永久电荷；但在剖面下部，CEC几乎全部由层状硅酸盐黏土矿物所决定，如蒙脱石、蛭石和伊利石等。钙是整个剖面中最主要的交换性阳离子。

因此，黑土是指表层土壤富含有机质，颜色呈深暗色即黑色的土壤，即它是一类具有深厚暗色表层，富含腐殖质和盐基离子，并且深达1.8 m，盐基饱和度比较高（50%乙酸铵）的土壤（Soil Survey Staff，2010）。

综合以上特性，黑土矿质表层的最基本共性是：①厚度不低于25 cm；②良好的颗粒状或团粒状或团块状–碎屑状结构；干时不呈大块状或整块状结构，也不硬；③具有较低的明度和彩度，湿态彩度≤3；搓碎土壤的润态明度≤3.5，干态明度≤5.5，润态彩度≤3.5；若有C层，其干态、润态明度至少比C层暗一个芒塞尔单位，彩度至少低2个单位；④盐基饱和度（NH_4OAc法）≥50%；⑤有机碳含量≥6 g/kg（Burras et al.，2010）；⑥土表至20 cm与土表至100 cm的腐殖质储量比（Rh）≤0.4，且C/N≤17。

第二节 国外黑土分布及特性

黑土分布于温带草原，在中纬度地区最为广泛，在一些较冷和较干燥的气候条件下，甚至热带和亚热带地区也有少量零星分布。

一般，土壤学家认为世界范围内共有四大片黑土。其中一片位于北美中部，横跨美国中部和加拿大南部；欧亚大陆上两大片黑土呈现出不连续的黑土带，横跨欧洲东南部和中亚。欧亚黑土带西起欧洲南部的半湿润草原，延伸穿过俄罗斯并进入中国东北部地带，成为中国东北地区最典型的土壤。第四片黑土位于潘帕斯草原，覆盖阿根廷中部大部分地区和乌拉圭的绝大部分地区。因此，世界黑土主要分布在北半球的三个地区和南半球的一个地区，即南美洲的巴拉那-拉普拉塔（Parana-La Plata）盆地。

具体来讲，世界黑土主要分布在中国东北地区、美国中部平原、加拿大草原省份和墨西哥东部半干旱草原、俄罗斯 50°N～54°N 地区、哈萨克斯坦中心地带、中欧国家、乌克兰 44°N～51°N 地区、南美洲阿根廷的查科-潘帕斯草原以及巴塔哥尼亚、美索不达米亚区域和乌拉圭的大部分区域。

世界黑土总面积为 9.16 亿 hm^2，占世界无冰地表面积的 6.9%。其中，美国、加拿大和墨西哥连片分布面积分别为 2 亿 hm^2、4000 万 hm^2 和 5000 万 hm^2，俄罗斯为 1.48 亿 hm^2，乌克兰为 3400 万 hm^2，中国东北为 1.09 亿 hm^2（典型黑土 3500 万 hm^2），阿根廷为 8900 万 hm^2，乌拉圭为 1300 万 hm^2。其他具有较大面积黑土的地区和国家有哈萨克斯坦中心地带、罗马尼亚、保加利亚、捷克的摩拉维亚、奥地利、匈牙利和德国，总面积加一起约有 2 亿 hm^2，此外还有蒙古国、巴拉圭。巴西南部也有一小片黑土，面积为 426 万 hm^2。

有关世界四大片黑土分布的介绍，张兴义等（2018）所著《黑土利用与保护》中用一个章节进行详细阐述，感兴趣的读者可以参阅此书，这里只对部分内容给予补充，并重点介绍国外黑土区分布的母质和环境特点等。鉴于中国东北黑土对我国农业和生态环境的重要性，将专门用中国黑土一章进行详细介绍。毫无疑问，中国黑土是世界黑土的重要组成部分。

显然，加强黑土分布、形成、利用与存在风险的认识，对黑土区的持续利用和建成世界自然粮仓具有十分重大的意义（Liu et al.，2012）。集约化耕作、土壤有机碳损失、土壤侵蚀以及随之而来的产量损失仍然是威胁各黑土区农业可持续性的主要问题。

一、北美黑土分布及特性

黑土是北美洲最常见的土壤，黑土在中部平原地区分布最为广泛，起于加拿大草原三省，横跨美国大平原，并延伸到墨西哥东部的半干旱草原。大面积的黑土分布于美国西部山区和半干旱地区，占据着北美大平原和伊利诺伊州，其中，从加拿大马尼托巴省和萨斯喀彻温省一直延伸至美国的得克萨斯州南部，有干软土（黑土）的分布。美国东南部潮湿地区也是重要的黑土分布区，特别是佛罗里达州。总体来讲，北美黑土分布在年平均降水量为 500～1500 mm、年平均温度为 5～20℃的地区，但主要分布在降水和温度适中的地区。

黑土是北美陆地上覆盖面积最大的一类土壤，美国有 2 亿 hm^2，占全国耕地面积的 21%；加拿大有 4000 万 hm^2；墨西哥有 5000 万 hm^2（Soil Survey Staff，2010）。

黑土在北美的分布表明其形成只需要两个条件：①肥沃的母质；②能够形成 25 cm 或更深的腐殖质层的生物群。第一个条件主要与更新世年代的沉积物有关，特别是冰碛物、黄土和冲积物。第二个条件通常在草原生态系统中可达到，因为草原生态系统中的植物一般为多年生，根系在土壤中能够深扎，纤维素含量高并且分解缓慢，这些特性直接导致较稳定的钙结合态腐殖质的形成与积累（Fenton，1983；Anderson，1987）。

美国的黑土主要形成于第四纪母质，发育位置一般在缓坡或坡中。从平坦的冲积平原到起伏平原和山地（Fenton，1983）等多种地貌类型中可形成黑土。除了黑土层外，美国的黑土通常还有许多其他的诊断层，如黏化层、钙积层、雏形层和钠质层。美国境内甚至有约 100 万 hm^2 的黑土具有漂白层（Soil Survey Staff，2010）。

加拿大的土壤分类体系中没有明确的黑土定义，但黑钙土、碱化土、变性土土类是最符合黑土诊断标准的。这些土壤主要发育于马尼托巴省南部、萨斯喀彻温省和艾伯塔省南部半干旱至半湿润气候条件下的草原或稀树草原生态系统中，以及不列颠哥伦比亚省的内陆山谷。

二、俄罗斯黑土分布及特性

俄罗斯和乌克兰目前仍在沿用基于 B. B. 道库恰耶夫于 1883 年提出的土壤发生分类体系（章杨德，1988）。黑土被分为 6 个亚类，即灰化黑土、淋溶黑土、典型黑土、草甸黑土、普通黑土和南部黑土。

俄罗斯黑土分布于 50°N～54°N，西起乌克兰边界，东至贝加尔湖。灰化黑土、淋溶黑土和典型黑土共有 4500 万 hm^2 左右，草甸黑土约有 1350 万 hm^2。在草原地区，普通黑土和南部黑土约为 5200 万 hm^2，草甸黑土约为 1150 万 hm^2。此外，1100 万 hm^2 的栗钙土以及 1500 万 hm^2 的暗色森林土也可以被划分到黑土土纲中。

总体上，俄罗斯现有黑土面积 1.5 亿 hm^2，已有 72%的黑土被开垦为农田，占俄罗斯现有耕地总面积的 86.4%，是世界上拥有黑土面积第二大的国家（Dobrovolskiy and Urusevskaya，2004）。

俄罗斯黑土带西部气候较温暖，东部大陆性气候更为明显，沿太平洋方向变得更加温和多雨。俄罗斯黑土发生于年平均温度（年均温）–4～8℃的区域。在该区域内，≥10℃积温为 1400～3200℃，太阳辐射量为 40～60 kcal①/（cm^2·a），年平均降水量为 350～700 mm，无霜期为 90～160 天。该区域的地形主要为严重侵蚀的高地，这种地形在东欧平原比较常见。

俄罗斯大部分黑土的母质为砂质或碎屑（砾石至砾质）冲积-沉积物。西北部大部分黑土质地为轻壤土或中壤土，东南部黑土质地主要为重壤土或黏土。西部和东南部黑土中通常缺乏石灰和可溶性盐。南部天然植被为草地和森林，物种以旱生植物和盐生植物为主。

俄罗斯黑土地区的主要特征之一是冬季严寒，土壤常常冻结到 2 m 深，并且融化较晚。寒冷的冬季有助于腐殖质的累积，剖面上部腐殖质含量为 50～110 g/kg（Sokolov and Fridland，1974）。

俄罗斯黑土的总有机质和氮储量分别为 80～220 Mg/hm^2 和 4～15 Mg/hm^2，而 0～20 cm 土层的全磷和全钾分别为 0.1%～0.3%和 2.5%～3%。该区域黑土具有丰富的活性磷酸钙（51%～67%），随着土壤深度的增加，Al-磷酸盐和 Fe-磷酸盐的含量逐渐减少。黑土的 CEC 从东到西逐渐降低，其从东欧地区的 35～60 meq/100 g 减少到西伯利亚的 25～35 meq/100 g。氢饱和度从南部黑土到灰化黑土逐渐增加，因此，黑土的酸碱性为从碱性到微酸性。

① 1 cal=4.184 J

三、乌克兰黑土分布及特性

乌克兰黑土区南北纵横 737 km（44°41′N～51°18′N），东西横跨 1144 km（24°18′E～40°12′E），主要分布在森林-草原交错带和草原带，西至原生植被为落叶林的喀尔巴阡山，北至乌克兰森林带，并在黑海和亚速海沿岸结束。

从地理位置来看，乌克兰黑土区位于平原上，这是一个地质不均匀的地区。在森林-草原交错带和分水岭区域内排水良好的高地上，主要分布着灰化黑土、淋溶黑土和典型黑土，该区域气候与森林带相比要稍微温暖和温和。该区域太阳辐射量为 98～112 kcal/（$cm^2 \cdot a$），年均温为 7.0～7.7℃，最大冻结深度为 38～74 cm，无霜期为 245～270 天，≥10℃的积温为 2500～3000℃，年平均降水量一般为 490～550 mm，在一些地区最高可达 650 mm。

典型的黑钙土广泛分布于河谷沙地和梯田之间的高地上，普通黑土在草原北部随处可见，覆盖了高原分水岭。南部黑土在黑海低地和中部克里米亚半岛比较常见，在南部平坦的高原上也有黑土分布。

在乌克兰，由黄土或黄土状母质发育的黑土总面积约有 2560 万 hm^2；在石灰岩、砂岩和板岩上发育的黑土面积大约为 180 万 hm^2；具有栗钙土特性的暗色森林土共有 660 万 hm^2。乌克兰有 3400 万 hm^2 黑土已被开垦，占乌克兰全国耕地面积的 62%，其中大约 78%的土壤上主要开展种植业生产，称为“欧洲粮仓”（Kravchenko et al.，2010）。

尽管乌克兰黑土具有很多共有特性，但其许多性质也有所不同。就土壤质地而言，从北部到南部和东南部，土壤质地由轻壤土逐渐变化为中黏土，质地逐渐变细。就黏土矿物而言，其组成为 60%～85%的水云母、3%～29%的高岭石、10%～46%的混合层硅酸盐（水云母和蒙脱石）和 2%～20%的绿泥石。表层土壤有机质含量从小于 30 g/kg 到 55 g/kg 以上，在自然黑土中可高达 120 g/kg。

腐殖质类型也有所不同，胡敏酸碳与富里酸碳的比值，即 C_{ha}/C_{fa} 可从富里酸型（1.13）变为胡敏酸型（2.9）。土壤容重为 0.9～1.3 g/cm^3，有利于植物生长；土壤密度为 2.60～2.68 g/cm^3；土壤孔隙率为 50%～60%。灰化黑土、南部黑土和黄土状母质黑土的土壤 pH 分别为 6.7、7.5 和 8.26。这些土壤可交换的阳离子含量丰富（25～50 meq/100 g），并且交换性钙饱和度为 80%～90%。

在乌克兰所有土壤中，黑土中氮贮量最高，其全氮含量为 0.17%～0.30%，其中矿质态氮、非腐殖质有机态氮、胡敏酸中的氮、富里酸中的氮和可溶性残体中的氮分别占 2%、35%、26%、12%和 25%；0～100 cm 土层内，黑土全磷贮量为 17.4～22.9 Mg/hm^2；全钾含量在黑土中变化幅度也比较大，为 190～300 mg/kg。黑土中有效磷与有效钾含量分别为 7～15 mg/100 g 和 10～37 mg/100 g（Kravchenko et al.，2010）。

四、南美黑土分布及特性

（一）南美黑土分布

南美的黑土大部分位于温带地区，年平均气温变幅从阿根廷潘帕斯草原的 14℃到乌拉圭北部的19℃。该区域冬季温和，除极端情况外一般不会有降雪。该区霜冻虽然不是很严重，但是潘帕斯地区从东部到西部也有20～125天的霜冻期（Bossi，1966）。在乌拉圭，无霜期在中部地区为250天，北部为340天，南部为320天。从阿根廷南部的潘帕斯西南部到乌拉圭东北部，年平均降水量为500～1500 mm。

具体来讲，南美洲黑土主要分布在阿根廷的查科-潘帕斯草原以及巴塔哥尼亚、美索不达米亚区域（总面积88.7万km^2，占领土的32%）和乌拉圭大部分地区（13万km^2，占土地总面积的74%），但典型的阿根廷黑土分布在湿润和半湿润-半干旱的潘帕斯区域。这就是潘帕斯草原面积约为76万km^2，而阿根廷实际黑土面积为89万km^2的原因（Liu et al.，2012）。巴西南部也有小面积的黑土（4.26万km^2，约占巴西土地的0.5%）（Palmieri et al.，2002），在其他国家，如巴拉圭也有零散分布。

（二）南美黑土环境和母质

所有阿根廷黑土为热性黑土，水分状况大多是湿润和半干润。乌拉圭黑土也为热性，甚至在北部地区为极热性，水分状况一般为湿润。黑土母质，东部为黄土和黄土沉积，而西部为风积沙，土壤表层一般都有第四纪形成的岩石。

乌拉圭和巴西的黑土分布在大陆东部，前寒武纪时代所形成的地盾边缘。关于矿物组成，乌拉圭黑土的黏土矿物主要由伊利石、蒙脱石与少量高岭石组合组成。变性黑土的蒙脱石含量较高，而其他亚组的伊利石含量较高。在变质岩上发育的大多数黑土中伊利石和高岭石含量相当，但缺乏蒙脱石。

乌拉圭黑土的母质主要有两种：一种是多种多样的沉积物，这些沉积物多为中等粗细质地或细质地；另一种是玄武岩。在前寒武纪地盾的晶岩上发育的黑土土体中有红棕色或红色的黏化层，A层一般为砂壤土，B层一般为黏壤土或黏土。两个土层之间经常有石质分界线。土层中有膨胀黏土矿物或游离碳酸盐的分布，并且随着深度的加深，酸性增强。在较深层次中，盐基饱和度不像其他地区黑土那样显著增加。

南美黑土区由于地处亚热带和温带，明显不同于北半球温带的三大片黑土，部分黑土呈现棕色，有红黑土之称。

（三）阿根廷黑土分类

黑土的所有亚纲在阿根廷均有分布，其中分布最广泛的是湿润黑土和半干润黑土。黏化湿润黑土土类是阿根廷潘帕斯地区最具特点、生产力最高、农业活动较密集的土壤。根据更新版本的土壤系统分类（Soil Survey Staff，2010），亚纲分布概要如下。

潮湿黑土：该亚纲黑土主要分布在阿根廷东部，55°W～65°W，即低洼的潘帕斯地区和南部的低地，受潮湿环境和局部地形影响较大，排水受限。该区主要在天然草地上大规模发展畜牧业。在拉普拉塔河-巴拉那河的三角洲和岛屿上也分布着一些潮湿黑土。巴塔哥尼亚西北部安第斯山脉在潮湿条件下也有潮湿黑土的分布。

漂白黑土：漂白黑土的分布不如潮湿黑土广泛，主要分布在有季节性积水，尤其是土壤中黏化层和钠质层的存在会进一步增强季节性积水的平原和低洼地区，这些地区主要包括潘帕斯北部、查科南部和美索不达米亚区域的科连特斯省，在西部的一些省份也有零星分布。

湿润黑土：湿润黑土是湿润的潘帕斯草原上的主要土壤，尤其是在布宜诺斯艾利斯市和圣菲省，在查科地区、美索不达米亚地区的一些区域、图库曼省西部以及圣地亚哥-德尔-埃斯特罗省也有零星分布。该类黑土通常都有黏化层或过渡层。黏化湿润黑土起源于黄土状沉积物母质，植被类型为高草原，是潘帕斯东部地区的典型土壤，其生产力较高。简育湿润黑土在湿润的潘帕斯地区的分布要少于黏化湿润黑土，这类黑土中有过渡层的存在，适于作物种植。强育湿润黑土只分布在布宜诺斯艾利斯市和圣菲省的部分地区。

半干润黑土：这类黑土主要分布在阿根廷中部的半湿润-半干旱气候带上，大致在55°W 经度线附近，从温带的潘帕斯南部延伸到暖温带的查科北部，一直到巴拉圭和玻利维亚的边界。在里奥内格罗省安第斯山脉前也零星分布着一些半干润黑土。圣克鲁斯省和巴塔哥尼亚火地群岛半干润黑土的分布较广泛。半干润黑土表层和亚表层多样，有过渡层、黏化层、钠质层和白浆层。简育半干润黑土是潘帕斯地区的代表性土壤，主要用于畜牧业和种植业的发展。简育半干润黑土一直延伸到阿根廷西北部，在其他地区也有少量分布。在巴塔哥尼亚地区，简育半干润黑土占该地区总面积的 5%左右。钙积半干润黑土主要出现在潘帕斯西部地区，黏淀半干润黑土主要分布在阿根廷西北部。碱化半干润黑土仅分布在潘帕斯和查科的一些地区，强育半干润黑土仅在西北部省份有分布，硬磐半干润黑土仅在查科地区有分布。

夏旱黑土：这类黑土仅分布在巴塔哥尼亚的一些地区，黑土层一般较薄，亚表层一般为黏化层或过渡层。

黑色石灰黑土：这类黑土起源于第四纪海洋演变的沉积物，主要分布在布宜诺斯艾利斯市的东北部，植被类型一般为耐寒性森林。

寒性黑土：这类黑土分布于寒冷地区，发育于安第斯山脉，从湿润的巴塔哥尼亚西部地区一直延伸到火地群岛地区。寒性温度状况的黑土在 1975 年版美国土壤系统分类中被划分到冷凉黑土亚纲中。

永冻黑土：一些土体可被划分到土壤系统分类中的这个新亚纲中，该土纲由阿根廷在描述南极地区土壤时建立（Godagnone and de la Fuente，2010）。

（四）乌拉圭黑土分布、特性及其分类

黑土在乌拉圭境内均有分布，尤其是在该国的西半部。与东部黑土相比，乌拉圭西部黑土更肥沃，有机质含量更高，并且抵抗风蚀和水蚀的能力更强。

乌拉圭黑土的 A 层与 B 层颜色均为深棕色、深灰色或黑色。A 层和 B 层的总厚度为 90～120 cm，但基岩层存在时这两个土层的厚度可能会稍浅。A 层黏粒含量平均为25%，B 层黏粒含量平均为 46%。表土层黏粒含量变化范围较大，细质地沉积物上弱发育的土壤表层黏粒含量高达 40%，但是从砂岩上发育的土壤表层黏粒含量可低至 10%。

表土层有机碳含量平均为 27 g/kg，B 层有机碳含量平均为 11 g/kg。在调查的 250 个黑土层中，60%以上厚度>50 cm，75%的黑土层厚度为 30～80 cm。虽然跨度较大，但黑土表土层有机碳含量平均为 12.3 g/kg，并且有机碳含量与表土层厚度关系更为密

切。厚度<20 cm 的黑土层比较少见，这类黑土通常土体厚度较浅，一般为石质亚类。变性土也有黑土层，表土层质地较细，黏粒含量为 43%左右；A 层有机碳含量为 39 g/kg 左右。黏土矿物主要为蒙脱石。

乌拉圭黑土主要有漂白黑土、潮湿黑土和湿润黑土 3 个亚纲（Duran et al.，2005）。

第三节　国外黑土利用

一、美国黑土利用

美国大部分黑土在 19 世纪由草原或稀树草原被开垦成农业用地。美国黑土的利用方式主要为谷物种植和畜牧业养殖。美国黑土区常见的 4 种作物为玉米、大豆、小麦和高粱。在降水量超过 1000 mm 的区域，适宜种植玉米和大豆；在半湿润区和半干旱区，种植作物一般为小麦和其他一些小粒谷物，但在这些区域也利用灌溉方式来种植玉米、水稻和其他一些谷物。

黑土排水性能较差，为了给作物生长创造最佳环境，黑土区一般会通过地下管道或排水沟进行排水。

美国黑土区轮作制度比较简单，如玉米—大豆轮作。在所有气候区中，黑土区畜牧业的发展主要依赖于牧草和饲料作物的种植，如紫花苜蓿等。黑土生产力十分高，旱地农田的产量也十分高。以艾奥瓦州旱地为例，玉米产量一般为 12 Mg/hm^2；大豆产量一般为 4 Mg/hm^2；饲料作物的产量也相对较高。这些产量与其他分布黑土的一些州（即伊利诺伊州、明尼苏达州、密苏里州和内布拉斯加州）的产量具有可比性。如图 1-1 所示，美国艾奥瓦州黑土区不同作物种植面积自 1868 年已发生改变，垄作作物逐渐

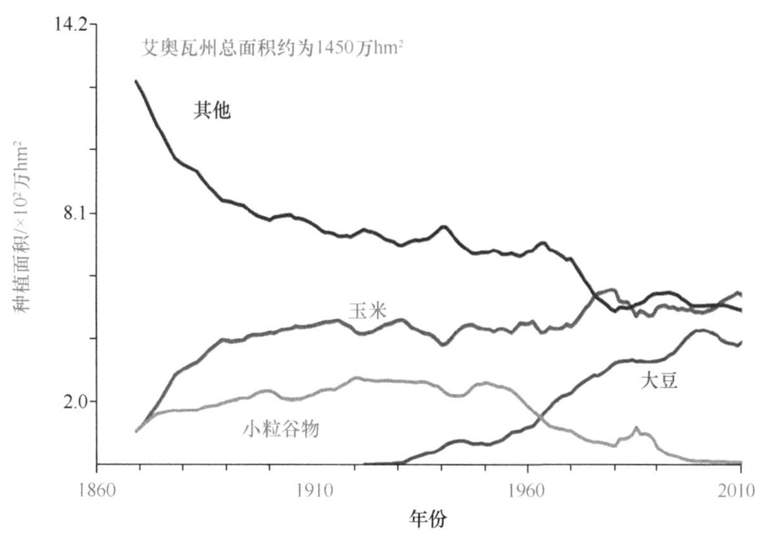

图 1-1　美国艾奥瓦州 1868～2010 年不同作物种植面积变化（Liu et al.，2012）

替代小粒谷物和多年生作物。实际上，北美黑土区是主要农业区，盛产大豆、小麦、玉米，是美国粮食出口基地。

二、加拿大黑土利用

加拿大黑土的开垦始于19世纪马尼托巴地区的红河谷（Red River Valley），并在之后的120年间逐渐扩展到西部干旱区。在20世纪后半叶，大部分适宜作物种植的黑土都已被开垦用于耕种。受20世纪30年代“黑风暴”的影响，一些不适合作物种植的区域已退耕还草。大部分不适于作物种植的黑土地主要用于家畜放牧，土地利用类型变化如图1-2所示。

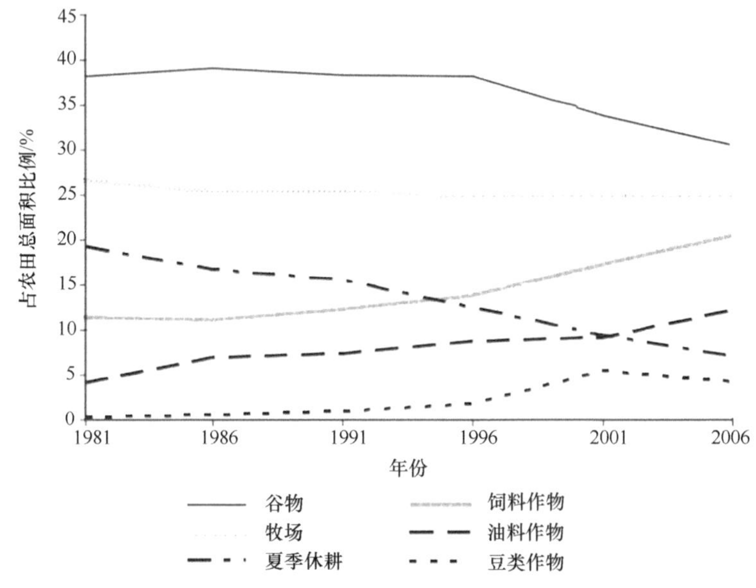

图1-2　加拿大黑土主要利用类型（1981～2006年）（Liu et al.，2012）

加拿大黑土区主要种植的作物为小麦（*Triticum aestivum*）、大麦（*Hordeum vulgare*）、燕麦（*Avena sativa*）、欧洲油菜（*Brassica napus*）、亚麻（*Linum usitatissimum*）和多年生干草与牧草饲料作物（Statistics Canada，2007）。在马尼托巴省南部湿润地区也种植玉米、大豆和向日葵（*Helianthus annuus*）。

整个黑土区内，在靠近地表水源的部分地区也有紫花苜蓿（*Medicago sativa*）、马铃薯（*Solanum tuberosum*）、谷物和甜菜（*Beta vulgaris*）的种植，此外，紫羊茅（*Festuca rubra*）也是黑土区北部的经济作物之一。

夏季休耕，即为了保持土壤水分和控制杂草，土地在一个生长季内不种植作物，是干旱和半干旱草原地区的一种传统农艺措施，但自20世纪80年代开始夏季休耕面积在持续缩减，而兵豆（*Lens culinaris*）和豌豆（*Pisum sativum*）等豆科作物的种植面积迅速扩大。

在西南部半干旱区，连续种植2～3年小麦（有夏季休耕）之后进行奶牛放牧是比较常见的轮作方式；在北部和东部较湿润地区，谷物作物与油料作物的轮作比较常见，并且夏季休耕较少。

三、俄罗斯黑土利用

俄罗斯 221×10^6 hm^2 农业用地中，55.1%左右用于作物种植，30.9%左右为牧场，10.9%左右为草场，此外，还约有3.1%的废弃地。

在所有农业用地中，67.4%左右的土地由农业企业所占用，仅有32.6%左右由私人所耕种（Laykam et al.，2009）。农作物的种植主要由气候条件和土壤类型所决定。小麦、玉米、大麦和豆科作物的种植面积占种植总面积的92%以上，市场需求也是影响农场类型的主要因素之一（Sokolyn et al.，2009）。

俄罗斯中部地区黑土类型主要为灰化黑土、淋溶黑土和典型黑土，该区域为暖温带气候，种植作物主要有亚麻、黑麦（*Secale cereale*）、大麦、马铃薯、豌豆、扁豆（*Lablab purpureus*）、羽扇豆（*Lupinus micranthus*）、蒜（*Allium sativum*）和饲料作物。

在俄罗斯黑土区比较常见的作物主要有冬小麦、甜菜、欧洲酸樱桃（*Prunus cerasus*）、榛子（*Corylus heterophylla*）、欧洲李（*Prunus domestica*）、苹果（*Malus pumila*）和梨（*Pyrus* spp.）。

在南部地区，主要种植耐热作物，如燕麦、荞麦（*Fagopyrum esculentum*）、欧洲油菜、菜豆（*Phaseolus vulgaris*）、谷子（*Setaria italica*）、洋葱（*Allium cepa*）等，蔬菜种植是该区域作物轮作的环节之一。

冬小麦、玉米、向日葵、西瓜（*Citrullus lanatus*）、南瓜（*Cucurbita moschata*）、番茄（*Solanum lycopersicum*）和茄子（*Solanum melongena*）是普通黑土和南部黑土的主要作物。

在半湿润与半干旱区，主要种植柑橘、核桃、甜樱桃、桃（*Prunus persica*）和杏（*Prunus armeniaca*）等作物。从乌拉尔经济区开始，灰化黑土、淋溶黑土和典型黑土上只在春季种植谷物。在远东地区，主要种植大豆、马铃薯和谷类作物。植物生产纳税占远东地区农业税收的52.9%，而动物生产占47.1%（Statistics of Russian Regions，2009）。

四、乌克兰黑土利用

乌克兰耕地黑土49.8%由所谓的“经济合伙人”拥有，28.4%由私企拥有，8.5%由生产合作社拥有，2.4%由州立企业拥有，10.9%被其他使用者拥有。农业用地的结构为：32.4×10^6 hm^2 的种植业，2.41×10^6 hm^2 的草场，5.5×10^6 hm^2 的牧场，9×10^5 hm^2 的多年生作物，4×10^5 hm^2 的废弃地，1.41×10^6 hm^2 的休耕地。作物种植面积很大程度上由土壤气候因素和当地农业企业的专业化所决定（表1-1）。

表 1-1 乌克兰作物种植面积 （单位：$\times10^3$ hm^2）

作物	面积	作物	面积
冬小麦与春小麦	6461	豆科植物（除菜豆和大豆外）	409
冬黑麦与春黑麦	288	高粱	30.7
水稻	29.3	向日葵	4418
谷子	89.4	甜菜	503
荞麦	215	大豆	1070
菜豆	22.0	马铃薯	1408
冬大麦与春大麦	4514	蔬菜	460
玉米	2736	饲料作物	2509
燕麦	329	其他作物	907

谷物和豆类作物的产量自 1940 年以来已经翻倍，同时向日葵、蔬菜和水果类的产量分别增加了 6.9 倍、1.45 倍和 1.9 倍。在过去的 70 年中，马铃薯和甜菜的总产量几乎无变化。饲料作物种植区由 1990 年的 12×10^6 hm^2 减少至 2008 年的 2.75×10^6 hm^2。饲料作物种植面积的缩减导致家畜数量的锐减。例如，1990 年，牛、猪、绵羊和山羊的数量分别为 840 万头、1940 万头、840 万头和 2.46 亿头，而 2008 年却分别下降至 290 万头、650 万头、170 万头和 1.78 亿头（Statistics Ukraine，2009）。

在森林-草原交错带西部的灰化黑土和淋溶黑土上主要种植饲料作物、冬小麦、甜菜、亚麻和马铃薯。森林-草原交错带的典型黑土上主要种植小麦、甜菜、大麦、黑麦、大豆和玉米。在北部草原带普通黑土上可种植绝大多数的作物，而南部草原带的南部黑土上主要种植向日葵、大豆、小麦、玉米、水稻、西瓜、番茄和葡萄（*Vitis vinifera*）。

五、阿根廷与乌拉圭黑土利用

潘帕斯地区黑土农业生产力较高，是南美“粮仓”的重要组成部分。这些黑土自 19 世纪末开始被耕种，该区域主要农作物是小麦、玉米、高粱、大麦、大豆和向日葵，近年来大豆面积稳步增加，而其他作物面积相对稳定或略有下降，如向日葵的比例有所下降（图 1-3）。该区也是阿根廷最重要的畜牧业发展区，肉牛产量高，集中了阿根廷全国 2/3 以上的农业生产，是世界的“粮仓”和“肉库”。

潘帕斯草原气候适宜、土壤肥沃、植被茂盛，已成为世界仅剩的最大的后备耕地区。

乌拉圭的黑土区以畜牧业为主，用于牛和羊放牧，与阿根廷的黑土区以种植业为主形成鲜明对比。因为在潮湿、无降雪和旱季的温带气候条件下，高生产力的天然草地可以全年放牧。农业发展主要集中在南部、西南和西部地区，因为这些区域的黑土肥力相对较高。

在总面积 1650 万 hm^2 的土地中，85%是放牧地，其中 80%为天然草地。这种状态盛行于整个 20 世纪下半叶和 21 世纪初。例如，改良牧场，包括种植一年生饲料作物，在 1990～2000 年增加了 75%（从占土地总面积的 6.5%增至 13.2%）。而作物种植面积（谷物、油料作物和多年生作物）从未超过 130 万 hm^2，尤其在 2000 年作物总面积减少到 82 万 hm^2。

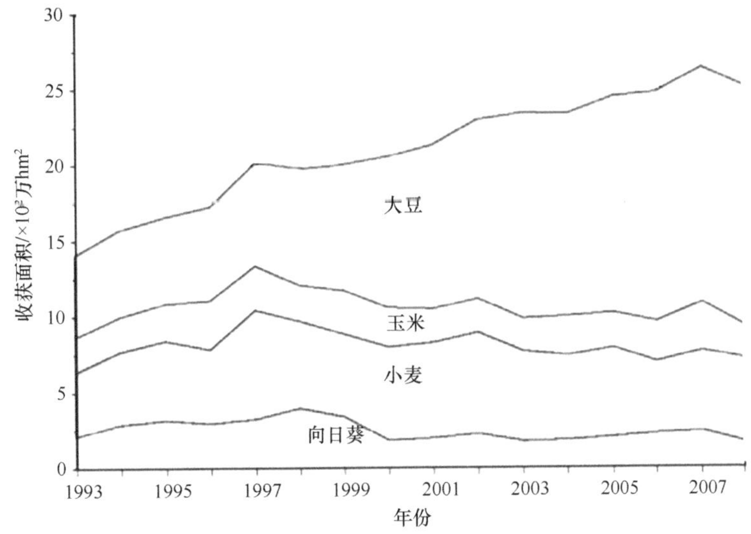

图 1-3　阿根廷潘帕斯黑土区主要作物收获面积（Liu et al.，2012）

但自 2005 年以来，黑土农业模式正在向种植业体系转变，作物种植面积迅速增加，尤其是大豆、小麦面积猛增（图 1-4）。并且，为提高牧草产量，传统的天然草地放牧，已被人工草地、混播牧草和饲料作物所替代。开展牧草轮作，可以保持土壤有机质，有利于牧业稳定发展。

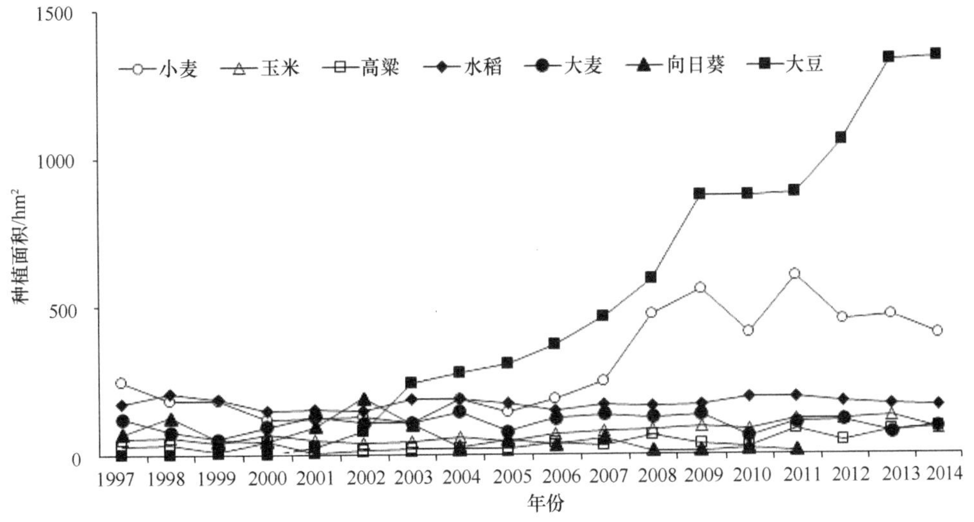

图 1-4　乌拉圭作物种植面积变化（张兴义等，2018）

第四节　国外黑土管理

一、美国黑土管理

黑土是美国耕种最集约的土壤之一（Soil Survey Staff，2010），40 年以前，黑土区每个农场只集约化种植 1 或 2 种作物，现如今情况发生了很大变化。尽管仍有许多农场连作小麦或玉米，但在玉米、大豆、小麦和高粱等作物中选取两种或多种进行轮作相当普遍（Padgitt et al.，2000）。

作物施肥量根据目标产量而定，但耕作主要是根据农民的个人偏好而定。在 2010 年，艾奥瓦地区玉米施肥量为 150 kg/hm^2 N、30 kg/hm^2 P 和 80 kg/hm^2 K（养分以元素形式给出）。而在 1965 年，肥料施用量是现在的 50%左右。尽管在黑土区有机肥和无水氨是普遍施用的肥料，但农民选用的肥料根据地域和成本也会有所差异。

作物产量在 20 世纪一直在增长，肥料的施用量也一直在增长，同时土壤酸化和养分淋失的风险也一直在增加（Barak et al.，1997）。Barak 等（1997）发现，即使在电荷量很高的土壤中，长期施用氮肥也会使上部土体明显酸化，且集约化种植的黑土普遍存在着严重的侵蚀和沉积。一些山坡已经流失了 1 m 厚的表土，导致河道或塌积物中沉积了 1 m 厚的沉积物（Mokma et al.，1996; Burras and McLaughlin，2002）。随着土壤侵蚀的发生，养分也会随排水而流失，这给美国黑土区水体质量和流域管理带来了巨大的挑战。

Veenstra（2010）在重新描述典型薄层湿润黑土时发现，艾奥瓦西部 3%的坡上黑土层比 1959 年减少了 15 cm，同时，土壤结构也由原始的粒状结构变为棱块状结构。这种现象十分有趣，因为该地区没有明显的侵蚀发生。将 Veenstra（2010）、Barak 等（1997）和一些其他研究者的结果进行比较会发现，美国黑土未来的利用在一定程度上具有不明确性。尽管一些环境敏感区的黑土将不会再作为农业用地，但大部分的黑土仍将是高产农业体系中的重要组成（Burras et al.，2010）。

二、加拿大黑土管理

加拿大半干旱草原区降水量较少，黑土生产力相对较低，因此该区域的农民经营者特别注重黑土水分保持与风蚀预防。垂直于风向进行垄作和夏季休耕是该区域的特色管理之一。

20 世纪 30 年代，为抵御严重干旱下的风蚀，该区域构建了许多由耐旱树种，如树锦鸡儿（*Caragana arborescens*）组成的防风带，并且一直被用于削弱风蚀对农业生产的影响。过去的 25 年，少耕和免耕已被广泛应用于黑土保护（图 1-5）。

在更湿润的稀树草原地区，尤其是在漫川漫岗地势下，水蚀十分严重并已受到关注。该区域主要采取连续种植（取消夏季休耕）和少耕来减少水蚀的发生（Statistics Canada，2007）。过度的种植与取消夏季休耕造成加拿大草原土壤中有机质含量降低了 50%，进而导致氮含量锐减和表层结构恶化。

为了提高土壤有机质含量，推荐采用优化施肥、连续种植、粮食作物与饲料作物轮作和少耕的方法。盐渍化对大面积耕地的影响也不可忽视，为应对盐渍化，这些区域主要采取的措施包括改善区域内的排水和连续种植耐盐作物或饲料作物。

供给作物充足的肥料对土壤保护至关重要。以黑土区残茬春小麦种植为例，在最干旱地区氮肥推荐施用量为 30 kg/hm^2，而在最湿润地区氮肥推荐施用量为

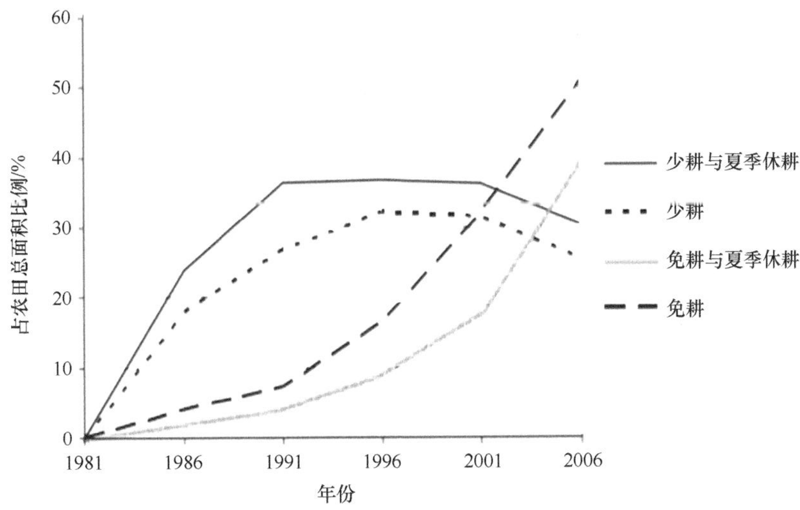

图 1-5 加拿大黑土区种植区与夏季休耕区少耕和免耕变化（1981～2006 年）（Liu et al., 2012）

90 kg/hm^2。豆科作物和豆科饲料作物（如苜蓿和四叶草）的种植也是提高加拿大黑土质量的重要途径。

三、俄罗斯和乌克兰黑土管理

俄罗斯和乌克兰黑土受风蚀与水蚀的影响，有机质降低、容重增加、土壤压实和板结问题随之出现，而且灌溉地区也有盐化和碱化问题，此外，重金属污染、核污染和农药以及抗生素污染的影响也不同程度存在。

由于土壤侵蚀，轻度、中度和严重侵蚀的黑土中有机质含量分别降低了 15%、25% 和 40%。随着耕种年限的增长，其他一些土壤性质也在恶化，产量也随之降低。在森林-草原交错带和草原带上，73.6%的黑土仍处于粗放耕作，导致土壤有机质含量和其他土壤性质持续恶化。

研究认为，向土壤中添加有机物、施用石灰、平衡施肥、间作或覆盖、少耕和灌溉是对黑土有益的管理措施。定期施入石灰或石膏能防止土壤脱钙、团聚体破坏、结壳、黏闭，也能改善由于土壤中交换性钙缺失所带来的其他负面影响。向土壤中定期添加有机物质、植物残体或者有机肥能为微生物的生长提供充足的基质，并能促进土壤良好结构体的形成（Medvedev，2002）。10 年化肥配施有机肥使土壤有机质含量提高了 0.3%～0.6%，并且在少耕中提升效果更明显（Iutynskaya and Patyka，2010）。另外，转化酶、脲酶和蛋白酶的活性在化肥配施有机肥中要高于单施有机肥。

为了阻止土壤有机质损失，该区推荐的做法是每年有机肥施用量应不少于 15 t/hm^2。研究提出，1 t 作物秸秆配施 10 kg 氮肥可以替代 5 t 的有机肥，向灰化黑土中施用石灰有利于土壤团聚体的形成和结构的改善。少耕条件下，普通黑土表层形成的大团聚体（>10 mm）数量越少，形成的对农业生产更有价值的团聚体（10～0.25 mm）数量越多。

黑土长期耕作改变了其微生物环境。在传统耕作模式下，本土微生物中分解有机质的微生物会逐渐占主导地位（Shikula，1988）。与之相反的是，少耕能促进富营养型微生物的生长。有研究发现，少耕 18 年后，富营养型微生物数量增长了 1.8～2.3 倍，并且硝化微生物丰度增加。

施肥对土壤中硝态氮和铵态氮的影响要远远高于耕作方式。有研究发现，经 20 年长期施肥后，土壤中全磷含量由 157 mg/100 g（初始值）分别增加至 195 mg/100 g（单施有机肥，最大施肥量）、210 mg/100 g（NPK，最大施肥量）和 200 mg/100 g（有机肥配施 NPK）。土壤中 Al-P 含量增加了近 2 倍，但 Ca-P 含量几乎无变化。肥料用量从 $N_{50}P_{45}K_{45}$ 增加至 $N_{75}P_{68}K_{68}$，所有作物产量均有所增加，但随着施肥量的进一步增加，大多数作物产量不随之发生变化。

在不同耕作体系中，少耕能显著提高黑土中酶活性 15%～30%；少耕体系下，典型黑土表层（10～12 cm）中有机酸分子量约比传统耕作中高 1.47 倍。少耕对表层土壤中硝态氮和铵态氮的累积也有较大的影响，因此，少耕是乌克兰和俄罗斯黑土区最好的管理措施之一（Shikula，1988）。

在侵蚀典型黑土区，少耕和地表覆盖能够提高土壤墒情，为植物生长提供充足的水分，同时能减少径流和土壤流失，提高春大麦产量。草原黑土一般来说比较干燥，如种植经济作物需要进行灌溉。

为了减少土壤流失，乌克兰土地规划人员提议在坡度>3°的坡上不宜种植需要中耕的作物，而坡度>5°的坡上不适宜耕作，应该用于造林或发展草地。

四、阿根廷黑土管理

阿根廷潘帕斯黑土有机质含量丰富，自然肥力十分高，但是长期耕种导致有机质含量降低，土壤自然肥力下降。尽管如此，受未开垦前土壤有机质含量影响，该地区黑土中有机质含量仍较高。即使是潘帕斯西部半干旱区，土壤有机质含量也能达到黑土层定义中>1%的要求。表 1-2 中的数据表明，长期种植后土壤有机质下降，并且需要采用合理的保护措施来降低有机质在未来的损失量，以及防止土壤质量进一步恶化。

表 1-2　阿根廷潘帕斯地区黑土被开垦为农田后有机质含量变化（Duran，2010）

地区	区域	有机质含量/（g/kg）		变化/%
		未开垦	农田土壤	
布宜诺斯艾利斯	SW	85.9（18.5） *n*=21	55.3（9.0） *n*=1036	−35.6
	N	50.5（10.3） *n*=41	29.0（12.1） *n*=2081	−42.6
圣菲	S	42.6（11.2） *n*=6	26.2（5.1） *n*=2853	−38.5
科尔多瓦	SE	33.5（8.4） *n*=7	20.2（5.7） *n*=1903	−39.7
拉潘帕	E	34.5（6.8） *n*=7	16.4（6.1） *n*=527	−52.5

注：括号中数据表示标准误差，*n* 表示样品数

潘帕斯黑土中养分含量较高，这使得该地区在种植作物过程中可以长期施用较少的肥料来补充植物所需养分，但是近年来施肥的趋势已经逆转了养分持续损失的局面。养分投入一直在增长，但施用量/吸收量仍然<1。潘帕斯地区土壤肥力高也是阿根廷系统施肥起步较晚的原因之一。

免耕种植在阿根廷黑土区发展十分迅速，免耕会减少有机质损失，更有利于农业的可持续发展。

五、乌拉圭黑土管理

为防止黑土土壤退化，基于农业科技工作者的长期定位试验结果，乌拉圭的种植体系从 20 世纪后半叶开始经历了从原有作物的长期轮作向常规耕作基础上的一年生作物与牧草轮作过渡，以及逐步向基于作物—牧草轮作的免耕体系方向过渡两个阶段。

在耕作历史较长的地区（南部地区），对耕地的长期耕作导致了严重的片蚀和沟蚀，这对少部分初始肥力和生产力都比较高的黑土及变性土均会产生影响。黑土和变性土的利用方式主要为果园和葡萄园。在乌拉圭，土壤管理与保持中存在的主要问题仍是水蚀。不同调查结果指出：侵蚀总是与土壤耕种有关，但过度放牧对土壤流失的影响尚无定论。由于乌拉圭大部分领土直到几年前仍然为天然草地（目前仍有大面积的牧场存在），故乌拉圭大部分领土（70%）未受侵蚀影响，约 18%受轻度侵蚀影响，10%左右受中度侵蚀影响，严重侵蚀区占全国总面积的 2%。

在 20 世纪 90 年代初，政府出台了一项具体计划来促进植树造林，这使得森林面积大幅增加：在计划开始时，森林总面积是 18 万 hm^2，到 2000 年达 65 万 hm^2，截至目前森林面积约有 80 万 hm^2。该计划为造林提供了技术和资金支持，在不影响宜耕区和宜牧区发展的前提下，主要选择在不适宜种植作物和牧草的低肥力土壤上移植桉树和松树林。因此，该计划体系下培育的森林几乎都是生长在除软土和变性土以外的其他土壤上。这些林地对二氧化碳循环平衡具有十分重要的作用，因为在森林中二氧化碳的固定量要高于排放量；二氧化碳固定量的增加结合现代耕种体系，对生态系统初级生产力的形成更有利。尽管如此，为了确保土地利用的可持续性，一些不确定性和挑战也不容忽视。

根据主流种植技术及其对土壤保持的影响，Duran 和 Garcia-Prechac（2007）将乌拉圭土壤管理划分为 4 个时期：①1950～1965 年，在租用国有土地的农场大力发展梯田，该时期土地利用集约化程度非常高，由于梯田的效果不好，并且缺乏合理管理，梯田体系最终被遗弃；②1965～1975 年，引进和扩大“粮食作物—牧草”轮作制度；③1975～1990 年，实施作物轮作，并在轮作周期中实施等高种植；④1990 年至今，在轮作制度和连作制度中引入免耕体系，并且免耕体系的应用在近年来迅速增长。

在过去的几十年里，乌拉圭耕地面积大幅度增加，这对于土地的可持续利用是一个挑战，正如之前提及的，土壤耕种与土壤侵蚀之间存在必然的联系。

在乌拉圭，随着耕种强度的迅速增加，也产生了一些可用来预测和防止土壤流失的工具和技术。这些工具和技术主要有：①一些广为使用的模型，如通用土壤侵蚀模型和修订版土壤侵蚀模型（universal soil loss equation，USLE；revised universal soil loss equation，RUSLE）可用来预测多种耕种体系下土壤流失量，既适用于连作体系又用于轮作体系。这些模型已被用于预测乌拉圭的土壤条件和降雨特征，而且基于USLE/RUSLE 模型的软件可以在网站（www.fagro.edu.uy）上免费提供给农民、推广人员和专业顾问。②广泛采用的免耕制度已被证明是最有效的土壤保护技术，以前陡坡上的土壤和土层深度较浅的土壤一般被认为不可耕种，但目前通过免耕技术都可以用于农业生产。③免耕和作物—牧草轮作体系的结合是一种强烈推荐的技术手段。该技术手段主要有两个优势：一是可以降低传统耕种模式下的土壤流失；二是通过作物—牧草轮作可以减少抗药性杂草的生长。与传统耕作模式相比，免耕还能减少因有机质氧化而向大气排放二氧化碳的量。现代耕种体系应最大限度地提升土壤生产力水平，但需消除土地利用产生的负面影响，或将负面影响降低至可接受水平。

Duran（2010）指出，与世界其他国家类似，常规耕作作物轮作 28 年后，土壤有机碳（SOC）损失 25%。尽管如此，乌拉圭的土壤科学家仍认为他们土壤 SOC 的含量要比世界同类地区的土壤 SOC 含量高。

传统耕作下的连作导致土壤有机碳的持续损失，但施肥水平降低后并不能减少有机碳损失（图 1-6）。另外，作物—牧草轮作能有效维持土壤有机碳含量，因为在牧草生长季内和作物种植季内损失的有机碳得到了补偿。

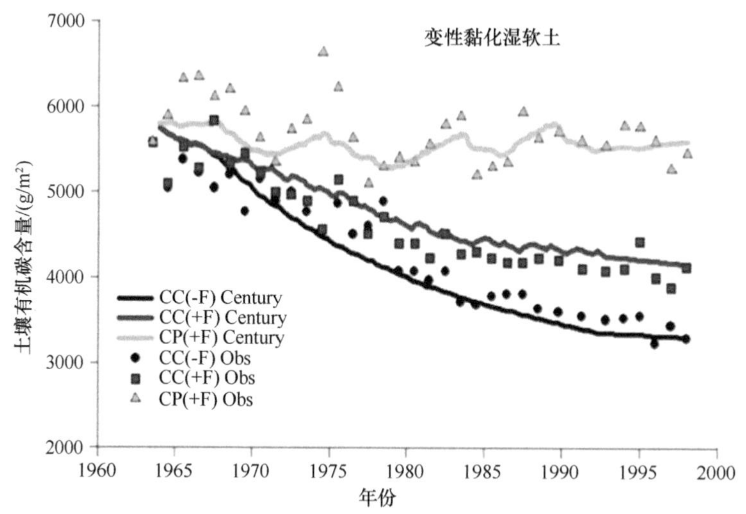

图 1-6　乌拉圭长期轮作试验中土壤有机碳监测含量与 Century 模型预测含量（始于 1963 年）（Baethgen and Moron，1994）

CC(-F). 连作，不施肥；CC(+F). 连作，施肥；CP(+F). 农作物—牧草轮作，施肥；Century. Century 模型预测值；Obs. 实际观测值

第二章　中 国 黑 土

第一节　中国黑土分布

中国黑土除在东北成片分布外，在我国其他区域还零散分布，如甘肃有 3302km^2 的黑土分布，河北有 15.3km^2 的黑土分布，云南大理海拔 2000m 的地方也有一小块黑土零星分布（张兴义，2018）。中国东北黑土区是我国重要的农林牧生产基地和老工业基地，对我国的经济发展起到了极为重要的作用。黑土地是东北粮食生产能力的基石和我国粮食安全的“压舱石”。

东北黑土区曾是生态系统良好的温带草原或温带森林景观，土壤类型主要有黑土、黑钙土、白浆土、草甸土、暗棕壤、棕壤等。未开垦的原始黑土具有较好的暗沃表层和腐殖质聚积，土壤有机质含量高，团粒结构好，水、肥、气、热协调。

自 20 世纪 50 年代大规模开垦以来，东北黑土区逐渐由林草自然生态系统演变为人类干扰的农田生态系统，由于长期高强度利用，加之土壤侵蚀，有机质含量下降，理化性状与生态功能退化，严重影响东北地区农业持续发展。

全国第二次土壤普查中依据地理发生学分类，将黑土列为单一土类，呈带状分布于东北松嫩平原和三江平原两大平原，面积（即黑土发生学分类面积）约为 7 万 km^2。为了和国际上便于比较，采用美国土壤系统分类的 Mollisols（软土），对应我国发生学分类的黑土、黑钙土、暗棕壤、草甸土和白浆土等，黑土区面积约为 35 万 km^2。为了便于保护黑土地，政府部门参照黄土高原行政区域的界定，提出了广义黑土区，是指东北的黑龙江、吉林、辽宁及内蒙古“东四盟”具有黑色腐殖质层、有机质含量相对较高的分布区域，即人们常说的黑土地。水利部多次组织专家论证，界定的东北黑土区总土地面积为 109 万 km^2（张兴义和刘晓冰，2020）。

全国第二次土壤普查侧重于总结农民群众的经验，所谓“以土为主，土洋结合”，并仅限于耕地土壤普查。因此，在土壤分类命名方面，主要尊重农民群众的称谓，只在出现“同土异名”或“同名异土”的情况下才加以适当调整。农民群众所谓的黑土，就是黑土层厚度超过一犁（深约 18 cm）的土壤，因此，广义的黑土面积是很大的。

我国东北黑土区是世界四大片黑土之一。在已出版的文献中，有两个不同的三大片黑土的论述：一个是在我国一直被传颂和引用的三大片黑土，这三大片分别是北美洲的密西西比河流域、乌克兰和俄罗斯大平原、我国的东北地区；另一个是国际土壤学会（The International Union of Soil Sciences，IUSS）、联合国粮食及农业组织（FAO）和国际土壤参比与信息中心（International Soil Reference and Information Center，ISRIC）所编著的《世界土壤资源参比基础》一书中的三大片黑土，第一大片在美国，第二大片在阿根廷和乌拉圭的潘帕斯大草原，第三大片在中国的长春和哈尔滨及其以北地区。

比较这两个不同的提法可以发现，我国传统认为的三大片黑土，没有阿根廷和乌拉圭的潘帕斯大草原，可能是只看到北半球的黑土而忽略了南半球也有一片黑土。1957 年苏联土壤学家 Д.Г.威林斯基所著《土壤学》中的世界土壤图，就表明阿根廷和乌拉圭有大片的黑土。《世界土壤资源参比基础》中没有乌克兰和俄罗斯黑土介绍，这是由于对黑土分类和界定不同，其所指的黑土不包括黑钙土，而乌克兰和俄罗斯有大面积的黑钙土。

依据美国土壤系统分类中的软土和中国土壤系统分类的均腐土，世界上应当是四大片黑土区。出现上述问题的主要原因是不同分类体系对黑土的界定不同。

根据广义的黑土，中国黑土主要可分为发生学分类的黑土、黑钙土、草甸土、暗棕壤、白浆土、棕壤等 6 个土类。下面对 6 个土类的分布、成土条件及过程、亚类划分和利用改良等方面分别进行论述。

一、黑土的分布

发生学分类中黑土总面积为 701.5 万 hm^2，主要分布在黑龙江省、吉林省及内蒙古自治区东四盟，辽宁省北部昌图也有少部分分布。

具体分布在哈尔滨至四平、哈尔滨至北安铁路沿线的两侧，嫩江中游地区，小兴安岭和长白山两侧，北界直到黑龙江右岸，南界由黑龙江省的双城、五常一带延伸到吉林省梨树、伊通，西界与松嫩平原的黑钙土和盐渍土以及松辽平原的草原和盐渍化草甸草原相连，至辽宁省昌图八面城，东界则可延伸到小兴安岭和长白山等山间谷地以及三江平原的边缘，但除集贤、富锦一带有整片黑土分布外，多与白浆土混存而零星分布。

发生学分类的黑土成片分布的市（县、区）有嫩江、五大连池、北安、克山、依安、克东、拜泉、海伦、绥棱、明水、兰西、庆安、望奎、青冈、北林、巴彦、呼兰、哈尔滨、宾县、阿城、五常、双城、扶余、榆树、德惠、九台、长春、公主岭、伊通、梨树。其中，黑龙江省黑土面积为 482.5 万 hm^2；吉林省黑土面积为 110.1 万 hm^2，主要分布在长春、四平、吉林、辽源及延边朝鲜族自治州；内蒙古自治区东四盟黑土面积为 107.5 万 hm^2，主要分布在呼伦贝尔和兴安盟；辽宁省黑土面积为 1.4 万 hm^2，只分布在昌图。

二、黑钙土的分布

黑钙土总面积为 957.7 万 hm^2，主要分布在内蒙古自治区“东四盟”、吉林省及黑龙江省。在黑龙江省，黑钙土面积为 232.2 万 hm^2，西起甘南和龙江，北至乌裕尔河，东到呼兰河东岸、海伦西南部和望奎西部，南至双城和五常，主要分布在肇东、肇州、肇源、安达、明水、大庆、杜尔伯特、林甸、龙江、拜泉、依安、讷河等市（县）；在松花江丘陵、阶地等地也有零星分布。

在吉林省，黑钙土面积为 248.9 万 hm^2，吉林省黑钙土比较集中分布于西部以长岭、乾安台地为分水岭的松辽平原西侧，西部与内蒙古自治区科尔沁右翼中旗的黑钙土毗连，西北部与大兴安岭南端东侧的栗钙土毗连，北部及东北部隔嫩江与黑龙江省的泰来和肇源黑钙土毗连，南部与内蒙古自治区科尔沁左翼中旗黑钙土相连，东部继续延伸至纵贯吉林省中部的京哈铁路与黑土衔接。

在内蒙古自治区“东四盟”，黑钙土面积为476.6万hm^2，主要分布在大兴安岭中南段东西侧的低山丘陵、松花江、辽河的分水岭等地区。位于呼伦贝尔的海拉尔、牙克石、陈巴尔虎旗的河流阶地、山间宽谷地以及大兴安岭西麓低山丘陵；兴安盟科尔沁右翼前旗、乌兰浩特、突泉、扎赉特旗等山前倾斜平原；通辽扎鲁特旗、霍林郭勒等大兴安岭山地及山前丘陵；赤峰阿鲁科尔沁旗、巴林左旗、巴林右旗、林西、翁牛特旗、克什克腾旗等河谷阶地，大兴安岭山地及山前丘陵。

三、草甸土的分布

草甸土总面积为1756.3万hm^2。草甸土是非地带性土壤，在东北黑土区域均有分布。黑龙江省草甸土面积为802.5万hm^2，占全省土壤总面积的18%，其中耕地面积302.5万hm^2，占全省耕地面积的26.2%。草甸土在黑龙江省各市均有分布，其中齐齐哈尔、佳木斯、绥化三市分布面积均在100万hm^2以上。

内蒙古“东四盟”草甸土面积为598.3万hm^2。

吉林省草甸土面积为179.9万hm^2，占全省土壤总面积的9.64%，其中耕地77.5万hm^2，占全省耕地面积的14.48%，主要分布在吉林省中西部的白城、松原、长春、四平4个市。

辽宁省草甸土总面积为175.6万hm^2，占全省土壤总面积的12.7%，在辽宁省各市均有分布。

四、暗棕壤的分布

暗棕壤分布很广，是东北地区占地面积最大的一类森林土壤，总面积为3167.64万hm^2，主要分布于黑龙江省、吉林省及内蒙古自治区。

黑龙江省暗棕壤面积为1594.9万hm^2，分布在小兴安岭、完达山、长白山、大兴安岭东坡、伊春、佳木斯、牡丹江林区等地，以伊春和牡丹江两市为主；吉林省暗棕壤面积为772.0万hm^2，主要分布在吉林省东部和南部，包括吉林市、通化市、延边朝鲜族自治州等五市（州）。两省的部分暗棕壤已被开垦为耕地，如黑龙江省占暗棕壤总面积的7.22%，吉林省占暗棕壤总面积的7.40%。

内蒙古自治区暗棕壤面积为800.6万hm^2，主要分布在呼伦贝尔市、兴安盟、通辽市和赤峰市的大兴安岭西坡等地。辽宁省山区北部至宽甸、恒仁一线也有暗棕壤的分布，但面积不大，仅有0.14万hm^2。

五、白浆土的分布

白浆土主要分布在黑龙江和吉林两省的东部，总面积为527.2万hm^2。分布范围大致是北起黑龙江省的黑河，南到沈丹铁路线北，东起乌苏里江沿岸，西到小兴安岭及长白山等东、西坡，大兴安岭东坡也有少量分布。黑龙江省白浆土面积为331.4万hm^2，吉林省白浆土面积为195.8万hm^2。

耕地白浆土面积为166.72万hm^2，其中，黑龙江省为116.4万hm^2，吉林省为50.3万hm^2。

黑龙江省三江平原和东部山区的白浆土，占全省白浆土总面积的86%；吉林省白山、吉林、延边、通化的白浆土，占全省白浆土总面积的80%。

六、棕壤的分布

棕壤集中分布在暖温带湿润地区的辽东半岛，并延伸至吉林西南边缘的低山丘陵，总面积为499.1万hm^2。

在水平分布上，棕壤与褐土、黑土、草甸土等构成多种土壤组合。

在垂直分布上，棕壤与褐土、暗棕壤、白浆土、粗骨土、石质土等构成各自的土壤带谱或交叉共存。

吉林省棕壤总面积为1.5万hm^2，零星分布于北起大黑山、哈达岭、龙岗，南到老岭山系的局部低山丘陵山麓台地和黄土台地。主要在四平市的梨树县和郊区、通化市的集安市与通化县。

辽宁省棕壤面积为497.6万hm^2，主要分布于辽东山地丘陵及其山前倾斜平原（不包括石灰岩、钙质砂页岩山地丘陵）、辽西山前倾斜平原和冲积平原。此外，棕壤还广泛出现在辽西山地的闾山、松岭山脉和努鲁儿虎山的垂直带中，位于褐土和淋溶褐土之上。

第二节　中国黑土成土条件及过程

一、黑土成土条件及过程

（一）成土条件

1. 气候

黑土地区的干燥度≤1，气候比较湿润。年降水量一般为500～600 mm，绝大部分集中于暖季（4～9月），约占全年降水量的90%，其中尤以7月、8月、9月3个月最多，占全年降水量一半以上。冷季（10月至次年3月）降水量少，不到全年降水量的10%。

年平均气温为–0.5～7℃。1月平均气温为–20～–16.5℃，南北相差较大。7月平均气温为20～31℃，南北相差较小。由于冬季严寒，土壤冻结深，延续时间长，季节性冻层特别明显。根据各地冻土实测资料，黑土冻结深度一般为1.5～2.0 m，最深者接近3 m。佳木斯、长春为1.55～1.60 m，四平比较浅，为1.10 m。如果从地面最初结冻到开始融冻计算，土壤冻结时间为120～200天；如果从地面开始结冻到冻层完全融通计算，则可长达170～300天。北部地区黑土的底层一年中大部分时间均处于冻结状态。

2. 成土母质

黑土的成土母质比较简单，主要有3种：①第三纪砂砾、黏土层；②第四纪更新世亚黏土层；③第四纪全新世砂砾、黏土层沉积物。其中，以第二种分布面积最广。

黑土地区多是过去的坳陷地带，堆积着很厚的沉积物。从第四纪更新世开始，由于新构造运动的影响，这些地层才逐渐抬升起来，形成山前洪积平原（洪积阶地）和高平原。

岩层组成，上部以黏土层为主，中下部砂质增加或为砂黏间层，底部则以砂砾层为主。与黑土形成和发育关系最为密切的则是上部黏土层。第四纪更新世砂砾黏土层上部的黏土层厚度为 10～40 m。黑土绝大部分发育于这些黏土层的上部，只有少数地势起伏较大、割切比较严重的地方，在黑土层下部则可见砂砾层。

3. 地形

黑土地区的地形大都是在现代新构造运动中间歇上升，并受不同程度割切的高平原和山前洪积平原（或称洪积阶地）。这些平原实际上并非平地，多为波状起伏的漫岗，但坡度不大，一般为 1°～5°，个别地方可达 10°以上。耕作地区的坡度较平缓，多为 1°～3°。由于不同坡向接受阳光时间的长短和土壤冻融的迟早不同以及土壤侵蚀程度的差异，一般南坡和东坡都比较陡，北坡和西坡则较平缓。总之，黑土分布在由低山丘陵区向平原过渡的漫川漫岗地带。

黑土地形在很大程度上直接影响土壤类型的演变和黑土肥力的状况。例如，地势起伏较大、割切比较严重的地方，由于黏土层大部分被冲失，底部砂砾层距离地面较近，土壤排水良好；或者由于坡度较大，地形排水迅速，土壤水分较少。地面植被以蒙古栎和榛子居多，草本植被也以耐旱成分较多。因此，这些地段的黑土有逐渐向草甸暗棕色森林土和暗棕色森林土过渡的趋势。

在波状起伏的洪积平原地区，由于土壤侵蚀，黑土层的厚度大不相同；在地势平缓的地方，黑土层一般为 40～70～100 cm，个别地方可达 100 cm 以上；在坡度较大的地区，黑土层为 20～30～40 cm；在少数坡度特别大或耕作较久、土壤侵蚀更为严重的地方，黑土层只有 10 cm 左右，有的严重侵蚀的地方直接露出了黄色母质，当地农民称为“破皮黄”。在不同地形部位或不同坡度上，土壤的水分、养分、温度和通气状况也有明显的差异。

4. 水文

黑土地区的地下水一般比较深，大都为 5～30 m，最大深度可达 50 m。含水层以上以更新世灰白色粗砂层为主。地下水的矿化度不大，一般为 0.3～0.7 g/L；化学组成以 HCO_3^-及 SiO_2 为主，水化学类型为 HCO_3^--SiO_2 型。

由于地下水埋藏较深，地下水对黑土形成和发育影响不大。黑土具有季节性冻层；土壤和母质的质地比较黏重，底层透水不良；夏秋雨量大量集中，因而土层内部有时出现临时重力层。这种水层的深度，随冻层位置、不透水层部位以及降水集中的程度不同而有所不同，一般均在 50～70 cm 或 150～200 cm 处。

黑土水分来源为大气降水。多年土壤水分季节动态观测结果表明，黑土水分的运动一般在 1 m 土层以内，只有在夏、秋季节性冻层全部融通同时降水又特别集中的情况下才出现临时重力水。这种重力水有时可淋溶到 2 m 以下，但为时很短，且不是每年都有。黑土的地下水水位较高，又有黏土层相隔，这种重力水很难淋溶到地下水层。因此，黑土的水分类型有自己独具的特点。

5. 植被

黑土的自然植被为草原化草甸植物，当地称为“五花草塘”，以杂类草群落为主。由于黑土的水分和养分条件较好，这种杂类草群落具有下列特点。

1）植物种类多而不集中。杂类草群落植物有25～50种，各种植物的数量相差不大，没有十分明显的优势种。这与本区草甸沼泽、沼泽土、砂土植被的种类少而又特别集中的景象完全不同，表明黑土适于植物生长的范围较大。

2）植物组成以中生草甸植物为主，局部排水良好的地方可出现旱生草原植物；少数土壤含水较多的地方也有湿生草甸沼泽类型植物。

3）植物生长繁茂，地上及地下有机物的积累量都很高。这种植被一般高40～50 cm，个别种还可以高达80～120 cm。覆盖度为100%。黑土地区暖季短，冷季长而严寒，土壤微生物活动的强度不大，大量的有机物难以迅速分解，多转化为腐殖质，因而成为这种黑色土壤形成的主要因素之一。

（二）成土过程

黑土形成过程有自己独具的特点，是一种特殊的草甸化过程，同时具有水成土壤的某些特征。

黑土有季节性冻层，质地黏重，透水不良；在黑土形成过程最为活跃的季节里，土壤水分较为丰富，有时可形成上层滞水。在这种条件下，草甸草本植物顺利发展，在地上和地下都积累了大量的有机物，氮和灰分元素生物循环的规模也很大，草甸化过程很明显。但由于冻层和母质的影响，黑土的水分以及随水运动的成土产物，除一部分由地表和侧渗排走以外，绝大部分只运行于1 m或2～3 m的土层范围内，很难淋溶到地下水层。这种草甸化过程，如果就地下水水位、水分类型以及成土产物运行与迁移的过程来讲，它又与一般直接受地下水影响的草甸化过程不同。

黑土剖面中一般都有铁锰结核、锈斑、灰斑、二氧化硅胶膜，有些受水分影响较大的黑土，在土层的上部或下部还可见到明显的潴育层。这些现象都表明这种黑土具有水成土壤的某些特征。

由于草甸草本植物生长繁茂，根系发达，每年在黑土中积累了大量的有机和无机物质，黑土的腐殖质含量高，黑色土层深厚，粒状结构良好，代换量大，饱和度高，植物大量及微量营养元素都较丰富，肥力水平高。

二、黑钙土成土条件及过程

（一）成土条件

1. 气候

黑钙土地区属于温带半湿润半干旱季风气候区，气温自北向南逐渐增高，降水量自东南向西北逐渐减少，因而其干燥度自东北向西南逐渐增加。年降水量为350～500 mm，主要集中在7月、8月和9月。年蒸发量为800～900 mm。全年平均气温为–2～6℃，1月平均气温为–22～–16℃，7月平均气温为23～24℃，全年≥10℃积温为2000～3000℃，积雪最大深度不超过10 cm，春季风大，可达7～8级。春季干旱期间蒸发量是降水量的10倍至数十倍，常发生春旱。

2. 成土母质

成土母质以冲积湖积物为主，洪积和风积物次之，表层多为黄土状沉积物，下部为湖相亚黏层，常厚达10～60 m，再向下为砂砾层。嫩江两岸及松嫩平原的西南部多覆盖砂质沉积物。

3. 地形

松嫩平原是一个陆台型的构造盆地，黑钙土处在盆地的中部沉降带，中新生代以来，这里堆积了很厚的河湖相沉积物，地貌上属于冲积湖积低平原，海拔为150～200 m，相对高差一般为5～10 m，有的可达15 m，低平原中间地带较为平缓，相对高差常小于5 m。

4. 水文

与土壤形成有关的地下水，是接近地表的地下水类型。不同地带的黑钙土，地下水状况不同。黑龙江省龙江、甘南一带的黑钙土，土层中含有大量的砂砾石，大气降水等所形成的重力水都直接渗入下部含水层，土体内很难形成潜水，因此这一地区的黑钙土受潜水影响较小。

5. 植被

黑钙土地区的垦前植被类型，属于草甸草原，一般植株比较矮小，具有耐盐的特性。主要分为两类：一类为针茅-兔毛蒿草原，以大针茅及兔毛蒿为主，此外还有野古草、断肠草、黄花苜蓿、防风和黄芩等，覆盖度为45%～70%，多生长在地势较高的部位；另一类为碱草草原，以碱草为主，并有少量寸草苔、山黧豆等植物伴生，覆盖度为50%～60%，生长在较平坦的地势。

（二）成土过程

黑钙土的成土过程主要是腐殖质积累和碳酸盐的淋溶积聚过程。

1. 黑钙土的腐殖质积累过程

黑钙土是温带半湿润过渡到半干旱的气候条件下和草甸草原植物共同影响下的产物。该区域内植被生长繁茂，土壤有明显的腐殖质积累过程。由于黑钙土区域偏西部，主要位于黑区西部，该区域雨量相对较少，自然植被比较稀疏，气温相对较高，土壤质地较粗，有机质分解较快，因此土壤腐殖质积累相对较少，腐殖质层厚度较黑土略薄，腐殖质含量低于与之毗连的黑土。

2. 黑钙土的碳酸盐淋溶积聚过程

由于黑钙土区域是由半湿润过渡到半干旱，雨水不丰富，淋溶过程较弱，少量的降水只能淋溶土层中的易溶性盐类，而钙、镁的碳酸盐只有部分淋失，多数仍存在于土体内并大量积聚于腐殖质层以下，形成明显的结核状或假菌丝体状碳酸钙聚积层，并且在区域上从东向西随着降水量的逐渐减少，碳酸钙的聚集程度相应加强。碳酸盐的聚集特征是从形态特征上区别黑钙土和黑土的重要依据。

三、草甸土成土条件及过程

（一）成土条件

1. 气候

草甸土分布较广，在东北区域有土壤基本就有草甸土的存在。从东部的湿润气候区到中部的半湿润气候区再到西部的半干旱气候区，基本都有草甸土的分布。

2. 母质

草甸土一般分布在低洼的冲积、低平原湖相沉积和淤积、山间谷底坡积区域，不同区域由不同的母质形成草甸土。

沿江河的草甸土多为冲积洪积物，下部土层有大量的砂砾石，有的土层很薄，形成砂砾质或砂砾底草甸土；河流的中下游砂粒变细，形成砂质或砂底草甸土。

松嫩平原、三江平原或辽河平原受湖相沉积和淤积影响的土壤质地较黏重，多形成壤质或黏质草甸土；有些靠近江河沿岸的草甸土受古河道或近代河道变迁的影响，形成层状草甸土。

山间谷地草甸土受山洪的影响，土层中常有石块和砂砾及卵石。

3. 地形

草甸土发育的地形、地貌多在沿江河的河漫滩地带、古河道或近代河道变迁的低洼地、低平原和山间谷地。同一地貌单元地形低洼、季节性水分过多者多发育成潜育草甸土；松嫩平原盐渍土复区中有大面积斑状或小块的石灰性草甸土和盐碱化草甸土，其局部地形均较低洼。因此，地形局部低洼是草甸土发育的重要条件之一。

4. 水文

草甸土均在低地分布，该区域自然成为水文径流的汇集区。沿江河的草甸土经常受到洪水泛滥的影响；倾斜平原低地上的草甸土常受地面坡水径流影响；半山区沟谷地带的草甸土，除受到山洪、坡水径流影响外，还受到地面下部的潜水流影响。

5. 植被

草甸土的自然植被，因所处地带不同而异。在森林地区沿河草甸土上的植被，有典型的草甸植物，如小叶樟、沼柳、苔草等；在草甸草原的碳酸盐草甸土上，植被有羊草、狼尾草、狼尾拂子茅、野古草等。在局部低洼地方的潜育化草甸土上，生长着喜湿植物，如野稗草、三棱草、芦苇等。

这些植被生长都较茂密，残留在土壤中的有机质较为丰富，分解释放出来的矿质养分也多，为作物生长创造了良好条件。

（二）成土过程

草甸土是东北黑土区分布极为广泛的非地带性土壤，草甸土是在地形低平、地下水水位较高、土壤水分较多、草甸植被生长繁茂的条件下发育形成的。

从草甸土的分布地形来看，一般为冲积平原、泛滥地、低阶地中的低洼地，地势较低，是地下水和地表水的汇集中心，土体存在季节性淹水的现象。土区从暖温带到寒温带，从湿润区到半湿润再到半干旱区，从山地针叶林带到黑钙土、栗钙土带以及风砂土、盐碱土区域，均有分布，其中比较集中分布在河谷低地的狭窄地带。总之，草甸土的形成与低平地势分不开。

在远离河道的低平处，河水泛滥所挟带的细泥沙可在该处沉积，大雨或暴雨过后，台地或山地坡面产生的径流，在台地间洼地或山川地减缓流速，径流所挟带的表土因而缓慢淤积，草甸土成土母质的这一沉积过程是草甸土形成的一个重要成土过程。

伴随年复一年的沉积，草甸植被年复一年地繁茂生长、死亡和分解，通过生物积累形成大量有机物质，使土壤腐殖质逐渐增多，腐殖质层也逐渐加厚，直到形成具有腐殖质层深厚、有机质含量高、小粒状结构明显的草甸土，这是草甸土形成的另一重要成土过程——腐殖质积累过程。

凡出现沉积的地方，地势低平，地下水水位较高，雨季地下水水位上升，土体沉积层以下常被水浸渍，该部位铁锰被部分还原游离出来，雨季过后地下水水位下降，被水浸渍过的部位又重新处在氧化状态，被还原的铁锰又被氧化成高价铁锰，致使心土及底土层出现氧化还原交替过程的痕迹——铁锈斑纹，这是草甸土的又一重要成土过程，也是草甸土的一个重要形态特征。

四、暗棕壤成土条件及过程

（一）成土条件

1. 气候

暗棕壤分布区域的气候属于温带湿润季风气候。冬季寒冷干燥，土壤冻层深，表层冻结时间为 150 天左右，冻结深度为 1.0～2.5 m，年平均气温为–1～5℃，最冷月平均气温为–28～–5℃，最低极值温度可达–48℃，最热月平均气温为 15～25℃。年降水量为 600～1000 mm，年降水分配极不均匀，夏季降水量占全年降水量的 50%以上。

2. 地形

地形主要为低山，中山，丘陵的部分平坦的河谷盆地。分布在小兴安岭与大兴安岭相连的低山和丘陵区以及东部山区的大部分区域，海拔多为 500～1000 m，山势平坦，河谷开阔以及山地地貌较为缓和，分水岭呈波状起伏，河谷较宽长。少数海拔高于千米，最高山峰长白山海拔达 2691 m，这些区域山势险峻，多陡坡，一般坡度大于 20°以上。

3. 母质

长白山、张广才岭等地分布最广的岩石为花岗岩，其次为玄武岩；小兴安岭主要为花岗岩和片麻岩，成土母质为这些岩石和坡积物，还有一部分为第四纪湖积冲积物，此外，小兴安岭北部有第三纪陆相沉积物；海拔在 2000 m 以上，岩石种类繁多，包括岩浆岩、沉积岩和变质岩等各种常见岩石，因此暗棕壤的成土母质大多较粗松，仅玄武岩风化物的质地较黏重。

4. 季节性冻层

暗棕壤土体普遍存在季节性冻层，各区域土壤冻结的深度、冻土融冻的速度和冻层融通的时间不同，一般在初夏才能化通。冻层未融通前恰似一厚隔水板，表层土壤融冻水和大气降水均被阻滞于表层，顺坡侧渗，造成高阶地分水岭、山前平原和坡下呈现季节性沼泽化现象。

5. 植被

植被是以红松为主的针阔混交林。共有植物 2000 种，主要的针叶树种有红松、冷杉、云杉、长白落叶松；阔叶树种有白桦、黑桦、春榆、胡桃楸、水曲柳、紫椴及各种槭树。林下灌木及草本植物种类繁多，主要有毛榛子、山梅花、刺五加等。草本有苔草。此外，林中还有攀缘植物如猕猴桃、山葡萄、五味子等。原始林因采伐、火烧后形成以山杨和白桦等为主的次生阔叶林或杂木阔叶林。垂直带上的暗棕壤的森林建群种有云杉、冷杉，混生树种有铁杉、红杉、高山栎等，林下植物以箭竹居多。

（二）成土过程

暗棕壤的形成过程是在温带湿润气候条件及针阔混交林下的腐殖质积累与弱酸性淋溶过程。在针阔混交林内，林分组成复杂，每年有大量凋落物落于地表并覆盖在土壤上，林下灌丛和草本植物亦生长繁茂，根系也主要分布在表层，由于降水和融冻水的影响，有机残体分解缓慢，在土壤表层积累了大量的腐殖质，表层腐殖质高者可达 20%左右，这些有助于土壤结构和物理性质的改善。

暗棕壤区域夏季温暖多雨，枯枝落叶层的吸水力很强，一时水分较多而形成下渗水流，对土壤产生淋溶过程。一些游离的钙、镁元素和部分铁、铝向下迁移，同时由于土壤表层腐殖质中酸性物质的存在，使之呈弱酸性反应。

在温带湿润针阔混交林的生物气候条件下，生物活动十分旺盛，真菌和细菌都较活跃，所以土壤内部的风化作用显著加强，黏粒增加，在弱酸性淋溶的同时引起黏粒的淋移，使土壤中出现了淀积现象，但未达到黏化的过程。因土体排水条件较好，随黏粒下移的亚铁化合物氧化沉淀，亦以棕色胶膜的形态包被于土粒表面，使土体呈现棕色。

在暗棕壤地带，地形和母质对暗棕壤的成土过程有着重要的影响。地形部位不同，其母质的厚度、质地粗细、侵蚀和堆积程度等不同，导致土壤的发育程度、理化性质和肥力状况等均有很大的差别。

五、白浆土成土条件及过程

（一）成土条件

1. 气候

白浆土地区的气候条件相对比较湿润，但变异较大。年平均降水量为 500～800 mm，集安一带可高达 900 mm 以上。白浆土的分布特点和发育程度与降水的地区性分布有较密切的关系，作物生长活跃期（≥10℃期间）降水量为 367～509 mm，干燥度为 0.73～1.0，属于湿润区和半湿润区；全年平均气温为–1.6～3.5℃，最冷月平均气温为–28.5～–18℃，最暖月平均气温为 19.3～22.5℃，年变幅为 38.5～49.4℃，≥10℃积温为 1915～2688℃，延边河谷盆地高达 2700～2900℃，作物生长期（≥5℃的天数）为 153～179 天，无霜期为 87～143 天，集安无霜期最长，为 158 天。

2. 成土母质

白浆土母质为黄土状母质，是第三纪、第四纪形成的冲积洪积物，质地比较黏重，多为重壤土-轻黏土。白浆土和黑土母质类型相同，但形态性质有差异。黑土和白浆土母质有的黏土矿物以水云母为主，其他母质，如蒙脱石和绿泥石在白浆土成土中的作用比例高于典型黑土。白浆土母质中<0.002 mm 的黏粒约占 30%，0.02～0.002 mm 的粉砂粒占 40%～50%，粗、细砂粒都比较少，其质地大多为粉砂壤质黏土或粉砂质黏土。

对母质进行化学分析发现，白浆土母质的交换性阳离子组成中，钙较少而镁、钠较多，pH稍高，活性铁锰均高于黑土。白浆土母质呈黄褐色，有黏粒淀积特征。由于母质黏重和冻融的影响，白浆土透水不良，当雨季降水集中时，容易造成土层淀积层以上土壤过湿，形成潴育或滞水层。

3. 地形

白浆土分布的地形是多样性的，从漫岗地到平地乃至洼地均有。

其分布地区的地貌类型主要有高河漫滩、河谷阶地及低阶地的平面、平原、山间谷地、山间盆地和山前洪积台地。坡度大、排水良好的地段没有白浆土发育；常年积水的低洼地则形成泥炭沼泽土，也不发育白浆土。

按照相对高差，黑龙江省分布在相对高差 30～40 m 的起伏漫岗上的白浆土占黑龙江省白浆土总面积的 51.3%，相对高差 1～2 m 的高平地约占 28.1%，低洼地分布的白浆土占黑龙江省白浆土总面积的 20.6%；吉林省东部半山区海拔 300～400 m 的河谷阶地上白浆土分布较为集中，占吉林省白浆土总面积的 33.9%。综上，白浆土随地形的分异，和白浆土亚类的划分相一致，故曾有岗地白浆土、平地白浆土和低地白浆土的说法。

4. 水文

白浆土中的水分补给来源主要是降水，只有分布在高河漫滩的白浆土受河水泛滥的影响。白浆土分布地区的地下水埋藏深度变化较大，因亚类不同而异；漫岗地上的典型白浆土亚类，地下水水位为 8～10 m，平地中分布的草甸白浆土和潜育白浆土亚类则在 2～3 m。白浆土母质黏重，形成一个隔水层（地下水的顶板），所以地下水对白浆土形成和发育的直接影响不大。

白浆土质地黏重，特别是它有一个深厚的淋淀黏化层，在降水之后形成临时性的上层滞水和地表积水。

白浆土分布地区不管是井水还是泡沼中的水都是浑浊的，有大量的硅酸盐黏粒分散在水中，呈溶胶状态。据分析每升水中的 SiO_2 含量达 7～23 mg，使水呈现淡乳白色。往往根据这一特性就可以判断是否到了白浆土分布地区。这也是当地群众把这种土壤称作白浆土的原因，即土壤渗出水是白浆状。

根据白浆土分布地区地表水和地下水化学分析结果，可以看出该地区的河水和井水的化学组成是以 HCO_3^-及 Ca^{2+}、Mg^{2+}、Na^+为主的淡水。酸碱度多为中性，个别呈微酸性；河水中的矿化度较小，为 71.2～199.9 mg/L，井水中较大，为 237.2～385.4 mg/L。

5. 植被

白浆土分布地区的自然植被类型较多，从森林到草甸再到沼泽类型均有，主要群落有红松阔叶林、落叶松-白桦、柞-桦-椴杂木林、山杨、桦树林、丛桦或沼柳或毛赤杨灌木丛、小叶樟、苔草、杂类草（五花草）群落，以及过渡性群落等。

上述群落反映了白浆土分布地形以及水分条件的多样性。构成群落的乔木树种主要有兴安落叶松、水曲柳、白桦、柞树、山杨、黑桦、椴树等；灌木有丛桦、沼柳等；草本植物主要有苔草等。总体来说，白浆土的植被基本上是从草甸向森林逐步过渡的类型，随着地势的增高，森林植被逐渐占据优势。

白浆土上的植物根系绝大部分集中于 20 cm 左右的表土层。据报道，白浆土腐殖质层的根量约占总根量的 80%，白浆层占 13.7%，淀积层只占 0.6%。由于根系分布浅，常见到在白浆土上生长的树木有被风吹倒的情景。

（二）成土过程

白浆土的形成过程是一个比较复杂的成土过程，到目前还没有统一的定义和标准。现在主要流行较有影响的几种假说：白浆化过程说，潴育淋溶说，黏粒悬浮迁移说，解铁作用学说等。

1. 白浆化过程说

曾昭顺等（1987）在研究三江平原土壤时提出了白浆化概念，用来与灰化和脱碱化进行区别，并指出白浆化包括 3 个过程：草甸过程、潴育过程和淋溶过程。

首先，由于雨季表层水分丰富并有短期滞水，发展了草甸、草甸沼泽植被，为表层提供了大量有机质。

其次，由于水分集中于表层并且干湿交替，发生了潴育过程。白浆层在还原状态下，土壤矿物中高价铁锰以低价形式游离出来随水运动。在氧化状态下，低价铁锰变成高价并以结核、锈斑等形式沉淀下来，少量活性铁锰随水侧渗或下渗。久而久之，形成了白浆层与淀积层。

最后，由于白浆土表层水分集中并有滞水，表层黏粒一部分侧渗，另一部分淀积到下层。白浆化过程也可能开始于潜育作用，在低平地段的潜育白浆土和草甸沼泽土，由于长期积水和土壤还原过程的影响，在表层以下和黏重的淀积层以上形成了潜育层。这个潜育层湿时为灰色，干时为白色。受新构造运动的影响，地势抬升或人为排水都可能使潜育层变白，形成白浆土。

2. 潴育淋溶说

潴育淋溶说最早是20世纪30年代由美国土壤学家对分布于平坦地区的全剖面质地有明显分异的类似白浆土的黏盘土（planosol）而提出的，国内最早是1958年由曾昭顺提出的，并为国内土壤学家所接受，在土壤学文献和土壤学教材中被广泛引用。潴育淋溶不能解释白浆土淀积层的形成，且只是干湿交替的水分条件，如果没有有机质的参与，不足以引起铁锰的还原。连续测定白浆土各层的氧化还原电位，均为500 mV左右，电位值并不会因临时性滞水而降低。

3. 黏粒悬浮迁移说

1951年首先由法国科学家迪绍富尔（Duchaufour）提出黏粒悬浮迁移说，他将这一过程称为拉西维（Lessivage）过程，所形成的土壤称为拉西维（Lessive），认为在土壤干湿交替过程中，干时土体出现裂缝和孔道，第一次湿润时，分散的黏粒随水下移，吸附在通过的裂缝和孔道壁上，这样黏化层就发育起来了，矿物风化释放的铁、铝氧化物随黏粒移至淀积层，使剖面显示灰壤的一些特征。这一学说说明了白浆土形成的部分机制，但无法解释白浆土形成过程中黏粒被破坏这一事实。

4. 铁解作用学说

铁解作用在土壤化学中早有阐述，1970年R. 布林克曼（R. Brinkman）用来解释水成剖面中白土层的形成。铁解作用必须要有酸性条件，而白浆土多属于微酸性和近中性（pH 5.6~7.0），铁解作用难以发生。

根据近十几年的研究，认为白浆土的形成分为两个阶段：首先是黏粒的悬浮迁移，这一过程在母质形成后的初期，随着干湿水分条件的出现就已发生，其结果是形成黏化淀积层，在地面生长植物，有机质在表层积累，在有机质的参与下，黏粒悬浮迁移受到抑制（土体中占优势的铁、铝阳离子在黏粒和活性有机质分子之间“架桥”，成为凝聚剂），而代之以络合淋溶和还原淋溶与部分矿物的蚀变，使已经粉砂化的亚表层进一步脱色形成白浆层，表层由于有机质的积累形成腐殖质层。图 2-1 是白浆土的发育过程。

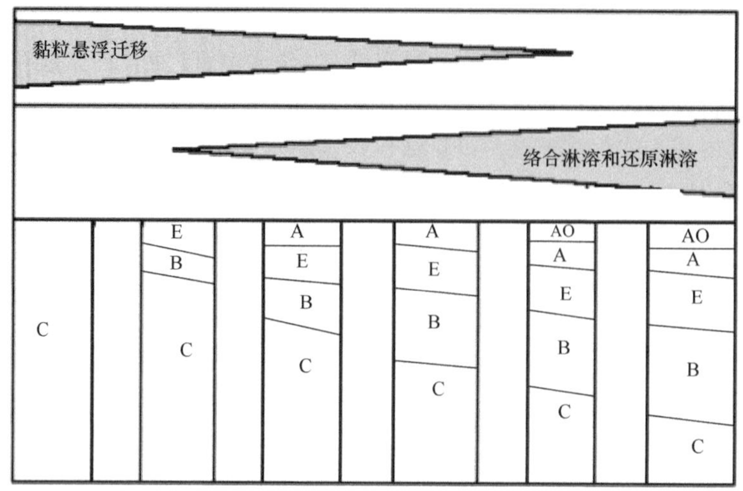

图 2-1 白浆土的发育过程

六、棕壤成土条件及过程

（一）成土条件

1. 气候

棕壤分布区具有暖温带湿润半湿润气候特征，一年中夏季多雨，冬季干旱，水热同步，干湿分明，从而为棕壤的形成创造了较好的气候条件。年平均温度为 5～15℃，≥10℃的积温为 2700～4500℃，年降水量为 500～1200 mm，干燥度为 0.5～1.4，无霜期为 120～220 天。但由于受冬季季风、海陆位置及地形影响，东西之间地域性差异极为明显。

2. 成土母质

棕壤形成于不同类型的非钙质成土母质。基岩风化物以酸性结晶岩类为主，其次有基性结晶岩类、结晶片岩类、砂页岩类和石英岩类，松散沉积物以黏黄土为主，其次有坡积物、洪积物、冰碛-冰水沉积物和冲积物。

3. 地形

棕壤主要分布区以山地丘陵为主。地面经过长期切割，地表较为破碎，多为 200～500 m 的丘陵，少数山体超过 1000 m。其母质为非钙质的残坡积物和土状堆积物。非钙质残积物以岩浆岩为主，变质岩次之，而沉积岩较少。

山地土壤风化物厚度通常为 0.5～2.0 m，只有花岗岩、片麻岩岩体构成的剥蚀平原，风化物厚度通常为 5～6 m，深者达 10 m 以上。在暖温带生物气候条件下，风化物中的易溶性盐和碳酸盐淋失，致使风化物呈微酸性至酸性反应。非钙质土状堆积物包括黄土、洪积物、冰水沉积物等。

在辽宁地区，常见黄土分布于山麓平原、盆地、岗地和河谷阶地，也屡见覆盖于变质岩和花岗岩之上，但厚度不大，一般为 4～5 m，厚者可达 10 m 以上。非钙质洪积物主要分布于山麓缓坡地段、洪积扇、山前倾斜平原和沟谷高阶地上，厚 1～3 m 或更深，呈微酸性反应。非钙质冰水沉积物主要分布于辽东山地丘陵的高阶地和低丘，厚度一般为 3～4 m 或更深，其特征与非钙质黄土相似，也呈微酸性反应。

4. 水文

发育良好的棕壤，特别是发育于黄土状母质上的棕壤，质地细，凋萎系数高，达 10%左右，田间持水量亦高，达 25%～30%，故保水性能好，抗旱能力强。棕壤的水分年动态变化有如下特点：表层 30 cm 的水分季节变化最明显，80 cm 以下相当稳定；每年 3～6 月为水分消耗时期，7～11 月为水分补给时期。对作物供水来说，除 5～6 月土壤水分缺少外，其余时期均相对充足。

棕壤的透水性较差，尤其是经长期耕作后形成较紧的梨底层，透水性更差。在坡地上的降水由于来不及全部渗入土壤而产生地表径流，引起水土流失，严重时，表土层全部侵蚀，黏重心土层出露地表，肥力下降；在平坦地形上，如降水过多，表层土壤水分饱和，会发生洪涝现象，作物易倒伏，生长不良。

5. 植被

棕壤分布区的暖温带原生中生落叶阔叶林植被残存无几，目前为天然次生林，主要植被类型有：①沙松、红松阔叶混交林，分布在辽东山地丘陵，此外，还有蒙古栎林；②油松林，主要分布于辽东山地西麓，油松纯林是人为干预的暂时林相，林下多为喜湿的灌木和草本植物；③落叶阔叶林。辽东栎林主要分布于辽东地区北部的低山丘陵、千山山脉西麓的地段。

（二）成土过程

棕壤成土过程的基本特点是：有明显的淋溶作用、黏化作用和较强烈的生物富集作用。

1. 淋溶作用

棕壤在成土过程中所产生的碱金属和碱土金属等易溶性盐类均被淋溶，土体中无游离碳酸盐。土壤胶体表面部分吸附氢、铝离子，因而产生交换性酸，土壤呈微酸性至酸性反应，但在耕种或自然复盐基的影响下，土壤反应接近中性，盐基饱和。

2. 黏化作用

棕壤在成土过程中所形成的次生硅铝酸盐黏粒，随土壤渗漏水下移并在心土层淀积形成黏化层，其黏粒含量与表层之比≥1.2。根据微形态观察，剖面中下部基质、骨骼粒面、孔壁上常见岛状定向黏粒胶膜、带状定向黏粒胶膜、流状黏粒胶膜、流状泉华。在骨骼粒面、孔壁上也有纤维状光性定向胶膜。说明黏化层的形成是淀积黏化与残积黏化共同作用的结果。

3. 生物富集作用

棕壤在自然植被条件下，落叶阔叶林生长繁茂并进行着强烈的生物富集作用，土壤表层形成一定厚度的腐殖质层，腐殖质含量可达 3%以上，其他各种元素也明显富集于表层。耕垦后的棕壤，由于生态条件的改变，土壤侵蚀的发生，生物富集作用减弱，腐殖质层逐渐变薄，颜色变浅，有机质及多种养分含量下降。保持与提高棕壤肥力是合理利用棕壤自然资源的一个重要问题。

第三节　中国黑土分类

一、黑土分类

（一）黑土亚类划分与属性

根据土壤发生分类，黑土土类属于半淋溶土土纲，半湿润半淋溶土亚纲，可将黑土分为 4 个亚类（表 2-1）。

表 2-1　黑土分类表

亚类	形成条件	土种	划分依据
典型黑土	潜育化部位较低，水分状况为干湿交替	薄层黑土， 中厚层黑土， 厚层黑土	腐殖质层<30 cm， 腐殖质层 30～60 cm， 腐殖质层 60～100 cm
草甸黑土	潜育化部位居中，水分状况同上，但湿润时间较多，为黑土向草甸土过渡的亚类		
表潜黑土	潜育化部位较高，水分以表层湿润为主，并可见到明显的锈斑层，为黑土向沼泽土过渡的亚类		
白浆化黑土	潜育化部位同上，在土层中可见到明显的白浆层，为黑土向白浆土过渡的亚类		

1. 典型黑土

典型黑土亚类具有黑土土类共性特征，是黑土中面积最大的亚类，总面积为 586.4 万 hm^2，占土类面积的 79.8%。

2. 草甸黑土

草甸黑土是黑土向草甸土过渡的亚类，面积为 111.5 万 hm^2，占土类面积的 15.2%，分布于波状台地的下部，多为漫岗地的坡脚，地下水水位较高，土壤水分较多，水分状况仍为干湿交替，但湿润期较长，土壤中氧化还原作用强烈。土壤的主要特点是，黑土层比较深厚，腐殖质和全氮含量较高，而黑龙江的草甸黑土比吉林更高。土体颜色较深，土壤结构性好，湿度较大，质地黏重，土温较低，底土层可见锈斑。田鼠穴较少，剖面中有黑色铁锰结核和白色硅粉末。

3. 白浆化黑土

白浆化黑土是黑土向白浆土过渡的亚类，分布在土质较黏重的岗地，面积为 35 万 hm^2，占土类面积的4.76%。其剖面形态除具黑土的一般特征外，亚表层颜色浅，多呈浅灰色，黏粒含量低，为15%～25%，淋淀现象明显，心土层黏粒含量高于上部白浆层。白色硅粉末较多，底土显棱块状结构，结构面上有淀积胶膜，说明其淋淀作用较强，但尚未形成黏化淀积层。土壤pH略低，白浆化土层养分含量也较低，其他性质和养分状况与各亚类无太大差异。

4. 表潜黑土

表潜黑土是黑土向沼泽土过渡的亚类，面积较小，仅为1.7万hm^2。因受上层滞水的影响，表层经常过湿，表潜明显，潜育化部位较高，并可见锈斑，农民称为“尿炕地”。在自然状况下生长蒙古柳等喜湿植物，所分布的岗地，当地群众称为“水岗”。在剖面形态上，除表层可见锈斑外，有机质含量高，微显泥炭化。土壤酸度稍低，土性冷凉，黏软板结，潜在肥力高，但不易发挥。这个亚类仅在黑龙江省有较少分布。由于近些年农田的大量开发，表潜黑土基本已经消失殆尽。

（二）黑土的理化性质

典型黑土的形态特征：土壤地下水位长期或短期比黑钙土低；为期较长的季节性冻土层是土壤毛管水补给的补充因素；土壤剖面通体无碳酸盐积聚；表层有机碳含量显著超过黑钙土；土壤胶体处于胶溶状态，表层黑土层容重相对于黑钙土较小，一般为0.8～1.3 g/cm^3；整个剖面通体基本都有锈纹、锈斑和铁锰结核，结核的粒径有时可达0.5 cm。黑土未开垦前天然植被为“五花草塘”，主要为拂子茅、苔草、野古草、藜科、蒿草类以及豆科杂草等，并伴有蒙古栎等落叶乔木。

从这些特征来看，黑土应该和北美大陆的软土，即湿草原黑土比较接近，但与乌克兰大平原的黑钙土之间区别较大。

1. 黑土的物理性质

（1）机械组成

黑土的机械组成比较黏重，均匀一致，质地大部分为黏壤质到黏土类。上部土层（A层、B层）以壤质黏土为主，B层和C层粉砂粒含量高，质地大都为粉砂质黏壤土。

土粒组成以粉砂粒和黏粒两级为主，占55%～80%；这主要受黄土状黏土母质的影响。砂粒（粒径为 2～0.02 mm）含量从北到南有逐渐增加的趋势。黏粒在土壤剖面上虽然有分异现象，但大都不显著，与母质比较，B层黏粒含量并不显著增加。

黑土不同亚类之间机械组成有一定差别。典型黑土亚类黏粒含量多为20%～30%，黏粒可见淋淀趋势；草甸黑土亚类黏粒含量多为25%～35%，黏粒含量高，黏粒的淋淀现象不明显；白浆化黑土亚类黏粒含量低，一般为15%～25%，但淋溶现象较明显，淀积层黏粒含量明显高于淋溶层。总之，白浆化黑土亚类的黏粒含量最低，而草甸黑土和表潜黑土亚类的黏粒含量均比典型黑土亚类的黏粒含量高。

（2）容重和孔隙度

黑土容重一般为1～1.5 g/cm^3，耕层由于腐殖质多，并受耕翻影响，土层疏松，容重较低，向下层逐渐增大。总孔隙度为50%左右，耕层较高，可达60%左右，向下逐渐减少，为45%～50%。毛管孔隙度发达，占30%～40%，通气孔隙度偏小，耕层为10%～20%，向下层明显降低。

2. 黑土的化学性质

典型黑土有机质贮量丰富，一般耕层有机质的含量为20～65 g/kg，随地区、开垦时间和黑土类型的不同而有显著差异。大体上看，从黑龙江省北部的嫩江、五大连池、北安向南逐渐降低，北部地区新开垦的黑土耕地土壤有机质含量可达65 g/kg以上，而南部地区有的黑土老耕地有机质含量不足30 g/kg。吉林省有机质一般为20～30 g/kg，高的可达40 g/kg左右；土壤有机质含量以五大连池最高，高达90 g/kg左右。在南北方向的变化趋势明显，由南向北逐渐升高，与气候梯度相近，在东西方向变化趋势不明显。

白浆化黑土的有机质含量A1层虽然较高，为34.8 g/kg，但是白浆化土层急剧降低到12.5 g/kg。黑土有机质在剖面上的分布，表层较为集中，表层以下逐渐下降；因类型不同而异，典型黑土亚类和白浆化黑土亚类分别在50 cm以下和70 cm以下，有机质含量为6.4～9.9 g/kg，草甸黑土在80 cm以下，有机质含量为9.6 g/kg，表潜黑土在135 cm土层内，有机质含量达13.1 g/kg。

腐殖质组成以胡敏酸为主，胡敏酸与富里酸的比值一般为1～2。黑土水浸pH一般为5.5～6.5，表层pH偏高，底层偏低，草甸黑土、表潜黑土的pH偏低，南部地区黑土的pH偏高，有的可达7左右。

黑土养分比较丰富，全氮含量为1.0～3.5 g/kg，全磷含量为0.5～3.9 g/kg，其氮、磷养分的分布与有机质大体一致，表层含量高，向下层逐渐降低。耕地受开垦时间与施肥耕作管理水平的影响而有所不同，但是仍有北部地区黑土的氮、磷养分含量高于南部地区黑土的趋势。全钾的含量较高，为12.8～24.0 g/kg，沿剖面分布，不同类型和地区之间的差异不大。

碳氮比一般为8～14，表层的有机质含量高，碳氮比大于10，向下层碳氮比逐渐降低到10以下。黑土质地偏黏，有机质多，所以交换量比较高，阳离子交换总量每100 g土为21～37 cmol(+)/kg土，为保肥力强的土壤；交换性盐基以钙、镁为主，其饱和度一般为91%～96%，表层高，底层低。

总体上，黑土化学性质南北差异较大，大体上黑土养分含量具有由北向南逐渐递减的趋势，其中养分含量最高的为北安、五大连池地区。

二、黑钙土分类

（一）黑钙土亚类划分与属性

黑钙土基本剖面构型由腐殖质表层（A）、淀积过渡层（Bk）、母质层（C）组成。各基本发生层次之间常出现一定厚度的过渡层次，长期耕种的黑钙土，形成一个明显的耕作层（Ap）。

腐殖质层厚 30～40 cm，黑色，富含腐殖质，粒状结构或团块粒状结构。淀积层浅灰色或黄棕色，有黑色腐殖质舌状延伸物，颗粒是块状结构，碳酸盐积聚明显。母质层由火成岩风化物或淤积物构成，都含有少量碳酸盐。由于自然条件不同，在不同的亚类中，其形态和性质不相同。

根据土壤发生分类，黑钙土土类属于钙层土纲，半湿温钙层土亚纲，黑钙土土类下分 6 个亚类：典型黑钙土亚类、淋溶黑钙土亚类、石灰性黑钙土亚类、淡黑钙土亚类、草甸黑钙土亚类、盐化黑钙土亚类。各亚类的形态特征有明显区别。

典型黑钙土亚类是本土类的典型亚类，具备土类的基本形态特征。其余各亚类除具备黑钙土的基本形态特征外，各自附加了特殊的形态特征。黑钙土是草原景观的土壤，其特征是：相对于黑土地下水水位较高，位于黑土的西部，一般属于半湿润区，土层中含有碳酸钙，土壤胶体发生凝聚，容重相对于黑土较大，无铁锰结核或次生的二氧化硅积聚物；在自然环境下生长的典型草原植物为羽毛草、苔草、沟叶羊茅草植被，现已被开垦为农田，基本上都是旱田。

（二）黑钙土的理化性质

1. 黑钙土的物理性质

（1）机械组成

黑钙土的机械组成与区域性地质沉积环境和成土母质类型有关。其区域性分布有明显的规律性。富裕镇—林甸镇西 5 km—萨尔图（大庆市）—肇源县八家河一线，大致为壤质和黏质土壤的分界线。该线以西地区土壤质地普遍偏轻，多为壤土和砂土类；该线以东地区土壤质地偏黏重，大部分为黏壤土和黏土类；靠近嫩江西岸地带的黑钙土，剖面质地变化较大，主要受风沙影响，上部土层多为砂质壤土，下部土层黏壤土较多；龙江、甘南一带的黑钙土受冲积洪积物的影响，不但质地轻，剖面中的质地变化也较大，大小不等的砾石在土层中到处可见，有的剖面下部全为砾石。

黑钙土质地和母质密切关联，质地偏砂性的多为冲积物成土母质，而黄土状母质多为壤质黏土和黏土。

（2）容重

黑钙土类的黑土层容重为 1.2～1.3 g/cm^3；各亚类黑土层容重分别如下：黑钙土为（1.3±0.1）g/cm^3，变幅为 1.0～1.5 g/cm^3；石灰性黑钙土为（1.2±0.1）g/cm^3，变幅为 1.0～1.7 g/cm^3；草甸黑钙土为（1.2±0.1）g/cm^3，变幅为 0.99～1.6 g/cm^3。钙积层容重：石灰性黑钙土为（1.3±0.10）g/cm^3；草甸黑钙土为（1.4±0.08）g/cm^3。母质层容重：石灰性黑钙土为（1.5±0.07）g/cm^3；草甸黑钙土为（1.5±0.09）g/cm^3。

（3）总孔隙度

土壤孔隙量在剖面中的分布随土层深度的增加而减少。

（4）田间持水量

黑龙江省西部黑钙土地区土壤质地偏轻，其田间持水量小，多在 20%以下，如安达卧里屯王家店。中部和东部地区的黑钙土质地黏重，有机质含量高，田间持水量较大，多在30%以上，有的表土层田间持水量达40%以上。对单个土壤剖面而言，表土层的田间持水量都大于下部土层，这是普遍规律。

（5）毛管持水量、饱和持水量

毛管持水量是指土壤能保持的毛管支持水的最大量。从黑钙土的水分物理数据中都能看到，这个水量都大于田间持水量而小于饱和持水量。一般情况下耕层的毛管持水量都大于下部土层，个别剖面耕层的毛管持水量比田间持水量多10%左右，但以多5%左右的为多。

2. 黑钙土的化学性质

（1）全量化学组成

从黑钙土的全量化学组成的代表性剖面分析结果看出，铁、铝在剖面上分异不大，说明其很少移动。唯有钙的淋溶和淀积明显，各亚类之间的变化规律与其名称相符合，如石灰性黑钙土，表层钙的含量较高，淋溶黑钙土含钙较少。而典型黑钙土在表层少而下方有钙积层。土体的硅铝率上、下层分异不大，硅铝铁率各层分异也不明显。这与黑钙土地区的生物气候条件有关，成土作用是在降水量较少、风化淋溶较弱的条件下发生的。

（2）碳酸钙含量

碳酸钙在土壤剖面中的含量因土壤类型和层次不同而异。通常表土层含量少或无碳酸钙，含量最多的是钙积层。不同亚类和土属的碳酸钙在剖面中的分布部位也有所不同。

根据资料，在6个黑钙土亚类中，草甸黑钙土钙积层中的碳酸钙含量最高，特别是石灰性草甸黑钙土达10%～15%，有的高达20%。在黑钙土剖面中，钙积层最厚的是石灰性黑钙土。靠近盐碱边缘的盐化、碱化草甸黑钙土，虽然表土层即有碳酸盐反应，但并不都是碳酸钙，或者只有微量碳酸钙。除草甸黑钙土碳酸钙含量较高外，其余3个黑钙土亚类的碳酸钙含量一般为5%～10%。

（3）土壤养分状况

黑钙土有机质含量平均为33 g/kg，全氮为2 g/kg，属于中等偏低的水平，碱解氮较丰富，为152 mg/kg，速效钾极丰富，为207 mg/kg，速效磷偏低，只有12 mg/kg。

黑钙土6个亚类中，淋溶黑钙土的有机质含量最高，为41 g/kg，黑钙土、草甸黑钙土和石灰性黑钙土3个亚类的有机质平均含量为32～35 g/kg。全氮含量也表现出同样趋势，淋溶黑钙土全氮含量最高，为2.8 g/kg，其他3个亚类的全氮含量为1.8～2.0 g/kg。对于碱解氮和速效钾的含量，4个亚类均较丰富。淋溶黑钙土的速效磷含量最低，仅为6 mg/kg，其他3个亚类速效磷的含量为11～13 mg/kg。

三、草甸土分类

（一）草甸土亚类划分与属性

草甸土一般可分为腐殖质层（A）及母质层（Cg）两个发生层次。

腐殖质层的厚度一般为 20～50 cm，少数可达 100 cm，常可分为几个亚层。颜色暗灰至暗灰棕，多为粒状结构，矿质养分也较高。

母质层有小型铁锰结核及锈斑、灰斑，厚度为 50～80 cm，直至地下水水面，腐殖质含量<1.0%。颜色、质地颇不一致，视沉积物性质而定。沉积层次明显。

草甸土含水率较高，毛管水活动强烈。湿润季节底层水分可达田间持水量至饱和含水量。地下水水位较高，雨季时，地下水多出现于土层的下部或中部。

根据土壤发生分类，草甸土土类属于半水成土纲，暗半水成土亚纲。草甸土土类下分 5 个亚类：暗色草甸土亚类、典型草甸土亚类、碳酸盐草甸土亚类、潜育草甸土亚类、冲积性草甸土亚类。

草甸土在东北黑土区分布极为广泛，从暖温带到寒温带，从山地针叶林到黑钙土、栗钙土、盐碱土带，均有分布。其中比较集中分布在河谷低地的狭窄地带，如黑龙江、松花江、辽河及其主要支流的沿岸地区。

（二）草甸土的理化性质

1. 草甸土的物理性质

（1）机械组成

草甸土的机械组成受成土母质的性质和沉积环境的影响，各地差别很大。一般来说，沿江河地带的上游地区颗粒组成中粗粒含量多，下游地区细粒较多，坡冲积形成的草甸土受当地山坡或岗坡母质的状况左右。大江大河、河漫滩地带的草甸土受河流泛滥的影响，土层具有成层性，剖面中找不到质地均一的层次，砂、壤、黏各种类型都有；只有在低平原受静水沉积物影响的沉积、淤积地区其颗粒组成较细，如三江平原和松嫩平原的东部地区。松嫩平原的西部和西南部草甸土受西部风砂土的影响，土壤质地轻。由富裕镇-林甸镇西 5 km-萨尔图（大庆市）-肇源县八家河一线以西的草甸土质地普遍偏轻，多为壤土和砂土；以东地区多为黏土类型；北安、克山、拜泉一带的草甸土受泥质页岩风化物的影响，颗粒较细，也都为黏质草甸土类型。

（2）土壤容重

草甸土亚类 A1 层容重为 1.1～1.2 g/cm^3，其标准差为 0.11～0.15 g/cm^3，总体变化不大。下部各土层的土壤容重都随土层加深而增大。其中，白浆化草甸土的白浆化层并不是典型的白浆层，因此它不具有很大的容重，只是稍大一点而已。

（3）土壤总孔隙度

草甸土亚类表土层总孔隙度为 53%～59%。下部各土层的总孔隙度都随土层加深而减少。初步估算 1 m 以上土层的总孔隙度为 49%～50%，即 1 m 以上土层有一半的孔隙量。

（4）可溶性盐总量

草甸土的可溶性盐总量都在 0.1%以下。但由于地域、成土母质以及积盐条件的不同，各亚类明显不同，特别是地处半干旱气候区的石灰性草甸土，无论是表土层还是下部土层，其总盐量都高于其他 5 个亚类，有的下部土层含盐量达到轻度盐化草甸土的程度。

（5）土壤交换量

草甸土类的交换性盐基总量一般都较高，通常都在 20 cmol/kg 土以上，含腐殖质多的和质地比较黏重的土层往往都在 40 cmol/kg 土左右。除了黑龙江省西部靠近风砂土区的草甸土和江河沿岸质地轻的草甸土交换量小于 20 cmol/kg 土外，其他类型的草甸土交换量都在 30 cmol/kg 土附近。

2. 草甸土的化学性质

草甸土各亚类农化分析显示化学性质之间有很大差异。典型草甸土亚类有机质含量都很高，平均为 43～76 g/kg，其中埋藏型草甸土最高，石质草甸土最低。其全氮、碱解氮含量与有机质含量呈正相关，因此，埋藏型草甸土的全氮达 5.6 g/kg，碱解氮达 484 mg/kg，石质草甸土则低得多。速效磷含量以埋藏型草甸土最低，砾石底草甸土次低，其他几个土属都差不多。速效钾含量则以埋藏型草甸土最高，达 447 mg/kg，暗棕壤型草甸土次之，其他土属则差不多。

石灰性草甸土的 3 个土属中，有机质含量都较低，其中石质石灰性草甸土只有 17 g/kg，只有质地较黏的黏壤质石灰性草甸土含量较高，达 44 g/kg，但它只相当于草甸土亚类中几个土属的最低值，因此，石灰性草甸土土属的有机质含量是草甸土类中含量最低的类型。由于有机质含量低，全氮、碱解氮、速效磷含量都低。速效钾含量不低的原因是整个黑土区土壤中钾的含量较高。

白浆化草甸土的 3 个土属中，有机质含量平均为 39～97 g/kg，其中砂砾底白浆化草甸土的有机质含量高，标准差也大，其他养分含量也较高。白浆化草甸土中，砂底白浆化草甸土的各种养分含量最低。

潜育草甸土的 4 个土属中，由于水分充沛，草甸植被生长繁茂，有机质含量普遍都高，其中砂底潜育草甸土的有机质含量为 99 g/kg，是草甸土土属中最高的，其他养分含量也较高。

山地草甸土质地为砂质壤土至砂质黏壤土，统体含有少量碎石，黏粒（<0.002 mm）含量在 10%以下，土体较松，通气性较好，气候条件所致土温低，植被稀少，微生物活动较弱，土壤有机质分解转化及积累缓慢，有机质含量为 70 g/kg 左右，全氮含量为 4.0 g/kg，全磷为 1.5 g/kg，全钾为 15～26 g/kg，交换量为 11.2～11.9 cmol/kg 土，山地草甸土偏酸性，一般 pH 为 5.1～5.5。

四、暗棕壤分类

（一）暗棕壤亚类划分与属性

根据小兴安岭的调查，发育正常的剖面具有 A0、A1、B、C 等层次。A0 层厚 4～5 cm，由母本凋落物和草本残体构成，有较多的白色菌丝体；A1 层厚 10～20 cm，显棕灰色，具有粒状或团块结构，根系密集，有蚯蚓聚居；B 层厚 30～40 cm，呈棕色，质地较黏重，结构为核状或团块状，木质根较多，石砾表面有时可有不明显的铁锰胶膜。

根据土壤发生分类，暗棕壤土类属于淋溶土土纲，湿温淋溶土亚纲。暗棕壤土类下分 5 个亚类：典型暗棕壤亚类、白浆化暗棕壤亚类、草甸暗棕壤亚类、潜育暗棕壤亚类、暗棕壤性土亚类。

（二）暗棕壤的理化性质

1. 暗棕壤的物理性质

（1）机械组成

暗棕壤各亚类的机械组成分析结果表明，暗棕壤的机械组成因受母岩及其风化程度的不同变异较大，风化较弱的以砂为主，风化较强的以粉砂为主，总体来说质地较轻，土体中砂粒和粉砂粒含量高，黏粒含量低。一般是砂质壤土、砂质黏壤土或粉砂质黏壤土。

（2）容重和孔隙度

暗棕壤各亚类各发生层的容重和孔隙度测定结果表明：暗棕壤 A 层的容重较小，一般为 0.68～1.12 g/cm^3，孔隙度高，为 52.8%～72.8%，沿剖面向下层容重逐渐增大，至 C 层增大至 1.5～1.8 g/cm^3，孔隙度逐渐降低，至 C 层降低至 26%～39%。

（3）水分状况

经过对原始红松阔叶林和采伐迹地的暗棕壤水分季节动态的研究，可知暗棕壤的水分状况具有如下几个特点：①土壤水分的季节变化不很明显，一年之内土壤都是比较湿润的，春季的干旱不能被明显看出；② 5 月到 6 月上旬是上部土层冻融的时期，土壤水分含量比较高，6 月下旬到 7 月上旬，气温升高，而降水尚少，土壤水分含量略有降低，7 月以后进入雨季，土壤水分含量又升高，直到 9 月以后才有所下降；③土壤表层的含水量很高，向下则急剧降低，可相差数倍，这与地表凋落物层和腐殖质含量高保水能力有关；④原始林下和采伐林地的水分动态趋势虽然大体一致，但土壤的含水量相差较大，原始林下高于采伐迹地，特别是表层。

2. 暗棕壤的化学性质

（1）土壤酸碱度

暗棕壤呈酸性、弱酸性至近中性，其中，灰化暗棕壤和白浆化暗棕壤 pH 偏低，酸性较强；典型暗棕壤亚类弱酸性，接近中性。

（2）有机质和养分

暗棕壤亚类 A 层有机质含量高，A0 层高达 180～210 g/kg，A1 层一般为 30～120 g/kg 或更多一些，向下层有机质的含量急剧减少。全氮含量与有机质含量趋势一致，也是 A 层高，A0 层为 6～9 g/kg，A1 层为 1.5～5.9 g/kg。全磷含量较少，A1 层为 1.9～5.0 g/kg，向下层逐渐减少，速度较缓。全钾含量较高，含量为 12～36 g/kg。

灰化暗棕壤的有机质和氮、磷、钾养分的含量低，这是因为这个亚类多分布在砂性母质或山地高坡的残积坡积物上，有机质积累少，养分和灰分也都少。由于灰分少不足以中和酸度，易引起灰化现象。

五、白浆土分类

（一）白浆土亚类划分与属性

白浆土属于淋溶土土纲，漂白淋溶土亚纲，白浆土土类在我国土壤系统分类中大部分称为漂白冷凉淋溶土。白浆土土类之下分为典型白浆土、草甸白浆土和潜育白浆土 3 个亚类。

白浆土具有明显的腐殖质层、白浆层和黏化淀积层。白浆土的 3 个亚类依据其分布的地形和植被及其剖面的主要特征比较容易区分。典型白浆土亚类分布在起伏漫岗地上，森林植被多为落叶杂木次生林，剖面中无锈斑；草甸白浆土分布在高平地，植被是灌木丛草甸杂类草，在黏化淀积层中可见到锈斑；潜育白浆土地形低平，具有沼泽植被，在白浆层中可见到锈斑。

（二）白浆土的形态特征和理化性质

1. 白浆土的形态特征

一般白浆土具有腐殖质层（A）、白浆层（E）、淋淀黏化层（Bt）和母质层 4 个发生层次。如未开垦的潜育白浆土腐殖质层上面还有几厘米厚的纤维草根层（O），森林植被腐殖质层上有几厘米厚的枯枝落叶层（O），耕作的白浆土表层为耕作层（Ap）。白浆土表层的质地多为壤黏土至黏壤土，结构一般为粒状或小团块状，现大部分被开垦为农田，多为团粒状结构；白浆层一般较厚，质地多为粉砂黏壤土，由于粉砂含量高，土层紧实，多为片状结构，通体有大量的铁锰胶膜。

（1）腐殖质层

通常称为黑土层，粉砂壤土至黏壤土，粒状团块状结构，多呈暗灰色，耕种之后由于有机质的矿化减少或部分白浆层的混入，颜色变浅，呈灰色至浅灰色，其颜色深浅和该层腐殖质含量有关。厚度变异很大，为 8～25 cm，根据 597 个自然白浆土剖面统计，平均厚度为 16.5 cm。3 个亚类相比较：潜育白浆土>草甸白浆土>典型白浆土。

根据黑龙江省土壤普查统计，腐殖质层厚度<10 cm 的占白浆土总面积的 21.3%，10～20 cm 的占 55.6%，>20 cm 的占 22.1%。在自然状况下，潜育白浆土表层约有 5 cm 厚的草根层，是半泥炭化状态，几乎不含矿质土，其下的腐殖质层与草甸白浆土和典型白浆土相同，均含有大量植物根。但在开垦之后，经 3～5 年，植物根腐解矿化，只存有少量细根。在典型白浆土和草甸白浆土的腐殖质层中往往有少量的铁锰结核，呈棕褐色，较坚硬，但有些剖面中没有。层次过渡明显，过渡层一般为 2～3 cm，这可能是高度生物富集的表层在分解过程中的中间产物直接作用于亚表层的结果。

（2）白浆层

1985 年全国土壤基层分类会议所定的土壤野外描述标准化方案中用 E 表示。白浆层的颜色比上、下层均浅，呈草黄色、浅灰色和白色。

白浆层的质地基本和腐殖质层相似，多为粉砂质壤土至黏壤土。根据对密山、虎林、鸡西、鸡东等市县 635 个剖面统计，白浆层的平均厚度为（20.32±6.47）cm，最厚的达 35～40 cm，最薄的为 7～11 cm。3 个亚类比较，潜育白浆土较薄，平均为 17.6 cm，草甸白浆土居中，约为 20.0 cm，以典型白浆土亚类最厚，平均为 20.7 cm。这符合地形越高淋溶越强的规律。在多数情况下腐殖质层厚则白浆层也厚。

白浆层中植物根多为细根，有大量小的孔隙也是其主要特征之一。该层中的新生体在潜育白浆土中可见到锈斑，而在草甸白浆土和典型白浆土中可见到大小不等的铁锰结核，但不是所有的剖面都如此。少数剖面中很难找到，这可能与母质的含铁量有关。层次过渡通常是明显整齐的。

（3）淋淀黏化层

该层厚度达 120～160 cm，一般均可分为 3 个亚层，即 Bt_1、Bt_2 和 Bt_3（或 BC）层。3 个亚层的起止深度变化很大，其中 Bt_2 为典型黏化淀积层，Bt_1 及 Bt_3 为过渡层。黏化淀积层的共同特征是质地黏重，为壤黏土至黏土，有的达重黏土，有明显的淀积黏土膜，为棱柱状、棱块状结构，有极少量细根，颜色的深浅、颗粒结构的大小在不同亚类之间差别很大。由高到低即典型白浆土到潜育白浆土，通常颜色逐渐变深，颗粒逐渐变小，新生体由结核变为锈斑。

（4）母质层

通常在 2 m 以下出现母质层，质地仍较黏重，但有一些含有少量粗砂，其颜色比较复杂，呈黄棕色、黄色，甚至受潜育影响而形成灰蓝色。在潜育白浆土的母质层中，往往见到铁盘层，被认为是地下水水面的位置，铁盘层之下为灰蓝色的潜育层。

2. 白浆土的物理及水分性质

白浆土的质地都较黏重，Ah 层及 E 层多为黏壤土，有的为壤黏土，Bt 层为黏土或壤黏土，C 层在正常情况下也多为壤黏土，但在底部出现砂层时，受其影响，质地为砂质黏土。

颗粒组成以黏粒（<0.0020 mm）和粉砂（0.020～0.0020 mm）为最多，个别层次细砂（0.20～0.02 mm）较高，达 44%～61%，均出现在平地和低地白浆土中，是受下部砂层的影响所致。

白浆层中黏粒的损失和粉砂的相对积累可从粉砂黏比看出，其值为 1.1～2.2，而黏化淀积层的比值均小于 1。

黏化淀积层黏粒含量和白浆层含量之比称为黏粒淋淀指数，数值大于 1.2 时即达到了黏化指标。黏粒在剖面上的分布均呈现上下小、中间大的状况，说明上层的黏粒迁移至下层。

白浆土的容重，腐殖质层为 1.0 g/cm^3 左右，到白浆层增至 1.3～1.4 g/cm^3，至黏化淀积层为 1.4～1.6 g/cm^3，甚至更高。

孔隙度除腐殖质层外，白浆层和黏化淀积层均较差，其通气孔隙都在 6%以下。白浆土的淀积层渗透系数仅为 0.0020～0.0070 cm/min。白浆土的水分补给是大气降水，降水易于影响到的土层，水分经常处于变动中，称为水分活跃层。这一层的厚度白浆土是 20～40 cm，草甸土是 60 cm，黑土达 80 cm。白浆土的水分达到饱和含水量时，如果 7

天不下雨，就消退到作物缺水的程度。一次连续降雨超过 25 mm，土壤湿度就达到毛管持水量的程度；一次连续降雨超过 50 mm，土壤水分即可达到饱和水分状态。计算 1 m 土层的土壤蓄水量，白浆土的“库容”（饱和持水量——毛管断裂持水量）是 148～246 mm，而黑土是 284～476 mm。

白浆土的上述水分特性，使其既怕旱又怕涝，成为农业生产上的主要障碍因素之一。综上，白浆土水分状况的季节变化主要受土壤不良的水分物理性质以及气候等因素的影响，其土壤水分的动态主要集中在土壤的表层，干湿交替明显，极其容易造成上层滞水的现象。

3. 白浆土的矿物及化学性质

（1）矿物和黏土矿物

白浆土的黏粒矿物较多，而且土体各发生层次自上向下有明显递增的趋势。比较矿物全量化学分析资料发现其规律基本是相同的，土体部分的硅铝铁率为 5～7，黏粒部分为 2.6～3.7，均呈现上大下小的趋势，但分异不大，说明铁、铝有所移动。多数分析资料显示白浆土的黏土矿物均以水云母为主。白浆土中铁的游离度较高，达 20%～43%，说明白浆土的铁有较多的蚀变，且表层大于底层。白浆土铁的活化度也较高，达 40%～70%，而黑土、草甸土是 30%～50%，说明白浆土中铁易于移动。络合态铁及铁的络合度和土壤腐殖质含量呈显著正相关。

（2）白浆土的化学性质

开垦耕作后的白浆土，耕层有机质含量为 40 g/kg 左右，因受水热条件的影响，潜育白浆土>草甸白浆土>典型白浆土。表层有机质含量丰富，但是到白浆层锐减，降到 10 g/kg 左右，至黏化淀积层有些剖面稍高于白浆层。白浆层均为微酸性反应。耕作层中全氮为 2.0 g/kg 左右，全磷为 1.0 g/kg 左右，全钾通体均较丰富，在 25 g/kg 左右。交换性阳离子组成中以钙、镁为主，含有少量的钠，钠的饱和度达 3%～10%，而以白浆层为高，这可能是白浆层黏粒易于分散迁移的原因之一。白浆土属于盐基饱和的土壤，盐基饱和度为 70%～90%。

白浆土的酸碱度。白浆土各亚类水浸 pH 一般为 5.0～6.0，个别土层略大于 6，腐殖质层的 pH 有 80%属于微酸性，5%为酸性，15%为中性；酸性均出现在有机质含量较高、淹水时间较长的潜育白浆土上；而中性多在典型白浆土上。通过层次之间比较显示，白浆层和黏化淀积层出现中性的频率最高，分别达 25%和 43%，3 个亚类规律是相同的。各层的 pH 以过渡层最高，平均为 6.4±0.4，淀积层最低，平均为 6.07±0.38。通过 3 个亚类比较显示，淀积层和过渡层（BC）的 pH 较为一致，但腐殖质层和白浆层的 pH 以典型白浆土为最高，其次是草甸白浆土，而潜育白浆土最低。亚类和层次之间 pH 的不同变化和有机质含量、交换性阳离子组成及母质性质有关。

腐殖质的组成。开垦后随着腐殖质含量的降低，胡敏酸和富里酸均相应减少，但减少的幅度较小；富里酸的减少量稍多于胡敏酸，而胡敏酸在开荒初期急剧减少，3 年之后趋于稳定。胡敏酸与富里酸比（H/F）荒地为 0.94，开垦后增至稍大于 1。

白浆土养分状况。耕作层白浆土有机质平均含量为 24～28 g/kg，全氮为 1.2～4.0 g/kg，碱解氮为 131～330 mg/kg，速效磷为 7.9～28.2 mg/kg，速效钾为 93～273 mg/kg。除速效磷外，均以潜育白浆土最高，草甸白浆土次之，而白浆土亚类最低。有机质和全氮变异较小，而速效养分变异较大，其中尤以速效磷变异最大，变异系数达 75%～131%。

六、棕壤分类

（一）棕壤亚类划分与属性

根据土壤发生分类，棕壤土类属于淋溶土土纲，湿暖温淋溶土亚纲。棕壤土类下分 4 个亚类：典型棕壤亚类、白浆化棕壤亚类、潮棕壤亚类、棕壤性土亚类。

棕壤在东北黑土区分布极少，仅分布于辽宁省和吉林省的西南部少部分地区。从暖温带到寒温带，从山地针叶林到黑钙土、栗钙土、盐碱土带，均有分布。其中比较集中分布在河谷低地的狭窄地带，如黑龙江、松花江、辽河及其主要支流的沿岸地区。

（二）棕壤的理化性质

1. 棕壤的物理性质

（1）机械组成

棕壤剖面间和发生层次间的机械组成变幅较大，由黏壤土到粉砂质黏土组成；发育在黄土状沉积物上的棕壤黏粒（<0.002 mm）含量比发育在酸性岩风化物母质上的高；发育在两种母质上的土壤，Bt 层的黏化率（Bt/A）都在 1.2 以上；麻砂质棕壤的化学风化作用强，黏化层出现部位比黄土质棕壤浅，且黏化层较厚。

（2）矿物组成

棕壤在湿润暖温带生物气候条件下，成土地球化学过程的特点是，在弱酸性环境介质以及淋溶和排水条件下，原生矿物的蚀变促进水云母和绿泥石转化为蛭石。矿物蚀变过程主要是黑云母—水云母—蛭石（绿泥石），长石—水云母—蛭石—蒙脱石—铝蛭石—高岭石。因此，不论水平分布还是山地垂直带的棕壤，其指示性黏粒矿物均以水云母、蛭石为主。但因成土母质和地区差异，黏粒矿物的伴生组合类型有一定差异。

（3）矿质含量

矿质元素多在 6 g/kg 左右，氧化镁为 8～10 g/kg，氧化钾为 22～25 g/kg，土体矿物的化学组成中仍有一定量的碱金属。氧化钙含量为 3～20 g/kg，磷、锰含量很少，前者多为 1～2 g/kg，后者多为 0.4～1 g/kg，表明棕壤有明显的淋溶作用。

2. 棕壤的化学性质

棕壤呈微酸性反应，pH（水浸）多为 5.0～7.0，交换性酸总量多为 0.15～1.0 cmol/kg 土，有的可高达 3.0～6.0 cmol/kg 土，随剖面加深而明显增高。麻砂质棕壤交换性酸总量明显大于黄土质棕壤。

棕壤的交换性盐基以钙、镁为主，一般占交换性盐基总量的 95%左右，盐基交换量多为 15～20 cmol/kg 土，盐基饱和度高，一般为 95%左右，心土及底土层盐基饱和度明显下降。

棕壤的腐殖质组成中以胡敏素含量最高，约占有机碳量的65%，腐殖酸约占35%，其中以富里酸略高于胡敏酸，H/F 值为 0.8～1.0。棕壤的成土母质不同，腐殖质组成比例稍有差别，麻砂质棕壤，H/F 值略低于黄土质棕壤，前者为 0.82，后者为 0.96，土壤的肥力性状以后者较高。

第四节　中国黑土利用及改良

一、黑土的利用及改良

黑土是一种适宜种植农作物的较好的土壤，主要特点是：表层深厚，含腐殖质多，结构良好，吸收性能好，土壤中潜在养分含量高，植物营养元素较多，酸碱度适中，保水、保肥性强，潜在肥力大。

1. 保持水土

由于黑土质地黏重，并有季节性冻层，底层土壤透水不良；夏季降水高度集中，雨热同季；地势起伏不平，多为漫川漫岗。因此，每年春季的融冻水和夏秋降水集中，一时无法从土层中迅速下渗，形成大量的地表径流，造成土壤冲刷，加之长期耕作粗放，缺乏合理的防护措施，更促进了土壤侵蚀的严重发展。因此在开垦比较久的农田地区可以见到许多冲刷沟；片蚀现象更为普遍；腐殖质土层日渐变薄；在坡度较陡的地方，露出了心土和底土，形成了“破皮黄”或“黄土包”。可通过改垄、修梯田、治理沟蚀以及植树造林形成网林格，充分利用“三北”防护林，加强水土保持。只要因地制宜，采取综合措施进行防治，可防止或减轻黑土土壤侵蚀。

有关黑土的水土保持技术我们将在第八章和第九章详细介绍。

2. 抗旱防涝

黑土处于东北半湿润地区，干燥度一般小于 1，土壤的水分状况，在正常气候，一般能满足当地作物对水分的要求。但由于黑土降水多集中在 6 月、7 月、8 月 3 个月，会出现水分分布不均的情况。

黑土旱害，以春旱为主，一般多发生在黑土地区的西部和南部。采取的防旱措施主要如下：在基本耕作上，为了便于接纳降水，防止土壤水分损失，进行秋整地，春季镇压土地；在播种前整地，应尽量减少不必要的整地作业；在播种技术上，一般要充分利用黑土的融冻水，适时早播；在施肥技术上，采用有效的肥料，促进作物根系生长，便于吸收土壤深层水分，增强抗旱能力，另外，有机物料和绿肥有利于保持水分，春旱时应多施用；在有条件的地区，当从预报中得知有春旱时，还可以利用人工降雨，解除旱情的威胁。

3. 培肥地力

培肥地力的关键是增加土壤有机质含量，增加土壤有机质的措施主要有：①不断增施有机物料。有机物料以农家粪肥为主，同时再辅以秸秆和绿肥等；②因地制宜地推广秸秆还田，秸秆还田是增加土壤有机质、培肥地力的重要途径；③改变传统耕种习惯，积极推行根茬还田。

4. 合理耕作

黑土的耕层需要保持必要的紧实状态，但由于长期小型机具耕作，耕层下部出现犁底层，需要通过合理的耕作方式打破犁底层。因地制宜地采取不同的耕作方式，实施深松耕法等合理耕作（Liu et al.，2011）。

二、黑钙土的利用及改良

（一）利用现状与肥力发展趋势

1. 利用现状

东北黑土区共有黑钙土总面积 957.7 万 hm^2，是该区域仅次于黑土的重要的农业生产基地和商品粮基地。由于黑钙土分布于黑土的西部，与西部的风砂土和盐碱土相连，在东北靠近黑土的西部区域有大面积的黑钙土草原，因此，黑钙土区又是重要的畜牧业生产基地，在该区的农牧业生产中占有重要的地位。

黑钙土区以旱耕农业为主，盛产玉米、谷子、大豆、马铃薯、杂粮及向日葵、甜菜等多种农作物。但由于黑钙土区气候相对比较干旱，土壤比较瘠薄，加上管理比较粗放，“旱、薄、粗”是黑钙土区发展生产的主要障碍因子，特别是黑钙土中面积最大的淡黑钙土和盐化黑钙土，是主要的中低产田土壤。改善种植结构和提高水肥利用率，该区农牧业增产潜力很大。

2. 肥力发展趋势

黑钙土区无论是耕地还是草地，肥力发展多数都表现出下降趋势。耕地由于长期施肥不足，管理粗放，土壤有机质含量逐年减少，退化严重，土壤盐渍化面积不断扩大，盐碱化程度日益加重。科学、有规划地改造培肥黑钙土农田，合理管理好建设草原，是该区进一步发展农牧业生产的重要任务。

（二）利用与改良

1. 调水、控水、科学用水

黑钙土区气候比较干旱，降水较少且集中，土壤供水不足、不匀、不稳，春旱夏涝，缺水是发展农业生产的一个主要障碍，因而必须在科学用水、调水、控水上采取科学的对策。①发展井灌、滴灌和旱田水浇；②实行旱地蓄水保墒抗旱的耕作技术；③采取防洪排涝工程措施。

2. 增施有机肥物料，培肥地力

黑钙土具有较高的自然肥力，但由于所处区域气候比较干旱，土壤开垦后又长期施肥不足，耕作粗放。因此，培肥地力是改变土壤瘠薄现状、提高产量的根本途径和重要

手段。培肥地力的核心是增加土壤有机质，控制和改变令人担忧的土壤有机质不断下降的局面。增加土壤有机质的途径很多，应结合当地具体条件因地制宜。

（1）大量增施优质农肥

以肥改土，效果显著，措施可行。根据吉林农业大学在前郭尔罗斯蒙古族自治县（简称前郭县）碱巴拉基点试验，黑钙土多年增施有机肥可明显改善土壤肥力性状，土壤有机质及氮、磷养分明显增加，多种酶活性增强，土壤腐殖质组成改善，胡敏酸、富里酸增加。增施有机肥培肥改良黑钙土的效果是肯定的、明显的。黑钙土区土地多，畜牧业比例大，有机肥源丰富，关键在于加强领导，落实政策，建立健全有关规章制度和岗位责任制，加强基础设施建设，逐步改变群众粗放耕作习惯，前途广阔。

（2）实行秸秆还田和根茬还田

实行秸秆还田和根茬还田是增加土壤有机质、培肥地力的重要措施。黑钙土区玉米种植比例大，随着单产水平的不断增长，秸秆与根茬产量也相应大幅度增加，实行秸秆与根茬还田已有可能。秸秆与根茬可以通过过腹、过圈、坑沤等方式制造有机肥还田，近年的研究资料表明，施用非腐解态玉米秸秆还田比对照和施用腐解玉米秸秆有更好的配肥改土效果。土壤中多种酶活性增高，在腐殖质结合形态上活性大的游离态和松结合态碳明显增加，重组有机碳的数量和原土复合量均有所增加。

（3）发展绿肥牧草作物

黑钙土区，特别是淡黑钙土和盐化黑钙土分布广泛的区域，地广人稀，土壤肥力条件差，垦殖指数低，草原面积大，发展绿肥牧草作物有良好条件。绿肥牧草作物，特别是草木犀、苜蓿、沙打旺、田菁等，采取清种、间种、套种、复种等不同种植形式，效果良好，已为当地的科学试验和生产实践所证实，其中草木犀的种植面积一度发展到相当规模。发展绿肥牧草作物不仅可以为生产提供大量有机物料，还可以有效地培肥改良土壤，提高地力，并且可以提供优质饲草，将它同黑钙土区的草地合理利用和草原建设结合起来，有利于发展畜牧业。

3. 充分利用“三北”防护林，改善生态环境

农田防护林带有减缓风速、减轻风蚀、减少土壤水分蒸发、保墒增温、提高作物产量的作用，这对有针对性地改变黑钙土区的气候干旱、多风少雨的不利自然条件，改善农业生态系统有重要意义。植树造林应以发展农田防护林带、以防风防旱为重点，保护和促进农牧业的稳定发展，兼顾发展用材林和薪炭林。在一般耕地上应以营造农田防护林为主，在现有次生林和三类、四类草原岗地，即林牧业兼用地上可营造成片林。在村屯四旁与河渠堤旁可营造薪炭林、用材林和经济林，进一步提高森林覆盖率，改善农业生态环境。

三、草甸土的利用及改良

草甸土是比较肥沃的土壤，土壤中含有丰富的养分和水分，适合于各种作物和蔬菜生长，并能获得较高产量，特别是干旱年份生产潜力更大。草甸土在黑龙江省农牧业生

产中具有重要价值，它不但是主要的粮菜基地，也是重要的早春牧草地和牧草生产地。

草甸土的养分状况极好，但由于洪涝、内涝、“哑巴涝”经常发生，不能充分发挥其生产潜力。为此，要充分利用草甸土资源，必须针对存在的问题予以解决。

（一）治涝

涝灾是草甸土的主要灾害，根据涝灾发生的水源性质应采取如下措施。

1. 防洪治涝

沿江河河漫滩地带的草甸土，由于无堤防保证和堤防标准不高，常受洪水侵害而成涝。对于洪涝灾害，只能用修建防洪堤、提高防洪堤标准和修建大型水库予以保护。

2. 排水治涝

对于地形低洼常成为汇水区的草甸土类型如潜育草甸土，季节性积水使其不能被很好利用；还有些低平地草甸土常受坡水汇流的影响而成涝。为排出多余水分，必须修建骨干排水系统，包括坡水截流排水系统以及垂直排水系统等。

3. 治理“哑巴涝”

地表水致涝，无论是洪水、坡水还是大气降水，只要是地表积水，利用工程措施就可以很容易解决。然而，对于发生于黏质草甸土和其他草甸土在季节性冻层未化通情况下，由冻层以上的土壤饱和状态的水所造成的涝灾，即所谓的“哑巴涝”。一般地面排水工程很难奏效，根据草甸土成涝的多种原因，只有采取综合治理方法才能根除，其中包括农业上的深松土，打破白浆化层、犁底层，改造土体构型，掺砂改土以及工程上的暗管排水、打穿冻土层的排水井等措施才能奏效。

4. 合理利用资源，种稻治涝

草甸土的涝灾主要是对旱作农业而言，在有充沛的地表水源和地下水源的地方，将旱田改为水田是最佳的利用方案，从而解除涝灾。除了水源不足地区和土壤下部砂层特别浅、渗漏量大的地区不宜发展水稻外，其余草甸土均应尽力发展水稻生产。草甸土潜水水位高，季节性冻层化通晚，灌溉用水量和渗漏量都很少，这是草甸土发展水稻的优越条件。因此，只要有水源的地方都要大力发展水田。

（二）防治土壤盐碱化

石灰性草甸土主要分布在黑龙江省西部盐渍土地区，由于它靠近盐渍土边缘地带以及它与盐土、碱土、盐化草甸土、碱化草甸土呈复区分布，石灰性草甸土常受土壤盐碱和近地表地下水的盐碱影响，在这种影响下，不适宜的耕作和无计划的放牧导致草原被破坏，无良好排水系统下的灌溉和排水不畅的地段，在春季和秋季干旱季节都会产生盐分积累。从石灰性草甸土的 pH 高可以判断，客观存在着碱化现象，因此，防止石灰性草甸土向盐化、碱化方向发展是必不可少的措施，必须加强盐渍化的防治。对于耕地，要通过多施有机肥、种植绿肥、防止水分过多蒸发、改善耕作制度等综合措施进行防治；

对于草原地带的石灰性草甸土，要防止过度放牧，多种草从而增加植被覆盖率，加强土地管理，防止乱垦荒地等。

（三）加强农业措施

为充分发挥草甸土的生产潜力，必须加强综合农业措施。例如，改善耕作制度、深松土、增施粪肥、合理轮作等许多农业措施，对改良白浆化草甸土的白浆化土层、防止土壤肥力降低，以及防止石灰性草甸土的碳酸盐累积都有重要意义。

四、暗棕壤的利用及改良

（一）利用与改良

暗棕壤腐殖质含量高，表层微酸性，是肥力较高的土壤，是我国名贵木材红松的中心产地，平缓坡地可开辟为农田，适合种植大豆、玉米，也可发展果树业及栽培人参。暗棕壤区具有发展林、农、工、商的巨大潜在资源。肥沃的暗棕壤不仅可提供木材，森林内还蕴藏着经济效益高于木材的各种经济植物，据调查，森林中有常用中药 100 多种，草药 300 多种，食用野果、野菜、蘑菇多种。因此认真保护森林、贯彻《中华人民共和国森林法》可维持暗棕壤的天然肥力，还可以不断提供药材与绿色食品。

暗棕壤区有大面积可供放牧的天然草甸，为发展牧业的良好场地，同时农林产品的再加工品（如木材制品、酒、香料等）既可以丰富市场，还可以出口创汇。暗棕壤区的荒山、荒地部分已被开垦为农田，由于耕作不合理，平地土壤肥力下降，坡地水土流失严重，一般三年后即露出心土，被迫撂荒，甚至恢复草被亦非易事。

（二）保护

对于坡度较大的地区，应立即退耕还林；已垦耕为农田的应注意培肥，维护地力，要认真贯彻《中华人民共和国土地管理法》，不能盲目开荒和弃耕，更不能因为挖掘药材、采集山果、开矿筑路等随意破坏森林与土地。主要措施有以下几点。

1. 合理采伐

所谓合理采伐，一般是指不宜进行大面积的皆伐，对于 25°以上的陡坡、石塘上的森林应作为保安林，实行经营择伐，采伐强度应不大于 40%。其他林地采伐强度一般应为 60%～70%。这样可以把生长旺盛的幼龄林木合理保存下来，使之很快成材，大大缩短轮伐期。只有对单层同龄过熟林才能采用小面积皆伐，并在皆伐之后立即人工营造针阔混交林，加强抚育管理，使其一步到位，达到顶极群落的最佳状态。总之，只有做到合理采伐、科学管理、综合经营才能不断扩大森林资源，发挥土地潜力。

2. 因地制宜

对于大面积采伐迹地及火烧迹地，应该迅速采取人工更新，并促进天然更新，尽快恢复成林。

人工更新应注意适地适树。落叶松、红松、水曲柳和胡桃楸等喜肥喜湿，一般应营造在山坡中下部腐殖质中厚层的典型暗棕壤或草甸暗棕壤上，尤其是红松，它是材质优良的树种，对土壤条件要求较高，最适合在草甸暗棕壤和典型暗棕壤上种植。云杉、桦木等适应性强，能耐瘠薄，可以种植在土壤条件较差的白浆化暗棕壤和灰化暗棕壤上。另外，抚育更新应采取以下几项措施：①潜育暗棕壤必须注意开沟排水；②对速生丰产林和种子林，可以考虑施用氮、磷化肥和石灰，以增加其营养和改善其生态环境；③造林前必须整地，清除地被物，最好是进行秋季整地。这样不但可以促进土壤有机质的分解、增加地温、缩短造林时间，而且可以提高造林成活率。

3. 合理开发

暗棕壤作为林业基地，主要应作为发展林业之用。但是，为了解决林区部分粮食和蔬菜的供应，可以考虑在草甸暗棕壤、潜育暗棕壤及腐殖质层较厚的典型暗棕壤上适当开垦一定面积，种植农作物和蔬菜。种植作物可选择耐寒早熟的作物品种，如麦类及马铃薯、甘蓝、萝卜及白菜等。也可根据山区的特点和优势，发展多种经营，可以发展养蚕、养蜂和种植果树，综合利用和开发山地资源。

此外，暗棕壤地区也可以发展人参产业。积极开发食用菌生产。例如，人工养殖灵芝等高贵食用菌和名贵药材也是暗棕壤地区综合开发、合理利用的有效途径。

4. 合理利用

除了上述种植业外，还可根据山区土地、林草、景观优势，因地制宜地开辟林间牧场（养鹿、养牛等），林间果园，以及旅游、狩猎等业务，真正做到把资源转化为经济优势。

暗棕壤的山区，山坡陡、土层厚，一旦采育失调，过采过伐，就会产生水土流失，使土壤丧失生产力，所以山区经营与管理的一个重要前提就是千方百计地预防和治理水土流失。

五、白浆土的利用及改良

（一）利用现状及评价

人们传统地认为白浆土是低产土壤，但是什么算是低产土壤，从来也没有一个统一明确的标准，各地划分低产田多以产量为依据，而在风调雨顺时白浆土上可以获得较高的产量，同时白浆土不需要特殊的措施进行改良，一般的农业措施如施肥、耕作等对任何土壤都是有利的，因此科研及农业技术人员不认为白浆土是低产土壤。

白浆土确实不如黑土和草甸土的肥力高。白浆土土体构型不好，这是因为它的腐殖质层薄，在表层之下有一层漂白的、养分贫瘠的白土层，其下还有一个很厚的渗透性很差的黏化淀积层，潜在肥力较低，物理性质差，特别是那些腐殖质薄、有机质含量低的白浆土。但恰恰白浆土有一层透水性差的黏化淀积层，不漏水，可将低产白浆土开辟为水田，则可获得高产，摘掉低产的帽子。

白浆土在生产上的障碍因素是什么，过去着眼于养分的贫瘠，认为白浆土的改良就是消灭白浆层，增厚肥沃的表土层。但是最近几年的生产实践和科学试验结果表明，白浆土的主要障碍因素是物理性质不良。如果这个问题不解决，即使通过施肥措施达到营养丰富状态，也不能获得高产。关键问题是白浆土普遍存在淋溶黏化淀积层，特点是容水量小，一下雨就涝，不下雨就旱，抗逆能力弱。因此，改良物理性状是主要的；黑土层的加厚、白浆层的消灭也有助于表层物理性质的改善，但对黏土层不产生影响，因此其改善是有限度的。

（二）改良

白浆土的改良措施包括施用石灰、秸秆还田、种植绿肥、客土加砂、增施泥炭、深耕深松、种稻改良等，其中秸秆还田和利用机械在不打乱表层肥沃土层的情况下，使白浆层与部分淀积层混拌，改变两个障碍土层的机械组成和土壤结构从而改良白浆土的办法是最值得提倡和推广的。此处，将白浆土开辟为水田，种植水稻，可获得高产，是较好的利用方式。

六、棕壤的利用及改良

棕壤土层薄、质地黏重、板结、肥力低，今后在利用改良上，应注意深松改土，打破犁底层，逐渐加深耕层，增加活土层，改善土壤结构状况，增加通透性。

当前的问题主要是尽量减少水土流失，防止肥力继续下降，对台地黄土质棕壤应大力增施农肥，深耕客土，采取粮草轮作、间作、实行根茬秸秆还田等措施逐步恢复土壤肥力。

山地麻砂质棕壤要统筹规划，进行综合治理，做到生物措施（横坡打垄、等高种植、混作密植、沿等高线带状种植牧草和绿肥等）、林业措施（营造防护林、沟壑造林、营造水源林等）、工程措施（修等高沟埂、截水沟、沟头防护、营造水平梯田等）三结合，达到保护耕地、防止水土流失的目的。对于坡度大、水土流失严重的一些“挂画地”宜退耕还林、还牧或发展林果生产。总的原则是合理利用土地，做到宜农则农、宜林则林、宜牧则牧。

棕壤坡耕地经过治理，特别是修梯田后，必须做好土壤改良，才能增加产量。除了修梯田时注意不要把表土翻到下层，尽量把原土留在地表，还要注意采取耕作措施和施用各种有机物料或农家肥等改良培肥土壤。

第二篇

土 壤 侵 蚀

第三章　土壤侵蚀及其研究概述

第一节　土壤侵蚀及类型

一、土壤侵蚀的概念

土壤侵蚀是指土壤及其母质在水力、风力、耕作、冻融、干湿交替、重力等外营力作用下，土壤颗粒被剥蚀、剥离、搬运和沉积的过程，即侵蚀是将土壤转化为沉积物的过程（Morgan，2005）。

土壤侵蚀是地球表面的一种自然现象，全球除永冻地区外，均发生不同程度的土壤侵蚀（唐克丽等，2004）。作为一个自然过程，从地质时间尺度上，侵蚀在任何环境下都会发生，但发生的速度差异很大。侵蚀因气候变化、新构造活动、人类影响或者几者共同作用而发生。Toy 等（2002）认为，人类活动及其影响是最重要的因子。

当自然地貌和气候平衡被打破之后，环境的重新调整就会导致侵蚀过程的发生，也会促进土壤形成新的母质（Tricart and Cailleux，1972）。侵蚀的物质形成新的沉积结构，包括坡地和洼地崩积的沉积物、冲积物、冲积扇以及河流阶地的泛滥平原（Hoffmann et al.，2007；Macklin et al.，2010；García-Ruiz and Lana-Renault，2011）。例如，今日希腊的许多平原被厚达 5～10 m 的肥沃的冲积物覆盖，而山林裸露（Dotterweich，2013）。

二、土壤侵蚀的类型

从发生分类的角度，侵蚀可以分为自然侵蚀和人为加速侵蚀（Brady and Weil，2008）。

没有人类影响自然发生的侵蚀称为自然侵蚀，又称为地质侵蚀，它不依人的意志而自然发生，损耗丘陵山脉，侵蚀的沉积物沉积，充斥着流域山谷、江河湖泊。我们今天看到的许多地貌，如峡谷、孤峰、山丘、河道、平原等，都是地质侵蚀和沉积的结果。最典型的例子就是美国科罗拉多大峡谷。

多数情况下，自然侵蚀的速度很慢，新形成的土壤足以弥补损失的量。但是，自然侵蚀的速率因降水和疏松母质层组成类型的不同而差异较大。在半干旱区域，当雨水足以引起危害，但不能支撑密集的植被时，自然侵蚀因降水的作用危害更大。显然，自然的地质侵蚀不是管理问题。

由过度放牧、不合理的土地利用方式和土壤耕作方式以及其他人类活动引起的侵蚀称为人为加速侵蚀。

人为加速侵蚀不仅改变区域生态景观，危及江河湖泊的常态运行，也影响土壤的持续利用和水资源数量及质量（Othman and Ismail，2012；Patrocinio and Andrello，2009）。由于人为加速侵蚀流失的土壤数量明显多于由风化和沉积形成的新的土壤数量，其结果是适于植物根系生长的耕层深度变薄，严重的话，将使得坡耕地农田被沟壑点缀。

实际上，自然侵蚀也会由气候变干、偶发极端降水事件导致植被减少而严重发生。我国黄土高原北部，地中海一些区域就是典型的例子（Li et al.，2010；Piccarreta et al.，2012），因此，如果两者同时发生，很难区分土壤侵蚀是人类影响还是自然过程。

土壤侵蚀的程度存在时空差异，不同环境侵蚀发生速率不同。Young（1969）曾计算认为，自然条件下，地形平坦或陡峭的土壤年侵蚀速率一般为 0.0045～0.45 t/hm^2，而人类干预的农业土壤年侵蚀速率为 45～450 t/hm^2，由此提出，人为加速侵蚀的破坏性要高出地质侵蚀 1000～10 000 倍。尽管他当时并没有考虑科技进步对防止或控制侵蚀所起到的作用，高估了人为加速侵蚀的危害程度，但是当今世界这种人为加速侵蚀对土壤的危害在降雨多的坡耕地农区仍然很严重，人为的土壤侵蚀速率仍然远远高于自然剥蚀的速率（Messerli et al.，2000；Wilkinson，2005）。例如，在非洲、亚洲和南美洲的农地，由水力侵蚀和风力侵蚀导致的年平均侵蚀率为 30～40 t/hm^2；美国农田水蚀年平均侵蚀率为 7～12 t/hm^2，风蚀为 5 t/hm^2。有些耕地的侵蚀速率高出平均值 10 倍。相比之下，未干扰的湿润草原和森林的侵蚀速率通常为 0.1 t/hm^2。

无论是自然侵蚀还是人为加速侵蚀，均是大气圈、地球圈和生物圈三者有机联系、综合作用的结果，人类活动介入生物圈后，明显改变了自然侵蚀的实质（唐克丽等，2004）。

从外营力分类的角度，土壤侵蚀主要分为水力侵蚀和风力侵蚀。

由风力侵蚀和水力侵蚀引起的土壤侵蚀是世界范围内对土壤破坏最严重的现象，85%的土壤退化由风力侵蚀和水力侵蚀引起（Brady and Weil，2008）。其中，水蚀是最普遍的类型，占全球土壤侵蚀的 55%（Bridges and Oldeman，1999）。Lal（2003）估计全球尺度水蚀影响的土地面积为 10.94 亿 hm^2，其中，7.51 亿 hm^2 为严重侵蚀。

水力侵蚀一般细分为 3 种类型：①片蚀（细沟间侵蚀）；②细沟侵蚀；③沟道侵蚀。也可分为面蚀和沟道侵蚀两种类型。

风力侵蚀在干旱和半干旱地区常见，非洲大陆的风蚀是世界范围内的生态问题。自然条件下，许多半干旱牧场损失大量的土壤，在人类不合理的管理下，如过度放牧会加速土壤侵蚀，导致更多的土壤损失。持续干旱条件下，风蚀也是牧场土壤恶化的主要因子。

当然，即使在湿润地区，当土壤表层干裂且风速很大时，一些土壤也会遭受严重的风蚀。美国的半干旱大平原地区的风力侵蚀量是东部湿润地区的 5～10 倍。

水蚀和风蚀的根本差别是水蚀的水流方向和产沙来源的界限明确，而且洞穴侵蚀过程极其显著，而风蚀的产沙来源不易确定且风向变化很大。

除了风蚀和水蚀外，还有一种侵蚀称为重力侵蚀，即崩塌作用（mass wasting），这种侵蚀是风化物质受重力作用产生向下移动的现象。崩塌的形式及速度差异很大，有些慢到难以察觉，如潜移；有些则几乎是在瞬间产生，如山崩。一般而言，坡度陡、暴雨多、水土保持不良、风化物质丰富的地区，较易发生崩塌。快速崩塌的发生，常与岩石碎屑中水分的突然增加有关。崩塌作用移走的土壤量远远少于风蚀和水蚀的土壤量。也就是说，土壤侵蚀由水、风和重力引起。

第二节 土壤侵蚀溯源及研究历史

一、世界土壤侵蚀溯源

（一）欧洲土壤侵蚀

研发人员基于地貌、土壤、古生态学和地考古学的研究认为，希腊、塞浦路斯、土耳其、意大利、西班牙和法国西南部的土壤侵蚀，很可能始于铜器或古典时期，主要是伴随着自然林地的采伐。农业活动显著加速了新石器时代（公元前 5500～前 2200 年）德国南部和中部的土壤侵蚀，高峰期出现在青铜器时代末期（约公元前 1000 年），而青铜器时代初期（公元前 2000～前 1600 年）和公元前 1000～前 700 年，土壤侵蚀较轻（Dotterweich，2013）。人类诱发土壤侵蚀最明显的阶段发生在 14 世纪前叶，主要源于气候的恶化（极端降雨频发）以及非常密集的土地使用。18 世纪中叶到 19 世纪初是土壤侵蚀发展的集中期，已有沟道形成。到 19 世纪中叶人为加速侵蚀进入最后阶段，面蚀强度很低，然而，随着机械在农业上的逐渐应用以及农田面积的扩大，径流和土壤侵蚀再一次增加。

在此期间的欧洲，法国中部、比利时、荷兰、德国、波兰、捷克和斯洛伐克有关土壤侵蚀的描述很少。尽管如此，以让·福格特（Jean Vogt）和杰拉尔德·哈德（Gerard Hard）为代表的研究者关于法国中部和德国西部地区土壤侵蚀历史的研究资料，以及以 H. R. 博克（H. R. Bork）为代表的研究人员有关欧洲中部土壤侵蚀的历史资料显示，最早的有关土壤侵蚀的间接记载是在 13 世纪末的波兰南部，当时洪水泛滥，农田受到土壤侵蚀的破坏。14 世纪上叶，气候恶化导致极端气候事件的发生，整个欧洲中部洪水泛滥，是欧洲中部有史以来最严重的洪水泛滥，土壤侵蚀严重发生，土壤肥力下降，出现饥荒现象而且人口数量迅速减少，因此降低了土地利用强度，随后的几十年林地广泛再生，使得 14 世纪下叶森林覆盖率由 20%增至 40%，而农田面积同期减少。波兰东南部的 Nateczów 高原具有茂密的沟道网络，部分沟道密度超过 10 km/km^2，沟宽 40 m，沟深 20 m，沟道网络的形成可以追溯到 16 世纪和 17 世纪的大面积土壤侵蚀（Marchetti，2002）。

（二）非洲和北美洲土壤侵蚀

非洲农业传统多样，历史久远。撒哈拉和萨赫勒地区的土壤侵蚀可以追溯到公元前 1800 年，其他区域大约是公元前 1000 年（Neumann，2005）。早在 6～11 世纪，集约化的农业就加速了坦桑尼亚高地的土壤侵蚀和沟道形成（Lane，2009），这与林地砍伐关系紧密。农业活动和森林砍伐也加剧了埃塞俄比亚北部严重的土壤侵蚀和沟道现象的发生（Nyssen et al.，2010）。总体上，自 19 世纪欧洲移民定居马拉维、莱索托、南非之后，实施大面积的森林砍伐、单一种植、过度放牧和深翻等措施，使得土壤侵蚀和沟道形成过程逐渐加速，土壤肥力下降，部分土地废弃，其中，19 世纪 80 年代沟道问题出现，可称之为第一阶段（Showers，2006）；第二阶段则是 20 世纪 30～60 年代，30 年代初，面蚀和沟蚀发生率很高，主要由于放牧强度的增加。目前，土壤退化仍是困扰南非的一个重要问题，退化原因是人口增长、过度放牧和不良的农业耕作措施（Critchley and

Netshikovhela，1998）。

17 世纪上中叶，欧洲移民取代土著印第安人，开始在新英格兰和大西洋中部海岸进行木材砍伐和农业耕种，由于不断深翻土壤，地表裸露，土壤压实，加之过度放牧，加快了地表径流和土壤侵蚀，坡面和沟道侵蚀开始出现（Grissinger and Murphey，1984；Phillips，1993），导致湖泊的产沙量增加，致使 200 年内泛滥平原增高 0.5～2 m（Gregory，2006；Knox，2006；Ambers et al.，2006）。

（三）亚洲土壤侵蚀

自从有了农业，许多亚洲国家就面临土壤侵蚀问题，严重的土壤侵蚀缘于森林砍伐、土地开垦、极端人口压力和气候变化（Brown，2001）。Wasson（2006）总结了过去 3000 年南亚印度土壤开发和保护的历史，表明人口增长、森林砍伐、土壤侵蚀、洪水和土地废弃的因果链，类似于喜马拉雅环境退化理论。土壤侵蚀和土壤退化的关系由非退化的稳定态逐渐过渡到目前的退化稳定态，由此表明了未来景观恢复的足迹。

中国农业和人类影响土壤侵蚀有 7000 年之多，中原地区冲积平原首先出现分散的村庄。公元前 2500 年到公元 700 年，气候变凉，森林和草地遭到破坏，用于种植农作物，该时期黄土高原土地相对平整连片，人类诱导的土壤侵蚀只是局部现象，黄河及其许多支流水质清澈，几乎没有沉积物，史称大河时期。然而，从唐朝开始直至宋朝，随着人口的增长，由于森林砍伐、农耕及中上游脆弱黄土高地的开垦，洪水泛滥，堤坝被破坏，黄河泥沙沉积量增多（Wang et al.，2006）。随后的几个世纪，土壤侵蚀加重，黄河及其汇水区产沙量增加，尤其是明代（1368～1644 年），随着农牧业的发展，黄河流域极端砍伐现象更加严重，洪水泛滥更为突出普遍，产沙量达到新高。

除了滥伐森林外，气候变化，尤其是降水量的变化也是土壤侵蚀加速的主要原因（Ren and Zhu，1994）。气候和人类活动共同作用，致使 20 世纪 30 年代、50 年代和 60 年代后期，黄土高原土壤侵蚀更加严重，平均沟道密度为 3～5 km/km^2，70%的黄土高原被沟壑分割，成为世界侵蚀最严重的地区之一（He et al.，2006）。

二、土壤侵蚀研究历史

（一）19 世纪前的土壤侵蚀研究

根据历史考证，文艺复兴时期伟大的画家、发明家和科学家列奥纳多·达·芬奇（Leonardo da Vinci，1452—1519）曾对水及水的力量着迷，研究了波浪和水流的运动，还观察了意大利北部和瑞士南部的景观，他曾在 15 世纪末写道："这里的河流把被侵蚀的表土从山上携带走"，并提出了地质侵蚀的可能。

在美国，约翰·巴特拉姆（John Bartram，1699—1777）利用 20 年的时间观察到宾夕法尼亚州、新泽西州东部和纽约州由于沟道发育过程和坡面侵蚀，黑色的肥沃土壤变成了粗沙粒的区域，他同样描述了纽约州奥尔巴尼周边的哈德逊河充满泥沙，以及这些泥沙如何使得河流周边的泛滥平原的土壤更加肥沃。

塞缪尔·迪恩（Samuel Deane，1733—1814）意识到新英格兰地区水蚀的负面影响，并提出了等高耕作防止沟道形成和坡面侵蚀的做法，他同样推荐梯田和条带种植，他的书籍对英格兰的农业影响至深(McDonald, 1941)。美国第一任总统乔治·华盛顿(George Washington, 1732—1799)和第三任总统托马斯·杰斐逊(Thomas Jefferson, 1743—1826)都是土壤保护的积极倡导者，曾在他们自家的农场开展提高土壤肥力、减少土壤侵蚀的试验，强调豆科作物轮作、深翻等。乔治·华盛顿曾尝试利用垃圾废料诸如栅栏支柱等回填沟道，把大田块分成小田块，使径流最小化。托马斯·杰斐逊提出了保护土壤的“水平耕作”的方法，并为此呼吁多年，在北卡罗来纳、密西西比等州推广（Bennett，1949)。

所罗门·德朗（Solomon Drown，1753—1834）和威廉·德朗（William Drown，1793—1874）父子注意到了土地不断退化引起新英格兰农民贫穷的问题，在他们共著的《农业纲要：农民指南》(1824）一书中明确指出，连作和不断翻耕是引起坡地土壤侵蚀的主因，并倡导实施轮作管理。约翰·泰勒（John Taylor，1753—1824）或许是第一位提出利用他的“土壤创新”系统防止美国南方沟道侵蚀。艾萨克·希尔（Isaac Hill，1789—1851）首先从经济学角度论及土壤侵蚀。

尽管 18 世纪美国农民就已经意识到土壤侵蚀问题，但是他们不相信他们的土地会变成荒漠，然而事实是 19 世纪下半叶，严重土壤退化导致养分枯竭、土壤侵蚀和相关经济问题，很大比例的土地已经不得不被人类放弃耕种，这个现象最先出现在新英格兰地区，并逐渐扩展到美国的（Cronon，2003)。例如，19 世纪末、20 世纪初，美国南部各州的高地大约 2 万 km^2 的耕地被严重侵蚀，变为废弃地。1897 年，美国农业部成立土壤局，之后于 1908 年成立土壤侵蚀局，开展全国性的土壤普查，编写了有关土壤退化的系列公告和教科书，从科学和政治的角度对土壤侵蚀和土壤保护予以关注。其中，有关土壤侵蚀的报告很多。例如，密西西比州北部拉斐特县的报告中就指出，该县 1929 年有 27%的土壤受到土壤侵蚀，8.5%的土地因土壤侵蚀而被废弃。实际上，在此期间美国南方中部和中南部很多州受水蚀及沉积物的影响，而南方平原州诸如得克萨斯、堪萨斯、俄克拉何马、科罗拉多则受到风蚀的侵害（Romkens，2010)。尽管如此，土壤侵蚀问题并未得到土地经营者、研究机构和政府的重视。

在欧洲，尽管 18 世纪俄国科学家罗蒙诺索夫就曾论及土壤侵蚀问题，但直到 18 世纪末人们对土壤侵蚀和土壤保持的兴趣才被唤醒，且 19 世纪初对土壤侵蚀的认识才有所提高。

德国著名的农学家和发明家阿尔布雷希特·丹尼尔·特尔（1752—1828）在他撰写的教科书中明确警示，不要顺坡建设试验小区，因为径流会冲洗掉肥料和土壤。同时，提出要沿着等高线建设。实际上，阿尔布雷希特·丹尼尔·特尔和北美的塞缪尔·迪恩同时提出等高耕作避免土壤侵蚀。阿尔布雷希特在他的第二本专著《经济农业的原理》(1811）中详细描述了土壤侵蚀的过程，大力推介等高耕作，以及如何建造排水沟，他也意识到养分和水分的流失，提出了如何在排水沟的底部设立截获沟道来采集径流。但是，他的有关沿着坡向建设沟渠以解决大雨过程中排水的建议却加剧了沟道侵蚀。

同期，维也纳大学森林学教授约翰·安东·施米特（Johann Anton Schmitt）也发出警告，为了避免径流、强降雨和融雪导致的土壤流失，奥地利山区的森林采伐必须停止，并提出土壤流失将会阻碍重新造林。

1815年，德国哥廷根科学学会发出题为“在洪水泛滥的山区，能够有效防止耕地径流且不会造成陡峭的沟渠侵蚀的最适方法”的科学竞赛邀请，一共有11篇论文提交，提出的有效阻止土壤侵蚀的方法有建立梯田、等高耕作、沿着等高线形成植物带、种植灌木、改变田块结构等（Hempel，1957）。竞赛的获胜者是牧师弗里德里克·霍伊辛格（Friedrich Heusinger，1792—1883），他对土壤侵蚀及其特点的理解很深入，论文中他详细描述了土壤侵蚀的原因、过程和后果。例如，他提出了植被对土壤的防御作用以及砍伐对土壤的负面影响，并讨论了峡谷中的淤积问题以及土壤侵蚀对土壤肥力的长期影响，同时提出垄作种植系统的缺点，易引起直线径流和形成沟道。Bork等（2004）指出，霍伊辛格的论文是德国有关土壤侵蚀和土壤保护的第一篇具有重要意义的文章，此文10年之后经过扩展、修改之后正式发表。

德国农学教授卡尔·施普伦格尔（Carl Sprengel，1787—1859）在他发表于1838年的有关土地开垦的教科书中就提及了土壤侵蚀问题，描述了一种如何阻止坡脚悬浮和崩积沉积物的方法，并提出要建造堤坝以引走山上流入草地和田野中的融水或雨水，即确保水流减慢并通过沟渠把水排到小溪或河流中。他还提出一旦沟渠中积满土壤就要立刻清除，沉积物可用于改良草地和农田。该方法迄今在某些专业化栽培的区域仍然实用。

德国的地理学家约翰·乔治·科尔（Johann Georg Kohl，1808—1878）曾多次去北美、欧洲和俄国考察，他可能是德国第一位对土壤侵蚀和沟道形成过程做出科学描述的人。以克里姆半岛的沟道系统为例，他解释了农田垄沟直线径流的过程以及沟头前进发展的途径。在此期间，达尔文在1839年观察到干旱和放牧对阿根廷土地荒漠化及侵蚀、产沙过程的影响，并分析了200年土地利用变化对巴西、智利和巴塔哥尼亚生态系统的影响。

但真正将土壤侵蚀作为一门科学进行研究始于19世纪末。

（二）19世纪末以来的土壤侵蚀研究

土壤物理学家和微生物学家埃瓦尔德·沃尔尼（Ewald Wöllny，1846—1901）是德国从事水土保持基础科学研究的先驱者。他于1877年首次设计木制的径流小区，面积是80 cm× 80 cm，深度为25 cm，小区一端设有排水沟和瓶子用于采集径流，将这些小区置于农田，施入不同的基质和植被（青草、豌豆、裸露的土地），改变方向和倾斜角度，定量研究土壤、植被、坡度、不同农作物及轮作方式与土壤水力侵蚀的关系（Baver，1939；Böhm，1996）。他发现，草地显著减轻土壤侵蚀，而增加坡度导致径流和土壤侵蚀加速，根系网络可固定土壤从而阻抑土壤侵蚀，由此提出森林的树木覆盖对于防止径流和土壤侵蚀相当有效，主要是因为冠层降低降水强度，凋落物阻碍径流，根系固定土壤，并且认为采伐的森林土壤对土壤侵蚀高度敏感。与此同时，Hazard于1900年同样开展了对土壤侵蚀的观测研究，发现侵蚀导致土壤颗粒分布发生变化。

而美国地貌学家爱德华E. 弗里（Edward E. Free）在1911年观察地貌过程和沉积过程时发现风尘物质对土壤侵蚀的影响，由此开启了土壤风力侵蚀研究（Brevik and Hartemink，2010）。McGeeg在1911年提出了土壤侵蚀的科学术语。美国土壤科学家R. O. E. Davis于1915年编辑了题为*Soil Erosion in the South*（《南方土壤侵蚀》）的快报，整个报告只有23面，由美国农业部出版。

密苏里大学的米勒（Miller）教授在1917年利用径流小区研究了不同农作物及轮作方式对侵蚀和径流的影响，并于1923年第一次发表了相关研究成果，建立的径流小区逐渐成为土壤侵蚀研究的经典方法，并沿用至今（Morgan，2005）。非洲的莱索托首先于20世纪20年代建立了有关土壤侵蚀的试验站，并于1930～1940年开展了系列研究，发表了相关论文。

20世纪30年代，大规模的黑风暴使美国认识到土壤侵蚀的危害及其防治的重要性（图3-1），国会通过《水土保持法》，并于1934年正式成立土壤保持局（后更名为自然资源保护局）。实际上，当第一批欧洲定居者在湿润的东部城市砍伐树木和进行坡地耕作时，美国土壤侵蚀就已经开始了。土壤保持局首任局长休·哈蒙德·本内特（Hugh Hammond Bennett）领导建立了遍及26个州的40余个土壤侵蚀试验站，在试验设计、观测方法、资料处理上的一致性和规范化等方面，确立了土壤侵蚀研究的大体轮廓，并建立了因素与侵蚀之间的简单定量关系，并于1939年编写题为*Soil Conservation*（《土壤保持》）的专著，为后来土壤侵蚀研究重大成果的产生（如USLE）奠定了基础。同一年，德国土壤学会在土壤学家汉斯·库龙（Hans Kuron，1904—1963）的提议下建立了土壤侵蚀分会（Schmidt et al.，2010）。此后，土壤侵蚀研究逐步向规范化、系统化的体系迈进（Helms，2010），而且由此提出的免耕或最小耕作迅速普及应用（Lal，2007）。

图3-1　20世纪30年代美国西部的黑风暴［美国麻省大学斯蒂芬·J. 赫伯特（Stephen J. Herbert）博士提供］

20世纪30年代北美的土壤保持运动也引起了澳大利亚和新西兰的重视。1936年，联合澳大利亚联邦科学与工业研究组织（Commonwealth Scientific and Industrial Research Organisation，CSIRO），各个州的农业部部长决定成立一个专门委员会，评估并研究控制土壤侵蚀的方式，并于 1939 年出版了第一份有关南澳大利亚牧区风蚀和谷物带严重水蚀的报告，其推动了“土壤保持法案 1939”的诞生。澳大利亚和新西兰第一部有关土壤侵蚀的教科书 *Soil Erosion in Australia and New Zealand* 由 J.M. Holmes 于 1946 年编写。

20 世纪 40 年代末，K. B. 坝伯兰（K. B. Cumberland）于 1947 年编写了 *Soil Erosion in New Zealand*（《新西兰的土壤侵蚀》）；J. H. 舒尔策（J. H. Schultze）于 1952 年编写了德文版的土壤侵蚀教科书。

20 世纪 50 年代初，苏联欧洲部分也发生特大黑风暴，土壤侵蚀及其防治问题的研究也被提到重要议事日程，并开始了全苏联范围的土壤侵蚀调查研究及防治措施的试验研究和推广，相继出版了《苏联欧洲部分的土壤侵蚀》和《土壤侵蚀及其防治》等论著（唐克丽等，2004）。

20 世纪 80 年代初，有关新西兰土壤侵蚀变化的观点认为原有的关于土壤侵蚀的认识多半源于个人的兴趣或政治的需要，而不是基于科学事实（Showers，2006）。

英国从 1978 年才开始注重土壤侵蚀的研究（De Boodt and Gabriels，1980），1995 年土壤侵蚀专家 N. H. 赫德森（N. H. Hudson）发表专著《土壤保持》（*Soil Conservation*），阐述了“土壤侵蚀本质上是一种夷平过程，使土壤和岩石颗粒在重力作用下发生转运、滚动或流失。风和水是使颗粒变松和破碎的重要营力”等观点。英国土壤侵蚀监测研究不同于其他国家，其他国家多半都是基于试验小区以及基于径流小区结果的预测模型，而英国一直是基于 Young（1980）的田块评估方式。

目前国外较有影响力的关于土壤侵蚀的书籍有两部值得参考：一部是 1986 年由 R. P. C. 摩根（R. P. C. Morgan）撰写的 *Soil Erosion and Conservation*（《土壤侵蚀和保护》），该专著于 1995 年和 2005 年分别再版；另一部专著是 2002 年由 Terrence J. Toy、George R. Foster、Kenneth G. Renard 共同撰写的 *Soil Erosion: Processes, Prediction, Measurement, and Control*（《土壤侵蚀：过程、预测、测定和控制》）。

在中国，对土壤侵蚀现象的认识可以追溯到数千年前，而将土壤侵蚀作为一门科学技术进行专门研究是从 20 世纪 20 年代开始的（李锐，2008）。我国的土壤侵蚀研究主要源于河流水系的治理，尤其是黄河治理问题。20 世纪 30 年代，我国土壤科学家就有论著专门讨论黄土高原、四川紫色土地区和华南红壤地区的土壤侵蚀问题，并提出了片蚀、沟蚀、崩塌和陷穴等侵蚀种类。

自 20 世纪 50 年代到 20 世纪末，自然地理学家黄秉维和土壤侵蚀专家朱显漠领导的研究团队，通过土壤侵蚀分类、分区的研究，在探讨自然营力，如水力、风力和重力之外，特别提出了土地利用和天然植被破坏的人为作用力对侵蚀的影响。

刘宝元等（2001）编辑出版了《土壤侵蚀预报模型》。唐克丽等（2004）基于我国 20 世纪 50 年代从事土壤侵蚀和水土保持的科研积累，编著完成了《中国水土保持》专著，系统、全面地论述了我国水土保持的特色、经验和科技成果。景可等（2005）撰写了《中国土壤侵蚀与环境》一书。李锐等（2014）编写了《中国土壤侵蚀地图集》，直观地展示了我国土壤侵蚀及其影响因子的空间分布与演变状况，系统总结了我国土壤与水土保持的调查研究成果，为我国的水土保持宏观规划提供了全面翔实的基础资料。

针对我国黑土主要分布区黑龙江省水土流失严重的问题，魏永霞等（2010）以论述和揭示黑龙江省西部坡耕地水土保持技术、机制和模式为主线，对相关研究成果进行系统整理与分析，编著完成了《坡耕地水土保持理论与技术研究》专著，为同类坡耕地的水土治理提供了重要参考。

第三节　土壤侵蚀的危害

土壤侵蚀导致土壤物理、化学和生物特性的恶化，养分的流失，乃至于农田的损毁，严重威胁土壤的生产力，是全球土地退化的主要机制，也是世界范围内土地退化的最重要的过程和全球性的环境问题，它给粮食供应及安全、畜牧业的持续发展、人类健康，以及自然生态系统和各国的经济发展均带来严重威胁（Lal，2003；Mondal et al.，2015）。

一、土壤侵蚀威胁生态文明

世界许多文明的消失与资源的退化紧密相关，尤其是森林的砍伐、土壤侵蚀的加速和作物产量的下降（Mieth and Bork，2005；Montgomery，2007）。景观的物理退化以及区域资源的减少最终将降低社会生态的恢复力，因为脆弱生态系统对内部和外部影响极端敏感。

仅从土壤侵蚀来说，由气候变化引起的重复的或单一的极端事件，以及人类为生存发展而采取的一些做法，可能会进一步加快退化侵蚀，引起灾难性的变化，严重影响土地的生产力，迫使人们放弃耕种（Dotterweich and Dreibrodt，2011），由此引起社会经济的不稳定和土地利用的变化。

实际上，自从史前时代，人类就给自身带来了土壤侵蚀的祸患，伴随而来的是贫穷和饥饿。例如，由土壤侵蚀产生的社会文化、农业生产和土壤退化等问题，导致德国在14 世纪前叶许多村屯消失，18 世纪到 19 世纪初大批居民移居国外（Fraser，2010）。

肥沃深厚的表层土壤流失之后，剩下的只有过去文明遗留下的浅薄瘠薄的岩石和废墟。看到现如今中国西部、印度中部、希腊、黎巴嫩和叙利亚部分地区几乎荒芜的山丘，很难想象这些地区曾经的农业繁荣。这与这些地区曾经的严重土壤侵蚀关系密切。

当今世界，土壤侵蚀是全球土地退化的主要形式和最重要的过程，其威胁程度比历史任何时期都更加强烈。

二、土壤侵蚀降低土壤生产力

土壤侵蚀每年流失 250 亿～400 亿 t 表土，显著降低作物产量，土壤储存循环碳的能力以及保持养分和水分的能力也随之下降。据估计，如果不采取措施，2050 年将减少2.53 亿 t 的谷物产生量，这相当于 150 万 km^2 用于作物生产的土地遗失，粗略相当于印度的耕地（联合国 2015 年 12 月 4 日的报告）。

土壤侵蚀引起不同土壤和生态区作物减产已被广泛证实（Shaffer and Schumacher，

1995；Lal，1998；Liu et al.，2010c）。据观测，同一坡耕地小麦最高产量与最低产量差值高达 5 倍以上（Reyniers et al.，2006），侵蚀坡地玉米和大豆的产量均显著低于附近平地或坡地坡脚的产量（Marques da Silva and Silva，2008）。普遍接受的结论是作物因土壤侵蚀减产 10%以上，严重侵蚀地块作物减产 50%（Rosa et al.，2000），表土层消失将导致玉米减产高达 90%以上（Larney et al.，1995；张兴义等，2007）。

土壤侵蚀对作物产量的不利影响可归纳为以下几个方面：①表土层变薄，有机碳含量降低；②土壤氮、磷储量减少，有效水容量降低；③土壤水稳性团聚体减少，容重增加；④土壤黏粒含量改变，土壤的 NO_3^--N 含量、有效磷含量、Zn 含量、Fe 含量、Mn 含量、阳离子交换量（CEC）降低。

尽管不同区域土壤侵蚀对作物产量的影响不同，但影响程度与侵蚀强度显著正相关，其影响总体可归纳为水、肥两个方面：一是因地形以及地表覆盖的改变导致降水在地表空间上分配失调，致使坡面作物生长发生水分胁迫；二是地表径流导致表层土壤及其部分养分流失，土壤质量下降（Liu et al.，2010c）。

实际上，农田、森林和草原生产力的下降只是土壤侵蚀后果的一部分。

三、土壤侵蚀污染生态环境

最明显的侵蚀危害是土壤的损失。在美国，每年因土壤侵蚀流失的土壤大约为 40 亿 Mg/hm^2，其中 2/3 由水蚀引起，1/3 由风蚀引起，即水蚀是世界范围内最大的环境问题。侵蚀区域流失的土壤颗粒沉积于周边的江河、湖泊、水库等，导致更大的环境（如水污染和空气污染）和经济危害，给社会带来巨大的经济成本。

土壤侵蚀移走的沉积物和养分是引起江河、湖泊污染的两大来源。主要通过氮、磷养分过多引起的富营养化过程影响水质，除养分外，沉积物和径流水同样携带有害重金属、化肥和有机化合物，如杀虫剂等，从而对全球碳、氮、磷的循环产生负面影响（Ramos and Martinez-Casasnovas，2006；Mullan，2013）。

全球范围内，水库储量以每年 0.5%～1%的速率减少（ICOLD，2009），明显影响水库的功能，如对灌溉和水电站的供应，另外来自耕地或侵蚀环境的沉积物也会影响水质，因为沉积物作为农业用地农业化学品运输的媒介进入水体（Porto and Walling，2012）。随着全球变化和气候变暖，水蚀有增加的趋势（Wrońska-Wałach，2014），极端的日降雨事件在许多汇水区均有发生，这将导致耕地土壤的大量流失。

进入水体的沉积物，使得水体浑浊。高浑浊度引起空气污染，阻止太阳光进入水体，降低光合作用，威胁水下水生植被（SAV）的生存。SAV 的死亡使得鱼类的生境退化，破坏了水生食物链。浑浊的水体阻碍鱼类的呼吸，而且沉积到水体底部的沉积物由于掩盖了鱼类产卵的卵石和礁石，给鱼类的生存带来灾难性的影响。另外，更多的沉积物沉积也会增加河水底部厚度，导致洪水泛滥。通过选择性地移走有机质和黏粒，水蚀不仅移走养分，也降低了土壤保持外源施入养分的化学能力。因此，土壤侵蚀过程影响着农业生产，也影响着水资源管理。澳大利亚昆士兰地区的土壤侵蚀问题，导致大堡礁珊瑚数量明显减少。

四、土壤侵蚀造成重大经济损失

据估计，美国每年由土壤侵蚀导致的损失为 90 亿～440 亿美元，包括作物产量的降低、养分和水分减少的代价、对人类健康的影响等。此外，每年对周边的影响损失估计为 100 亿～300 亿美元。1987 年，一次性洪水引起的土壤侵蚀就给英国东萨塞克斯带来近 96 万英镑的损失（Robinson and Blackman，1990）。英国每年因土壤侵蚀的损失是 9000 万英镑（Environment Agency，2002）。仅印度尼西亚爪哇地区每年损失就有 4 亿美元（Magrath and Arens，1989）。我国东北农民每年因土壤侵蚀导致经济损失 55 亿人民币（刘兴土和阎百兴，2009）。

土壤侵蚀是非洲许多国家严重的环境问题，严重的土壤侵蚀威胁着撒哈拉以南非洲的粮食安全（Collins and Walling，2002）。根据ICOLD（2009）统计，非洲 27%的土地退化，其中 65%的退化农田缘于土壤侵蚀，每年的土壤养分损失超过 40 亿美元，导致农业扩张到边际土壤，且生产力下降。

总体上，土壤侵蚀具有两面性：点源危害主要是土壤肥力下降和耕层变薄；面源危害主要是沉积物引起的环境污染。

由于土壤形成的速率很低，自然状态需要 700～1500 年才能形成 2.5 cm 的土层，因此保护和保持土壤、恢复土地的潜在生产力、防止土壤侵蚀相当重要。

第四节　土壤侵蚀的过程及影响因素

一、土壤水蚀过程及影响因素

（一）水蚀过程

当降雨的能量与径流的合力超过土壤颗粒抗分离的阻力时，就发生水蚀（Hadley et al.，1985）。

水蚀主要分为 3 个过程：一是土壤颗粒从土体的剥离；二是被剥离的颗粒通过漂浮、滚动、推移和溅起沿坡面向下迁移；三是被迁移的颗粒在地势较低的地方沉积。所有形式的土壤侵蚀都需要颗粒的剥离和运移。

一般而言，水蚀可以分为 3 类，即片蚀（sheet erosion）、细沟侵蚀（rill erosion）和沟道侵蚀（gully erosion），主要取决于水的流量。如果土壤表面水流量很小，则发生片蚀或者溅蚀。片蚀、溅蚀移走的土壤相对比较均匀，除非土壤中存在柱状的小颗粒，如卵石截获雨滴。然而，当片蚀集中形成小沟道时，大多数土壤由细沟运移，形成细沟侵蚀。细沟侵蚀在裸露的地块多见，细沟侵蚀的水道很小，可以通过正常的耕作填平，但是已经造成土壤流失。我们常说的浅沟应该归于此类，浅沟可以通过耕作全部或部分消除，而且机械可以通过。当片蚀主要发生在不规则的细沟之间时，称为细沟间侵蚀，即细沟间侵蚀是溅蚀引起的土壤颗粒剥离以及径流输送和运移的结果。

当细沟侵蚀加大、加重，大多数土壤由沟道运移时，就形成沟道侵蚀。随着土壤侵蚀由片蚀向细沟侵蚀、再由细沟侵蚀向沟道侵蚀发展，土壤侵蚀速率增加。也就是说，一旦径流量集中，激流深切土壤，加深且加宽细沟使之成为大的渠道，即为沟道侵蚀。沟道妨碍拖拉机在农田中的运作，一般的耕作措施不能够消除沟道的影响。

实际上，与沟道侵蚀相比较，尽管面蚀和细沟侵蚀并不明显，但是它们是土壤流失的主因。因此，Boardman（2006）将水蚀过程分为面蚀或细沟间侵蚀和直线的或渠道式的侵蚀，即细沟侵蚀和沟道侵蚀。在温带地区，细沟侵蚀和沟道侵蚀是主要侵蚀过程（Auzet et al.，1993；Chaplot et al.，2005）。

（二）影响水蚀的因素

1. 雨滴

雨滴的影响有 3 个方面：①剥离土壤；②破坏土壤的团聚体；③特定条件下，溅蚀引起土壤的大量运移。即雨滴不仅疏松、分离土壤颗粒，而且使土壤颗粒破碎化。当分散的物质变干时，极易形成坚实的表面硬壳，阻碍出苗，增加径流。对于相对光滑的土壤表面，雨滴的击落作用是剥离的主因，一旦降水形成水流，强烈的流水的切力作用就会剥离颗粒。

有些情况下，冻融交替作用也是颗粒剥离的主因，这在东北黑土区作用显著。当雨滴溅到湿润的土壤表面时，剥离土壤颗粒，使得颗粒飞逝四溅。在易于剥离的土壤，一场大雨可以溅蚀高达 225 Mg/hm^2 的土壤，颗粒飞逝的高度可达 0.7 m，约 2 m 的距离。对于坡耕地溅蚀的程度会更大，导致水平距离运移更远。

有人说，20 世纪最伟大的科技进步之一就是认识到了大多数土壤侵蚀是由于雨滴的作用，而不是水流的流动。因为大的雨滴速度高达 30 km/h，是常人步行速度的 2～3 倍。因此，保护土壤表面免于雨滴的作用，远比控制水流在保护土壤方面更为重要。

2. 径流

侵蚀发生的条件是：降水速率足以产生地表径流，而且流水形成的切应力超过土壤表面的抗性。因此，地表径流在土壤侵蚀的搬运过程中起主要作用。如果降雨的速度超过土壤入渗能力，土壤表面就会形成积水池，积水开始沿着坡向往下坡冲。飞逝的土壤颗粒落入水流中，随着水流流向坡地。如果水流均匀漫流，几乎不会剥离土壤。然而，多数情况下，表面的水流很快就形成不规则的水道，湍流速度增加，不仅携带溅蚀的土壤，而且开始剥离土壤颗粒。

表面径流产生的切应力依赖雨滴的作用、坡度和坡长。径流入渗深度则是由降雨的相对速率、渗透速率、流速和坡长决定（Savat and De Ploey，1982）。这就是为何有高山的地方，就会有深渊峡谷。

因此，控制水蚀的原则有两条：一是截获雨滴能量从而停止颗粒分离；二是减缓地表径流以此减少颗粒分离和运移。

3. 土壤的侵蚀度

土壤的侵蚀度即土壤对侵蚀的相对敏感度，是衡量水蚀发生与否的指标，它主要由土壤的以下特性决定：①土壤颗粒的分布，尤其是粉粒和细粒以及黏粒；②土壤有机质含量；③土壤结构类型和大小；④土壤的通透性。土壤的侵蚀度是降雨强度、表面渗透性、决定土壤黏性的物化特性以及植被的函数。

土壤粉粒（0.05～0.002 mm）最易剥离和运移，砂粒由于很大不易运移，而黏粒凝聚在一起成为大的团聚体。土壤的结构，尤其是团聚体的大小和水稳定性同样重要。稳定性团聚体抗分离和运移。

有机质、铁铝氧化物和黏粒凝聚颗粒形成团聚体的凝结物质。也就是说，有机质或氧化物含量高的土壤远比稳定性团聚体含量低的土壤抗土壤侵蚀。结构好、质地中等的土壤渗透速率高，可以减少地表径流和侵蚀，即土壤渗透速率和通透性低，暴雨初期易于形成水洼，净流量远远高于渗透速率高、通透性强的土壤。随着黏粒的增加，侵蚀度会下降，这是因为土壤颗粒聚集增多，结构稳定性改善。增加土壤有机质可以降低土壤的侵蚀度，主要是因为有机质有助于土壤的团聚作用。

冻融增加侵蚀度（K 值）主要是通过影响土壤结构、水力传导性、容重和团聚体稳定性及其土壤强度。没有冻融循环的地区，生长季节 K 值降到最小值，然后增加，在生长季节结束后的第 6 个月达到最大值。

Brady 和 Weil（2008）提出土壤生产力或者是保持作物产量水平恒定的土壤因素是有效扎根的深度和亚耕层的渗透性。如果有效扎根的深度深，如 100 cm，且亚耕层的渗透速率介于中等-快速之间，尽管随着时间的推移，土壤生产力会有所下降，但只要管理水平高、合理施肥，产量仍可增加。如果有效扎根的深度只有 75 cm，下层就是坚硬的母质层，且渗透速率慢，即使有较好的管理措施，产量也有所下降。而有效扎根的深度浅，如只有 50 cm，且亚耕层渗透性差，土壤生产力将随着侵蚀的加剧而快速下降。说明有效扎根的深度和亚耕层的渗透性明显影响土壤侵蚀对土壤生产力的作用。

4. 地形

水蚀需要坡度，平地侵蚀慢，因为径流速度慢。随着坡度的提高，径流速度和侵蚀增强。

径流随着坡度和坡长的增加而逐渐增大达到最大的速度。一般，相同坡度，短坡土壤损失量增加的速率高，而长坡土壤损失量的增加相当有限，也就是说坡长影响土壤损失有一个限度。但与坡长不同，随着坡度的增加，土壤损失量增加。

5. 覆盖措施

与沙漠、牧场相比，健康无干扰的森林损失的土壤很少。但是，砍伐路基的建设、木材砍伐过程以及对林中路径的踩践，甚至于供大量休闲人群活动的非践踏区域都会加速森林流域的土壤侵蚀。因此，保持或增加土壤表面覆盖是控制土壤侵蚀最有效的办法。覆盖效应包括冠层效应、覆盖物效应和土壤内效应。

冠层效应主要是通过冠层截获雨滴从而降低到达土壤表面的降水能量。

覆盖物同样可以截获雨滴的能量，它还有过滤作用并降低径流速度从而降低运输能力。覆盖物也减少土壤表面结皮，降低水分蒸发、土壤温度和抑制杂草生长，同时增加渗透速率、保水性能和作物产量。一般，多数区域 5 t/hm^2 的秸秆覆盖足以保护土壤免于侵蚀。香根草（*Vetiveria zizanioides*）、芒草（*Miscanthus sinensis*）都可以作为阻碍表面径流的植物，防止切沟的形成。

等高种植的永久植被窄行条带，作为屏障，可以减缓径流、阻拦沉积物，最终形成自然的活的阶地梯田。

对于长坡或坡度大的区域，控制侵蚀的管理措施，如植被覆盖、作物残茬、耕作等，只有在工程措施或减缓径流措施的配合下才能有效控制侵蚀。这些辅助措施就是通用土壤流失方程（universal soil loss equation，USLE）中的 P 因子。P 因子是给定辅助措施情况下土壤损失量与宽行条播作物沿着垄向种植土壤损失量的比值。如果没有辅助措施，P 因子为 1。辅助措施包括等高耕作、等高带状耕作、梯田系统和草地水道，这些措施均能降低 P 因子。在修正通用土壤流失方程（revised universal soil loss equation，RUSLE）中，考虑了辅助措施和坡度及水的入渗。

二、土壤风蚀过程及影响因素

（一）风蚀过程

当风力超过土壤维系颗粒的能力时，细小的颗粒就会从大颗粒或土块中分离，土壤颗粒就被风带走，而当风携带颗粒时，其冲蚀力增强，即发生风蚀。

类似于水蚀，风蚀也包括 3 个过程：①颗粒剥离；②颗粒运移；③颗粒沉积。

风蚀主要是通过跃移、蠕移和悬移 3 种作用方式引起土壤颗粒的移动。跃移和蠕移使得大颗粒与中颗粒短距离移动，而悬移则悬浮小的颗粒，将颗粒长距离移走。

1. 跃移

跃移是土壤颗粒运移的第一步，也是最重要的一步，启动蠕移和悬浮过程。它是颗粒沿着地表面上升、短暂反弹的土壤运动过程，即土壤颗粒沿着地表跳跃运动的过程。在该过程中，颗粒保持与地表紧密接触，很少超过 30 cm 高度，一般为 15 cm。粉粒和沙粒均被跃移过程移走，但以直径 0.1～0.5 mm 的颗粒为主。依据条件而异，该过程占整个土壤运移量的 50%～90%。

2. 蠕移

土壤蠕移是土壤大颗粒表面的旋转和滑动过程，跃移有助于蠕移。由跃移携带的反弹土壤颗粒击打大团聚体（直径 1 mm 以内的团聚体），加速其沿着土壤表面运移。蠕移迁移的多半是粗沙粒，因为这些大沙粒很难被风力抬起，除非是飓风。因此，只能是短距离的迁移。蠕移占整个土壤运移量的 5%～25%。蠕移是在水的支持下由重力引起的。

3. 悬移

悬移是最壮观、明显的土壤运移方式。粉尘小沙粒和小颗粒（直径小于 0.1 mm）平行于地表移动或者向上移动。尽管有的颗粒仅能被运移几米远，但风的湍流作用可以把一些颗粒携带到大气中并水平运移千里之外。

悬移是最为明显的土壤运转方式，且得到公众的关注。但土壤颗粒只有在风速锐减或者降雨情况下才会降落到地面。例如，20 世纪 30 代发生在美国的黑风暴，就是土壤悬浮颗粒从美国西南部向圣路易斯和芝加哥方向飘移。北非的沙尘越过大西洋，沉积在墨西哥湾和加勒比海。但悬浮物很少超过整个土壤运移量的 40%，一般不超过 15%。

（二）影响风蚀的因素

1. 风速和湍流

起沙风速是指能使土壤颗粒移动的最低风速，通常为 25 km/h 左右。当风速高于起沙风速时，土壤颗粒的运移量与风速的三次方成正比。显然，当风速在 30 km/h 以上时，风所携带的土壤颗粒数量会明显增加。风本身对颗粒的运移有直接作用，风的湍流同样影响风运移物质的能力，而且风所携带的颗粒对土壤的打击影响作用可能更大。

2. 土壤特性

风蚀发生的前提是干燥的风将土壤水分含量降到萎蔫点以下，显然，湿润的土壤发生风蚀的可能性很小。除了土壤水分外，土壤颗粒的机械稳定性、土壤结皮的稳定性、土壤粒级的体积密度和颗粒大小也是风蚀的影响因子。

土块可以抵抗风沙的磨蚀作用。降雨分散了黏土颗粒进入孔隙中形成的土壤结皮（soil crusting）现象能够抵御风力侵蚀。黏粒、有机质和其他胶结剂的存在在增强土壤颗粒抗磨蚀方面相当重要。这也是为何胶结剂含量低的沙粒容易受到风蚀的原因之一。

3. 地表与植被

粗糙的地表会减弱风蚀，植被或秸秆覆盖在与主风向垂直时，可有效降低近地表风蚀，这就是秸秆覆盖作为减小风力侵蚀的有效途径的依据。此外，植被根系也可以固持土壤，增强其对风力侵蚀的抗性。

（三）风蚀的危害

尽管风蚀很难再引起 20 世纪 30 年代“黑风暴”这一灾难性的现象，但是风蚀与水蚀一样，同样会移走土壤有机质、植物所需的养分，使耕层变薄。风蚀选择性地移走土壤表面的粉粒和黏粒，导致养分和保水力下降。

以 34 t/（hm^2·a）土壤损失量为危害标准，1935～1976 年，美国 40 万～60 万 hm^2 的土地受到风蚀的危害，75%受危害的土地是在美国南方，其中得克萨斯州的危害最为严重。同时报道，还有很多土地的危害程度低于这个标准，但其积累危害效果是一样的，即作物生长的基质变劣（Skidmore，1986）。此外，随风飘浮的土壤颗粒会危害植物甚至杀死植物，尤其是苗期的植物，称为“喷砂现象”。

蔬菜对风蚀危害最敏感，主要是擦伤。研究发现，即使相对很小的土壤风蚀，危害也很严重。由于表面擦伤，蔬菜可能不能快速生长，由此导致产量下降，市场销售价格下降。另外，风蚀诱导的危害会导致蔬菜或作物易于受到病虫害的侵袭。沙尘，以及沙尘中携带的有害物质或微生物很可能是陆地上珊瑚死亡的元凶。

三、土壤侵蚀过程的时空尺度

人类诱导的土壤侵蚀过程很多，这些过程在时空尺度上差异很大。以水蚀为例，从农业尺度来看，人类诱导的空间尺度至少有 5 个：①点的尺度（$1\ m^2$），主要是细沟间侵蚀或溅蚀；②小区尺度（小于 $100\ m^2$），主要是细沟侵蚀；③坡长尺度（小于 500 m），主要是沉积物沉积；④田块尺度（小于 $1\ hm^2$），主要是侵蚀沟道；⑤小流域尺度（小于 $50\ hm^2$），主要是空间互作效应。

小区试验主要是经验和理论研究，可以预测土壤侵蚀可能发生的地点，而后者可以对侵蚀做出实际性的评价，尤其是程度、频率和严重度。

对于水蚀研究，点尺度和小区尺度可以估算土壤流失量。大尺度上，土壤流失量和产沙量同时发生，由此可以测定产沙量（即确定面积的通过某确定地点的产沙量）和泥沙输移比（某一时段内通过某一断面的输沙总量与该断面以上流域产沙量的比值）。由于上述差异，风蚀测定只能分析以下尺度的不同过程：①点尺度，主要是土壤的蠕移；②田块尺度，主要是沙粒的跃移；③区域尺度，主要是颗粒的悬浮。

第五节　土壤侵蚀研究的成就

一、土壤侵蚀经验模型研究

澳大利亚的学者 Ellison（1947）将水蚀过程分为 4 个子过程：雨滴侵蚀过程、径流侵蚀过程、雨滴搬运过程和径流搬运过程。

基于 Ellison 的 4 个侵蚀子过程，Meyer 和 Wischmeier（1969）提出了输沙量受产沙量和输沙能力的制约，细沟间侵蚀以降雨侵蚀为主，细沟侵蚀以径流侵蚀为主的侵蚀概念模型。在此之前，基于大量小区观测资料和人工模拟降雨试验资料，Wischmeier 和 Smith（1965）将降雨侵蚀力、地形、土壤可蚀性、植被与作物管理情况和水土保持措施作为主要影响因子，建立了著名的通用土壤流失方程（USLE）。

随着对土壤侵蚀机理认识的深入和计算机技术在土壤侵蚀领域应用的不断成熟，美国土壤保持局对 USLE 进行了修正，并发布了修正通用土壤流失方程（RUSLE）。

RUSLE 的结构与 USLE 相同，主要是对各因子的含义和算法作了必要的修正，同时引入了侵蚀过程的概念，如考虑了土壤分离过程，并把地理信息系统（GIS）技术引入 RUSLE 中（Renard et al.，1997）。

该模型形式简单，使用方便，但仅适用于平缓坡地。迄今为止，世界各地仍有许多研究是关于模型因子在不同地区的修正和应用。

考虑到 USLE 方程主要侧重水土流失的产生区域，难以考虑泥沙搬运和沉积过程，美国农业部于 1985 年启动了新一代土壤水蚀预测预报计划（water erosion prediction project，WEPP），并分别于 1989 年和 1995 年发布了坡面与小流域尺度 WEPP 模型，USLE 和 WEPP 两个模型推动了土壤侵蚀过程与机理及预测预报的研究。

也有学者将坡面侵蚀过程分为降雨分离、径流分离、搬运和泥沙沉积 3 个过程，并认为坡面侵蚀和沉积过程以不同的速率同时同地连续发生，当侵蚀速率大于沉积速率时，坡面以侵蚀过程为主，相反，则以沉积过程为主，并发展成澳大利亚的 GUEST 模型。欧洲的 EUROSEM 模型也具有代表性（Morgan et al.，1998）。

针对中国的实际情况，刘宝元等（2001）将美国通用土壤流失方程中的覆盖与管理两大因子变为我国水土保持三大措施因子（生物、工程和耕作因子），建立了适用于我国的土壤流失方程（Chinese soil loss equation，CSLE）。

经验模型的建立，不仅整合了众多的侵蚀影响因子，是上一阶段研究的深化，还极大地促进了土壤侵蚀预测研究的发展，为土壤侵蚀防治、水土流失规划及效益评价提供了科学依据。

二、土壤侵蚀机理与过程研究

（一）国内外主要学术成就

国内外都注重细沟间侵蚀、沟蚀和泥石流土壤侵蚀类型的研究，重视土壤侵蚀对人类活动和全球变化的响应研究，都开展了利用地理信息系统（geographical information system，GIS）及通用土壤流失方程等模型估算土壤侵蚀量和环境效益评价等应用与验证工作。从土壤结构稳定性角度分析团聚体稳定性、土壤剪切力和接触角；采用计算机断层扫描和图像分析等技术手段，量化土壤微形态；从土壤水分的角度深入研究非饱和区、非饱和流、饱和导水率、径流产生、壤中流等；利用时域反射仪、探地雷达和圆盘渗透仪等原位监测土壤水分与入渗。

此外，利用地统计学（geostatistics）、数字高程模型（DEM）、GIS 等方法，通过水文模型模拟和数值模拟对降雨、径流、侵蚀进行预测预报。从悬浮颗粒、硝态氮和溶质迁移等方面评价侵蚀对水体质量的影响；从耕作侵蚀角度分析传统耕作、免耕和作物轮作（玉米、大豆、小麦）等对土壤侵蚀的影响。

尺度由田块到流域，研究方法更先进，内容更丰富。

1. 国外成就

1）从土壤水力学性质和土壤结构稳定两个维度阐释土壤侵蚀过程与机理，包括溅蚀分离、可蚀性、地表径流和水分运动等土壤侵蚀驱动力等方面的研究。

2）研究认为侵蚀泥沙呈现双峰分布，悬移-跃移和蠕移搬运机制在不同粒级泥沙颗粒上的贡献率有所差异；团聚体破碎过程的 3 种湿润破碎机制，即快速湿润、慢速湿润和湿润振荡（Le Bissonnais，1996），可广泛应用于研究团聚体稳定性的机制与土壤可蚀性的相互关系。

3）研究提出水动力学特性影响泥沙的输运、平衡，泥沙在径流中的含量以及泥沙沉积造成的侵蚀界面微地形的改变会影响侵蚀动力学特性；水土流失不但带走了泥沙颗粒，而且改变了有机碳空间分布，是土壤有机碳损失的主要途径，并改变了有机碳周转速率和组成。

2. 国内成就

1）对典型流域包括黄土丘陵区、黑土区、喀斯特区、红壤区、岩溶区，以小流域、坡耕地为主要研究尺度，结合遥感、GIS 等技术，分析土地利用方式、侵蚀因子、地形因子、降雨侵蚀力等土壤侵蚀驱动因素，研究了细沟侵蚀、风蚀、侵蚀产沙和养分流失机制（刘俊娥等，2012；Zhang et al.，2002）。

2）在黄土丘陵、红壤、黑土坡耕地等区域，从土壤养分、水分、土壤结构、土地利用方式、生物多样性、生物量和溶质迁移等方面分析土壤退化和生态环境，研究了植被覆盖、免耕、常规耕作措施、农林复合系统等水土保持措施的功效。利用数值模拟等方法，分析土壤侵蚀量、土壤入渗、植物群落等作用贡献（Zhang et al.，2007；Shi et al.，2013）。

3）利用大气散落放射性元素 ^{137}Cs，分析土壤侵蚀速率、水蚀、水土保持、产沙，尤其是典型区域土壤侵蚀特征、水土保持与环境效应。但是，英国科学家 Parsons 和 Foster（2011）认为，应用 ^{137}Cs 评价土壤侵蚀的速率不可靠，提出 ^{210}Pb 或 ^{210}Pb 与 ^{137}Cs 结合更有效。

（二）具体领域研究结论

1. 土壤侵蚀动力学特性

土壤侵蚀过程受控于侵蚀外营力和土壤抗蚀性，侵蚀动力学特性的变化决定了侵蚀产沙特征及侵蚀强度大小。

坡面水蚀过程包括雨滴击溅和径流冲刷引起的土壤分离、泥沙搬运和沉积三大过程。

研究者们研究了雨滴的击溅作用、径流的剥蚀作用及降雨和径流耦合下对侵蚀过程的影响。研究认为，雨滴动能是反映雨滴溅蚀效果的重要指标，雨滴打击不仅能分散土壤表面的颗粒，还能穿透径流层，引起径流层以下土壤颗粒的分散，且存在使土壤颗粒发生剥离的临界雨滴动能（Kinnell，2005；Brodowski，2013）。

当径流产生后，雨滴动能随径流深度的增加而减小，降雨和径流的耦合作用具有不确定性，受到土壤性质的影响，且会随径流切应力的改变而改变。研究提出土壤水分既是径流产生的主要因素，也是土壤侵蚀的关键驱动力；土壤侵蚀是氮的硝化和反硝化过程以及磷的主要损失途径，是溶质迁移的主要驱动力（Rouhipuro et al.，2006；Asadi et al.，2007）。

2. 土壤结构与土壤分离

水力、风力、重力等外营力是影响侵蚀的外因，而土壤本身的性质则是影响侵蚀的内因。

众多的土壤性质中，土壤结构被认为是影响侵蚀过程最主要和最直接的因子

（Bryan，2000）。

土壤砂粒、粉粒和黏粒及其有机物相互胶结凝聚，形成大小不等的团聚体，团聚体在三维空间上进一步组织排列，构成了宏观上的土壤结构（Bronick and Lal，2005）。

作为土壤结构的基本单元，团聚体的破碎机制及影响团聚体破碎程度的因素都会对土壤分离造成影响。团聚体粒径分布及稳定性不仅影响着土壤的孔隙分布，还决定着孔隙数量和形态特征对外营力的敏感性（Marshall et al.，1996）。

而土壤孔隙特征（如孔隙度、孔径分布、连接度等）又影响水分在土表及土体内的运移方式与途径，与地表径流和渗透性之间有密切关系，进而影响侵蚀泥沙的迁移。

降雨侵蚀过程中，团聚体破碎的机制主要包括：①快速湿润造成的消散；②雨滴击溅和径流冲刷引起的机械破碎；③矿物不均匀胀缩导致的裂隙；④物理-化学分散作用（Le Bissonnais，1996）。

研究探明引起团聚体破碎机制差异的外因和内因，即侵蚀外力（降雨或径流）和土壤性质（质地、含水量、交换性钠含量等）。

研究发现消散作用和非均匀膨胀过程取决于土壤初始水分条件及湿润速度（Mamedov et al.，2002）；机械破碎取决于降雨动能和径流切应力（Shi et al.，2012；Wang et al.，2014）；物理化学弥散取决于土壤溶液组成，特别是交换性钠含量（Le Bissonnais，1996）。

3. 土壤侵蚀与物质迁移

土壤侵蚀过程中，土壤颗粒以及溶解在径流中或吸附在土壤颗粒上的养分、农药、重金属等均会随着径流、泥沙的运移而发生再分配。其中，以溶解态形式存在的溶质，随着溶液间交换发生迁移；以吸附态形式存在的溶质，通过解吸和随侵蚀泥沙运动发生迁移（Walter et al.，2007）。

土壤侵蚀带来的径流和泥沙本身不仅是一种面源污染物，而且是有机物、金属、磷酸盐以及其他毒性物质的载体，污染物在降雨所产生的径流冲刷下，由径流和泥沙携带，最终到达受纳水体，进而破坏水体环境。

地形、气候、植被等因素不仅影响土壤侵蚀，同时也影响土壤养分及污染物的迁移。侵蚀泥沙呈现双峰分布，悬移-跃移和蠕移搬运机制在不同粒级泥沙颗粒上的贡献率有所差异（Asadi et al.，2007）。

土壤中氮素主要以水溶态的形式存在，通过地表径流、地下径流淋溶携带等途径进入水体；磷肥、农药、重金属等主要以吸附态形式存在，通过流失的土壤颗粒携带进入水体，降雨能量越大，土壤结构破坏越严重；侵蚀泥沙中具有更强吸附性的细颗粒含量越高，导致更多的养分和污染物的迁移（Gao et al.，2005；Walter et al.，2007）。

研究物质对土壤侵蚀的响应机制，可揭示土地退化机理和面源污染的形成过程，并采取合理的应对措施（Wallach et al.，2001）。

4. 土壤侵蚀与气候变化

气候变化通过改变侵蚀外营力和植被覆盖直接或间接地影响土壤侵蚀过程。将气候变化模式与土壤侵蚀模型耦合，设置不同的人为干扰情景，重点考虑土地利用变化，预测了未来土壤侵蚀的变化规律，但由于情景设置不同，预测结果存在侵蚀增加或减少两种截然相反的结论（Mullan et al.，2012）。

在土壤侵蚀驱动下，氮元素的转化以及多种温室气体（CO_2、N_2O 和 CH_4）的排放都可能对全球气候变化造成影响，但影响效果随降雨、地形、植被、土壤和人为管理等变化而异（Follett and Delgado，2002）。覆盖措施促进 N_2O 的排放，且 N_2O 日排放量与降水量高度相关；CO_2 日排放量与土壤、大气温度高度正相关，而与土壤水分负相关，但 CH_4 排放与温度、水分、降雨及其他温室气体之间的相关性均不显著（Jarecki and Lal，2006）。

充分了解碳循环对土壤侵蚀的响应及其对气候变化的反馈机制，能提高气候变化下土壤侵蚀数值模拟精度，不仅能为有效预测土壤侵蚀变化、合理布设水土保持措施提供依据，也能为及时预测预报地质灾害、制定合理的防灾减灾应对方案提供理论支持。

总体上，国内外土壤侵蚀的研究在小区、坡面、流域（或区域）尺度上，从对侵蚀现象描述和影响因子试验研究发展到土壤侵蚀关键要素和过程的识别，以解释侵蚀产沙机制，建立侵蚀预测预报模型，从土壤侵蚀对土壤质量的影响到对非点源污染的影响，再到对碳循环与全球变化的响应研究，并且研发水土流失防治技术，评价水土保持措施效益。

第六节　土壤侵蚀影响作物产量的研究方法

一、全坡面空间调查和空间相关性分析

由于坡耕地受地形和土壤等因子不均匀性的影响，侵蚀对作物产量影响的研究不能像平地那样通过田间区组试验来完成，当前国际上通常采取研究作物产量及相关的地形因子和土壤因子等在整个坡面的空间变异性。

空间异质性和空间相关性的研究，既可揭示作物产量的差异及其在坡耕地的分布位置，又能阐明影响作物产量的主导因子。

Lal 等（2000）通过对美国俄亥俄州 2 个典型地块作物产量和土壤性状的空间关系进行分析，分别研究了土壤长期严重侵蚀和表层土壤变薄对土壤质量及玉米产量的影响。得出土壤沉积的坡脚玉米产量比严重侵蚀的坡中高出 50%以上，同坡脚相比，坡中玉米叶中 P 和 Mg 含量低，而 Mn 和 K 含量高；玉米产量与表土层厚度呈正相关，轻度侵蚀区的土壤有机碳和水稳性团聚体含量明显高于严重侵蚀区的含量；严重侵蚀对土壤质量造成的负面影响为降低土壤持水能力，降低土壤 N、P 含量，增加 K、Ca、Mg 含量；土壤严重侵蚀增加玉米叶中 K、Mn、Fe 含量，降低 Ca 和 Mg 含量；玉米产量与土壤中的水稳性团聚体、粉沙、N 含量呈正相关。

Reyniers 等（2006）利用联合收割机高密度（>11 000 个样点）测定了比利时一块 7.2 hm^2 麦地的籽实产量、秸秆产量、生物产量和收获指数，详细分析了小麦产量空间异质性特征，并确定了产量特征与地形和土壤因子的空间分布关系。研究发现最低产量出现在水土流失最严重的区域，因此，利用精准农业测产技术可确定坡耕地侵蚀严重区域，能够为减轻侵蚀对作物产量的影响提供指导。

Marques da Silva 和 Silva（2008）连续 3 年观测了葡萄牙 7 块玉米地产量，对玉米产量时空变异性和地形因子的作用进行了评估。研究得出玉米产量与地形因子海拔和坡度具有较大的相关性，与土壤有效水呈显著正相关，作为地形指示因子的径流汇集线长度 DFL 与玉米产量呈现显著负相关，对于波动起伏较大、径流路径多的农田，DFL 指数可作为评价作物产量异质性的重要指标。

Cotching 等（2002）观测了 5 块澳大利亚红壤坡耕地的玉米产量和土壤性状，研究发现玉米产量与 18°以下的坡度显著相关，土壤有机碳、全量有效养分与玉米产量显著正相关，而与土壤水分含量相关性不显著。张兴义等（2005）利用网格法大样点全坡位测定了一块 1.4 hm^2 黑土坡耕地的大豆产量和土壤性状，相关分析表明，大豆产量与土壤有机质和土壤含水量显著正相关，与春季土壤含水量的相关系数最大。

二、耕层土壤剥离试验

利用表土剥离模拟耕层厚度的变化，是研究土壤侵蚀影响作物产量的一种简单直观的途径。

Larney 等（1995）在加拿大通过在 5 个旱地和 1 个水浇地分别进行表土剥离 0 cm、5 cm、10 cm、15 cm、20 cm 模拟，研究了不同侵蚀程度对作物产量的影响，得出作物产量与表土层厚度显著相关（R^2=0.918～0.999），表土剥离 0～5 cm 对作物减产的作用不大，作物减产 20%～41%；表土消失，即剥离 20 cm，作物减产高达 63%～95%。

Malhi 等（1994）将厚度为 34 cm 的表土层分别移出 0、18%、35%、53%，建立田间裂区试验，并加设施氮肥和磷肥小区，得出作物产量随土壤流失深度的增加而降低，施氮肥和磷肥可增加侵蚀区作物产量，但达不到未侵蚀区的产量水平。

Sui 等（2009）在中国东北黑土区对黑土层厚度为 30 cm、坡度为 5°的耕地进行表土剥离 0 cm、5 cm、10 cm、15 cm、20 cm 模拟，在玉米—大豆轮作基础上，实施无机肥与有机肥结合及无机肥两种管理方式管理，进行不同侵蚀程度（黑土层厚度）对玉米、大豆产量影响的田间监测试验。研究发现，0～5 cm 耕层表土流失对玉米、大豆的产量影响很小，该结果为我们积极采取阻碍黑土侵蚀的措施赢得了时间；但是，黑土 30 cm 表层消失，玉米减产 90%以上，大豆减产 60%；同时计算出，黑土层每变薄 1 cm，玉米平均减产 80 kg/hm^2，大豆减产 14.9 kg/hm^2（Zhou et al.，2015）。

三、模型模拟研究

人们还试图通过田间试验结合模型模拟研究来确定土壤侵蚀与作物产量的关系。Shaffer 和 Schumacher（1995）将大量田间测产数据与 NTRM 模型结合，得出严重侵蚀土壤玉米多年平均减产 10%以上，土壤物理性状尤其是有效持水量的变化对玉米产量影响极大。李忠武等（2002a）基于土壤侵蚀的 YIELD 作物生产力模型，结合小流域尺度下的作物产量及其影响因子 10 年变化的结果分析认为，土壤水分和养分的变化是影响该区作物生产力变化的主要因素。

Rosa 等（2000）利用欧洲开发的土壤侵蚀预测模型 ImpelERO，对西欧 20 块侵蚀农田中小麦、甜菜、向日葵产量进行了估测，并对未来 100 年作物产量的长期影响进行了预测，得出这样的结论：当可利用土壤深度超过 120 cm 时，作物产量因侵蚀减产幅度不到 5%；当可利用土壤深度小于 75 cm 时，作物减产 30%以上；到 2100 年作物因侵蚀减产可达 48%以上。建立土壤侵蚀与作物生产力模型是人们追求的目标，但总体而言，该类模型研究还相对滞后（Rosa et al.，2000；蔡强国等，2006）。

四、影响因子——表土层厚度的确定方法

^{137}Cs 示踪技术是目前国内外定量描述表土层的侵蚀速率、计算表土层厚度变化的有效方法。^{137}Cs 具有独特的理化性质，其化学迁移能力极弱，植物对其吸收也很弱，其在土壤层的损失与富集主要是伴随着土壤颗粒的物理运动而发生再分布（Menzel et al.，1987）。因此，在一个区域内，^{137}Cs 的沉降可以看作是均匀的，即土壤中 ^{137}Cs 的含量是一致的，以区域内未开垦的荒地土壤中 ^{137}Cs 的含量作为本底值，若该流域某一土壤剖面中的 ^{137}Cs 含量低于本底值，表明该土壤剖面存在土壤流失，且可建立模型来计算土壤流失量。该方法已被证明用于确定 1963 年以来的土壤流失速率（Golosov，2003），并在我国土壤侵蚀速率研究中广泛应用（曾海鳌等，2008；张信宝等，2007）。

阎百兴和汤洁（2005）成功利用该技术测定了吉林省一典型黑土农田坡面水力侵蚀速率和侵蚀强度，结果显示，年平均侵蚀厚度可达 3.16～4.33 mm，由此可计算出不同坡位黑土层的变化。刘宝元等（2008）对黑龙江省农垦总局九三分局鹤山农场鹤北小流域进行了全流域网格采样，探测了放射性核素 ^{137}Cs 活度，得出 0°～4°的土壤流失量为 1.00～2.66 mm/a。

我们在海伦黑土水土流失监测研究站连续10年的坡面监测表明，10%的雨水随地表径流流出坡耕地田面，每年土壤流失1000 t/km^2，即每年1 mm 的表土被剥离，考虑沟蚀因素，该区黑土层每年流失的表土厚度为2～3 mm，其中，3°～5°坡耕地耕层年减少1.3 mm，5°～8°坡耕地耕层年减少2.2 mm，而自然状态下需要200～700年才能形成1.0 cm的土层。根据这一数值计算，如果不采取保护措施，200年内典型黑土区23 000 km^{2}的坡耕地即将遗失，100年内30 500 km^{2}的坡耕地即将遗失，50年内5600 km^{2}的坡耕地即将遗失，结果是黑土耕地数量将减少，即黑土区耕层遗失主要发生在坡耕地农田。

第四章　沟道侵蚀

第一节　沟道侵蚀及研究方法

一、沟道侵蚀概述

沟道侵蚀是短期内径流水的积累且经常在狭窄的渠道再次出现，将土壤剥离成一定深度狭窄区域的侵蚀过程。它与径流和产沙从高地向低谷有效运输密切联系，并加剧水蚀的非点源危害，其发生发展过程对现代地貌发育及演化过程具有重要的影响。

沟道侵蚀是人类活动诱发的土地变化和极端降雨共同作用的结果，是长期存在的一个最受关注的世界性环境问题，是产沙的主要来源（Krause et al.，2003；De Vente et al.，2005），也是土地退化的主要过程及最严重的表现形式（Billi and Dramis，2003；Pimentel and Burguess，2013）。

沟道侵蚀研究，如果从 1846 年 Charles Lyell 的沟道描述算起至今有 170 多年，从 1928 年 W. W. Rube 的工作算起有 94 年，从 1939 年 H. A. Ireland 的工作算起有 83 年，不管怎么算，可以说沟道侵蚀研究已经开展了很多工作，并已经进入成熟期。

沟道侵蚀具有严重性、紧迫性和复杂性等特点，多数情况下与不合理的土地管理方式直接相关（Dotterweich et al.，2012）。过去 1500 年，世界范围内都有报道。例如，美国西南部侵蚀沟的形成就是由于过度放牧和气候变化（Webb and Hereford，2001）；人类活动诱发的植被变化导致的汇水区水文过程变化，引起了英国 9 世纪和 10 世纪的沟道形成，14 世纪德国的沟道形成是高强度的土地利用和极端降雨所致（Bork et al.，2004）。

我国东北黑土区，过去百余年大规模、高强度、快速开发，导致水土流失现象严重（Zhang et al.，2006；刘兴土和闫百兴，2009）。现有大于 100 m 的侵蚀沟数量为 29.6 万条，损毁耕地约占区域的 0.5%，而且侵蚀面积在增加，强度在增强，侵蚀沟数量和密度在增加，抵御自然灾害能力明显下降（Liu et al.，2010c）。东北黑土区已成为我国水土流失严重区域之一，是 3 个急需治理区域之一。因此，从全球的角度而言，沟道侵蚀作为土地退化的主要驱动力不容忽视。

尽管沟道侵蚀往往是由土地利用变化或者极端气候所诱导或加速，但其结果是长期的历史过程（Chaplot et al.，2005，2011）。沟道过程具有三维本质，受到各种因素和过程的影响，很难研究和预测。另外，沟道侵蚀一旦发生，发展的维度和景观的连通性迅速增加，导致沉积物向下坡沉积的危险性增加，影响土壤的其他退化过程（Castillo and Gómez，2016）。农业用地的水道和土壤的许多沉积及其引起的化学污染都与沟道形成有关。沟道形成后，很难采取有效的技术，而且投入成本很高。

鉴于此，沟道侵蚀近期被许多国家和国际研究计划列入重点研发领域（Williams et al.，1996；Van Oost et al.，2000；Nearing，2001；Poesen，2011）。

2017年，针对东北黑土区侵蚀沟道生态修复和黑土地保护的重大需求，国家重点研发计划专门立项“东北黑土区侵蚀沟生态修复关键技术研发与集成示范”，开展如下工作：①东北黑土区沟道侵蚀动态监测与评估；②东北黑土区沟道侵蚀与防治机理研究；③侵蚀沟复垦关键技术研发与技术体系构建；④侵蚀沟生态修复关键技术研发与模式示范；⑤侵蚀沟种-养-生态产品综合开发模式构建与示范；⑥侵蚀沟治理技术综合集成示范与应用。旨在深入研究威胁黑土地农田安全的侵蚀沟空间分布特征和形成发育驱动机制，建立侵蚀沟动态监测、信息平台和预警系统；在系统总结、集成现有侵蚀沟生态治理措施关键技术的基础上，研发沟道填埋耕地再造、沟道稳固和植被恢复，以及林草优化配置和生态产品开发一体化的黑土地侵蚀沟防治高效技术体系，制定技术标准，并与国家重大工程紧密合作，实现规模化示范与应用，为东北黑土侵蚀区水土保持生态建设和粮食产能提升以及农民增产增收提供科学依据与关键技术和信息支撑。

因此，深入开展对沟道的监测、研究和模拟，是预测环境变化对沟道侵蚀速率影响的基础，有助于人类认识沟道侵蚀发生的机理，从而采取阻控措施减缓沟道侵蚀的持续发生。

二、沟道侵蚀的研究方法

沟蚀量的精确测量一直是沟蚀发育过程研究的重点。但由于沟蚀形态复杂且不规则，传统的沟蚀测量方法不能满足目前对侵蚀过程及机理的研究需求，因此必须结合现代科技发展引入新的沟蚀研究方法和技术。

沟蚀研究的传统测量方法主要有：①填土法；②体积测量法；③地形测针法。

1）填土法是一种精确测量小范围坡面土壤侵蚀量的传统方法，其基本原理是称量一定体积与原坡面土壤完全一致的土的质量，然后把待测坡面的所有侵蚀沟按相同容重填满，坡面沟蚀量即充填土的总质量减去含水总质量。由于侵蚀沟的深度和宽度在坡面上的分布比较复杂且横断面形状变化多样，因此与体积测量法相比，填土法具有估算精确的优点。之后，有研究者对填土法进行了改进，将聚苯乙烯颗粒泡沫回填坡面浅沟沟槽以获取浅沟体积，再乘以土壤容重计算沟蚀量。然而，无论用何种材料回填坡面，该方法均需备土或备料，且需进行土壤含水率和土壤容重的测定，因而较难满足野外大范围沟蚀调查的需要。

2）体积测量法是通过人工测量侵蚀沟的长、宽、深，计算侵蚀沟体积，乘以土壤容重得出沟蚀量的土壤侵蚀监测方法。该方法原理简单，操作过程易于掌握，仅需测量尺作为测量工具，因此被广泛应用于野外和室内坡面土壤侵蚀试验中。然而，由于坡面侵蚀沟分布复杂且横断面类型多样，且在具体测量时，测量人员又很难完全做到水平读数，因此该方法的测量精度较低。为了改进该方法的准确性和适用性，众多学者进行了大量的探索和应用。郑粉莉（1989）提出了采用体积测量法监测野外坡面沟蚀量的方法，并给出了估算沟蚀量的方程式。Casali 等（2015）提出了等效棱柱沟的概念，并尝试将复杂的侵蚀沟概化为棱柱，以此估算沟蚀量。

3）地形测针法通过观察测针的高低起伏变化，获取地表糙度和侵蚀沟形态，是坡面沟蚀监测的一种可靠方法，由于该方法操作简便、易于掌握且实用性强，得到了许多学者的认可。研究者在每次侵蚀性降雨后，利用地形测针法测量地面地形数据，动态监测坡面沟蚀发育与坡面侵蚀形态变化过程，通过数字高程模型（DEM）和次降雨前后坡面三维立体图的制作，模拟了坡面侵蚀形态的演变过程。地形测针法能较好地监测坡面沟蚀发育过程并估算沟蚀量，是一种值得推广的土壤侵蚀监测方法，但由于该方法测量的数据量较大，因此仅对小型的模拟试验表现较好，对野外大范围沟蚀发育过程的监测则仅能用作其他监测方法的补充测量。

沟蚀研究的高新技术测量方法与技术包括：①摄影测量技术；②三维激光扫描技术；③高精度 GPS（RTK）；④无人机（UAV）。

1）摄影测量技术通过对多幅摄影影像相互重叠的部分进行交互编译，最终获得高精度的数字高程模型（DEM）（Wells et al.，2016）。1984 年，我国首次将摄影测量技术运用在沟蚀研究中。近年来，国外众多学者利用立体摄影技术，在侵蚀沟发育过程与形态模拟、坡面侵蚀沉积预测和切沟沟壁崩塌等方面进行了大量探索，取得了一批前瞻性成果。摄影测量技术因其测量速度快、精度高、非接触且具有传统土壤侵蚀监测方法不可替代的优势，正被越来越多的学者所重视。

2）三维激光扫描技术是一种利用激光测距原理确定目标空间位置的新型测量方法（Vinci et al.，2015），又称为“实景复制技术”。与传统测量手段相比，三维激光扫描技术具有快速、不接触、实时动态和高精度等特点。进入 21 世纪，以三维激光扫描技术为代表的激光测距技术取得了跨越式的发展，科研人员在侵蚀沟形态演变（沟头溯源侵蚀、沟壁崩塌侵蚀、沟底下切侵蚀）以及坡面侵蚀、沉积空间分布等方面获得了丰富的资料，节省了大量的人力、物力和财力。

3）高精度 GPS（RTK）是实时处理两个测站载波相位的差分信号，通过基站与流动站接收机的无线信号传输，实现厘米级三维定位精度的现代测量方法。该技术以其作业速度快、精度高、不受恶劣天气影响等优点越发受到水土保持工作者的重视和欢迎。近年来，高精度 GPS 已被广泛运用于沟蚀发育过程研究，在人工模拟降雨条件下实现了坡面侵蚀沟发育过程的实时动态监测，在野外也实现了不同时间尺度的连续原位观测（从次降雨尺度到年尺度）。学者通过对比不同时相的 DEM 来获取监测时段内沟头溯源、沟底下切和沟壁扩张的动态变化，估算切沟侵蚀量，并达到了较高的估算精度（张鹏等，2009）。

4）无人机（UAV）作为低空摄影测量的遥感平台，现正逐步被运用在沟蚀监测实践中。该技术通过架设在无人机上的数码相机对地面快速连续拍摄高分辨率照片，并在专业处理软件（如 Photomodeler、PhotoScan、APERO/MICMAC 和 PixelGrid 等）中提取、解译多幅照片的重叠部分，最终获取点云数据，建立 DEM（Peter et al.，2014）。与传统摄影测量相比，该技术具有拍照速度快、测量范围广、能在复杂地形条件下作业等特点（Stöcker et al.，2015）。然而，由于无人机在飞行过程中较难根据地形实时调整飞行高度和角度，从而易在复杂地形区域（较陡的沟壁边坡和内凹的切沟沟头）形成数据缺失，造成测量误差，因此需要通过三维扫描或地面摄影测量进行局部补测。

第二节　沟道侵蚀分类及普遍性

一、沟道侵蚀历史追溯及其分类

有关沟道侵蚀的研究可以追溯到 1846 年 Charles Lyell 对美国沟道侵蚀的考察，是迄今为止最古老的沟道侵蚀研究范例（Kennedy，2001）。我国对于沟道侵蚀的研究是从土壤侵蚀分类和坡面土壤侵蚀垂直分带的研究开始的（朱显谟，1956）。客观地讲，迄今为止对沟道形成有关过程的理解仍然相当有限。

沟道一词，在西班牙称为“carvaka”，法国称为“ravine”，马达加斯加称为“lavaka”，阿拉伯称为“wadi”，南非称为“donga”，巴西称为“vocoroca”，阿根廷称为“barranco”。

根据最古老的西班牙词典，“carvaka”一词源于 car（肉）和 vava（洞穴）两个字的组合。其词源学与战争之后埋葬殉职人员的普通深坑有关，该字典同时定义沟道为“由于极端降雨对易侵蚀土地作用形成的大切口”。

目前有不同标准定义沟道的概念。形态学和地貌学的标准是：景观中汇水区面积为 10 km^2 或小于 10 km^2，有一定深度，沟壁陡峭，且少有植被的切沟（Eustace et al.，2011）。水文学的标准是：暴雨过程中洪水形成的临时水线（Morgan，2005）。农业措施的标准是：水流沟的宽度和深度不能实施正常的土壤耕作（SSSA，2016）。不稳定性的标准是：流域内以前不存在确定的沟渠而近期形成的切沟（Bettis and Thompson，1985）。

Ireland 等（1939）是首先提出沟道形成理论的人，他们强调了沟道作为一个重要现象的可能性，也是第一个提出 Bt 层抗性在控制沟道深度和沟头形状中起重要作用的科学家。他们认为，沟道是下坡的冲刷、沟头的切割及其快速扩展、自我愈合和稳定的过程。

由于沟道形态是沟道过程的产物，而且沟道的形态代表着沟道发展过程，因此，明确沟道的形态学是评估沟道过程的第一步。Ireland 等（1939）基于他们在美国加利福尼亚州的研究结果，首先提出了沟道分类，用于简单描述沟道的形态和样式，他们提出了沟道的 6 种形态：线性、球茎、树枝状、格状、并行和复合状。

沟道有多种形式，但多数是指丘陵坡沟道。一般而言，沟道定义为比细沟大，但比河道小（Knighton，1998）。典型的丘陵坡沟道长度远大于宽度，而且沟道是一个有临界阈值的现象，即坡度和汇水面积的函数。当剪切应力超过特定值时即可产生沟道（Sidorchuk，2006）。由于最高的渗透速率不会超过最大的降雨强度，因此，主要的径流过程在汇水区和暴雨时期之间差异较大。

国外的侵蚀沟分类标准存在一定差异，Foster 在 1986 年根据侵蚀沟的持久性将其分为临时沟道（ephemeral gully）和永久沟道（permanent gully）。他认为临时沟道每次侵蚀的宽度和深度大于细沟，但小于永久沟道，不妨碍耕作，但不能消除其痕迹。随着年复一年耕作与侵蚀的交替，临时沟道可发展为永久沟道。

Poesen 等（2003）将侵蚀沟道分为 3 种类型：永久沟道、岸坡沟道和临时沟道。

1）永久沟道被定义为：农业土地中存在的沟渠深度较深（典型的深度为 0.5 m 以上，有的深度达 20～30 m），以至于不能进行常规的农机具耕作，且不能去除的渠道（Soil Science Society of America，2016）。换句话说，永久沟道就是宽度和深度不能实现正常耕作、农机具横跨的渠道，它具有横截面。该定义强制性提出最低深度 0.5 m 来区分细沟。永久沟道通常是大雨期间或雨后，由地表径流和壤中流形成的冲积崩积沉积物的切力形成的（Hudson，1995）。空间上，永久沟道可以是不连续的。Morgan（2005）根据永久沟道所在的空间位置将其分为谷底侵蚀沟和谷壁侵蚀沟。

2）岸坡沟道是集中径流横跨土堤时形成的，其包括明显的拉伸应变。由于陡峭的坡度梯度，岸坡沟道可以通过水力侵蚀、管涌侵蚀和最终的土体移动快速形成。一旦形成，通过沟头挺进迁移到中度坡土壤表面，并进入江河或农业梯田（Poesen et al.，2003）。岸坡沟道的形成需要很长的时间，并且难以控制。

年际间，正常的耕作能够填平的细沟称为临时沟道（Watson et al.，1986），即临时沟道是比细沟大但比永久沟道小的渠道切口，常规耕作能够去除，但是额外的径流发生在同一地点又形成沟道（Casalí et al.，1999；Capra and Scicolone，2002；Capra，2013）。

3）临时沟道是主要的产沙来源，占土壤侵蚀的 20%～100%（Capra，2013），它是农业耕地中最为严重的侵蚀类型，在土壤没有植被覆盖的种床准备阶段、作物建成和种植过程中均可发生。临时沟道引起土壤严重流失，导致土壤质量的逐渐退化和土壤潜在生产力的下降（Wilson et al.，2008；Taguas et al.，2012；Liu et al.，2013）。

临时沟道形成区作物被冲刷走，并被沉积物掩埋。填埋运作引起土壤退化，降低农田的长期生产力（Woodward，1999；Tang et al.，2013），而且临时沟道成为高地与谷底之间径流和沉积物的有效连接，很快演化为永久沟道（Valentin et al.，2005；Vanwallaghem et al.，2005）。

基于室外观测，Casalí 等（1999）描述了临时沟道的 3 种主要类型：经典的、排水的和不连续的临时沟道。经典的临时沟道是由相同地块的径流发生区的集中径流形成的。排水的沟道是地块上游区的集中排水流形成的，排水流抵达田块的上游区，侵蚀下游区的农田。不连续的沟道常常发生在因管理措施而形成的有坡度变化的区域，如与道路相邻的农田。临时沟道的沟头或许就是由这些坡度的不连续性引起的，之后向上游移动。

临时沟道和永久沟道侵蚀的主要差异是前者深度浅（通常只有 0.5 m 深），且存在时间短，能够由于每年的耕作而被填埋（Foster，1986）。

国内最早将侵蚀沟分为浅沟、切沟、冲沟和干沟等（朱显谟，1956），后来又认为完整的沟蚀序列一般包括细沟、浅沟、切沟和冲沟，认为浅沟由主细沟演变而来，并能发展为切沟。刘元保等（1988）认为，浅沟侵蚀为暴雨发生时汇集于集流槽底部由径流冲刷形成的新的侵蚀沟槽过程中所造成的土壤侵蚀，即发生在坡面顺坡集流槽的底部（宽度一般在 2 m 以内）。浅沟一般不阻碍普通耕作，但犁耕不能消除浅沟形态痕迹（郑粉莉等，2006）。郑粉莉等（2016）认为细沟属于面蚀的范畴，而浅沟、切沟和冲沟是侵蚀沟发育的 3 个不同阶段。

《中国农业百科全书土壤卷》的土壤侵蚀与水土保持分支条目中指出，浅沟由坡耕地上主细沟发展形成，其横断面因不断的再侵蚀和再耕作呈弧形扩展，无明显的沟缘。在黄土丘陵区浅沟的深度均大于耕层厚度，一般为 20～30 cm，也有超过 50 cm 的；而在南方花岗岩风化壳丘陵斜坡上也可发生浅沟，其宽度为 1 m 左右，深度可超过 0.5 m。

郑粉莉等（2004）在撰写《土壤科学百科全书》沟蚀条目时，将我国定义的浅沟侵蚀与美国定义的临时性侵蚀归为同一类沟蚀类型。

由于定义的多样性和沟道侵蚀评估的复杂性，人们不断地对该问题进行重复探索，认知也不断深入。

二、沟道侵蚀的普遍性

除了极地气候，沟道侵蚀在所有气候条件下均可发生，是一个最受关注的具有普遍性、紧迫性和复杂性的环境问题（Billi and Dramis，2003）。

统计分析表明，在尼日利亚、南非、瑞士、新西兰、澳大利亚、埃塞俄比亚、太平洋东部岛屿、美国、突尼斯、波兰和西班牙，大约 10%以上土地受到沟道侵蚀的影响（Rodzik et al.，2009；El Maaoui et al.，2012；Shellberg et al.，2013）。由于沟道侵蚀还与其他侵蚀同时发生，因此，在严重退化的区域，沟道侵蚀的影响度可能会更高（Di Stefano et al.，2016；Seutloali et al.，2016）。

温带气候区域沟道侵蚀主要发生在美国、中欧、中国、马达加斯加中部、阿根廷北部、澳大利亚东南部、印度和墨西哥中部。地中海气候区，如西班牙、突尼斯、意大利、伊朗和以色列，由于是半干旱环境，降雨变化大，沟道侵蚀也很普遍。热带区沟道侵蚀的发生率也很频繁，如澳大利亚东北部、巴西、新西兰及尼日利亚南部。我国主要在东北黑土区、黄土高原区和干燥炎热的山谷区发生沟道侵蚀。

没有保护性措施的农业发展及其集约化是引起侵蚀力和抗性之间不平衡的主要因子，水道的植被起着关键性的保护作用（Prosser and Slade，1994）。森林的砍伐、焚烧和道路建设常常破坏植被，创造了适于沟道形成的条件，使沟道形成。永久沟道侵蚀的土壤流失速率显著高于常规农业活动的土壤流失速率，更高于土壤形成速率。当今世界，土壤侵蚀导致大面积土地流失，其中沟道侵蚀是土地退化最严重的一方面（Pimentel and Burguess，2013）。

全球范围内，牧区、农区是主要的沟道发生区，各占 40%，林地约占 13.2%，城市及其周边占 6.8%（Castillo and Gómez，2016）。

有些国家的大城市，由于排水和渗透条件的变化以及城市基础设施的发展等，也受到沟道侵蚀的威胁，如俄罗斯的伏尔加格勒、新西伯利亚，加拿大的萨斯卡通，巴西的圣路易斯、西班牙的拉斯帕尔马斯和伽马，澳大利亚的奥尔伯里以及尼日利亚的贝宁地区等。

存在于森林中的沟道主要是过去侵蚀的遗迹，由于植被的有效保护目前都比较稳定。当然，外力干扰诸如森林的砍伐、森林大火或基础设施建设等，也很可能会再度引发侵蚀（Galang et al.，2010；Seutoali et al.，2016）。

农业活动与沟道侵蚀紧密相关。对于世界范围而言，从森林向农田或草地转化加速了沟道侵蚀。在欧洲，该过程始于史前时期的某些区域，如青铜时期（Zglobicki and Baran-Zglobicka，2011）和中世纪时期（Martin-Moreno et al.，2014）。其他大陆，向先进农业转化过渡主要发生在近代，如巴西或南非为 16～18 世纪（Costa and Prado Bacellar，2007；Boardman，2014），而加拿大、美国、尼日利亚、印度、新西兰和澳大利亚主要始于 19 世纪（Perroy et al.，2010；Marden et al.，2012；Saxton et al.，2012）。

从 20 世纪开始形成的沟道侵蚀例子屡见不鲜，如我国自然植被向农田转化，肯尼亚、埃塞俄比亚的道路建设，阿根廷、巴西、埃塞俄比亚和墨西哥的农业集约化和过度放牧等（Hu et al.，2007；Nyssen et al.，2006；Machado et al.，2010）。

比利时、西班牙、葡萄牙、美国、中国和意大利等国的科学家报道了发生在一年生作物（冬小麦、玉米或大豆）农田中的浅沟侵蚀（Maugnard et al.，2014；Zhang et al.，2007）。西班牙的橄榄果园和葡萄园以及意大利、希腊、葡萄牙和西班牙的草地也有浅沟侵蚀的报道（Taguas et al.，2012）。

美国艾奥瓦州西部黄土区一夜 130～180 mm 的降雨导致 1 hm^2 小流域形成 21.9 m 长、2.4 m 深和 2.4 m 宽的沟道。细沟一般在坡度 2°～12°的区域形成，而切沟多半形成于更陡的区域（Savat and De Ploey，1982）。因此，荒原或者沟道一般都集中在地中海的半干旱/干旱的亚热带区，以及高纬度的大陆气候区（Bryan and Yair，1982）。荒原中沟道形成的主要过程包括降雨溅蚀、表面径流、片蚀、集中水流和管流。

就永久沟道而言，目前报道的最大的土壤流失量或者土壤侵蚀模数在新西兰，为 77.5 mm/a，相当于 1550 t/（hm^2·a）（De Rose et al.，1998）；太平洋东部岛屿为 44.2 mm/a，相当于 398 t/（hm^2·a）（Mieth and Bork，2005）；埃塞俄比亚北部为 42.7 mm/a，相当于 530 t/（hm^2·a）（Tebebu et al.，2010）；摩洛哥南部农业种植园为 22.0 mm/a，相当于 330 t/（hm^2·a）（Peter et al.，2014）；西班牙东北葡萄园为 19.1 mm/a，相当于 331 t/（hm^2·a）（Martínez-Casasnovas，2003）。

而临时沟道，最严重的退化纪录在西班牙葡萄园，为 16.6 mm/a，相当于 207 t/（hm^2·a）（Martínez-Casasnovas，2003）；西班牙一年一季农田为 5.9 mm/a，相当于 91 t/（hm^2·a）（De Santisteban et al.，2006）；挪威一年一季农田经过一次特大的降雨过后为 3.7 mm/a，相当于 56 t/（hm^2·a）（Oygarden，2003）；意大利西西里岛 7 年平均为 2.3 mm/a，最高年份为 7.2 mm/a（Capra et al.，2012）。

Montgomery（2007）认为最大的土壤流失忍耐值是每年 0.4～1.0 mm。沟道和集水区的大小均影响土壤侵蚀模数。因此，临时沟道和永久沟道表现不同，即前者排水面积小。退化速率需要考虑空间尺度因素，也就是要从排水区水文学网络系统的角度来研究沟道侵蚀。从时空的角度来说，沟道侵蚀是相当复杂的现象。沟道侵蚀同样与地震活动有关（Cox et al.，2010）。

沟道侵蚀长期公认的复杂性包括：多要素和非一致的形成特点，依赖于尺度，年内差异性（气候差异和深层剖面差异）。之所以说复杂性，是因为从时间和强度来说，沟道侵蚀并不是一个均质同类的过程。由于土地管理演化（放牧强度、高坡和水道实施保护性措施）以及自然干扰（极端降雨和干旱）的不同，沟道侵蚀会加速、维持现状或被有效抑制。

土地的敏感性将加剧沟道侵蚀，这些敏感性主要源于侵蚀的土壤、柔软的岩石特性、坡度不稳定性的倾向或者促进剖面饱和渗漏的水文配置等。此外，地下过程（亚表层过程）也是沟道侵蚀动态学发展的关键过程。因此，沟道侵蚀是亟待解决的复杂的环境问题。

第三节　沟道侵蚀发生过程与影响因素

一、沟道侵蚀发生过程

Ireland 等（1939）认为，沟道是下坡的冲刷、沟头的切割及其快速扩展、自我愈合和稳定的过程。Horton（1945）关于沟道形成的经典论文指出，当雨强超过入渗能力时，水在洼地积累，溢出的水以不规则湍流向下坡流动，对土壤施加剪切应力。分水线周边的剪切应力小于阈值，下坡的水流加速；超过阈值，其结果是形成“非侵蚀带”，这个“非侵蚀带”是雨强与入渗能力的差异、水力粗糙度、表面临界牵引力和所在坡度的函数。“非侵蚀带”以外，片蚀与剪切应力相互作用，由此形成流水的深度和水表面的梯度，即侵蚀沟。

研究普遍认为，沟道的形成发育是几个过程单一或者同时作用而致，包括：①流水和磨料（土壤或瓦砾）对底部或者沟道壁的冲刷；②沟头（跌水效应）的瀑布式侵蚀。沟道形成需要相对大量的水来提供能量，用于分离和运送土壤，沟道发育的速率及程度及径流量和径流速度紧密相关。Piest 和 Spomer（1968）指出，水量与汇水区面积的大小和径流特性紧密相连，暴雨径流是沟道瓦砾的主要搬运外力。因此，沟道的形成一般被认为是一种冲积现象，即冲积过程是引起沟道形成的初始因素。

实际上，沟道形成是一个复杂的地貌过程，不是简单的冲积过程，涉及沟头、沟岸、沟底、沟头上面的坡地、汇水面积等。

Bryan 和 Yair（1982）指出，沟道形成的主要过程包括表面径流、集中径流和管道径流。Hudson（1995）认为，沟道的形成是渠道过程和形态平衡破坏的结果：①渠道承载的洪水径流量的增加；②渠道承载水流的能力下降。土地利用的变化或者汇水面积的增加都会导致水流的增加；渠道的粗糙度增加或者沉积后水力直径的降低都会降低渠道承载水的能力。因此，他指出沟道是不能自我修复的过程，几乎永远是自我保持的。他的这种说法，与沟道可能会随着时间的推移逐渐稳定的提法形成鲜明对比。

景可（1986）认为切沟侵蚀发展的方式主要有：①沟头的溯源侵蚀，沟头前进是切沟发展的主要方式之一；②沟坡的横向侵蚀发展，主要方式是泻溜、崩塌和滑坡；③垂向的下切侵蚀，在其他条件相同的情况下，切沟下切侵蚀的强度取决于水流侵蚀能量。

Bocco（1991）认为，潜蚀是切沟形成和发展的最重要形式之一，溯源侵蚀是切沟发展的主要方式之一。通过对切沟侵蚀过程的监测表明，切沟的发展受到一系列过程的作用，其中包括渗漏、土壤蠕动、塌方和冲刷。对沟道侵蚀形态和空间分布规律研究表明，有 2 种水文过程在切沟发展过程中起着非常重要的作用，它们是渗漏和地表径流，而且沟头下切侵蚀的主要过程是渗漏，地表径流则是维持沟头溯源侵蚀的必要过程（Gómez-Gutiérrez et al.，2009）。

于国强等（2012）对黄土高原坡沟系统的研究表明，坡沟系统上部位移以“沉降”模式为主，下部位移以“剪切”模式为主，沟头溯源区是坡沟系统重力侵蚀最为强烈的部位；剪切塑性区域主要分布于坡面和沟坡的大部分区域，张拉塑性区域主要分布于梁峁顶和梁峁坡上部。

郑粉莉等（2016）结合她们团队的研究成果，提出沟道侵蚀包括沟头溯源侵蚀、沟壁崩塌和沟底下切 3 个子过程。溯源侵蚀会影响汇水面积、改变坡面坡度。因此，在当前沟头处测量的坡度及汇水面积并不能代表沟道形成之初的情况。

二、沟道侵蚀的影响因素

总体上，影响沟道侵蚀的因素有侵蚀动力因子（降雨、上方汇流、地下潜流）、地形因子（坡度、坡长、坡形等）、地表植被、土壤、土地类型和人类活动等（郑粉莉等，2016）。实际上，Watson 等（1986）就指出，参与沟道形成的因素包括 3 个方面：①径流的体积、速度和类型；②土壤内含物对侵蚀的敏感性或者沟道的侵蚀性；③土地利用和保护措施引起的植被覆盖的变化。因此，影响沟道侵蚀的因素可以简单归结为能量、抗性和保护措施。

（一）降雨

众所周知，雨滴击溅和径流冲刷是水土流失的动力（Parkner et al.，2007；Nyssen et al.，2006）。而极端的降雨，尤其是当降雨的能量与地表径流的合力超过土壤颗粒抗分离的能力时，就会发生沟蚀（Hadley et al.，1985）。

降雨对沟道侵蚀的影响主要体现在降雨强度和降雨量等方面。浅沟侵蚀主要受降雨强度影响，基本与降雨量无关。当降雨强度由 1.31 mm/min 增大到 3.52 mm/min 时，在降雨量大体相当的情况下，每毫米降雨引起的侵蚀量由 0.543 kg 增加到 2.626 kg。当降雨强度增大 2.687 倍时，浅沟侵蚀量增加 4.836 倍（张科利，1991）。

意大利西西里岛典型小流域内的研究结果表明，当 3 天最大降雨量达到 51 mm 时，流域内即开始发生浅沟侵蚀；虽然一年内平均可以监测到 7 场侵蚀性降雨，但浅沟的发生和发育均是由单场侵蚀性暴雨所导致的（Capra et al.，2009）。此外，降雨年内分布、降雨雨型等对浅沟发育过程也有重要影响。

在次降雨条件下，坡上方来水使浅沟侵蚀带的侵蚀量增加 12%～84%，年平均增加 38%～66%（郑粉莉和康绍忠，1998）。上方来水引起的侵蚀产沙量随降雨强度的增大而增大，其增加幅度为 4.4%～83.5%；1 L/min 的上方汇流可引起单位长度浅沟剥离率达 0.1～0.3 kg /(m·min)；上方来水使浅沟沟坡径流流速增大，较无上方来水时增大 12%～24%，尤其是上方来水使浅沟沟槽径流流速大幅度增加，浅沟沟槽流速增大 45.6%～58.4%。

上方来水时的浅沟土槽的径流含沙量较无上方来水时的含沙量增大 5.4%～287%（郑粉莉和高学田，2000）。由此提出，沟道上方来水来沙对浅沟侵蚀带产沙有重要影响。

（二）径流

地下径流导致的侵蚀影响坡面浅沟侵蚀的发生和发展过程，但通过土壤大孔隙或土壤管道运输的地下潜流很难被观测到，常常被研究人员所忽视（Wilson，2011）。Wilson 等（2008）研究表明，地下潜流的存在加快了浅沟发生过程，随着径流的冲刷，土壤孔隙慢慢变大，表层土壤发生崩塌，产生的侵蚀量也变大，崩塌的土壤颗粒被径流搬运后便形成了浅沟，这一过程受到了土壤性质和土地利用的多因素影响。由此认为，普通的针对地表径流的水土保持措施，很难防止地下潜流产生的侵蚀。

（三）土壤岩性

黄土、泥灰岩以及其他沉积物，由于在地球表面相对丰度高且对侵蚀抗性低，是最普遍的岩性因素。风成沉积是世界所有黄土带最易形成沟道侵蚀的原因，在美国、以色列、阿根廷、波兰和比利时均有发生（Avni，2005；Zaimes and Schultz，2012；Maugnard et al.，2014）。

黄土对沟道侵蚀的脆弱性，主要源于其对土壤颗粒分离的很低的抗性、对瓦解倒塌的敏感性以及不能渗透但促进渗漏的地质层次配置。泥灰岩对侵蚀的敏感性，主要源于它们的黏性结构、柔软度和地球化学特性，如较高的 pH 和钠离子含量（Collison，2001；Lesschen et al.，2007；Faust and Schmidt，2009；Samani et al.，2010）。

疏松的砂岩、泥岩和页岩经常在沟道中出现（Betts et al.，2003；Grellier et al.，2012；Seutloali et al.，2016）。除了特定的基岩属性外，有些沉积层配置，如黄土耕作的配置或页岩沙石交替层（Okoyeh et al.，2014），能够促进形成有利于渗漏的条件，易导致壁体塌陷。然而，沟道侵蚀在火成岩和变质岩岩性区也同样发生，尽管比例较小（Haile and Fetene，2012）。这些岩石坚硬固相的本质解释了为何严重的沟道侵蚀经常发生在深层土、风化层或腐泥土层环境中（Tebebu et al.，2010；Voarintsoa et al.，2012）。

研究发现，地下岩石的非连续性控制着沟道的形成（Beavis，2000；Parkner et al.，2007），其也控制着基岩对切口的极限抗性（Boardman et al.，2003）、沟道横切面积维度（Frankl et al.，2013）以及具有景观岩石学意义的沟道分布（Mararakanye and Le Roux，2012）。

（四）地形

地形因子对浅沟侵蚀的影响主要体现在坡度、坡长和坡形等方面。

坡度影响坡面的受雨面积及雨量，从而影响坡面径流、入渗和径流动能的大小。浅沟发生的临界坡度是临界动能的具体体现之一。黄土丘陵区浅沟发生的临界坡度为 18.2°，坡度越大，坡面物质重力在沿坡面向下方向的分量也就越大，稳定性就越差，越容易发生浅沟侵蚀（张科利，1988）。刘元保等（1988）基于野外调查发现，浅沟顶端到分水岭的距离以及坡面顺坡集流槽的间距与坡度呈线性相关。

坡长影响汇集过程及径流量，决定着浅沟侵蚀的发生（陈永宗，1984）。就某一条浅沟而言，在一定坡长范围内侵蚀量随坡长的增加而增加，但在一定程度后，由于泥沙负荷的增加，径流挟沙力减小，浅沟侵蚀量减小。黄土丘陵区浅沟发生的临界坡长为 20～60 m，平均为 40 m。由于浅沟已有固定形态，浅沟侵蚀发生的临界汇水面积就等于发生浅沟侵蚀的临界坡长与间距的乘积，为 300～1200 m^2，以 400～800 m^2 居多，平均为 657 m^2（张科利，1988）。

坡形是坡度和坡长的组合形态，其决定着径流的汇集方式和过程，进而影响浅沟的分布形式和分布密度，由此影响侵蚀量。唐克丽等（2004）研究表明，凸凹形坡与凹形坡上的土壤流失量均高于直形坡的原因是凸凹形坡与凹形坡易发生浅沟侵蚀，而直形坡一般无浅沟形成，在其他条件相同的情况下，凸凹形地块的侵蚀量较凹形坡地块的侵蚀量增加了一倍，其中浅沟侵蚀量为总侵蚀量的 86.7%。Deoliverira（1990）研究了坡度和坡形对切沟的影响，在坡面上，切沟常常在中段坡度最陡处出现，有的甚至在中间出现切沟，而下部是浅沟侵蚀。这是坡度大，径流下切能力突然增大的原因。

随着 GIS 和遥感成像技术的出现，人们更加关注地表过程。秦伟等（2010）基于 Quickbird 高分辨率遥感影像和数字高程模型，提取了坡面浅沟分布的地形参数，发现在黄土丘陵沟壑区，坡面坡度、长度、坡向以及汇水区坡长是影响坡面浅沟数量的主要地形要素，发生浅沟侵蚀临界坡度的上限与下限分别为 26°～27°和 15°～20°，而临界坡长为 50～80 m。

（五）植被覆盖

植被覆盖可以通过削弱雨滴击溅、增加入渗和增强土壤抗冲性等方面的作用明显减少浅沟侵蚀。野外调查发现，已经发育的浅沟坡面撂荒后，因浅沟底部生草而抑制浅沟侵蚀的发生。人工模拟试验表明，种草浅沟的侵蚀量比裸露时减少 96.6%（张科利，1988）。郑粉莉和高学田（2000）通过在子午岭调查测算指出，人为破坏植被的开垦地中，梁峁坡的浅沟侵蚀量占坡面总侵蚀量的 47%～72%。

沟道侵蚀与其他形式土壤退化的区别是地下深层发展过程。Rubey（1928）是第一位研究沟道侵蚀地下过程重要性的科学家。地下过程影响因素主要涉及管路、隧道、岩石学因子和土壤剖面。这些过程的研究主要涉及土壤的可分散性或者黏粒含量、活跃的地下水流和坡度梯度等。但是，由于亚表层更大的差异性，与表层动态比较，评估起来难度更大，使得有关土壤开裂、地下水和渗漏研究相当薄弱。

经验分析表明，永久沟道与临时沟道相比，深度土体趋于产生更高的土壤侵蚀模数。这似乎与已有的结论相违，即当临时沟道保持不变时，沟道演化速度呈降低趋势（Capra and La Spada，2015）。今后的研究应该侧重地表限制、土地管理、植被重建程度的影响，这既有利于对现有观测结果的解释，也有利于防控和恢复策略的制定及具体实施。

地形地貌特征决定着径流是否集中以及集中的部位，影响表面径流、地下水运动、土壤水饱和区域的发生、土壤水含量分布以及土壤水流动等，直接影响着浅沟的发生、分布部位以及浅沟侵蚀的发生程度，因此，可以通过对地貌特征的了解来认识沟道系统，甚至用地形特征参数来指示沟道的形成。地貌临界理论作为地貌学中的重要理论，在沟蚀研究中得到了广泛的应用，下一节将进行详细介绍。

第四节　沟道侵蚀临界理论及应用

坡耕地侵蚀沟的动态发展是土壤退化的重要表征。沟头是沟道侵蚀发展中最剧烈的区域，沟头溯源侵蚀是侵蚀沟发育的主要过程。已有研究表明，侵蚀沟沟头的产生存在临界条件，即当降雨径流侵蚀力超过土壤阻抗力时才能形成，且受土地利用、地表植被、土壤及降雨等因素的综合制约，并发展形成了沟蚀发生的地貌临界理论。

沟蚀发生的地貌临界理论主要研究沟道产生的区域因素。侵蚀沟形成的主要原因是径流的增大，而径流的增大多由于气候或土地利用方式的变化。气候变化导致降雨量增加或者减少从而降低植被覆盖度，之后在降雨量短期增加时，径流增大。在土地利用方式方面，毁林开荒或过度放牧均可增大径流。上述均受外部环境作用而与沟道自身无关，这难以解释同一区域内沟蚀过程对外部因素响应的不一致性。例如，一条侵蚀沟趋向发育，而邻近的侵蚀沟保持稳定。为了解释沟蚀过程对外部因素响应的不一致性，需要增加表征沟道自身因素的内部因素，即临界条件。由于该理论的基础数据是侵蚀沟沟头的上方汇水面积（A）和局地坡度（S），且结论多为在同一区域下，上方汇水面积越大，沟头产生所需要的坡度越小，因此称为沟蚀发生的地貌临界理论（图 4-1）。

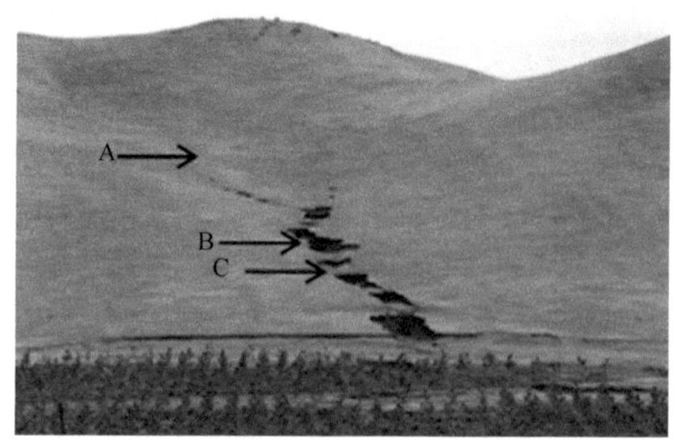

图 4-1　过度放牧条件下不连续侵蚀沟沟头形成的地貌临界现象（李浩等，2019）
A 点表示较小的汇流面积，未形成沟头；B 点表示汇流面积增大，同时坡度超过阈值，形成沟头；C 点表示汇流面积继续增大，但坡度小于阈值，未形成沟头

一、沟道侵蚀发生的临界条件

Schumm 和 Hadley（1957）发现切沟沟头多形成于局部坡度较大的位置，认识到流域的地形特征对沟道发育的重要性，并认为半干旱山谷土壤侵蚀的发生有一个临界坡度阈值，进一步强调了地形阈值在侵蚀沉积土地演化中的意义。

Patton 和 Schumm（1975）搜集分析了美国科罗拉多西北部沟道和怀俄明等多个州的数十条侵蚀沟及未侵蚀沟谷的地形特征，研究发现，沟道上方的局地坡面临界坡度（S）和上坡汇水面积（A）之间一般存在反向关系，即沟头局部坡度越大，沟头形成所需要的上方汇水面积越小，根据数据的底线值能够建立坡度与排水面积的临界关系（图 4-2），即对一定排水面积的区域而言，高于临界值（直线）的区域就形成沟道。

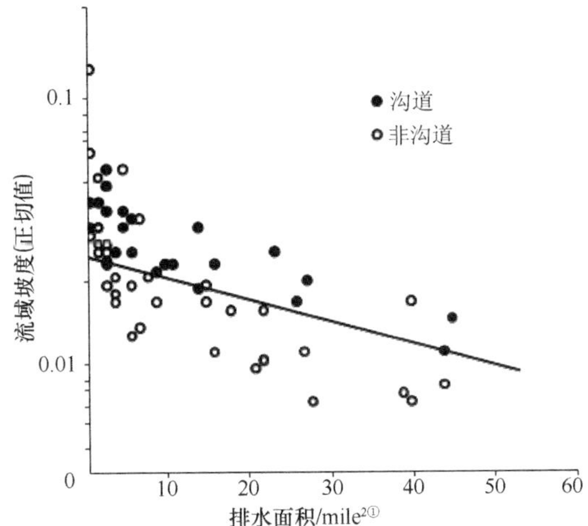

图 4-2 美国科罗拉多皮申斯（Piceance）流域沟道和非沟道区坡度与排水面积的关系（Patton and Schumm，1975）

此关系可用于辨识潜在的不稳定的沟谷，有助于土地经营者确定不稳定的区域，成功确立经济有效的措施。他们同时强调，该特定数量关系仅适用于他们研究的区域，即科罗拉多西北部的半干旱 Piceance 流域和黄湾流域。对于具有其他特性的区域，还要考虑额外的因素进行分析，但流域稳定性的基本理论具有应用价值，由此开创了沟道侵蚀地形临界条件研究的新纪元。

此项研究工作的开展，源于当时有关沟道的临界坡度可能与径流程度相关的认知，但缺少测定排水面积的方法。同时受到 Burkham（1967）在美国新墨西哥州半干旱区域有关排水面积和流域面积高度相关的研究结果的启发。

Horton（1945）较早提出沟头生成临界坡长的概念，认为当汇流长度超过临界坡长时，侵蚀沟沟头才能形成。

依照 Horton 的沟头生成临界坡长的概念，当上方汇流剪切力 $\tau \geqslant$ 沟道生成临界值 Γ_{cr} 时，沟头开始生成。此时上方汇流剪切力为

$$\tau=\gamma\times R\times S_e \tag{4-1}$$

式中，γ 为水密度（kg/m^3）；R 为径流水力半径（m）；S_e 为径流坡度（m/m）。对于薄层水流，R 和 S_e 可由径流深 d 及沟头局地坡度 S 代替。

Begin 和 Schumm（1979）根据径流水力半径（R）和流量（Q）以及流量与上方汇水面积（A）的经验关系，替代了径流剪切力公式中的 R，得到沟蚀发生的地貌临界条件下的 Γ_{cr}：

$$\Gamma_{cr}=(c\times\gamma\times A^{rf})\times S \tag{4-2}$$

式中，Γ_{cr} 为临界剪切力（N/m^2）；rf 为指数；c 为常数。基于径流剪切力公式，该方程融合了 S 和 A，建立了沟蚀发生临界剪切力与 S、A 的关系。

Vandaele 等（1996）将 $k=\Gamma_{cr}/(c\times\gamma)$ 及 $b=rf$ 简化，得到

$$S\times A^b=k \tag{4-3}$$

① $1\ mile^2=2.589\ 988\ km^2$

式中，b 为相对剪切力指数，等于双对数坐标系内临界直线斜率的负值，与沟蚀发生机制有关；k 为临界常数，与当地降雨、植被、土地利用等外界因素有关。活跃与非活跃侵蚀沟分别位于阈值线的上方和下方（图 4-3）。

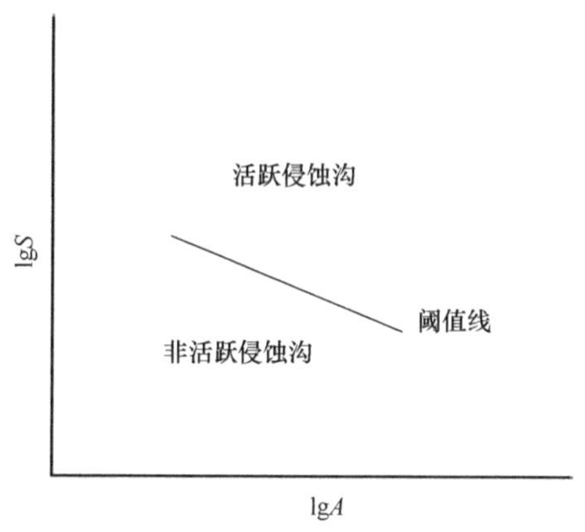

图 4-3　沟蚀发生的地貌临界条件

Begin 和 Schumm（1979）及 Vandaele 等（1996）提出水力侵蚀导致沟道发育的临界关系可以用幂函数 $S=a\times A^{-b}$ 表示，即由沟头排水面积和沟头坡度的对数坐标轴说明，或者说沟道侵蚀是坡度和汇水面积的函数（Knighton，1998）。其中，S 单位为 m/m；A 单位为 hm^2；a 值代表沟蚀发生所需的临界值；b 为一无量纲量。b 值在理论上代表着汇水面积的相对重要性，它受到气候、土壤、径流过程、降雨特征和植被等土地利用状况的影响。

此外，Montgomery 和 Dietrich（1988）以及胡刚和伍永秋（2005）从理论上研究了缓坡超渗产流、蓄满产流、渗流及陡坡薄层崩塌的沟蚀发生临界条件（图 4-4）。这几种沟蚀发生机制作用下形成的侵蚀沟可基本囊括不同坡度、地表覆盖和扰动类型下的人

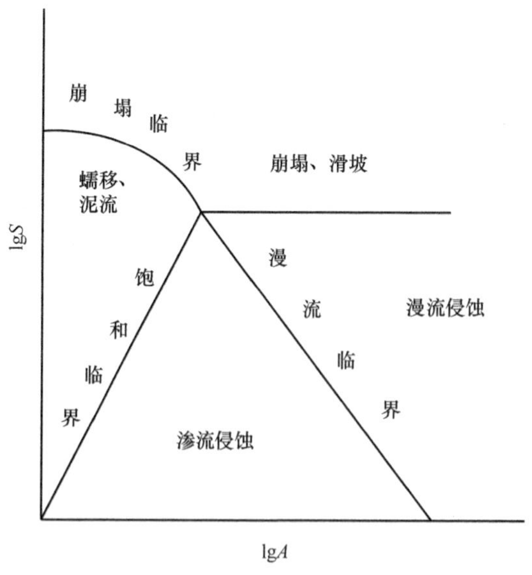

图 4-4　沟蚀发生的临界条件（Montgomery and Dietrich，1988；胡刚和伍永秋，2005）

为加速沟道侵蚀类型。理论推导结果为：当 b 值大于 0.2 时，主要侵蚀过程为地表径流侵蚀；当 b 值小于 0.2 时，主要侵蚀过程为地下径流及沟体崩落。b 值越低，越能反映下渗水流促进潜蚀及沟底下切后的沟头、沟壁崩塌（Vandekerckhove et al.，2000）。

Desmet 等（1999）认为沟道侵蚀是坡面集中股流侵蚀的结果，其形成和发展取决于一定的径流量和径流动能，而上方汇水面积及坡度决定了径流量和径流动能的大小。Poesen 等（2003）认为，只有在径流产生的剪切力大于土壤的抗蚀力时才会有沟道的出现。Sidorchuk（2006）也认为当径流特性，如剪切应力超过一个关键值时，才有产生沟道的可能。而地表径流强度主要是由诸如汇水面积和局地坡度等地貌参数决定的（Vandekerckhove et al.，2000）。

在坡度一定的前提下，一般从湿润气候到干旱气候，产生同样径流能量需要的汇水面积逐渐变大；地下径流过程的加入使得产生同等径流能量的汇水面积变小，如果以块体运动和崩塌等为主，b 值甚至可以变为负值，即意味着 S 与 A 呈正相关关系。

低频高强度降水使得更小的汇水面积产生同样的径流能量。良好的植被一方面可以缓冲降水对地表的冲击，另一方面可以增加土壤抗蚀性及降水入渗，从而减少地表径流，因此，产生同样的径流能量需要更大的汇水面积。这就是浅沟侵蚀常发生于坡度较陡的坡面，而且一般多发生于具有一定汇水面积的坡面中部和中下部的主要原因。

显然，在坡度一定的情况下，切沟下切所需的临界面积要比浅沟大。浅沟的发育规模形态要比切沟小，而侵蚀体积大小与剪切力有关（Govers，1991）。另外，剪切力主要由水流量和坡度决定，在以表面漫流为主的流域中，流量可以用汇水面积来代替，也就是说剪切力主要由汇水面积和坡度决定。因此，在假定其他因素相同的情况下，小面积侵蚀只需较小的汇水面积就可以形成，而切沟发育则需要相对更大的汇水面积。

一般，不同的地区会有不同的沟蚀发生临界值 a 和 b。纵观 b 值的确定，正值与表面漫流产生的侵蚀有关，而负值则与渗蚀（seepage erosion）和发育崩塌的地下过程等有关（Vandekerckhove et al.，1998）。

临界模型中的参数一般通过实测沟道上方的汇水面积（A）和局地坡度（S）数据推求，方法有两种：一是分散数据的下限所对应的参数；二是通过数据的回归得出参数。这两套参数用于不同的研究：第一种主要用于沟蚀的预测，第二种主要用于对主导沟蚀过程的分析。只要确定了临界模型中的系数 a、b，就可以利用其预测沟蚀发生的区域。

Begin 和 Schumm（1979）通过理论分析得到的 b 值为 0.2～0.4。Morgan 和 Mngomezulu（2003）认为 b 值小于 0.2 时有地下过程。

二、沟道侵蚀数据采集和计算方法

（一）数据采集方法

野外实测、绘制大比例尺地图和遥感影像提取是获取 S 和 A 值的主要方法。S 值是影响沟蚀发生临界条件分析准确度的主要因素，而野外实测能够准确判断沟头位置，可信度较高。因此在侵蚀性降雨后对新生成沟头局地坡度及汇水面积开展测量较为准确（Vandaele et al.，1996）。然而，实测方法费时费力，由此导致基于其开展沟蚀发生临界条件的研究相对较少。采用大比例尺地形图与遥感影像结合的方法能够快速获取 S 与 A 的现势及历史情况，有助于研究特定区域沟蚀发生临界条件随降雨、土地利用及植被覆盖等侵蚀环境的变化（Gómez-Gutiérrez et al.，2009；López et al.，2017）。但依据地形图获取的 S 值可能较实测值偏低。

已有大部分研究都是在沟头处测量局地坡度，进而获取上方汇水面积。对不连续、有多个侵蚀沟槽间断出现的侵蚀沟道研究时，S 与 A 的测量位置应为距离分水岭最近的沟头。也有研究认为，沟头处的 S 与 A 值与最初形成的侵蚀沟沟头处 S 与 A 值有一定的偏差。这是因为在沟头溯源侵蚀的作用下，最初形成的侵蚀沟沟头向沟头上方移动，离开了原始位置。因此，应当在沟头最初形成的位置测量 S 与 A 值，而该位置很有可能为沟底最大坡度处。因此，预测沟头位置是沟道体系演化理论的关键（Montgomery and Dietrich，1988），而且已有的沟道侵蚀模型多需要人为指定沟头生成位置，从而进行沟长、沟深演化过程的模拟。

近年来，小型无人机应用快速发展，其结合动态测量数据处理方法或实时差分动态定位技术，能够准确获取沟道及汇水区的数字高程模型，从而便于内业解译小型切沟及浅沟 S 与 A 值等信息。由于该技术具有成本低、快速、精度高的优势，目前已应用于沟蚀发生临界地貌条件的相关研究中。

（二）参数计算方法

将沟头局地坡度和上方汇水面积点绘于双对数坐标系中，根据一定的原则绘制临界线，该临界线的斜率负值即为相对剪切力指数 b 值，然后计算临界常数 k 值。b 与 k 值的计算方式有多种。Begin 和 Schumm（1979）首先采用的是侵蚀点群底部的两点或多点目视绘制直线，得到 b 值；将点群最低点（lower-most point）的 S 和 A 及 b 值代入式（4-3）的左侧，得到 k 值。已有研究较为完整地描述了该方法（胡刚和伍永秋，2005；Poesen，2011）。然而，该方法人为主观性较强，依赖点群底部两个点作出临界线，很有可能在点群底部做出多条临界线，且受极端点的影响较大。因此，在实际应用过程中，通常会剔除异常极值点，以保证临界条件的合理性（Vanwalleghem et al.，2005）。

Gómez-Gutiérrez 等（2009）采用正交回归分析的方法获得点群的回归线，该回归线表征侵蚀沟点群的平均地貌临界条件，然后将其 95%置信区间的下限作为沟道生成临界线。尽管该方法考虑了侵蚀沟点群 S-A 的统计关系，但并不完全符合沟蚀发生的临界条件概念，因为临界线下方仍有部分侵蚀沟点，因此获取的 k 值可能大于实际的沟蚀发生临界值，即可能偏高。

Vandekerckhove 等（2000）应用正交最小二乘法获得平均地貌临界条件，将临界线平行向下移动到侵蚀点群的底部，从而计算临界常数 k。该方法既具有大量侵蚀沟道的统计学意义，又兼顾沟道生成的临界条件，应用较广。

Maugnard 等（2014）采用分位数回归分析的方法，研究了德国瓦隆尼西亚地区 2006

年之前、2006 年及 2009 年 3 个时间段内农用地沟蚀发生的地貌临界条件。他们将分位数 α 设置为 0 来获取临界线，即认为 S-A 点位于该临界线下方的统计学概率为 0，并获取相应的 b 与 k 值。该方法能有效反映临界区域附近点群的平均权重，优于全体点群统计量，且考虑了离群点信息。同时侵蚀沟样本数应达到 50 个，以弱化样本数目对临界线回归效果的影响。

三、沟道侵蚀临界模型因子值及影响因素

相对剪切力指数 b 值代表研究区域的沟蚀发生机制，因此不同研究区域的 b 值可能取值不同。Begin 和 Schumm（1979）根据径流水力半径（R）和流量（Q）以及流量与上方汇水面积（A）的经验关系和径流剪切力公式，给出理论上 b 的取值为 0.2～0.4。

Montgomery 和 Dietrich（1988）推导了多种沟道侵蚀机理下（缓坡超渗产流、蓄满产流、渗流及陡坡薄层崩塌）的临界关系方程，给出理论上 b 的取值为–0.857～0.5。Vandaele 等（1996）认为 b 值应为 0.40 左右。Poesen 等（2003）汇总了诸多关于侵蚀环境及数据获取方法下的沟道生成临界条件的文献，结果表明 b 值范围较广（0.10～0.80）（图 4-5）。

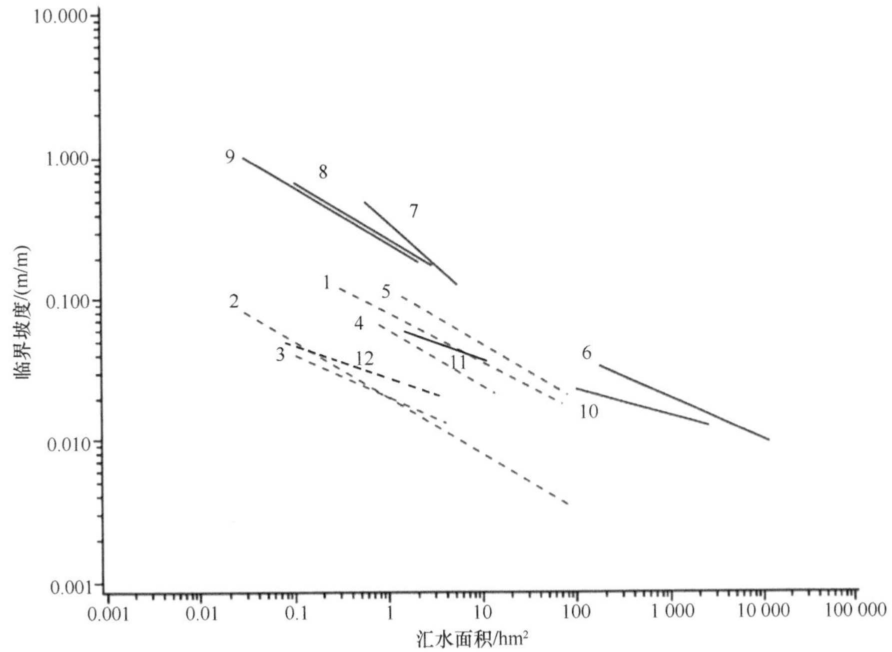

图 4-5 发育中浅沟和切沟的临界坡度与汇水面积关系（Poesen et al.，2003；张永光等，2007）

1. 比利时中部，实地调查；2. 比利时中部，地形图；3. 葡萄牙，地形图；4. 法国，地形图；5. 英国南部，实地调查；6. 美国科罗拉多州，地形图；7. 美国内华达州，实地调查；8. 美国加利福尼亚州，实地调查；9. 美国俄勒冈州，实地调查；10. 澳大利亚，实地调查；11. 中国黑龙江，实地调查的坡度，地形图的面积；12. 中国黑龙江，实地调查的坡度，地形图的面积。实线为切沟；虚线为浅沟

临界常数 k 代表研究区域的外部侵蚀环境，与地质、土壤、气候和植被等因素相关。当研究区域人为活动影响外部侵蚀环境（如土地利用）时，k 值可能随之发生改变。Torri

和 Poesen（2014）参考已有研究将 b 值设定为 0.38 与 0.50 来评估临界常数 k 与土地利用/植被覆盖的关系。结果表明，随着植被覆盖度的增加（耕地、草地及林地），沟蚀发生的临界常数 k 值也随之增大。

Hayas 等（2017）应用 10 期遥感影像，研究了 1956～2013 年降雨、土地利用及植被覆盖对切沟沟头位置及沟蚀生成临界条件的影响，结果显示，临界常数 k 受降雨因素影响较大，日降雨量极值与临界条件的相关性最强，而植被覆盖在降雨量较少时作用显著。

汇水面积的大小影响沟道生成的临界条件。Begin 和 Schumm（1979）假设的是在形成洪峰流量时，上方汇水区内所有产流都汇集在沟头的理想情景。而该假设只有在沟头汇水面积较小或降雨历时足够长时才能成立，即沟头处流量才能用上方汇水面积替代。在上方汇水面积较大或降雨历时较短的情形下，汇水区产流并不一定能全部到达侵蚀沟沟头，即形成洪峰流量时沟头上方汇水区域小于全部汇水区，导致 b 值偏小。Rossi 等（2015）从理论上推导了局部汇水区产流汇集到沟头对 S-A 关系因子值的影响，建议避免将该理论应用于大型侵蚀沟的生成机制研究。

农耕地中的道路降低了降雨入渗速率，增大了集中径流量与速度，改变了流域汇流时间，可能导致侵蚀沟生成所需临界坡度变小，因此 S-A 临界关系可用于道路对侵蚀沟生成影响的研究。

Katz 等（2014）提取了美国科罗拉多州林地中道路排水产生的侵蚀沟沟头（简称区域 1）的 S 和 A 值，并绘制了临界线。同时获取了在道路排水作用下有集中径流但未形成侵蚀沟（简称区域 2），以及林地自然集中径流但未形成侵蚀沟（简称区域 3）点位的 S 和 A 值，并点绘在区域 1 的临界线图中。结果显示，区域 1 与 2 的 S-A 点分别位于临界线的上方和下方，表明在道路集中径流的作用下，该区域侵蚀沟沟头的生成存在明确的临界关系。同时区域 3 的 S-A 点分布在临界线的上方与下方，说明该临界线不能明确林地自然径流下是否形成侵蚀沟，即自然径流下侵蚀沟生成与道路集中径流下侵蚀沟生成的地貌临界条件是不同的。

四、浅沟和切沟侵蚀预报模型

不同学者基于各自研究区域的地形及侵蚀特点，建立了不同地区的浅沟侵蚀临界模型。

胡刚等（2006）分析东北漫川漫岗黑土区浅沟和切沟侵蚀与地貌参数发现：①无论切沟还是浅沟的上坡汇水面积和局地坡度都呈相关性较高的负幂函数关系；②坡度一定时，切沟开始下切所需的临界面积要比浅沟大；同样，汇水条件一定时，发育的切沟比浅沟需要更大的坡度；③切沟发生的地貌临界公式为 $S=0.1161A^{-0.4457}$，浅沟公式为 $S=0.0631A^{-0.4643}$。此外，他们还校验了 Moore 等（1988）的沟蚀发生公式，通过与野外实测浅沟和切沟发生位置对比，临界模型预测的沟蚀位置较好地反映了野外实际状况。由此提出，地下径流过程的参与可能是最终导致切沟的 S-A 回归趋势线斜率即 b 值较浅沟小的原因，只有在 $SA^b>a$ 时，才会有沟道侵蚀的发生。

对于浅沟和切沟局地坡度及汇水面积的测量与量算有不同的标准，一旦切沟或浅沟形成就会发生溯源侵蚀，溯源侵蚀会影响汇水面积、改变坡面坡度。一般而言，在临界坡度下坡面侵蚀量最大，片蚀最容易过渡到细沟侵蚀，进而发展到沟蚀（靳长兴，1996）。

李斌兵等（2008）通过 GPS 实测数据并结合 GIS 空间分析与统计回归方法，建立了适用于黄土高原丘陵区发生切沟侵蚀的临界模型（$SA^{0.1351}>1.948$），研究发现在黄土高原丘陵沟壑区，随着坡度的增大，发生切沟侵蚀的临界值 a 增大，高强度降雨致使判定式中汇水面积的指数 b 值减小，从而降低了汇水面积的影响作用。同时临界模型的验证结果表明，基于所建临界模型提取的浅沟侵蚀分布区与野外实际相吻合。

Torri 和 Poesen（2014）对比了世界各地 63 个已经建立的浅沟形成的临界地形模型，并对不同环境状况下参数值的变化规律进行了总结，认为需要建立更完善的，包括土地利用、气候变化和自然灾害因素在内的基于物理过程的模型来判定浅沟发生的临界条件。沟道的产生是由作用在沟头上的动力过程所控制的，这些过程包括地表漫流、地下水导致的渗流和潜蚀以及块体塌陷或崩塌等。

有关浅沟形成、临界地形条件及其影响因素的研究，郑粉莉等（2016）做了非常详细的评述，感兴趣的读者可以阅读原文。

由于定量表达浅沟侵蚀过程的研究相对薄弱，现有的侵蚀预报模型[RUSLE（revised universal soil loss equation）、WEPP（water erosion prediction project）、SWAT（soil and water assessment tool）] 均未考虑浅沟侵蚀的影响。因此，美国农业部联合有关单位，建立了浅沟（临时沟道）侵蚀模型（ephemeral gully erosion model，EGEM）（Woodward，1999）。该模型由水文模块和侵蚀模块组成，用于预报单条浅沟年平均土壤侵蚀量或者单条浅沟次降雨（24 h）的浅沟侵蚀量。在年平均浅沟侵蚀量的预报中，每年被分成至少 3 个阶段，代表不同的土壤可蚀性、地表糙度和作物情况，分别是耕作后、作物成熟时期、冬作物生长期或休闲时期。每个阶段将对应不同的几个月份，对应不同的降雨侵蚀力，最终计算的浅沟侵蚀过程也不同。

由于建模过程提出了以下假设，给模型的推广应用带来了限制：①浅沟只能侵蚀到耕作层深度或者更深的具有明显的抗冲抗蚀层，用户需要确定浅沟的最大侵蚀深度；②浅沟侵蚀深度不能超过 46 cm，超过这一深度，浅沟侵蚀的方程不再适用，而实际上浅沟沟头下切和沟壁崩塌等典型的浅沟侵蚀过程均会导致其深度超过 46 cm；③由冻融过程引起的侵蚀量尚未考虑，用户可以适当调整径流剪切力、可蚀性因子、径流曲线以增大或减少侵蚀量，消除由冻融带来的侵蚀量误差；④目前该模型只适用于单条浅沟的模拟，不适合预报有分叉的浅沟；⑤浅沟深度沿沟长方向是固定值，且浅沟横断面是矩形。

而实际上，一次降雨过程，浅沟的深度和宽度沿坡长呈动态变化，浅沟横断面也可能不是矩形。因此，上述假设导致浅沟侵蚀预报模型在不同地区的适用性较差（Valcarcel et al.，2003；Nachtergaele et al.，2001）。

近年来，研究者通过研究集中流侵蚀的共性，借鉴 AnnAGNPS 和 CREAM 等模型的基本原理，预报浅沟侵蚀过程，并取得了较好的效果。而国内浅沟侵蚀预报模型大多数是经验模型，将浅沟侵蚀因子嵌入坡面侵蚀预报经验模型中，取得了较好的预报结果。

Sidorchuk（1999）于 1998 年建立了模拟切沟发展第一阶段的三维水力学 GULTEM

（gully three-dimensional hydraulics model）模型。该模型输出的是沟深、沟宽和沟的体积，但最终的沟长必须提前指定，而且不能模拟沟头溯源侵蚀。随后他们又提出了动态切沟模型 DIMGUL（dynamic gully model）和静态切沟模型 STABGUL（static gully model）。

DIMGUL 是模拟切沟发展第一阶段切沟形态快速变化的动态模型，它基于物质守恒和沟床形变方程，其中直坡稳定性方程用于预报沟壁倾斜。STABGUL 是计算最终稳定切沟形态参数的静态模型，它基于切沟最终形态平衡的设想，高程和沟底宽度多年平均不变。STABGUL 中认为这种稳定性与沟底的侵蚀和沉积之间关系微弱，这就意味着径流速度低于侵蚀初期的开始值，但大于流水冲刷搬运泥沙的临界速度。当然，要准确地预报切沟侵蚀，还需要做更多的切沟侵蚀过程和机制的研究。

丁晓斌等（2011）利用高精度的 GPS（Trimble 5700）实测数据对国内外已有的浅沟侵蚀临界模型进行了验证，发现国外模型不适用于黄土高原，同时基于子午岭地区实测的 GPS 数据，构建了适用于子午岭地区的浅沟侵蚀临界模型，且模型验证表明，模型模拟的梁坡浅沟侵蚀分布区与野外实际浅沟侵蚀分布区非常吻合，预报精度达 95%。

五、沟道生成临界理论在我国的应用

中国学者在调查与研究黄土高原浅沟和切沟的地貌临界条件方面做了不懈的努力，积累了宝贵的数据。罗来兴（1956）将黄河中游黄土丘陵区侵蚀沟划分为浅沟、切沟、冲沟、坳沟及河沟。陈永宗（1984）对各种侵蚀沟平均汇水面积与坡度进行了统计，并点绘在半对数和对数图中，发现罗来兴划分的侵蚀沟类型满足了沟谷发育过程的连续性和阶段性要求，可将黄土丘陵区侵蚀沟发展的顺序概化为浅沟→切沟→冲沟→坳沟→河沟。其他有关黄土高原的地貌临界条件研究多集中于浅沟的临界坡度与临界坡长的上、下限等的统计分析（张科利等，1991；姜永清和王占礼，1999；秦伟等，2010）。

随着“3S”技术的发展，近些年来中国学者应用沟蚀发生的地貌临界理论开展了定位研究。约 70%的研究集中于黄土高原区域，而在东北黑土区、南方红壤区、长江上游紫色丘陵区和内蒙古风沙区也有部分研究。在研究方法上，多使用野外实测或应用高分辨率遥感影像获取侵蚀沟沟头位置，进而使用地形图获取侵蚀沟沟头局地坡度及上方汇水面积。由于 1∶10 000 地形图是目前能够获取到的覆盖面积最广、最为详细的地形图，因此被广泛应用。在阈值线和参数获取方式上，几乎所有研究均使用目视（下限值）法，对不同计算方式可能带来误差的考虑较少。

在具体研究方面，Cheng 等（2007）使用实时差分定位实测汇水区地形图及沟头处坡度，研究了黄土高原、东北黑土区、内蒙古风沙区等沟蚀发生的地貌临界条件。胡刚等（2006）与张永光等（2007）搜集了东北黑土区鹤山农场两个小流域内的浅沟和切沟 S 与 A 的数据，点绘后通过下限点目视绘制临界线，并对比了二者的 S-A 关系式。结果表明，浅沟和切沟的 b 值近似（0.141 与 0.148），可能是因为研究区沟蚀生成机制是近似的；同时 k 值有一定差异（0.072 与 0.052），表征浅沟与切沟生成的地貌临界条件是不同的。李斌兵等（2008）在黄土高原丘陵区借助 RTK 实测数据及 GIS 方法，建立了浅沟侵蚀和切沟侵蚀发生判定式，结果表明，通过判定式提取的浅沟和切沟侵蚀分布区与野外调查结果相吻合。

此外，已有研究表明，垄作影响东北黑土区坡面汇流侵蚀过程。相对于自然地形，横坡垄作可能扩大或减少了上游汇水面积，而顺坡垄作明显加剧了坡面汇流与侵蚀过程（宋玥，2011），从而影响沟蚀发生的临界条件。因此，在东北黑土区应用时，需要在模型中添加考虑垄作的复合地形特征，以达到更好的预测效果。

总体上，沟蚀发生的地貌临界理论将沟头生成视为一种临界现象，与沟头处局地坡度及上方汇水面积有关，而沟蚀发生的地貌临界理论能够预测沟头可能发生的位置，适宜浅沟或小型切沟生成研究。沟头位置是在已有多场降雨作用下形成的，能够代表目前平均沟蚀发生的地貌临界条件。基于时间序列的沟蚀发生地貌临界条件，能够研究自然或人为因素（降雨、植被类型和土地利用等）对沟头生成过程的影响及变化。

数据获取方式主要包括野外实测、高清遥感影像及地形图测量。参数计算方法包括目视+下限值法、正交回归+95%置信区间下限、正交回归+下限值及分位数回归等。相对剪切力指数 b 值反映区域主要的沟蚀发生机制，临界常数 k 值反映当前降雨、植被、土地利用等外界环境下沟蚀发生的临界条件。将相对剪切力指数 b 固定后，临界常数 k 的时间序列变化能够表征外界环境改变对沟蚀发生的影响。道路、垄作、土地利用等人为因素改变了沟头上方汇流环境，进而影响临界条件。在垄作区域，考虑垄向对汇流作用的影响可能是完善沟蚀发生地貌临界理论的一个途径，增加表征人类活动影响汇流过程的参数能够丰富沟蚀发生的地貌临界理论。使用无人机快速精准获取 S 和 A 数据，结合具有统计学意义的回归分析获取临界条件，是今后沟蚀发生的地貌临界理论应用的发展趋势。

第五节　沟头挺进速率及控制因素

一、沟头挺进速率

沟道以活跃的挺进沟头为特征。沟头是一个自然、沟道河底高程几乎垂直跌水的剖面（Poesen et al.，2003）。由于沟头挺进速率（GHR）是沟道扩展的主要表现，测定并明确特定区域 GHR 的等级，将有助于沟道研究的深入并采取控制措施。

Vanmaercke 等（2016）分析了世界范围内 70 多项研究，包括 933 个挺进的沟道，测定周期超过 19 600 年。每个沟头挺进速率（GHR）都是通过至少 1 年（最多的是 97 年，中值 17 年）的田间重复调查或航拍照片分析得到的。数据显示，无论是沟道的横截面积（一般为 0.11～816 m^2，中值 4 m^2）还是体积（0.002～47 430 m^3/a，中值 2.2 m^3/a）的 GHR，都存在很大的变异性。线性 GHR 为 0.01～135 m/a（中值 0.89 m/a），而航拍 GHR 为 0.01～3628 m/a（中值 3.12 m/a）。

利用已知面积的 724 个沟道进行统计分析，Vanmaercke 等（2016）探讨了那些能够解释观察到的 7 个量级变化的体积 GHR 的最相关的因素。结果表明，所测定的 GHR 与沟道的径流面积（$r^2 = 0.15$）和雨日当量（RDN）（r^2=0.47）（雨日当量是长期的平均年降雨深度除以平均降雨日数）呈正相关。其他因素，诸如土地利用或土壤类型，与观测到的 GHR 无显著相关性。这说明准确定量这些因素存在着不确定性。此外，现有的时间序列数据证明，GHR 年际差异非常大。结果是，短期（小于 5 年周期）测定的平均 GHR 的非确定性很大。他们的研究结果整合成权重的回归模型，即用沟头上方排水面积与 RDN 的函数来模拟沟头体积挺进速率。当加权每一个观测周期相对应的 GHR 时，该模型解释了全球尺度 GHR 68%的观测差异。对于检测的 76%的沟道，模拟的 GHR 与实际观测的数值相差不到一个量级。这个模型表明，GHE 对降雨强度极度敏感。鉴于气候变化的原因，世界多地的雨强可能会增加，由此认为今后几十年世界范围内沟道侵蚀可能会更加强烈和普遍。

尽管这些研究为我们提供了重要发现，指出了侵蚀原地的特殊性和区域的认识，但研究结果仅限于他们研究的特定区域，不具有普遍性，不能推而广之。在全球尺度理解侵蚀过程的重要性以及控制侵蚀的因素尚待明确。

二、控制沟头挺进过程的因素

一旦沟槽形成（多半由水力侵蚀而致），一些过程导致沟槽的扩张，诸如张力裂隙发育、洞穴侵蚀、跌水和溅蚀、开槽和土体破坏。这些过程都对沟头挺进有不同程度的作用（Poesen et al.，2002）。

沟岸的侵蚀或下切通常包括明显的拉伸应变，导致与沟壁平行的深度土壤裂隙。该种拉伸应变通常发生在脆弱土壤发育成熟的应变区域（Poesen et al.，2002）。旁流导致的地表集中流侵蚀形成的洞穴侵蚀主要由深层土壤特性控制，尤其是孔隙性、溶解性和强度的差异性。而且，有利于地表径流集中渗入深层拉力裂隙或干裂裂缝的土壤表面特性也增强土壤的洞穴侵蚀（Harvey，1982）。

在沟头处，流水动能的分散引起强烈的溅蚀和水力侵蚀，导致沟槽变深、变宽。在垂直沟道沟头的基部，降下来的水形成跌水。跌水侵蚀主要由水的侵蚀力（依赖于降水的高度和单位排水量）和土壤的侵蚀性控制。田间观测表明，沟槽中跌水的发展损坏沟壁，由此降低稳定性（Harvey，1982；Poesen et al.，2002）。

沟头和沟壁的坍塌是复杂的循环过程，来源于顺坡蠕变、张力裂隙发育、地表径流引起的土壤裂隙饱和以及径流而致的碎片侵蚀等（Collison，2001）。在有些区域，开槽同样引起明显的沟壁挺进。开槽是垂直方向延伸的槽。

影响侵蚀力的因素可以控制引起沟头挺进的径流体积和强度。通常最先考虑的侵蚀力因子是沟头上部的汇水面积，面积大则产生较大的径流体积，一般认为汇水面积与沟头挺进速率呈正相关。但是，依据降水特性和土地利用格局及其土壤特性，实际上只有部分排水面积导致径流（Moeyersons et al.，2015）。因此，尽管沟道上部的排水面积为沟头径流提供了最大的排水面积，但是一般都会过高估计实际的径流面积。

潜在的与排水面积相关的因素是排水面积的形状。一般，延伸的汇水区的运输距离要比同等面积圆形汇水区的运输距离长，导致相对较小的排水峰值。由于 GHR 主要由径流峰值引起（Nachtergaele et al.，2002；Moeyersons et al.，2015），排水面积的形状会影响 GHR，但是，截至目前，尚无这方面的研究。

很显然，气候和气象条件同样对径流产生具有重要作用，由此影响 GHR。多数研究认为与降雨强度有关的因子（例如，降雨事件的总和超过一定强度阈值）能够解释 GHR 的差异（Rieke-Zapp and Nichols，2011）。然而，也有研究表明先前的土壤含水量、土壤冻融和雪融径流同样起着重要作用（Rodzik et al.，2009；Ionita et al.，2015）。令人惊奇的是，已有的关于 GHR 模型的研究很少把气候和气象条件作为驱动力加以考虑。这主要是由于多数研究工作集中在沟道相对面积较小、气候差异性小的平均沟头挺进速率差异上。而那些包括气候或气象因子的 GHR 模型通常都是通过沟头挺进的时间序列或不同区域的数据进行校正的。

土地覆盖和土壤特性也通过影响径流产生来影响沟道的发生（Nyssen et al.，2010；Maetens et al.，2012；Torri and Poesen，2014）。因此，可以增加径流的土地利用和土壤条件同样可提高 GHR。典型的例子是城市环境中由于土壤压实和道路建设强烈引起径流增加而致沟道形成（Makanzu Imwangana et al.，2014）。

然而，许多区域性 GHR 模型都没有包括土地利用相关因素，即使有这方面的研究工作，目前的结果也认为土地利用的作用影响极其有限（Vandekerckhove et al.，2001）。这可能与很难准确定量土地覆盖影响径流有关，此外，土地利用的时空差异也可能起到重要作用，而且土地利用效应结果的缺乏也表明该因素在解释 GHR 差异中的作用有限。但是，这并不是说土地覆盖与沟道侵蚀无关，研究认为土地利用对沟道的发生起着决定性作用（Poesen et al.，2003；Vanwalleghem et al.，2003；Torri and Poesen，2014）。

尽管沟头存在，土地覆盖条件的差异也并不是解释 GHR 差异的关键因素。这也是为何经验 GHR 模型没有考虑土壤特性对径流产生的影响。或许土壤特性不仅影响径流，也影响沟头对侵蚀的抗性。有时，这种作用相互影响。例如，砂性物质经常是高度渗透的，径流量较低，但是没有黏聚性，由此提高 GHR。坡度直接控制径流侵蚀性，地形同样是侵蚀影响因素（Knapen and Poesen，2010）。一些经验 GHR 模型也包括地形因素（Radoane et al.，1995；Li et al.，2015），但多数模型没有考虑这个因素。因此，与土地利用和土壤特性相同，地形可能主要控制沟道的发生，而对 GHR 影响很小。

控制 GHR 抗性的因素是植被和土壤性质，它们控制着径流体积，由此影响径流侵蚀力。然而，其在流动侵蚀力中的作用主要由其如何影响上部排水面积决定的，而其抗 GHR 的作用主要发生在实际的沟头。

沟头植被的存在，以不同方式强烈降低 GHR，如通过增加水力粗糙度降低水的流速，但主要是通过增加土壤的黏结性（De Baets et al.，2008；Vannoppen et al.，2015）。植被降低表面水蚀和径流主要由植被覆盖决定，其减轻沟蚀的作用主要依赖植被根系扩展范围和结构（Gyssels et al.，2005；Knapen and Poesen，2010）。由于测定地下生物量相对困难，有关根系对集中流侵蚀影响的数据相对较少，因此，定量研究植被降低 GHR 的有效性比较困难，这也解释了为何经验 GHR 模型很少考虑沟头的植被。

就土壤特性而言，土壤的黏结性有望影响 GHR，土壤越黏，侵蚀性越低。土壤的黏性取决于土壤质地、有机质含量和化学特性，这些特性防止或者促进土壤团聚体的分散。问题是，很难定量或者预测这些特性对土壤侵蚀性的影响（Sanchis et al.，2008）。尽管如此，已有研究报道这些特性对 GHR 有明显的影响（Radoane et al.，1995；Samani et al.，2010）。除此之外，地震活动强度尽管不是侵蚀性或者抗性因素，但也会影响 GHR。Cox 等（2010）证明，马达加斯加的大尺度侵蚀沟道的空间分布与地震发生方式强烈相关。说明有些时候地震活动强度也可能影响沟道的发生和 GHR。

然而，解释这种相关性的过程研究相当薄弱。地震活动强度可能潜在地改变土壤特性，降低土壤对 GHR 的抗性。实际上，地震活动强度同样会引起沟道侵蚀地区的土地滑坡（Cox et al.，2010）。

目前，另一个尚不明确的因素是时间。随着沟头的挺进，沟头处土壤表面的坡度和排水面积会降低，导致径流侵蚀力下降。此外，随着沟槽中或者沟头处植被的发育以及人为干涉，沟道会逐渐稳定。因此，GHR 很可能会逐渐降低。已有研究表明，随着测定周期的增加，平均 GHR 呈降低趋势（Vanwalleghem et al.，2003；Makanzu Imwangana et al.，2014）。

因此，目前没有一个有关 GHR 的经验模型特别考虑了沟道年龄，有关时间对 GHR 影响的研究有待量化，主要是因为缺少长时间序列的观测。有些模型考虑了将测定初期沟道长度作为控制因素，并认为沟道长度对 GHR 影响明显（Beer and Johnson，1963；Radoane et al.，1995），而且沟道的长度应该与沟道年龄有关。

第三篇

中国黑土侵蚀

第五章　中国黑土沟道侵蚀及危害

中国东北黑土区被誉为我国粮食安全的“稳压器”，每年供应的商品粮占全国总量的60%以上。然而，该区域的农业生产正面临着严重的沟道侵蚀威胁。近百年来的高压力耕地开垦是东北黑土区沟道侵蚀生成与发展的主要原因。坡耕地中的侵蚀沟，不仅损毁耕地、减少可耕农地数量，而且阻碍农机具在耕地中的通行工作效率，破坏耕地的规整。沟道侵蚀造成的粮食减产面积可达沟道侵蚀面积的两倍以上。

根据最新的东北黑土区全区域侵蚀沟普查结果，目前该区域平均沟壑密度达0.21 km/km^2。其中，88.6%的侵蚀沟为发展类型，超过60%的侵蚀沟为耕地侵蚀沟，沟道侵蚀发展趋势显著。相对于沟道侵蚀最严重的黄土高原地区，东北黑土区沟道侵蚀研究起步较晚。目前该区域沟道侵蚀研究主要集中于区域尺度沟道侵蚀空间分布、局部区域沟道侵蚀演化过程、侵蚀机理、影响因素与阈值等方面。

第一节　基于普查的中国黑土区沟道侵蚀现状

一、侵蚀沟分布

全面掌握东北黑土区侵蚀沟道、分布、面积和几何特征，能够为该地区水土保持生态建设提供决策依据。因此，我国于2010～2012年开展了第一次全国水利普查，并首次对我国黑土区的侵蚀沟道进行了遥感调查（李智广等，2013）。

遥感普查以2.5 m分辨率的卫星影像和1∶5万DEM为数据源，应用GIS软件，采取人机交互的方式，解译出侵蚀沟道长度、面积、类型、纵比及其地理位置；采用影像预判和实地复核的方法建立解译标志，并通过野外核查对侵蚀沟解译成果进行修正。提取的侵蚀沟长度为100～5000 m，面积为0～5000 hm^2。

王岩松等（2013）以遥感普查数据为基础，以行政区域为研究单元，分析了中国黑土区各行政区域内的沟道侵蚀情况。分析结果表明，在黑龙江、吉林、辽宁、内蒙古各省（区）内，长度100～500 m的发展沟分别占发展沟总条数的81.1%、82.9%、76.7%、41.1%。

从各省（区）分布情况来看，黑龙江省侵蚀沟道数量最多，占中国黑土区侵蚀沟道总数量的39.1%；辽宁省最少，占16.0%。内蒙古自治区侵蚀沟道长度最长，占总长度的56.1%；吉林省最短，占10.1%。内蒙古自治区侵蚀沟道面积最大，占总面积的58.9%；辽宁省最小，占5.45%（表5-1）。

（一）黑龙江省侵蚀沟分布特征

黑龙江省是我国的农林业大省，耕地、林地面积分别占全省总面积的25%、51.3%，

表 5-1　中国黑土区各省（区）侵蚀沟分布（王岩松等，2013）

省（区）	侵蚀沟条数/条	总面积/hm^2	总长度/km	沟壑密度/（km/km^2）	占地面积/（hm^2/km^2）
黑龙江	115 535	92 899	45 244	0.12	0.20
吉林	62 978	37 371	19 768	0.13	0.20
辽宁	47 193	19 861	20 739	0.17	0.13
内蒙古	69 957	214 711	109 762	0.38	0.75

省内大部分耕地地势平坦、集中连片，地形、气候和土壤条件较好，大面积的林地又增加了地表覆盖，削弱了外力对土壤的侵蚀作用，因此，黑龙江省侵蚀沟沟壑密度、发育规模较小。

黑龙江省侵蚀沟数量、面积、长度较大，而单位面积内侵蚀沟数量、面积、长度较小。黑龙江省共有侵蚀沟 115 535 条，其中，发展沟 99 560 条、稳定沟 15 975 条。侵蚀沟总面积为 92 899 hm^2，总长度为 45 244 km，沟壑密度为 0.12 km/km^2，沟道纵比为 5.99%。该省发展沟、稳定沟和总侵蚀沟数量分别占黑土区侵蚀沟总数的 33.7%、5.4% 和 39.1%。

从区域分布来看，黑龙江省中部坡耕地、东部土层较薄的低山丘陵区侵蚀沟数量较多、沟壑密度较大，北部大、小兴安岭森林石质山地区、西部风沙区、三江平原风蚀和水蚀区侵蚀沟数量较少。就沟壑密度而言，各地侵蚀沟发育程度与水蚀强度呈正相关关系。

（二）吉林省侵蚀沟分布特征

吉林省侵蚀沟形态特征是长度较短，宽度较大，侵蚀沟数量分布密度较高。共有侵蚀沟 62 978 条，其中，发展沟 61 081 条、稳定沟 1897 条。侵蚀沟总面积为 37 371 hm^2，总长度为 19 768 km，沟壑密度为 0.13 km/km^2，沟道纵比为 11.2%。其中，发展沟与稳定沟及总侵蚀沟数量分别占黑土区侵蚀沟总数的 20.7%、0.6%和 21.3%。侵蚀沟总面积与总长度分别占黑土区的 10.2%与 10.1%。单位面积内侵蚀沟数量、面积较大，沟壑密度较小。

吉林省是我国的农业大省，耕地面积为全省总面积的 29.0%。该省地域差异显著，东、中、西部分别是长白山区、松辽平原、科尔沁草原，大致呈现东林、中农、西牧的土地利用格局；东部部分地区林木采育失调，植被遭到破坏，水土流失严重；中部部分地区过度垦殖，土壤肥力下降，土地抗蚀性减弱；西部部分地区草原受到破坏，生态环境脆弱。地域差异显著加之部分区域水土流失严重，造成吉林省侵蚀沟数量分布密度较大。

从区域分布来看，侵蚀沟主要分布在吉林中东部和松花江吉林省段、拉林河及其他河流的一二级阶地。由于地势起伏大、耕地多、植被覆盖度低，吉林的山地丘陵区侵蚀沟发育明显；由于土壤沙化严重，降雨基本全部入渗，吉林的松辽风沙区侵蚀沟发育不明显。

（三）辽宁省侵蚀沟分布特征

辽宁省耕地面积为 409.1 万 hm^2，坡耕地占有较大比例，是水土流失的主要源地，全省地貌自西向东依次为低山丘陵、平原和山地，土地退化严重。大面积坡耕地及多变的地貌造成辽宁省沟蚀发育较为严重。辽宁省侵蚀沟的形态特征是长度较大，宽度较小；侵蚀沟沟壑密度较大，沟蚀现象严重。辽宁省共有侵蚀沟 47 193 条，其中，发展沟 39 094 条、稳定沟 8099 条。侵蚀沟总面积为 19 861 hm^2，总长度为 20 739 km，沟壑密度为 0.17 km/km^2，沟道纵比为 8.81%。该省发展沟、稳定沟与总侵蚀沟数量分别占黑土区侵蚀沟总数的 13.2%、2.7%与 16.0%。侵蚀沟总面积与长度分别占黑土区的 5.44%和 10.6%。

从区域分布来看，辽宁省侵蚀沟主要分布在辽东及辽西北地区，由于地形起伏较大，辽西北及辽东地区侵蚀沟数量较多。此外，降雨对辽东侵蚀沟发育有较大影响，大面积的耕地对辽西北侵蚀沟发育有较大影响。全省侵蚀沟数量与坡耕地面积呈正相关关系，各地沟壑密度与降雨强度呈正相关关系。

（四）内蒙古自治区侵蚀沟分布特征

内蒙古气候干旱，风力强劲，植被以草本和灌木为主，抵抗外力侵蚀能力较弱，是我国生态环境相对脆弱地区。该区地貌以蒙古高原为主体，具有复杂多样的形态，高原、山地、丘陵面积分别占全区总面积的 53.4%、20.9%和 16.4%。内蒙古是我国重要的农牧业和商品粮生产区，耕地和牧草地面积分别占土地总面积的 6.15%和 57.0%。

耕地重用轻养，植被类型单一，过度放牧及矿产开采等因素造成内蒙古侵蚀沟发育规模、沟壑密度较大。内蒙古自治区共有侵蚀沟 69 957 条，其中，发展沟 62 443 条、稳定沟 7514 条。侵蚀沟总面积为 214 711 hm^2，总长度为 109 762 km，沟壑密度为 0.38 km/km^2，沟道纵比为 9.68%。该区发展沟、稳定沟和总侵蚀沟数量分别占黑土区侵蚀沟总数的 21.1%、2.5%和 23.7%，侵蚀沟面积与长度分别占黑土区的 58.9%和 56.1%。

从区域分布来看，内蒙古侵蚀沟沿各大水系两侧分布，总体上以额尔古纳河为界：额尔古纳河以东、以南侵蚀沟分布密集，侵蚀沟数量约为总数的 2/3，其中，大多数侵蚀沟分布在扎兰屯以南地区，东北角区域侵蚀沟数量较少，仅鄂伦春与莫力达瓦达斡尔族自治旗交界处有少量侵蚀沟；额尔古纳河以西侵蚀沟较少，数量约为总数的 1/3，总体呈片状分布。

二、侵蚀沟特征

2011 年黑土区侵蚀沟专项普查提出，中国黑土区侵蚀沟总数量为 295 663 条，总长度为 195 513 km，总面积为 364 842 hm^2，平均沟壑密度为 0.2 km/km^2。其中，发展沟的数量为 262 178 条，占 88.7%；长度为 168 383 km，占 86.1%；面积为 303 606 hm^2，占 83.2%；稳定沟的数量为 33 485 条，占 11.3%；长度为 27 130 km，占 13.9%；面积为 61 236 hm^2，占 16.8%（图 5-1）。实际上，受当时遥感分辨率的影响，2011 年的侵蚀沟数量被低估了。2021 年水利部松辽水利委员会组织专家团队，采用高分辨率遥感影像和实测进行验证，得出东北黑土区农田分布区的侵蚀沟数量为 52 万条，为国家黑土地保护工程提供了有效的信息支持。详细的数据分析整理仍在进行中。

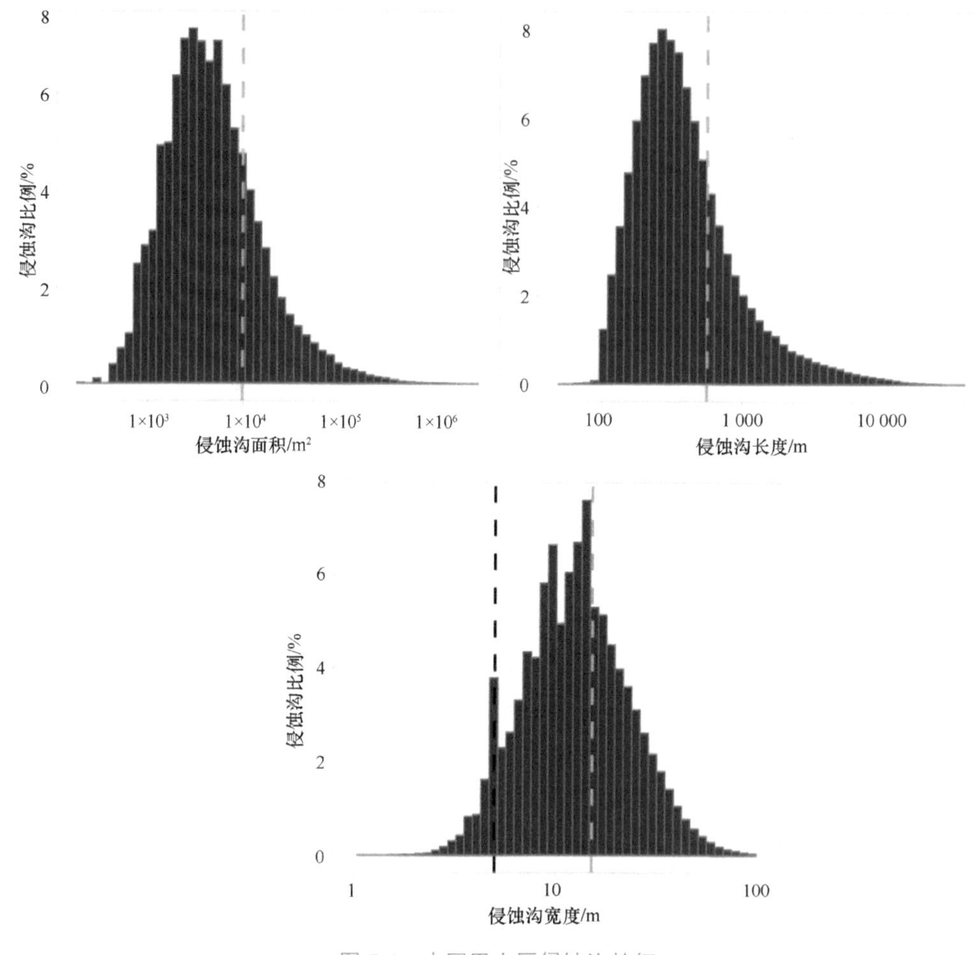

图 5-1 中国黑土区侵蚀沟特征

（一）典型区域侵蚀沟特征分析

1. 黑龙江省原农垦总局 3 个农场

我们曾对黑龙江省原农垦总局所属的引龙河农场、共青农场和八五五农场的侵蚀沟特征进行了综合分析。

引龙河农场坐落于典型漫川漫岗黑土区北部，共有侵蚀沟 447 条；共青农场地处小兴安岭山前台地向平原过渡区，共有侵蚀沟 105 条；八五五农场地处完达山山脉低山丘陵区，共有侵蚀沟 368 条。对 3 个农场坡耕地中的侵蚀沟进行实地测量，共获取 920 条侵蚀沟信息。

为了与第一次全国水利普查东北黑土区侵蚀沟普查数据对应，将长度小于 100 m、深度小于 0.5 m 的侵蚀沟剔除，共获得符合条件的侵蚀沟 478 条。该数据说明在农垦系统，约有 48%的侵蚀沟未能列入第一次全国水利普查东北黑土区侵蚀沟普查数据中，因此，东北区域侵蚀沟实际发生的数量远多于第一次全国普查的29.5万条。

我们对这478条侵蚀沟沟长、沟宽、沟深和沟道面积进行统计分析，结果表明（表5-2），侵蚀沟总体较小，50%的侵蚀沟面积在570 m^{2}以下，长度小于520 m，宽度小于4 m，深度小于2.5 m；95%的侵蚀沟面积在4000 m^{2}以下，长度小于1530 m，宽度小于9.5 m，深度小于6 m。该数据表明集中侵蚀沟的面积较小，主要是由农垦系统农作条件所决定的。农场系统地块较大，多顺坡垄作，因此新生成沟较多，且每年大机械耕作对侵蚀沟进行了一定的填埋。该结果也说明农垦系统的侵蚀沟较容易治理。

表5-2 引龙河农场、共青农场、八五五农场侵蚀沟频率分布特征

比例/%	面积/m^2	长度/m	宽度/m	深度/m
5	76～149	99～234	0.5～1.5	0.5～1.5
10	151～198	102～238	0.8～1.8	0.5～1.2
20	199～271	100～337	0.7～2.5	0.5～1.7
30	272～339	108～424	0.8～3	0.5～5
40	342～438	101～478	0.8～4	0.5～2.2
50	441～564	127～511	0.9～4	0.5～2.5
60	566～703	105～614	1～5.7	0.5～6
70	723～1 004	111～685	1.27～6.5	0.5～4
80	1 008～1 464	195～969	1.15～6.5	0.6～3.3
90	1 472～2 367	153～950	2～15	0.6～7
95	2 410～3 895	281～1 530	1.8～9.5	0.5～6
100	4 048～12 772	392～1 530	3.3～17.3	0.9～7

2. 水利部公益性项目10个典型县

2012年，水利部公益性项目组在内蒙古、辽宁、吉林和黑龙江选取10个典型县，抽取面积的1%进行取样调查。以调查样方内的272个小流域为单元开展了野外侵蚀沟实测，共获取1141条侵蚀沟信息（白建宏，2017a）。

为了与第一次全国水利普查东北黑土区侵蚀沟普查数据对应，剔除长度小于100 m的侵蚀沟，得到符合条件的侵蚀沟509条。该数据亦说明，调查区域内约有55.4%的侵蚀沟未能列入第一次全国水利普查东北黑土区侵蚀沟普查数据集内，同样说明东北区域侵蚀沟实际发生的数量远多于29.5万条。

对筛选出的509条侵蚀沟沟长、沟宽、沟深和沟道面积进行统计分析。结果表明，该数据集内侵蚀沟总体较小，50%的侵蚀沟面积在730 m^{2}以下，长度小于362 m，宽度小于5.7 m，深度小于2.8 m；95%的侵蚀沟面积在7304 m^{2}以下，长度小于1622 m，宽度小于21.1 m，深度小于10.0 m（表5-3）。

（二）中国黑土区侵蚀沟的明显特征

中国黑土区的侵蚀沟不同于我国其他区域的侵蚀沟，具体表现在以下几个方面。

表 5-3 公益性项目侵蚀沟频率分布特征

比例%	面积/m^2		长度/m		宽度/m		深度/m	
	最小值	最大值	最小值	最大值	最小值	最大值	最小值	最大值
5	39.4	128	101	197	0.32	1.21	0.03	0.70
10	130	187	100	211	0.77	1.82	0.16	1.47
20	243	286	101	320	0.76	2.45	0.09	1.10
30	346	405	103	337	1.20	3.74	0.22	2.67
40	460	533	115	323	1.46	4.41	0.16	2.10
50	643	728	124	362	1.88	5.68	0.52	2.79
60	900	1 038	102	452	2.16	9.80	0.44	4.74
70	1 342	1 543	122	841	1.70	11.8	0.39	3.18
80	1 839	2 538	187	1 077	1.80	10.2	0.53	5.75
90	3 356	4 410	143	895	4.74	25.0	0.35	7.44
95	4 507	7 304	248	1 622	3.47	21.1	0.41	9.87
100	7 449	21 523	373	2 446	4.17	22.9	0.34	7.33

1. 绝大部分侵蚀沟分布于耕地中

东北黑土区侵蚀沟的发育与人类活动密切相关，主要分布于长白山完达山山地丘陵区、漫川漫岗区、大兴安岭东坡丘陵沟壑区，这 3 个区域受人类扰动最大，山地森林被砍伐，山体中下部林木砍伐后多开垦为农田。漫川漫岗区为典型黑土核心分布区，垦殖率高达 75%以上，坡耕地占 60%以上。第一次全国水利普查获取的东北黑土区 295 663 条侵蚀沟，绝大部分生成于耕地中。坡耕地中的侵蚀沟造成耕地支离破碎，减少耕地面积，区域整体毁地 0.5%，极端损毁村级耕地 9.3%；同时严重阻碍了我国农机化水平最高的东北黑土区大机械作业效率，不利于现代农业的发展。此外，约有 1/3 的侵蚀沟伴随农田道路而生成，损毁道路、阻碍交通的同时，农田路向田地中移动，减少了耕地面积。

2. 绝大部分侵蚀沟处于发展状态

第一次全国水利普查获取的东北黑土区 295 663 条侵蚀沟中，有发展沟 262 178 条，占侵蚀沟总数的 88.7%；稳定沟 33 485 条，仅占侵蚀沟总数的 11.3%，表明绝大部分侵蚀沟仍处于发展状态。

3. 以中小型侵蚀沟为主

东北黑土区侵蚀沟道的平均长度为 661.3 m，平均面积为 1.23 hm^2。10%的侵蚀沟沟长和面积分别小于 153.3 m 和 0.12 hm^2，50%的侵蚀沟沟长和面积分别小于 329.1 m 和 0.42 hm^2，80%的侵蚀沟沟长和面积分别小于 685.3 m 和 1.15 hm^2，说明东北黑土区侵蚀沟以中小型侵蚀沟为主，易于治理。

4. 仍处于发展状态，危害呈加剧发展态势

“全国水土流失暨生态安全综合科学考察”对东北黑土区侵蚀沟发展的结论是整体

呈发展态势，侵蚀沟数量和面积在增加，沟壑密度在增大，危害进一步加剧。黑龙江省水土保持科学研究院对黑龙江省新中国成立初期、20 世纪 80 年代和 2000 年全省侵蚀沟的统计结果充分证明了这一态势（图 5-2）。

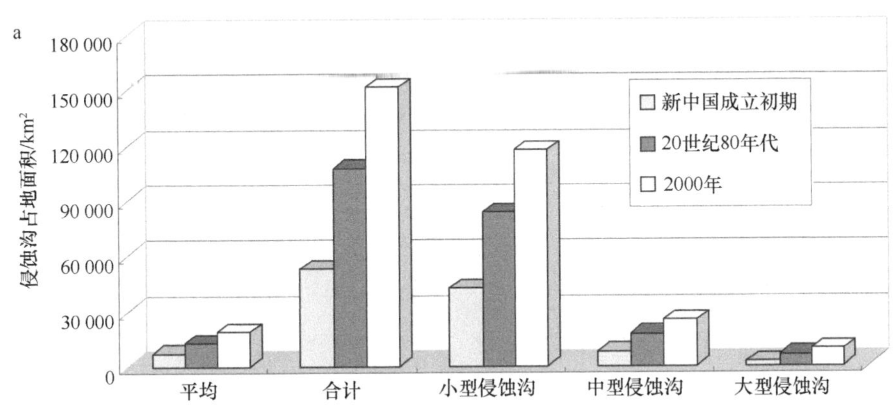

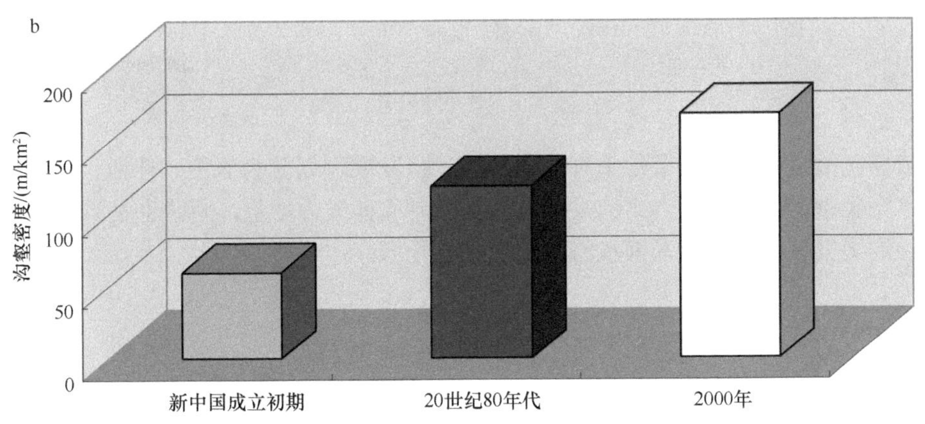

图 5-2 黑龙江省黑土区不同年代侵蚀沟面积（a）及沟壑密度（b）变化

三、东北黑土区侵蚀沟分类分级

在明晰了侵蚀沟现状及其特征的基础上，以服务东北区域开展侵蚀沟分期、分区防治为目的，我们对东北黑土区开展了分类分级。分类分级使用的数据为第一次全国水利普查水土保持专项普查东北黑土区侵蚀沟道普查数据，并结合了侵蚀沟形成的土地利用类型、适宜采取的防治模式。

分类分级遵循以下原则：明确性，一种特征只能用一个数字/符号来解释；完备性，所有的侵蚀沟都应按这个数字划归于相应的类型之中。分类分级的结果有利于选择侵蚀沟防治模式和工程投资概算，以恢复生态，提高区域生态效益和经济产出；或者通过填埋平整侵蚀沟道，再造耕地（白建宏，2017b）。

（一）分类结果

中国黑土区现有侵蚀沟 295 663 条，可以分为两大类，即发展沟和稳定沟，其中，发展沟 262 178 条，占侵蚀沟总数的 88.7%；稳定沟 33 485 条，占侵蚀沟总数的 11.3%。

对于已经稳定的侵蚀沟，治理时不需稳固措施，只需综合利用。稳定沟治理的目标是提高生态防护能力，增加经济效益。稳定沟的沟长与面积特征如图 5-3 所示。

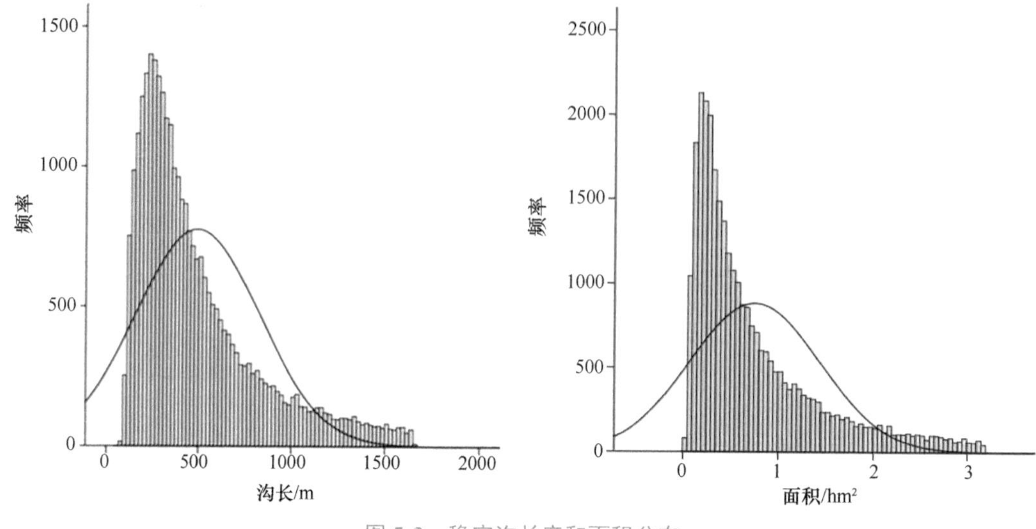

图 5-3 稳定沟长度和面积分布

依据防治目标和所采取的治理模式不同，将发展沟划分为农地、林地、草地、其他用地 4 个类型。发展沟所占比例大，是东北目前危害最为严重，同时也是治理难度最大的侵蚀沟。发展沟的沟长与面积特征如图 5-4 所示。

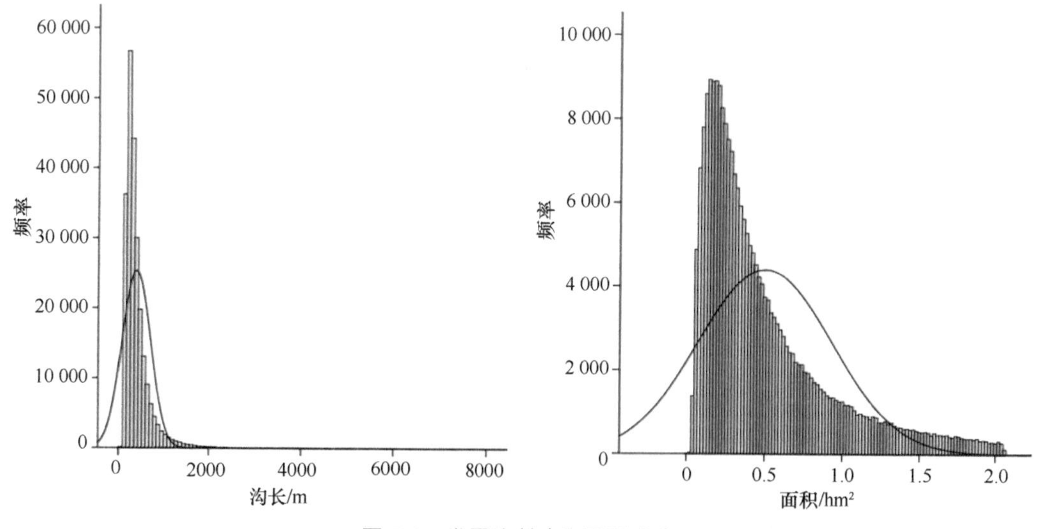

图 5-4 发展沟长度和面积分布

（二）分级原则和指标的确定

1. 分级原则

东北侵蚀沟分级是以实用性为指导原则，以服务侵蚀沟防治工程为核心开展的。在确定指标后，对指标取范围值，以提高包容量。指标简单明了，全部量化。侵蚀沟的分级命名则按照群众的习惯叫法。因此，该侵蚀沟的分级不仅有利于开展侵蚀沟的调查，且在防治与利用及规划设计方面有较强的实用性，对统一侵蚀沟分级标准具有重要的指导作用。

2. 分级指标

侵蚀沟的治理要基于该侵蚀沟自身的形态特征（侵蚀沟的长度、宽度、深度、面积、沟道比降）及其所处的自然环境（汇水区面积、土地比降、土地利用及管理方式、所处区域的土壤、降雨）等外界影响因素。普查获取的 29 万余条侵蚀沟只有沟长、面积及所处土地利用类型等信息，因此，如何选取指标是科学分级的关键。

（1）分级基础数据

侵蚀沟分级的基础分析数据为两次侵蚀沟实测统计分析结果和水利部公益性项目侵蚀沟分级成果。

1)2013 年国家农业综合开发东北黑土区水土流失重点治理二期工程对引龙河农场、共青农场、八五五农场的全部野外调查实测结果。

2）“十二五”水利部公益性项目“东北黑土区水土保持措施效益评估及侵蚀沟防治技术”（2010—2012）选择黑龙江省、吉林省、辽宁省和内蒙古自治区 10 个典型市（县、旗）[辽宁省辽阳县和彰武县，黑龙江省嫩江县（现为嫩江市）、海伦市、宾县，吉林省九台县（现为九台区）、梅河口市、前郭县，内蒙古自治区阿荣旗和科尔沁右翼中旗] 共计 272 个野外调查单元进行沟蚀调查结果。

3）引用“十二五”水利部公益性项目“东北黑土区水土保持措施效益评估及侵蚀沟防治技术”侵蚀沟分级成果。

（2）分级指标确定

基于实测侵蚀沟的沟长、沟宽、沟深和沟道面积的统计分析结果，得出上述两大数据集内侵蚀沟长度与宽度、长度与深度之间的相关系数较小。3 个农场侵蚀沟面积与长度、宽度、深度的相关系数均大于 0.5（图 5-5，表 5-4），而水利部公益性项目 10 个典型县侵蚀沟面积与长度和宽度的相关系数均大于 0.6（图 5-6，表 5-5），但两个数据集中侵蚀沟宽度与深度的相关系数均为 0.71 左右，说明长度代表侵蚀沟侵蚀程度较差，而宽度和深度代表侵蚀沟侵蚀程度较好。

表 5-4 3 个农场侵蚀沟参数相关分析结果

	长-宽	长-深	宽-深	长-面积	宽-面积	深-面积
相关系数	0.215	0.152	0.710	0.699	0.742	0.506

由于第一次全国水利普查东北黑土区侵蚀沟普查数据中无宽度和深度信息，而面积和长度、宽度和深度均有较好的相关关系，故选择面积作为侵蚀沟分级指标。

水利部公益性项目亦运用系统聚类和主成分分析方法，对侵蚀沟进行了分级划等。共选择 15 个分级指标，分别是：①反映侵蚀沟形态的指标，长度、宽度、深度、占地面积；②反映地质地貌方面的指标，土壤种类、母质、坡向、坡位、纵坡比降；③反

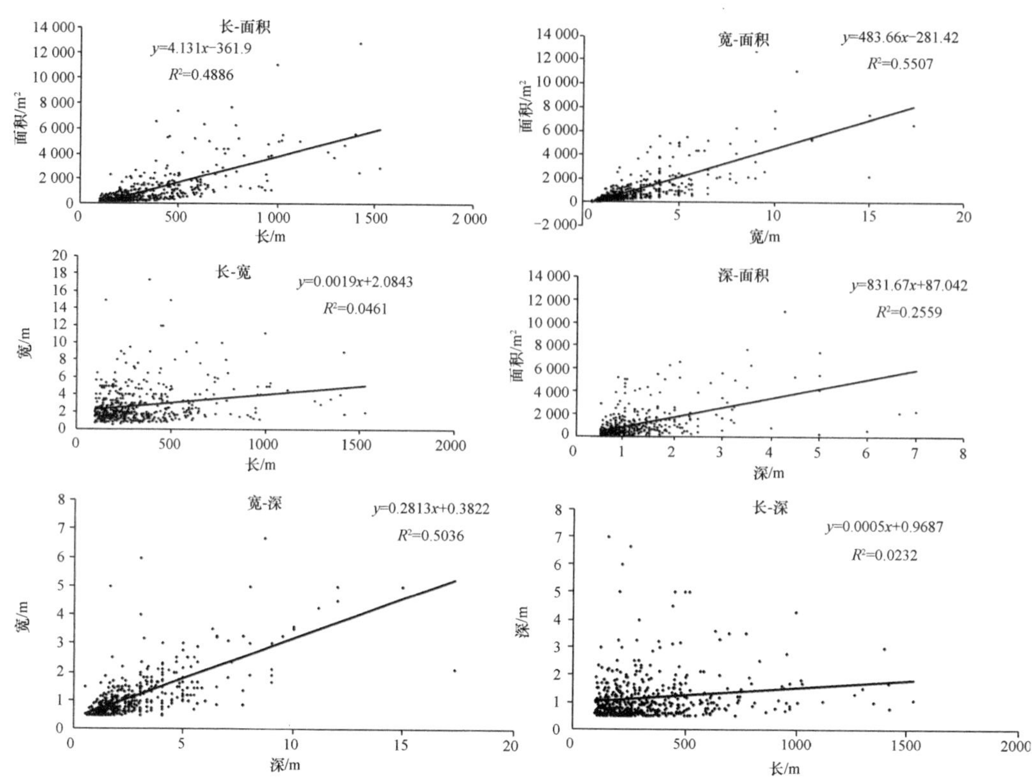

图 5-5　3 个农场侵蚀沟形态特征

表 5-5　公益性项目侵蚀沟参数相关分析结果

	长-宽	长-深	宽-深	长-面积	宽-面积	深-面积
相关系数	0.142	0.066	0.714	0.740	0.623	0.389

映土壤侵蚀方面的指标，侵蚀总量、年侵蚀量、沟头前进速度；④反映降雨及水文状况方面的指标，汇水面积、年均降雨量、年均径流深。依据主成分分析确定了 3 个指标：沟壑占地面积、平均侵蚀量、年侵蚀量，最后将丘陵漫岗区的侵蚀沟分为 3 级，每级又划分为 3 类（表 5-6）。

侵蚀沟平均侵蚀量和年侵蚀量是反映侵蚀沟状态、危害程度及治理急迫性等的重要指标，但难以精准定量化，故在规划和治理设计上难以把握；侵蚀沟长度的上述实测结果已充分证明，与沟宽和沟深相关性差，不能很好地反映侵蚀沟状态，故本着简单化、实用性等原则，侵蚀沟平均侵蚀量、年侵蚀量和长度不作为本规划分级指标。

原农垦总局与水利部公益性项目 10 个典型县的沟道形态特征之间的相关性表明，单条侵蚀沟面积适宜作为侵蚀沟分级指标；此外，水利部公益性项目 10 个典型县的分级结果表明，侵蚀沟平均侵蚀量、年侵蚀量和长度不适宜作为分级指标。因此，最终结果确定采用单条侵蚀沟面积作为侵蚀沟分级指标。

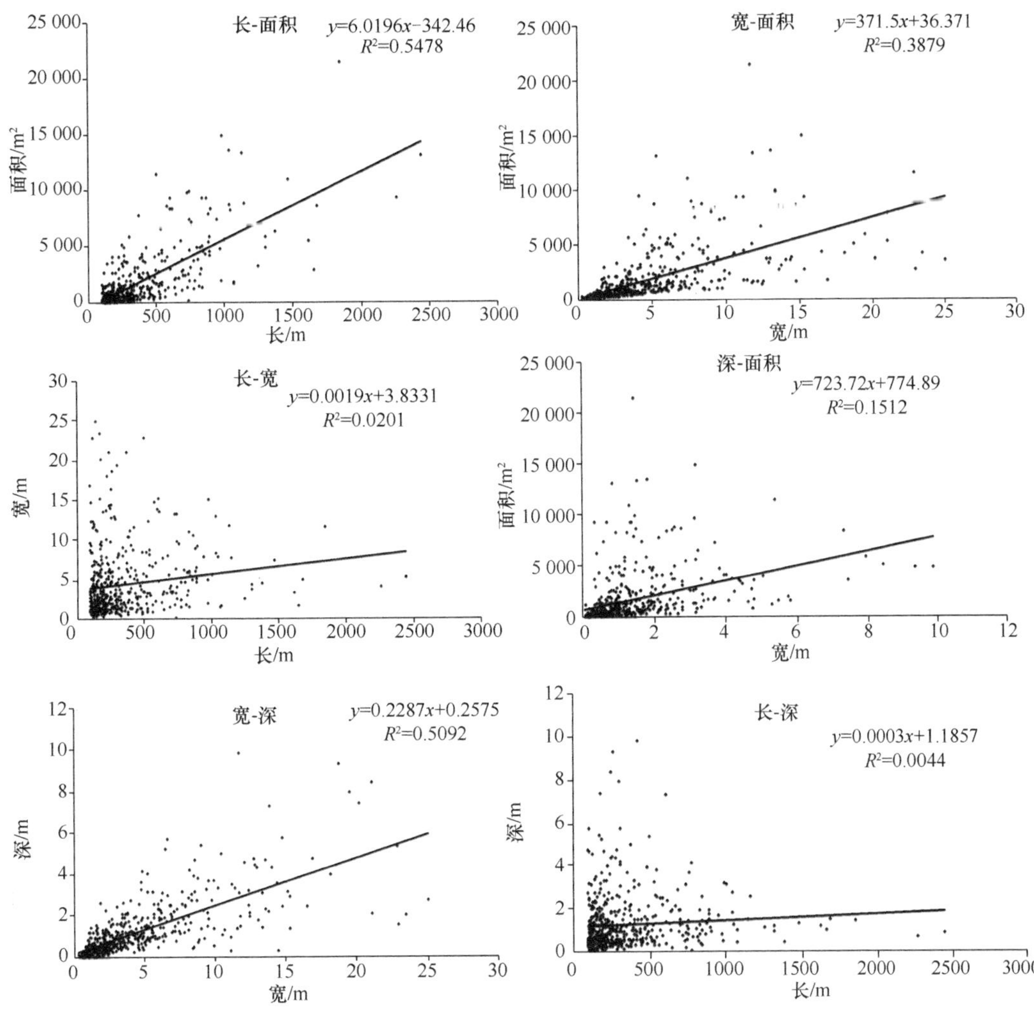

图 5-6　公益性项目侵蚀沟形态特征

表 5-6　公益性项目侵蚀沟分级

级别	类别	主要指标			备注
		年侵蚀量/m³	沟壑占地面积/hm²	沟长/m	
小型沟	稳定沟	<10	<0.20	<150	年侵蚀量是指调查前 3 年侵蚀量的平均值
	半稳定沟	10～50			
	发展沟	>50			
中型沟	稳定沟	<40	0.20～2.0	150～400	
	半稳定沟	40～200			
	发展沟	>200			
大型沟	稳定沟	<100	>2.0	>400	
	半稳定沟	100～1000			
	发展沟	>1000			

（三）典型区域侵蚀沟分类结果

以服务于治理、有利于治理模式和投资的确定等为原则，将发展沟划分为小型沟、中型沟和大型沟 3 个等级（表 5-7）。依据该分级，东北黑土区小、中、大侵蚀沟数量分别约为 9.9 万条、12.2 万条和 4.0 万条，分别占侵蚀沟总数量的 37.9%、46.8% 和 15.3%，以中小型沟为主（表 5-8，图 5-7）。鉴于发展沟治理的紧迫性，现对 3 类沟作如下介绍。

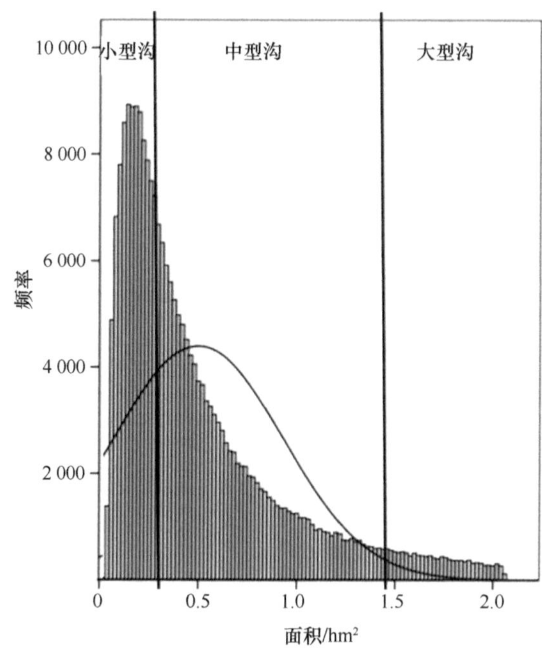

图 5-7　侵蚀沟面积分级分布

表 5-7　侵蚀沟分级标准

类别	级别	沟壑占地面积/hm^2	备注
发展沟	小型沟	<0.3	沟深<2.0 m
	中型沟	0.3～1.4	介于大、小沟之间
	大型沟	>1.4	沟宽>6.0 m

表 5-8　侵蚀沟分级结果

分级	分级标准	条数/条	所占比例/%	平均单沟面积/hm^2	沟长/m	
					最大值	平均值
小型沟	<0.3 hm^2	99 351	37.9	0.17	2 461	214
中型沟	0.3～1.4 hm^2	122 620	46.8	0.64	5 480	455
大型沟	>1.4 hm^2	40 166	15.3	5.19	41 394	2 272

（1）小型沟

主要针对耕地中的侵蚀沟，能够采取填埋复垦或灌木封育，沟深<2.0 m。利用水利部公益性项目和国家农业综合开发二期科技推广实测的 987 条切沟为统计数据，以平均沟深<2.0 m 为筛选原则，确定符合条件的侵蚀沟数量及所占比例，然后再将这些符合条件的实测侵蚀沟按面积排序，剔除大的15%侵蚀沟，保留的 85%侵蚀沟中最大的侵蚀沟道面积作为小型沟分级的上限值，为 0.318 hm^2，故将小型沟面积分级值定为 0.3 hm^2（图 5-8）。

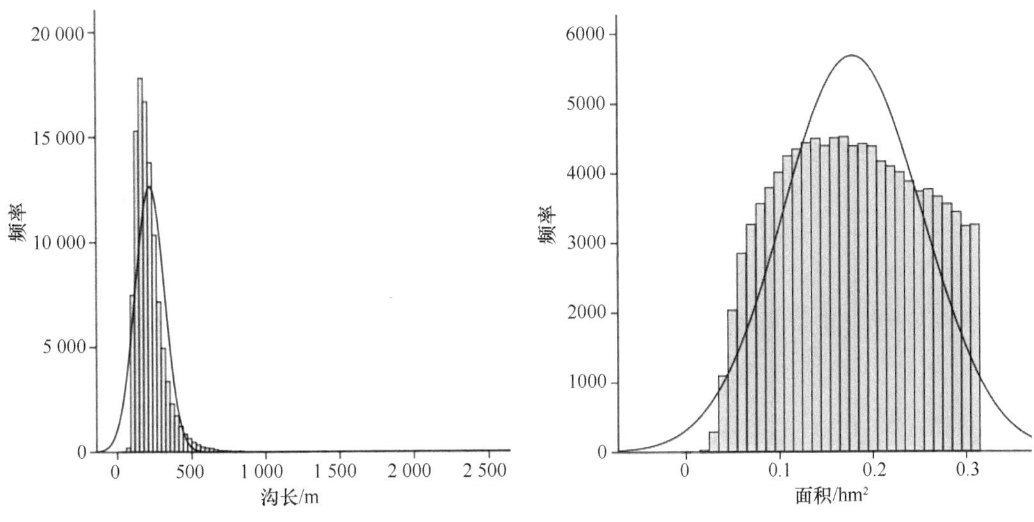

图 5-8 小型沟沟道长度和面积分布

保留 85%的原因：一是可剔除极端异常值的影响；二是由于采用的沟深值为该沟道的平均值，实际沟道中有部分沟段深度>2.0 m，剔除大的 15%侵蚀沟可有效降低对小型沟数量界定的影响。

（2）大型沟

主要是必须采取工程措施先行稳定侵蚀沟，然后才能实施生态恢复。水利部公益性项目实测数据未包含浅沟信息，国家农业综合开发二期科技推广实测的农垦系统多为近些年新生成沟，但侵蚀沟深度和面积的信息较少。故大型沟分级采用第一次全国水利普查东北黑土区侵蚀沟普查结果，以平均沟长> 800 m 为筛选原则，确定符合条件的侵蚀沟数量所占比例为 14.8%，对应的最小面积为 1.42 hm^2（图 5-9）。

第一次全国水利普查东北黑土区侵蚀沟普查是以一条完整的侵蚀沟作为普查单元，包括所有支沟，故沟道长度和面积包含主沟道和所有支沟。水利部公益性项目通过以小流域为单元的侵蚀沟调查和国家农业综合开发二期科技推广实测的侵蚀沟数量，发现规律为总体侵蚀沟的长度和面积为主沟道的长度和面积的 2 倍以上，故全国水利普查东北黑土区侵蚀沟普查获取的侵蚀沟总沟长 800 m 对应的主沟道长度约为 400 m，这与水利部公益性项目将主沟道长度>400 m 作为大型沟分级指标相近。

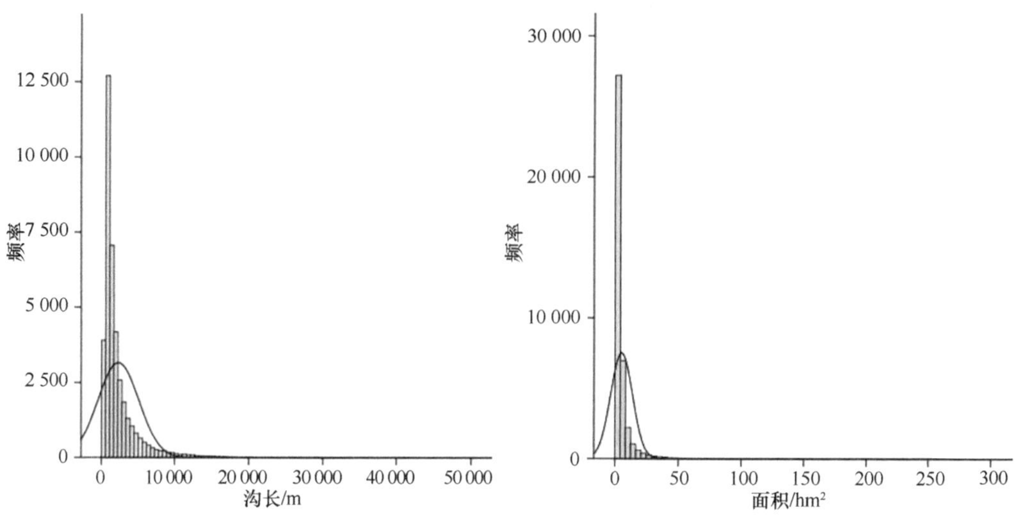

图 5-9　大型沟沟道长度和面积分布

（3）中型沟

介于小型沟和大型沟之间的侵蚀沟，采取以植物措施为主、以工程措施为辅和以工程措施为主、以植物措施为辅的方式加以治理（图 5-10）。

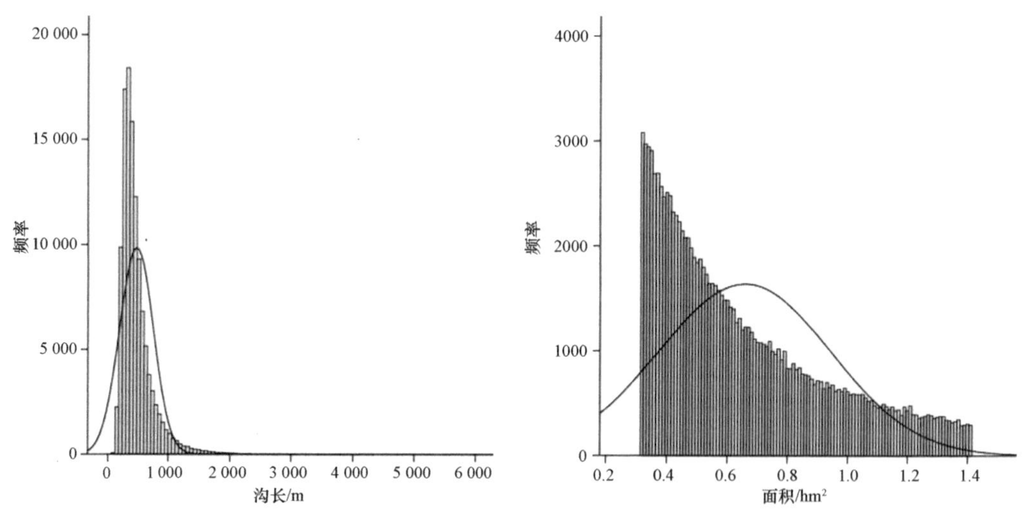

图 5-10　中型沟沟道长度和面积分布

第二节　中国黑土区侵蚀沟演化过程

侵蚀沟演化过程是沟道侵蚀过程的重要方面，反映了沟道侵蚀严重性、发展趋势及其对农业生产的威胁程度。目前，中国黑土区侵蚀沟演化过程的研究多集中于流域尺度（数万平方公里）与汇水区尺度（数平方公里）上的沟道侵蚀演化过程。

一、乌裕尔河流域尺度演化过程

（一）流域介绍及研究方法

乌裕尔河起源于小兴安岭西侧，止于松嫩平原，流经北安、克东、克山、拜泉、依安、富裕等六县，全长 587 km，流域面积为 23 110 km^2。波状起伏台地暨漫川漫岗是该区主要地形特征。该流域属于大陆性季风气候。全年降水量为 450～790 mm，主要降雨发生在 6～9 月。受地形因素影响，区内水系较为发育，有若干支流。而侵蚀沟可以视为水系发育最早期部分，在区域内广泛分布。区内原始自然植被是森林-草甸与草原，分布较多的植被类型有丘陵植被、草甸植被及沼泽化植被。土壤以黑土、黑钙土和草甸土为主，暗棕壤有零星分布，在东北黑土区具有典型代表性。

Zhang 等（2015）利用中国卫星遥感影像提取侵蚀沟在遥感影像上表现出的特征，建立侵蚀沟遥感解译标志库；以侵蚀沟遥感影像解译标志库为基础，对空间分辨率较高（影像空间分辨率为 2.5～2.7 m）、数据质量较好的 1965 年美国 Corona 卫星、2005 年法国 SPOT5 卫星及 2012 年中国卫星所拍摄的 3 期乌裕尔河流域遥感影像进行解译，获取相应时期的侵蚀沟数量、长度、面积等空间数据；运用窗口移动法获取 1965 年、2005 年及 2012 年 3 个时间点的侵蚀沟裂度（沟道小流域的沟道面积与流域面积之比，它是反映土壤侵蚀强度的一项极为重要的数量指标），生成了侵蚀沟裂度空间数据及分布图；通过分析并数字化处理 DEM 地形数据、降雨数据、土壤数据、地质分布数据，解译遥感影像从而获取土地利用数据和植被覆盖数据，形成侵蚀过程各种影响因素的空间数据库；对该流域 3 个时间点的侵蚀沟数量、侵蚀沟长度和侵蚀沟面积遥感影像进行了解译，并依据侵蚀沟的分布及变化情况对该流域侵蚀沟进行了风险分区和治理紧迫性分级。

从 3 期影像解译结果可知，1965～2012 年，研究区域的侵蚀沟数量、侵蚀沟长度和侵蚀沟面积都呈增加趋势。研究区域内 1965 年侵蚀沟 2463 条，2005 年侵蚀沟 11 052 条，2012 年侵蚀沟 12 381 条。与 1965 年相比，2012 年侵蚀沟数量增加 4.03 倍，长度增加 2.67 倍，面积增加 6.61 倍（表 5-9）。

表 5-9　乌裕尔河流域沟壑侵蚀情况（Zhang et al.，2015）

年份	侵蚀沟特征			
	数量/条	长度/km	面积/km^2	裂度/(m^2/km^2)
1965	2 463	1 253.1	16.6	620.4
2005	11 052	6 411.8	99.5	3 718.5
2012	12 381	4 599.6	126.4	4 723.1

（二）侵蚀沟裂度演化过程

1965～2012 年，侵蚀沟裂度也呈增加趋势，2012 年的侵蚀沟裂度是 1965 年的 7.61 倍。1965～2005 年，侵蚀沟裂度每年平均增加 77.5 m^2/km^2；2005～2012 年，侵蚀沟裂度每年平均增加 143.5 m^2/km^2。2005～2012 年侵蚀沟裂度增加的速度为 1965～2005 年的 1.85 倍（图 5-11）。

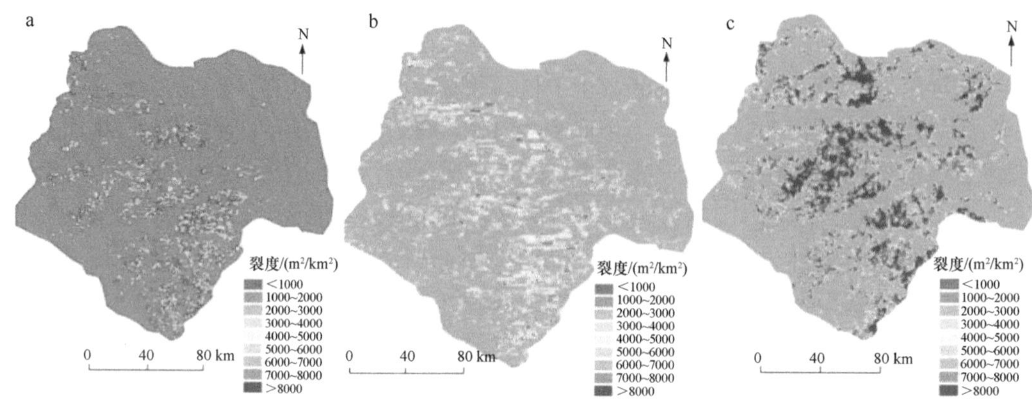

图 5-11 乌裕尔河流域 1965 年（a）、2005 年（b）及 2012 年（c）侵蚀沟裂度（Zhang et al.，2015）

1965 年侵蚀沟裂度普遍较低，分布也相对分散，高裂度数值较少，不论是裂度的最大值还是平均值都是最小的，侵蚀沟集中分布在中部和东南部；到 2005 年，侵蚀沟裂度值发生了较大变化，局部裂度最大值达 170 736 m^2/km^2，裂度的平均值也提高了 5 倍，裂度的中高值分布范围迅速扩大，已有集中连片的迹象。2012 年，裂度值进一步加大，虽然局部裂度的极值有所降低，但整体的裂度值明显提高，高裂度值遍布全区，侵蚀沟已经集中连片。

1965～2005 年，无论是侵蚀沟裂度极值还是平均值，其增长都极为迅速。随着耕地开发力度和使用强度逐年增大，特别是毁林开荒以及耕地的不合理利用，直接导致耕地产生大量侵蚀沟，裂度的平均值在 40 m^2/km^2，提高了 5 倍。

2005～2012 年，整体的裂度数值虽然有所提高，但提高的速度放缓。在此期间，国家出台了一系列耕地保护政策。随着退耕还林及耕地红线等政策的实施，耕地的开发力度和使用强度均有所下降，但不合理的土地利用方式仍然存在，导致整体裂度数值仍然在提高。耕作手段的现代化、大规模以小流域为单元的侵蚀沟道治理及大型沟道边坡的削坡和常年耕作，致使沟缘线模糊化甚至消失，转变为有起伏的类丘陵微地貌，局部地区裂度的极值有所降低。

（三）影响侵蚀沟裂度变化的因素

选择代表气候指标的降水侵蚀力，代表地质指标的地层类型，代表土壤指标的土壤可蚀性，代表地形指标的地形湿度指数、径流力系数、坡度、坡向和坡形，代表地表覆被指标的地表覆被类型和代表人为活动指标的居民点距离为自变量，以侵蚀沟裂度为因变量进行相关分析。结果表明，3 期侵蚀沟裂度皆与降水侵蚀力、地层类型、地形湿度指数、坡度、地表覆被类型及居民点距离显著相关（表 5-10）。其中，侵蚀沟裂度受降水侵蚀力和居民点距离的影响最为显著，坡向的影响也很显著，侵蚀沟裂度与降水侵蚀力因子值具有最显著的相关性，也验证了降水是侵蚀沟产生和发展的重要影响因子或者重要影响因子之一的观点。

表 5-10 侵蚀沟裂度与影响因素的相关性（李天奇，2012；胡天然，2016）

年份	坡度	坡向	坡形	径流力系数	地形湿度指数	地层类型	土壤可蚀性	降水侵蚀力	地表覆盖类型	居民点距离
1965	0.06	0.00	0.00	0.00	–0.03	–0.10	0.01	0.12	0.06	–0.11
2005	0.06	0.00	0.00	0.01	–0.01	–0.14	0.05	0.19	0.10	–0.10
2012	0.06	0.01	0.00	0.01	–0.02	–0.07	0.04	0.10	0.04	–0.40

1. 地质因素

地质因素因其岩石的崩解性和抗蚀性不同，抵抗水流冲积的能力不同，与侵蚀沟裂度显著负相关；地形湿度指数是衡量区域内土壤湿度的影响因素，地形湿度指数越大，土壤越湿润，则侵蚀沟裂度越小。

2. 坡度和地表覆盖类型

坡度是水流汇集、产生下切力的动力源泉，与侵蚀沟裂度显著相关；不同地表覆被类型下的土壤理化性质不同，抵抗雨滴的冲积能力也不相同，与侵蚀沟裂度也显著相关。

3期结果皆为耕地受侵蚀程度最大，且与其他地表覆被类型间差异显著，说明耕地抵抗侵蚀的脆弱性。范昊明等（2014）的研究也表明，东北黑土区大面积森林主要分布在人类活动较少的大、小兴安岭与长白山一带，而粮食主产地东北漫川漫岗区、大兴安岭东坡丘陵沟壑区由于植被覆盖度较低且季节性差异显著，侵蚀沟并未得到有效遏制。

1965 年及 2005 年耕地距居民点的远近与侵蚀沟裂度显著负相关，说明当时人们优先选择距离较近的地方进行耕作。2012 年侵蚀沟裂度与居民点距离变为负相关，相关系数为 0.40。这一显著变化很可能是基于以下原因：1965～2005 年，由于所处的历史时期和国家战略需要，研究区域内一直在大力垦荒。2005 年以后，近处可用耕地几乎被开垦完毕，为了持续提高粮食产量，必须对新开垦的耕地加大耕作强度。而新开垦的耕地，多数是不太适合耕作的土地，坡度普遍较大。不合理的开垦和耕作必然会产生新的侵蚀沟并迅速发展，导致在 2012 年这部分原本远离居民点的耕地遭受了严重的侵蚀危害。

3. 坡向和坡形

3 期调查结果表明，坡向和坡形与侵蚀沟裂度相关性都不显著，这是研究地区的特殊性造成的。东北黑土区典型漫川漫岗地形的特点是坡长很长，但是坡度较小，这就导致了不同坡向之间受到的环境影响差异较小。径流力系数在 2005 年和 2012 年与侵蚀沟裂度显著相关，而 1965 年与侵蚀沟裂度的相关性不显著。

总体上看，每期的各坡度间侵蚀沟裂度差异显著，基本都是坡度越平缓受到侵蚀破坏程度越小。1965～2012 年，差异显著的侵蚀沟裂度由大坡度向小坡度转移。1965 年时坡度在 3°～4°的差异显著，2012 年时 1.5°～3°的差异显著（表 5-11）。

表 5-11 不同影响因素下研究区侵蚀沟裂度的变化（李天奇，2012）（单位：m^2/km^2）

影响因素	指标	1965 年	2005 年	2012 年
坡度/（°）	0～0.25	445	2 572	2 292
	0.25～1.5	403	2 914	3 117
	1.5～3	479	3 546	3 804
	3～4	603	4 020	4 600
	4～5	758	4 404	5 012
	5～8	791	4 562	5 430
	8～15	985	4 747	5 163
	15～25	1 329	5 427	4 296
	>25	1 261	3 626	5 517
地质指标	斑岩	0	54	68.2
	花岗闪长岩	1.32	365	1 810
	火山角砾岩	0	630	3 109
	火山岩	24.9	913	3 537
	砂岩	72.3	943	1 962
	泥质砂岩	89.3	1 789	4 002
	冲积岩	810	4 490	5 238
	玄武岩	962	8 599	8 181
	硕岩	2 292	10 516	4 573
土壤类型	暗棕壤	0.84	398	1 797
	黑钙土	433	2 038	2 491
	草甸土	363	3 072	3 964
	黑土	892	5 090	6 348
降水侵蚀力/［MJ·mm/（hm^2·h）］	<80	595	7 842	8 111
	80～90	291	2 876	5 075
	90～100	335	3 235	7 414
	100～110	322	1 945	5 805
	110～120	797	5 534	7 824
	120～130	2 238	13 221	10 113
	130～140	183	16 374	13 610
	>140	2 870	15 794	18 473
土地利用类型	建筑用地	0	0	0
	有林地	0	40.1	3 714
	疏林地	0	56.5	1 932
	草地	128	767	2 428
	耕地	663	4 196	5 206

4. 地质指标

1965 年不同地质之间侵蚀沟裂度存在差异，硕岩的侵蚀沟裂度最大且与其他岩石差异显著，而火山角砾岩和斑岩地层上没有侵蚀沟的发生；2005 年各岩石上均有侵蚀沟发生，硕岩和玄武岩上侵蚀沟裂度较大，且与其他岩石间差异显著；2012 年侵蚀沟裂度以玄武岩最大，虽然其裂度较 2005 年有所降低，但与其他岩石仍存在显著差异。除玄武岩和硕岩外，2012 年各岩石上侵蚀沟裂度强度及规模在数量级上均比 2005 年高，说明 2012 年侵蚀的发展已经由玄武岩和硕岩向其他岩石转移（表 5-11）。

5. 土壤可蚀性

不同类型土壤间受侵蚀的程度不同（表 5-11）。研究区域内黑土分布面积最大，占 46.3%，其侵蚀沟裂度也最大，容易被侵蚀。另外，黑土有机质含量高，养分好，更加适合耕作，人类活动的干扰加剧了土壤侵蚀的发生，导致其侵蚀沟裂度显著增加。与 1965 年不同，2005 年和 2012 年侵蚀沟裂度受到土壤可蚀性的显著影响（表 5-10）。1965 年侵蚀沟数量还很少，同时人类活动的干扰强度和规模也没有 2005 年及 2012 年大，侵蚀沟主要分布在坡度相对较大的耕地中。坡度的影响过于显著，超过或者说掩盖了土壤可蚀性的影响，所以，1965 年土壤可蚀性对侵蚀沟裂度的影响不显著。到了 2005 年和 2012 年，侵蚀沟已经大范围发展，并且从一些坡度较大的地点向坡度较小的地点发展，土壤可蚀性才开始显现出对侵蚀沟裂度的影响。

6. 降水侵蚀力

随着降水侵蚀力的增加，流域侵蚀发生的强度及规模也越来越大。当降水侵蚀力>120 MJ·mm/（hm^2·h）时，它对侵蚀沟发生的影响最大；而降水侵蚀力<120 MJ·mm/（hm^2·h）与>120 MJ·mm/（hm^2·h）时产生的侵蚀沟裂度存在显著差异（表 5-11）。

二、村级尺度演化过程

我们对黑龙江省海伦市光荣村（47° 23′N，126° 51′E）沟道演化过程进行了研究（Li et al.，2016b）。该村位于北温带大陆季风气候区，冬季干旱少雨，夏季炎热多雨。2002～2010 年，3～8 月年均降水量为 530 mm，其中 6～8 月的降雨占 65%。年均气温为 1.5℃，太阳照射时长为 2600～2800 h，原始植被为寒温带混合林，土壤为典型黑土，土壤有机质含量高。其地貌为黑土区典型的漫川漫岗地貌，产生于第四纪河湖相沉积运动。研究区域 80%的面积是丘陵地带，剩余 20%为河流漫滩地。

（一）光荣村开垦简史

在 19 世纪 60 年代无移民迁居之前，该区域几乎全部由原生态草原与零星分布的落叶林如椴树与栎树覆盖。1897 年开垦伊始，位于坡上部的防涝防旱的原始林地被零散开垦成为耕地（赵军等，2007）。由于人口数量的快速增加，1955 年绝大部分的岗坡地被开垦为耕地，至 1982 年整个村域内全部的原始林地被开荒殆尽，仅剩下一棵栎树。坡耕地内的椴树根也被开挖出来，以便耕作。此外，经常受洪水危害的河漫滩地也被开发种植小麦。

原始植被开垦后的几十年里，严重的水蚀危害着农业生产。林地的消失降低了土壤的入渗，增加了地表径流，加深了切沟侵蚀。原始植被被开垦前，村域内仅有 3 条原始线状坳陷。据史料记载，20 世纪 30 年代起一条坳陷开始活跃，在其内部形成了第一条切沟。据此可估算出在这个时期前本区域切沟侵蚀的程度很轻。截至 20 世纪 80 年代，在这 3 条原始坳陷中形成了 3 条鸡爪形切沟系。沟蚀的活跃是生态环境遭到破坏的表现之一。

我们从 1968 年 9 月的航拍影像及 2009 年 6 月 4 日的 Quickbird 影像中获取了研究区域内的土地利用和侵蚀沟分布情况。为了区分林地、草地及灌木，以植被高度、斑块形状、顶冠纹理及外形、投影形状及分布位置为目视解译标志，从遥感影像上获取了三者的空间分布。

我们发现，同一种地物在 1968 年的灰度影像和 2009 年的彩色影像上的反应是不同的。根据实地踏勘经验，对 2009 年的彩色影像进行目视解译，提取了该期土地利用及切沟分布，然后将目视解译的结果在实地调查中进行对比。同时，将 2009 年的目视解译与验证的经验应用到 1968 年的灰度遥感影像的目视解译中，并通过询问当地年长者进行了验证，解译出 1968 年地物类型及切沟空间分布。1968 年航拍影像的比例尺是 1∶15 000，地面分辨率约为 0.6 m，与 2009 年 Quickbird 影像的分辨率 0.66 m 接近。二者的空间分辨率近似，因此其解译结果适合进行对比分析。

根据目视解译的结果提取了两个时期的土地利用与耕地分布（图 5-12）。尽管耕地只分布在占本区域 80%面积的丘陵地带，但仍然提取了整个村土地利用的相关数据，以分析 41 年间农业开垦强度的变化。土地利用被划分为坡耕地、林地、草地、灌木地、建筑用地和池塘。两个时期的每一条侵蚀沟均被赋予了唯一的 ID 值，以便进行交叉分析。将土地利用类型图与切沟分布图进行叠加后，得到切沟的植被覆盖类型。

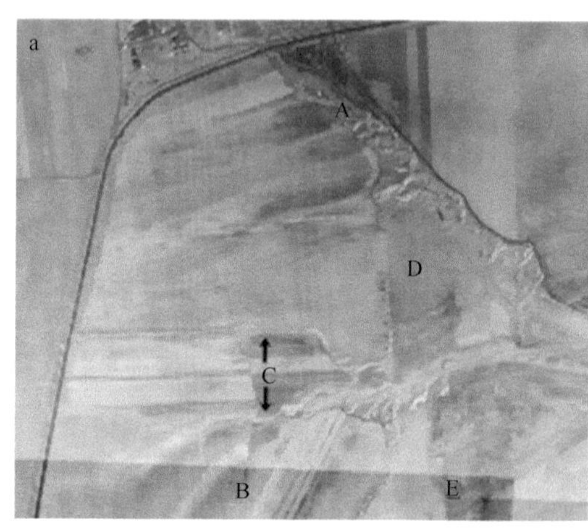

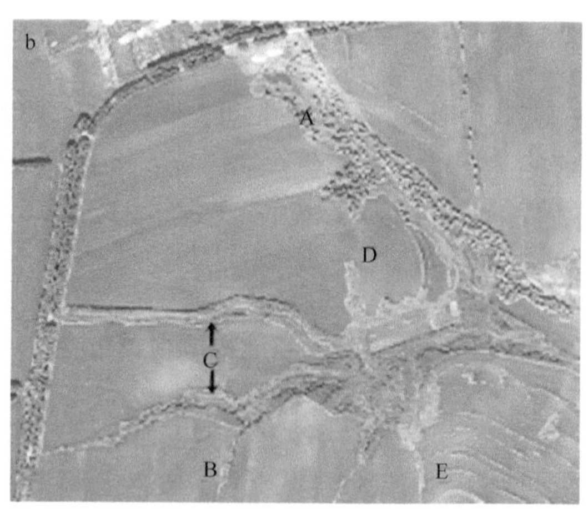

图 5-12 鸡爪沟的局部

a. 1968 年；b. 2009 年。这条切沟是光荣村 3 条大型侵蚀沟中的一条。在 2009 年该沟的主沟面积为 7.0 hm^2。图中的数字指示的是 41 年间土地利用方式的改变。原始的沟形在 2009 年时被退耕还林地所覆盖（A，C）。尽管如此，目前这条切沟仍处在沟宽加大的活跃阶段（B），而且在老沟的沟底形成了新的侵蚀沟。该区域应用了少量的等高耕作与梯田来阻止侵蚀沟的发展。D、E 为坡耕地，1968 年 18 条总面积为 8.5 hm^2 的侵蚀沟合并并且发展为 2009 年一条面积为 16.4 hm^2 的侵蚀沟

为了更全面地了解目前坡耕地侵蚀沟的基本情况，由于无法从遥感影像上获取侵蚀沟沟深信息，我们在 2009 年的遥感影像中随机选中了 8 条复杂沟，并于 2011 年春季测

量每条复杂沟的沟深、沟宽与沟长。使用长度为 50 m 的米尺，在每条侵蚀沟的沟头处开始，测量采样断面处的沟宽及最大沟深，并累计测量沟长。当切沟有剧烈的拐弯时加测沟深和沟宽。相邻采样断面间隔设置为 20～30 m。利用 ArcGIS 9.3 与 SigmaPlot 12.0 获取主要的沟形参数，进行土地利用和变化及地形阈值分析。

（二）光荣村侵蚀沟发展过程

1. 侵蚀沟分类

根据切沟的特征与发展过程，将 2009 年的切沟划分为 3 种类型，即简单沟、保留沟及复杂沟（图 5-13）。

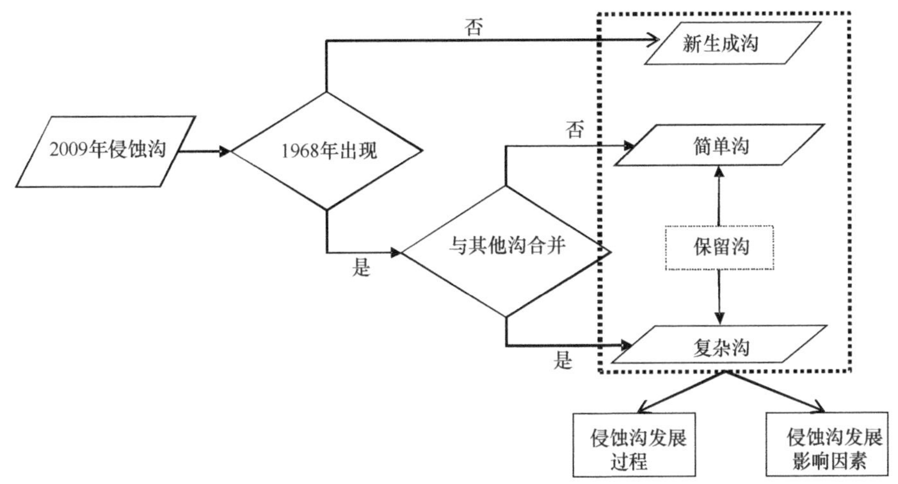

图 5-13　切沟发展类型分类

简单沟是单个存在的，41 年间在单一坡面上发展的侵蚀沟（Billi and Dramis，2003）。复杂沟是由数条侵蚀沟合并为一条侵蚀沟。在 1968 年影像上不存在，产生于 1968～2009 年并在 2009 年影像上能够识别的为新生成沟。在两个时期上均能被识别的为保留沟。根据 41 年间是否合并了其他侵蚀沟，保留沟又被划分为两种，即简单沟与复杂沟。

从 1968 年起新生成了 35 条侵蚀沟，41 年间新生成沟面积占 2009 年侵蚀沟总面积的 6.9%。在 2009 年的 34 条保留沟中，简单沟与复杂沟的数目各为 17 条（图 5-14）。简单沟的总面积为 13.4 hm^2，仅为复杂沟总面积 59.6 hm^2 的 22.5%。在 1968 年的 104 条保留沟中，有 87 条经过合并成为 2009 年的 17 条复杂沟，占地面积也从 27.0 hm^2 增加到 59.6 hm^2。其余的 17 条 1968 年的保留沟没有与其他侵蚀沟合并，其面积也由 1968 年的 7.8 hm^2 发展到 2009 年的 13.4 hm^2。2009 年新生成沟的平均面积为 0.2 hm^2，仅为保留沟 2.1 hm^2 的十分之一。保留沟在 1968 年时的平均面积为 0.3 hm^2，亦大于新生成沟的平均面积。

41 年间保留沟的总面积由 34.8 hm^2 发展到 73.0 hm^2，其中，简单沟与复杂沟的面积分别由 7.8 hm^2 与 27.0 hm^2 增加到 13.4 hm^2 与 59.6 hm^2。2009 年最大的一条复杂沟是由 1968 年的 18 条侵蚀沟合并发展而来的，总面积由 8.5 hm^2 增加到 16.4 hm^2。

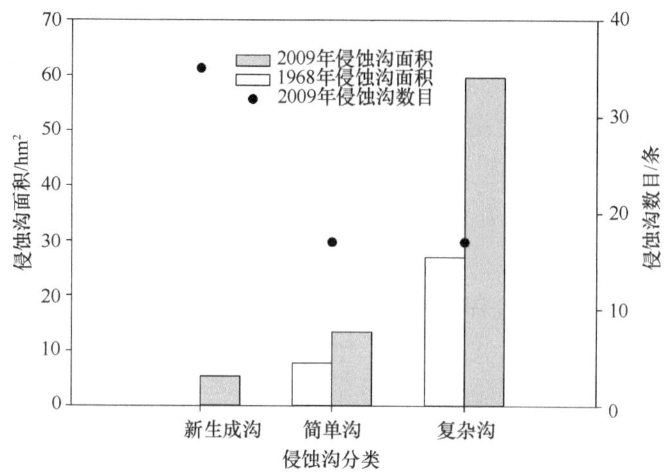

图 5-14　1968 年与 2009 年新生成沟、简单沟与复杂沟的数目及面积

由于在 2009 年时保留沟的面积占所有侵蚀沟面积的 93%以上，因此，41 年间保留沟的发展能够反映出主要的侵蚀沟发展过程（表 5-12）。从表中可以看出，41 年间主要的沟蚀发展过程是侵蚀沟合并与沟宽增大。在 2009 年时有 17 条复杂沟，它们中的每一条都是由多条侵蚀沟合并而来。平均每一条复杂沟是由 5 条侵蚀沟合并而来，条数为 2～18 条。每一条 2009 年的复杂沟的面积均大于在 1968 年时的所有沟的面积总和。其余的 17 条保留沟是简单沟，它们是由线性增长与沟宽增加发展而来，没有与其他侵蚀沟合并。

表 5-12　1968～2009 年侵蚀沟的发展

合并沟条数/条 [a]	合并沟条数/条 [b]	1968 年侵蚀沟总面积/hm^2 [c]	2009 年侵蚀沟总面积/hm^2 [d]
1	17	7.8	13.4
2	2	0.6	0.4
3	6	7.4	11.4
4	2	2.9	8.8
5	2	1.9	9
6	1	0.3	2.8
7	2	1.8	6.1
9	1	3.6	4.7
18	1	8.5	16.4

注 a. 1968 年时的侵蚀沟条数，这些侵蚀沟合并成 2009 年的一条侵蚀沟；b. 符合 a 情况的 2009 年侵蚀沟条数；c. 符合 a 情况的侵蚀沟在 1968 年时的总面积；d. 符合 a 情况的侵蚀沟在 2009 年时的总面积

2. 侵蚀沟沟形变化

1968～2009 年侵蚀沟数目、平均长度、平均宽度与占地面积发生了不同程度的改变（表 5-13）。1968～2009 年，侵蚀沟数量由 104 条下降为 69 条，沟长密度从 2.3 km/km^2 增长到 2009 年的 2.6 km/km^2，变化较小，但每条侵蚀沟的平均长度从 414 m 增加到

825 m，增加了近 1 倍。同时，侵蚀沟总面积从 34.0 hm^2 增加到 78.4 hm^2，占研究区域面积比例由 1.5%增加到 3.5%；而单条侵蚀沟占地面积从 0.3 hm^2 增加到 1.1 hm^2，增长近 3 倍。

表 5-13　1968 年与 2009 年的侵蚀沟基本信息

年份	侵蚀沟条数/条	沟长密度/（km/km^2）	占地面积/hm^2
1968	104	2.3	34.0
2009	69	2.6	78.4

但是，41 年间仍然形成了 35 条侵蚀沟，占 2009 年侵蚀沟数目的近一半。这 35 条新生成沟表明，一旦它们达到了与保留沟近似的平均面积，目前的沟蚀程度会翻番。因此，急需实施合适的侵蚀沟治理措施来限制侵蚀沟的发展。

从单条切沟的沟形变化数据来看，侵蚀沟沟宽的变异性增强，而沟长及沟面积的变异性减弱（表 5-14）。1968～2009 年这 41 年间，切沟宽度最大值与平均值均增长了近 1 倍，宽度最大值从 17 m 增加到 32 m，平均值由 5 m 增加到 8 m。然而，沟长最大值却变化很小，仅从 5213 m 增长到 5493 m，同时侵蚀沟总长度也仅从 2.3 km/km^2 增长到 2009 年的 2.6 km/km^2。因此，1968～2009 年，该区域切沟的主要发展过程是侵蚀沟宽度、面积的增大，而侵蚀沟长度变化缓慢。结合 Sidorchuk（1999）有关总长度 80%、总面积 50%和总体积 35%的切沟是在占切沟生命为 5%的时间内形成的研究，我们可以推论，截至 1968 年该区域已经经历了切沟生命的 5%，以及沟长迅速增长的阶段；而现在切沟的主要发展演化过程是沟宽的增加及面积的增大。

表 5-14　1968 年与 2009 年的侵蚀沟沟形信息

测定数值	沟宽/m		沟长/m		面积/m^2	
	1968 年	2009 年	1968 年	2009 年	1968 年	2009 年
最小值	1	1	23	25	37	42
最大值	17	32	5 213	5 493	70 333	163 606
平均值	5	8	414	825	3 345	11 373
标准差	4	8	684	1176	8 571	25 364
变异系数	74%	93%	165%	142%	256%	223%

3. 侵蚀沟分级

将 1968 年与 2009 年的所有切沟按照沟宽进行分级（图 5-15），并相应地获得按沟长与总面积的分级图（图 5-16，图 5-17）。

沟宽的分级标准为等间隔 4 m，共分为 6 级。分析表明，沟宽为 0～4 m、4～8 m、8～12 m、12～16 m、16～20 m 及> 20 m 的侵蚀数量，1968 年分别为 55 条、30 条、11 条、7 条、1 条、0 条，2009 年分别为 27 条、13 条、13 条、5 条、6 条、5 条，占当期所有侵蚀沟的比例分别为 53%、29%、10%、7%、1%、0（1968 年）及 39%、19%、19%、7%、9%、7%（2009 年）。两个时期中所占比例最高的均为沟宽 0～4 m 的侵蚀沟，占比分别为 53%与 39%。

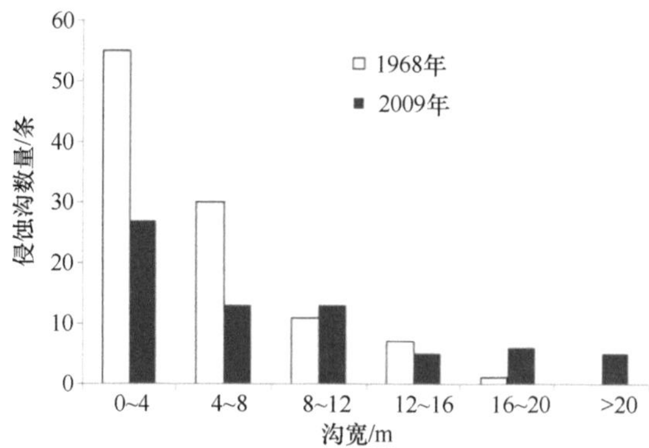

图 5-15 切沟沟宽分级

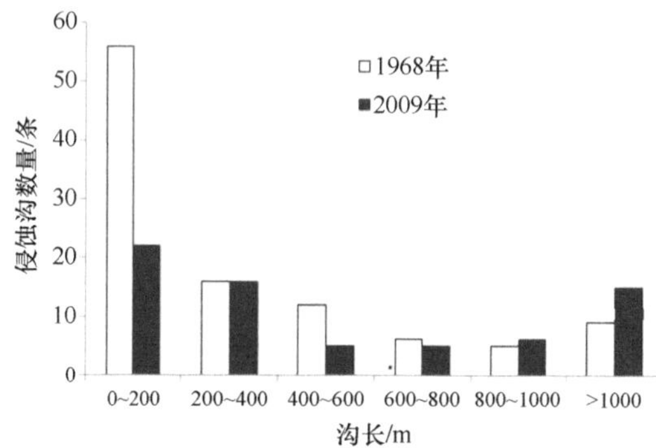

图 5-16 切沟沟长分级

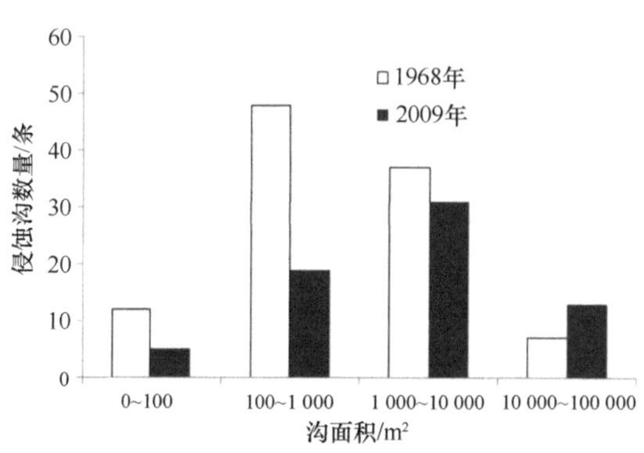

图 5-17 切沟面积分级

以往研究多用地面分辨率为 2.5 m 的 SPOT 影像作为数据源，其获取侵蚀沟的标准是沟宽大于 2 个像元，即沟宽需要至少大于 5 m。而我们的研究显示，有超过 40%的切沟是难以使用 SPOT 影像获取的，而关于历史侵蚀沟分布该比例超过了 50%。说明以往的研究至少低估了 40%的切沟侵蚀危害程度。

沟长的分级标准为等间隔 200 m，共分为 6 级。分析表明，沟长为 0～200 m、200～400 m、400～600 m、600～800 m、800～1000 m 及> 1000 m 的侵蚀数量，1968 年分别为 56 条、16 条、12 条、6 条、5 条、9 条，2009 年分别为 22 条、16 条、5 条、5 条、6

条、15 条，占当期所有侵蚀沟的比例分别为 54%、15%、11%、6%、5%、9%（1968 年）及 32%、23%、7%、7%、9%、22%（2009 年）。两个时期中所占比例最高的均为 0～200 m 的侵蚀沟，占比分别为 54%与 32%。

由于沟面积的阈值较大，因此，侵蚀沟面积的分级标准为幂指数分级，共分为 4 级。1968 年与 2009 年的所有侵蚀沟中，沟面积为 0～100 m^2、100～1000 m^2、1000～10 000 m^2 及 10 000～100 000 m^2 的侵蚀数量分别为 12 条、48 条、37 条、7 条及 5 条、19 条、31 条、13 条，占当期所有侵蚀沟的比例分别为 11.5%、46.1%、35.6%、6.7%及 7.3%、27.9%、45.6%、19.1%。

从 2009 年的遥感影像上随机挑选了 8 条保留沟并实测了侵蚀沟深度，获取了 1968 年与 2009 年侵蚀沟沟深的信息（表 5-15）。沟宽为 6.2～15.5 m，平均沟宽为 8.7 m；沟深为 1.1～1.9 m，平均值为 1.5 m。一般长度越长的侵蚀沟，沟深与沟宽值也较大。在所有的侵蚀沟中，有两个侵蚀沟（编号为 5 和 6）的沟宽、沟深与沟长值几乎是最大的。其中，编号为 5 的侵蚀沟的沟宽与沟深值大于编号 7 的侵蚀沟，但是后者的沟长是这 8 条沟中最长的。

表 5-15　沟深实测值

编号	长度/m	宽度/m	深度/m
1	355	6.3	1.3
2	356	6.2	1.5
3	435	6.5	1.1
4	440	6.3	1.1
5	895	15.5	1.9
6	530	10.5	1.7
7	1132	11.5	1.8
8	345	7.1	1.2

4. 地形阈值

侵蚀沟的产生是与地形阈值有关的现象，对于给定气候与植被覆盖的自然条件下，一条切沟的产生需要一定的汇水面积（A）以及流域平均坡度（S）（Horton，1945；Patton and Schumm，1975），即有一个阈值，如果小于这个阈值则切沟不能产生，这个决定切沟发展的地形阈值的经验公式为 $S=a\times A^{-b}$。

我们从数字高程模型中获取流域的面积及平均坡度值来计算地形阈值公式中的 a、b 值，这两个值代表了影响切沟发展的环境因素。利用 ESRI 公司 ArcGIS 软件的空间分析模块，从研究区域 1984 年间距为 1 m 的等高线地形图中获取数字地形模型。由于在 41 年间该区域的地形几乎没有变化，因此可以用该数字高程模型来代表 1968 年和 2009 年的地形因素。提取 1968 年就已经形成的简单沟与复杂沟所在汇水区，得到每条沟的汇水区面积及平均坡度，生成简单沟和复杂沟的汇流面积与平均坡度的双对数图（图 5-18）。简单沟和复杂沟的 a 值分别为 4.230 和 7.995，而表征坡度与面积关系的 b 值相近，分别为–0.251 和–0.245，这表明对于给定的流域平均坡度，形成复杂沟所需要的流域面积要大于简单沟。

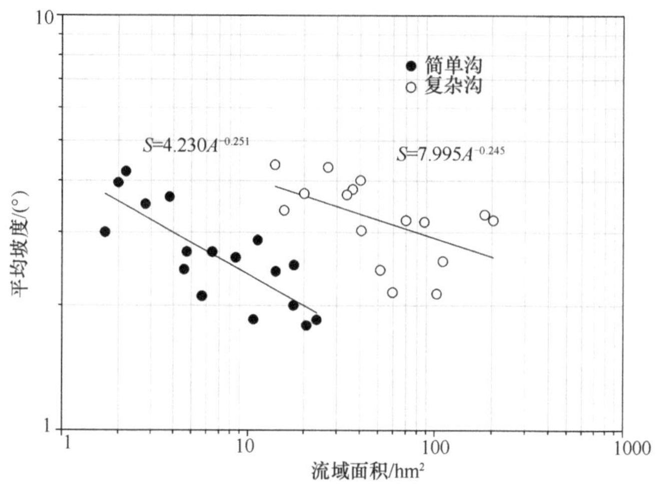

图 5-18　简单沟和复杂沟地形阈值

5. 土地利用变化

41 年间研究区域的主要耕地类型为耕地、草地、林地（表 5-16），以及河漫滩地中的耕地面积比例变化较大。丘陵地中草地面积占总面积比例下降了 5 个百分点，同期林地面积上升了 6.7 个百分点。受开垦的影响，在河漫滩地中也有类似的草地、林地变化趋势，其中草地面积下降了 38 个百分点，林地面积增加了 3.3 个百分点。另外，在丘陵地中耕地面积减少了 1.9 个百分点，但在河漫滩地中增加了 38.2 个百分点。到 2009 年，在丘陵地与河漫滩地中的耕地面积比例近似，占所有面积的 80%左右，同时，草地与林地的占地面积比例约为 10%。

表 5-16　1968～2009 年丘陵地与河漫滩地的土地利用变化

土地利用类型	丘陵				河漫滩			
	1968 年		2009 年		1968 年		2009 年	
	面积/hm²	比例/%	面积/hm²	比例/%	面积/hm²	比例/%	面积/hm²	比例/%
耕地	1646	85.1	1609	83.2	195	39.8	380	77.6
草地	158	8.1	60.5	3.1	216	44.1	29.7	6
林地	37.5	1.9	166	8.6	5.1	1	20.9	4.3
灌木地	3.7	0.2	0.4	0	72.6	14.8	23.8	4.9
建筑用地	90	4.7	97.5	5	1.1	0.2	1.1	0.2
水面	0	0	1.8	0.1	0	0	34.3	7

表 5-17 记录了两个时期侵蚀沟面积与土地利用类型变化之间的关系。各个土地利用类型变化中侵蚀沟面积的变化不同，其中，草地中侵蚀沟的占地面积最大。草地是由耕地到草地及保留的草地组成，二者的侵蚀沟占地面积增加最快，分别为 241%和 137%。

林地是由保留的林地与耕地到林地两种土地利用类型组成，二者的侵蚀沟面积增加比例分别为 129%和 148%。另外，草地到林地以及保留的林地中的侵蚀沟面积增加比例最小，分别为 28%和 23%。3 种土地类型在丘陵地的面积比例分别为 84%、6%和 5%，在河漫滩地的面积比例分别为 59%、25%和 3%。

表 5-17　土地利用类型转变中侵蚀沟面积变化

土地利用类型变化	1968 年侵蚀沟面积/hm^2	2009 年侵蚀沟面积/hm^2	增加比例/%
耕地到草地	1.7	5.8	241
保留的草地	7.6	18	137
保留的林地	8.3	19	129
耕地到林地	3.1	7.7	148
草地到林地	9.4	12	28

大面积的林地开垦伴随着高强度的耕作和过度放牧导致严重的水蚀和很深的侵蚀沟（图 5-19）。耕地与侵蚀沟沟岸间缓冲地带通常为裸地且宽度小于 1 m，高可蚀性的缓冲带几乎没有植被覆盖，使得沟岸易于受到在垄沟形成的集中地表汇流的冲刷而崩塌，导致沟宽的扩展。

图 5-19　不同土地利用中的侵蚀沟

a. 耕地；b. 草地；c. 林地

过度放牧引起植被的退化及侵蚀沟系统的形成。由于林地植被覆盖度高，因此侵蚀沟发展的速率最低，类似于新西兰的退耕还林促进了侵蚀沟的稳定。研究区域从 20 世纪 80 年代起也采取了一定的退耕还林措施，使得在丘陵地带的耕地面积降低，林地面积增加，但是由于林地呈小块斑状分布，降低了植被覆盖对径流的缓冲作用，因此降低了侵蚀沟的稳定性。

2009 年，大多数的林地为人工杨树，部分为次生落叶林。人们为了获得最大的经济效益而趋向于种植过密的树苗从而降低树木的植被覆盖度（图 5-19c）。林地的碎斑化、总面积的不足以及低植被覆盖度，导致只有部分区域的侵蚀沟趋向于稳定，而整体林地内的侵蚀沟面积仍然在增加。

第三节　中国黑土区沟道侵蚀过程及机理研究

随着中国黑土区沟道侵蚀对农业生产和生态环境影响的日益加重，关于该区域沟道侵蚀机理、演化过程等相关研究也逐渐得到广泛关注。本节首先对中国东北黑土区沟道侵蚀已有文献进行回顾，在此基础上总结东北黑土区沟道侵蚀过程及发育机理。

一、研究回顾

（一）研究方法

文献来源为以中国知网（CNKI）中的中文文章和 Web of Science（WOS）中的英文文章为主线，整理归纳了所有涉及沟道侵蚀过程、影响因素和治理等的定性研究与定量研究的结果，以评估目前人们对该区域沟道侵蚀的理解。

首先，搜索摘要中存在“东北”和“沟蚀”或“沟”的文章，截止时间为 2020 年 3 月 31 日，共搜索出 320 篇文献。然后，对文章摘要进一步阅读，以筛选出以沟道侵蚀研究为主要内容的文献。如果摘要不能完全反映论文主题，则对文章的全文进行通读。共筛选出以东北黑土区沟道侵蚀为主要研究内容的文献 150 篇，其中，CNKI 中 120 篇，WOS 中 30 篇。

将 150 篇文献进一步通读，记录文章研究的具体地点。如果文章是对东北黑土区沟道侵蚀的概略分析或描述，没有表明具体研究地点，则不记录。将整理后的研究地点在 ArcGIS 中展开作图，作图时覆盖东北黑土区水土流失治理三级分区。水土流失治理三级分区是在分析区域地貌条件、生态环境状况、水土流失特征和区域发展条件的基础上，确定水土保持规划的方向和防治水土流失的重要参考。

（二）论文发表轨迹

中国东北黑土区沟道侵蚀研究发表文献时间起点较晚（图 5-20）。被 CNKI 检索的文章中，最早发表的关于东北黑土区沟道侵蚀的文章为 1989 年。在 1989～2000 年文章

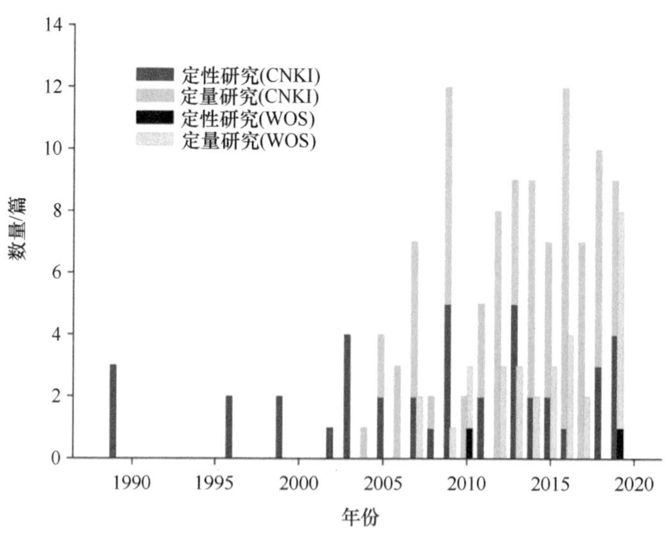

图 5-20　文献时间分布

发表数量不稳定。而直到 2002 年，之后每年均有关于该区域沟道侵蚀的文献发表，且发表数量稳定上升，2010～2020 年，每年发表的文献稳定在 6 篇左右，平均每年被 CNKI 检索的文章数量为 9 篇。

单年发表文献最多的年份为 2009 年和 2016 年。在 2003 年以前，被 CNKI 检索的关于东北黑土区沟道侵蚀的文章均为定性研究，仅描述或综述了东北黑土区沟道侵蚀的影响因素、治理措施及后果等。从 2003 年起有沟道侵蚀定量化研究，平均每年有 4 篇定量化研究发表。

被 WOS 检索的文章具有类似的趋势，但晚于 CNKI 检索的文章。最早一篇被 WOS 检索的文献发表于 2007 年。平均每年发表的文章在 3 篇，而在最近的 2019 年发表的文章最多，达到了 8 篇。被 WOS 检索的文章中绝大多数为定量研究，也有几篇关于沟道侵蚀治理及影响因素的综述文章发表。

（三）论文主题

在搜索到的 150 篇研究文献中，定性研究 43 篇，占总数量的 29%；定量研究 107 篇，占总数量的 71%，即大部分为定量研究（图 5-21）。在定性研究中，大部分文献均综合论述沟道侵蚀影响因素与防治措施，亦有部分文章专门论述沟道侵蚀后果。在 1989 年最早发表的 3 篇定性研究中，论述内容分别为冻融过程对沟道侵蚀的影响（陈书，1989）、漫川漫岗黑土区沟道侵蚀防治措施（常守仁和谢军，1989），以及沟道侵蚀影响因素（李士文和吴景才，1989）。

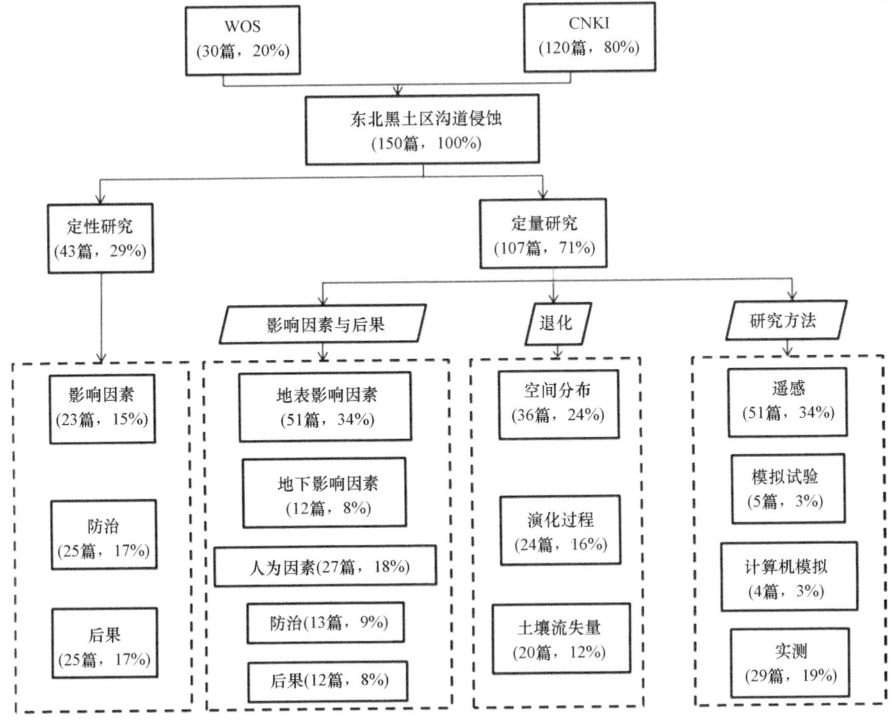

图 5-21　文献主题

（四）研究区域空间分布

从发表的文献空间分布来看，研究区域的空间分布具有较高的不均匀性。

中国黑土区被分为 9 个水土流失治理区域，每个区域的土壤侵蚀环境、人文因素、侵蚀沟影响因素、适宜治理措施皆不同（赵岩等，2013；白建宏，2017b）。

已发表文献的研究地点仅分布在 4 个水土流失治理分区中，分别为东北漫川漫岗土壤保持区、大兴安岭东南低山丘陵土壤保持区、长白山山地丘陵水质维护保土区和长白山山地水源涵养减灾区，后 3 个分区中仅有共计不到 10 篇 CNKI 检索的文章，而 WOS 检索的文章数量为零。

绝大多数发表的文章集中在漫川漫岗黑土区，占所有文献的 90%以上，包括所有的 WOS 检索文章。同时，即使是在东北漫川漫岗黑土区的已有研究，其分布地点亦有限。绝大部分研究分布于 5 个区域，分别为克山、拜泉、鹤山农场、海伦及宾县。CNKI 检索的文章中，近 40 篇的研究地点为克拜区域（克山和拜泉）或称之为乌裕尔河流域。在其他 4 个区域的研究数量均为 10 篇左右，WOS 检索文章的研究区域亦分布于上述 5 个区域。

由于大部分研究集中在漫川漫岗黑土区，因此目前研究中获取的沟道侵蚀特征具有一定的局限性，不一定能够代表东北黑土区不同侵蚀沟类型的发展特征。此外，不同水土保持分区的沟道侵蚀特征与治理策略均有所不同，因此目前研究中获取的沟道侵蚀特征对不同水土保持分区沟道侵蚀治理的指导意义也有限。另外，所选研究地点包含了地方及国有农场，覆盖的土地利用制度较全。

（五）主要研究内容

在定量研究方面，大部分的研究方法为应用遥感影像的方法。有 29 篇文章为实测沟道形态或侵蚀量，也有少量研究应用模拟试验和计算机模拟的方法。

在沟道侵蚀导致的退化过程研究方面，有24%的文章研究了侵蚀沟的空间分布，16%的文章研究了侵蚀沟的演化过程，另有 13%的文章研究了沟道侵蚀导致的土壤流失量。

在沟道侵蚀影响因素及后果方面，大部分的文章关注了地表影响因素，包括降雨、植被等。尽管地下过程，如土体可蚀性垂直分布和土壤水分等对沟道侵蚀过程也有重要影响，但仅有 8%的文章关注了地下过程。

占论文总量 9%的文章研究了某种具体水土保持措施对沟道侵蚀防治的影响，这些措施大部分为植物防治措施，如柳跌水、柳谷坊等，此外还有秸秆填埋侵蚀沟复垦和生态袋谷坊。

在沟道侵蚀后果方面，绝大部分论述的焦点为侵蚀沟毁坏耕地和降低粮食产量的作用，而缺少沟道侵蚀产沙对水体、环境破坏方面的论述，这也反映了东北黑土区在我国粮食安全保障中的重要作用。

尽管土壤侵蚀，包括沟道侵蚀，其产生的后果多种多样；而且在任何区域，土壤侵蚀过程均是存在的。但是在具体的经济社会环境背景下，人们对土壤侵蚀后果的关注点与关注程度不同。当土壤侵蚀后果没有危及人们的生产生活安全时，人们极少研究土壤侵蚀过程。

将CNKI和WOS检索到的东北黑土区沟道侵蚀文章，以及WOS检索到的世界范围内的沟道侵蚀文章中所采用的研究方法在各自群组中所占比例进行比较（图5-22），结果显示，遥感是常用的研究方法，野外实测是东北黑土区WOS检索到的文献中应用最多的方法。

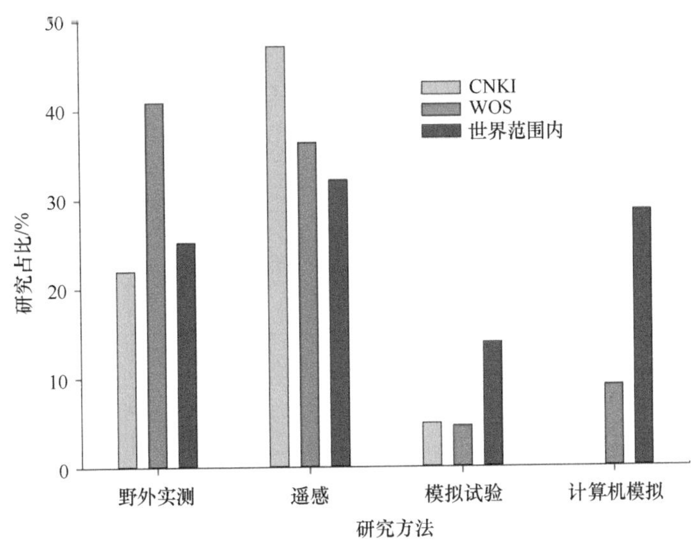

图5-22　研究方法对比

在世界范围内，计算机模拟方法和模拟试验的应用比例显著高于东北黑土区中侵蚀沟的研究方法。考虑到东北黑土区已有区域尺度内侵蚀沟空间分布数据，具备了结合侵蚀沟环境因素来模拟侵蚀沟分布或演化过程的条件，因此，在东北黑土区应用模拟试验和计算机模拟研究沟道侵蚀是今后的发展方向之一。

（六）遥感影像的应用

由于遥感是国内外侵蚀沟研究的重要方法，我们进一步分析了遥感影像在东北黑土区沟道侵蚀研究中的应用（表5-18）。

表5-18　遥感影像类型及使用次数

级别	影像类型	分辨率/m	数量（次数）
亚米级	GeoEye-1	0.4	1
	Worldview	0.5	2
	Quickbird	0.6	4
	Pleiades	0.7	5
	航空影像	0.9	1
米级	GF-1	2	1
	ALOS	2.5	2
	SPOT5	2.5	20
	Corona	3	10
数十米级	TM	30	2
	DEM	30	2

遥感影像分辨率的高低决定了能够在目视解译中提取的侵蚀沟的大小。一般来讲，宽度超过分辨率 3 倍的侵蚀沟能够被准确地解译，而宽度低于分辨率 1/3 的侵蚀沟被解译的准确性较低。目前已应用的遥感影像分辨率跨越了亚米级、米级和数十米级的尺度（图 5-23），覆盖了能够应用于侵蚀沟解译的遥感影像。其中，亚米级遥感影像中包含 GeoEye-1（0.4 m）（发射于 2008 年）、Worldview-2（0.5 m）（发射于 2009 年）、Quickbird（0.6 m）（发射于 2001 年）和 Pleiades（0.7 m）（发射于 2011 年）等主流的卫星遥感影像，也包含了航空遥感影像。其中应用最多的是 Quickbird 遥感影像，该卫星影像也是世界范围内发射时间最早（2001 年）、覆盖面最广的亚米级卫星影像。

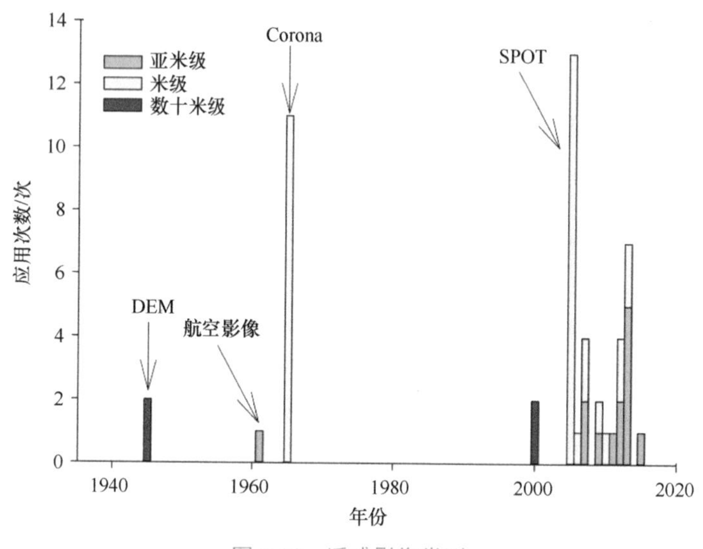

图 5-23　遥感影像类型

航空影像也是侵蚀沟或土地利用分布解译的重要来源之一。然而，目前在东北黑土区内仅有一个航空影像的应用案例。米级影像包括 SPOT5（发射于 2002 年），ALOS（发射于 2006 年），Corona（发射于 1965 年）及国内的 GF-1（发射于 2013 年）卫星影像。该 4 种影像分辨率为 2～3 m，分辨率接近便于不同卫星影像数据之间的比较。其中，应用最广的是 SPOT5 卫星影像，次之为美国间谍卫星 Corona。数十米级影像包括 TM（2000 年）与数字高程模型（DEM）（1945 年），TM 影像空间分辨率为 30 m，所应用的 DEM 比例尺为 1∶50 000，其地面分辨率与 TM 近似。

从遥感影像的获取时间来看，大部分集中于 2005 年之后，即研究的多为 2005 年之后的侵蚀沟空间分布。最早的侵蚀沟空间分布数据起始于 1945 年，其采用的数据为 1945 年航空影像绘制的地形图（比例尺为 1∶50 000）和 2000 年的 TM 影像（分辨率为 30 m），对比分析了 1945～2000 年侵蚀沟的演化过程。由于分辨率较低，因此二者获取的沟道侵蚀强度较低。

二、沟道侵蚀过程

侵蚀沟是永久性的、具有陡岸的过水通道，在降雨或融雪时，会在过水通道内形成暂时的径流。东北黑土区侵蚀沟通常具有沟头、一级或多级阶梯（二次下切）等形态特征。侵蚀沟通常具有一定的深度。

（一）浅沟及侵蚀过程

浅沟是在径流冲刷和人类耕作的共同作用下由主细沟不断演化而来的。坡面细沟形成后，径流相对集中于细沟沟槽，径流的冲刷使得细沟逐渐加宽、加深，并与上、下不同部位的细沟合并，形成更大的细沟，即主细沟（郑粉莉等，2016）。而人类耕作后，主细沟形态消失，但由于主细沟发生部位与坡面其他部位的表面形态已完全不同，在下一次暴雨侵蚀过程中，主细沟发生的位置便可汇集更多的径流，使其与邻区的细沟之间的差异增大。径流冲刷—耕作—径流冲刷如此不断循环，径流汇集面积愈益增大，再次发生暴雨时，在其能接受范围内的径流不断汇集，形成股流继而发生浅沟侵蚀，结果导致坡面上出现耕作不能平复的无明显沟缘的弧形沟道，并使原来平整的坡面形成了瓦背状地形。

浅沟侵蚀过程包括浅沟沟头溯源侵蚀、浅沟水流对浅沟沟槽的冲刷下切以及浅沟沟壁的崩塌扩张侵蚀。径流初始时，在其流路上形成一系列跌水，继而出现下切沟头，沟头的溯源侵蚀延伸了浅沟沟槽。由于浅沟沟槽的袭夺作用，浅沟间的水流汇入浅沟沟槽，导致水流对沟槽具有更大的冲刷力，在沟槽内再次形成下切沟头，使浅沟迅速加深，沟壁的坍塌又使浅沟沟槽不断加宽。

（二）切沟及侵蚀过程

切沟可能形成于当沟道侵蚀深度达到或超过犁底层时，耕作不能消除沟槽，暂时形成的沟槽将成为永久性的沟槽，也有可能形成于单次强降雨径流冲刷，即没有径流冲刷—浅沟—耕作消除—径流冲刷的反复过程（图 5-24）。原始植被破坏后的坡面凹陷处多为侵蚀沟沟头形成的最初地点。随着下切径流对地表的下切，地表表土被切开，沟槽深度增加，形成沟头跌水，以及沟岸崩塌和沟头后退。

沟底二次下切也是中国黑土区沟道侵蚀的重要过程之一。当侵蚀沟深达到一定的基准面时，侵蚀沟形成稳态，不再下切。而当坡面植被被进一步破坏时，降雨导致的地表集中径流增加，沟道内径流下切作用进一步增强，因此会在稳定的沟底再次形成侵蚀沟沟头，并在沟底形成新的沟道，导致沟深进一步增加。当沟深增加时，原有的沟岸稳定性遭到破坏，沟岸崩塌、后退，侵蚀沟宽度增加，因此侵蚀沟进一步扩展。

（三）冻融过程及特点

1. 冻融过程

侵蚀沟发展到浅沟、切沟阶段，冻融作用十分明显。冻融对浅沟、切沟的发育具有很大的作用，这主要表现在侵蚀沟的沟岸扩张上。侵蚀沟的宽度虽然比长度增加慢，但沟岸扩张损失的土地却比沟长增加损失的土地大得多。冻融作用在加剧沟岸扩张的同时，还会在沟岸的某些部位发生溯源侵蚀，形成“次生沟”，促进以原沟道为主干的沟系发育，造成更为严重的水土流失。

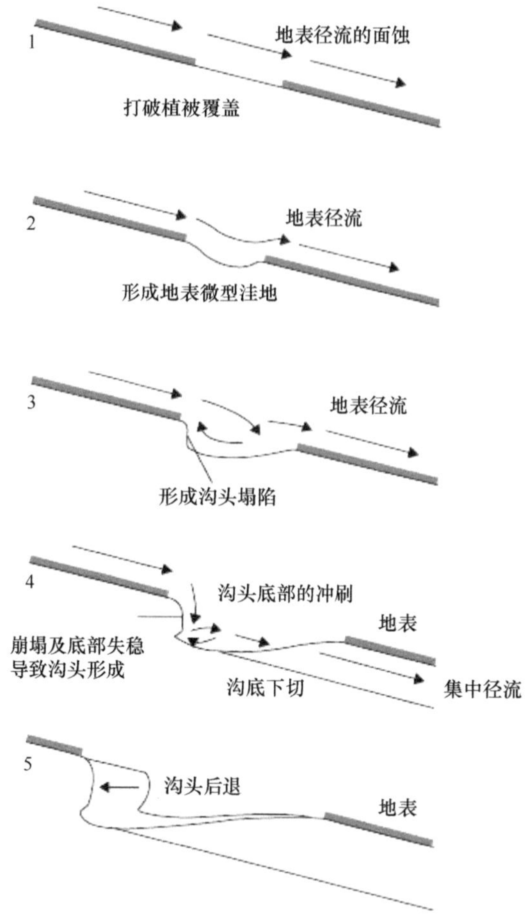

图 5-24　沟头及侵蚀沟形成过程（Leopold et al.，1964；Morgan，2005）

侵蚀沟的形成，不仅破坏了地表的原始形态，更重要的是改变了土体与大气的热交换条件，使沟沿附近的土体由单向冻结变为双向冻结。当气温下降时，沟坡表面和地表面形成两个锋面，并在沟沿附近的下方形成双向冻结区（冻结线呈弧线状分布）。

双向冻结的作用决定了冻土中冰晶体的排列方向、冻胀方向，进而影响到水平冻胀力沿深度方向的分布（陈书，1989）。东北黑土区从地面出现负温到土体达到最大冻结深度约需 150 天，按克山、拜泉、讷河三县年最大冻深的平均值 274 cm 计算，冻结速度约为 0.76 mm/h。冻结速度较为缓慢，使得薄膜水、毛细水有时间向冻结面迁移、聚集，冻结时形成冰晶体。冻结体中的冰晶体沿着冻结线层状平行排列，而冰晶体的生长方向（即冻胀方向）与冻结线方向相垂直。冻结过程中的土壤水分迁移，使已冻土体的含水量增大，上体冻结后的含水量一般是冻结前含水量的 1.3～1.8 倍，由水变成冰时，体积将增大 9%（图 5-25）。

有关资料表明，黑龙江省季节性冻土区上体膨胀叠加可达 140 mm。冻胀使土体内的应力重新分布，并产生冻胀力。冻结深度为 50～150 cm 时，法向冻胀力为 6～8 kg/cm^2，

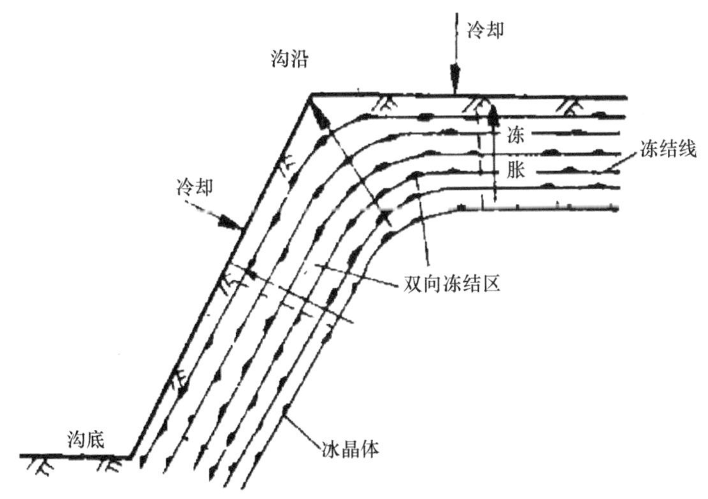

图 5-25　侵蚀沟沟岸冻结过程（陈书，1989）

实测最大值可达 11.6 kg/cm^2，水平冻胀力实测最大值为 4.1 kg/cm^2，在挡土墙后测得的最大值为 3 kg/cm^2，一般为 1 kg/cm^2 左右。在同一面积挡土墙上，水平冻胀力比融土压力大几倍到十几倍。侵蚀沟的水平地面和沟坡均为约束度等于零的临空面，所以冻胀作用将以冻胀变形的形式向临空面扩展。同时，由于沟沿附近的土体为双向冻结区，冻胀作用较大，当冻胀力大于土体内聚力时，将在沟沿外侧出现冻胀裂纹。这种裂纹在克拜地区侵蚀沟两侧分布极为普遍，已成为侵蚀沟断面形状的一个显著特征。

当侵蚀沟沟坡呈壁立状、沟床下切较深时，冻土体内冰晶体的排列方向基本与临空面平行，生长方向垂直于坡面，冻胀作用较强，可产生较大的冻胀变形，沟岸扩张极为强烈，常以每年几十厘米的速度向两侧扩展。

在不同沟坡及沟坡不同部位上，冻融作用引起的侵蚀常具有不同的形式，侵蚀沟往往受几种侵蚀形式的共同作用而迅速发展。

2. 东北地区侵蚀沟冻融过程特点

1)在春季融化期内，融化层大致沿冻结线逐渐增厚，融化速度较快，约为 1.25 mm/h。通过融化作用从冻土体中释放出来的迁移水和雪水，由于很难在透水性能极差的未融土层下渗，于是部分融土便与水一起，沿着融冻界面顺坡下滑，这种侵蚀现象多发生在沟底和一般沟坡上。

2）在沟坡上，常分布有许多细小的裂纹。东西走向的沟，南坡裂纹明显多于北坡，裂纹的多少与沟坡的含水量及冻结深度有关。南坡日照时间长、强度大，土壤水分蒸发快，含水量相应较低，土体冻结浅，冻胀力较小，产生的裂纹少；北坡日照时间短、强度小，加上受寒冷的西北季风影响，土壤含水量高，冻结深度、冻胀力均大，产生的裂纹也多。裂纹使坡面变得破碎，在融雪径流的作用下，加剧了坡面的水土流失。

3）在陡坡沟沿附近，融化初期常发生土屑脱落现象。沟沿附近冻土的含水量一般较小，受地面、沟坡面两个方向的升温作用，冻土融化较早，在重力或风力的作用下，松散的融土颗粒极易从沟沿脱落到沟底。

4）当沟坡很陡时，沟坡下部地带的土体含水量较大，冰晶体排列方向与沟壁平行，融化的水流在融冻界面难以下渗，融化的土体常以薄片状形式脱离未融化土体而剥落。

5）在壁立状的沟坡上，常发生土体坍落现象。因为在融化过程中，土体水平冻胀力呈跳跃式的衰减，这种衰减形式出现在融冻界面上时，就会使已融化土体处于不稳定状态，当融化土体沉降较强时，大块的土体坍落即可能发生。融化期间的侵蚀，随侵蚀沟沟坡的变陡而增强。一个冻融侵蚀过程的结束，常以沟沿变圆或顶角变大以及沟底上方大量堆积为标志。需要说明的是，雨季水力侵蚀会使沟道横断面变成类似于融化前的形状，沟沿重新变得陡直，沟底的堆积土体被冲走，此后新的冻融侵蚀过程将再现前一次侵蚀过程的一般特征，直至侵蚀沟趋于稳定。

6）土体在冻结过程中，会产生类似纹沟和细沟的冻胀裂纹，这种裂纹多发生在岗地、阴坡地及沟渠、道路两侧。在春季融化期间，部分裂纹会自然愈合。由于产生裂纹处已形成软弱带，因而在降水作用下细沟极易形成。

三、沟道侵蚀外营力及机理研究

沟道侵蚀过程受多种外营力影响，其发生有一个阈值。当外界侵蚀力超过土壤的抗侵蚀力时，沟道侵蚀即可能发生。与世界其他区域相似，东北黑土区沟道侵蚀形成也是受多种外营力作用的结果，包括自然因素与人为因素，其中，土地利用变化是东北黑土区沟道侵蚀形成的主要外界驱动力。

（一）人类活动影响

土地垦殖是东北黑土区沟道侵蚀形成的最重要原因（王玉玺等，2002；刘宝元等，2008；刘兴土和阎百兴，2009）。近 100 年内，东北黑土区总人口从 2000 万增长到 1.3 亿，增加了 5 倍多。同时，东北黑土区的森林与草原等原始植被被大量开垦。森林比例由 60%降低为 42%，草原比例由 40%降低为 7%，耕地比例增长至 33%（穆兴民等，2009）（图 5-26）。

19 世纪之前，由于清政府的禁止开垦政策，在本区域内几乎没有农业耕作生产。1860 年禁垦政策取消，大量来自山东、河南及河北的人民迁移到东北，开始大规模的农业开垦。长期的开垦加速土壤侵蚀过程，包括沟道侵蚀，因此，从南至北的移民过程也导致东北黑土区侵蚀沟密度由南至北逐渐降低。此外，20 世纪 50 年代末国家开发北大荒的过程也加速了沟道侵蚀发展。20 世纪的 100 年内，东北黑土区的黑土表层被侵蚀了 2/3。仅在 1990～2000 年的 10 年内，就有总面积达 3380 km^2 的草原被开垦为耕地，破坏了当地的生态系统。

坡耕地中的垄作也是东北黑土区沟道侵蚀严重的原因（孟令钦和李勇，2009）（图 5-27）。

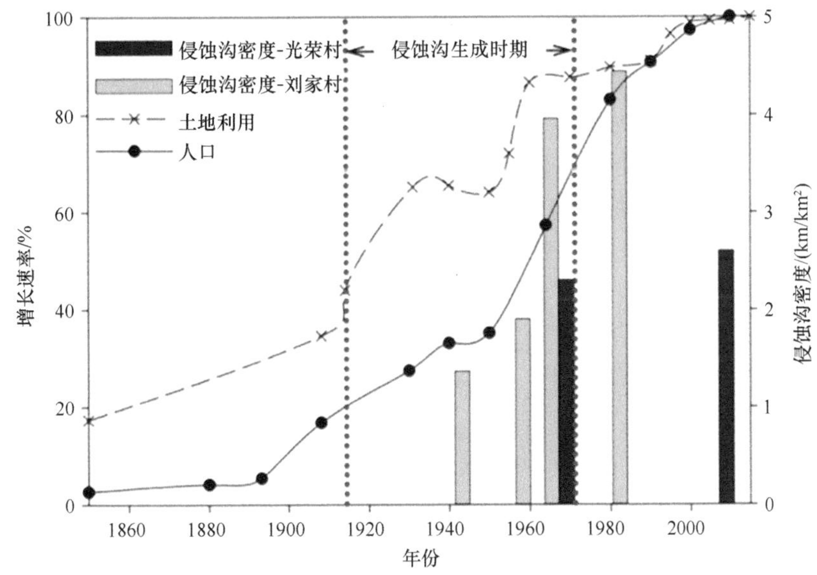

图 5-26 人口增长、耕地开垦与侵蚀沟发展

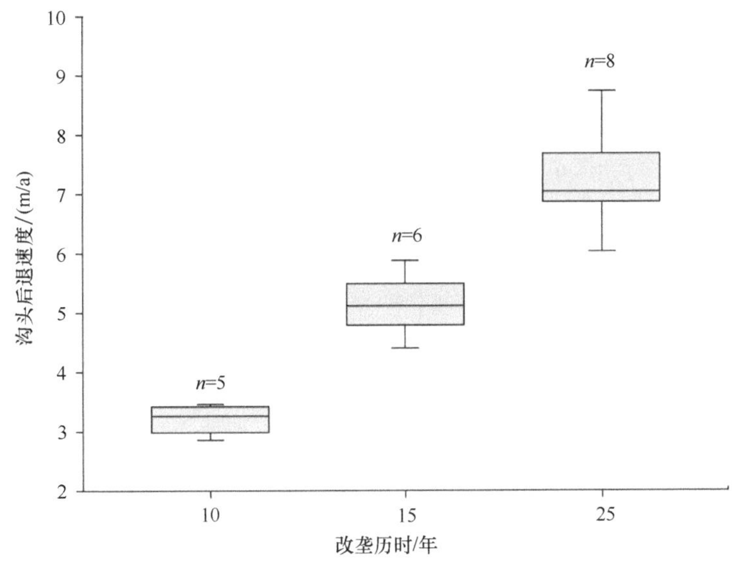

图 5-27 垄作对侵蚀沟沟头前进的影响（孟令钦和李勇，2009）

东北黑土区约 60%的耕地为坡耕地，顺坡垄作是该区域的重要耕作方式，这是因为顺坡垄作能够在春季融雪期间快速排干坡耕地内的融雪径流，提高表土温度及种子出苗率。然而，顺坡垄作也加速了夏季降雨径流导致的土壤侵蚀过程，形成侵蚀沟。在坡耕地中形成沟道的初期，农民通常用表土填埋沟道。

东北黑土区很少应用诸如美国的草水路来防治沟道侵蚀，因为草水路占据耕地，影响产量。通常只有当侵蚀沟扩展到一定程度，阻碍了耕作过程，才会采用水土保持措施来治理。但即使采取了水土保持措施，也难以恢复成原来的坡耕地。在近几十年间，一些顺坡垄作耕地改垄为横坡垄作，通过提高土壤渗透速率来降低土壤侵蚀。然而，即使是应用横坡垄作，其应用的坡长也应当小于一定的阈值，因为横坡垄作中也会形成集中径流，有可能导致沟道侵蚀。

在美国，对于自然坡度为3°～5°的坡耕地，适宜应用横坡垄作的坡长也应当小于300 ft[①]，约为91 m。当坡长超过一定阈值时，应当布设其他水土保持措施，如植物埂带或免耕。另外，横坡垄作形成的地表径流应当通过一定的导排水设施来排出坡耕地。

东北黑土区坡面长度多为200～400 m，即多超出临界坡长，然而几乎没有相应的水土保持措施来截短坡长。一旦坡面径流漫过横坡垄，将会冲垮垄台，在坡面下部造成严重的沟道侵蚀。贯丛等（2019）在黑龙江省宾县调查了顺坡垄作及横坡垄作下的沟道侵蚀密度，结果发现，横坡垄作下的沟道侵蚀密度为1.76 km/km^2，大于顺坡垄作的1.06 km/km^2。

（二）自然因素

1. 降雨径流和融雪径流

降雨径流和融雪径流是东北黑土区沟道侵蚀的主要影响因素，而其中降雨径流影响程度最大。东北黑土区长坡的自然地形，以及不同土层间土壤抗蚀性的差异，导致在低坡度的坡耕地中也能形成沟道侵蚀。

东北黑土区的沟道侵蚀过程可被划分为3个主要过程：①3月中下旬的融雪径流侵蚀阶段，通常持续约10天；②冻融加速下的降雨径流侵蚀阶段，从4月中旬到5月末；③降雨径流侵蚀阶段，6～9月（图5-28）。

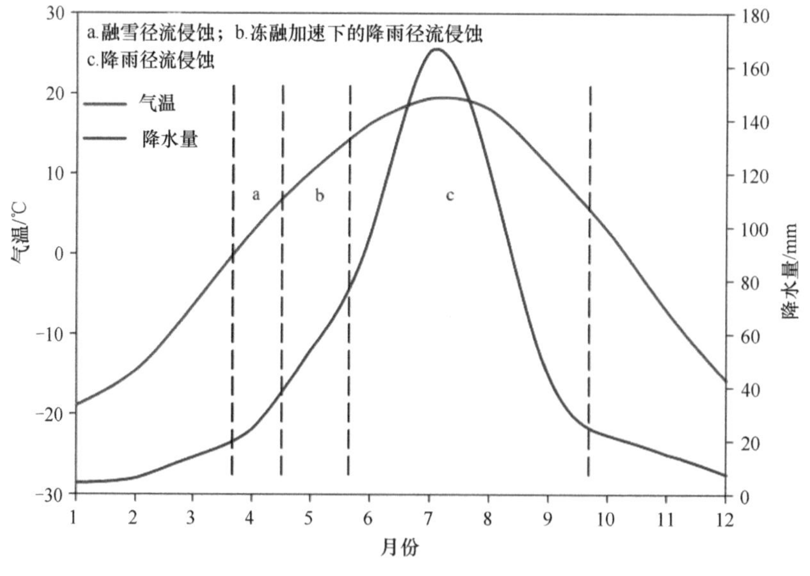

图5-28　降雨、冻融与侵蚀期

夏季集中降雨导致的集中径流，以及缺乏合适的水土保持措施是坡耕地中沟道侵蚀

① 1 ft=3.048×10^{-1} m

形成的主要原因。东北黑土区的年均降水量为 450～650 mm，其中近 80%集中在夏季降雨期（6～9 月）。尽管大部分坡耕地的坡度小于 7°，但由于坡长可达 4000 m，因此，东北黑土区的汇水面积较大，易形成沟道侵蚀。

东北黑土区位于季节性冻土区域，年平均温度为 0.5～4℃。早春的冻融过程改变了土壤结构，影响了土壤可蚀性与渗透速率，进一步加速了沟道侵蚀。然而，东北黑土区有关冻融加速下的融雪径流侵蚀的研究较少，因此，相对于降雨径流侵蚀，该过程造成的沟道侵蚀强度可能被低估。

2. 土壤可蚀性

东北黑土区黑土表层的有机质含量高于母质中的有机质含量，因此，表土的抗蚀性较高。Xu 等（2019）监测了位于黑龙江省海伦市光荣村的一条坡耕地切沟的融雪径流侵蚀过程，结果发现，超过 90%的汇水区产沙源于沟道侵蚀。Zhang 等（2020）对典型黑土区冻融期间沟坡侵蚀监测结果显示，即使具有 50%以上的植被覆盖度、相对稳定的切沟，冻融过程导致的沟道侵蚀模数也大于黑土区的土壤容许侵蚀量[200 t/（km^2·a）]。

在东北黑土区，在侵蚀沟四周通常可见冻融过程导致的裂缝，这些裂缝宽度可达 10 cm，深度可达 120 cm，到达了母质层。降雨径流通常会汇入这些裂缝中，导致裂缝整体向沟道内的垮塌，使沟宽加大。冻结的亚表层土阻滞表土融雪径流的下渗，提高了表土的含水率与可蚀性，导致融土的横向移动，促进浅沟及切沟的发育。另外，冻融过程后的早春降雨径流也会导致侵蚀沟的发育。黑龙江省鹤山农场的监测结果表明，春季集中降雨导致的沟头后退速度可达 8.6 m/a，高于年平均的 6.2 m/a（张永光等，2008；胡刚等，2006）。

表土与母质之间土壤性质差异也是沟道发展的重要因素（图 5-29）。由于黑土主要形成在黏土层的上部，而黏土层的渗透性较低，因此容易在上层表土中形成迟滞性径流，导致横向径流及侵蚀。另外，由于缺少土壤有机质，母质的土壤可蚀性低于表层土壤/下部土壤（范昊明等，2004），当侵蚀沟切入母质层时，下切速度会加快。

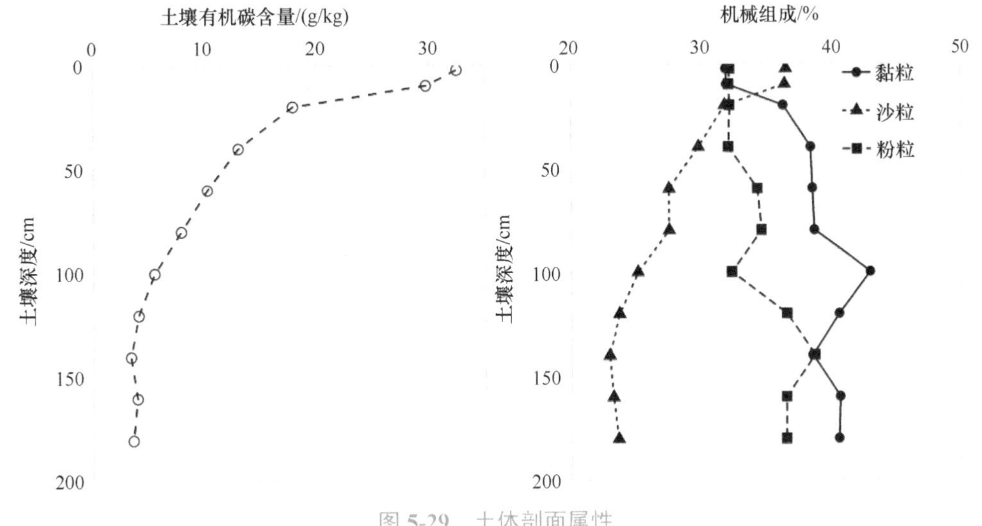

图 5-29　土体剖面属性

3. 汇水区面积

汇水区面积对东北黑土区沟道侵蚀具有一定的影响。根据野外实测、亚米级遥感影像及米级遥感影像，我们统计了东北黑土区不同汇水区面积下的沟蚀密度与沟蚀裂度关系（闫业超等，2010；李飞等，2012；王文娟等，2012a，2012b，2019；王让虎，2017）。结果表明，从总体来看，沟蚀密度与研究区汇水区面积之间存在一定的相关性，随着研究区域面积的增大，沟蚀密度减小（图 5-30）。沟蚀密度随研究区域面积增大而降低的一个原因可能与分辨率有关。野外实测结果的沟蚀密度最大，而米级遥感影像结果的沟蚀密度最小，亚米级遥感影像结果的沟蚀密度介于二者之间。在沟蚀裂度方面，其值未显现出随研究区面积增大而降低的趋势，同时沟蚀裂度也未随数据获取方法的不同而变化。已有研究发现，最低的沟蚀密度超过了 200 m/km^2，最大值接近 4000 m/km^2。

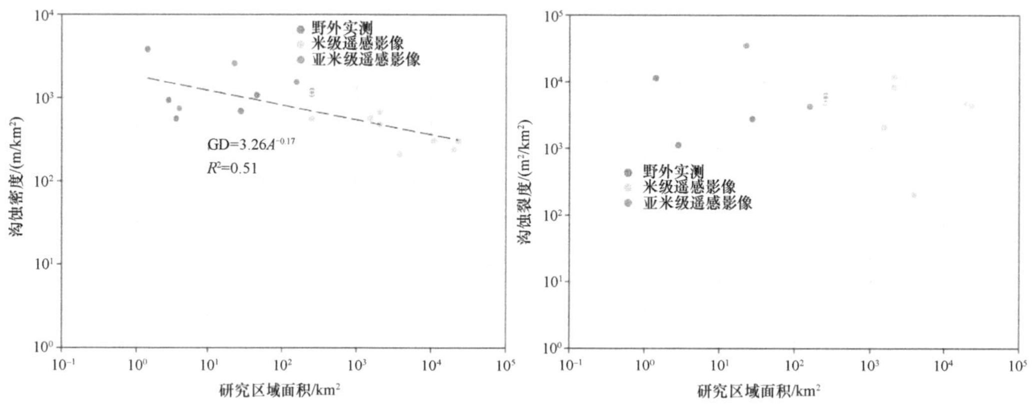

图 5-30　沟蚀强度与汇水区面积的关系

GD. 沟蚀密度

4. 坡度的影响

不同坡度下沟道侵蚀发展速度不同（图 5-31）。我们统计了已发表文献中不同坡度下的沟长密度，但是由于不同研究中所采用的沟道密度数据源不同，主要包括不同分辨率的卫星影像，侵蚀沟密度之间难以进行对比。另外，不同研究中所采用的坡度数据来源不同，包括地形图及 DEM，坡度生成方法也不同。

鉴于此，我们将不同研究中的侵蚀沟密度随坡度分布的数据进行了标准化，即以地表坡度为 1°的侵蚀沟密度为基准数据，计算不同坡度下侵蚀沟密度的倍数，并将不同研究中的侵蚀沟密度随坡度变化的数据进行绘制。结果表明，几乎所有的研究中，侵蚀沟密度均随坡度的增加呈现先增加后降低的趋势，且当地表坡度达到研究中的最大坡度后，侵蚀沟密度与坡度为 1°的密度类似（白舒婷等，2018；杜国明等，2011；王文娟等，2012a；李飞等，2012；闫业超等，2005）。不同研究中所采用的坡度跨度有差异，近 70%的文章所采用的坡度跨度为 0°～12°，而近 30%的文章采用的坡度跨度为 0°～6°。在坡度跨度为 0°～12°的文章中，侵蚀沟密度的最大值出现在 6°～8°，最大值为最小值的 2～6 倍。

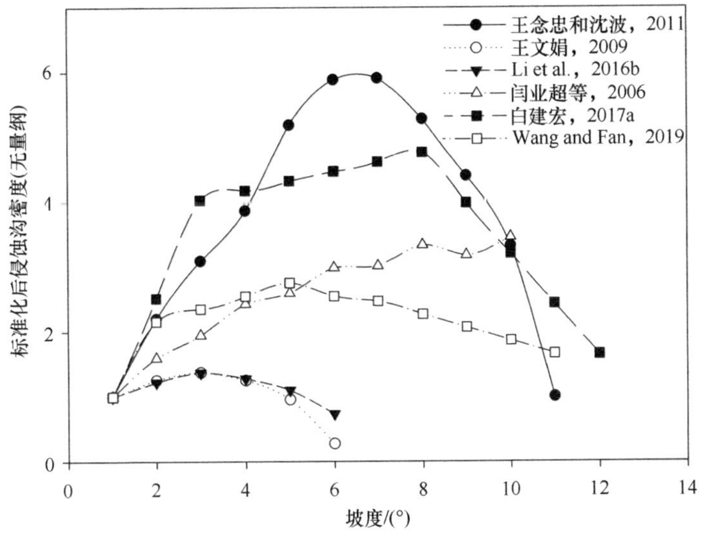

图 5-31 沟蚀强度与坡度的关系

5. 地貌临界阈值

目前，东北黑土区针对沟道侵蚀阈值的研究相对较少。我们汇总了已发表文献中东北黑土区沟道侵蚀的沟头上方汇水面积与局地坡度，并点绘在双对数图中。针对每组研究，绘制了回归线。结果表明，回归线的 a 值为–0.26～–0.10，而 b 值为 0.08～0.10。b 值反映外界环境对沟头下切的影响，而 3 组研究中的 b 值接近，表明东北黑土区的沟道侵蚀外部环境是较为均一的。其中，2 组切沟侵蚀的 a 值分别为–0.18 与–0.26，与浅沟的–0.10 有一定差异（图 5-32）。

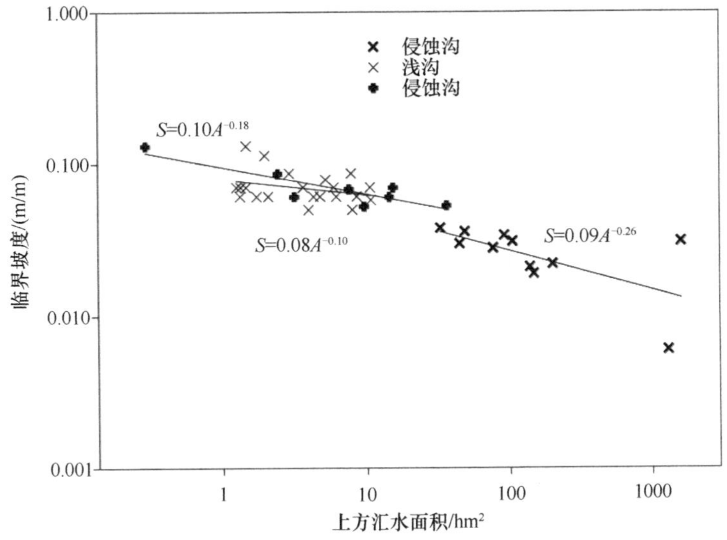

图 5-32 侵蚀沟地貌临界阈值（胡刚等，2006；Zhang et al.，2016；李浩，2016）

6. 侵蚀沟宽深比

由于浅沟与切沟的沟道侵蚀过程的影响因素不同，因此，二者的侵蚀形态也可能有所差异。我们以宽深比为指标，统计分析了东北黑土区浅沟与切沟的侵蚀形态差异，结果表明，浅沟和切沟的宽深比有一定的差异，浅沟的宽深比大于切沟（游智敏等，2004；张永光等，2006，2008；胡刚等，2009；孟令钦和李勇，2009）。同时，浅沟的驱动力也可分为降雨径流驱动和融雪径流驱动，降雨径流下浅沟的宽深比显著大于融雪径流下浅沟的宽深比（图 5-33）。由于浅沟的深度最大值不超过 30 cm，因此，降雨径流下的浅沟宽度远大于融雪径流。

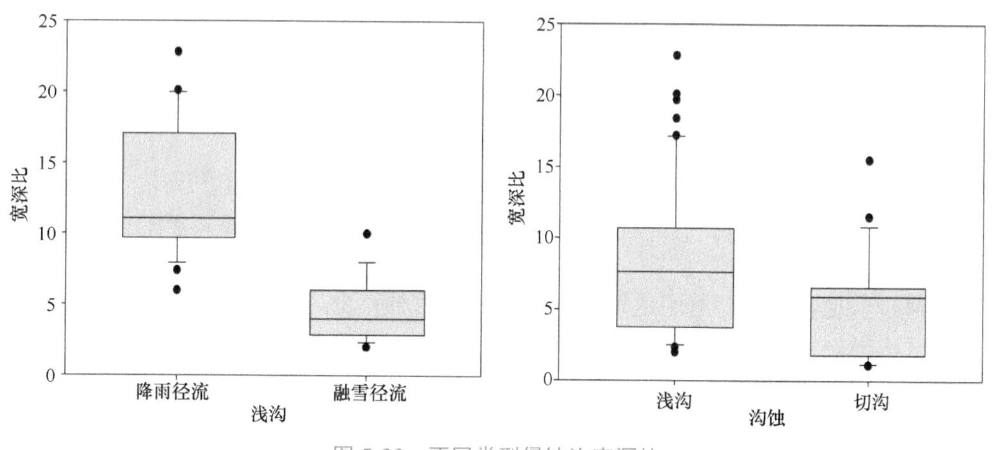

图 5-33　不同类型侵蚀沟宽深比

上述现象可能与二者的汇流方式有关。在融雪径流期间，垄沟与垄台受太阳辐射程度不同，地表雪融化程度的空间变异性较高，汇水区内难以形成均匀的融雪径流，仅能在融雪较多部位形成局部径流，沟道宽度有限。而在降雨过程中，汇水区内接受的降雨可视为均匀的，因此，沟道的形成不是地表微地形起伏的影响，沟道宽度较大。

第四节　黑土沟道侵蚀危害及风险评估

东北黑土区坡耕地沟道侵蚀的主要关注点是其对农业生产及产量的影响，包括两个方面：一方面是侵蚀沟吞噬耕地，减少耕地面积，造成农业减产；另一方面是农耕地中沟道填埋导致的表土厚度降低、养分含量降低等造成的减产。

一、沟道侵蚀与粮食产量

Liu 等（2013）在东北黑土区鹤山农场研究了农耕地中填埋侵蚀沟造成的表土厚度、养分含量降低及对大豆产量的影响。研究结果表明，在 75%的研究点上，沟道填埋造成黑土层厚度降低 0～45 cm，其中，切沟填埋造成的黑土层厚度降低量大于浅沟，而沟道下游泥沙沉积区的黑土层厚度降低量最大。浅沟和切沟填埋造成的流域内黑土层厚度最多减少 36.6 cm，泥沙沉积区的黑土层厚度最多减少 45.0 cm。

鹤山农场主要采用大型农机具进行农业工作，而农机具的使用造成切沟西侧与东侧的黑土层厚度值出现差异，并导致西侧的黑土层深度减少更多。西侧的土壤深度（13.9 cm）明显低于东侧的土壤深度（36.6 cm）。通过与当地农场工作人员的交流，当对沟道进行填埋时，农机具通常从西侧进入侵蚀沟道区域，因此，该侧更多的表土被用于沟道填埋。随着切沟深度的增加，从邻近区域填埋到侵蚀沟需要更多的表土。切沟多位于径流冲刷力更强的坡面下部，且密度较大，发生频率更高，从而导致切沟所在汇水区内黑土层深度的进一步降低。

在沟道下游的产沙沉积区内，肥沃的表层黑土通常被汇水区内的产沙所覆盖。研究区中泥沙沉积区内的平均沉积深度为 10～42.5 cm，总沉积量为 118.6 m^3。由于沉积区是由过去多年的沉积过程造成的，而沟道是某个时间点的侵蚀量，因此沉积泥沙的体积要大于沟道的体积（96.3 m^3）。泥沙沉积物主要由粗粒物质组成，这些粗粒物质的养分含量和持水能力均较黑土层低。因此，泥沙沉积物覆盖表层土壤会降低肥沃耕地的面积，从而在一定程度上破坏土地的生产力。

整个研究区域（包括浅沟、切沟的集水区，以及沉积区域）单位面积平均大豆产量为 1.25 t/hm^2，浅沟集水区和切沟集水区平均大豆产量分别为 1.64 t/hm^2 和 1.1 t/hm^2。不论是浅沟还是切沟，沟道内无产量。

根据同年鹤北小流域 8 个参考点的测量值（1.91 t/hm^2），浅沟集水区、切沟集水区和泥沙沉积区的平均单位面积大豆减产量分别为 0.27 t/hm^2、0.81 t/hm^2 和 1.91 t/hm^2。侵蚀沟填埋造成的浅沟流域集水区内、切沟集水区内和泥沙沉积区内的大豆减产面积占比分别为 74.8%、91.1%和 83.9%。在切沟集水区内，切沟东侧减产面积比例为 79.6%，而西侧为 100%。因此，沟道填埋尽管为农机具耕作提供了便利性，但会造成大豆减产。同时，沟道侵蚀的产沙沉积也会造成一定程度的减产。

在减产量方面，浅沟和切沟集水区内大豆减产率分别为 13.8%和 42.4%。切沟沟道东侧大豆减产率为 27.4%，西侧为 54.0%。在泥沙沉积区，大豆的减产率为 100%。因此，在整个研究区域，沟道侵蚀和沟道填埋导致的大豆总减产率为 34.5%。

基于侵蚀沟长度的减产量进一步表明，浅沟大豆减产量降低 0.72 t/km，切沟大豆减产量降低 4.03 t/km（表 5-19）。结合研究区域内 8 个集水区内的浅沟和切沟总长度数据，最终估算了鹤北 8 个集水区的沟蚀和随后的沟灌对大豆产量的影响。经计算，大豆总减产量为 9.47 t。结合该区域内未受沟道填埋或泥沙沉积影响的大豆产量，计算该区域内的大豆产量（不受沟道侵蚀影响）应为 362 t，意味着沟壑侵蚀使大豆产量减少了 2.6%。

表 5-19 单位沟长大豆减产率（Liu et al.，2013）

沟道类型	单位侵蚀沟长度的大豆减产量/（t/km）	侵蚀沟长度/km	大豆减产量/t
浅沟	0.72	1.85	1.33
切沟	4.03	2.02	8.14
全部	—	—	9.47

二、沟道侵蚀经济损失

闫业超等（2009）以黑龙江克拜东部地区为例，对黑土沟道侵蚀的直接经济损失进行综合分析和定量评价。研究区位于小兴安岭余脉向松嫩平原过渡地带，地处东北黑土区腹地，地理坐标为 47°21′N～47°55′N，125°55′E～126°35′E，包括克东县南部和拜泉县东部，共 10 个乡镇，面积为 18.4×10^4 hm^2。该区地形岗川起伏，黑土沟道侵蚀作用明显，侵蚀沟分布广泛，该区土壤沟道侵蚀的发生发展在我国东北黑土区中极具典型性。

采用机会成本法估算因土地废弃而失去的年度经济损失价值。通过对 1965 年 Corona 影像和 2005 年 SPOT5 遥感数据的解译，可以获取两个时期侵蚀沟侵吞耕地面积的动态变化情况，进而求出 40 年来平均每年由于侵蚀沟发展而侵吞的耕地面积。查阅 2005 年《拜泉县经济统计年鉴》中的农村住户调查资料，根据每公顷耕地的种植业收入，化肥、种子等生产资料支出等数据，得到每公顷耕地损失的机会成本约为 211×10^4 元/hm^2。

水土流失的经济损失包括直接经济损失和间接经济损失两大部分（表 5-20）。前者主要包括养分损失、水分损失、泥沙损失和土地废弃损失 4 个方面；后者则颇为复杂，由于资料和条件限制，他们只对研究区土壤沟道侵蚀的直接经济损失进行了评估。

表 5-20 研究区各乡镇土壤侵蚀的经济损失价值（闫业超等，2009） （单位：万元）

乡镇	养分损失				土地废弃损失		水分损失	泥沙损失	合计	占种植业比例
	全氮	全磷	全钾	有机质	沟蚀	面蚀				
建国乡	85.6	44.3	326.9	33.5	7.67	19.6	1.3	10.7	529.57	0.2
兴华乡	115.1	861.9	474.6	52.8	25.3	31.6	1.7	13.1	1576.1	0.2
国富镇	153.6	92.9	658.9	73.8	232.5	73.8	2.6	29.5	1 317.6	0.1
上升乡	162.1	98.3	1696.1	79.5	98.1	71.8	2.8	25.3	2 234.0	0.2
兴国乡	116.9	66.1	473.8	52.4	79.8	36.9	1.8	17.4	845.1	0.1
华光乡	134.3	70.7	526.8	59.7	112.5	42.1	2.0	19.8	967.9	0.2
新生乡	152.9	101.2	691.0	76.9	124.4	88.9	2.8	26.8	1 264.9	0.3
三道镇	99.1	53.2	389.2	42.3	40.9	25.3	1.4	13.0	664.4	0.1
千丰镇	110.9	59.5	435.7	91.0	44.3	29.3	1.7	15.0	787.4	0.2
爱国乡	86.9	58.8	389.8	82.2	333.3	50.6	0.6	26.1	1 028.3	0.3
整个研究区	1 217.4	1 506.9	6 062.8	644.1	1 098.77	469.9	18.7	196.7	11 215.27	0.2

水分流失的经济损失可以选用“影子工程法”来计算。影子工程法是“恢复费用法”的一种特殊形式，它是国外评价环境质量的价值时所采用的方法之一。采用“影子工程法”计算土壤水分流失的经济损失，实际上就是要计算出能替代被流失的土壤水分的补偿工程所需的费用，可用农用水库工程作为替代物。

研究区 2005 年由土壤沟道侵蚀所造成的经济损失总价值约为 9414×10^4 元（按 2005 年当年价），占当地种植业总收入的 17.2%；从单位面积土壤沟道侵蚀经济损失情况看，每年经济损失高达 511 元/hm^2。对于经济上以农业为主体、战略上作为我国商品粮基地的黑土区而言，土壤沟道侵蚀问题构成了制约该地区社会经济持续发展的瓶颈因素。从土壤沟道侵蚀各项经济损失的比例结构看，养分损失是克拜东部黑土区土壤经济损失的主要形式，2005 年全氮、全磷、全钾、有机质损失之和高达 9431.2 万元，占土壤沟道侵蚀经济损失总量的 81%；其次是因坡面侵蚀和沟谷扩张造成的土地废弃损失，占 16%；水分损失和泥沙淤积损失总和只有 3%。

实际上，由于各地的自然地理条件和侵蚀环境存在显著差异，我国不同水蚀区的土壤沟道侵蚀经济损失具有其特殊性。

从表 5-21 不难看出：黄土高原土质松软、地势高、坡度陡，土壤沟道侵蚀强度大，泥沙淤积严重，沟壑广泛发育，导致养分损失、泥沙损失和土地废弃损失都占较大比例，分别为 47%、33%和 13%。贵州喀斯特岩溶地区石灰岩分布广泛，土层浅薄，肥力较低，成土速度慢，表土一旦流失，岩石裸露，植被即失去赖以生存的基础，产生“石漠化”景观，因此，容易造成大量的耕地废弃损失。

表 5-21　我国不同水蚀类型区土壤侵蚀经济损失对比（闫业超等，2009）（单位：元/hm²）

典型水蚀类型区	养分损失		土地废弃损失		水分损失		泥沙损失		合计		资料来源
	价值/（元/hm²）	比例/%	价值/（元/hm²）	比例/%	价值/（元/hm²）	比例/%	价值/（元/hm²）	比例/%	价值/（元/hm²）	比例/%	
克拜东部黑土区	373	81	77	16	1	1	10	2	461	100	本区域
陇东黄土高原	61	47	17	13	9	7	43	33	130	100	潘竟虎等（2008）
北京市土石山区	73	65	7	6	1	1	32	28	113	100	杨志新等（2004）
贵州喀斯特岩溶区	41	35	55	47	1	1	20	17	117	100	杨洁和龙明忠（2005）

在 4 个水蚀类型区中：贵州喀斯特岩溶地区土地废弃损失比例最高，占该区经济损失总量的近一半；东北黑土区尽管地形起伏和缓，土壤侵蚀量不大，但由于黑土地土质肥沃，养分含量高，土壤沟道侵蚀会导致黑土层急剧变薄和养分的大量流失，故养分损失排在第一位，说明黑土区水土流失最直接、最严重的结果是黑土层急剧变薄、土壤养分流失和肥力减退。

北京市石山区地处江河中下游，土地肥沃，所以养分损失比例也比较高，加之该区经济发达，城市密集，又是我国冬小麦、玉米作物的粮仓，该区水土流失的治理对于提高下游地区的生态安全、缓解区域水资源短缺、减轻流域洪涝灾害威胁也具有极其重要的意义。

第六章　中国黑土层厚度对作物的影响

土壤坡面侵蚀的表征是耕层厚度变薄，而肥沃的耕层土壤是作物产量形成的物质基础，土壤耕层厚度能直接反映土壤的发育程度，它与土壤肥力的关系紧密，也是鉴别土壤肥力好坏的重要指标，同时还是土壤养分的重要载体和储存库，更是判断土壤侵蚀程度的重要衡量指标。

研究表明，坡耕地作物产量降低的最主要、最直接的原因便是耕层土壤的变薄（Gollany et al.，1992；Den Biggelaar et al.，2001）。

虽然黑土区只有 100 余年的农耕历史，却出现了黑土严重退化的问题，水土流失、侵蚀面积逐渐扩大，侵蚀强度不断增强，黑土层变薄，致使土壤有机质含量下降，土壤肥力降低，农田生产力下降，生产成本增加（刘宝元等，2008；阎百兴等，2010）。

自然黑土腐殖质层厚度一般为 30～70 cm，而据我国第二次土壤普查资料，有近 40%的黑土腐殖质层厚度已不足 30 cm。典型黑土区的表层土壤每年平均流失 0.2～0.3 cm，20 世纪 50 年代黑土层厚度基本为 60～70 cm，而由于水土流失及侵蚀，如今的黑土层厚度大都只有 20～30 cm，有的地方已经露出了黄土母质，基本上失去了生产能力（张兴义等，2018）。

黑土层厚度影响土壤生产力，是评价和衡量黑土退化程度及其土壤生产力简易可行的重要指标（张之一，2010）。

有研究表明，黑土层厚度与土壤生产力水平呈对数关系，当黑土层厚度为 40～50 cm 以下时，随着厚度增加，土壤生产力增加显著；当黑土层厚度为 40～50 cm 以上时，随土层厚度增加土壤生产力增加速度减慢。不同侵蚀深度减产的程度不同，在施肥的情况下，3 年内平均侵蚀 10 cm 土层的减产率由 28.8%下降到侵蚀 70 cm 时的 9.2%，平均减产 14.9%，在不施肥的情况下，由侵蚀 10 cm 时的 32.6%降至侵蚀 70 cm 时的 10.4%，平均减产 17.1%（王志强等，2009）。

模拟土壤耕层厚度是研究土壤耕层和农田生态系统关系的重要手段。

Monreal 等（1995）发现，种植小麦的土壤，耕层每减少 1 cm，淋溶土上减产 6.4%，黑土上减产 6.7%。Larney 等（1995）在加拿大田地上分别进行表土剥离 0 cm、5 cm、10 cm、15 cm、20 cm，研究作物产量对不同侵蚀程度的响应，得出作物产量与表土层厚度显著相关，表土剥离 0～5 cm 后，作物减产 20%～41%；表土剥离 20 cm 后，作物减产高达 63%～95%。Larney 等（2000）的研究表明，土壤剥离 5 cm 则小麦产量减产 8%，剥离 10 cm 减产 28%，剥离 15 cm 减产 39%，剥离 20 cm 减产 53%。综合分析表明，平均每 1 cm 土壤损失，小麦产量在老成土上减少 75 kg/hm^2，其他土壤产量都减少 40 kg/hm^2 以下；玉米产量在老成土上减少 153 kg/hm^2，淋溶土上减少

92 kg/hm^2，而黑土上减少 40 kg/hm^2。

Bakker 等（2004）发现，利用人为削土法每侵蚀 10 cm 土壤厚度作物产量会损失 26.6%。Gaertner 等（2003）对大豆田进行了 6 cm 和 14 cm 的削土研究，发现每侵蚀 1 cm 土壤分别减产 105 kg/hm^2 和 148 kg/hm^2。我们在黑土层总厚度为 30 cm 的坡耕地上利用剥离表土的方法进行研究，发现剥离 5 cm 和 10 cm 表土后，大豆的产量分别降低 3.1%和 3.2%，而玉米的产量只分别降低 1.9%和 4.7%；剥离 20 cm 表层黑土后，大豆、玉米产量分别降低 34.2%和 34.6%；而当黑土层消失即剥离 30 cm 耕层时，大豆产量降低 59.2%，而玉米产量降低高达 95.4%（张兴义等，2006，2007；Sui et al.，2009），对多年产量变化分析表明，黑土层每变薄 1 cm，玉米减产 80 kg/hm^2，大豆减产 14.9 kg/hm^2（Zhou et al.，2015）。可见，黑土层的存在对保持农田作物产量十分重要。

随着表土不断被剥离，势必要降低土壤有机质的含量。多数矿质土壤有机碳含量随土壤深度的增加而降低（Liu et al.，2003）。国内外多数研究表明，土壤有机质在一定含量范围内与作物产量呈现正相关的关系（Olsen，1986；Lal，1997）。然而并不是有机质含量越高产量越高，而是存在阈值（赵克静和刘厚军，2001），且不同的土壤类型有不同的阈值（Doran and Safley，1997）。土壤有机质含量的降低又进一步导致土壤有机养分含量降低（Barrows and Kilmer，1963），土壤容重加大，孔隙度降低（Tengberg et al.，1997），土壤团聚体含量减少、有效水容量降低（Gollany et al.，1992），致使土壤易于结壳，抗压实能力降低（Paustian et al.，1997），抵御干旱能力降低，土壤通气性变差（Grace et al.，1998），进一步促进侵蚀的发生（Oades，1984；Lal，1998），也就是导致土壤物理、化学甚至生物学特性变劣，而这种变劣的特性直接影响作物根系发育和根际环境的变化，由此对土壤质量和作物产量产生负面影响（Liu et al.，2010a）。

那么，黑土层厚度是如何影响作物的生育、改变土壤的质量肥力，进而导致产量的降低呢？

为了回答上述问题，我们于 2015 年 5 月，对位于中国科学院东北地理与农业生态研究所海伦水土保持监测研究站（47°26′N，126°38′E，海拔 240 m），地形为坡耕地（东西坡），坡度为 5°的典型黑土试验农田，先剥离土壤 30 cm 耕层厚度，混匀全部剥离的土壤，根据测定的土壤平均容重和拟设置的耕层厚度，计算出单位面积需要回填的土壤重量。

鉴于黑土区平均 40%的耕地耕层厚度小于 30 cm，黑龙江省黑土平均有效耕层厚度为 32.7 cm，该模拟试验共设置 3 个耕层（黑土层）厚度处理，即耕层厚度 10 cm、耕层厚度 20 cm、耕层厚度 30 cm，并在每个处理上进行 3 次重复。每个小区长 10.4 m，宽 7.5 m，面积为 78 m^2。回填后，拉平耕层表面，土壤自然沉积一年，种植大豆，收获后大豆秸秆全部表施还田。2016 年正式开始田间试验，每个耕层处理种植玉米和大豆，之后实行免耕，玉米—大豆轮作，连续 4 年开展试验研究。本章和第七章将重点对所获得的研究数据进行详细阐述。

第一节　黑土层厚度对作物产量的影响

一、对大豆产量及其构成的影响

（一）黑土层厚度对大豆产量的影响

由图 6-1 可见，2016 年 10 cm、20 cm 和 30 cm 黑土层厚度处理的大豆产量分别为 2442 kg/hm^2、2819 kg/hm^2 和 2161 kg/hm^2，即 20 cm 黑土层厚度处理的大豆产量最高，分别比 10 cm 和 30 cm 黑土层厚度处理显著高出 15.4%和 30.4%（P<0.05）。2017 年，10 cm、20 cm 和 30 cm 黑土层厚度处理的大豆产量分别为 2589 kg/hm^2、2521 kg/hm^2 和 2690 kg/hm^2，30 cm 黑土层厚度仅比 10 cm 黑土层厚度高出 3.9%，但处理间差异不显著。

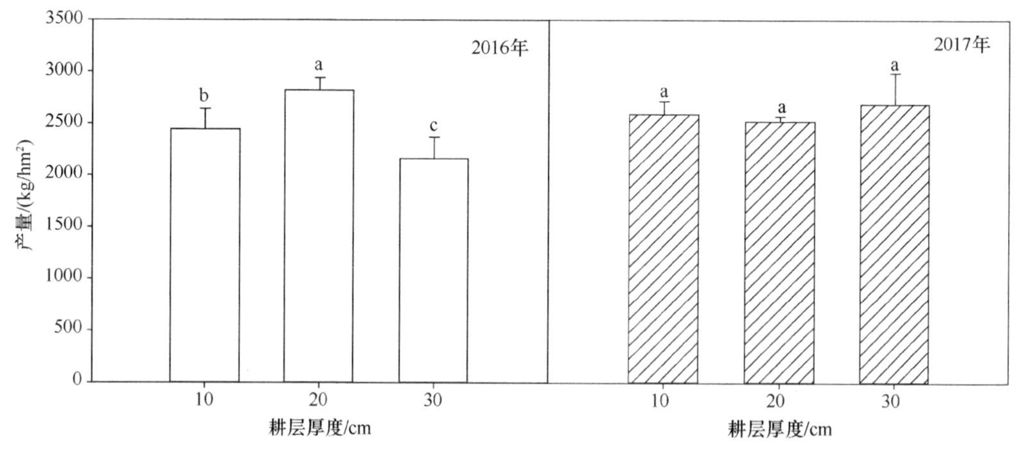

图 6-1　不同黑土层厚度对大豆产量的影响

不同字母表示 处理间差异显著（P<0.05）

（二）黑土层厚度对大豆产量构成的影响

通过比较不同处理的大豆产量构成因素（表 6-1）发现，2016 年不同处理的大豆单株产量差异显著，与测产趋势一致。20 cm 黑土层厚度处理下，单株粒数分别比 10 cm、30 cm 黑土层厚度处理显著高出 16.3%、32.7%（P<0.05），单株荚数分别比 10 cm 和 30 cm 黑土层厚度处理显著高出 23.6%和 38.2%。荚数的差异主要表现在一粒、二粒、三粒荚数上，20 cm 黑土层厚度处理，一粒荚数分别比 10 cm、30 cm 黑土层厚度处理显著高出 60.6%、47.2%（P<0.05）；二粒荚数分别显著高出 41.5%、41.5%（P<0.05）；三粒荚数分别显著高出 30.6%和 68%（P<0.05）；10 cm 和 30 cm 黑土层厚度处理的四粒荚数无明显差异；各处理百粒重差异不显著。

通过比较不同处理的大豆农艺性状发现，2016 年 20 cm 黑土层厚度处理下，株高为 80.7 cm，比 30 cm 处理株高显著高出 15.5%（P<0.05），但与 10 cm 黑土层厚度处理间差异不显著。20 cm 黑土层厚度处理显著提高大豆的主茎节数，20 cm 黑土层厚度处理

下主茎节数为 18.3 节，分别比 10 cm 和 30 cm 黑土层厚度处理高出 3.4%和 6.4%。然而，2017 年各处理间产量构成差异均不显著，这与产量无差异完全一致。

表 6-1　不同黑土层厚度对大豆产量及产量构成的影响

年份	处理	一粒荚数/个	二粒荚数/个	三粒荚数/个	四粒荚数/个	单株荚数/个	每荚粒数/个	单株粒数/个	百粒重/g	株高/cm	主茎节数/节	单株产量/g
2016	10	3.3b	11.8b	19.3b	11.0a	45.4b	2.8a	129b	14.2a	80.4a	17.7ab	16.4b
	20	5.3a	16.7a	25.2a	8.9b	56.1a	2.7b	150a	13.3a	80.7a	18.3a	19.6a
	30	3.6b	11.8b	15.0c	10.2a	40.6c	2.8a	113c	13.7a	69.9b	17.2b	14.7b
2017	10	8.3a	17.4a	13.7a	3.0a	39.9a	2.1a	83.6a	17.6a	82.3a	18.3a	16.3a
	20	8.2a	16.9a	13.8a	3.3a	37.2a	2.1a	77.7a	18.3a	82.4a	18.2a	16.3a
	30	8.2a	17.2a	13.8a	3.2a	43.4a	2.1a	91.5a	16.4a	82.3a	18.2a	16.3a

注：表中 10、20、30 分别代表 10 cm 黑土层厚度处理、20 cm 黑土层厚度处理、30 cm 黑土层厚度处理，不同字母表示处理间差异显著（$P<0.05$）；下同

二、对玉米产量及其构成的影响

比较不同处理的玉米产量发现（表 6-2），2016 年 30 cm 黑土层厚度处理下玉米产量最高，分别比 20 cm 和 10 cm 耕层厚度处理显著高出 12.2%和 24.3%（$P<0.05$）；20 cm 黑土层厚度处理玉米产量次之，比 10 cm 黑土层厚度玉米产量显著高出 10.8%（$P<0.05$）。与大豆产量表现相同，2017 年，各处理间的玉米产量差异也不显著。

表 6-2　不同黑土层厚度对玉米产量及其产量构成的影响

年份	处理	穗长/cm	穗宽/cm	穗行数/行	行粒数/个	穗粒数/个	穗粒重/g	千粒重/g	产量/（t/hm^2）
2016	10	17.2b	14.0b	12.4a	37.2a	461.0a	164.0a	355.0a	7.4c
	20	19.3ab	14.3ab	12.6a	39.0a	492.0a	177.0a	358.0a	8.2b
	30	20.5a	14.8a	12.5a	41.3a	518.0a	211.0a	406.0a	9.2a
2017	10	20.9b	14.4a	12.5a	40.6a	507.0a	183.4b	362.7a	8.5a
	20	20.5b	14.6a	12.5a	38.4a	481.0a	191.0ab	396.7a	9.0a
	30	22.0a	14.8a	12.5a	40.6a	509.0a	206.6a	406.7a	9.2a

2016 年，30 cm 黑土层厚度处理下，穗长、穗宽与 20 cm 处理无明显差异，但显著高于 10 cm 黑土层厚度处理，30 cm 黑土层厚度处理穗长和穗宽分别为 20.5 cm 和 14.8 cm，分别比 10 cm 黑土层厚度处理显著高出 19.2%和 5.7%（$P<0.05$）。不同处理下玉米的穗行数、行粒数、穗粒数、穗粒重、千粒重的差异不显著。2017 年，30 cm 黑土层厚度处理下穗长分别比 10 cm 和 20 cm 黑土层厚度处理显著高出 5.3%和 7.3%，30 cm 黑土层厚度处理穗粒重比 10 cm 黑土层厚度处理显著高出 12.6%，与 20 cm 黑土层厚度处理间无明显差异。但是不同处理间穗宽、穗行数、行粒数、穗粒数和千粒重差异不显著。

第二节　黑土层厚度对大豆根系形态因子的影响

一、对不同土层深度大豆根重密度分布的影响

总体上，生殖生长不同时期的根重密度均以 0～10 cm 土层最高，20～30 cm 土层最小（图 6-2，图 6-3），但不同黑土层厚度对不同时期不同土层深度的影响有所不同，且存在年际差异。

2016 年生长季在不同土层中（图 6-2），大豆始花期（R1）和大豆始粒期（R5），不同黑土层厚度处理所有土层的大豆根重密度没有显著差异，而且 0～10 cm 土层各时期各黑土层厚度大豆根重密度处理间差异均不显著。但在大豆始荚期（R3），20 cm 黑土层厚度处理，10～20 cm 土层中的根重密度比 30 cm 黑土层厚度处理显著高出 69.2%（$P<0.05$）；20～30 cm 土层的根重密度比 30 cm 黑土层厚度处理显著高出 54.5%（$P<0.05$）；大豆鼓粒期（R6），不同黑土层厚度处理间 10～20 cm 土层中的根重密度没有差异，20 cm 黑土层厚度处理的 20～30 cm 土层中根重密度显著低于 30 cm 黑土层厚度处理的根重密度（$P<0.05$），与 10 cm 黑土层厚度处理之间没有差异。

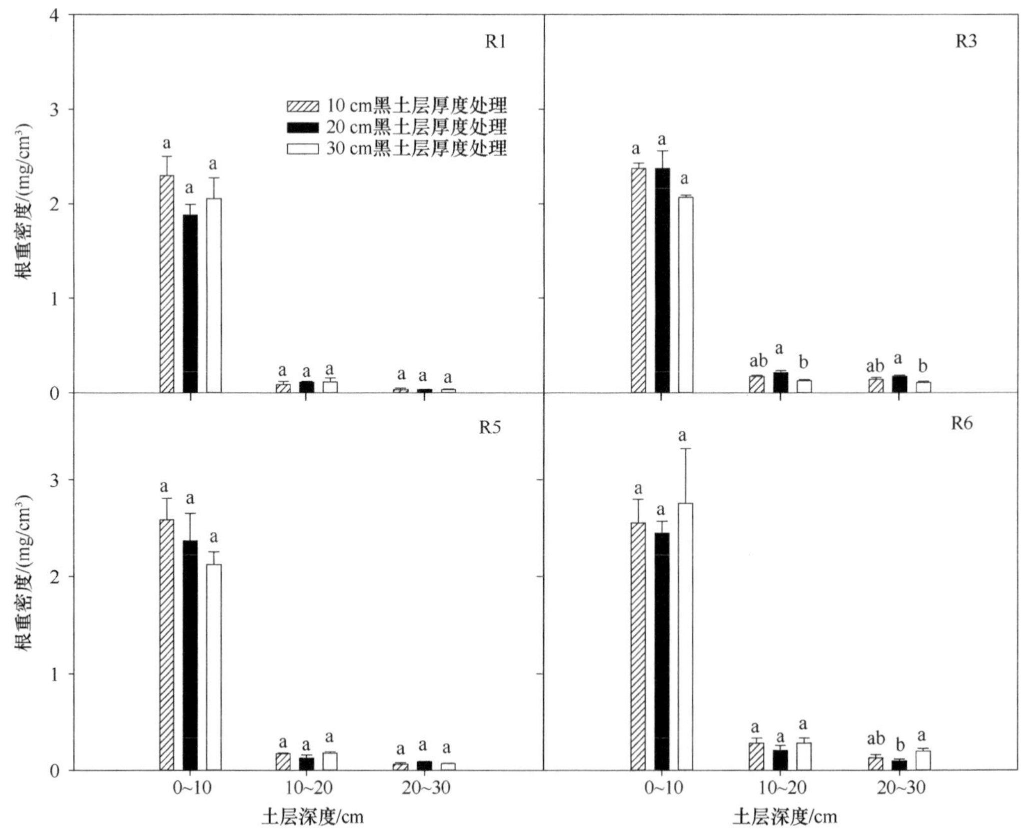

图 6-2　不同黑土层厚度对不同土层深度大豆根重密度分布的影响（2016 年）

不同字母表示处理间差异显著（$P<0.05$）；下同

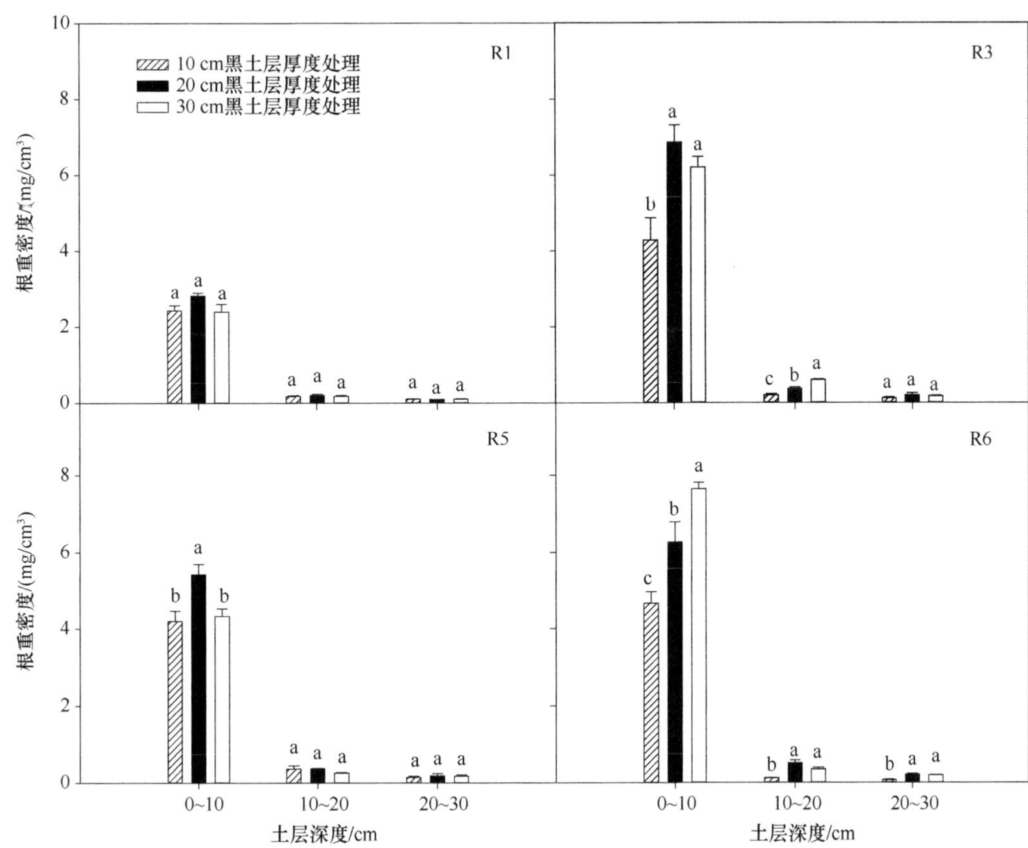

图 6-3　不同黑土层厚度对不同土层深度大豆根重密度分布的影响（2017 年）

而 2017 年（图 6-3），在 0～10 cm 土层内，尽管 R1 期不同黑土层厚度根重密度变化类似于 2016 年，处理之间没有差异，但 R3 期大豆 20 cm 黑土层厚度处理和 30 cm 黑土层厚度处理的根重密度分别比 10 cm 黑土层厚度处理显著高出 60%和 44.5%（P<0.05）；在 R5 期 20 cm 黑土层厚度处理分别比 10 cm 和 30 cm 黑土层厚度处理显著高出 29.3%和 25%（P<0.05），到了 R6 期，大豆 30 cm 黑土层厚度处理的根重密度显著升高，分别比 10 cm 和 20 cm 黑土层厚度处理显著高出 64%和 22%（P<0.05）。

10～20 cm 土层中，30 cm 黑土层厚度处理的根重密度在 R3 期和 R6 期分别比 10 cm 黑土层厚度处理显著高出 2.05 倍和 1.92 倍（P<0.05）；20～30 cm 土层内，各处理根重密度明显降低，R6 期 30 cm 和 20 cm 黑土层厚度处理根重密度显著高于 10 cm 黑土层厚度处理的根重密度，其中，30 cm 黑土层厚度处理的根重密度比 10 cm 黑土层厚度处理显著高出 1.85 倍（P<0.05）。总体趋势是，黑土层厚度越厚，根重密度越高，尤其是表层土层最为明显。

比较两年的根重密度值，可以发现 2017 年大豆的根重密度比 2016 年明显高（图 6-2，图 6-3），以 0～10 cm 土层中的根重密度为例，R3 期 2017 年 20 cm 黑土层厚度处理的根重密度比 2016 年显著高出 1.9 倍（P<0.05），R5 期高出 1.2 倍（P<0.05），R6 期 2017 年 30 cm 黑土层厚度处理的根重密度比 2016 年高出 1.8 倍（P<0.05）。这可能与前茬覆

盖及轮作改善了作物生长的土壤环境以及2017年的气候条件有关。

二、对不同土层深度大豆根长密度分布的影响

与根重密度相似，同一黑土层厚度处理，随着土层深度的增加，不同生育时期大豆根长密度均逐渐降低（图6-4，图6-5）。R1和R3期，两年间不同黑土层厚度对0～30 cm土层内根长密度的影响基本一致，而且生殖生长的所有时期，10 cm黑土层厚度处理0～10 cm土层的根长密度均高于30 cm黑土层厚度处理的根长密度，其中，2016年R1、R6期的根长密度分别为1.76 cm/cm^3、4.66 cm/cm^3，分别比20 cm黑土层厚度处理显著高出60%和2.03倍（P<0.05），分别比30 cm处理显著高出1.32倍和1.26倍（P<0.05）。此外，20 cm黑土层厚度处理，R3和R5期的根长密度分别为3.17 cm/cm^{3}和2.96 cm/cm^3，分别比30 cm黑土层厚度处理显著高出1.16倍和63.5%（P<0.05）。

2017年（图6-5），0～10 cm土层中，大豆10 cm黑土层厚度处理在R1和R5期的根长密度分别比30 cm黑土层厚度处理显著高出1.5倍和1.86倍（P<0.05），20 cm黑土层厚度处理在R3和R6期的根长密度分别比30 cm黑土层厚度处理显著高出1.49倍和89%（P<0.05）。

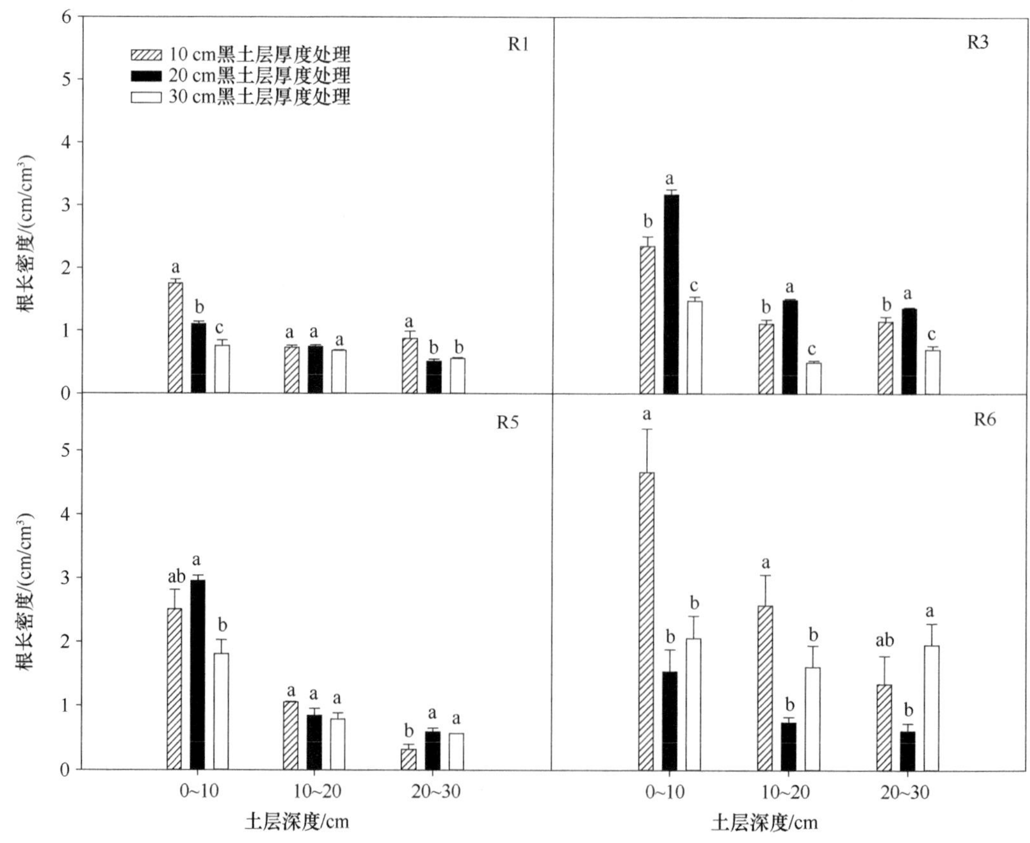

图6-4 不同黑土层厚度对不同土层深度大豆根长密度分布的影响（2016年）

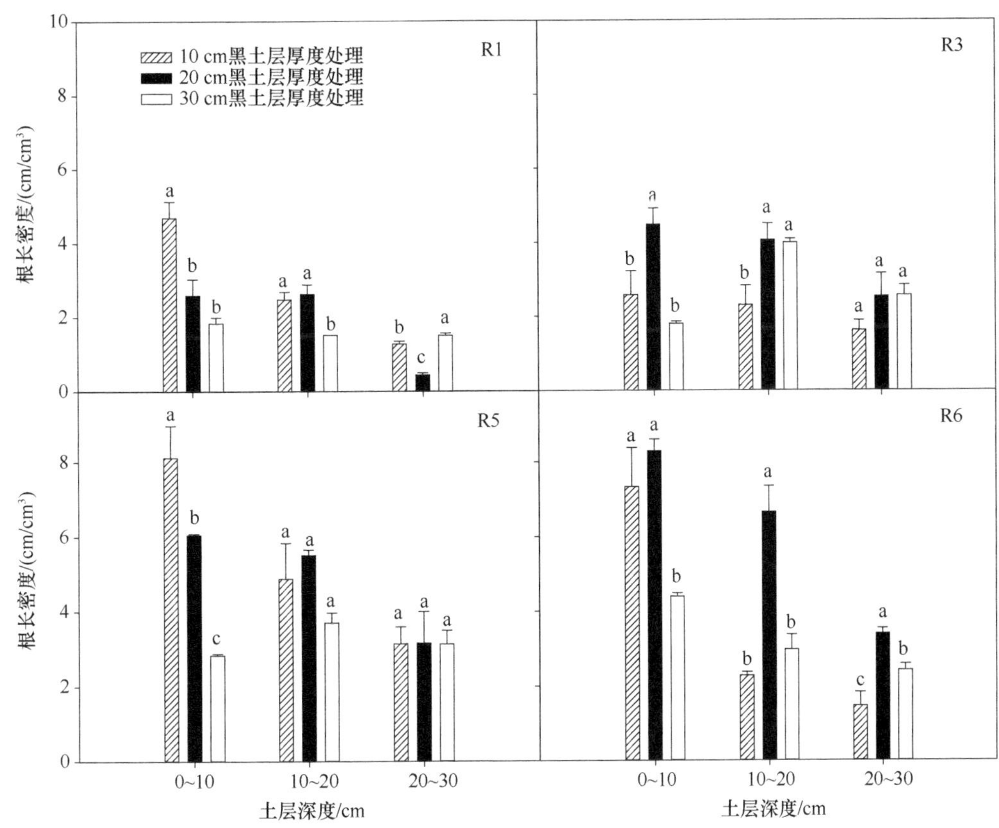

图 6-5　不同黑土层厚度对不同土层深度大豆根长密度分布的影响（2017 年）

10～20 cm 土层中，2016 年 R1 和 R5 期各黑土层厚度处理间差异不显著，但 R3 期 20 cm 黑土层厚度处理比 30 cm 黑土层厚度处理显著高出 1.96 倍（P<0.05），R6 期 20 cm 黑土层厚度处理的根长密度为 0.74 cm/cm^3，显著低于 10 cm 和 30 cm 处理，分别低 71.3% 和 54%。而 2017 年，10～20 cm 土层中，20 cm 黑土层厚度处理 R6 期的根长密度比 30 cm 黑土层厚度处理显著高出 1.24 倍（P<0.05）。

20～30 cm 土层中，2016 年，20 cm 黑土层厚度处理 R5 期的根长密度比 10 cm 黑土层厚度处理显著高出 1.84 倍（P<0.05），但 2017 年黑土层厚度处理之间总体上没有差异，只有 30 cm 黑土层厚度处理在 R1 和 R6 期的根长密度比 10 cm 黑土层厚度处理分别显著高出 18%和 67%（P<0.05）。

由图 6-4 和图 6-5 可见，0～10 cm 土层中，2017 年 20 cm 黑土层厚度处理 R6 期的根长密度比 2016 年显著高出 4.4 倍（P<0.05）；10～20 cm 土层中，2017 年 30 cm 黑土层厚度处理 R3 期的根长密度比 2016 年显著高出 7 倍（P<0.05），20 cm 黑土层厚度处理 R6 期的根长密度比 2016 年显著高出 8 倍（P<0.05）；20～30 cm 土层中，20 cm 黑土层厚度处理 R6 期的根长密度比 2016 年显著高出 4.6 倍（P<0.05）。

三、对不同土层深度大豆比根长分布的影响

总体上，两年间同一处理相同生育期随着土层深度的增加，比根长均逐渐增大（图 6-6，图 6-7），即 20～30 cm 处最大，10～20 cm 次之，0～10 cm 最小。不同黑土层厚度的影响表现为，2017 年所有时期 0～10 cm 土层中，10 cm 黑土层厚度处理的比根长均显著高于 30 cm 黑土层处理（$P<0.05$），R1、R3、R5、R6 期的比根长分别显著高出 1.5 倍、1 倍、1.28 倍、1.74 倍。2016 年结果与 2017 年相似，尽管 R3 和 R5 期差异不显著。

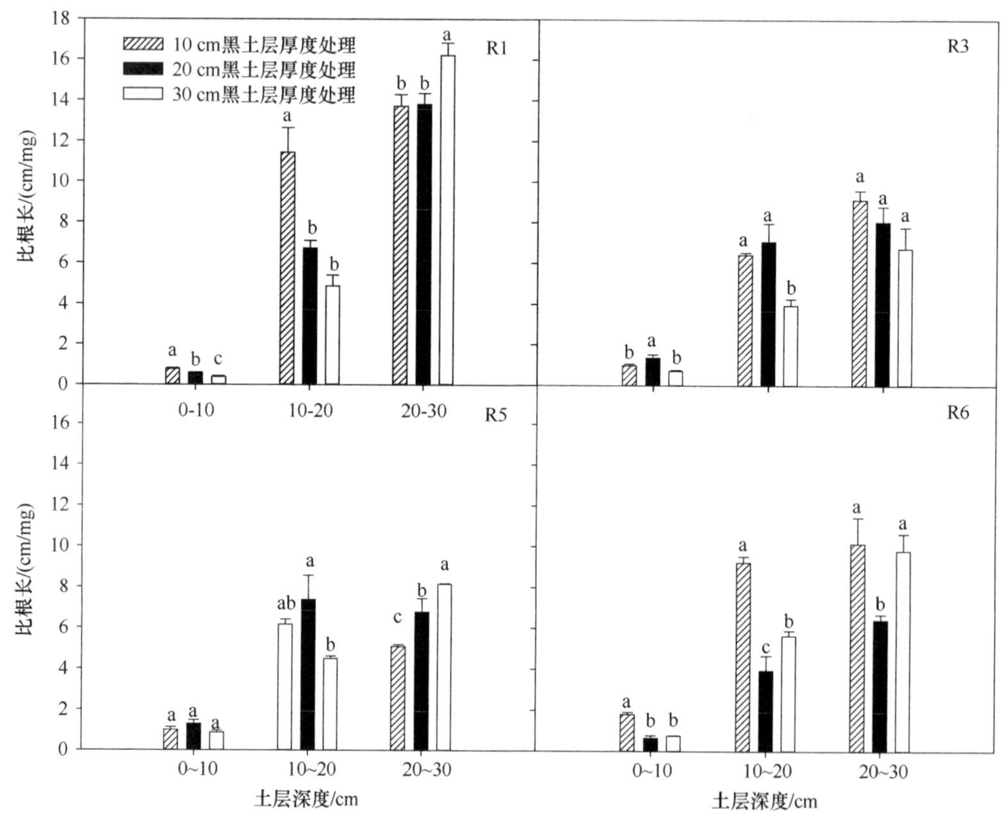

图 6-6　不同黑土层厚度对不同土层深度大豆比根长分布的影响（2016 年）

10～20 cm 土层表现出同样的趋势，但两年间 R5 期 20 cm 与 30 cm 黑土层厚之间有差异，而其他 3 个时期，2016 年 10 cm 黑土层厚度处理的比根长分别比 30 cm 黑土层处理高 1.35 倍、62.4%、63.7%，2017 年 10 cm 黑土层厚度处理的比根长分别比 30 cm 黑土层厚度处理高 60%、73%、1.24 倍。但是，20～30 cm 土层的比根长年际表现有所不同。

尽管两年内 R1 和 R3 期结果基本一致，但 R5、R6 期年际差异较大。2016 年 R5 期 30 cm 黑土层厚度高于 10 cm 和 20 cm 黑土层的比根长，而 2017 年却显著低于 10 cm 黑土层处理；2016 年 R6 期 10 cm 黑土层厚度和 30 cm 黑土层厚度处理的比根长没有差异，均显著高于 20 cm 黑土层厚度，但 2017 年 10 cm 黑土层厚度的比根长显著高于 30 cm

黑土层厚度处理的比根长，而与 20 cm 黑土层厚度的比根长没有差异。

由图 6-6 和图 6-7 可见，2017 年大豆的比根长大于 2016 年的比根长，其中 R5 和 R6 期 20～30 cm 土层比根长，10 cm 黑土层厚度处理分别比 2016 年高出 4 倍和 2 倍（$P<0.05$）。

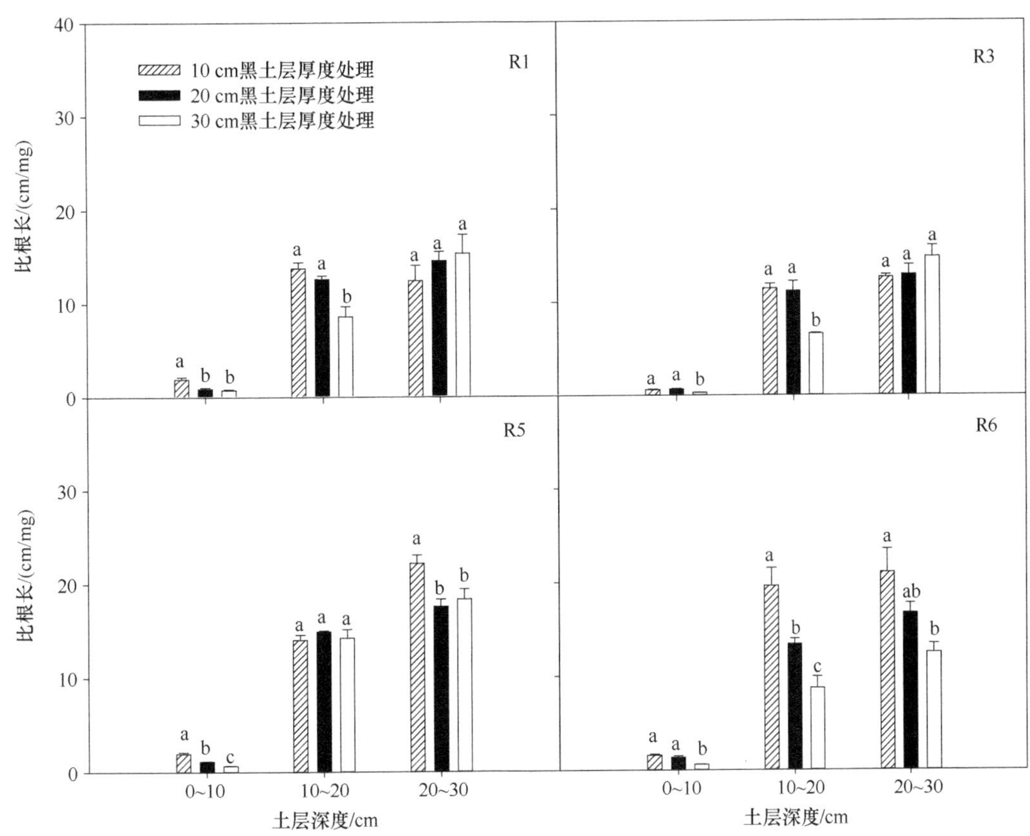

图 6-7 不同黑土层厚度对不同土层深度大豆比根长分布的影响（2017 年）

第三节 黑土层厚度对玉米根系形态因子的影响

一、对不同土层深度玉米根重密度分布的影响

两年的研究结果表明，不同黑土层厚度对 0～10 cm 土层玉米根重密度的影响相当一致，即 30 cm 黑土层厚度的根重密度高于 10 cm 和 20 cm 黑土层厚度的根重密度（图 6-8，图 6-9），尽管 2016 年 V7 和 V11 期差异不显著，但生育后期的 VT 和 R3 期差异显著（$P<0.05$）。2016 年，V7 期 0～10 cm 土层中，30 cm 黑土层厚度处理根重密度为 10.6 mg/cm^3，比 20 cm 黑土层厚度处理根重密度显著高出 79.4%（$P<0.05$）；VT 期的根重密度为 22.1 mg/cm^3，分别比 10 cm 和 20 cm 黑土层厚度显著高出 86.4%和 1.15 倍（$P<0.05$）；R3 期的根重密度为 16.47 mg/cm^3，比 10 cm 黑土层厚度处理显著高出 37.7%（$P<0.05$）。

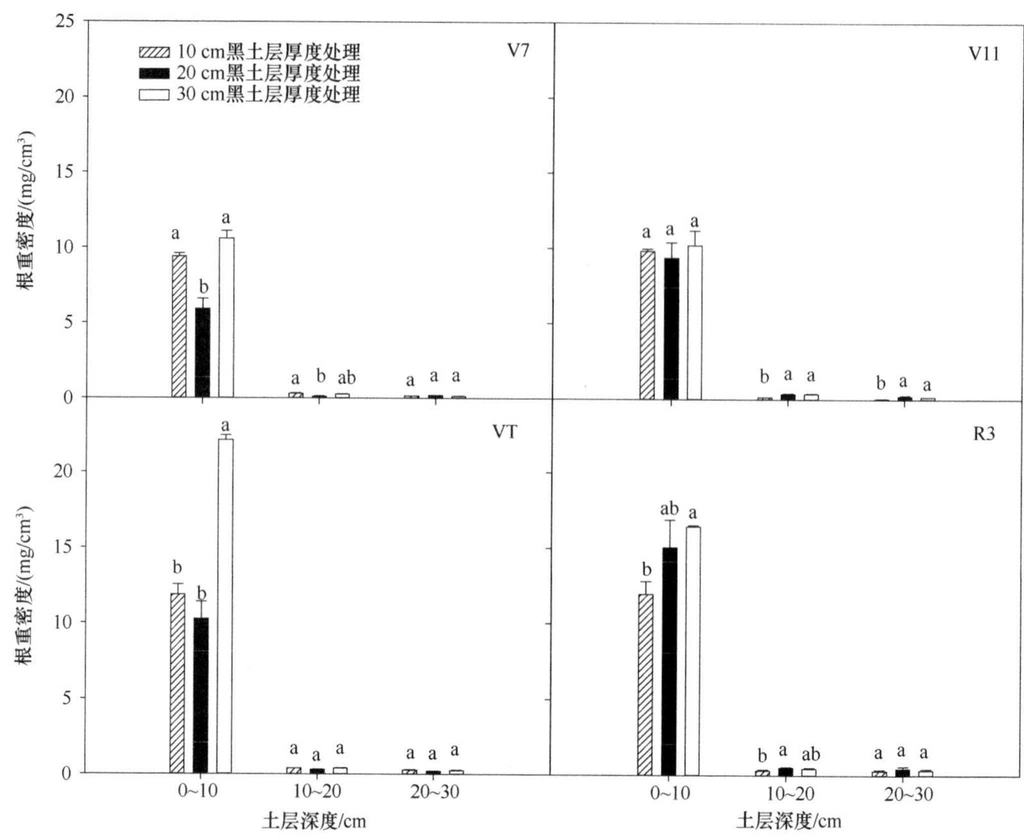

图 6-8 不同黑土层厚度对不同土层深度玉米根重密度分布的影响（2016 年）

V7 代表拔节期，V11 代表大喇叭口期，VT 代表抽雄期，R3 代表乳熟期，下同

2017 年，在 0～10 cm 土层中，玉米 30 cm 黑土层厚度处理根重密度在 V7 和 R3 期分别比 10 cm 黑土层厚度处理显著高出 1.35 倍和 31.4%（$P<0.05$），VT 期的根重密度比 20 cm 黑土层厚度处理显著高出 22.2%（$P<0.05$）。

就 10～20 cm 土层而言，两年的试验结果表明，黑土层厚度对生育后期即 VT 和 R3 的根重密度没有影响，但对前期影响较大。2016 年，10 cm 黑土层厚度处理在 V7 期根重密度为 0.31 mg/cm^3，比 20 cm 黑土层厚度处理显著高出 1.58 倍（$P<0.05$），且 V11 期，20 cm 和 30 cm 黑土层厚度处理根重密度分别比 10 cm 黑土层厚度处理显著高出 1.47 倍和 1.53 倍（$P<0.05$）。

20～30 cm 土层中，2016 年（图 6-8）只有 V11 期 10 cm 黑土层厚度处理根重密度显著低于 20 cm 和 30 cm 黑土层厚度处理（$P<0.05$），其他时期各处理间差异均不显著。而 2017 年（图 6-9）VT 期 30 cm 黑土层厚度处理根重密度比 10 cm 黑土层厚度处理显著高出 77.3%（$P<0.05$）。

二、对不同土层深度玉米根长密度分布的影响

不同黑土层厚度处理对不同土层玉米根长密度的影响也有所差异（图 6-10，

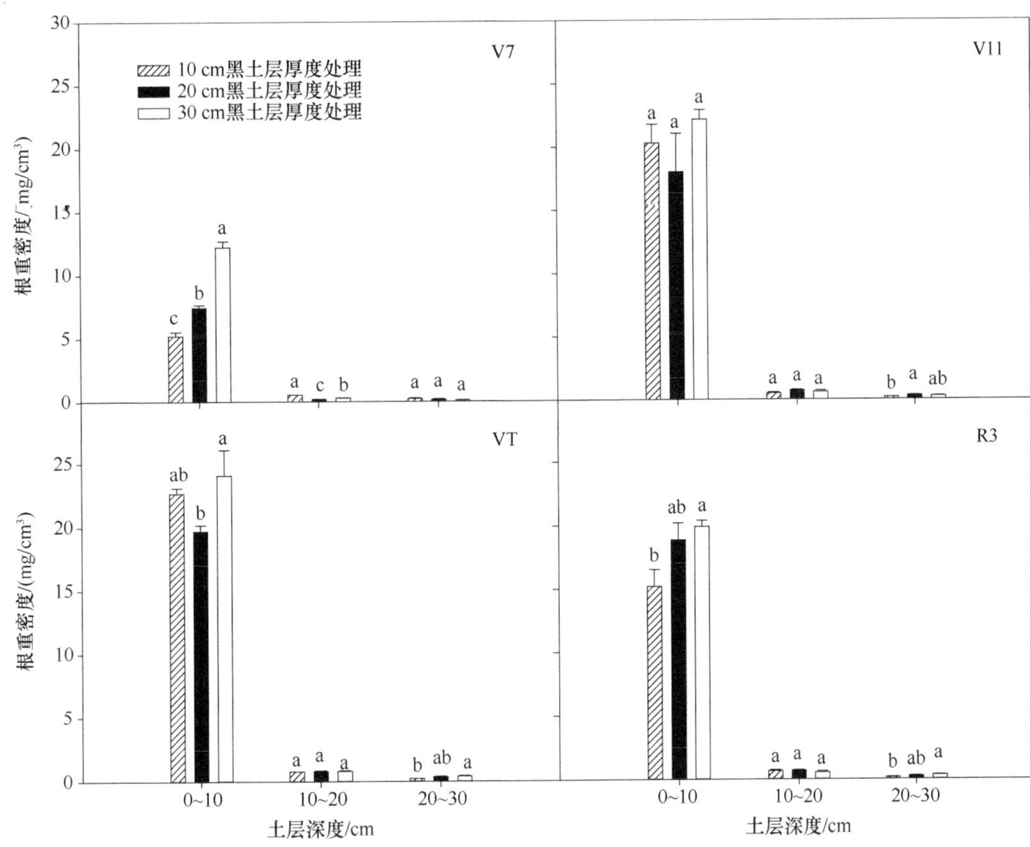

图 6-9　不同黑土层厚度对不同土层深度玉米根重密度分布的影响（2017 年）

图 6-11）。两年的结果表明，黑土层厚度对 0～10 cm 土层中根长密度趋势相同。V7 期，10 cm 黑土层厚度处理明显高于 20 cm 和 30 cm 黑土层厚度处理，2016 年分别显著高出 1.54 倍和 1.59 倍，2017 年分别显著高出 37.6%和 45.3%（P<0.05）；但 2016 和 2017 年 V11 期 3 个黑土层厚度处理之间均无显著差异。VT 期，2016 年处理之间无显著差异，而 2017 年 20 cm 和 30 cm 黑土层厚度处理的根长密度显著高于 10 cm 黑土层厚度的根长密度（P<0.05）；R3 期，2016 年 10 cm 黑土层厚度处理的根长密度显著高于其他两个处理（P<0.05），而 2017 年处理之间没有显著差异。

10～20 cm 土层中，黑土层厚度对 2016 年的根长密度影响的结果总体趋势基本一致，即 30 cm 黑土层厚度和 10 cm 黑土层厚度处理的根长密度差异不大，20 cm 黑土层厚度处理的根长密度在 V7 和 VT 期均显著低于其他处理，而在 V11 和 R3 期均显著高于 10 cm 黑土层厚度处理的根长密度，但与 30 cm 处理无差异。2017 年 VT 期的结果除外（图 6-11），其他期处理之间的表现与 2016 年基本相同。

两年结果表明，黑土层厚度对 20～30 cm 土层中的根长密度影响基本一致，即 V7 期处理间没有显著差异，而其他时期均表现为 10 cm 黑土层厚度处理的根长密度显著低或无差异。例如，2017 年，20 cm 黑土层厚度处理在 V11 和 R3 期的根长密度分别比 10 cm 黑土层厚度处理显著高出 78.5%和 68.4%（P<0.05）。

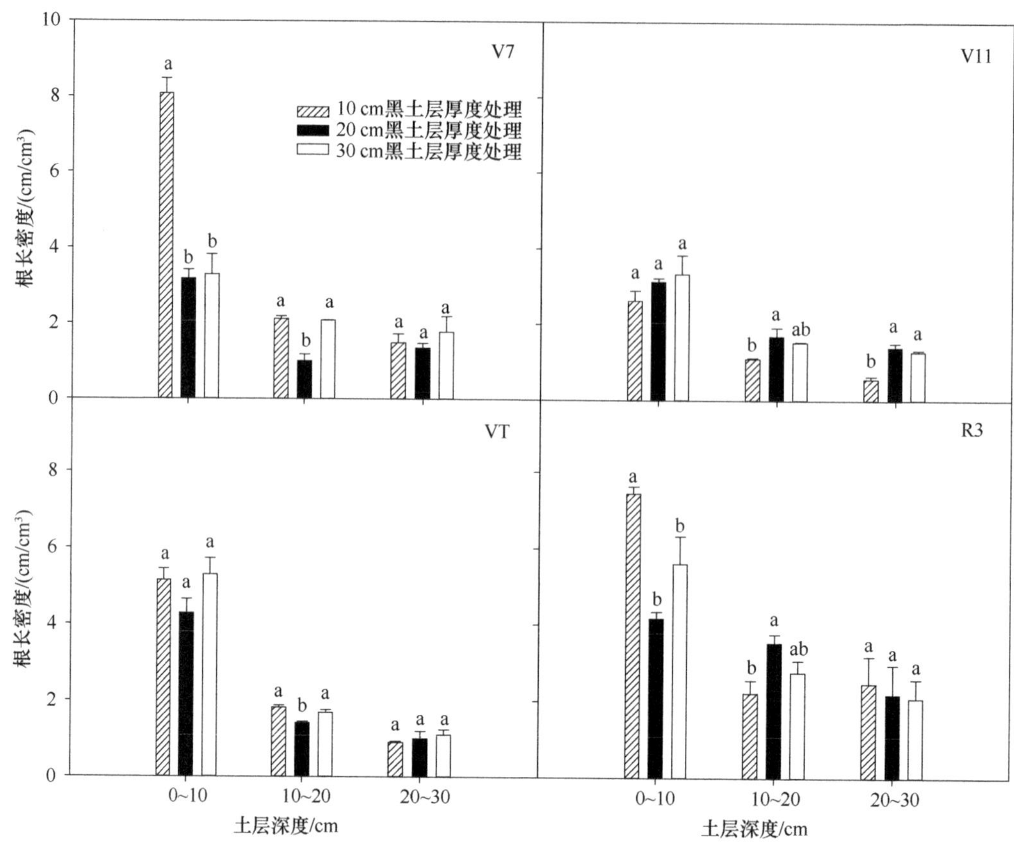

图 6-10　不同黑土层厚度对不同土层深度玉米根长密度分布的影响（2016 年）

类似于大豆，比较两年的结果，我们发现 2017 年玉米的根长密度也较 2016 年高，其中，0～10 cm 土层中，2017 年 30 cm 黑土层厚度处理在 V11 期的根长密度比 2016 年显著高出 1.87 倍（$P<0.05$），20 cm 和 30 cm 黑土层厚度处理在 VT 期的根长密度分别比 2016 年高出 1.76 倍和 87.3%（$P<0.05$），R3 期的 20 cm 和 30 cm 黑土层厚度处理的根长密度分别比 2016 年显著高出 1.59 倍和 80.2%（$P<0.05$）；10～20 cm 土层中，20 cm 黑土层厚度处理在 V11 期、VT 期及 R3 期的根长密度分别比 2016 年显著高出 3.5 倍、3.4 倍和 1.21 倍（$P<0.05$）。

三、对不同土层深度玉米比根长分布的影响

随着土层深度的不断加深，两年结果均表明，各黑土层厚度处理玉米的比根长呈明显上升趋势（图 6-12，图 6-13）。

V7 期，不同黑土层厚度处理对比根长的影响两年的结果相当一致，表现为 0～10 cm 土层中 10 cm 黑土层厚度处理的比根长显著高于 30 cm 黑土层厚度处理的比根长，2016 年和 2017 年分别高出 1.26 倍和 2.46 倍（$P<0.05$）；在 10～20 cm 土层中，20 cm 黑土层厚度处理的比根长显著高于 10 cm 和 30 cm 黑土层厚度处理的比根长，2016 年分别显著

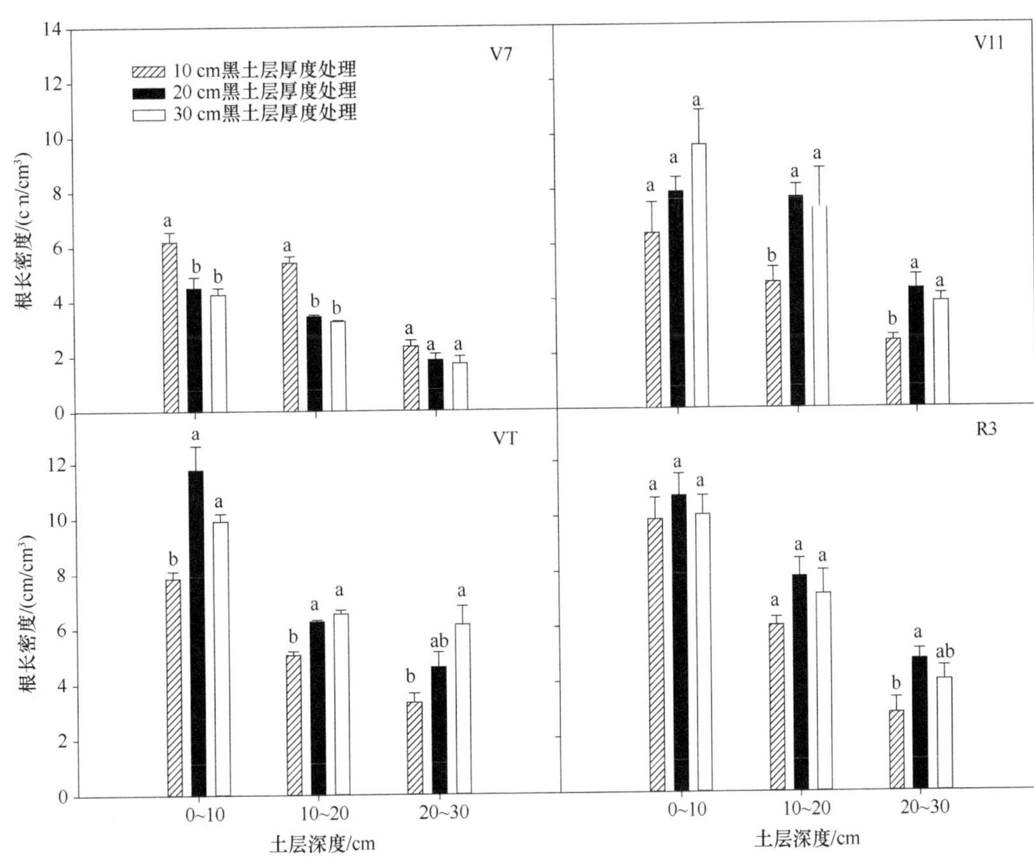

图 6-11 不同黑土层厚度对不同土层深度玉米根长密度分布的影响（2017 年）

高出 1.01 倍和 50%（$P<0.05$），2017 年分别显著高出 78.5%和 57.3%（$P<0.05$），但 20～30 cm 土层中，10 cm 黑土层和 30 cm 黑土层的比根长没有差异。

黑土层厚度对 V11 期比根长的影响很小，只有 2016 年 10 cm 黑土层厚度处理的 10～20 cm 土层比根长显著高于其他处理，0～10 cm、20～30 cm 土层的比根长处理间没有差异。两年的结果表明，V11 期表现一致，且 R3 期 20～30 cm 土层的比根长，10 cm 黑土层厚度处理两年的结果一致表现为显著高于 30 cm 黑土层厚度处理，2016 年高出 35.2%，2017 年高出 47.8%（$P<0.05$）。

比较两年的结果，2017 年玉米的比根长明显高于 2016 年的比根长（图 6-12，图 6-13），例如，10～20 cm 土层中，30 cm 黑土层厚度处理在 VT 期和 R3 期的比根长分别比 2016 年显著高出 71.9%和 1.25 倍（$P<0.05$）；20～30 cm 土层中，30 cm 黑土层厚度处理 VT 期的比根长比 2016 年高出 2.29 倍（$P<0.05$）。

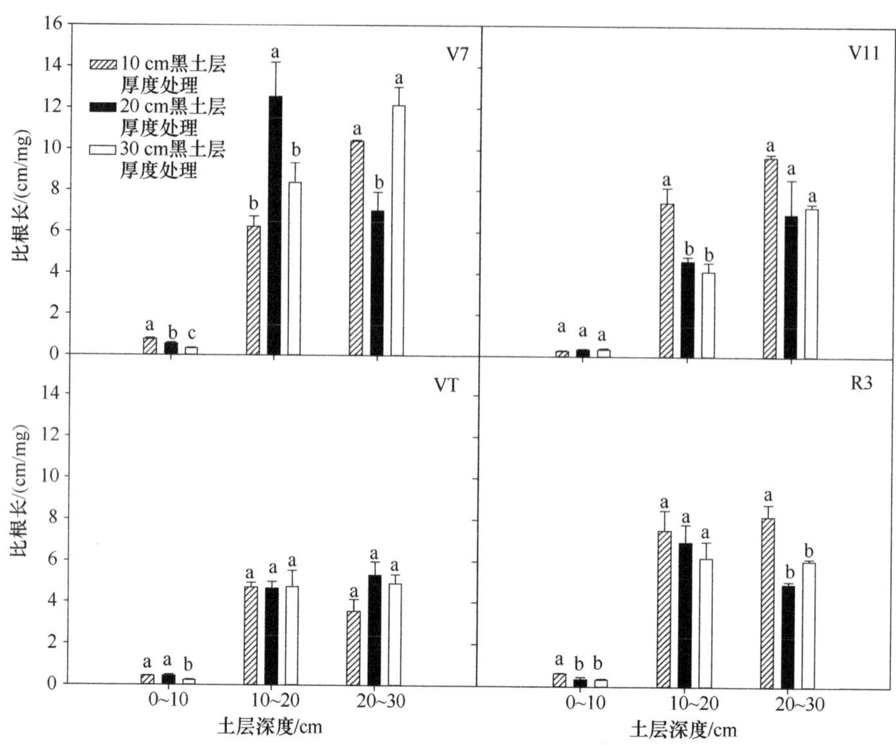

图 6-12　不同黑土层厚度对不同土层深度玉米比根长分布的影响（2016 年）

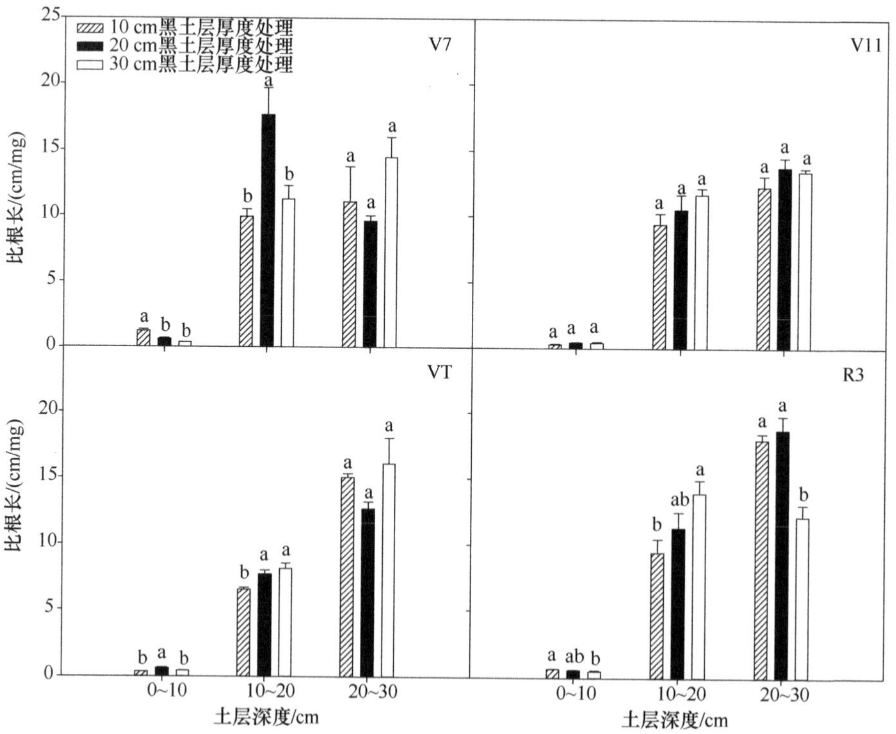

图 6-13　不同黑土层厚度对不同土层深度玉米比根长分布的影响（2017 年）

第四节　黑土层厚度对大豆地上部和根部养分变化的影响

一、对大豆植株地上部和根部含氮量的影响

总体上，随着大豆生殖生长期的推进，根部含氮量逐渐降低，而且随着黑土层厚度的增加，不同时期的根部含氮量也呈减少的趋势。由表6-3可见，2016年大豆R3期20 cm黑土层厚度处理根部含氮量为15.7 g/kg，比30 cm黑土层厚度处理显著高出23.6%（$P<0.05$），2017年，10 cm黑土层厚度处理大豆根部含氮量在R5期和R6期分别比30 cm黑土层厚度处理显著高出32.9%和29.3%（$P<0.05$）。

表6-3　不同黑土层厚度对大豆植株地上部和根部含氮量的影响　（单位：g/kg）

年份	时期	根			茎			叶			荚皮			籽粒		
		10	20	30	10	20	30	10	20	30	10	20	30	10	20	30
2016	R1	15.2a	14.4a	13.9a	18.8a	20.0a	21.9a	39.3b	41.4a	43.0a	—	—	—	—	—	—
	R3	14.0ab	15.7a	12.7b	15.5a	15.0ab	14.5b	46.5a	46.4a	46.0a	41.8a	39ab	37.1b	—	—	—
	R5	13.4a	14.0a	11.8a	14.9a	15.2a	14.2a	44.2a	44.3a	43.5a	42.4a	40.8a	41.8a	—	—	—
	R6	12.5a	8.80a	9.9a	4.80a	5.20a	5.20a	22.6b	23.7a	24.1a	14.8a	15.6a	16.2a	62.5a	61.1a	62.8a
	R8	—	—	—	5.40a	5.20a	3.50b	—	—	—	9.2ab	9.7a	9.0b	63.5a	59.8b	63.6a
2017	R1	14.5a	14.6a	14.9a	13.5a	15.8a	15.8a	46.2a	45.4a	46.7a	—	—	—	—	—	—
	R3	10.0a	9.6a	9.20a	13.8a	13.1a	13.8a	43.5a	43.7a	44.6a	37.3a	38.0a	40.0a	—	—	—
	R5	10.5a	8.9ab	7.90b	15.6a	14.9a	15.4a	43.5a	42.4a	44.7a	40.2a	40.0a	42.7a	—	—	—
	R6	10.6a	11.5a	8.20b	13.6a	12.4a	13.1a	38.3a	37.8a	40.1a	23.2a	24.7a	25.6a	62.4a	63.0a	62.1a
	R8	—	—	—	6.4b	7.3a	5.5b	—	—	—	9.7a	9.0a	9.6a	64.7a	65.6a	64.5a

注：表中10、20、30分别代表10 cm黑土层厚度处理、20 cm黑土层厚度处理、30 cm黑土层厚度处理，R1代表大豆始花期，R3代表始荚期，R5代表始粒期，R6代表鼓粒期，R8代表收获期，不同字母表示同时期同部位各处理间差异显著（$P<0.05$）；下同

两年间大豆茎中的含氮量随生育时期的推进呈减小的趋势，共同表现为R8期30 cm黑土层厚度的含氮量低于10 cm黑土层厚度处理的含氮量，2016年差异显著，而且20 cm黑土层厚度处理茎中的含氮量均显著高于30 cm黑土层厚度处理，分别高出48.6%和32.7%（$P<0.05$）。此外，2016年R3期10 cm黑土层厚度处理茎中的含氮量比30 cm黑土层厚度处理显著高出6.9%（$P<0.05$）。

大豆叶片中的含氮量，2016年随生育时期的推进呈先增大后减少的趋势，2016年R1和R6期，30 cm和20 cm黑土层厚度与10 cm黑土层厚度的叶片含氮量差异显著（$P<0.05$），而2017年叶片中的含氮量随生育时期的推进逐渐减少，各处理间叶片含氮量的差异均不显著。

2016年大豆10 cm黑土层厚度处理在R3期荚皮的含氮量显著高于30 cm黑土层厚度处理，高出12.7%，R8期20 cm黑土层厚度处理荚皮的含氮量比30 cm黑土层厚度处

理显著高出 7.8%（$P<0.05$）。但是，2017 年各处理间大豆荚皮的含氮量差异不显著。

2016 年，30 cm 黑土层厚度处理在 R8 期籽粒中的含氮量比 20 cm 黑土层厚度处理显著高出 6.4%（$P<0.05$）。与荚皮含氮量相类似，2017 年各处理间籽粒的含氮量无显著差异。

二、对大豆植株地上部和根部含磷量的影响

由表 6-4 可见，随着生殖生长期的推进，两年内根部的含磷量变化差异较大。2016 年呈现高—低—高的趋势，而 2017 年则表现为高—低—高—低的趋势。尽管如此，两年的结果共同表现为 R1、R3 期不同黑土层厚度的根部含磷量处理间没有差异，R6 期 10 cm 黑土层厚度处理的含磷量显著高于 30 cm 黑土层厚度处理的含磷量，2016 年和 2017 年分别高出 40.9%和 66.7%（$P<0.05$）。说明玉米生育后期，薄的黑土层根系中积累的磷素未能有效转运从而被地上部充分有效利用，或者转运的磷素足以供应地上部正常生长。

表 6-4 不同黑土层厚度对大豆植株地上部和根部含磷量的影响（单位：g/kg）

年份	时期	根			茎			叶			荚皮			籽粒		
		10	20	30	10	20	30	10	20	30	10	20	30	10	20	30
2016	R1	3.6a	3.7a	3.9a	2.6a	2.1b	2.3ab	4.6a	3.1b	3.7b	—	—	—	—	—	—
	R3	3.5a	2.7a	2.4a	3.4a	3.6a	3.7a	4.0a	4.0a	3.1b	3.9a	4.1a	4.3a	—	—	—
	R5	3.7a	3.0b	2.1c	3.1b	3.9a	3.8a	3.5a	3.2a	3.7a	3.3a	3.1a	3.4a	—	—	—
	R6	6.2a	5.1b	4.4b	1.4a	1.4a	1.3a	3.9a	3.0ab	2.2b	1.8a	2.2a	2.2a	6.0a	5.7a	5.7a
	R8	—	—	—	4.7b	5.3ab	5.7a	—	—	—	1.5a	1.6a	1.5a	5.5a	5.5a	5.9a
2017	R1	4.3a	4.9a	4.4a	3.8a	3.9a	4.1a	5.2a	5.5a	5.9a	—	—	—	—	—	—
	R3	3.7a	3.4a	3.2a	3.6a	3.6a	3.7a	4.7a	4.7a	4.7a	5.4b	5.4b	6.3a	—	—	—
	R5	4.6a	4.6a	4.1a	3.9a	4.0a	3.7a	5.5a	4.8b	5.3ab	6.5a	6.1a	6.0a	—	—	—
	R6	4.5a	3.8a	2.7b	4.6a	4.1a	4.2a	5.0a	4.9a	4.9a	5.6a	5.1a	5.3a	7.8a	7.7a	7.7a
	R8	—	—	—	2.7a	2.4a	2.4a	—	—	—	2.6a	2.5a	2.5a	8.1a	8.7a	8.5a

两年间，R1、R3、R5 期茎中的含磷量变化趋势基本一致，只是 R6、R8 期有所不同。但不同黑土层厚度处理间，只有 2016 年 R5 期和 R8 期 30 cm 黑土层厚度处理茎中的含磷量分别比 10 cm 黑土层厚度处理显著高出 22.6%、21.3%（$P<0.05$）。2016 年 R5 期，10 cm 黑土层与 30 cm 和 20 cm 黑土层差异显著，其他时期无显著差异（2016 年 20 cm 除外），并且 2017 年无差异，说明黑土层厚度不影响茎中的含磷量。

2017 年，不同黑土层厚度处理间叶片中的含磷量除 R5 期 10 cm 黑土层与 20 cm 黑土层有差异外，其他时期均无差异。而 2016 年，除 R5 期表现为处理间无差异外，其他时期 10 cm 黑土层厚度处理叶片中的含磷量均显著高于 30 cm 黑土层厚度处理（$P<0.05$）。

随着大豆生殖生长的推进，两年内大豆荚皮中的含磷量逐渐降低，但黑土层厚度处理之间，只有 2017 年 R3 期 30 cm 黑土层厚度处理荚皮中的含磷量分别比 10 cm 和 20 cm 黑土层厚度处理显著高出 16.7%和 16.7%（$P<0.05$），其他时期年际均无显著差异。两年内，黑土层厚度对大豆籽粒中的含磷量均无影响。

三、对大豆植株地上部和根部含钾量的影响

由表 6-5 可见，大豆根部的含钾量随着生殖生长期的推进逐渐降低，但与含氮量相反，随着黑土层厚度的增大，不同时期根部的含钾量呈逐渐增大的趋势。不同黑土层厚度处埋间 R1 期差异显著（P<0.05）。2016 年和 2017 年，R1 期 20 cm 黑土层厚度和 30 cm 黑土层厚度处理根部含钾量无差异，但 R1 期 30 cm 黑土层厚度处理根部含钾量比 10 cm 黑土层厚度处理分别显著高出 90.7%和 63.9%（P<0.05），且 2017 年 R6 期 30 cm 黑土层厚度处理根部含钾量显著高于 10 cm 和 20 cm 黑土层厚度处理，高出 1.23 倍和 0.69 倍（P<0.05）。而 R3 和 R5 期，不同黑土层厚度处理根部含钾量无差异。

表 6-5 不同黑土层厚度对大豆植株地上部和根部含钾量的影响 （单位：g/kg）

年份	时期	根			茎			叶			荚皮			籽粒		
		10	20	30	10	20	30	10	20	30	10	20	30	10	20	30
2016	R1	4.3b	8.4a	8.2a	14.1b	13.6b	14.9a	9.3b	10.9a	10.4ab	—	—	—	—	—	—
	R3	1.9a	2.5a	3.4a	9.3b	10.4ab	11.5a	7.7a	7.9a	7.9a	8.5b	12.4a	13.1a	—	—	—
	R5	1.7a	2.6a	2.7a	9.9a	10.8a	10.5a	5.6a	6.6a	6.1a	12.1b	13.1ab	14.1a	—	—	—
	R6	1.6a	1.7a	1.5a	5.8a	6.8a	6.0a	3.2a	3.5a	3.2a	9.3b	10.5ab	11.5a	8.7a	8.0a	8.2a
	R8	—	—	—	2.0b	3.5a	3.7a	—	—	—	13.6b	14.6a	15.4a	15.1a	15.0a	15.4a
2017	R1	3.6b	6.5a	5.9a	13.2b	14.0a	14.3a	10.3a	11.6a	12.1a	—	—	—	—	—	—
	R3	3.9a	4.6a	4.2a	11.9a	10.7a	13.0a	11.6a	12.6a	11.1a	15.8a	15.8a	17.2a	—	—	—
	R5	2.1a	4.0a	3.6a	11.3a	10.0a	10.6a	9.0a	8.7a	9.4a	16.1a	15.2a	15.9a	—	—	—
	R6	2.2b	2.9b	4.9a	8.6b	7.7b	10.8a	8.0a	8.1a	9.4a	16.9a	17.5a	18.3a	13.2b	12.8b	13.9a
	R8	—	—	—	3.0b	3.0b	3.9a	—	—	—	10.3a	11.7a	10.5a	11.7a	13.3a	13.4a

大豆茎中的含钾量随生育时期的推进逐渐降低，但是，同样随着黑土层厚度的加深，不同时期茎中的含钾量逐渐增大。其中，两年结果一致表现为，R1 期和 R8 期 30 cm 黑土层厚度处理茎中的含钾量均显著高于 10 cm 黑土层厚度处理茎中的含钾量（P<0.05）。2016 年 30 cm 黑土层厚度处理在 R3 期茎中含钾量、2017 年 R6 期的茎中的含钾量也均显著高于 10 cm 黑土层厚度处理，分别显著高出 23.7%和 25.6%（P<0.05）。其他时期不同黑土层厚度之间茎中的含钾量没有差异。

随着生育期的推进，两年中大豆叶片中的含钾量也均呈逐渐减少的趋势。但是不同黑土层厚度之间叶片中的含钾量，只有 2016 年 20 cm 黑土层厚度处理在 R1 期叶片中的含钾量比 10 cm 黑土层厚度处理显著高出 17.2%（P<0.05），2017 年各处理间叶片中的含钾量和 2016 年的其他生育期叶片中的含钾量均无显著差异。

大豆荚皮中的含钾量两年间总体表现为低—高—低的变化趋势，而且黑土层厚度越厚，荚皮中的含钾量越高，尤以 2016 年的结果最为明显，30 cm 黑土层厚度处理在 R3、R5、R6、R8 期荚的含钾量均显著高于 10 cm 黑土层厚度处理，分别显著高出 54.1%、16.5%、23.7%、13.2%（P<0.05）。但 2017 年各时期各处理间荚皮中的含钾量差异并不显著。

而大豆籽粒中的含钾量，只有 2017 年 R6 期，30 cm 黑土层厚度处理籽粒中的含钾

量比 10 cm 黑土层厚度处理高出 5.3%，差异显著（$P<0.05$），2016 年各处理间籽粒中的含钾量差异不显著。总体上，黑土层厚度处理对籽粒中的含钾量没有影响。

第五节　黑土层厚度对玉米地上部和根部养分变化的影响

一、对玉米植株地上部和根部含氮量的影响

总体上，随玉米生育期的推进，其根部的含氮量逐渐降低然后在 R3 期有所增加（表 6-6），2016 年，黑土层厚度处理显著影响根部的含氮量，V7、V11、VT 和 R3 期 30 cm 黑土层厚度的含氮量分别比 10 cm 黑土层厚度的含氮量显著高出 32.3%、15.2%、13.3% 和 19.0%（$P<0.05$）。2017 年只有 R3 期 20 cm 黑土层厚度处理根部含氮量（8.6 g/kg）比 10 cm 黑土层厚度处理显著高出 34.4%（$P<0.05$），其他时期不同黑土层厚度对根部含氮量没有显著影响。

表 6-6　不同黑土层厚度对玉米植株地上部和根部含氮量的影响（单位：g/kg）

年份	时期	根			茎			叶			籽粒		
		10	20	30	10	20	30	10	20	30	10	20	30
2016	V7	6.5b	6.9b	8.6a	9.0b	9.5b	11.6a	20.9b	20.9b	24.5a	—	—	—
	V11	4.6b	5.8a	5.3a	3.3b	3.5b	4.2a	12.4b	14.9b	16.9a	—	—	—
	VT	6.0b	5.8b	6.8a	3.7b	3.6b	5.6a	13.1b	15.3b	21.1a	—	—	—
	R3	6.3b	6.4b	7.5a	4.6b	5.0b	6.8a	14.0b	14.7b	16.9a	—	—	—
	R6	—	—	—	3.6a	3.7a	3.9a	—	—	—	14.0a	13.4a	13.6a
2017	V7	15.0a	13.3a	14.6a	16.1a	16.7a	16.4a	25.0a	24.8a	24.7a	—	—	—
	V11	7.9a	8.2a	8.7a	8.1a	9.2a	9.8a	20.9a	19.8a	21.4a	—	—	—
	VT	6.0a	8.3a	6.9a	6.2b	8.8a	7.5ab	21.3a	21.7a	22.3a	—	—	—
	R3	6.4b	8.6a	7.7ab	5.8a	7.0a	6.6a	20.7a	23.6a	21.5a	—	—	—
	R6	—	—	—	4.8b	6.9a	5.8b	11.7a	14.7a	13.8a	12.2a	13.0a	12.5a

注：表中 10、20、30 分别代表 10 cm 黑土层厚度处理、20 cm 黑土层厚度处理、30 cm 黑土层厚度处理，V7 代表拔节期，V11 代表大喇叭口期，VT 代表抽雄期，R3 代表乳熟期，R6 代表完熟期，不同字母表示同时期同部位各处理间差异显著（$P<0.05$）；下同

玉米茎中的含氮量随生育时期的推进也同样逐渐降低然后有所增加，两年的变化趋势相同。2016 年，不同黑土层厚度对不同生育期玉米茎中的含氮量影响显著，表现为 30 cm 黑土层厚度处理茎中的含氮量显著高于 20 cm 和 10 cm 黑土层厚度处理茎中的含氮量，其中，V7、V11、VT 和 R3 期 30 cm 黑土层厚度处理茎中的含氮量分别比 10 cm 黑土层厚度处理茎中的含氮量显著高出 28.9%、27.3%、51.4%和 47.8%（$P<0.05$），但 10 cm 黑土层厚度和 20 cm 黑土层厚度之间无显著差异。2017 年则一致表现出各个生育期，30 cm 黑土层厚度处理茎中的含氮量和 10 cm 黑土层厚度处理茎中的含氮量无显著差异。

与茎中的含氮量相同，随着生育时期的推进，玉米叶片中的含氮量也逐渐降低之后有所增加，2016 年，不同黑土层厚度一致表现为 30 cm 黑土层厚度处理叶中的含氮量显著高于 20 cm 和 10 cm 黑土层厚度处理叶中的含氮量，黑土层厚度处理差异显著，其中，

V7、V11、VT 和 R3 期 30 cm 黑土层厚度处理叶中的含氮量分别比 10 cm 黑土层厚度处理叶中的含氮量显著高出 17.2%、36.3%、61.1%和 20.7%（P<0.05）。而 2017 年处理间不同生育期均无显著差异。

两年中，黑土层厚度处理对玉米籽粒中的含氮量没有影响。

二、对玉米植株地上部和根部含磷量的影响

尽管随着生育期的推进，总体上，根部、茎和叶片中的含磷量均逐渐下降，而且叶片中含磷量下降幅度大（表 6-7），其中，2016 年 30 cm 黑土层厚度处理在 V7 期至 R3 期叶片中含磷量的下降速率为 34.2%，2017 年 30 cm 黑土层厚度处理在 V7 期至 R3 期叶片中含磷量的下降速率为 20%。但著者惊奇地发现，各器官含磷量不同黑土层厚度处理间没有差异。

表 6-7 不同黑土层厚度对玉米植株地上部和根部含磷量的影响 （单位：g/kg）

年份	时期	根			茎			叶			籽粒		
		10	20	30	10	20	30	10	20	30	10	20	30
2016	V7	2.2a	1.9a	2.2a	3.0a	2.8a	2.7a	4.3a	4.3a	3.8a	—	—	—
	V11	1.8a	1.7a	1.9a	2.7a	2.4a	2.5a	3.9a	3.2a	3.2a	—	—	—
	VT	1.8a	1.9a	2.0a	2.6a	2.3a	2.1a	3.2a	3.3a	3.9a	—	—	—
	R3	1.8a	1.7a	1.7a	2.3a	2.8a	2.5a	2.4a	2.5a	2.5a	—	—	—
	R6	—	—	—	2.7a	2.6a	2.6a	—	—	—	2.8a	2.7a	2.8a
2017	V7	4.2a	3.8a	4.2a	5.0a	5.2a	5.1a	4.8a	4.8a	5.0a	—	—	—
	V11	3.6a	3.6a	3.9a	3.3a	3.2a	3.2a	3.6a	3.3a	3.6a	—	—	—
	VT	3.7a	4.4a	4.0a	3.5a	3.9a	3.6a	4.6ab	4.4b	5.2a	—	—	—
	R3	3.5a	3.3a	3.6a	2.7a	2.8a	2.8a	4.3a	4.4a	4.0a	—	—	—
	R6	—	—	—	2.2a	2.4a	2.2a	3.4a	3.9a	3.7a	4.8a	4.7a	5.1a

三、对玉米植株地上部和根部含钾量的影响

两年结果均表明，随着玉米生育期的推进，其根部含钾量有逐渐增大趋势（表 6-8），且 2016 年，V7、V11、VT 和 R3 期 30 cm 黑土层厚度根部含钾量均显著高于 10 cm 黑土层厚度处理的根部含钾量，分别高 36.2%、15.2%、24.3%和 46.8%（P<0.05）。但 2017 年，不同黑土层厚度处理不同生育时期根部含钾量均无显著差异。

总体上，30 cm 黑土层深度增加各时期玉米茎中的含钾量，两年结果基本一致，其中，V7、R3 和 R6 期 30 cm 黑土层厚度处理的玉米茎中含钾量显著高于 10 cm 黑土层厚度处理的含钾量。2016 年分别高出 28.4%、22.3%和 67%（P<0.05），2017 年分别高出 50.3%、14.7%和 45.8%（P<0.05）。

两年的结果均表明，随着玉米生长，其叶片中的含钾量明显下降。2017 年 VT 期除外，其他时期 30 cm 黑土层厚度含钾量均明显高于 10 cm 黑土层厚度含钾量。2016 年，V7、V11、VT 和 R3 期 30 cm 黑土层厚度处理的叶片中的含钾量分别比 10 cm 黑土层厚度处理显著高出 21.4%、77.8%、39.5%、96.2%（P<0.05）；2017 年，V7、V11、R3 和 R6 期 30 cm 黑土层厚度处理的叶片中的含钾量分别比 10 cm 黑土层厚度处理显著高出

22.4%、12%、22.3%、86.1%（$P<0.05$）。

表 6-8 不同黑土层厚度对玉米植株地上部和根部含钾量的影响 （单位：g/kg）

年份	时期	根			茎			叶			籽粒		
		10	20	30	10	20	30	10	20	30	10	20	30
2016	V7	6.9b	6.5b	9.4a	9.5b	9.6b	12.2a	8.4b	8.3b	10.2a	—	—	—
	V11	7.9b	7.5b	9.1a	11.4a	12.2a	11.4a	6.3b	7.0ab	11.2a	—	—	—
	VT	7.4b	9.0a	9.2a	10.4a	12.1a	12.0a	7.6b	9.8ab	10.6a	—	—	—
	R3	9.4b	9.8b	13.8a	13.0b	14.8a	15.9a	2.6b	3.4ab	5.1a	—	—	—
	R6	—	—	—	10.0b	16.2a	16.7a	—	—	—	3.5a	3.5a	3.3a
2017	V7	6.4a	8.8a	9.2a	17.7b	24.0ab	26.6a	14.7b	18.3a	18.0a	—	—	—
	V11	4.7a	4.9a	5.0a	10.2b	14.6a	14.6a	12.5b	13.9a	14.0a	—	—	—
	VT	5.3a	6.3a	6.6a	11.9b	14.0a	14.5a	10.2a	11.3a	11.6a	—	—	—
	R3	6.3a	6.8a	6.0a	10.9b	14.2a	12.5a	9.4b	11.5a	11.5a	—	—	—
	R6	—	—	—	9.6b	13.8a	14.0a	3.6b	7.0a	6.7a	1.9a	1.9a	1.9a

第六节 黑土层厚度与作物效应的关系

一、与作物产量和根系形态空间分布的关系

黑土层厚度影响土壤生产力，是评价和衡量黑土退化程度及其土壤生产力简易可行的重要指标。由于水土流失等因素，目前黑土区 40%的耕地黑土层厚度小于 30 cm，因此，本研究模拟的是 30 cm 以及更薄的黑土层厚度，以明确土壤侵蚀导致黑土层厚度持续变薄从而可能影响作物生长发育的严重后果。

研究发现，在模拟的 3 个黑土层厚度内，玉米、大豆的产量对黑土层厚度反应差异明显。2016 年，大豆在 20 cm 黑土层厚度处理时获得最高产量，而玉米是在 30 cm 黑土层厚度获得最高产量。2017 年，尽管 30 cm 黑土层厚度处理的大豆及玉米产量高于其他处理，但处理间产量均无显著差异，其中，大豆 30 cm 黑土层厚度处理的产量仅比 10 cm 黑土层厚度处理的产量高出 3.9%，玉米 30 cm 黑土层厚度处理的产量也仅比 10 cm 黑土层厚度处理的产量高出 8.2%。

我们的研究结果表明，与大豆相比，玉米的产量对黑土层厚度更为敏感，即玉米生长及其产量形成需要更深的黑土层厚度，黑土层越厚产量越高。该结果进一步证实了 Sui 等（2009）提出的玉米比大豆对土壤侵蚀敏感的观点，他们发现黑土轻度退化对作物产量影响不大，但 30 cm 黑土层完全消失时，玉米的产量只有正常耕层产量的 4.3%，而大豆仍有 41%的产量。

研究发现，两年间大豆、玉米两种作物的根系分布对耕层厚度响应差异明显。总体趋势是，大豆产量高的黑土层厚度处理 R3 期根重密度和根长密度显著高，而且黑土层厚度越厚，生殖生长期前期根重密度越高，尤其是表土层最为明显。但到了 R5 期和 R6 期，大豆根重密度值变化不明显，而根长密度值降低。表土层中，各时期 10 cm 黑土层

厚度处理的根长密度均高于30 cm黑土层厚度处理。2017年大豆30 cm黑土层厚度处理产量尽管与20 cm和10 cm黑土层厚度的产量未达到显著差异水平，但是产量最高，且研究同时发现，2017年30 cm黑土层厚度处理的根重密度在R6期0～10 cm土层中显著高于另两个处理，而根长密度在R5、R6期0～10 cm土层中显著低于10 cm和20 cm黑土层厚度处理。

研究表明，大豆生育期的前期至中期良好的根系生长能显著提高作物产量。大豆根系生长旺盛和吸收大量营养元素的高峰期是始花期到鼓粒中期，同时其也是影响产量形成的重要时期（金剑等，2004）。由此我们初步认为，黑土层厚度可能是通过影响生殖生长期大豆根重密度和根长密度的空间分布来增加大豆产量。从这个意义上讲，相对于根的长短，根的重量对大豆根系生长发育的产量贡献更为重要，也就是说大豆生育后期单位根长的根重大、根系粗壮是增产的保障。

研究发现，2016年及2017年30 cm黑土层厚度处理都能显著增加玉米生育期间0～10 cm土层的根重密度，而与20 cm黑土层厚度相比，总体上对10～30 cm土层的根重密度无显著差异。此外，本研究同时发现，2016年及2017年30 cm黑土层厚度处理0～10 cm土层中玉米的根重密度在VT期和R3期比20 cm黑土层厚度处理高，而根长密度差异不明显，表明30 cm黑土层厚度处理玉米单位根长的根重大、根系粗壮，有利于其吸收和积累养分。这可能是30 cm黑土层厚度导致玉米增产的主要根系特征。

对于玉米和大豆来说，2017年不同黑土层厚度两种作物产量差异不大，其根重密度、根长密度、比根长值都明显高于2016年，是一个非常值得重视的现象。前人利用前茬小麦免耕覆盖轮作玉米，研究结果表明前茬小麦秸秆还田提高了后茬玉米的产量，两年都高于传统处理11.3%～17.5%（殷文等，2016），少耕秸秆还田能保持土壤水分、抑制水分蒸发、减少径流，同时具有调节土壤结构和土温、增加作物产量、提高水分利用率等一系列作用。

显然，本研究中产量之间无差异与气候没有关系，很可能与建立模拟耕层后，作物轮作免耕覆盖改善了作物生长的土壤环境进而导致短期激发效应有关。因此，2017年黑土层厚度对作物产量影响的结果只能作为参考，但免耕轮作秸秆覆盖对作物根系生长发育的效应非常值得深入探讨。

二、与作物养分吸收的关系

研究发现，对大豆而言，较厚的黑土层厚度对根系和茎中含氮量影响不大，对地上部及其根系中含磷量也影响不大，但显著增加R1和R6期叶片含氮量，30 cm和20 cm黑土层厚度与10 cm黑土层厚度的叶片含氮量差异显著。

植物体内蛋白质、叶绿素和一些激素的合成及组成离不开氮素，它能调控植物生长发育以及产量的形成。较高的叶片含氮量可能有利于植物体内蛋白质的形成。陈丽华等（2002）的研究表明，在大豆始花期阶段，叶片中蛋白质的含量相对较高，到了结荚期以后叶片中蛋白质的含量下降，始花期至鼓粒期叶片中的含氮量与作物产量呈正相关关系，在大豆生育期间，叶片含氮量高，光合能力强，有利于高产量的形成。因此，较厚的黑土层厚度增加大豆产量与其叶片中含氮量高直接相关。

研究中大豆根、茎、荚皮中的含钾量均随黑土层厚度的加深而总体上积累增多，说明黑土层厚度对大豆钾素的吸收及利用的影响非常明显。有研究结果表明，适量施钾有助于提高大豆叶片叶绿素含量和光合作用速率，提高硝酸还原酶活性，促进硝态氨代谢。王晓光等（2005）研究了盆栽试验中不同类型大豆根系形态及生理特性对钾素营养的响应，研究结果表明，钾素对促进大豆根系生长发育十分重要。因此，较厚的黑土层厚度处理大豆产量高，很可能是由于叶片中氮素含量高以及其他器官中钾素含量的增多。在大豆生殖生长的过程中，其叶片、茎和荚皮中氮素、磷素和钾素的含量基本上呈递减趋势。

研究发现，较厚的黑土层厚度对玉米各器官的含磷量没有影响，而且不同黑土层厚度处理对籽粒中含氮量也影响不大，但能明显增加玉米根、茎、叶中的含氮量和含钾量。氮素作为玉米生长发育过程中需求量最大的营养元素，对玉米增产有着极其重要的作用。施用氮肥可显著增加玉米株高等产量构成因子及玉米的产量，且各构成因子值随着施氮量的增加而增大（路小芳，2017）。钾肥做基肥和追肥配合施用对玉米光合性能有明显的促进作用，适量增加钾肥的施用可以显著提高玉米的产量（王春莲和鞠方成，2017）。

已有研究表明，在玉米种植期间，控制施氮量能保证玉米的产量，而施磷肥对玉米的产量不会造成太大影响，虽然施用钾肥对于玉米产量也不会产生过大的影响，但是如果不施用钾肥，玉米将会出现植株倒伏的现象，不能保证其质量与产量，可见钾素对于玉米生育生长十分重要。本研究中，两年内玉米均在 30 cm 黑土层厚度处理时获得最高产量，说明 30 cm 黑土层厚度处理的玉米可能是通过增加根、茎、叶中的氮素与钾素含量而影响其产量。玉米在生育后期钾素吸收总量降低，这可能是由于钾素以离子形态存在于植物体中，容易迁移，因此在生育后期存在流失现象，导致作物钾素含量降低。

由于黑土层变薄是土壤侵蚀最为表观的特征，由此认为，黑土层变薄对作物生产而言，直接明显的作用是玉米产量的下降。根据以上分析，总体结论可以归纳如下。

1）在本研究模拟的黑土层厚度范围内，2016 年 20 cm 黑土层厚度处理的大豆产量最高，30 cm 黑土层厚度处理的玉米产量最高，分别比 10 cm 黑土层厚度处理显著高出 15.5%和 24.1%。2017 年，不同黑土层厚度处理对玉米、大豆的产量无显著影响，但均以 30 cm 黑土层厚度处理的大豆、玉米产量最高，分别比 10 cm 黑土层厚度处理的产量高出 3.9%和 8.2%。与大豆相比，玉米的产量对黑土层厚度更为敏感。

2）黑土层厚度能显著增加大豆不同土层的根重密度，对 0～10 cm 土层的根重密度最为显著，但能显著降低表土层中的根长密度和比根长，各时期 10 cm 黑土层厚度处理均高于 30 cm 黑土层厚度处理。黑土层厚度可能是通过影响生殖生长期大豆根重密度和根长密度的空间分布来增加大豆产量。生育后期单位根长的根重大，根系更加粗壮是产量的保障。对大豆根系生长发育的产量贡献更为重要的是根的重量，而不是根的长短。

3）黑土层厚度也能显著增加玉米 0～10 cm 土层的根重密度，对前期 10～20 cm 土层的根重密度影响较大，而对生育后期的根重密度和 20～30 cm 土层的根重密度没有影响。黑土层厚度同样影响玉米的比根长，厚度越大，0～10 cm 土层中的比根长越小。作物的根重密度、根长密度和比根长年际差异显著。

4）黑土层厚度对大豆根系和茎中含氮量影响不大，对地上部及其根系中含磷量也没有影响，但较厚的黑土层厚度能显著增加 R1 和 R6 期叶片含氮量，促进大豆钾素的吸收和利用，增加大豆根、茎、荚皮中的含钾量。因此，较厚的黑土层厚度大豆产量高，很可能是由于叶片中氮素含量高以及其他器官中钾素含量的增多。

5）较厚的黑土层厚度能明显增加玉米根、茎、叶中的含氮量和含钾量，但对各器官含磷量没有影响，而且不同黑土层厚度对籽粒中含氮量的影响也不大。黑土层厚度影响玉米产量可能是通过增加根、茎、叶中的氮素与钾素的含量。

黑土层厚度对作物产量的影响现象很有意思，因为我们想象应该是黑土层厚的土壤产量远远高于黑土层浅的。因此，尽管黑土层厚度对作物产量至关重要，但因土壤侵蚀导致的黑土层变薄从而降低作物产量的结果绝非简单线性关系，很复杂。

实际上，我们以前所说的黑土层薄厚，是将黑土层作为复杂的统一体而言的，这种黑土层的差异不仅体现在黑土层厚度数量的差异，也体现在黑土层厚度质量的差异。从这个意义上讲，黑土层厚度质量的影响应该更显著。我们的研究处理结果至少说明仅从黑土层厚度数量的变化来谈对作物产量的影响失之偏颇，应该更加重视质量影响。因此，今后应该设计黑土层厚度相同而土壤质量肥力不同的定位试验，才能更好地明确黑土层厚度对作物产量的影响。

值得提出的是，本研究只对作物根系形态特征及养分吸收进行了初步的探讨，研究结果尚有待进一步做重复试验予以验证。另外，不同黑土层厚度不同作物在田间土层的根系根际微生物活性、土壤酶活性等都可能影响作物产量，尤其是黑土层土壤水分和温度的变化。Lobo 等（2005）曾指出，侵蚀土壤的生产力指数主要受到土壤储存有效水的能力、容重和 pH 的影响。因此，不同黑土层厚度与不同作物产量关系的研究有待从土壤物理、土壤化学和土壤生物方面深入探讨（刘晓冰等，2012）。下一章我们将论述黑土层厚度对土壤酶活性等方面的影响。

第七章　中国黑土层厚度对土壤肥力质量的影响

土壤酶以稳定蛋白质形态存在于土壤中，是土壤中重要的生物催化剂，它参与土壤中各种生物化学过程，是植物营养元素供应的主要驱动因素，与土壤养分的可利用性密切相关（Asmar et al.，1994），它是土壤有机质分解过程中的“指示器”，能综合反映土壤微生物性状和土壤理化性状，在土壤的发生以及土壤肥力的形成和演化过程中起重要作用（Burns and Dick，2001）。

因测定相对容易、对环境胁迫敏感和对土地管理响应较快，土壤酶活性也是土壤质量评价中的重要生物指标之一，并已被广泛应用于土壤肥力研究（Yakovchenko et al.，1996；Boerner et al.，2005；Zhang et al.，2004）。而土壤侵蚀可以引起大量土壤流失，导致土壤理化性质恶化，进而使土壤耕层变薄，严重影响根系分泌物和微生物的种类及活性，必定引起土壤酶活性的空间变异和生物活性变化。

孟凯和张兴义（1998）研究发现，黑土区坡耕地土壤侵蚀使土壤微生物总量和细菌数量减少，真菌数量增加；与正常黑土相比，受土壤侵蚀灾害的薄层黑土区土壤脲酶、磷酸酶、转化酶活性明显降低，生物活性减弱。

脲酶是催化土壤中尿素水解的酶，且专一性较强，是土壤氮循环过程中一种重要的水解酶，并且在一定程度上能反映土壤的供氮能力（Wessén et al.，2010）。一般来讲，温度升高、含水量适中、pH 接近中性的土壤中脲酶活性会比较高（Fisher et al.，2017）。

土壤蔗糖酶又称为转化酶，是催化土壤中蔗糖水解为果糖和葡萄糖的酶，其能促进土壤中糖类的水解，为土壤生物提供碳源，其也是土壤有机质转化的重要指标之一。许多研究发现，转化酶活性与有机碳、全氮、有效磷等土壤养分状况有密切的联系，同样是表征土壤生物化学活性的重要酶。从周玮等（2016）的研究可以看出，在厚度小于 40 cm 耕层中，土壤蔗糖酶和脲酶活性都显著低于较厚耕层中的土壤酶活性，说明土壤中碳、氮转化率随着耕层变薄而降低。

磷酸酶是一种水解酶，通过参与磷酸盐的水解性裂解来增加有机磷的脱磷速度，进而提高土壤磷素的有效性。而当土壤受到侵蚀危害时，磷酸酶的催化作用变弱，磷元素的转化率也随之降低。可以看出，随着水土流失的加剧，土层厚度的减少，土壤中酶的活性也降低。

坡耕地是极易受到土壤侵蚀危害的地貌。随着土壤流失，土壤酶活性在坡面不同部位之间有明显的差异。在土壤侵蚀严重部位，土壤酶流失量较多，土壤酶活性也随之降低；在土壤侵蚀强度较小的部位，土壤酶流失量较小，土壤酶活性相对较高。同时，土壤受到的侵蚀强度不同也导致土壤养分含量在不同坡面部位之间存在差异，进而导致土壤酶活性在坡面不同位置存在差异，侵蚀严重的部位土层变薄，土壤养分含量低，产酶微生物密度低，土壤酶活性减弱；反之，则酶活性相对提高（张孝存，2013）。

尽管土壤酶活性及其与土壤速效养分之间的关系已有许多报道，然而，关于东北退化黑土区土壤黑土层厚度与土壤酶和速效养分的关系却鲜有报道。

本章从黑土层不同厚度的角度出发，在已经建立的大田人为剥离土壤后重建黑土层不同厚度的定位模拟试验上开展免耕玉米—大豆轮作试验，分析不同黑土层厚度处理间的玉米、大豆生长过程中非根际土壤关键酶活性是否存在差异，并分析玉米乳熟期和大豆鼓粒期（R6）的根际与非根际土壤酶活性及其速效养分的变化，旨在从土壤酶活性的变化差异角度解析黑土层厚度影响作物生产力的可能机制，为侵蚀黑土农田综合生产力技术的提升提供理论支撑。

第一节　黑土层厚度对玉米农田土壤酶活性的影响

一、对土壤脲酶活性的影响

图 7-1 和图 7-2 分别是 2017 年和 2018 年不同黑土层厚度处理下玉米农田土壤脲酶活性变化。由图可以看出，由于种植年份不同，两年的土壤脲酶活性在不同黑土层厚度的变化趋势不尽相同。

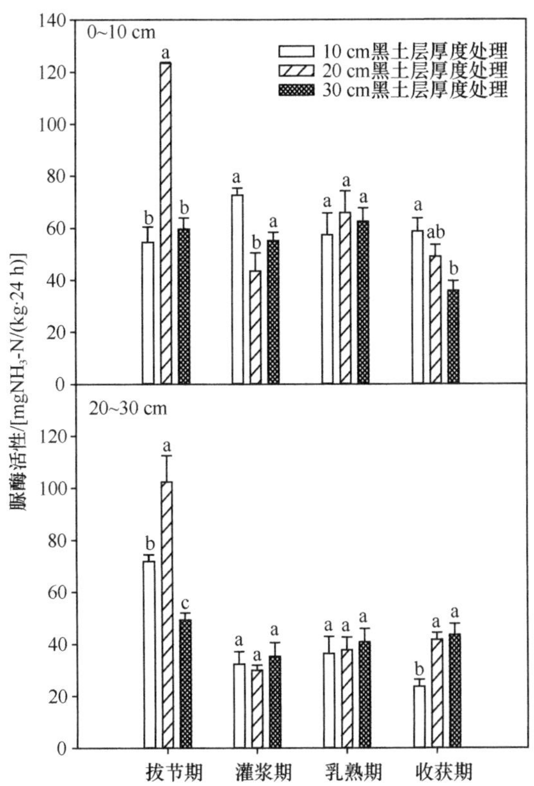

图 7-1　不同黑土层厚度处理玉米农田 0～10 cm 和 20～30 cm 土层脲酶活性变化（2017 年）

10 cm、20 cm、30 cm 分别表示 10 cm 黑土层厚度处理、20 cm 黑土层厚度处理、30 cm 黑土层厚度处理，不同字母表示处理间差异显著（P<0.05）；下同

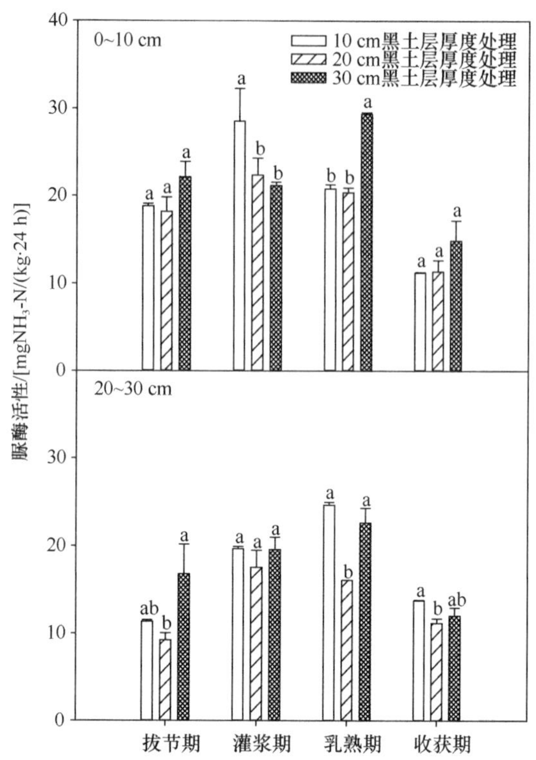

图 7-2　不同黑土层厚度处理玉米农田 0～10 cm 和 20～30 cm 土层脲酶活性变化（2018 年）

其中，2018 年的玉米土壤脲酶活性比 2017 年的土壤脲酶活性低很多。总体来看，在相同生育阶段，相同黑土层厚度处理条件下，0～10 cm 土层土壤脲酶活性均高于 20～30 cm 土层，且差异显著（P<0.05）（10 cm 黑土层厚度乳熟期、收获期除外）。

2017 年，在玉米拔节期各处理土壤脲酶活性相对较高，且以 20 cm 黑土层厚度处理最高。在 0～10 cm 土层，20 cm 黑土层厚度处理脲酶活性显著高于 10 cm 和 30 cm 黑土层厚度处理，分别高出 1.26 倍和 1.07 倍（P<0.05）；在 20～30 cm 土层，3 个黑土层厚度处理间脲酶活性呈显著差异，表现为 20 cm 黑土层厚度处理>10 cm 黑土层厚度处理>30 cm 黑土层厚度处理，20 cm 黑土层处理的脲酶活性分别比 10 cm 和 30 cm 黑土层厚度处理高出 42.3%和 1.08 倍（P<0.05）。

在玉米灌浆期，20 cm 黑土层厚度处理的脲酶活性表现最低，其中，0～10 cm 土层的脲酶活性间差异明显，显著低于 10 cm 和 30 cm 黑土层厚度处理（P<0.05）；20～30 cm 土层的 3 个黑土层厚度处理脲酶活性之间无显著差异。

乳熟期是玉米生殖生长过程中的关键时期，3 个黑土层厚度处理的脲酶活性无论是 0～10 cm 土层还是 20～30 cm 土层均没有明显差异。

在玉米收获期，3 个耕层厚度脲酶活性呈阶梯状变化，0～10 cm 土层脲酶活性表现为 10 cm 黑土层厚度处理>20 cm 黑土层厚度处理>30 cm 黑土层厚度处理，10 cm 黑土层厚度处理脲酶活性显著高于 30 cm 黑土层厚度处理，高出 63.5%（P<0.05）；20～30 cm 土层的脲酶活性与 0～10 cm 土层恰好呈相反趋势，表现为 30 cm 黑土层厚度处理>20 cm

黑土层厚度处理> 10 cm 黑土层厚度处理，且 30 cm 黑土层厚度处理脲酶活性显著高于 10 cm 黑土层厚度处理的脲酶活性，高出 83.6%（$P<0.05$）。

2018 年，0～10 cm 土层玉米土壤脲酶活性总体高于 20～30 cm 土层处理，0～10 cm 土层拔节期和收获期 3 个黑土层厚度处理间的土壤脲酶活性没有显著差异。

在玉米灌浆期 0～10 cm 土层中，10 cm 黑土层厚度处理的土壤脲酶活性显著高于 20 cm 黑土层厚度处理和 30 cm 黑土层厚度处理，分别高出 27.7%和 34.9%（$P<0.05$）；20～30 cm 土层的 3 个黑土层厚度处理间没有显著差异。

在玉米乳熟期 0～10 cm 土层中，30 cm 黑土层厚度处理的土壤脲酶活性显著高于 10 cm 黑土层厚度处理和 20 cm 黑土层厚度处理，分别高出 41.3%和 44.2%（$P<0.05$）；在 20～30 cm 土层中，30 cm 耕层厚度处理的土壤脲酶活性显著高于 20 cm 黑土层厚度处理，高出 40.8%（$P<0.05$）。

在玉米收获期 20～30 cm 土层中，土壤脲酶活性表现为 10 cm 黑土层厚度处理> 30 cm 黑土层厚度处理>20 cm 黑土层厚度处理，且 10 cm 黑土层厚度处理的脲酶活性显著高于 20 cm 黑土层厚度处理，高出 22.7%（$P<0.05$）。

二、对土壤蔗糖酶活性的影响

整体来看，2017 年和 2018 年两个生长期的玉米农田土壤蔗糖酶活性都呈现为随着土层的加深而逐渐降低的趋势。

就 2017 年而言（图 7-3），不同生育期间相比较，玉米拔节期各黑土层厚度处理的蔗糖酶活性均是最高的。在 0～10 cm 和 20～30 cm 土层中，20 cm 黑土层厚度处理的蔗糖酶活性最低，且与 10 cm 黑土层厚度时的蔗糖酶活性差异达到显著水平，两个土层分别显著相差 5.5%和 29.2%（$P<0.05$）。

在玉米灌浆期，0～10 cm 土层 3 个黑土层厚度处理的土壤蔗糖酶活性差异显著，且黑土层处理越厚，蔗糖酶活性越低，相差 27.2%～58.9%（$P<0.05$）。在玉米乳熟期，3 个黑土层厚度 0～10 cm 土层土壤蔗糖酶活性差异不显著，20～30 cm 土层的蔗糖酶活性随着黑土层厚度的加深而显著升高，30 cm 黑土层厚度处理比 10 cm 黑土层厚度处理的蔗糖酶活性高出 2.04 倍，比 20 cm 黑土层厚度处理的蔗糖酶活性高出 30.9%（$P<0.05$）。

在玉米收获期，10 cm 黑土层厚度处理 0～10 cm 土层的土壤蔗糖酶活性显著高于 20 cm 和 30 cm 黑土层厚度处理的活性，分别高出 25.5%和 93.6%（$P<0.05$）；但 20～30 cm 土层的蔗糖酶活性，10 cm 黑土层厚度处理的蔗糖酶活性最低，分别是 20 cm 和 30 cm 黑土层厚度处理的蔗糖酶活性的 44.1%和 51.2%（$P<0.05$）。

如图 7-4 所示，2018 年的玉米农田土壤蔗糖酶活性变化趋势和 2017 年有很大不同。不论土层深浅，除收获期 30 cm 黑土层厚度处理外，土壤蔗糖酶活性总体随着生育期的变化而逐渐升高。

在玉米拔节期，0～10 cm 土层的 3 个黑土层厚度处理的土壤蔗糖酶活性间差异显著（$P<0.05$），从高到低依次排列为 20 cm 黑土层厚度处理>30 cm 黑土层厚度处理>10 cm 黑土层厚度处理，且 20 cm 黑土层厚度处理的玉米农田土壤蔗糖酶活性分别比 30 cm 黑

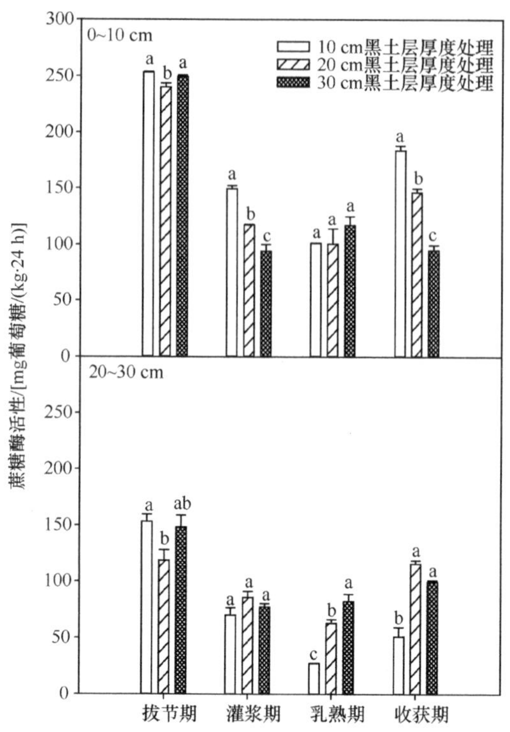

图 7-3　不同黑土层厚度处理玉米农田 0～10 cm 和 20～30 cm 土层蔗糖酶活性变化（2017 年）

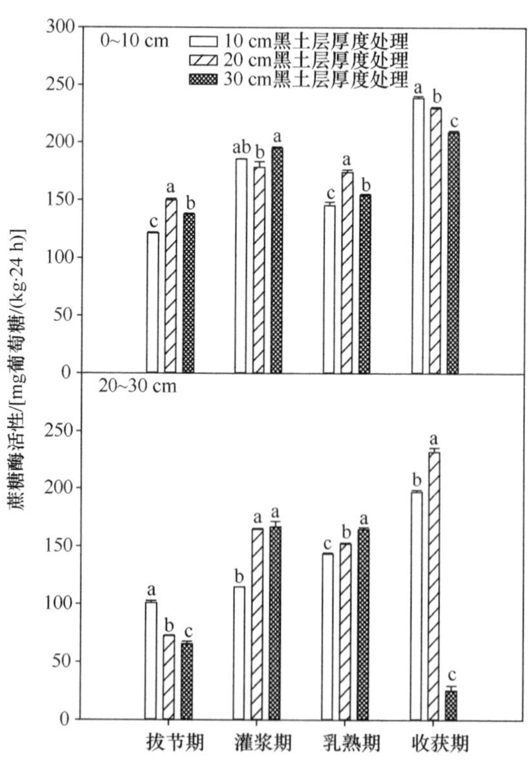

图 7-4　不同黑土层厚度处理玉米农田 0～10 cm 和 20～30 cm 土层蔗糖酶活性变化（2018 年）

土层厚度处理和 10 cm 黑土层厚度处理显著高出 8.89%和 23.5%(P<0.05)；在 20～30 cm 土层中，3 个黑土层厚度处理的土壤蔗糖酶活性从高到低按顺序排列依次为 10 cm 黑土层厚度处理> 20 cm 黑土层厚度处理>30 cm 黑土层厚度处理，三者间也差异显著，10 cm 黑土层厚度处理的土壤蔗糖酶活性分别比 20 cm 黑土层厚度处理和 30 cm 黑土层厚度处理土壤蔗糖酶活性显著高出 39.4%和 54.0%（P<0.05）。

在玉米灌浆期，0～10 cm 土层中，30 cm 黑土层厚度处理的蔗糖酶活性显著高出 20 cm 黑土层厚度处理 9.25%（P<0.05）；20～30 cm 土层中，30 cm 黑土层厚度处理的蔗糖酶活性显著高出 10 cm 黑土层厚度处理 45.4%（P<0.05）。

在玉米乳熟期，无论土层深浅，3 个黑土层厚度处理间的玉米农田土壤蔗糖酶活性均差异显著，并且 10 cm 黑土层厚度处理的土壤蔗糖酶活性也均显著低于其他两个黑土层厚度处理；在 0～10 cm 土层中，10 cm 黑土层厚度处理的蔗糖酶活性分别比 20 cm 黑土层厚度处理和 30 cm 黑土层厚度处理显著降低 20.0%和 6.13%(P<0.05)；在 20～30 cm 土层中，10 cm 黑土层厚度处理的蔗糖酶活性分别比 20 cm 黑土层厚度处理和 30 cm 黑土层厚度处理显著降低 6.35%和 15.0%（P<0.05）。

收获期是玉米农田土壤蔗糖酶相对最高的生育时期，30 cm 黑土层厚度处理的玉米蔗糖酶活性显著低于其他两个黑土层厚度处理的土壤蔗糖酶活性，同时我们还发现，20～30 cm 土层中，30 cm 黑土层厚度处理的玉米农田土壤蔗糖酶活性是整个生育期中最低的，显著低于相同土层的 10 cm 黑土层厚度处理和 20 cm 黑土层厚度处理的土壤蔗糖酶活性，10 cm 黑土层厚度处理和 20 cm 黑土层厚度处理分别比 30 cm 黑土层厚度处理高出 6.77 倍和 8.17 倍（P<0.05）。

三、对土壤磷酸酶活性的影响

2017 年，在玉米生育过程中，30 cm 黑土层厚度拔节期和收获期的土壤磷酸酶活性显著高于 20 cm 黑土层厚度。相同黑土层厚度处理的磷酸酶活性在玉米生育过程中的变化趋势大致相同，玉米灌浆期土壤磷酸酶活性最高，30 cm 黑土层厚度处理的磷酸酶活性在 20～30 cm 土层中普遍高于其他处理，如图 7-5 所示。

在玉米拔节期，20 cm 黑土层处理的土壤磷酸酶活性显著低于其他耕层，在 0～10 cm 土层中，10 cm 和 30 cm 黑土层厚度处理分别比 20 cm 黑土层厚度处理显著高出 1.11 倍（P<0.05）和 1.42 倍（P<0.05）；在 20～30 cm 土层中，10 cm 和 30 cm 黑土层厚度处理分别比 20 cm 黑土层显著高出 2 倍（P<0.05）和 4.53 倍（P<0.05）。

在玉米灌浆期，不同黑土层厚度处理 20～30 cm 土层磷酸酶活性无显著差异；但在 0～10 cm 土层中，30 cm 黑土层厚度处理的磷酸酶活性显著高于 10 cm 和 20 cm 黑土层厚度处理（P<0.05），而 10 cm 和 20 cm 黑土层厚度处理之间无显著差异。

在玉米乳熟期，0～10 cm 土层中，10 cm 黑土层厚度处理的磷酸酶活性显著高于 30 cm 黑土层厚度处理，高出 34.1%（P<0.05），但与 20 cm 黑土层厚度处理没有显著差异；相反，20～30 cm 土层中，30 cm 黑土层厚度处理的磷酸酶活性显著高于 10 cm 黑土层厚度处理，高出 4.48 倍（P<0.05）。

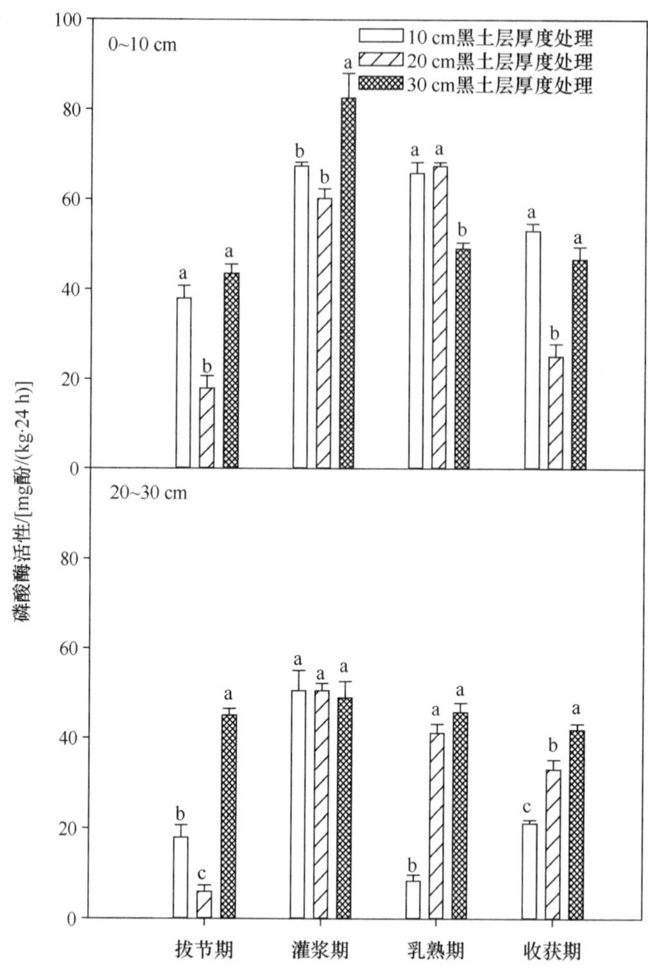

图 7-5　不同黑土层厚度处理玉米农田 0～10 cm 和 20～30 cm 土层磷酸酶活性变化（2017 年）

在玉米收获期，0～10 cm 土层中磷酸酶活性从高到低表现为 10 cm 黑土层厚度处理>30 cm 黑土层厚度处理>20 cm 黑土层厚度处理，且 10 cm 和 30 cm 黑土层厚度处理的磷酸酶活性都显著高于 20 cm 黑土层厚度处理，分别高出 1.11 倍和 85.7%（P<0.05）；20～30 cm 土层中磷酸酶活性从高到低表现为 30 cm 黑土层厚度处理>20 cm 黑土层厚度处理>10 cm 黑土层厚度处理，30 cm 黑土层厚度处理的磷酸酶活性比 10 cm 黑土层厚度处理显著高出 98.1%（P<0.05），比 20 cm 黑土层厚度显著高出 26.5%（P<0.05）。

从图 7-6 可以看出，2018 年玉米农田土壤磷酸酶活性最高时高于 2017 年，最低时也低于 2017 年，说明 2018 年土壤磷酸酶活性变化幅度比 2017 年大，但是 0～10 cm 土层和 20～30 cm 土层中土壤磷酸酶活性变化趋势基本相同。

在玉米拔节期，土壤磷酸酶活性最高，0～10 cm 土层中，10 cm 黑土层厚度处理的玉米农田土壤磷酸酶活性显著高于 30 cm 黑土层厚度处理的磷酸酶活性，高出 14.3%（P<0.05），但与 20 cm 黑土层厚度处理的磷酸酶活性没有显著差异；20～30 cm 土层中，10 cm 和 30 cm 黑土层厚度处理都显著高于 20 cm 黑土层厚度处理，分别高出 70.5%和 74.3%（P<0.05）。

在玉米灌浆期，30 cm 黑土层厚度处理的土壤磷酸酶活性最高，分别比其他两个黑土层厚度处理显著高出 81.8%和 1.33 倍（$P<0.05$）；但在 20～30 cm 土层中，3 个黑土层厚度处理的土壤磷酸酶活性间没有显著差异。

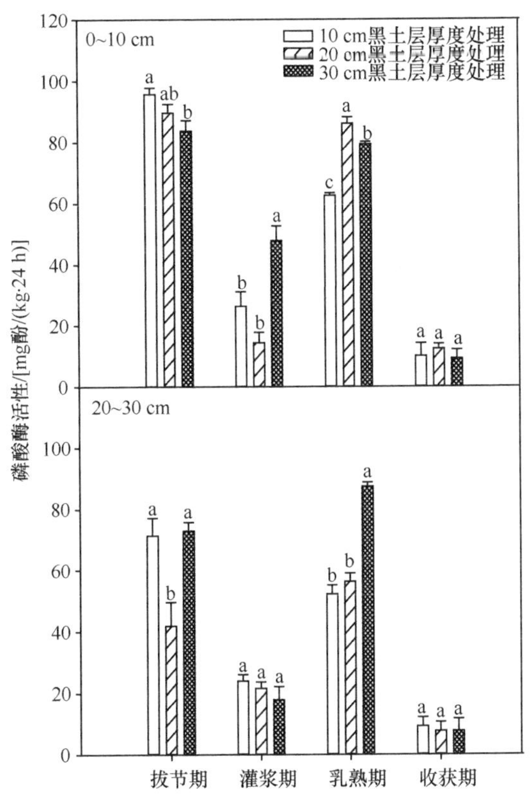

图 7-6　不同黑土层厚度处理玉米农田 0～10 cm 和 20～30 cm 土层磷酸酶活性变化（2018 年）

相对于玉米灌浆期而言，乳熟期 0～10 cm 土层磷酸酶活性有明显的提升，其中 20 cm 黑土层厚度处理的磷酸酶活性增加最多，且显著高于 10 cm 和 30 cm 黑土层厚度处理的土壤磷酸酶活性，分别高出 37.6%和 8.5%（$P<0.05$）；但在 20～30 cm 土层中，30 cm 黑土层厚度处理的玉米农田土壤磷酸酶活性比其他两个黑土层厚度处理的酶活性显著高出 55.3%～67.2%（$P<0.05$）。

玉米收获期是整个生育期中土壤磷酸酶活性最低的时期，并且无论土层深浅，3 个黑土层厚度处理的玉米农田土壤磷酸酶活性间都没有显著差异。

四、对玉米乳熟期根际和非根际土壤酶活性的影响

由图 7-7 和图 7-8 可以看出，2017 年和 2018 年的玉米田根际与非根际土壤酶活性差异很大。

图 7-7 清晰表明，无论黑土层厚度多深，玉米农田土壤的根际土壤脲酶和蔗糖酶活性都显著高于非根际土壤酶活性（$P<0.05$），10 cm 黑土层厚度处理根际土壤的磷酸酶活

性同样显著高于非根际土壤，高出 1.44 倍（P<0.05），20 cm 黑土层厚度处理的磷酸酶活性根际和非根际土壤之间没有显著差异，但 30 cm 黑土层厚度处理的非根际土壤磷酸酶活性显著高出根际土壤 25.3%（P<0.05）。

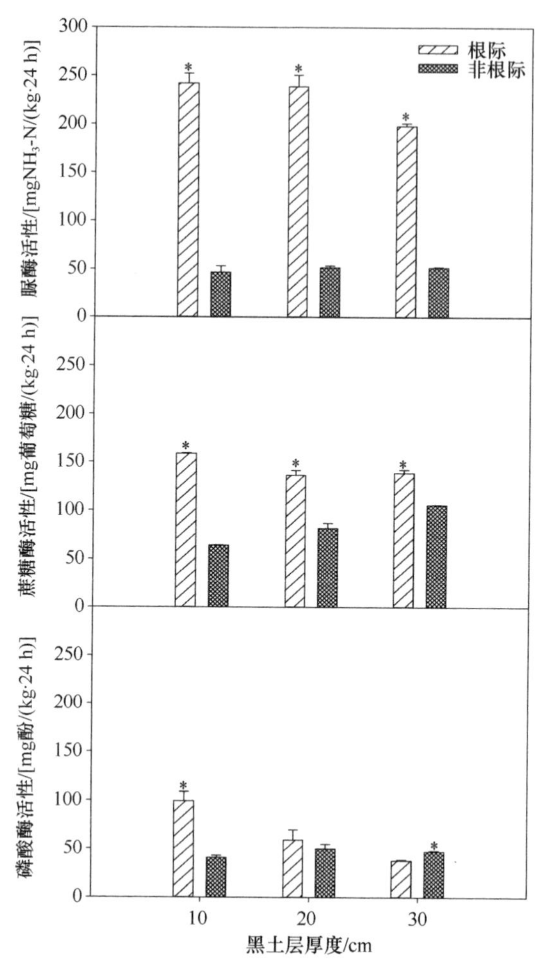

图 7-7　不同黑土层厚度处理玉米根际和非根际农田土壤酶活性差异（2017 年）

*表示处理间差异显著（P<0.05），下同

总体上，根际土壤酶活性基本呈现随着黑土层厚度的增加而逐渐减弱的趋势。玉米根际土壤脲酶和蔗糖酶活性表现为 10 cm 黑土层厚度>20 cm 黑土层厚度>30 cm 黑土层厚度，非根际土壤脲酶、蔗糖酶活性顺序恰好与之相反，10 cm 黑土层中的酶活性最低而 30 cm 黑土层中的酶活性最高。

10 cm、20 cm、30 cm 黑土层厚度根际土壤脲酶活性分别比非根际土壤显著高出 4.16 倍（P<0.05）、3.61 倍（P<0.05）和 2.84 倍（P<0.05）；蔗糖酶活性分别比非根际土壤显著高出 1.48 倍（P<0.05）、67.2%（P<0.05）和 31.6%（P<0.05）。

研究结果说明随着黑土层厚度的增加，玉米根际土壤脲酶和蔗糖酶活性逐渐降低，非根际土壤脲酶和蔗糖酶活性逐渐升高，从而导致根际土壤和非根际土壤间的酶活性差异逐渐变小。

从图 7-8 我们可以看出，玉米农田根际土壤和非根际土壤脲酶活性显著低于蔗糖酶活性和磷酸酶活性，除脲酶活性外，根际土壤蔗糖酶活性和磷酸酶活性都显著高于非根际土壤酶活性。

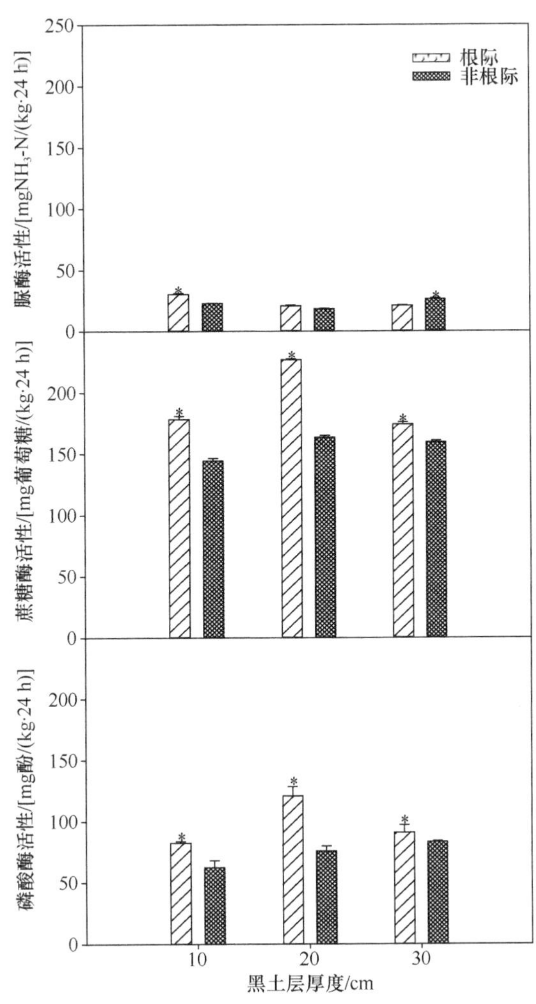

图 7-8　不同黑土层厚度处理玉米根际和非根际农田土壤酶活性差异（2018 年）

土壤脲酶活性在根际土壤和非根际土壤间的差异并没有明显规律，在 10 cm 黑土层厚度和 20 cm 黑土层厚度处理中，玉米农田根际土壤脲酶活性都高于非根际土壤酶活性，且 10 cm 黑土层厚度处理中玉米农田根际土壤脲酶活性显著高于非根际土壤酶活性，高出 33.3%（P<0.05）；30 cm 黑土层厚度处理中玉米农田非根际土壤脲酶活性则显著高于根际土壤酶活性，高出 24.6%（P<0.05）。

玉米农田根际土壤蔗糖酶活性显著高于非根际土壤蔗糖酶活性，10 cm 黑土层厚度处理的根际土壤蔗糖酶活性显著高出非根际土壤蔗糖酶活性 23.6%，20 cm 黑土层厚度处理的根际土壤蔗糖酶活性显著高出非根际土壤蔗糖酶活性 38.8%，30 cm 黑土层厚度处理的根际土壤蔗糖酶活性显著高出非根际土壤蔗糖酶活性 9.3%（P<0.05）。由此可见，

20 cm 黑土层厚度处理的蔗糖酶活性在根际土壤和非根际土壤间的差异最大。

无论黑土层厚度深浅，玉米农田根际土壤磷酸酶活性在 3 个黑土层厚度处理中均显著高于非根际土壤磷酸酶活性，随着黑土层厚度的增加分别显著高出 32.7%、59.9%和 9.6%（P<0.05），与土壤蔗糖酶活性一样，都是在 20 cm 黑土层厚度中相差最大。

第二节　黑土层厚度对大豆农田土壤酶活性的影响

一、对土壤脲酶活性的影响

由图 7-9 可以看出，2017 年大豆整个生育过程中，0～10 cm 土层和 20～30 cm 土层脲酶活性变化趋势基本相同，且在同一时期，0～10 cm 土层的脲酶活性都高于 20～30 cm 土层的脲酶活性（R6 期 20 cm 黑土层厚度除外）（图 7-9）。除 R6 期 20～30 cm 是 30 cm 黑土层厚度最低外，其他时期无论土层深浅，20 cm 黑土层厚度的脲酶活性始终最低。

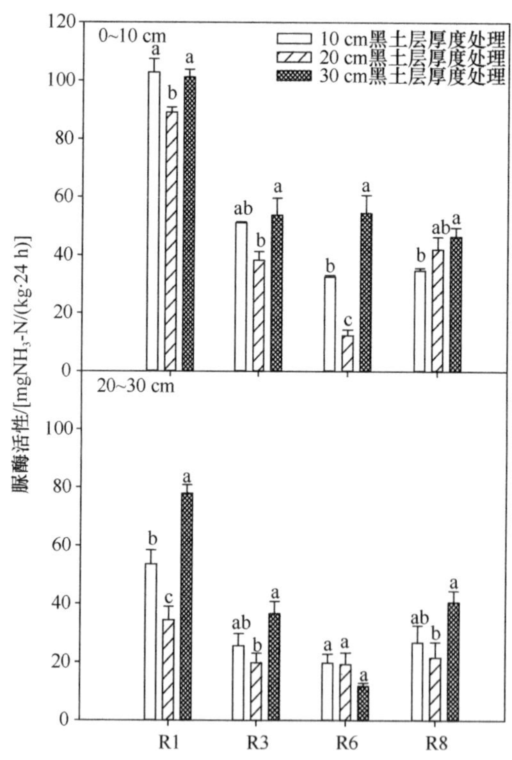

图 7-9　不同黑土层厚度处理大豆农田 0～10 cm 和 20～30 cm 土层脲酶活性变化（2017 年）

大豆 R1 期，脲酶活性相对较高，而且在 20 cm 黑土层厚度中最低，在 0～10 cm 土层中，20 cm 黑土层厚度处理的脲酶活性显著低于 10 cm 黑土层和 30 cm 黑土层厚度处理，分别低了 13.3%和 11.9%（P<0.05）；在 20～30 cm 土层中，3 个黑土层厚度间脲酶活性差异显著，表现为 30 cm 黑土层厚度>10 cm 黑土层厚度>20 cm 黑土层厚度，30 cm 黑土层厚度处理的脲酶活性分别比 10 cm 和 20 cm 黑土层厚度处理高出 45.6%和 1.26 倍（P<0.05）。

大豆 R3 期，0～10 cm 土层和 20～30 cm 土层中 30 cm 黑土层厚度处理的土壤脲酶活性都显著高于 20 cm 黑土层厚度，分别高出 40.5%和 83.8%（$P<0.05$）。

大豆 R6 期，20～30 cm 土层中 3 个黑土层厚度处理间的土壤脲酶活性没有显著差异，但 30 cm 黑土层厚度处理土壤脲酶活性最低，与 0～10 cm 土层的变化趋势不同，0～10 cm 土层中不同黑土层厚度处理的土壤酶活性从高到低依次为 30 cm 黑土层>10 cm 黑土层厚度>20 cm 黑土层厚度，且 30 cm 黑土层厚度处理依次比其他黑土层显著高出 67.4%和 3.44 倍（$P<0.05$）。

大豆 R8 期是收获期，0～10 cm 土层中 3 个黑土层厚度处理的土壤脲酶活性随黑土层厚度的增加呈阶梯状变化，且 10 cm 黑土层厚度处理和 30 cm 黑土层厚度处理的土壤脲酶活性间差异显著，相差 33.7%（$P<0.05$）。

通过两年大豆生育期土壤脲酶活性比较，2018 年的大豆农田土壤脲酶活性更低（图 7-10）。整体来看，R6 期的土壤脲酶活性最高，且整个生育期中，0～10 cm 土层的大豆农田土壤脲酶活性均高于 20～30 cm 土层。

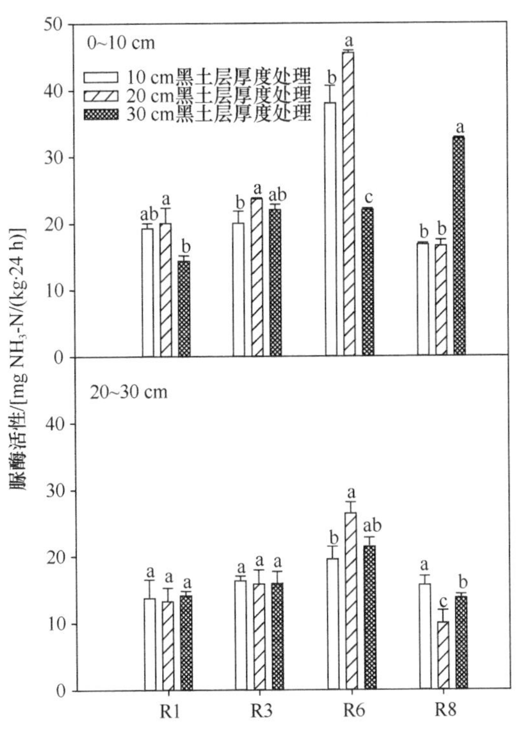

图 7-10　不同黑土层厚度处理大豆农田 0～10 cm 和 20～30 cm 土层脲酶活性变化（2018 年）

大豆 R1 期，0～10 cm 土层中，30 cm 黑土层厚度处理的土壤脲酶活性最低，且显著低于 20 cm 黑土层厚度处理，低了 39.1%（$P<0.05$）；但在 20～30 cm 土层中，3 个黑土层厚度处理间没有显著差异。同样的，大豆 R3 期的 20～30 cm 土层中 3 个黑土层厚度处理间的大豆农田土壤脲酶活性没有显著差异；但在 0～10 cm 土层中，20 cm 黑土层厚度的大豆土壤脲酶活性最高，显著高于 10 cm 黑土层厚度处理，高出 17.9%（$P<0.05$）。

无论土层深浅，大豆 R6 期都是土壤脲酶活性最高的时期，且在较浅土层中（0～10 cm 土层），20 cm 黑土层厚度处理的大豆农田土壤脲酶活性显著高于 10 cm 和 30 cm 黑土层厚度处理，分别高出 19.8%和 1.07 倍（$P<0.05$）；在 20～30 cm 土层中，20 cm 黑土层厚度处理的大豆农田土壤脲酶活性也高于 10 cm 和 30 cm 黑土层厚度处理，但与 30 cm 黑土层厚度处理的土壤脲酶活性差异不明显。

大豆 R8 期，在 0～10 cm 土层中，30 cm 黑土层厚度处理的大豆农田土壤脲酶活性最高，分别比 10 cm 和 20 cm 黑土层厚度处理显著高出 94.5%和 96.7%（$P<0.05$）；在 20～30 cm 土层中，3 个黑土层厚度处理的大豆农田土壤脲酶活性从高到低依次排序为 10 cm 黑土层厚度处理>30 cm 黑土层厚度处理>20 cm 黑土层厚度处理，且 10 cm 黑土层厚度处理的大豆农田土壤脲酶活性分别比 30 cm 和 20 cm 黑土层厚度处理显著高出 13.8%和 56.9%（$P<0.05$）。

二、对土壤蔗糖酶活性的影响

2017 年，随着土层的增加，各个时期不同黑土层厚度大豆农田土壤蔗糖酶活性整体均呈降低的趋势（图 7-11）。

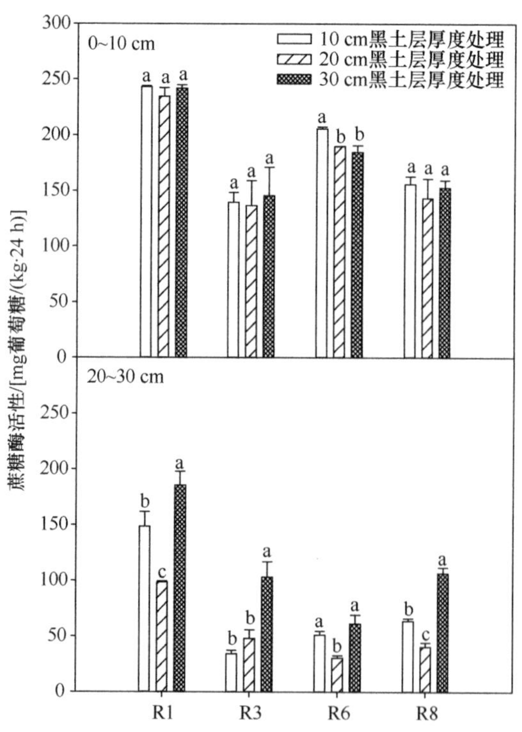

图 7-11　不同黑土层厚度处理大豆农田 0～10 cm 和 20～30 cm 土层蔗糖酶活性变化（2017 年）

就不同生育期而言，R1 期，各个黑土层厚度处理的蔗糖酶活性都是最高的。在 0～10 cm 和 20～30 cm 土层中，20 cm 黑土层厚度处理的蔗糖酶活性基本都是最低，且在 0～10 cm 土层中，除 R6 期，其他生长期的 3 个黑土层厚度处理都没有显著差异。R1 期 20～30 cm 土层中，30 cm 黑土层厚度处理土壤蔗糖酶活性显著高于 10 cm 和 20 cm

黑土层厚度处理，分别高出 24.7%和 87.7%（P<0.05）。

大豆 R3 期，3 个黑土层厚度 0～10 cm 土层蔗糖酶活性差异不显著，20～30 cm 土层的蔗糖酶活性随着黑土层厚度的加深而显著升高，30 cm 黑土层厚度处理的蔗糖酶活性显著高于 10 cm 和 20 cm 黑土层厚度处理，相差 1.16～2.02 倍（P<0.05）。

大豆 R6 期，0～10 cm 土层 10 cm 黑土层厚度处理的土壤蔗糖酶活性显著高于 20 cm 和 30 cm 黑土层厚度的活性，分别高出 8.3%和 11.3%（P<0.05）；但 20～30 cm 土层的蔗糖酶活性，20 cm 黑土层的蔗糖酶活性则最低，分别是 10 cm 和 30 cm 黑土层处理蔗糖酶活性的 59.3%和 49.4%（P<0.05）。

大豆 R8 期，0～10 cm 土层中 3 个黑土层厚度处理间的蔗糖酶活性没有显著差异；20～30 cm 土层中，3 个黑土层厚度处理的蔗糖酶活性从高到低依次为 30 cm 黑土层厚度> 10 cm 黑土层厚度>20 cm 黑土层厚度，并且 30 cm 黑土层厚度处理的蔗糖酶活性显著高于 10 cm 和 20 cm 黑土层厚度处理，分别显著高出 66.6%和 1.64 倍（P<0.05）。

如图 7-12 所示，2018 年，大豆农田土壤的蔗糖酶活性整体大致呈逐渐增加的趋势。在大豆 R1 期，0～10 cm 土层中，大豆农田土壤蔗糖酶活性随着黑土层厚度加深而逐渐降低，相反在 20～30 cm 土层中，大豆农田土壤的蔗糖酶活性随着黑土层厚度的加深而逐渐升高；在 0～10 cm 土层中，10 cm 黑土层厚度处理的蔗糖酶活性显著高于 30 cm 黑土层厚度处理的土壤蔗糖酶活性，高出 38.7%（P<0.05）；而在 20～30 cm 土层中，30 cm 黑土层厚度处理的蔗糖酶活性显著高于 10 cm 黑土层厚度处理的土壤蔗糖酶活性，高出 70.1%（P< 0.05）。

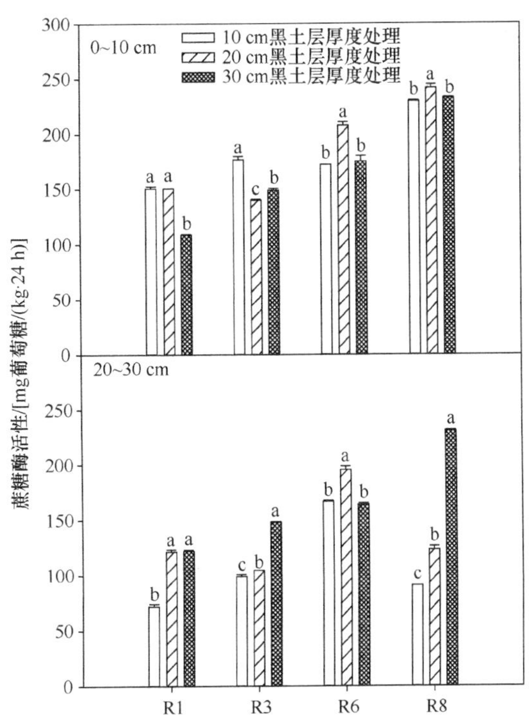

图 7-12　不同黑土层厚度处理大豆农田 0～10 cm 和 20～30 cm 土层蔗糖酶活性变化（2018 年）

大豆 R3 期的土壤蔗糖酶活性在不同黑土层厚度处理间变化较大，说明黑土层厚度对土壤蔗糖酶活性的影响较大。

在 0～10 cm 土层中，大豆农田土壤蔗糖酶活性按从高到低的顺序依次排列为 10 cm 黑土层厚度>30 cm 黑土层厚度>20 cm 黑土层厚度，且 10 cm 黑土层厚度处理的土壤蔗糖酶活性与其他两个黑土层厚度处理的土壤蔗糖酶活性差异显著，分别比 30 cm 黑土层厚度处理和 20 cm 黑土层厚度处理的土壤蔗糖酶活性显著高出 18.7%和 26.4%（$P<0.05$）；在 20～30 cm 土层中，大豆农田土壤蔗糖酶活性按从高到低的顺序依次排列为 30 cm 黑土层厚度>20 cm 黑土层厚度>10 cm 黑土层厚度，并且 30 cm 黑土层厚度处理的土壤蔗糖酶活性显著高出 10 cm 黑土层厚度处理和 20 cm 黑土层厚度处理的土壤蔗糖酶活性 49.8%和 41.9%（$P<0.05$）。

在 0～10 cm 土层和 20～30 cm 土层中，大豆 R6 期的土壤蔗糖酶活性在 20 cm 黑土层厚度处理时都是最高的，且显著高于其他两个黑土层厚度处理的土壤蔗糖酶活性（$P<0.05$）。

R8 期是大豆的收获期，0～10 cm 土层中土壤蔗糖酶活性表现为 20 cm 黑土层厚度处理的蔗糖酶活性显著高出 30 cm 黑土层厚度处理 3.8%（$P<0.05$）；在 20～30 cm 土层中，土壤蔗糖酶活性则表现为 30 cm 黑土层厚度处理的蔗糖酶活性分别显著高出 10 cm 黑土层厚度处理和 20 cm 黑土层厚度处理 1.55 倍和 87.5%（$P<0.05$）。

三、对土壤磷酸酶活性的影响

2017 年，如图 7-13 所示，在大豆生育过程中，大豆农田土壤的表层土（0～10 cm）磷酸酶活性在各个时期都显著高于深层土（20～30 cm）磷酸酶活性（R6 期，20 cm 耕

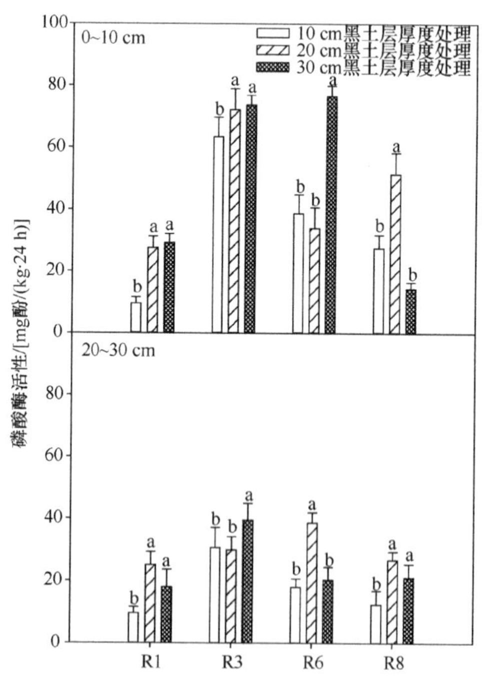

图 7-13　不同黑土层厚度处理大豆农田 0～10 cm 和 20～30 cm 土层磷酸酶活性变化（2017 年）

层厚度 20～30 cm 土层除外），相同的黑土层厚度处理磷酸酶活性在大豆生育过程中的变化趋势大体相同，R3 期的磷酸酶活性最高。

大豆 R1 期，10 cm 黑土层厚度处理的磷酸酶活性显著低于其他黑土层厚度处理。在 0～10 cm 土层中，20 cm 和 30 cm 黑土层厚度处理分别比 10 cm 黑土层厚度处理显著高出 1.88 倍（$P<0.05$）和 2.04 倍（$P<0.05$）；在 20～30 cm 土层中 20 cm 和 30 cm 黑土层厚度分别比 10 cm 黑土层厚度显著高出 1.63 倍（$P<0.05$）和 87.5%（$P<0.05$）。

大豆 R3 期，20～30 cm 土层中 30 cm 黑土层厚度处理的磷酸酶活性显著高于其他两个黑土层厚度处理，而 10 cm 和 20 cm 黑土层厚度处理之间无显著差异；然而，0～10 cm 土层中 30 cm 黑土层厚度处理大豆土壤磷酸酶活性显著高于 10 cm 黑土层厚度，而与 20 cm 黑土层厚度处理无差异。

大豆 R6 期，0～10 cm 土层磷酸酶活性从高到低表现为 30 cm 黑土层厚度>20 cm 黑土层厚度>10 cm 黑土层厚度，且 30 cm 黑土层厚度处理的磷酸酶活性显著高于 10 cm 和 20 cm 黑土层厚度，分别高出 97.9%和 1.26 倍（$P<0.05$）；20～30 cm 土层中磷酸酶活性从高到低表现为 20 cm 黑土层厚度>30 cm 黑土层厚度>10 cm 黑土层厚度，20 cm 黑土层厚度处理的磷酸酶活性比 10 cm 黑土层厚度显著高出 1.16 倍，比 30 cm 黑土层厚度显著高出 90.2%（$P<0.05$）。

大豆收获期，20 cm 黑土层厚度处理的磷酸酶活性在不同土层都显著高于 10 cm 黑土层厚度处理，在 0～10 cm 土层和 20～30 cm 土层中分别相差 87.0%和 1.16 倍（$P<0.05$）。

2018 年的大豆农田土壤磷酸酶活性表现为 R1 期和 R6 期很高，而 R3 期和 R8 期的土壤磷酸酶活性很低，整个生育期的大豆农田土壤磷酸酶活性呈波浪形变化，而且 0～10 cm 土层的土壤磷酸酶活性都高于 20～30 cm 土层的土壤磷酸酶活性（图 7-14）。

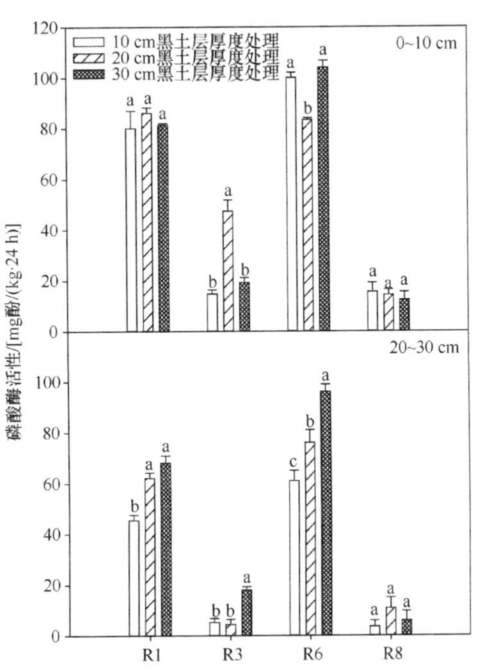

图 7-14　不同黑土层厚度处理大豆农田 0～10 cm 和 20～30 cm 土层磷酸酶活性变化（2018 年）

在大豆 R1 期，0～10 cm 土层的大豆农田土壤磷酸酶活性在 3 个黑土层厚度处理间没有显著差异；而在 20～30 cm 土层中 20 cm 和 30 cm 黑土层厚度处理的大豆土壤磷酸酶活性都显著高于 10 cm 黑土层厚度处理的土壤磷酸酶活性，分别显著高出 36.8%和 50%（$P<0.05$）。

在 0～10 cm 土层中，大豆 R3 期的土壤磷酸酶活性表现为 20 cm 黑土层厚度处理显著高于 30 cm 黑土层厚度处理，高出 1.48 倍（$P<0.05$）；但在 20～30 cm 土层中，土壤磷酸酶活性则表现为 30 cm 黑土层厚度处理显著高于 20 cm 黑土层厚度处理，高出 3.09 倍（$P<0.05$）。

大豆 R6 期的土壤磷酸酶活性在整个生育期中是最高的，但在不同土层中表现不同。在 0～10 cm 土层中，20 cm 黑土层厚度处理的大豆农田土壤磷酸酶活性最低，10 cm 和 30 cm 黑土层厚度处理的土壤磷酸酶活性分别比 20 cm 黑土层厚度处理显著高出 20.1%和 24.9%（$P<0.05$）；在 20～30 cm 土层中，随着黑土层厚度的增加，土壤磷酸酶活性逐渐增加。

无论土层深浅，R8 期的大豆磷酸酶活性在 3 个黑土层厚度处理间都没有显著差异。

四、对大豆 R6 期根际和非根际土壤酶活性的影响

图 7-15 清晰表明，无论黑土层厚度多深，大豆农田根际土壤 3 种关键酶活性都显著高于非根际土壤酶活性（$P<0.05$）。

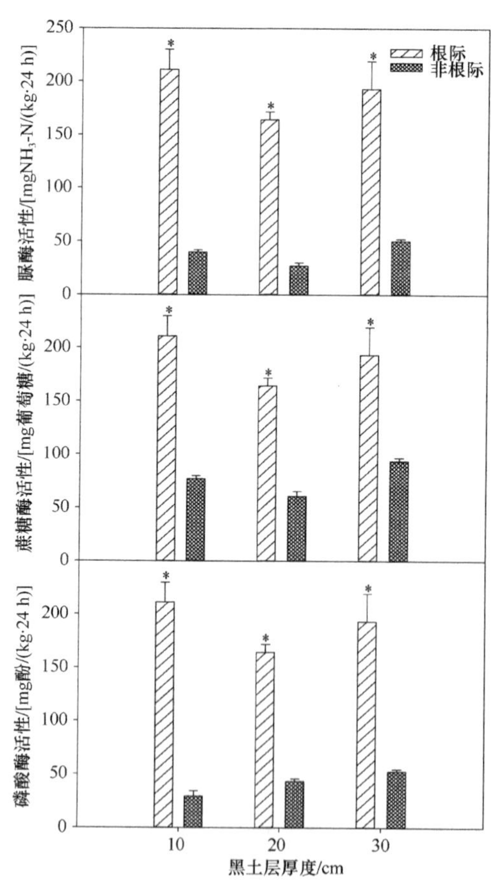

图 7-15 不同黑土层厚度大豆根际和非根际农田土壤酶活性差异（2017 年）

总体上，根际土壤酶活性基本呈现随着黑土层厚度的增加先减弱再增强的趋势，按酶活性从高到低排序为 10 cm 黑土层厚度>30 cm 黑土层厚度>20 cm 黑土层厚度。

通过比较 10 cm、20 cm、30 cm 黑土层厚度处理的土壤酶活性发现，3 个黑土层厚度根际土壤脲酶活性分别比非根际土壤显著高出 4.3 倍（$P<0.05$）、5.09 倍（$P<0.05$）和 2.84 倍（$P<0.05$）；蔗糖酶活性分别比非根际土壤显著高出 1.74 倍（$P<0.05$）、1.72 倍（$P<0.05$）和 1.06 倍（$P<0.05$）；磷酸酶活性分别比非根际土壤显著高出 6.15 倍（$P<0.05$）、2.78 倍（$P<0.05$）和 2.67 倍（$P<0.05$）。

非根际土壤脲酶和蔗糖酶活性表现为 30 cm 黑土层厚度>10 cm 黑土层厚度>20 cm 黑土层厚度，说明 20 cm 黑土层厚度处理是脲酶和蔗糖酶最不活跃的黑土层厚度处理。除土壤脲酶活性外，根际土壤和非根际土壤酶活性差异随着黑土层厚度的增加逐渐变小。

然而，2018 年生长季的结果却表明，根际土壤酶活性不一定高于非根际土壤酶活性（图 7-16），这一点与 2017 年生长期的根际土壤和非根际土壤间酶活性差异不同；而且从 3 种酶活性间比较来看，R6 期的大豆农田土壤脲酶活性是最低的，蔗糖酶活性最高。

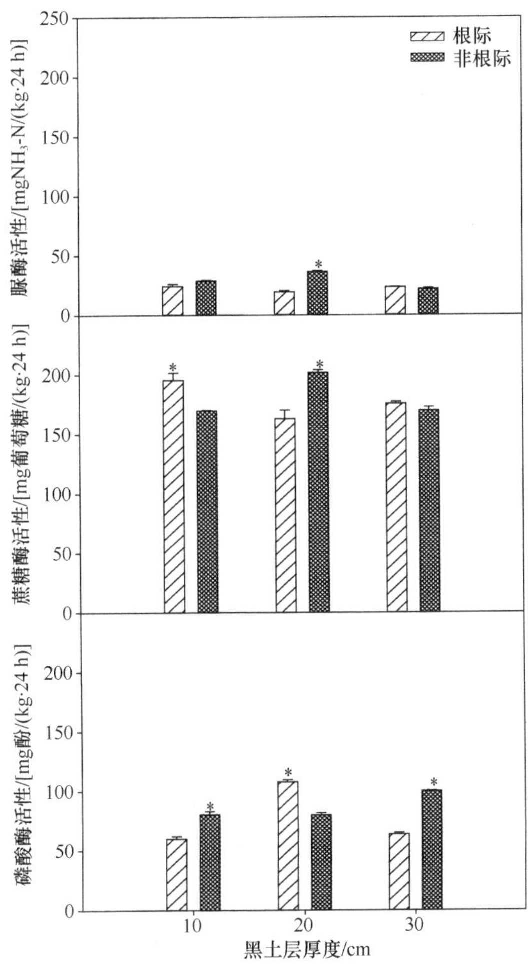

图 7-16　不同黑土层厚度大豆根际和非根际农田土壤酶活性差异（2018 年）

从土壤脲酶来看，除 30 cm 黑土层厚度处理外，大豆农田根际土壤脲酶活性均低于非根际土壤脲酶活性，且在 20 cm 黑土层厚度处理，非根际土壤脲酶活性显著高于根际土壤，高出 86.6%（$P<0.05$）。

就大豆农田土壤蔗糖酶而言，在 10 cm 黑土层厚度处理中，根际土壤蔗糖酶活性显著高于非根际土壤蔗糖酶活性，高出 15.4%（$P<0.05$）；20 cm 黑土层厚度处理中的根际土壤蔗糖酶活性则显著低于非根际土壤蔗糖酶活性，低了 23.8%（$P<0.05$）；不同的是，30 cm 黑土层厚度处理中的根际土壤蔗糖酶活性虽然高于非根际土壤，但是差异不显著。

10 cm 黑土层厚度处理和 30 cm 黑土层厚度处理的大豆农田磷酸酶活性都表现为非根际土壤处理高于根际土壤处理，分别显著高出 34.7%和 57.9%（$P<0.05$）；而 20 cm 黑土层厚度处理中的土壤磷酸酶活性表现为根际土壤处理显著高于非根际土壤处理，高出 35.0%（$P<0.05$）。

第三节　黑土层厚度对农田土壤根际和非根际养分的影响

一、对玉米乳熟期根际和非根际土壤速效养分的影响

从两年试验土壤速效养分含量综合来看，2018 年玉米农田各处理速效养分含量高于 2017 年。

2017 年生长季，不同黑土层厚度处理玉米乳熟期根际和非根际土壤速效养分差异较大。30 cm 黑土层厚度速效氮含量根际土壤显著高于非根际土壤（图 7-17），高出 1.08 倍（$P<0.05$），而 10 cm 和 20 cm 黑土层厚度差异不显著，这可能与乳熟期玉米根系大量吸收根表周边氮素营养有关。

10 cm 黑土层厚度的根际土壤有效磷含量显著高出非根际土壤 76.1%（$P<0.05$），而 20 cm 黑土层的非根际土壤有效磷含量显著高出根际土壤 9.3%（$P<0.05$），但 30 cm 黑土层厚度处理根际土壤和非根际土壤之间无显著差异。

我们发现，乳熟期不同黑土层厚度处理玉米根际土壤的速效钾含量均低于非根际土壤，且 10 cm 和 30 cm 黑土层厚度处理非根际土壤速效钾含量显著高于根际土壤的含量，分别高出 6.8%和 11.3%（$P<0.05$），表明玉米乳熟期根系会消耗大量速效钾供给作物地上部分的生长。

图 7-18 表明，除 30 cm 黑土层厚度处理中的根际土壤速效钾含量低于非根际土壤处理，其他黑土层厚度处理的速效钾含量都表现为根际土壤处理显著高于非根际土壤处理，且在 10 cm 黑土层厚度处理中，根际土壤的速效氮含量显著高出非根际土 27.5%，在 20 cm 黑土层厚度处理中，根际土壤的速效钾含量显著高出非根际土壤 15.5%（$P<0.05$）。

3 个黑土层厚度的玉米农田根际土壤速效氮含量均显著高于非根际土壤，10 cm 黑土层厚度处理、20 cm 黑土层厚度处理和 30 cm 黑土层厚度处理中分别显著高出 9.1%、14.8%和 6.7%（$P<0.05$）。

相对于另外两个速效养分含量而言，根际土壤有效磷含量相对较高。

在 10 cm 黑土层厚度中，玉米乳熟期农田根际土壤有效磷含量显著高于非根际土壤，

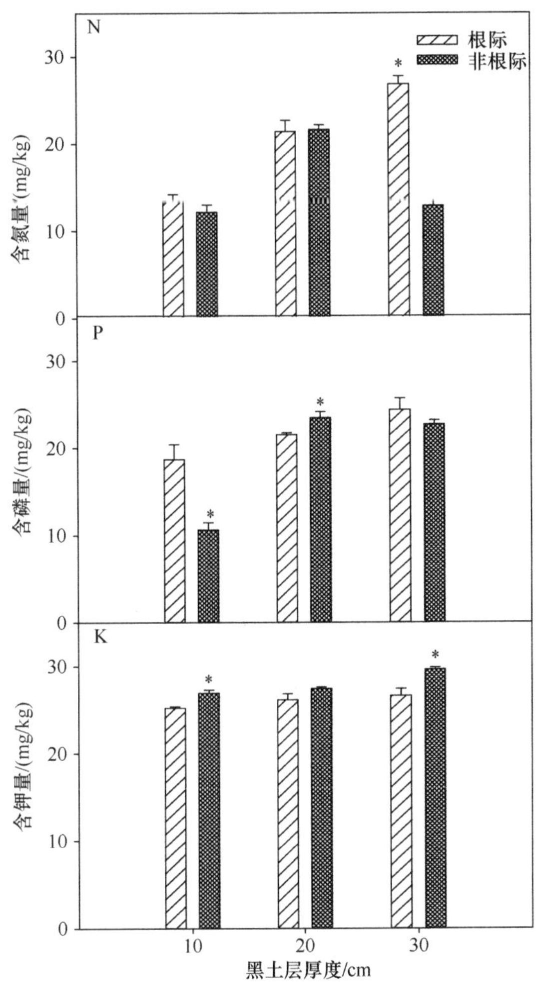

图 7-17　不同黑土层厚度处理玉米根际和非根际农田土壤速效养分差异（2017 年）

高出 1.50 倍（$P<0.05$）；20 cm 黑土层厚度中，玉米农田根际土壤有效磷含量显著高于非根际土壤，高出 55.1%（$P<0.05$）；30 cm 黑土层厚度中，玉米农田根际土壤有效磷含量显著高于非根际土壤，高出 1.19 倍（$P<0.05$）。

与 10 cm 黑土层厚度处理和 20 cm 黑土层厚度处理相比，在 30 cm 黑土层厚度处理中，根际土壤速效氮含量最高，但有效磷最低，速效钾含量相差不大。我们可以看出，20 cm 黑土层厚度速效养分在根际和非根际之间差异很小。

二、对大豆 R6 期根际和非根际土壤速效养分的影响

不同黑土层厚度大豆 R6 期根际和非根际土壤速效养分规律差异较大（图 7-19）。

3 个黑土层厚度处理的根际土壤速效氮和速效钾含量均低于非根际土壤，而根际土壤有效磷含量却显著高于非根际土壤，这可能与 R6 期大豆根系大量吸收根表周边氮素和钾素营养有关；随着黑土层厚度的增加，根际土壤有效磷含量越来越高，而非根际土

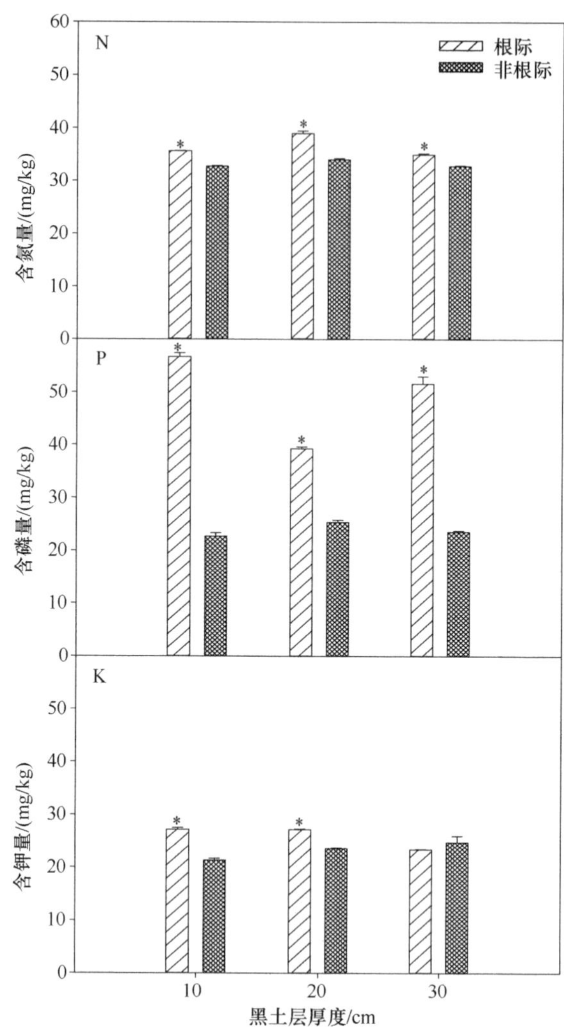

图 7-18　不同黑土层厚度处理玉米根际和非根际土壤速效养分差异（2018 年）

壤有效磷含量逐渐降低，黑土层厚度由薄到厚依次显著高出 55.0%（$P<0.05$）、99.8%（$P<0.05$）和 1.75 倍（$P<0.05$）。

10 cm 黑土层厚度的非根际土壤速效氮含量显著高出根际土壤 24.0%（$P<0.05$），而 30 cm 黑土层的非根际土壤速效氮含量显著高出根际土壤 22.7%（$P<0.05$），但 20 cm 黑土层厚度根际和非根际土壤速效氮含量无显著差异。

我们发现，R6 期不同黑土层厚度处理大豆根际土壤速效钾含量均低于非根际土壤，且 30 cm 黑土层厚度处理非根际土壤速效钾含量显著高于根际土壤的含量，高出 2.0%（$P<0.05$），表明大豆 R6 期根系会消耗大量速效钾供给作物地上部分生长。

图 7-20 是 2018 年不同黑土层厚度对大豆根际和非根际土壤速效养分的影响。与相同处理的酶活性变化趋势相比较，速效养分的变化有很明显的规律。除了 30 cm 黑土层厚度处理的速效钾含量表现为根际土壤处理低于非根际土壤处理，其他不同黑土层厚度处理的速效养分含量均表现为根际土壤含量显著高于非根际土壤含量。

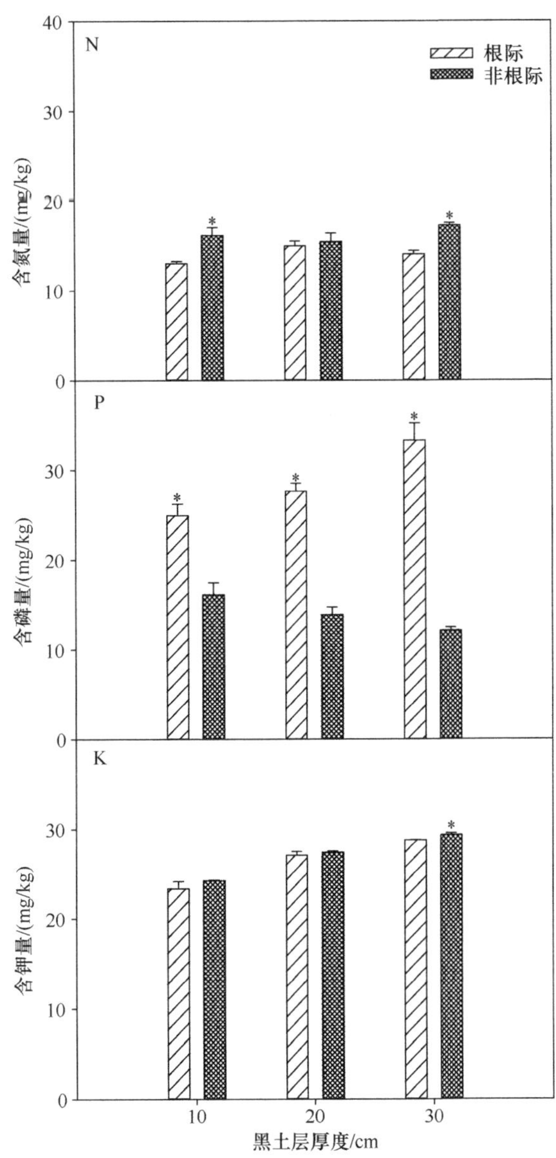

图 7-19 不同黑土层厚度大豆根际和非根际土壤速效养分差异（2017 年）

速效氮含量总体表现为 20 cm 黑土层厚度最高，说明 20 cm 黑土层厚度有利于氮素的积累，且 3 个黑土层厚度处理的根际土壤速效氮含量都显著高于非根际土壤含量，随着黑土层厚度的增加，分别显著高出 9.1%、14.8%和 6.7%（$P<0.05$），证明 20 cm 黑土层厚度也促进氮素在根际的积累。

根际土壤有效磷含量从高到低依次为 10 cm 黑土层厚度>30 cm 黑土层厚度>20 cm 黑土层厚度处理，而非根际土壤有效磷含量恰好与之相反，表现为 20 cm 黑土层厚度< 30 cm 黑土层厚度<10 cm 黑土层厚度处理；当黑土层厚度为 10 cm、30 cm、20 cm 时，根际土壤有效磷含量分别显著高出非根际土 1.5 倍、1.19 倍和 55.1%（$P<0.05$）。

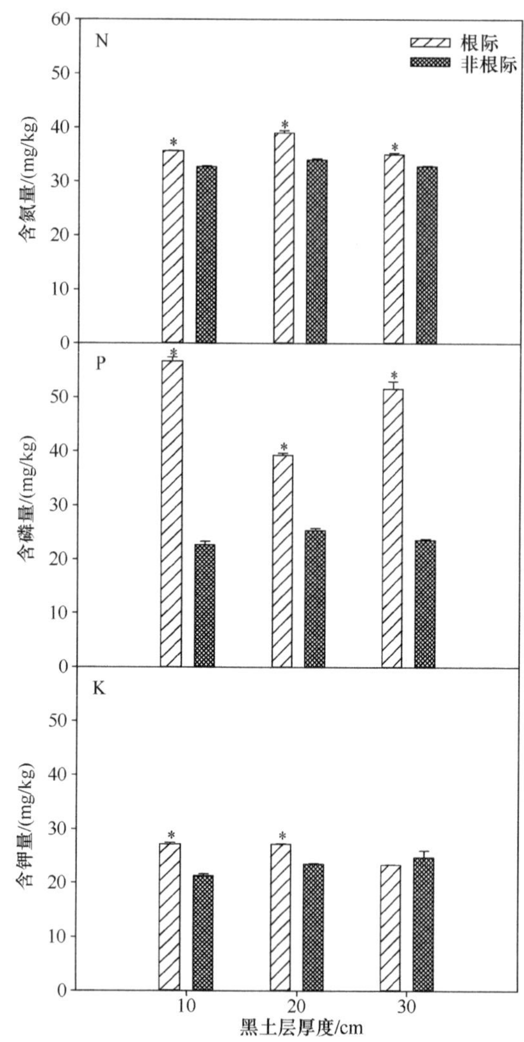

图 7-20　不同黑土层厚度大豆根际和非根际土壤速效养分的影响（2018 年）

10 cm 黑土层厚度和 20 cm 黑土层厚度处理的速效钾含量都表现出根际土壤处理显著高于非根际土壤处理，分别显著高出 27.5%和 15.5%（$P<0.05$），差异随着黑土层厚度的加深而逐渐减小，到 30 cm 黑土层厚度根际土壤速效钾含量甚至低于非根际土壤含量，但差异不明显。

比较两年的结果，2018 年大豆 R6 期根际土壤养分高于 2017 年同时期根际土壤。

第四节　农田土壤酶和养分对黑土层厚度的响应

一、玉米农田酶活性和速效养分对黑土层厚度的响应

我们的研究发现，从不同土层的角度分析，无论黑土层厚度多深，轮作免耕条件下，玉米农田土壤的脲酶、蔗糖酶和磷酸酶活性都随着土层的加深而降低，可能有两方面的

因素导致这种结果。

其一，除了少数的土壤酶游离在土壤中，大部分土壤酶在土壤中都是吸附在有机质和无机质上或者络合在腐殖质上，随着土层的逐渐加深，土壤有机质和无机质含量明显减少，所以酶活性也随之降低。

其二，较深土层中空气流通受阻，土壤中细菌和真菌等微生物的种类变少，数量降低，进而导致土壤酶活性降低（曹慧等，2003）。从耕作制度角度来看，以上结果可能与免耕秸秆覆盖有关，秸秆覆盖会使土壤有机质有层次地分布在土壤中，进而影响土壤酶的活性（Zeng et al.，2009）。一般而言，在较浅土层的酶活性高于较深土层，并且随着土壤剖面加深，土壤酶活性有逐渐降低的趋势。

在 2017 年，不同黑土层厚度玉米生育期间 3 种酶活性的高低差异较大。土壤脲酶活性只有拔节期 20 cm 黑土层厚度处理处理一致明显高于其他两个黑土层厚度，而乳熟期和灌浆期 20 cm、30 cm 黑土层厚度的土壤脲酶活性除 0～10 cm 外，其他均无差异。收获期，10 cm 黑土层厚度处理 0～10 cm 土层的脲酶活性显著高于 30 cm 黑土层厚度，而 20～30 cm 土层的脲酶活性显著低于 30 cm 黑土层厚度处理。

表层土壤脲酶活性随黑土层厚度增加而降低，可能是由于土壤硝化细菌和反硝化细菌活性的不断增强。说明土壤黑土层薄时，深部土层紧实，根系生长受到限制，进而影响脲酶活性。土壤黑土层厚时，微生物数量多，种类丰富，对脲酶的分泌有促进作用。

第六章第三节指出，在 0～10 cm 土层中，玉米 30 cm 黑土层厚度处理根重密度在 R3 期比 10 cm 黑土层厚度处理显著高出 31.4%（$P<0.05$），这与本研究的结果相符合，说明根重密度高的根系能分泌较多的脲酶，提高脲酶活性。

然而，2018 年的土壤脲酶活性整体明显低于 2017 年，且不同黑土层厚度间土壤脲酶活性大多存在差异。这可能是由于 2018 年降水量较大，土壤温度普遍低于 2017 年，而脲酶活性受土壤温度影响较大。玉米拔节期的 20 cm 黑土层厚度处理土壤脲酶活性都低于其他两个黑土层厚度处理，这一点与 2017 年的差异规律明显不同。玉米收获期的土壤脲酶活性在 2018 年是整年中最低的。

与 2017 年土壤脲酶活性相反，2018 年玉米拔节期 20 cm 和 30 cm 黑土层厚度处理的玉米农田土壤蔗糖酶活性显著低于 10 cm 黑土层厚度。尽管乳熟期 0～10 cm 土层和灌浆期 20～30 cm 土层差异不大，其他时期总体表现为黑土层越厚，0～10 cm 蔗糖酶活性越低，20～30 cm 的蔗糖酶活性越高。这表明，为适应黑土层厚度，玉米通过改变蔗糖酶的分布，以提高表层酶活性，弥补深层蔗糖酶活性低的限制。

随着黑土层的增加，土壤有机碳含量降低，由于这时的玉米仍需 0～10 cm 土层土壤有机质营养供给，对 20～30 cm 土层需求量较少，而蔗糖酶作为有机物分解的转化酶，转化有机质消耗的蔗糖酶越多，土壤中的蔗糖酶活性就越低。正如赵仁竹等（2015）的研究指出，吉林西部盐碱水田区土壤蔗糖酶活性 0～10 cm 土层中最高，随着土层的加深蔗糖酶活性降低，说明深层土壤中碳水化合物的转化强度和微生物数量、活性都显著低于 0～10 cm 土层，在对秋茄红树林土壤酶活性的研究中也得出相似结论。与深层土壤相比，表层土壤温度、湿度都有利于微生物活动，蔗糖酶活性随着微生物活动的增强而提高。土层越深，土壤环境越恶劣，微生物活动受到抑制，所以蔗糖酶活性随着土壤剖面的加深而降低。

土壤蔗糖酶活性在2018年随生长期变化趋势与2017年正好相反，2017年的玉米农田土壤蔗糖酶活性随生长期的推进整体大致呈逐渐降低的趋势，而2018年玉米农田土壤蔗糖酶活性随生长期的推进整体呈逐渐升高的趋势。2018年，在各个黑土层厚度中的土壤蔗糖酶活性之间都有显著性差异。可能原因有两个：其一可能是因为轮作制度，两年的作物茬口不同，前茬作物对后茬作物的影响不同；其二可能是由于免耕秸秆还田制度，土壤中累积的微生物和有机质会逐年增加，所以就对土壤蔗糖酶活性有一定的影响。

磷酸酶是一种适应酶，当作物缺磷时磷酸酶活性增强，磷酸酶活性随着磷素的亏缺量增多而上升。2017年生长季，总体上，30 cm黑土层厚度处理的0～10 cm和20～30 cm土层的活性，不同生育时期均高于10 cm和20 cm黑土层厚度处理（乳熟期0～10 cm除外）。磷酸酶活性与土壤中磷元素的转化有关，10 cm黑土层厚度和20 cm黑土层厚度处理中磷酸酶活性较低，30 cm黑土层厚度处理中磷酸酶活性显著较高，表明磷酸酶活性只在较厚黑土层情况下积累，即较厚的土壤黑土层更有利于磷酸酶活性。

无论土层深浅，2018年土壤磷酸酶活性在收获期都是最低的，且3个黑土层厚度处理的土壤磷酸酶间没有显著差异，可以说明：①收获期的土壤磷酸酶活性基本不受黑土层厚度影响；②此时玉米地上部分生长不旺盛，需要的磷含量较少，所以磷酸酶活性低；③收获期的玉米根系衰老，吸收能力减弱，分泌能力亦减弱，间接影响了土壤中的磷酸酶活性。

2017年，在3个黑土层厚度处理的整个玉米生育期内，土壤脲酶活性在20 cm黑土层厚度处理的玉米拔节期最高，且玉米农田土壤脲酶活性随着生育期的变化大体呈缓慢下降的趋势，可能是由于季节的变化引起温度的变化，进而影响了脲酶的活性，更主要的是玉米根系的分布和根系活力的影响。

土壤蔗糖酶活性在10 cm黑土层厚度处理的玉米拔节期最高，随着玉米生育期的变化，土壤蔗糖酶活性呈先下降后上升的趋势，乳熟期为整个生育期蔗糖酶活性最低点，乳熟期是玉米生长关键期，这个时期玉米地上部分生长需要碳的供给，从而导致土壤蔗糖酶的活性降低。而土壤磷酸酶活性在30 cm黑土层厚度处理的灌浆期最高，在整个玉米生育期的变化趋势为波浪形，并没有明显的规律，因为土壤磷酸酶活性亦受很多因素影响，如土壤温度、pH、含水量及有机磷含量等。

根际是植物、土壤和微生物共同作用的区域，是土壤中生物化学性质最活跃的微域，极易受环境变化影响。植物通过根系分泌物，根系凋落物等影响根际土壤特征，进而对土壤酶活性和理化性质产生影响。根际土壤酶通过调节土壤养分的有效性来影响作物的吸收利用（Morris and Garrity，1993）。

朱永官（2003）的研究表明，根际环境受根系及与其相关的微生物的活动影响很大，因此，根际土壤的物理化学和生物学特性等与非根际土壤间存在很明显的差异。所以，根际环境对酶活性的影响是不可忽略的。本研究发现，2017年不同黑土层厚度玉米乳熟期的根际3种土壤酶活性基本呈现随着黑土层厚度的增加而逐渐减弱的趋势，玉米农田土壤根际土壤蔗糖酶活性为10 cm黑土层厚度> 30 cm黑土层厚度>20 cm黑土层厚度，而非根际土壤蔗糖酶活性为30 cm黑土层厚度>20 cm黑土层厚度>10 cm黑土层厚度，表明蔗糖酶活性受根际影响较为明显。而且，10 cm黑土层厚度处理中的根际土壤与非根际土壤脲酶和蔗糖酶活性差异明显高出 30 cm 黑土层厚度处理。2018 年的根际土壤磷酸酶活性 10 cm 黑土层厚度<30 cm 黑土层厚度< 20 cm 黑土层厚度，而非根际土壤的磷酸酶活性为 10 cm 黑土层厚度<20 cm 黑土层厚度< 30 cm 黑土层厚度，恰好与根际土壤磷酸酶活性相反；但 2017 年根际土壤与非根际土壤磷酸酶活性间没有规律。这可能是因为磷酸酶活性受植物生长影响，植物通过影响根系分泌酶的多少来影响根际微生物及其周围土壤环境，土壤环境又会反过来影响磷酸酶活性。

总之，相对于非根际土壤而言，玉米的根际土壤蔗糖酶和磷酸酶活性对黑土层厚度响应更加敏感，根际土壤更能体现土壤酶活性的变化规律。但大多数研究都是以传统耕作制度为基础，易受连作和施肥等因素的影响。本研究消除了这些因素的影响，其结果能更好地反映免耕轮作条件下土壤酶活性的变化规律。

土壤脲酶、蔗糖酶、磷酸酶分别在土壤中氮、碳、磷循环中起重要作用。本研究发现，2017 年，只有 30 cm 黑土层厚度处理的根际土壤速效氮显著高于非根际土壤，说明 30 cm 黑土层根际土壤环境活跃，但与根际土壤脲酶活性高低似乎无直接关系。

磷酸酶活性高低直接影响土壤有机磷的分解转化及其生物有效性。本研究发现，乳熟期 10 cm黑土层非根际土壤有效磷含量明显低，说明黑土层厚有助于磷素的转化。随着土壤黑土层厚度的加深，玉米根际土壤有效磷含量逐渐增加，可能是由于土壤黑土层越薄，土壤中有效磷含量越低，处于缺磷状态，乳熟期玉米根系需要从土壤中吸收足够的有效磷来满足自身生长需要，因此玉米根系需要分泌较多的磷酸酶，以促进土壤中有机磷化合物水解，生成可以被植物利用的无机态磷。García-Gil等（2000）也得出相同结论，当土壤中有效磷含量较高时，土壤磷酸酶活性相对较低，反之，土壤磷酸酶活性较高。

从对 2018 年的研究我们可以看出，根际土壤速效氮和有效磷含量均显著高于非根际土壤，说明在 2018 年玉米农田土壤中，速效养分大部分受根际影响较大。轮作增加土壤中速效氮、有效磷和速效钾含量，可能是由于轮作向土壤中输入许多不同种类的物质而导致速效养分累积。

二、大豆农田酶活性和速效养分对黑土层厚度的响应

对两年的土壤酶活性和速效养分进行比较，不难看出玉米农田土壤和大豆农田土壤即使在同年的变化规律也不相同，说明在玉米和大豆生长过程中，参与的酶和消耗的速效养分都有所不同。

相同的趋势是大豆农田土壤酶活性也都随着土层的加深而逐渐减弱，0～10 cm 土层中的土壤酶活性高于 20～30 cm 土层，可能是因为 0～10 cm 土层土壤养分含量较高，微生物生长所需的营养源充足，微生物活动旺盛，代谢活跃。随着土层的加深，土壤结构变差，土壤温度、湿度都降低，限制了土壤生物代谢和生产土壤酶的能力。安韶山等（2005）对黄土丘陵区草地土壤脲酶活性的研究也得出了同样的结论，在不同土壤剖面中，土壤脲酶活性表现为上层土壤酶活性明显高于下层。

2017 年，不同黑土层厚度处理大豆生育期间 3 种酶活性的高低同样有差异。随着生育进程的推进，同一黑土层厚度中，不论土层深浅，R1 期大豆农田土壤脲酶活性始终

最高，然后脲酶活性逐渐降低，到 R6 期呈最低状态，R8 期的土壤脲酶活性又有所回升，说明 R1 期的大豆需要土壤提供的氮素较多，促进土壤脲酶对尿素转化的催化作用，所以脲酶活性高于其他生长期。

同一土层中，除了 R6 期和 R8 期，20 cm 黑土层厚度的土壤脲酶活性都最低，且显著低于 30 cm 黑土层厚度处理。说明此时 20 cm 黑土层厚度中大豆农田土壤化学性质相对于 30 cm 黑土层厚度处理更稳定。

然而，2018 年的大豆脲酶活性不仅显著低于 2017 年的土壤脲酶活性，而且与 2017 年有所不同的是，土壤脲酶活性在大豆鼓粒期（R6 期）最高，这显然与前茬玉米种植及其施肥有关，即轮作会改变大豆茬黑土层土壤脲酶活性的变化规律，也表明前茬种植玉米后减弱了大豆生殖生长期的固氮能力，对土壤中氮素吸收变多，进而影响了土壤中的酶促反应，导致脲酶活性处于较高的状态。

就土壤蔗糖酶而言，不同土层中，2017 年大豆农田土壤蔗糖酶活性随生殖生长期的推进变化趋势不同。0～10 cm 土层中，大豆农田土壤蔗糖酶活性变化趋势为高—低—高—低。可能是因为 R8 期是收获期，大豆根系衰老，产生的根系分泌物种类、数量都有所减少，微生物数量降低，从而降低土壤蔗糖酶活性。20～30 cm 土层土壤蔗糖酶活性则是高—低—低—高，并在 R8 期达到最高值。

与脲酶活性相同，R1 期 20 cm 黑土层厚度的大豆农田土壤蔗糖酶活性大多低于其他两个黑土层厚度。

总体来看，0～10 cm 土层土壤蔗糖酶活性显著高于 20～30 cm 土层土壤蔗糖酶活性，且 20 cm 黑土层厚度中土壤蔗糖酶活性低于其他两个黑土层厚度处理。这表明，20 cm 黑土层厚度中，土壤中有机质转化量低于其他两个黑土层，导致土壤中蔗糖酶活性处于较低状态。

2018 年，不同土层中的大豆农田土壤蔗糖酶活性变化趋势相同，都是随着生殖生长期的推进而逐渐升高，在 R8 期表现为土壤蔗糖酶活性最高，这可能是两个原因导致的：①秸秆还田后改变了土壤中碳氮比，直接影响了土壤蔗糖酶活性；②土壤中分泌蔗糖酶的微生物随时间推移逐渐累积。

2017 年大豆农田土壤磷酸酶活性在整个生育期内变化规律并不明显，总体上可以看作先上升后下降的趋势，且 R1 期的土壤磷酸酶活性最低。可能是由于在大豆生殖生长初期，土壤中磷酸酶来源主要靠作物根系分泌，这与朱芸芸等（2016）对湿地植物根际土壤磷酸酶活性变化规律研究得出的结论一致。

可以看出，不同黑土层厚度磷酸酶活性最高时期都集中在 R3 期。0～10 cm 土层中，10 cm 黑土层厚度和 20 cm 黑土层厚度处理的土壤磷酸酶活性在 R3 期均为最高；20～30 cm 土层中，10 cm 黑土层厚度和 30 cm 黑土层厚度处理的土壤磷酸酶活性在 R3 期为最高。由于磷酸酶活性与土壤中磷素含量呈负相关的关系，当土壤中缺磷时，土壤磷酸酶活性就高。说明在大豆生殖生长期中，R3 期较浅土层中的大豆植株会从土壤中吸收较多的磷素，使土壤中磷素亏缺，导致土壤磷酸酶活性升高。

2018 年大豆农田土壤磷酸酶活性表现为 R6 期最高，R8 期最低。与 2017 年的土壤磷酸酶变化趋势不尽相同，但 R8 期的磷酸酶活性和 2017 年一样，都是同年最低的。由于 R8 期是一年中温度最低的时期，可以说明磷酸酶活性可能受温度的影响较大。

2017 年的大豆农田根际土壤酶活性研究发现，不同黑土层厚度大豆鼓粒期的根际 3 种土壤酶活性均表现为 10 cm>30 cm>20 cm，且与相同黑土层厚度的非根际土壤呈显著差异，随着黑土层厚度的增加，差异也在逐渐变小，表明黑土层厚度对根际土壤这 3 种酶活性也有着至关重要的影响。

10 cm 黑土层厚度和 30 cm 黑土层厚度处理的根际土壤速效氮显著低于非根际土壤，20 cm 黑土层厚度处理的根际土脲酶活性最低，但此时的根际土壤中氮素含量最高，这正与根际土壤脲酶活性趋势相符合，脲酶活性越强，会转化更多的氮素，导致根际土壤的氮素含量低于非根际土壤。此外，根际土壤含磷量随着黑土层厚度的增加而逐渐增加，而非根际土壤则正好相反，随着黑土层厚度的增加而逐渐降低，并且同一黑土层厚度的根际土壤和非根际土壤的含磷量呈显著差异。说明大豆农田土壤的根际环境活跃，非根际土壤的磷酸酶活性和含磷量之间的相关性更强。

根据以上结果的讨论，可以得出如下基本结论。

1）玉米—大豆轮作免耕体系下，黑土层厚度对玉米和大豆黑土农田土壤酶活性影响不同。总体来说，20 cm 黑土层厚度的脲酶、蔗糖酶、磷酸酶活性与 10 cm、30 cm 黑土层厚度处理的酶活性有显著差异。各黑土层厚度下，0～10 cm 土层的土壤酶活性都高于 20～30 cm 土层的土壤酶活性。

2）玉米农田土壤脲酶活性年际差异很大，2017 年土壤脲酶活性显著高于 2018 年，而不同黑土层厚度间土壤脲酶活性差异较小。黑土层厚度显著影响玉米生育期间农田土壤蔗糖酶活性，对表层土壤蔗糖酶活性有积累效应，黑土层越厚，土壤蔗糖酶活性越低；但土壤中性磷酸酶活性却随黑土层厚度增加而增加。

3）大豆农田土壤脲酶活性年际存在差异，但并不是黑土层越薄，土壤脲酶活性就越低，20 cm 黑土层厚度土壤脲酶活性最低。与较深土层相比较，黑土层厚度对表层土壤的蔗糖酶活性没有显著影响。在 20～30 cm 土层中，30 cm 黑土层厚度的土壤蔗糖酶活性最高。较薄的黑土层会抑制土壤磷酸酶活性，黑土层厚度越厚，磷酸酶活性越高。

4）玉米农田土壤中，根际土壤脲酶、蔗糖酶、磷酸酶活性年际存在差异，但各黑土层厚度根际土壤酶活性均高于非根际土壤酶活性，且相对薄的黑土层，根际土壤酶活性更高。大豆农田土壤中，根际土壤的脲酶、蔗糖酶和磷酸酶活性对土壤黑土层厚度的响应表现出特殊性，10 cm 黑土层厚度根际土壤酶活性最高，20 cm 黑土层厚度根际土壤酶活性最低。土壤黑土层越薄，大豆农田根际土壤酶活性越高。

5）玉米农田和大豆农田根际土壤速效氮、有效磷和速效钾含量均高于非根际土壤，而黑土层厚度对土壤速效养分含量影响不大；两年的玉米—大豆轮作上述土壤速效养分含量有所增加，并增大了根际土壤与非根际土壤间速效养分的差异。

第五节　黑土层厚度对农田根际细菌群落的影响

一、对作物根际细菌 16S rRNA 基因拷贝数和土壤呼吸的影响

不同黑土层厚度对大豆根际细菌丰度和土壤呼吸没有显著影响，但却显著降低了玉

米根际细菌丰度、提高了土壤呼吸，表明玉米根际细菌对不同黑土层厚度的响应比大豆要敏感（表 7-1）。

表 7-1 不同黑土层厚度对作物根际细菌 OTU 数目、多样性指数、16S rRNA 基因拷贝数和土壤呼吸的影响（Yu et al.，2019）

黑土层厚度/cm	OTU 数目/个		Chao 多样性指数		Shannon 多样性指数		16S r RNA 基因拷贝数/（$\times 10^9$ 拷贝/g 干土）		土壤呼吸/（mL CO_2/kg 干土）	
	大豆	玉米	大豆	玉米	大豆	玉米	大豆	玉米	大豆	玉米
10	2274 (49) a	2485 (58) a	2997 (114) a	3217 (63) a	6.44 (0.04) a	6.55 (0.07) a	2.86 (1.28) a	4.07 (0.56) a	93.17 (11.61) a	46.24 (5.18) b
20	2239 (52) a	2494 (50) a	2981 (54) a	3237 (144) a	6.41 (0.04) a	6.54 (0.05) a	1.78 (0.25) a	3.52 (0.79) ab	80.26 (8.96) a	57.46 (17.14) ab
30	2321 (99) a	2489 (70) a	3147 (176) a	3232 (169) a	6.49 (0.05) a	6.56 (0.04) a	2.36 (1.00) a	2.49 (0.89) b	86.49 (3.93) a	81.73 (11.30) a

注：表内括号中数据 3 次平均值的 SD 值；不同小写字母代表不同黑土层厚度处理之间差异显著（$P<0.05$）

Sui 等（2009）也发现，大豆和玉米产量随着表层黑土被剥离的深度增加而下降，其中玉米产量的下降幅度要高于大豆。另外，随着黑土层厚度的增加，玉米根际细菌丰度降低而土壤呼吸增加。在同一黑土层厚度中，玉米根际细菌 16S rRNA 基因拷贝数显著高于大豆，而土壤呼吸呈现相反趋势，分析原因可能是玉米的根重密度随着黑土层厚度的增加而增加（第六章第三节），造成玉米根部生长和微生物生长相互竞争，导致只有一部分竞争能力强和活性高的细菌能够在营养受限的环境下生存下来。

二、对作物根际细菌群落结构多样性的影响

基于 Mothur 软件和 α 多样性指数的计算结果表明，从大豆和玉米根部所获得的 OTU 数目分别为 2239～2321 个和 2485～2494 个，且不同黑土层厚度对大豆和玉米根际细菌 OTU 数目和 Chao 多样性指数没有显著影响，大豆和玉米 Shannon 多样性指数分别为 6.41～6.49 和 6.54～6.56。

基于 Bray-Curtis 距离针对不同黑土层厚度的大豆和玉米根际细菌群落的主成分分析（PCoA）结果表明，不同黑土层厚度的大豆和玉米根际细菌群落均产生明显分异（图 7-21），其中大豆群落的 PCoA 第一主成分和第二主成分分别解释了 24.24%和 16.49%的变异率，玉米群落的 PCoA 第一主成分和第二主成分分别解释了 26.93%和 22.69%的变异率。ANOSIM 和 ADONIS 指数的计算结果也再次印证了黑土层厚度对大豆和玉米根际细菌群落具有显著影响，表明相对于土壤理化性质而言，土壤微生物对黑土层厚度更为敏感。该结果也进一步强化了应该把土壤微生物作为土壤理化指标的指示因子。

不同黑土层厚度细菌群落结构不同可能与不同黑土层厚度会影响植物根部性状有关。例如，第六章第二节和第三节指出，黑土层厚度会显著影响大豆和玉米根重密度，进而可能会导致不同黑土层厚度土壤中的根系分泌物和根际沉积物的数量与种类不同，进而影响微生物生长所需的物质和能量供给。

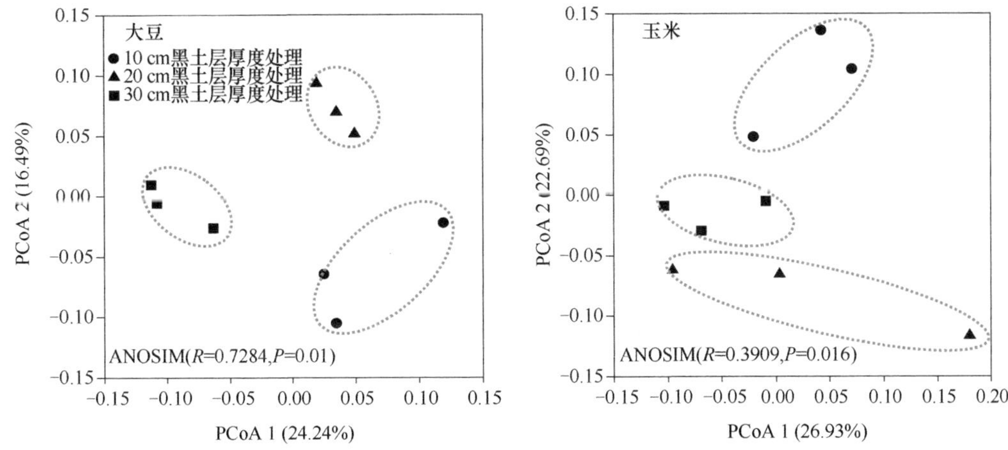

图 7-21　不同黑土层厚度大豆和玉米根际细菌群落的 PCoA 分析（Yu et al., 2019）

三、对作物细菌群落结构组成的影响

大豆和玉米根际细菌在门水平上相对丰度较高的 10 个门如图 7-22 所示。其中，变形菌门（Proteobacteria）、放线菌门（Actinobacteria）、酸杆菌门（Acidobacteria）、绿弯菌门（Chloroflexi）、拟杆菌门（Bacteroidetes）5 个门的相对丰度在大豆和玉米中分别占比 79%～83%和 80%～82%，尤以变形菌门占比最高（27%～34%），放线菌门（15%～20%）和酸杆菌门（15%～23%）次之。

不同黑土层厚度对大豆根际变形菌门、芽单胞菌门（Gemmatimonadetes）和玉米根际放线菌门、拟杆菌门影响显著。对上述 4 个门所包含的属进一步进行双因素方差分析

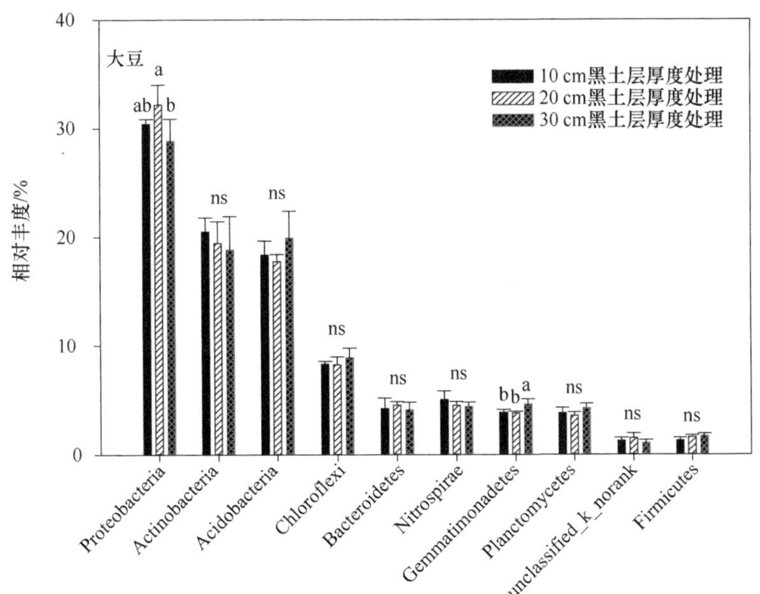

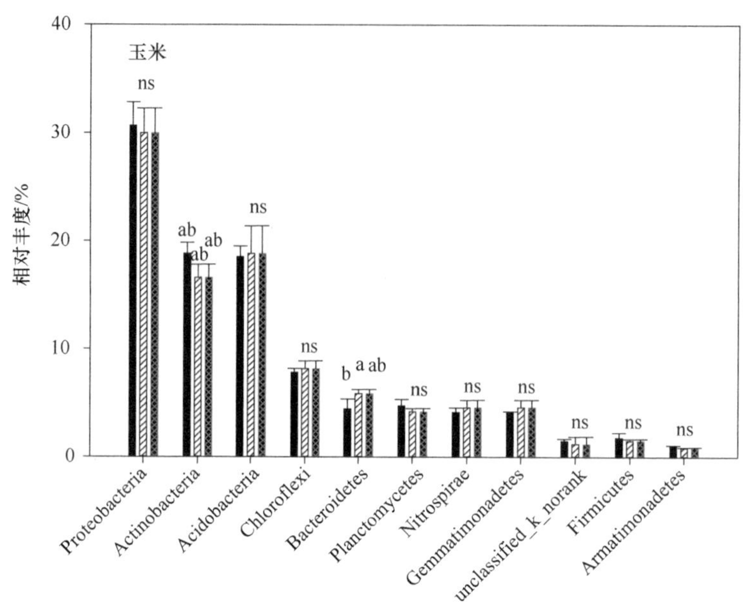

图 7-22 大豆和玉米根际细菌在门水平上相对丰度较高的 10 个门（Yu et al.，2019）

（Two-way ANOVA），结果表明，大豆根际中有 9 个属（7 个隶属于变形菌门，2 个隶属于芽单胞菌门）显著受到黑土层厚度的影响，而在玉米中有 3 个属（隶属于放线菌门）显著受到黑土层厚度的影响（表 7-2）。以上结果表明，大豆和玉米根际细菌群落结构组成对黑土层厚度的响应不同。

在大豆根际，受到黑土层厚度显著影响的 7 个属中，慢生根瘤菌属（*Bradyrhizobium*）是根瘤菌的主要成员，经常被作为研究豆科植物与微生物共生体系的模式菌属，在农业生产和全球氮循环过程中起到十分重要的作用（VanInsberghe et al.，2015）。

现有研究表明，慢生根瘤菌属的部分菌株可降解除草剂（Romdhane et al.，2016）、促进植物生长和缓解重金属对植物的毒害作用（Wani et al.，2007），已有许多菌株被用于商品化生产，用来提高土壤肥力（Delamuta et al.，2015）。罗思河小杆菌属（*Rhodanobacter*）的菌株最先被 Nalin 等（1999）报道，该菌属的成员已经从森林土壤（Dahal and Kim，2017）、人参根际土壤（Han et al.，2016）和玉米根际土壤（Wen et al.，2017）等环境中被分离出来。同时发现隶属于该属的一些种具有耐酸和反硝化功能（Dahal and Kim，2017；Prakash et al.，2012）。

我们之前针对黑土区反硝化细菌的研究发现，罗思河小杆菌属具有反硝化的功能基因，因此，可推测该菌可能对黑土区氮素循环有作用。在玉米根际，来自盖勒氏菌目（Gaiellales）的属所占比例最高，该目细菌被报道广泛分布于多种环境中，如热泉（Rozanov et al.，2014）、土壤（Kim et al.，2014）和水稻根际土壤（Zecchin et al.，2017）等。该目也包括一些好氧细菌，能够利用来自植物的多糖物质（Szoboszlay et al.，2016）。上述细菌菌属对黑土层厚度响应的具体机制有待日后进一步明确。

表 7-2　大豆和玉米根际显著受到黑土层厚度影响的属（Yu et al.，2019）

作物	门	纲	目	科	属	细菌在不同黑土层厚度中的相对丰度/%			ANOVA（*P* 值）
						10 cm	20 cm	30 cm	
大豆	Proteobacteria	Alphaproteobacteria	Rhizobiales	Bradyrhizobiaceae	*Bradyrhizobium*	1.78±0.06	1.55±0.09	1.62±0.04	0.014
				Phyllobacteriaceae	*Mesorhizobium*	0.42±0.06	0.49±0.01	0.31±0.07	0.016
				Xanthobacteraceae	norank_f_Xanthobacteraceae	0.65±0.03	0.57±0.02	0.55±0.06	0.044
			Rhodospirillales	DA111	norank_f_DA111	0.47±0.07	0.54±0.03	0.68±0.03	0.004
		Gammaproteobacteria	Xanthomonadales	Xanthomonadaceae	*Rhodanobacter*	1.45±0.39	2.72±0.50	0.7[illegible]±0.29	0.002
			Xanthomonadales	Xanthomonadaceae	unclassified_f_ Xanthomonadaceae	0.28±0.05	0.48±0.11	0.36±0.05	0.048
		Deltaproteobacteria	Myxococcales	Haliangiaceae	*Haliangium*	0.42±0.04	0.61±0.01	0.49±0.06	0.005
	Gemmatimonadetes	Gemmatimonadetes	Gemmatimonadales	Gemmatimonadaceae	unclassified_f_ Gemmatimonadaceae	0.20±0.02	0.22±0.05	0.32±0.06	0.038
					Gemmatimonas	0.84±0.16	0.83±0.14	1.20±0.16	0.042
玉米	Actinobacteria	Actinobacteria	Gaiellales	norank_o_Gaiellales	norank_o_Gaiellales	3.57±0.08	2.57±0.39	3.1[illegible]±0.18	0.021
			Propionibacteriales	Nocardioidaceae	*Marmoricola*	0.44±0.10	0.38±0.04	0.64±0.10	0.024
			Pseudonocardiales	Pseudonocardiaceae	*Pseudonocardia*	0.15±0.02	0.16±0.03	0.25±0.06	0.048

第四篇

黑土侵蚀修复

第八章　有机肥修复侵蚀黑土的机制

为了防治土壤侵蚀，消除土壤侵蚀带来的负面影响，恢复侵蚀土壤的生产力，保障东北黑土区粮食安全，目前已有一系列成熟的工程措施和农艺措施。在所有措施中，施用有机肥在修复侵蚀土壤中的良好作用已被广泛证实，并且由于有机肥的来源广泛，生产成本低，施用有机肥也是修复侵蚀土壤最经济的手段之一（Liu et al.，2011）。

我们利用人为剥离模拟土壤侵蚀的田间试验证明，施用有机肥后，侵蚀黑土生产力能够大幅度提升，甚至经长期连续施用有机肥后，侵蚀黑土的生产力能恢复至未侵蚀水平（Sui et al.，2009；Zhou et al.，2015）。

本章主要依托于 2004 年建立的人为剥离模拟土壤侵蚀试验，该试验分别剥离表土 0 cm（未侵蚀）、5 cm、10 cm、20 cm 和 30 cm 来模拟不同程度的土壤侵蚀（图 8-1），剥离后土壤基础理化性状如表 8-1 所示。通过向玉米—大豆或大豆—玉米轮作体系下不同侵蚀程度农田黑土中施入有机肥，对侵蚀黑土进行修复。

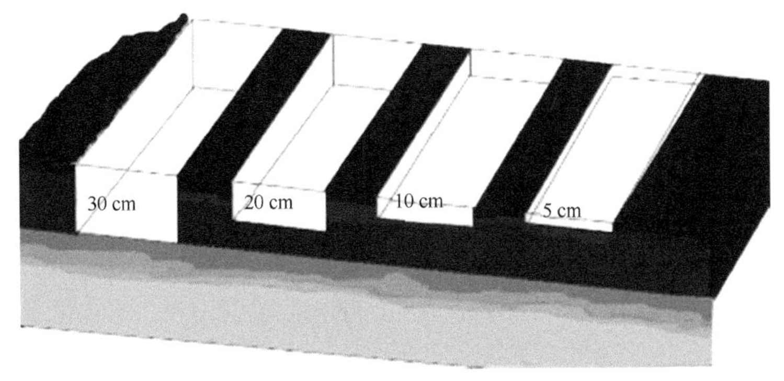

图 8-1　人为剥离模拟土壤侵蚀试验示意图

表 8-1　表土剥离后土壤基本理化性状

剥离深度/cm	有机质/(g/kg)	全氮/(g/kg)	容重/(g/cm^3)	田间持水量/%	最大吸湿量/%	土壤机械组成/%		
						>0.02	0.02～0.002	<0.002
0	31.4	1.81	1.02	23.2	43.3	34.1	30.9	35.0
5	30.5	1.77	1.14	25.0	50.6	36.1	28.3	35.6
10	28.9	1.68	1.12	23.2	44.5	36.34	26.4	37.2
20	24.1	1.40	1.12	23.1	49.3	34.7	27.2	38.1
30	22.4	1.30	1.17	24.6	55.5	33.7	27.5	38.8

鉴于有机肥在修复侵蚀农田黑土中的显著作用，本章主要从有机肥施用后侵蚀黑土的生产力、物理性状、化学性状以及生物学性状的变化来进行叙述，揭示有机肥恢复侵蚀农田黑土质量的机制。

第一节　有机肥对侵蚀农田黑土生产力的恢复

剥离表土模拟土壤侵蚀是量化侵蚀对土壤生产力影响的一个广泛使用的方法，这种方法还应用于研究恢复侵蚀土壤生产力所需的有机改良剂的量以及改良剂类型（Larney et al.，2011）。

Larney 和 Janzen（2012）报道在艾伯塔省南部，经过 16 年表土剥离后，小麦平均减产率如下：5 cm 为 10.0%，10 cm 为 19.5%，15 cm 为 29.0%，20 cm 为 38.5%。施用改良剂恢复表层剥离土壤生产力的排序为有机肥>表土>化肥。随着侵蚀深度的增加，肥料的平均残留效应在研究的时间内增加。

然而，关于有机肥对中国东北地区人工侵蚀黑土两种主要作物大豆和玉米产量的长期影响，目前研究比较匮乏。中国东北地区分布着世界第三大黑土连片体，土壤侵蚀是该地区农业生产力的最主要限制因素之一（Liu et al.，2010c）。本节旨在探讨连续施用有机肥对玉米—大豆轮作体系中模拟侵蚀对黑土生产力的恢复效果。

一、施用有机肥对侵蚀黑土玉米产量的影响

尽管同一施肥处理玉米产量在不同年份间有所不同，部分原因可能是气候条件和作物品种的差异，但玉米的产量在不同侵蚀程度之间的变化相当一致，不影响年际变化对土壤侵蚀的响应。

与未侵蚀单施化肥处理相比，前 5 年在剥离表土 20 cm 和 30 cm 条件下，玉米产量持续下降（$P<0.05$），第 1 年（2005 年）分别下降 47.4%和 59.0%，2006 年分别下降 40.1%和 74.9%，2007 年分别下降 12.2%和 41.2%，2008 年分别下降 14.2%和 33.3%，2009 年分别下降 30.6%和 67.5%。

然而，从第 6 年开始，剥离表土造成的产量差异逐渐缩小。有趣的是，在第 7 年，单施化肥处理中未侵蚀小区和剥离表土 5 cm 小区之间产量无显著差异。在 2009 年和 2010 年的生长季节，降水量减少和不稳定的降水模式可能会掩盖剥离表土模拟土壤侵蚀的效果（表 8-2）。

表 8-2　2005～2013 年生长季总降水量与月平均温度

气候指标	2005 年	2006 年	2007 年	2008 年	2009 年	2010 年	2011 年	2012 年	2013 年	平均值
降水量/mm	478	514	379	400	488	345	509	547	817	497
月平均温度/℃	17.5	17.9	18.4	18.1	17.4	19.2	18	18.3	18.4	18.1

总体来说，在所有剥离深度中，化肥配施有机肥的玉米产量比单施化肥处理的玉米产量都有显著的提高，并且在未侵蚀、剥离表土 20 cm 和剥离表土 30 cm 小区中，施用有机肥后玉米产量显著升高。

与试验初始相比，前 3 年在未侵蚀小区中施用有机肥比单施化肥处理分别增产 11.6%、26.5%和 21.8%；前 5 年在剥离表土 30 cm 小区施用有机肥分别增产 28.4%、199.4%、41.7%、

40.7%和 144.5%（表 8-3）。随着表土剥离深度的增加。有机肥的残留效应（2005~2013年）增加。例如，在剥离表土 5 cm 小区中，残留效应（与相同剥离深度单施化肥处理相比）为 8.1%，在 30 cm 剥离深度上增加到 23.5%。一个令人惊讶的结果是，从轮作处理的第 6 年开始，施用有机肥后剥离表土 30 cm 小区的粮食产量几乎与单施化肥未侵蚀小区相同（表 8-3）。

表 8-3 连续 9 年施用有机肥后玉米—大豆轮作体系中玉米产量 （单位：t/hm^2）

处理	剥离深度/cm	2005 年	2006 年	2007 年	2008 年	2009 年	2010 年	2011 年	2012 年	2013 年	平均值
单施化肥	0	6.10b	7.20ab	7.06c	6.27ab	9.47a	12.8a	11.8ab	11.8bc	12.4ab	9.43
	5	5.30bc	6.83b	6.91cd	5.97ab	7.83b	11.3d	11.5ab	11.7bc	12.2ab	8.84
	10	5.00c	6.32c	6.87cd	5.97ab	6.97b	11.2d	11.5ab	11.5cd	12.0ab	8.59
	20	3.21d	4.31e	6.20d	5.38c	6.57b	12.3abc	10.9c	11.3cd	12.4ab	8.06
	30	2.50e	1.81f	4.15f	4.18d	3.08c	12.0c	10.8c	11.1cd	11.7b	6.81
化肥配施有机肥	0	6.81a	9.11a	8.60a	6.43a	10.2a	12.2bc	11.8ab	12.8ab	12.1ab	10.01
	5	5.32bc	8.45ab	7.89b	6.30ab	10.1a	12.0c	11.2bc	12.8ab	12.0ab	9.56
	10	5.23bc	6.87ab	6.76cd	6.16ab	9.87a	12.1bc	12.5a	12.9a	12.6a	9.44
	20	5.14bc	5.61cd	6.20d	5.98ab	9.21a	12.3abc	11.7ab	12.7ab	12.1ab	8.99
	30	3.21d	5.42d	5.88e	5.88b	7.53b	12.7ab	11.2bc	11.6bc	12.3ab	8.41

注：同列中不同字母表示在 0.05 水平上差异显著

与单施化肥未侵蚀小区相比较，在单施化肥剥离表土 30 cm、20 cm、10 cm 和 5 cm 小区中，与未剥离相比，9 年平均相对减产率分别为 27.8%、14.5%、8.9%和 6.3%。然而，化肥配施有机肥处理剥离表土 30 cm、20 cm 小区中，平均减产率分别为 16.0%、10.2%，并且在剥离深度 10 cm 和 5 cm 小区中，平均减产率仅为 5.8%和 4.5%（表 8-3）。随着剥离深度的增加，产量降低，但施用有机肥能够恢复被侵蚀农田玉米的生产力。

二、施用有机肥对侵蚀黑土大豆产量的影响

尽管不同年份的气候条件和品种有所不同，但同一处理大豆产量的年际变化没有玉米明显。与玉米相似，与单施化肥未侵蚀（剥离 0 cm）小区相比，单施化肥处理中仅前 5 年，在剥离深度 20 cm 和 30 cm 小区中，粮食产量持续下降（$P<0.05$），第 1 年（2005年）分别下降 47.3%和 68.2%，2006 年分别下降 22.5%和 29.5%，2007 年分别下降 26.1%和 27.5%，2008 年分别下降 9.3%和 20.9%，2009 年分别下降 6.4%和 6.4%，剥离深度 10 cm 小区除 2005 年外产量显著下降（表 8-4）。

除 2007 年外，在单施化肥处理下的所有年份中，未侵蚀小区和剥离深度 5 cm 小区之间产量没有显著差异（表 8-4）。从第 6 年（2010 年）开始，除了剥离表土 30 cm 小区外，其他小区中大豆产量无显著差异。

尽管在所有表土剥离处理中，施用有机肥后的玉米产量与单独施用化肥的玉米产量相比都有所增加，但只有在 2005 年、2007 年的剥离表土 20 cm 和 30 cm 小区中，施用有机肥的大豆产量才有显著升高，在第 4 年，仅剥离表土 30 cm 小区中施用有机肥后大豆产量显著增加（表 8-4）。在未侵蚀小区中，前 6 年施用有机肥对大豆的增产效果不明

显，而第 7 年和第 8 年施用有机肥的增产效果显著，分别增产 12.0%和 40.7%（表 8-4）。

表 8-4 连续 9 年施用有机肥后大豆—玉米轮作体系中大豆产量（单位：t/hm²）

处理	剥离深度/cm	2005 年	2006 年	2007 年	2008 年	2009 年	2010 年	2011 年	2012 年	2013 年	平均值
单施化肥	0	2.20ab	2.44a	2.18a	2.68ab	2.18ab	2.59ab	2.67bc	2.04b	2.29	2.36
	5	2.15ab	2.33ab	1.86c	2.59abc	2.08bc	2.43abc	2.68bc	1.76b	2.24	2.24
	10	2.10b	2.15bc	1.86c	2.51c	2.02c	2.43abc	2.67bc	1.99b	2.24	2.22
	20	1.16e	1.89cd	1.61d	2.43bc	2.04c	2.39bc	2.55c	2.19ab	2.33	2.07
	30	0.7f	1.72d	1.58d	2.12d	2.04c	2.33c	2.62c	1.90b	2.26	1.92
化肥配施有机肥	0	2.41a	2.45a	2.19a	2.83a	2.23a	2.63a	2.99a	2.87a	2.15	2.53
	5	2.33ab	2.28ab	2.15a	2.75ab	2.10bc	2.54abc	2.95a	2.41ab	2.25	2.42
	10	2.2ab	2.24ab	2.10ab	2.65abc	2.16ab	2.58ab	2.89ab	2.35ab	2.05	2.36
	20	1.75c	2.11bc	1.99abc	2.52abc	2.10bc	2.53abc	2.83ab	2.44ab	2.22	2.28
	30	1.50d	2.11bc	1.89bc	2.63abc	2.12bc	2.48abc	2.68bc	2.52ab	2.24	2.24

注：同列中不同字母表示在 0.05 水平上差异显著，无字母标注表示差异不显著

随着表土剥离深度的增加，肥料的残留效应（2005～2013 年）增加。例如，剥离表土 5 cm，残留效应（与单施化肥处理中相同剥离深度相比）为 8.0%，在 30 cm 剥离深度上增加到 16.7%。与玉米相似，从作物轮作第 4 年开始，施用有机肥后剥离表土 30 cm 小区与单施化肥未侵蚀小区之间的大豆产量没有差异（表 8-4）。

与单施化肥剥离 0 cm 相比，在单施化肥剥离表土 30 cm、20 cm、10 cm 和 5 cm 条件下，大豆 9 年平均减产率分别为 18.6%、12.3%、5.9%和 5.1%。然而，施用牛粪后在 30 cm、20 cm 条件下，大豆平均减产率仅为与单施化肥 0 cm 的 5.1%和 3.4%，10 cm 剥离的产量相同，相比数据正确，甚至在化肥配施有机肥剥离表土 5 cm 和 0 cm 条件下，大豆产量分别增加了 2.5%和 7.2%（表 8-4）。随着剥离深度的增加，前 5 年大豆减产幅度低于玉米。

Khakural 等（1998）研究表明，侵蚀坡地上的玉米和大豆（*Glycine max*）产量低于坡顶或坡脚位置。我们 9 年的研究结果表明，玉米和大豆减产的严重程度既与土壤侵蚀程度有关，也与时间有关。单施化肥剥离表土 20 cm、30 cm 小区减产最为严重，且减产仅出现在处理后的前 5 年。

与此相反，轮作条件下，剥离表土 5 cm 的 5 年中只有 1 年对产量产生了显著的负面影响。从第 6 年开始，除玉米在较干旱年份外，去除表层土壤对大豆和玉米产量的负面影响均减小，8 年处理后均未发现影响。因此，对于侵蚀农田黑土，第 6 年是轮作恢复侵蚀生产力的关键年，只要采取适当的纠正措施，轻度的土壤侵蚀不会影响作物生产力。

Larney 和 Janzen（2012）报道，在恢复表层土壤生产力的修复物中，按功效排序为有机肥>表土>肥料，并且在研究期间，生产力的恢复水平低于非侵蚀处理，而不是逐渐集中在非侵蚀处理上。我们的研究结果表明，施用有机肥牛粪代替侵蚀流失的有机质，对严重侵蚀土壤的生产力有显著的影响，施用有机肥牛粪对生产力的影响从处理后第 6 年开始趋于平缓。

就剥离表土 30 cm 和 20 cm 的情况而言，极严重的土壤侵蚀对作物产量直接损害或影响在短期内都有一个自我调节机制，只要经营者自发地增加控制土壤侵蚀的投入，如通过施用有机肥，就能有效地避免生产力的损失。

我们的研究还表明，随着表土剥离深度的增加，肥料的残留效应（2005～2013 年）

增加。剥离表土 5 cm，大豆的残留效应为 8.0%，剥离表土 30 cm 增加到 16.7%，而玉米的残留效应在剥离表土 5 cm 时为 7.6%，剥离表土 30 cm 时增至 19.1%。因此，玉米对土壤侵蚀和施肥的敏感性略高于大豆，表明产量对土壤侵蚀敏感性和生产力的变化因作物类型不同而异。

可以认为，只要实施轮作体系，并且有机、无机肥料结合施用，预计由于表土流失造成的产量损失可能不会像预测的那样严重。这意味着，当前条件下关于黑土侵蚀造成的产量下降可能过于悲观，或者说当地农民可能不会遭受土壤侵蚀的影响。

有研究认为，在推荐施肥量条件下，不同侵蚀程度玉米产量差异不大，施肥掩盖了侵蚀对玉米产量的不利影响（Lal et al.，2000）。显然，侵蚀农田的生产成本会有所增加。

三、每剥离 1 cm 表土对玉米和大豆产量的影响

通过对 9 年间玉米产量与剥离深度的线性回归分析，玉米—大豆轮作体系中，单施化肥处理中，每剥离 1 cm 表土，第 1 年玉米产量减少 123.7 kg/hm^2，第 9 年减少 15.7 kg/hm^2，施用有机肥处理中相应的产量仅分别减少 96.9 kg/hm^2 和 4.7 kg/hm^2（表 8-5）。

表 8-5　表土剥离 9 年内每剥离 1 cm 表土玉米和大豆产量降低量

处理	年份	玉米		大豆	
单施化肥	2005	y=−0.1237x+6.0297	R^2=0.9766	y=−0.0553x+2.381	R^2=0.9354
	2006	y=−0.1832x+7.6757	R^2=0.9661	y=−0.0247x+2.4274	R^2=0.9867
	2007	y=−0.0926x+7.4421	R^2=0.8451	y=−0.0184x+2.0572	R^2=0.8371
	2008	y=−0.0663x+6.416	R^2=0.9184	y=−0.0173x+2.691	R^2=0.9439
	2009	y=−0.1867x+9.2116	R^2=0.9148	y=−0.0036x+2.1186	R^2=0.4526
	2010	y=−0.0005x+11.927	R^2=8×10^{-5}	y=−0.007x+2.525	R^2=0.7656
	2011	y=−0.0345x+11.748	R^2=0.932	y=−0.0031x+2.6777	R^2=0.4547
	2012	y=−0.0236x+11.787	R^2=0.9866	y=0.0018x+1.9522	R^2=0.0189
	2013	y=−0.0157x+12.344	R^2=0.4056	y=0.0006x+2.2648	R^2=0.03
	平均	y=−0.0736x+9.3313	R^2=0.9827	y=−0.014x+2.3442	R^2=0.9851
化肥配施有机肥	2005	y=−0.0969x+6.4023	R^2=0.8317	y=−0.0324x+2.4598	R^2=0.9814
	2006	y=−0.1297x+8.7782	R^2=0.8905	y=−0.0106x+2.3763	R^2=0.8258
	2007	y=−0.0894x+8.2279	R^2=0.8772	y=−0.0102x+2.1965	R^2=0.9984
	2008	y=−0.0184x+6.3887	R^2=0.9643	y=−0.0076x+2.7744	R^2=0.59
	2009	y=−0.0897x+10.576	R^2=0.9136	y=−0.0026x+2.1763	R^2=0.3341
	2010	y=0.0191x+12.011	R^2=0.7275	y=−0.0041x+2.6053	R^2=0.7702
	2011	y=−0.0141x+11.864	R^2=0.101	y=−0.0099x+2.9973	R^2=0.9749
	2012	y=−0.0369x+13.04	R^2=0.6737	y=−0.0064x+2.6014	R^2=0.1404
	2013	y=0.0047x+12.159	R^2=0.0551	y=0.0026x+2.1479	R^2=0.1429
	平均	y=−0.0484x+9.8398	R^2=0.9847	y=−0.0091x+2.4846	R^2=0.9083

大豆也有类似的趋势。在大豆—玉米轮作体系中，单施化肥处理每剥离 1 cm 表土，第 1 年大豆减产 55.3 kg/hm^2，第 9 年仅减产 0.6 kg/hm^2，化肥配施有机肥处理中相应的减产量仅分别为 32.4 kg/hm^2 和 2.6 kg/hm^2（表 8-5）。根据 9 年生长期的产量数据，轮作条件下，单施化肥处理中，表土流失 1 cm，大豆减产 14.0 kg/hm^2，玉米减产 69.1 kg/hm^2；

化肥配施有机肥处理中，表土流失 1 cm，大豆减产 9.1 kg/hm^2，玉米减产 48.4 kg/hm^2。

四、施用有机肥对侵蚀黑土作物产量构成的影响

（一）施用有机肥对侵蚀黑土玉米产量构成的影响

对玉米而言，在单施化肥和化肥配施有机肥处理中，除第 4 年化肥配施有机肥处理外，在剥离表土后的前 5 年，每穗粒重显著降低（表 8-6）。例如，与未侵蚀的小区相比，单施化肥和化肥配施有机肥处理中，前 5 年剥离表土 30 cm 每穗粒重分别减少 38.5%和 23.1%。前 5 年的玉米穗行数和前 2 年的穗长也有类似的趋势（表 8-7），前 5 年籽粒大小的减少也是显著的。与未侵蚀小区相比，单施化肥和化肥配施有机肥处理前 5 年剥离表土 30 cm 小区中籽粒大小分别减少 20.2%和 15.2%。

在第 9 年，两种施肥处理的每穗粒重、穗长、籽粒大小和行数均无显著差异（除单施化肥剥离表土 20 cm 和 30 cm 外）。一般情况下，化肥配施有机肥的效果往往大于单施化肥（表 8-6，表 8-7）。因此，行数和籽粒大小的减少是导致玉米在表层土壤剥离初期减产的主要原因。

表 8-6　两种施肥处理下各剥离深度玉米每穗粒重与籽粒大小

产量因子	处理	剥离深度/cm	2005 年	2006 年	2007 年	2008 年	2009 年	2010 年	2011 年	2012 年	2013 年
每穗粒重/g	单施化肥	0	102b	120ab	182ab	204a	154bc	240a	192c	209abc	213
		5	91bc	112b	195ab	192ab	145c	220de	215ab	195c	222
		10	83c	106c	175ab	204a	130d	221e	192c	215abc	218
		20	53d	72e	181ab	189ab	127d	241abc	198bc	205abc	225
		30	41e	30f	151c	157b	90e	240abc	197bc	202bc	226
	化肥配施有机肥	0	114a	152a	200a	192ab	176a	235abc	214ab	232ab	220
		5	90bc	141ab	194ab	199ab	152bc	231bcd	204bc	233ab	218
		10	86bc	115ab	180ab	201ab	156bc	220cd	228a	235a	229
		20	84bc	94cd	187ab	204a	158bc	236abc	212abc	231ab	221
		30	53d	90d	168ab	198ab	132d	243ab	199bc	211abc	224
籽粒大小/mg	单施化肥	0	306a	321ab	308ab	332ab	246cd	367b	407cd	366d	436ab
		5	295a	304abc	317ab	336ab	236de	341d	428ab	365d	436ab
		10	289b	315ab	302bc	322bcd	233de	347cd	385e	379bcd	432ab
		20	274b	261ef	319ab	301e	223e	355bcd	410bcd	365d	448a
		30	200c	240f	279c	303e	186f	362bc	402de	364d	417b
	化肥配施有机肥	0	302a	323ab	329a	344a	279a	395a	423abc	400ab	429ab
		5	298a	325a	319ab	333ab	266ab	367b	404cd	408a	421ab
		10	295a	295bcd	304abc	330abc	260bc	353bcd	437a	406a	424ab
		20	240b	278cde	308ab	315cde	246cd	370b	410bcd	396abc	427ab
		30	233b	273dc	300bc	310de	222e	370b	418bcd	375cd	440ab

注：同列中不同字母表示在 0.05 水平上差异显著，无字母表示同列无显著差异

（二）施用有机肥对侵蚀黑土大豆产量构成的影响

对大豆而言，总体来说，前 7 年大豆的单株产量因表层土的剥离而降低（表 8-7），但之后不显著（表 8-8）。与未侵蚀小区相比，前 7 年剥离表土 30 cm 大豆单株平均产量

表 8-7　两种施肥处理下各剥离深度玉米穗长与行数

产量因子	处理	剥离深度/cm	2005 年	2006 年	2007 年	2008 年	2009 年	2010 年	2011 年	2012 年	2013 年
穗长/cm	单施化肥	0	20.0ab	20.1ab	20.5ab	21.3ab	20.6bc	22.6	20.6	22.1	20.4
		5	21.0a	20.4ab	21.2ab	21.7ab	19.8bc	22	20.9	21.5	21.8
		10	20.2ab	20.7ab	20.8ab	21.6ab	19.8bc	22.1	20.5	21.9	21.5
		20	18.9ab	16.1c	21.2ab	21.4ab	19.3c	22.9	20.6	22.2	21.8
		30	13.7d	14.8d	18.5b	19.5b	17.5d	22.6	21.1	22.2	21.8
	化肥配施有机肥	0	20.1ab	20.9a	21.3a	22.4a	23.6a	22.7	21	23	21.4
		5	19.8ab	20.9a	21.0ab	21.9ab	21.4b	22.6	19.8	22.6	21.4
		10	19.7ab	20.1ab	20.5ab	21.2ab	20.2bc	22.2	21.4	22.8	21.6
		20	16.8b	19.5b	19.9ab	21.5ab	20.8bc	23.1	21.3	21.9	21.5
		30	15.8c	19.5b	19.5ab	21.6ab	19.6c	23	20.4	21.8	21.3
行数	单施化肥	0	30.6a	32.1ab	30.8ab	33.2ab	24.6cd	36.7b	40.7cd	36.6d	43.6ab
		5	29.5ab	30.4abc	31.7ab	33.6ab	23.6de	34.1d	42.8ab	36.5d	43.6ab
		10	28.9ab	31.5ab	30.2bc	32.2bcd	23.3de	34.7cd	38.5e	37.9bcd	43.2ab
		20	27.4b	26.1ef	31.9ab	30.1e	22.3e	35.5bcd	41.0bcd	36.5d	44.8a
		30	20.0d	24.0f	27.9c	30.3e	18.6f	36.2bc	40.2de	36.4d	41.7b
	化肥配施有机肥	0	30.2ab	32.3ab	32.9a	34.4a	27.9a	39.5a	42.3abc	40.0ab	42.9ab
		5	29.8ab	32.5a	31.9ab	33.3ab	26.6ab	36.7b	40.4cd	40.8a	42.1ab
		10	29.5ab	29.5bcd	30.4abc	33.0abc	26.0bc	35.3bcd	43.7a	40.6a	42.4ab
		20	24.0bc	27.8cde	30.8ab	31.5cde	24.6cd	37.0b	41.0bcd	39.6abc	42.7ab
		30	23.3c	27.3dc	30.0bc	31.0de	22.2e	37.0b	41.8bcd	37.5cd	44.0ab

注：同列中不同字母表示在 0.05 水平上差异显著，无字母表示同列无显著差异

表 8-8　两种施肥处理下各剥离深度大豆结荚数、单株产量与籽粒大小

产量因子	处理	剥离深度/cm	2005 年	2006 年	2007 年	2008 年	2009 年	2010 年	2011 年	2012 年	2013 年
结荚数/个	单施化肥	0	32a	35a	27abc	38a	40a	31ab	35b	35b	41ab
		5	31a	35a	25bc	36ab	35ab	31ab	37b	31c	41ab
		10	28b	35a	25bc	35ab	33b	27cd	34b	33bc	38bc
		20	25c	30b	25bc	33b	33b	25de	34b	34bc	39bc
		30	19d	24c	26abc	30c	32b	24e	35b	32c	39bc
	化肥配施有机肥	0	35a	34a	29a	39a	40a	32a	44a	37ab	43ab
		5	31a	34a	28ab	37ab	36ab	29bc	42ab	40a	46a
		10	28b	30b	25bc	34ab	33b	30ab	41ab	39a	44ab
		20	25c	30b	24c	33b	32b	30ab	40ab	38ab	42ab
		30	21d	25c	24c	30c	31b	26de	41ab	36b	41ab
单株产量/g	单施化肥	0	14.2a	15.6a	11.7ab	16.2ab	14.6ab	15.6ab	14.7c	14.0ab	14.1
		5	14.0a	15.4a	11.8ab	15.7ab	13.4cd	14.1cd	14.2cd	11.8b	14.7
		10	12.2b	14.5a	11.3ab	15.2b	13.8bcd	13.9cd	14.0cd	13.6ab	14.9
		20	11.5b	13.2b	11.6ab	14.7c	12.6d	12.5ef	13.0de	14.6ab	13.8
		30	8.2b	10.3b	11.5ab	12.7d	12.8cd	11.4f	12.3e	13.5ab	13.3
	化肥配施有机肥	0	15.2a	15.3a	13.0a	17.1a	15.3a	15.7a	20.2a	18.4a	15.5
		5	15.3a	14.4a	12.7a	16.6ab	13.9bc	15.1abc	18.7b	16.5ab	17.5
		10	12.1b	13.1b	11.9ab	16.0ab	13.5bcd	14.4bcd	18.2b	17.4ab	17.5
		20	9.2b	11.9b	11.4ab	15.2ab	13.5bcd	14.1cd	18.1b	17.5ab	15.1
		30	10.8b	9.6b	10.8b	15.9ab	13.2cd	13.5de	18.1b	16.9ab	15.4

续表

产量因子	处理	剥离深度/cm	2005 年	2006 年	2007 年	2008 年	2009 年	2010 年	2011 年	2012 年	2013 年
籽粒大小/mg	单施化肥	0	192ab	197ab	204ab	203ab	179a	233	173	162	163
		5	191ab	196ab	199ab	197ab	171ab	223	173	176	162
		10	189ab	192ab	201ab	196ab	164ab	228	169	187	175
		20	183ab	189ab	206ab	200ab	171ab	234	166	173	182
		30	177c	179b	194b	191b	160b	229	163	181	167
	化肥配施有机肥	0	202a	203a	222a	208a	173ab	235	179	203	176
		5	196ab	197ab	205ab	203ab	173ab	235	177	183	178
		10	194ab	197ab	208ab	204ab	176ab	235	175	208	179
		20	188ab	189ab	207ab	201ab	176ab	232	172	189	171
		30	182b	187ab	205ab	201ab	179a	231	172	214	160

注：同列中不同字母表示在 0.05 水平上差异显著，无字母表示同列无显著差异

在单施化肥和化肥配施有机肥处理中分别降低了 23.1%和 18.1%。单株产量的下降是由于有效荚数减少和籽粒大小的降低，特别是在单施化肥处理下。与未侵蚀小区相比，单施化肥与化肥配施有机肥处理中，剥离表土 30 cm 小区前 7 年有效荚数分别平均减少 29.2%和 21.6%。相应的籽粒大小也分别减少了 6.39%和 4.53%。

不同作物产量构成因素对土壤侵蚀的响应不同。大豆有效结荚数、玉米穗长度和穗行数的减少是减产的主要原因。除了在研究期间观察到的情况外，在严重侵蚀的地块上，出苗率与生长状况不良导致作物密度降低也是产量较低的部分原因。这可能是土壤物理性状差异所引起的。

我们的研究为作物产量–土壤–耕层深度关系的特征提供了新的见解，并证明了作物轮作时间对恢复侵蚀黑土生产力的重要性。有关土壤特性与某种作物生产力因果关系的信息，有助于制定恢复中国和美国、加拿大等类似地区侵蚀黑土生产力的管理策略。之前的研究表明，土壤侵蚀对作物生产力的负面影响可以通过在种植体系合理使用有机肥和/或作物残留物来逆转，无论是单独施用还是与矿物肥料结合施用（Nardi et al.，2004）。通过增加投入（特别是化肥）和改进农业管理措施，以及迅速恢复表土，已证明即使在极高的侵蚀率下，也能迅速恢复产量和生物功能，从而可以消除部分土壤退化的负面影响。我们的研究还发现，添加牛粪对侵蚀农田黑土生产力的恢复有重要作用，特别是在剥离表层土壤后的前 5 年。

作物产量对有机肥的响应依次为重度侵蚀（剥离表土 20 cm 和 30 cm）>中度侵蚀（剥离表土 10 cm）>轻度侵蚀（剥离表土 5 cm）或未侵蚀。虽然 9 年后仅仅施用化肥恢复效果似乎不太明显，但施用有机肥的效益明显大于单施化肥。

在玉米—大豆或大豆—玉米轮作的 9 年中连续施用牛粪，在剥离表土 30 cm 小区大豆和玉米的平均产量分别为 2240 kg/hm^2 和 8370 kg/hm^2，与该地区正常未侵蚀农田的实际产量接近，表明在农田最严重退化地区施用有机肥可获得最大效益。这与在北美进行的长期研究相一致，在北美，由于施用有机肥，玉米产量有所增加（Arriaga and Lowery，2003）。

五、有机肥修复对玉米和大豆品质的影响

（一）有机肥修复对玉米品质的影响

玉米粗蛋白质、粗脂肪、粗淀粉含量随土壤侵蚀程度均无明显变化规律，并且三者的变化趋势也不一致，这可能是由以下两个原因造成的：第一，作物体内营养物质的累积受作物品种与土壤营养情况的影响，虽然随着侵蚀程度的加剧土壤物理、化学和生物学性状都明显退化，但退化程度不尽一致，进而对作物体内营养物质的累积产生重要影响；第二，可能侵蚀程度影响作物体内营养物质的分配，导致籽实中营养物质含量不同。经多年有机肥修复后，不同侵蚀程度农田黑土玉米品质发生变化（表 8-9）。

表 8-9　不同侵蚀程度农田黑土玉米品质变化

施肥处理	剥离深度/cm	粗蛋白质（干基）/%	粗脂肪（干基）/%	粗淀粉（干基）/%
单施化肥	0	9.22	3.86	75.8
	5	9.32	3.67	74.9
	10	9.55	3.66	74.7
	20	9.12	3.68	75.6
	30	9.32	3.63	75.6
化肥配施有机肥	0	9.34	3.66	75.7
	5	9.42	3.70	74.9
	10	9.39	3.53	75.9
	20	9.56	3.57	76.1
	30	9.20	3.65	74.9

在剥离表土 0 cm、5 cm 和 20 cm 小区中，与单施化肥相比，施用有机肥分别将粗蛋白质含量提高了 1.3%、1.1%和 4.8%；但在剥离表土 10 cm 和 30 cm 小区内，施用有机肥后粗蛋白质含量分别降低了 1.7%和 1.3%。施用有机肥降低了剥离表土 0 cm、10 cm 和 20 cm 小区中玉米粗脂肪含量，降低幅度分别为 5.2%、3.6%和 3.0%；但却略微提升了剥离表土 5 cm 和 30 cm 小区内玉米粗脂肪含量，分别提高了 0.8%和 0.6%。

玉米籽实中粗淀粉所占比例最大，为 74%以上，在剥离表土 30 cm 小区中，施用有机肥将粗淀粉含量降低了 1.3%，但在剥离表土 20 cm 小区中，施用有机肥后粗淀粉含量提高了 0.7%。

施用有机肥对玉米品质的影响因侵蚀程度不同而异，但总体来讲，施用有机肥对玉米籽实中粗蛋白质累积的促进作用更明显，有机肥施用能在一定程度上改善侵蚀黑土上玉米的品质。

（二）有机肥修复对大豆品质的影响

与玉米品质类似，大豆品质相关各指标随土壤侵蚀程度也无明显变化规律（表 8-10），并且造成这种现象的原因可能和玉米是一致的。

除剥离深度 10 cm 和 20 cm 小区外，施用有机肥后大豆粗蛋白质含量降低，在剥离

0 cm、5 cm 和 30 cm 小区中分别降低了 3.3%、5.4%和 1.7%。在剥离深度 0 cm、20 cm 和 30 cm 小区中，施用有机肥能促进粗脂肪的累积，均增加了 1.5%。

表 8-10 不同侵蚀程度农田黑土大豆品质变化

施肥处理	剥离深度/cm	粗蛋白质（干基）/%	粗脂肪（干基）/%	可溶性总糖（干基）/%	亚麻酸/%	亚油酸/%	硬脂酸/%	油酸/%	棕榈酸/%
单施化肥	0	42.4	20.1	7.73	10.4	45.7	4.81	24.8	13.4
	5	42.8	20.1	7.83	10.6	45.1	5.03	24.6	13.1
	10	41.4	20.3	7.91	10.3	45.2	5.09	24.9	13.0
	20	41.6	20.0	7.72	9.90	44.8	4.73	23.7	12.3
	30	41.7	20.0	7.93	10.4	44.9	5.27	23.8	13.4
化肥配施有机肥	0	41.0	20.4	8.26	10.2	44.1	5.02	23.8	12.4
	5	40.5	20.0	7.78	9.84	43.1	4.85	22.7	12.1
	10	41.4	20.3	7.95	9.80	43.8	4.64	24.8	12.3
	20	41.8	20.3	7.71	9.53	43.3	4.62	23.7	12.2
	30	41.0	20.3	8.04	9.64	42.5	5.14	22.9	12.2

施用有机肥增加了剥离 0 cm、10 cm 和 30 cm 农田黑土大豆籽实中可溶性糖含量，分别提高了 6.9%、0.5%和 1.4%，但减少了其他侵蚀土壤大豆中可溶性糖的累积。

整体来讲，施用有机肥后各侵蚀程度农田黑土大豆亚麻酸、亚油酸、硬脂酸、油酸和棕榈酸含量呈降低趋势，表明施用有机肥不利于这些物质的累积。

关于土壤侵蚀与有机肥修复交互作用对大豆品质的影响仍需进一步深入研究。

第二节 有机肥对侵蚀农田黑土物理性状的修复

随着表土的流失，土壤侵蚀导致一系列的土壤性质恶化，如土壤容重增加、持水能力变差、土壤结构恶化等。施用有机肥能够疏松土壤，提高土壤储水能力，并为土壤矿质颗粒提供结合位点，促进良好土壤结构的形成。本节主要对施用有机肥对侵蚀农田黑土容重、田间持水量、水稳性团聚体含量的修复作用进行分析，初步阐明有机肥恢复侵蚀农田黑土生产力的物理学机制。

一、对侵蚀农田黑土容重和田间持水量的影响

土壤容重是反映土壤紧实度的重要指标，也是土壤质量的重要指标之一。随着土壤侵蚀程度的加剧，土壤容重增加（表 8-11），土壤紧实度增加，不利于植物根系的延展，并且土壤透气性、透水性等性状变差，进一步也会影响作物生长。

与单施化肥相比，连续 5 年施用有机肥后，不同侵蚀程度农田黑土容重均呈下降趋势，但下降幅度未达到显著水平。有机肥的施入在一定程度上缓解了土壤侵蚀引起的容重增大，疏松了侵蚀农田黑土，增强其透水性与透气性，减少了侵蚀对作物造成的胁迫。

与单施化肥相比，土壤田间持水量随侵蚀程度加剧呈下降趋势，并且从表土剥离 20 cm

开始达到显著水平（$P<0.05$）。连续 5 年施用有机肥后，不同侵蚀程度农田黑土田间持水量均呈增加趋势。因此，施用有机肥能改善土壤持水能力，减缓土壤侵蚀造成的水分供应压力，为作物生长营造良好的水分供应条件。

表 8-11　连续 5 年施用有机肥后不同侵蚀程度农田黑土容重和田间持水量

施肥处理	剥离深度/cm	容重/（g/cm³）	田间持水量/%
单施化肥	0	1.10a	26.4a
	5	1.13a	24.1a
	10	1.15a	23.9a
	20	1.16a	22.1b
	30	1.18a	21.3b
化肥配施有机肥	0	0.92a	27.9a
	5	0.94a	26.2a
	10	0.97a	25.3a
	20	0.97a	23.7a
	30	0.99a	22.6a

注：同列中不同字母表示在 0.05 水平上差异显著

二、对侵蚀农田黑土水稳性团聚体含量的影响

表 8-12 表明，两种施肥处理中不同粒径团聚体含量因侵蚀程度不同（不同剥离深度）而异。有机肥施用处理，从剥离深度 0 cm 到剥离深度 30 cm，>1 mm 大团聚体质量分数平均为 47.6%，以 5～2 mm 粒级居多。随着剥离深度的增加，除<0.25 mm 粒径外，各粒级团聚体含量呈下降趋势，在剥离深度为 30 cm 时下降到最低，其中从剥离深度 20 cm 开始，>1 mm 粒级团聚体含量显著降低（$P<0.05$）。

表 8-12　腐解牛粪施用后 5 个剥离深度土壤不同粒级水稳性团聚体含量

处理	剥离深度/cm	团聚体分级/%					
		>5 mm	5～2 mm	2～1 mm	1～0.5 mm	0.5～0.25 mm	<0.25 mm
单施化肥	0	11.0a	11.2a	11.3a	18.4a	19.8a	25.7a
	5	9.11b	9.62b	10.8b	15.8b	17.4b	27.9b
	10	7.01c	7.20c	7.53c	12.2c	14.9c	29.4c
	20	3.97d	4.04d	4.07d	8.65d	11.9d	33.9d
	30	2.03e	2.12e	2.20e	5.23e	8.50e	37.9e
化肥配施有机肥	0	12.1a	12.3a	12.1a	19.0a	20.0a	24.1a
	5	11.0a	12.0a	10.8a	17.3a	18.5a	26.2a
	10	10.7a	10.8a	9.79a	15.9a	17.9a	28.9a
	20	7.72b	7.12b	6.31b	10.8b	13.0b	30.7b
	30	5.62c	5.88c	4.11c	7.40c	11.3c	32.6b

注：同列中不同字母表示在 0.05 水平上差异显著

单施化肥处理，剥离深度 0～30 cm 土壤，>1 mm 大团聚体质量分数平均为 41.9%，以 2～1 mm 粒级居多。随着剥离深度的增加，>1 mm 团聚体含量急剧降低（P<0.05），剥离深度在 30 cm 时达到最低；<0.25 mm 粒径的团聚体则随剥离深度的增加呈递增的趋势。同一剥离深度，各粒径团聚体含量随着粒径的降低呈增加的趋势，且<1 mm 粒径比>1 mm 粒径增加的幅度大。

与施用化肥处理相比，施用腐解牛粪后，除<0.25 mm 粒径外，不同剥离深度（剥离 5 cm 除外）各粒径团聚体含量均高于单施化肥处理各粒径团聚体含量。腐解牛粪的施用，主要增加了土壤中>1 mm 粒径水稳性团聚体，其中 5～2 mm 粒径水稳性团聚体含量增加最多，增加幅度为 9.82%～177.4%；在<1 mm 粒径范围内，1～0.5 mm 粒径团聚体含量增加幅度较大；而<0.25 mm 土壤水稳性团聚体含量有所降低，降低幅度为 1.7%～13.98%。

良好的土壤结构往往依赖于粒径 10～1 mm 的水稳性团聚体，其对植物生长的影响在于能维持一定的孔隙度，以供空气、水分运动和根部的伸展，所以各级水稳性团聚体的比例可较好地反映土壤团聚体的质量。

我们的研究结果显示，随着侵蚀深度的增加，水稳性团聚体的粒径由以大团聚体为主改变为以<0.25 mm 小粒径的水稳性团聚体占绝对优势，这与前人研究土壤团聚体稳定性与易蚀性存在极显著负相关的结论相同（Bernard and Eric，2002）。这是因为大团聚体在水分的作用下受到破坏，分散成更小一级的团聚体。大粒级团聚体主要靠不稳定的有机质胶结而成，在水分的作用下，有机质分解，团聚体被破坏，分散成小团聚体。

施用腐解牛粪后，增加了 5～0.25 mm 粒级水稳性团聚体含量，特别是 5～2 mm 粒径的水稳性团聚体，这可能与有机肥分解过程中形成腐殖质胶结有关。有研究显示，采用合理的农业管理措施（有机肥、有机肥配施无机肥等）可增加土壤有机物质的输入，胶结剂增加，新的、更多的大团聚体就会增加（Wairiu and Lal，2003）。

三、对侵蚀农田黑土水稳性团聚体分布的影响

进一步对土壤剖面中团聚体分布的研究发现，无论是单施化肥还是化肥配施有机肥处理中，2～0.25 mm 粒级的团聚体占绝对优势，其变化范围为 38%～65%（表 8-13）。

剥离表土降低了大团聚体（>0.25 mm）的比例，但在单施化肥处理中增加了微团聚体（<0.25 mm）的比例。因此，除 40～60 cm 和 80～100 cm 外，所有采样深度中的团聚体平均重量直径（MWD）均随着剥离深度的增加而降低。

在 40～60 cm 土层中，剥离表土降低了>2 mm 的团聚体比例。然而，在 80～100 cm 深度处，>2 mm 和<0.053 mm 粒级团聚体总比例的增加掩盖了 2～0.25 mm 团聚体的减少，导致 MWD 随侵蚀严重程度的变化很小。施用牛粪增加了 0～20 cm 土层中>2 mm 团聚体和 40～100 cm 土层中 2～0.25 mm 团聚体的比例，但降低了所有剖面大部分土层中<0.053 mm 团聚体的比例（表 8-13）。

表 8-13 不同侵蚀程度农田黑土水稳性团聚体在土壤剖面中的分布

深度/cm	粒径/mm	剥离深度/ cm										LSD（$P=0.05$）	P 值		
		0		5		10		20		30					
		F	FM	F	FM	F	FM	F	FM	F	FM		施肥	剥离深度	施肥×剥离深度
0～20	>2	12.5	18.2	11.1	14.4	8.6	12.2	8.0	10.3	5.9	10.2	1.8	0.000	0.000	0.097
	2～0.25	63.4	64.3	63.9	63.1	62.1	62.9	61.9	62.4	56.9	59.8	4.1	0.346	0.006	0.773
	0.25～0.053	19.4	14.2	16.7	18.8	17.4	17.8	20.5	18.4	13.5	18.6	3.9	0.956	0.174	0.010
	<0.053	4.7	3.4	8.3	3.7	11.9	7.1	9.7	8.9	23.7	11.4	3.5	0.000	0.000	0.001
	MWD	1.00	1.11	0.97	1.03	0.90	0.98	0.89	0.94	0.79	0.91	0.04	0.000	0.000	0.081
20～40	>2	8.3	10.3	5.9	8.1	6.1	7.9	5.6	5.6	5.8	5.3	3.4	0.149	0.027	0.696
	2～0.25	59.4	64.4	61.7	63.0	60.9	62.3	59.7	59.3	52.7	53.1	4.9	0.156	0.000	0.551
	0.25～0.053	21.2	16.2	24.4	16.7	24.8	20.5	26.5	21.6	31.4	27.1	5.8	0.000	0.000	0.909
	<0.053	11.1	9.2	8.0	12.2	8.3	9.4	8.2	13.5	10.1	13.2	4.9	0.036	0.547	0.244
	MWD	0.87	0.96	0.85	0.90	0.85	0.89	0.83	0.82	0.76	0.75	0.08	0.070	0.000	0.342
40～60	>2	9.8	8.0	6.8	3.8	5.5	4.3	9.8	4.1	6.8	3.4	2.7	0.000	0.001	0.173
	2～0.25	42.1	62.7	46.3	60.6	46.8	56.1	42.1	55.4	46.3	53.8	8.5	0.000	0.517	0.221
	0.25～0.053	29.0	28.2	35.6	31.3	32.3	27.9	26.6	30.4	35.6	36.0	10.2	0.638	0.187	0.739
	<0.053	19.1	1.1	11.3	4.3	15.4	11.7	21.4	10.0	11.3	6.8	9.9	0.000	0.148	0.223
	MWD	0.72	0.91	0.72	0.81	0.69	0.77	0.72	0.76	0.72	0.73	0.09	0.001	0.062	0.126
60～80	>2	4.4	6.1	6.4	2.2	4.6	4.5	7.3	2.9	4.3	2.1	1.8	0.000	0.020	0.000
	2～0.25	47.8	59.2	43.0	55.2	46.8	49.1	37.7	48.4	39.7	44.6	5.1	0.000	0.000	0.030
	0.25～0.053	42.2	25.4	36.4	29.6	37.7	37.1	39.2	40.3	35.6	42.5	4.4	0.003	0.000	0.000
	<0.053	5.5	9.3	14.1	12.9	10.9	9.3	15.7	8.4	20.5	10.7	4.4	0.002	0.000	0.001
	MWD	0.69	0.83	0.68	0.72	0.68	0.70	0.64	0.67	0.60	0.61	0.05	0.000	0.000	0.009
80～100	>2	3.4	1.4	2.7	2.3	5.7	2.7	3.2	3.8	6.8	2.9	1.8	0.000	0.003	0.011
	2～0.25	48.3	57.2	47.8	54.4	42.4	51.7	47.2	48.6	38.4	47.7	5.8	0.000	0.001	0.242
	0.25～0.053	37.1	39.6	42.1	40.4	41.2	38.4	35.4	39.4	37.9	39.4	5.7	0.564	0.344	0.363
	<0.053	11.1	1.7	7.3	2.9	10.8	7.2	14.2	8.1	16.8	10.0	7.1	0.001	0.016	0.773
	MWD	0.67	0.37	0.66	0.72	0.66	0.70	0.66	0.69	0.64	0.66	0.05	0.003	0.100	0.863

注：F 代表单施化肥，FM 代表化肥配施有机肥

整个剖面团聚体中平均重量直径的增加，进一步说明了施用有机肥对土壤团聚体结构的促进作用（表 8-13）。虽然有机肥的促进作用可深至 80 cm，但各粒级团聚体对施用有机肥的响应随深度并无明显的变化规律。这可能是土壤剖面内物理、化学和生物学性状差异所导致的。

如上所述，有机肥的促进效应在 0～20 cm 土壤内最明显，这可能是深层土壤中根系分泌碳减少所造成的。这些研究结果充分说明，有机肥施用对侵蚀程度中等的表层土壤结构的修复作用最明显。

第三节　有机肥对侵蚀农田黑土化学性状的修复

土壤有机质和养分主要存在于土壤表层，土壤侵蚀造成的表土流失直接导致了土壤中有机质和养分的流失。伴随着土壤物理性状的恶化，侵蚀农田黑土化学性状也急剧退化。

由于有机质在土壤物理、化学以及生物学性状中的重要作用，有机质数量与质量的恶化是侵蚀农田黑土化学性状退化的最重要方面。氮素作为生命必需元素之一，一般被认为是限制作物生长的最重要因子，因为土壤氮素含量与组分直接反映土壤肥力特征。因此，本节主要探讨施用有机肥对土壤有机质和氮素的影响，从有机质与氮素的角度初步揭示施用有机肥恢复侵蚀农田黑土生产力的化学机制。

一、对土壤有机碳及其活性组分的影响

由表 8-14 可见，两种施肥处理中土壤有机碳（SOC）含量因侵蚀深度不同而异。

表 8-14　不同侵蚀深度土壤有机碳及其活性组分含量

施肥	剥离深度/cm	土壤有机碳/（g/kg）	易氧化有机碳/（g/kg）	微生物生物量碳/（mg/kg）	颗粒有机碳/（g/kg）	轻组有机碳/（g/kg）	可溶性有机碳/（mg/kg）
单施化肥	0	23.6a	1.00a	181a	8.01a	8.09a	16.0a
	5	22.9a	0.88a	160b	6.82b	7.14ab	14.7a
	10	22.8a	0.82ab	138c	5.82c	6.12b	11.5a
	20	20.3b	0.70b	121d	4.16d	4.24c	13.6a
	30	20.1b	0.59c	111d	2.39e	2.70d	12.6b
化肥配施有机肥	0	31.6a	1.25a	270a	10.9a	11.1a	22.1a
	5	30.8a	1.25a	220b	9.90b	10.4a	20.1a
	10	30.3a	1.22a	199c	8.59c	9.91b	21.1a
	20	27.2b	1.02b	173d	7.16d	8.10c	21.8a
	30	25.2c	0.79b	156d	4.54e	6.39d	16.0b

注：同列中不同字母表示在 0.05 水平上差异显著

单施化肥处理，5 个不同侵蚀深度土壤有机碳（SOC）为 20.1～23.6 g/kg，且随侵蚀深度的增加而逐渐降低，在 30 cm 处降到最低。其中，当侵蚀深度为 20 cm 时，SOC 显著下降（$P<0.05$）。

腐解牛粪配施化肥处理，SOC 含量为 25.2～31.6 g/kg，高于单施化肥处理各侵蚀深度土壤有机碳含量，土壤有机碳含量变化规律与单施化肥处理相同，即 30 cm<20 cm<10 cm<5 cm<0 cm。

单施化肥处理易氧化有机碳（ROC）平均含量为 0.80 mg/kg，5 个侵蚀深度 ROC 含量的大小顺序为 30 cm<20 cm<10 cm<5 cm<0 cm（表 8-14），侵蚀深度为 30 cm ROC 含量不足 0 cm 的 60%，0 cm、5 cm 的 ROC 含量差异未达到显著水平，但均显著高于侵蚀深度 20 cm、30 cm 土壤的 ROC。

与单施化肥处理相比，腐解牛粪配施化肥处理各侵蚀深度 ROC 含量表现出相同的变化规律，但除侵蚀深度 30 cm 外，其他深度中 ROC 与单施化肥处理间差异没有达到显著水平。

研究区腐解牛粪配施化肥处理土壤微生物生物量碳（MBC）平均含量为 204 mg/kg，两种施肥方式下，均是侵蚀深度为 0 cm MBC 含量最高，其次侵蚀深度为 5 cm 土壤 MBC 含量，侵蚀深度 30 cm 土壤 MBC 含量最低。

分析结果表明，侵蚀深度 0 cm、5 cm、10 cm 土壤微生物生物量碳含量显著高于侵蚀深度 20 cm、30 cm 土壤微生物生物量碳含量，侵蚀深度 20 cm、30 cm 之间 MBC 含量差异不显著。同一侵蚀深度，腐解牛粪配施化肥处理显著高于单施化肥处理土壤 MBC 含量。

颗粒有机碳含量的变化随侵蚀深度的增加而减少，各侵蚀深度间差异达到显著水平（$P<0.05$），且化肥配施有机肥处理与单施化肥处理间差异也达到了显著水平（$P<0.05$）。

与颗粒有机碳（POC）相比，轻组有机碳含量较高，两种施肥处理轻组有机碳平均含量分别为 5.66 g/kg 和 9.18 g/kg，轻组有机碳含量变化规律与颗粒有机碳的变化规律极为相似，均为 30 cm<20 cm<10 cm<5 cm<0 cm。

土壤可溶性有机碳（DOC）含量在各侵蚀深度间为 11.5～22.1 mg/kg，侵蚀深度 30 cm 土壤 DOC 含量显著低于其他侵蚀深度土壤 DOC 的含量。腐解牛粪处理土壤可溶性有机碳略高于单施化肥处理，但没有达到显著水平。与其他活性有机碳组分相比，可溶性有机碳含量的变化没有明显的规律。

土壤活性有机碳是土壤中有效性高、易被土壤微生物分解矿化、对植物养分供应有最直接作用的有机碳。土壤中的活性有机碳虽然含量较少，但相对于总有机碳对施肥管理措施比较敏感。可溶性有机碳通常指天然 pH 下能溶于水的那部分有机碳，它在土壤中移动性高，不稳定，易分解，易矿化，对植物和微生物来说活性较高，对土地利用方式变化比较敏感。

我们的研究表明，可溶性有机碳含量没有呈现随侵蚀深度增加有规律的变化，但 2 种施肥处理均是侵蚀深度 30 cm 可溶性有机碳含量低，明显低于其他侵蚀深度的土壤。化肥配施有机肥处理可溶性有机碳含量高于单独施用化肥处理，这是由于施用有机肥后，土壤疏松，土壤黏粒含量较高，阻碍了 DOC 下渗，使 DOC 在一定深度上累积。

已有研究显示，土壤颗粒有机碳对土壤管理措施有非常迅速的反应，可以作为评价土壤肥力和土壤质量的一个指标（Franzluebbers et al.，2002）。我们研究发现，不论哪种施肥措施下，土壤颗粒有机碳均随着土壤侵蚀深度的增加而减少，这说明黑土颗粒有机碳受环境（土层厚度）影响导致的损失程度远大于总有机碳的损失。

易氧化有机碳是在一定时间内能被高锰酸钾氧化的直链烃类化合物，易氧化有机碳含量较低，说明土壤侵蚀加速生物活性有机碳的损失，且随着侵蚀深度的增加，微生物能够利用的有机碳就越少，这也就解释了易氧化有机碳含量随土壤侵蚀深度的增加而递减的原因。

化肥配施有机肥处理的这部分有机碳含量较高，说明外源有机质的输入以直链的碳氢化合物为主。轻组有机碳被认为是附着于矿质颗粒表面、易被微生物分解矿化的那部分有机碳，颗粒有机碳是部分受到物理保护而免受微生物降解，但不能免受化学降解的那部分有机碳。

我们的研究表明，化肥配施有机肥处理颗粒有机碳含量平均增长33.7%，这与Manna等（2005）的研究结果相同，他们认为，相比之下有机肥对于提高颗粒有机质是最有效的。轻组有机碳含量高于颗粒有机碳，这可能是由于轻组有机质含有较多的木质素衍生物、碳水化合物和脂肪族化合物。

二、对侵蚀黑土活性有机碳分配的影响

由表 8-15 可知，易氧化有机碳和微生物生物量碳所占比例较小，而轻组有机碳所占的比例最大。不同施肥处理颗粒有机碳和轻组有机碳占总有机碳含量的比例不同，单施化肥处理分别为 11.9%～33.9%和 13.4%～34.2%，腐解牛粪配施化肥处理分别为18.0%～34.6 %和 25.4%～35.0%。

表 8-15　不同侵蚀深度农田黑土土壤活性有机碳分配比例

施肥	侵蚀深度/cm	易氧化有机碳/有机碳/%	微生物生物量碳/土壤有机碳/%	颗粒有机碳/有机碳/%	轻组有机碳/有机碳/%	可溶性有机碳/土壤有机碳/%
单施化肥	0	4.23	0.77	33.9	34.2	0.068
	5	3.85	0.70	29.8	31.2	0.064
	10	3.57	0.61	25.5	26.9	0.050
	20	3.47	0.60	20.6	20.9	0.067
	30	2.95	0.55	11.9	13.4	0.063
化肥配施有机肥	0	3.96	0.86	34.6	35.0	0.070
	5	4.05	0.72	32.1	33.7	0.065
	10	4.03	0.66	28.3	32.7	0.070
	20	3.75	0.64	26.3	29.8	0.069
	30	3.15	0.62	18.0	25.4	0.080

注：同列中不同字母表示在 0.05 水平上差异显著

两种施肥处理相比，不同侵蚀深度土壤轻组有机碳和颗粒有机碳所占比例变化趋势相同，均为 0 cm>5 cm>10 cm>20 cm>30 cm，腐解牛粪配施化肥处理高于单施化肥处理。微生物生物量碳在 0 cm 时所占的分配比例最高，可溶性有机碳的分配比例在各侵蚀深度上差异不显著。与单施化肥处理相比，腐解牛粪配施化肥处理活性有机碳组分的分配比例均高于单施化肥处理。

用分配比例来表示土壤过程的变化比单独使用SOC或活性有机碳具有一定的优势，因为分配比例能避免在使用绝对量或SOC含量不同的土壤进行比较时出现的一些问题。POC 分配比例越大，说明 SOC 活度越强，被分解矿化的潜力越大。

我们的研究发现，单施化肥处理 POC 所占比例低于化肥配施有机肥处理，原因可能是有机物料输入量低，使得易分解的 POC 迅速分解。MBC 分配比例主要从分解转化有机碳的能力方面指示 SOC 活性特征。化肥配施有机肥处理的分配比例高于单施化肥

处理，说明有机肥施用后微生物活性高，微生物容易分解利用 SOC。可溶性有机碳分配比例低，主要是由于黑土区气候寒冷，有机质更新较慢，可溶解度相对较低。

三、对侵蚀黑土水稳性团聚体结合碳的影响

由图 8-2 可见，土壤水稳性团聚体结合碳含量随侵蚀深度增加呈递减趋势，但递减的幅度较小（$P>0.05$），在同一剥离深度，不同粒径团聚体结合碳含量随团聚体的粒径减少而降低。

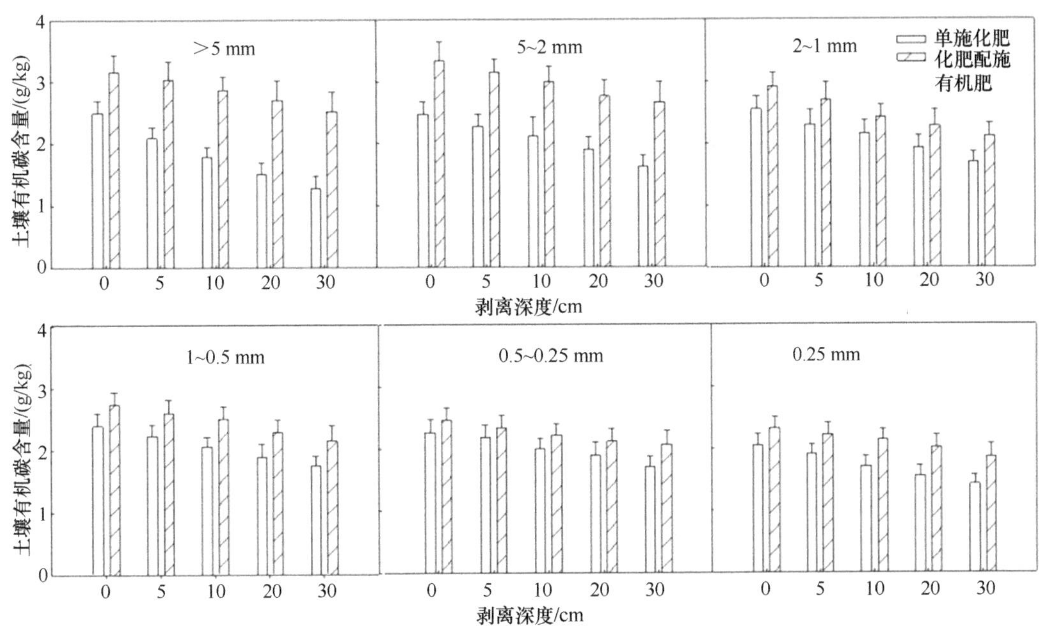

图 8-2 腐解牛粪施用后 5 个剥蚀深度土壤不同粒级水稳性团聚体分布

剥离深度为 0 cm 的土壤，>5 mm 粒级团聚体结合碳含量占总有机碳的 10.0%；5～2 mm 粒级团聚体结合碳占总有机碳的 11.3%；2～1 mm 粒级团聚体结合碳占总有机碳的 9.53%；1～0.5 mm 粒级团聚体结合碳占总有机碳的 8.72%；0.5～0.25 mm 粒级团聚体结合碳占总有机碳的 8.50%。

剥离深度 5 cm、10 cm 的土壤，各粒级团聚体结合碳变化规律与侵蚀深度 0 cm 土壤相同，但团聚体结合碳含量要低于表层土。剥离深度 20 cm、30 cm 的土壤，2～1 mm 粒级团聚体结合碳占总有机碳的比例较大，为 7.76%～8.41%。

单施化肥处理的土壤，随着剥离深度的增加，>1 mm 的团聚体结合碳含量呈明显的下降趋势（$P<0.05$）。侵蚀深度为 0 cm 土壤>1 mm（5 mm、5～2 mm、2～1 mm）粒级团聚体结合碳含量显著高于其他剥离深度的土壤，尤其高于剥离深度为 30 cm 的土壤团聚体结合碳含量（$P<0.05$），且该粒级团聚体结合碳含量占总有机碳含量的 9.27%。

1～0.25 mm 粒级团聚体结合碳与>1 mm 粒级团聚体结合碳变化趋势相似，但各剥离深度该粒级团聚体结合碳含量差异不显著。1～0.25 mm 粒级团聚体结合碳含量一般

占总有机碳含量的 7.19%～8.05%。大团聚体结合碳（>0.25 mm）含量在各剥离深度为 1.85～2.54 g/kg，占总有机碳含量的 5.98%～8.21%（图 8-2）。

总体来看，与单施化肥处理相比，腐解牛粪处理对土壤团聚体结合碳量的增加有不同程度的促进作用，且大团聚体结合碳占土壤总有机碳比例增加显著，其中以>1 mm 粒级增加最快。

分析腐解牛粪处理与施用化肥处理在 0 cm、5 cm、10 cm、20 cm、30 cm 5 个侵蚀深度上，土壤团聚体含量与各粒级团聚体结合碳及总有机碳之间的相关关系（表 8-16）可以看出，两种培肥处理土壤各粒级团聚体与团聚体结合碳之间基本存在显著正相关关系（$P<0.05$），>5 mm、5～2 mm、2～1 mm 团聚体结合碳与<0.25 mm 团聚体结合碳之间存在显著的负相关关系，腐解牛粪处理土壤>1 mm 团聚体结合碳与总有机碳之间呈显著相关关系（$P<0.05$），其中 5～2 mm 团聚体结合碳与总有机碳之间达到了极显著相关水平（$P<0.01$）；施用化肥处理土壤>1 mm 团聚体结合碳与总有机碳之间没有达到显著相关关系。

表 8-16　腐解牛粪与化肥施用后不同侵蚀深度土壤团聚体结合碳含量和各粒级结合碳及总有机碳（SOC）之间的相关关系

处理	不同粒级团聚体结合碳	>5 mm	5～2 mm	2～1 mm	1～0.5 mm	0.5～0.25 mm	>0.25 mm	SOC
单施化肥	>5 mm	0.501*	0.488*	0.512*	0.478*	0.344*	0.328*	0.565
	5～2 mm	0.465*	0.573*	0.564*	0.321*	0.391*	0.408*	0.612*
	2～1 mm	0.440*	0.684*	0.453*	0.356*	0.369*	0.329*	0.610*
	1～0.5 mm	0.519*	0.454*	0.395*	0.447*	0.366*	0.376*	0.686*
	0.5～0.25 mm	0.623*	0.486*	0.491*	0.397*	0.463*	0.412*	0.574*
	<0.25 mm	−0.453*	−0.524*	−0.469*	0.314*	0.387*	0.441*	0.523*
	SOC	0.212	0.145	0.109	0.203	0.228	0.212	1
化肥配施有机肥	>5 mm	0.645*	0.626*	0.531*	0.491*	0.359*	0.423*	0.564*
	5～2 mm	0.613*	0.440*	0.671*	0.565*	0.487*	0.356*	0.595*
	2～1 mm	0.747**	0.529*	0.523*	0.486*	0.421*	0.398*	0.472*
	1～0.5 mm	0.854**	0.515*	0.515*	0.441*	0.427*	0.387*	0.616*
	0.5～0.25 mm	0.486*	0.447*	0.423*	0.379*	0.376*	0.601*	0.529*
	<0.25 mm	−0.575*	−0.395*	−0.441*	0.358*	0.407	0.322*	0.574*
	SOC	0.645*	0.974**	0.721*	0.256	0.254	0.232	1

注：*表示在 0.05 水平上差异显著；**表示在 0.01 水平上差异极显著

但是，土壤总有机碳与各粒级团聚体结合碳之间存在显著相关关系（$P<0.05$）。与施用化肥处理相比，腐解牛粪施用后土壤大团聚体结合碳明显增加，总有机碳含量也显著增加，说明>1 mm 大团聚体结合碳在土壤总有机碳变化中起主要作用。

不同粒径土壤团聚体中的有机碳含量是土壤有机质平衡与矿化速率的微观表征。我们的研究结果表明，随着侵蚀深度增加，土壤大团聚体结合碳含量逐渐降低，说明土壤侵蚀可以导致大团聚体结合碳含量的降低。两种施肥方式下土壤在同一侵蚀深度随着团聚体粒径的增加，有机碳含量增加，其中 5～1 mm 粒级团聚体结合碳含量占土壤有机碳含量的比例较大。

^{13}C 示踪法证实，微团聚体中的有机碳比大团聚体中的有机碳形成时间早，但大团

聚体比微团聚体含有更多的有机碳。这可能是因为有机质含量较高的黑土中，较大的团聚体是通过土壤有机质胶结较小的团聚体形成的，因此，土壤有机碳的含量随土壤团聚体的增大而增加。

由于不同肥料在土壤中的分解速率和残留量上的差异以及对作物生长影响形成的有机残茬的不同，不同施肥处理即使同一粒级团聚体结合碳含量也因施肥种类不同而异。腐解牛粪作为有机肥长期施用，增加了各粒级团聚体结合碳含量。主要原因是有机肥作为土壤有机质来源进入土壤，增加土壤有机碳含量，从而增加土壤有机质含量，而土壤有机质的增加则会导致团聚体数量和稳定性的增加。

相关分析表明，各粒级团聚体与其结合碳之间存在显著的相关关系（$P<0.05$）。因此，两种施肥方式下，土壤各粒级结合碳与团聚体数量表现出一致的变化趋势。腐解牛粪施用后>1 mm 粒级团聚体结合碳含量与 SOC 含量存在显著的正相关关系，而化肥施用后，>1 mm 粒级大团聚体结合碳含量与 SOC 含量之间关系不显著。

土壤有机质、黏粒及碳酸钙是影响水稳性团聚体含量的主要因子，其中土壤有机质与团聚体之间存在密切的相关关系，它是土壤团聚体的主要胶结剂。腐解牛粪作为有机肥进入土壤，增加土壤有机碳，而土壤有机碳能促进土壤团聚体的形成。

总之，从不同侵蚀深度看，5～0.25 mm 粒级大团聚含量及结合碳含量变化明显；有机肥牛粪的施用可提高 5～0.25 mm 粒级大团聚含量及结合碳含量，对>1 mm 粒级团聚体作用显著。因此，可以以 5～0.25 mm 粒级团聚体及有机碳的相对增加作为评价黑土土壤肥力及土壤改良措施的指标。

四、对侵蚀黑土剖面中有机碳的影响

在单施化肥处理中，0～80 cm 土体内有机碳含量随侵蚀程度的加剧而降低（图 8-3）。

与未侵蚀对照相比，在剥离表土 10 cm 处理中，0～40 cm 的土壤有机碳降低了 10%～11%。0～40 cm 土体内有机碳的降低是由于>0.25 mm 粒级团聚体结合有机碳降低（降低了 11%～12%）。但在剥离表土 20 cm 处理中，有机碳的降低主要是由于 2～0.053 mm 粒级团聚体结合有机碳降低（降低了 12%～18%）。剥离表土 20 cm 处理中，40～80 cm 土体内有机碳比未侵蚀对照中下降了 24%～28%，这主要是由于>0.053 mm 团聚体结合碳降低了 15%～35%。

与单施化肥相比，施用有机肥将 0～40 cm 土体内有机碳含量提升了 4%～19%（图 8-3）。在所有剥离处理中，剥离深度为 10 cm 处理中有机碳含量增加最多，在 0～20 cm 与 20～40 cm 土层中，分别较单施化肥处理高出了 12%和 16%。相应地，施用有机肥也增加了>0.053 mm 团聚体中结合碳的含量（图 8-4）。

连续 10 年施用有机肥后可将各侵蚀程度农田黑土 0～20 cm 有机碳含量恢复至未侵蚀水平（单施化肥处理中剥离深度 0 cm 处理），说明施用有机肥有助于相对较浅土层中有机碳的恢复。

有机碳水平的恢复主要有以下原因：第一，随着牛粪的施入，有机物料投入增多；第二，牛粪中的惰性有机碳随着表土每年的耕翻在表层中累积；第三，大量有机碳的输入促进土壤大团聚体的形成（图 8-4，表 8-13）。

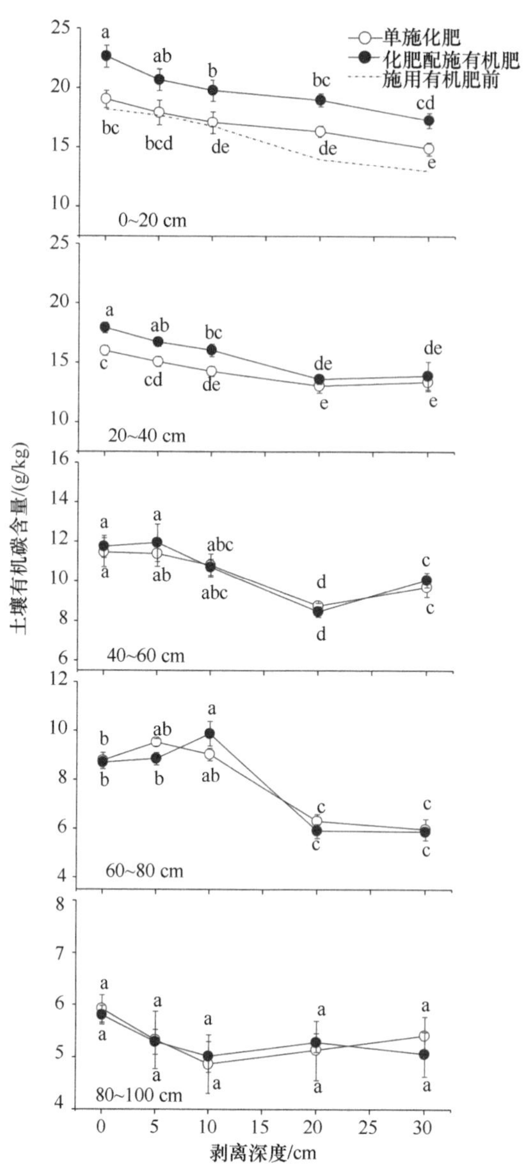

图 8-3 不同侵蚀程度农田黑土剖面中有机碳分布特征

有研究证实，施用有机肥能提高豌豆—春小麦—土豆轮作体系中的碳固持（Liu and Zhou，2017），增加有机物料投入能提高土壤中大团聚体比例，并增加土壤有机碳含量。这些研究都说明施用有机肥是恢复侵蚀黑土有机碳的有效措施。

尽管连续 10 年施用有机肥能促进深层土壤中有机碳水平的恢复，施用有机肥对有机碳的提升作用可延伸至 40 cm 土层中，但是施用有机肥对深层土壤有机碳的提升在很大程度上受限于侵蚀程度（图 8-3），施用有机肥对 20～40 cm 土层中>0.25 mm 团聚体结合碳和>2 mm 团聚体中 ^{13}C 的提升仅出现在剥离深度<20 cm 土层中（图 8-3，图 8-4），这说明有机肥对土壤有机碳的恢复依赖于土壤侵蚀的严重程度。

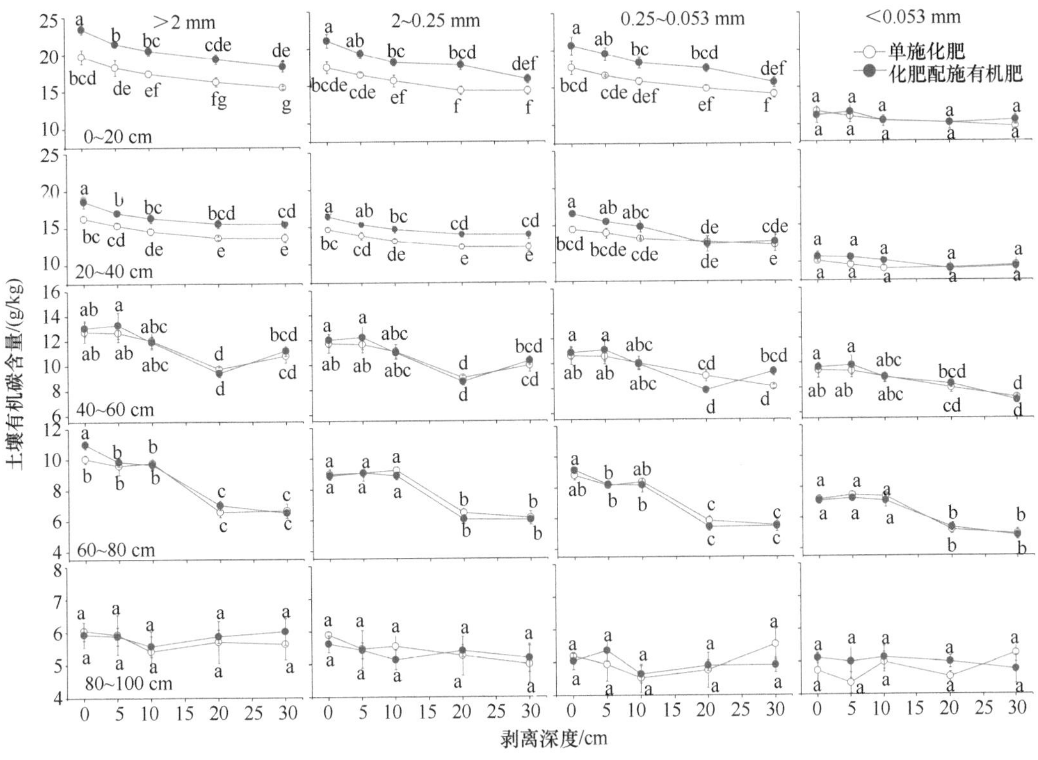

图 8-4　不同侵蚀程度农田黑土剖面中团聚体结合碳分布特征

在表层中，施用有机肥能增加>2 mm 粒级团聚体比例，降低<0.053 mm 粒级团聚体所占比例。平均重量直径和>0.25 mm 粒级团聚体中 δ^{13}C 的增加，进一步说明了有机肥施用有助于土壤团聚体结构的形成。所有的研究结果均表明，腐解牛粪的施用直接促进土壤团聚体结构的形成，尤其是大团聚体。

为了进一步区分土壤剖面以及团聚体中有机碳的来源，采用 δ^{13}C 自然丰度差异对有机碳来源进行了追踪。单施化肥处理中，除剥离表土 30 cm 处理外，土壤侵蚀对土壤和团聚体中 δ^{13}C 值无明显影响（图 8-5，图 8-6）。但是，施用有机肥提高了 0～20 cm 和 20～40 cm 土层中 δ^{13}C 值，相较于单施化肥处理分别提高了 3%～5%和 1%～2%。施用有机肥对剥离表土 10 cm 处理的 δ^{13}C 值提升幅度最大，在 0～20 cm 和 20～40 cm 土层中分别提升了 5%和 2%。

与单施化肥处理相比较，施用有机肥对团聚体 δ^{13}C 值的影响主要是在 0～40 cm 土体内（图 8-6）。在 0～20 cm 土层中，施用有机肥提高了各侵蚀程度黑土中>0.25 mm 粒级团聚体中 δ^{13}C 值，提升幅度为 2.1%～5.1%；并且在剥离深度>10 cm 处理中，<0.25 mm 粒级团聚体中 δ^{13}C 值也有所增加。

在 20～40 cm 土层中，剥离深度 10 cm 处理中除 0.25～0.053 mm 团聚体外的其他粒级团聚体 δ^{13}C 值均在施用有机肥后提高；同时，施用有机肥也提高了剥离深度 20 cm 处理中各粒级团聚体中 δ^{13}C 值；>2 mm 粒级团聚体中 δ^{13}C 值在剥离深度 5 cm 处理中也有所增加。

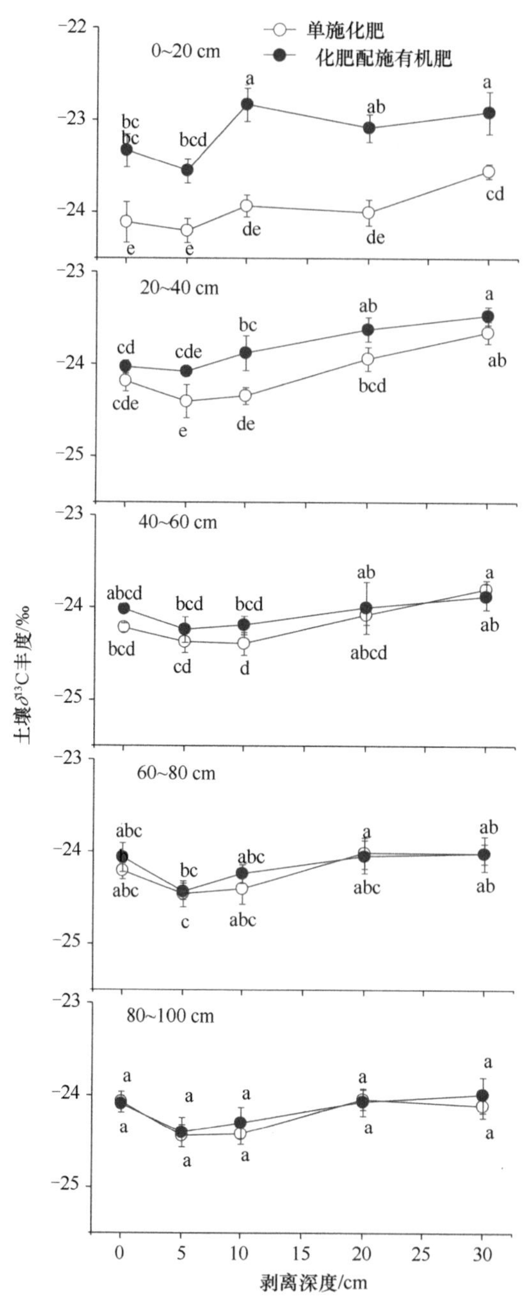

图 8-5　不同侵蚀程度农田黑土 $\delta^{13}C$ 在剖面中的分布

相比而言，仅剥离深度 10 cm 处理中有机肥中的碳占总有机碳的比例比未侵蚀对照高，在 0～20 cm 和 20～40 cm 土层中分别高出 40%和 216%（图 8-7）。剥离深度 10 cm 处理中，0～20 cm 土层中有机肥中的碳占总有机碳比例最高，为 8.4%。

各侵蚀程度处理中，0～20 cm 土层中有机肥中的碳所占的比例要高于其他深度的土壤。除剥离深度 10 cm 处理中 20～40 cm 土层外，其他不同侵蚀程度处理中 20～40 cm 土层中有机肥中的碳所占比例与 40～100 cm 土层内的比例无显著差异。

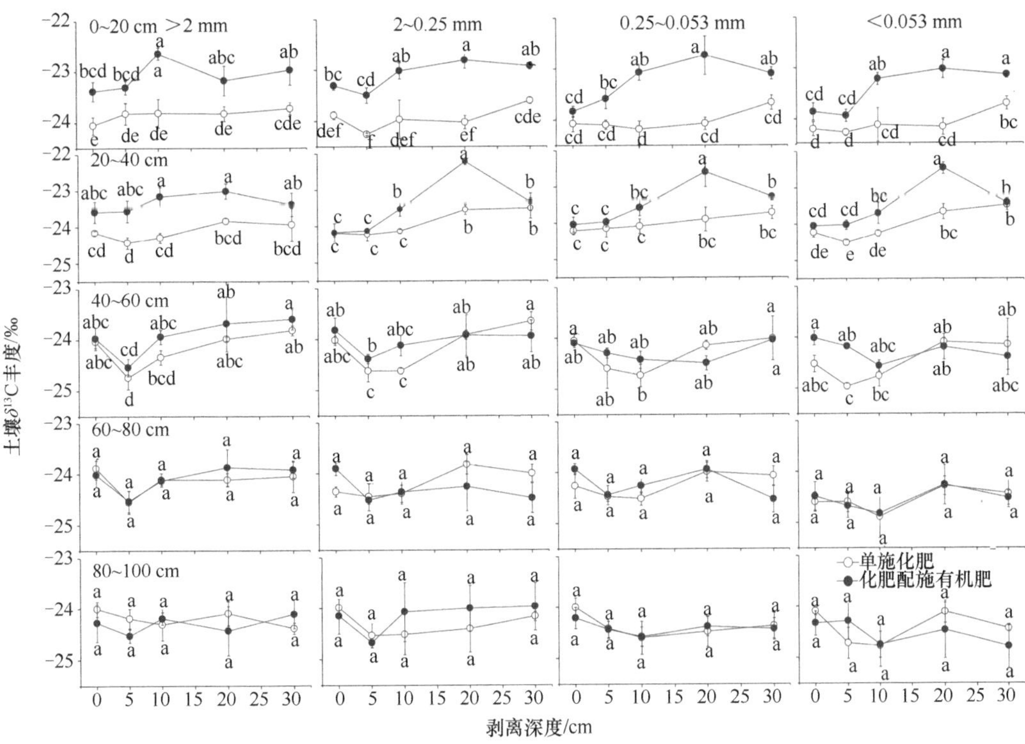

图 8-6　不同侵蚀程度农田黑土团聚体中 δ^{13}C 在剖面中的分布

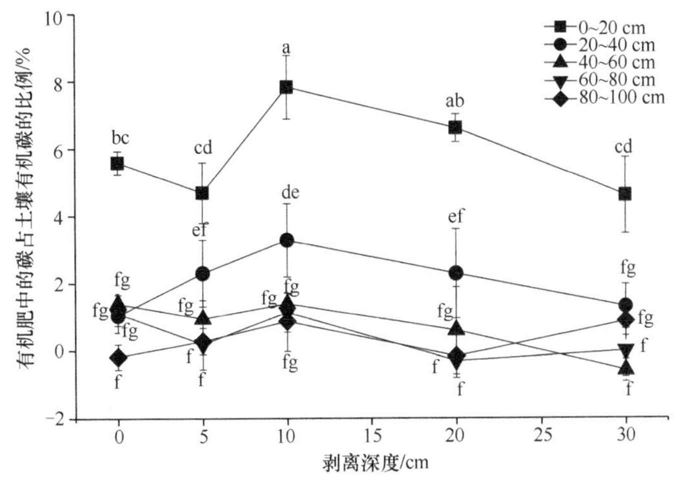

图 8-7　有机肥中的碳占总有机碳的比例

有机肥中的碳对土壤总有机碳的最大贡献率出现在剥离深度 10 cm 处理的 0～20 cm 土层中，连续 10 年施用有机肥后有机肥中的碳所占比例达 8.4%，这与其他研究的结果相类似。例如，Tirol-Padre 等（2007）研究发现，稻—麦轮作体系中连续施用农家肥后有机肥中的碳占总有机碳的 11%～13%；Zhang 等（2015）研究发现，猪粪中有机碳可占修复后铁铝土和淋溶土中有机碳的 4.4%～5.1%。

关于有机肥增加土壤有机碳固持机制的研究已有较多报道。Piccolo 等（2004）研究发现，当有机物料与多糖混合到一起后，一部分活性有机质会转化成稳定有机质的疏水部分，进而被保护起来。由于新产生的有机质的高疏水性，土壤中原有的有机碳受保护而不被分解（Piccolo et al.，2004）。

剥离深度 10 cm 处理中的高有机肥中的碳/土壤有机碳比例，说明有机肥中的碳对侵蚀程度中等的农田黑土中有机碳恢复效果最明显。这可能是>2 mm 粒级团聚体比例和 $\delta^{13}C$ 值增加最大引起的。有机肥中的碳在土壤中发挥着团聚体形成过程中的“连接枢纽”作用，反过来，大团聚体也能有效保护有机肥中的碳和土壤原有有机碳免遭分解。

此外，剥离深度 10 cm 处理中，施用有机肥后土壤 $\delta^{13}C$ 含量明显比单施化肥高，说明有机肥所输入的碳含量增多，这一点可由 Qiao 等（2015）研究中发现的土壤 $\delta^{13}C$ 值与输入碳的累积成正比所支撑。有机肥施用后剥离深度 10 cm 的作物长势和产量恢复最好，进一步表明连续 10 年施用有机肥能恢复中度侵蚀农田黑土的生产力（Zhou et al.，2012）。

五、对不同侵蚀程度农田黑土全氮和活性有机氮的影响

（一）施用有机肥对不同侵蚀程度农田黑土全氮含量的影响

由图 8-8 可以看出，两种施肥处理农田黑土土壤全氮含量变化规律相同，均表现出随侵蚀程度的增加逐渐降低的趋势，其中，从剥离深度 20 cm 开始，土壤全氮含量显著降低（$P<0.05$）。

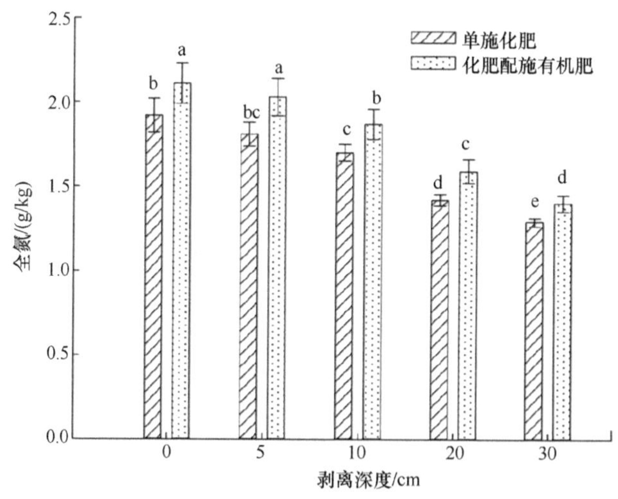

图 8-8 有机、无机肥施用 9 年后对土壤全氮含量的影响

在 5 个侵蚀深度土壤中，两种施肥管理下，未侵蚀土壤全氮含量最高，分别为 2.11 g/kg 和 1.92 g/kg，剥离深度 30 cm 土壤全氮含量最低，分别为 1.40 g/kg 和 1.29 g/kg。与单施化肥处理相比，有机、无机配施处理可以提高不同侵蚀深度土壤全氮的含量，提高的幅度为 8.80%～12.8%。说明化肥与有机肥配合施用对土壤氮素含量增加有重要的促进作用。

（二）施用有机肥对不同侵蚀深度农田黑土土壤活性有机氮库组分的影响

长期有机、无机肥配施对 5 个不同侵蚀深度农田黑土活性有机氮组分的影响如表 8-17 所示。

颗粒有机氮、轻组有机氮及微生物生物量氮的含量变化趋势与全氮含量的变化规律一致，呈现随土壤侵蚀深度的增加而降低的趋势。

与单独施用化肥处理相比，有机、无机肥的配合施用可显著增加侵蚀深度 0 cm、5 cm、10 cm 土壤颗粒有机氮、轻组有机氮、微生物生物量氮含量（$P<0.05$），颗粒有机氮分别提高了 24.6%、32.3%、29.3%（$P<0.05$），轻组有机氮分别提高了 13.9%、17.9%、17.6%，微生物生物量氮分别提高了 40.6%、44.7%、40.7%。

有机、无机肥的配合施用虽然可增加剥离深度 20 cm、30 cm 土壤颗粒有机氮、轻组有机氮、微生物生物量氮含量，增加的幅度分别为 18.9%～23.2%、15.5%～15.6%、21.3%～32.1%，但没有达到差异显著水平。

土壤可溶性有机氮的变化趋势与颗粒有机氮、轻组有机氮、微生物生物量氮的变化趋势不同（表 8-17）。两种施肥处理下可溶性有机氮含量的变化随土壤侵蚀深度增加而降低，侵蚀深度 20 cm 降到最低，分别为 18.1 mg/kg 和 12.1 mg/kg，而后又出现增加的趋势。在同一剥离深度，长期化肥与有机肥配施土壤可溶性有机氮含量高于单施化肥处理，增加的幅度为 28.6%～33.2%。

表 8-17　有机、无机肥配施 9 年后不同侵蚀深度农田黑土土壤活性有机氮库组分含量变化

（单位：mg/kg）

处理	剥离深度/cm	微生物生物量氮（MBN）	颗粒有机氮（POM-N）	可溶性有机氮（DON）	轻组有机氮（LFOM-N）
单施化肥	0	31.2	571	16.7	537
	5	26.0	495	15.2	493
	10	21.3	445	13.9	452
	20	17.1	409	12.1	396
	30	16.9	366	13.9	351
化肥配施有机肥	0	43.8	711	23.4	612
	5	37.6	657	22.5	581
	10	29.9	576	20.6	535
	20	22.7	504	18.1	457
	30	20.5	435	19.8	406

伴随着有机肥的长期施用，农田黑土土壤全氮、颗粒有机氮、轻组有机氮、可溶性有机氮、微生物生物量氮含量升高。但是，随着剥离深度的增加，有机肥对土壤活性氮库的贡献率越来越小。

龚伟等（2008）的长期试验研究指出，施用有机、无机肥能增加褐土土壤颗粒有机氮含量。Song 等（2014）在潮土上的研究也得到了相同的结果，主要原因是有机肥中

含有大量微生物，微生物分解有机物质的速度增加，从而增加了土壤活性氮组分含量。

我们的研究显示，连续9年有机、无机肥配施可显著增加剥离深度0 cm、5 cm、10 cm土壤颗粒有机氮、轻组有机氮、微生物生物量氮的含量（$P<0.05$），对剥离深度20 cm、30 cm土壤颗粒有机氮、轻组有机氮、微生物生物量氮的影响不显著，其原因是剥离深度越小，土壤肥力水平相对较高，作物的生物量相对也高，根系残茬归还土壤的量也高。

有研究指出，作物生物量的30%～60%净光合产物碳运输到根中，其中有40%～90%以根系分泌物、脱落细胞和衰老根进入土壤，从而为微生物提供同化氮素的能源。因此，相对于侵蚀程度较大的农田黑土，配施有机肥对侵蚀程度较弱的土壤活性有机氮组分含量的增加有显著的促进作用，这表明，长期有机、无机肥配施对提高不同侵蚀程度土壤氮素水平是非常必要的。

两种施肥处理下，土壤颗粒有机氮、轻组有机氮、微生物生物量氮含量随着侵蚀深度的增加而降低，主要原因可能是剥离深度较浅的土层，土壤结构破坏较轻，土壤养分含量高，随着腐解牛粪的不断施用，促进了微生物生长，从而使其获得足够的碳源，同化作用将较多的氮素转移到微生物体内，含量较高。

六、不同侵蚀程度农田黑土土壤活性有机氮组分占全氮的比例

由表8-18可知，长期有机、无机肥配合施用处理下的土壤颗粒有机氮、轻组有机氮、微生物生物量氮占土壤全氮的比例高于单施化肥处理下土壤颗粒有机氮、轻组有机氮、微生物生物量氮占土壤全氮的比例。

表8-18　有机、无机肥施用9年后不同侵蚀深度农田黑土土壤活性有机氮组分占全氮的比例（%）

处理	剥离深度/cm	微生物生物量氮（MBN）	颗粒有机氮（POM-N）	可溶性有机氮（DON）	轻组有机氮（LFOM-N）
单施化肥	0	1.59	29.3	0.86	27.5
	5	1.39	26.5	0.81	26.4
	10	1.23	25.7	0.80	26.1
	20	1.18	28.2	0.83	27.3
	30	1.29	27.9	1.06	26.8
化肥配施有机肥	0	2.10	34.0	1.02	29.3
	5	1.88	32.9	1.13	29.0
	10	1.62	31.1	1.11	28.9
	20	1.44	32.1	1.15	29.1
	30	1.47	31.3	1.42	29.2

土壤颗粒有机氮、轻组有机氮占全氮的比例表现出随土壤侵蚀深度增加而降低，剥离深度10 cm土壤比例最低，剥离深度20 cm土壤又有所增加，在剥离深度30 cm处又降低。

微生物生物量氮占全氮的比例随侵蚀深度的增加而降低，剥离深度20 cm土壤降到最低，剥离深度30 cm土壤又略有增加。可溶性有机氮占全氮的比例没有表现出随土壤剥离深度变化而变化的规律。

在同一剥离深度，颗粒有机氮所占的比例最大，可溶性有机氮所占的比例最小，这

说明在土壤活性有机氮库中，颗粒有机氮与轻组有机氮对土壤全氮的贡献率最大，而可溶性有机氮对土壤全氮的贡献率最小。

土壤活性有机氮占土壤全氮比例中，颗粒有机氮分配比例反映了土壤中非保护性氮或非稳定性氮的相对数量，比例越高，土壤中氮素的不稳定部分越高，在受到自然因素和人类活动影响后，土壤氮素中易分解的部分就越多，意味着土壤的供氮潜力越高。

我们的研究发现，颗粒有机氮占全氮的比例为 25.7%～34.0%，轻组有机氮占土壤全氮的比例为 26.1%～29.3%，远远高于微生物生物量氮、可溶性有机氮占全氮的比例，这说明颗粒有机氮与轻组有机氮对土壤全氮的贡献率最高，颗粒有机氮与轻组有机氮的变化直接影响有机氮库的变化。

第四节　有机肥对侵蚀农田黑土生物学性状的修复

一、对土壤有机酸的影响

玉米—大豆轮作和大豆—玉米轮作体系中，连续 7 年施用有机肥后，无论是在根际还是在非根际土壤中都检测出了大量的低分子量有机酸（图 8-9，图 8-10）。

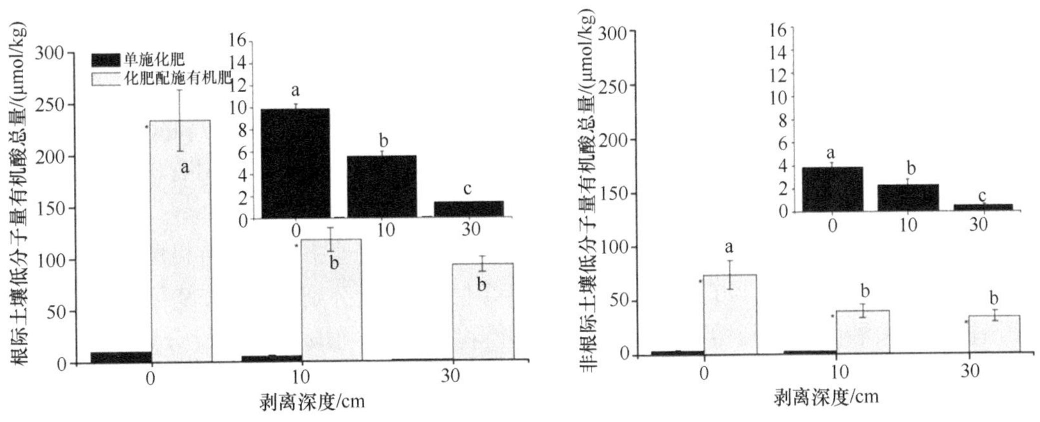

图 8-9　不同剥离深度农田黑土玉米根际土壤与非根际土壤低分子量有机酸总量

在种植玉米小区内，施用有机肥后未侵蚀处理、剥离 10 cm 处理和剥离 30 cm 处理中，根际土壤中低分子量有机酸含量分别是单施化肥处理根际土壤中的 24 倍、21.1 倍和 70 倍；非根际土壤中低分子量有机酸含量分别是单施化肥处理中的 19 倍、17 倍和 62 倍（图 8-9；$P<0.05$）。

在种植大豆小区内，施用有机肥后未侵蚀处理、剥离 10 cm 处理和剥离 30 cm 处理中，根际土壤中低分子量有机酸含量分别是单施化肥处理根际土壤中的 9.0 倍、9.1 倍和 28 倍；非根际土壤中低分子量有机酸含量分别是单施化肥处理中的 6.5 倍、10 倍和 20 倍（图 8-9；$P<0.05$）。

无论在种植玉米小区还是在种植大豆小区，特定施肥处理中低分子量有机酸含量均随着表土剥离深度的加深而降低（图 8-9，图 8-10；$P<0.05$）。

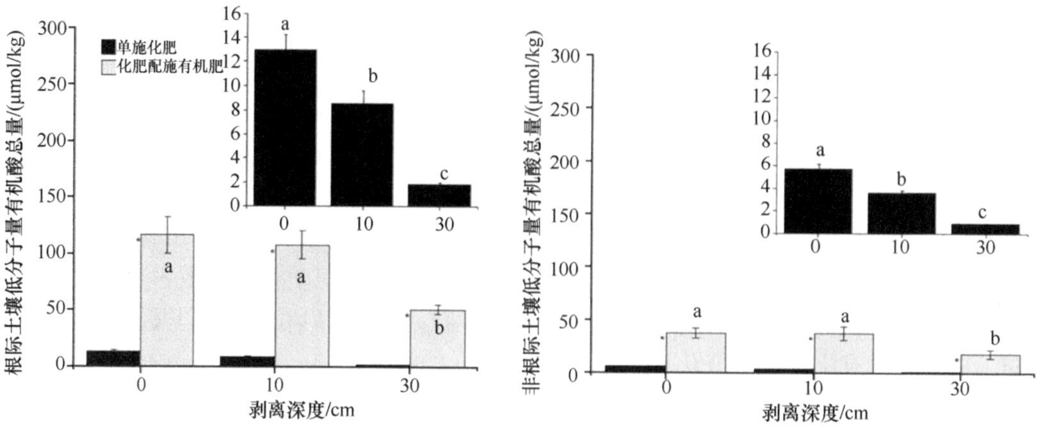

图 8-10　不同剥离深度农田黑土大豆根际土壤与非根际土壤低分子量有机酸总量

单施化肥处理中表土剥离 10 cm 和 30 cm 后，玉米根际土壤中低分子量有机酸含量比未侵蚀对照分别降低了 44%和 87%，大豆根际土壤低分子量有机酸含量比未侵蚀对照中分别降低了 11%和 86%（$P<0.05$）。

在施用有机肥处理中表土剥离 10 cm 和 30 cm 后，玉米根际土壤中低分子量有机酸含量比未侵蚀对照分别降低了 50%和 60%，大豆根际土壤低分子量有机酸含量比未侵蚀对照分别降低了 10%和 56%。

我们检测到了甲酸、乙酸、草酸、苹果酸、丙二酸、乳酸和马来酸，但无论在种植玉米小区还是在种植大豆小区内，甲酸和乙酸的浓度都低于检测限（<0.007 μmol/kg 土）。

在种植大豆小区内，没有检测到马来酸（表 8-19，表 8-20）。施用有机肥显著提升了根际与非根际土壤中有机酸的浓度（$P<0.05$）。

种植玉米小区内未侵蚀、剥离 10 cm 与剥离 30 cm 处理中，施用有机肥后根际草酸浓度分别增加了 115 倍、90 倍和 181 倍，根际丙二酸浓度分别增加了 2.9 倍、0.4 倍和 2 倍，根际苹果酸浓度分别增加了 2.3 倍、0.9 倍和 1.0 倍，根际乳酸浓度分别增加了–0.4 倍、5.0 倍和 3.0 倍，根际马来酸浓度分别增长了 0.7 倍、0.14 倍。非根际土壤中有机酸浓度的变化趋势与根际相似（表 8-19，表 8-20）。

表 8-19　不同剥离深度农田黑土玉米根际土壤与非根际土壤各低分子量有机酸含量

剥离深度/cm	施肥处理	根际土壤/（μmol/kg）					非根际土壤/（μmol/kg）				
		草酸	苹果酸	丙二酸	乳酸	马来酸	草酸	苹果酸	丙二酸	乳酸	马来酸
0	单施化肥	1.9c	1.8c	0.8b	3.9a	1.6b	0.7c	0.7b	0.3b	1.5a	0.6ab
	化肥配施有机肥	220a	5.9a	3.1a	2.4b	2.7a	70a	1.8a	1.0a	0.8b	0.8a
10	单施化肥	1.2c	1.6cd	1.0b	0.4c	1.4b	0.5c	0.7b	0.4b	0.2c	0.6ab
	化肥配施有机肥	109b	3.0b	1.4b	2.4b	1.6b	37b	1.0b	0.5b	0.8b	0.6b
30	单施化肥	0.5c	0.3e	0.1c	0.4c	—	0.2c	0.1c	—	0.2c	—
	化肥配施有机肥	91b	0.6de	0.3b	1.6b	—	33b	0.2c	0.1b	0.6b	—

注：同列中不同字母表示在 0.05 水平上差异显著

表 8-20　不同剥离深度农田黑土大豆根际土壤与非根际土壤各低分子量有机酸含量

剥离深度/cm	施肥处理	根际土壤/（μmol/kg）				非根际土壤/（μmol/kg）			
		草酸	苹果酸	丙二酸	乳酸	草酸	苹果酸	丙二酸	乳酸
0	单施化肥	3.2bc	0.3c	6.7c	2.8cd	1.4b	0.1c	2.9c	1.2c
	化肥配施有机肥	7.5a	1.9ab	93a	14a	2.4a	0.6ab	30a	4.4a
10	单施化肥	2.5c	2.2a	4.7c	2.1d	0.6c	0.9a	1.2c	0.9c
	化肥配施有机肥	3.9b	1.5b	95a	5.2b	1.3b	0.9ab	32a	2.4b
30	单施化肥	0.7d	0.2c	0.7c	0.2e	0.4c	0.1c	0.3c	0.1d
	化肥配施有机肥	2.6bc	1.4bc	44b	3.4c	0.9b	0.5bc	15b	1.2c

注：同列中不同字母表示在 0.05 水平上差异显著

种植大豆小区内未侵蚀、剥离 10 cm 与剥离 30 cm 处理中，施用有机肥后根际中主要有机酸浓度增加，草酸浓度分别增加了 1.3 倍、0.56 倍和 2.7 倍，丙二酸浓度分别增加了 12.9 倍、19.2 倍和 61.9 倍，苹果酸浓度分别增加了 5.3 倍、–0.32 倍和 6.0 倍，乳酸浓度分别增加了 4 倍、1.5 倍和 16 倍。非根际土壤中有机酸浓度的变化趋势与根际相似（表 8-19，表 8-20）。施用有机肥对有机酸浓度的影响因种植作物不同而异。根际中每种主要低分子量有机酸的浓度均高于非根际土壤（$P<0.05$）。

除种植玉米小区中丙二酸和种植大豆小区中苹果酸，同一施肥方式下无论是根际还是非根际土壤中其他主要有机酸浓度均随剥离深度的加深而降低（表 8-19，表 8-20）。

就种植玉米小区而言，单施化肥处理中剥离 10 cm 与剥离深度 30 cm 小区中根际土壤中草酸浓度分别降低了 37%和 74%，非根际土壤中草酸浓度分别降低了 29%和 71%。而对于种植大豆小区而言，单施化肥处理中剥离 10 cm 与剥离深度 30 cm 小区中根际土壤中草酸浓度分别降低了 22%和 78%，非根际土壤中草酸浓度分别降低了 57%和 7%。

方差分析 Turkey 检验表明，施用有机肥和剥离深度均能显著影响土壤溶液中主要低分子量有机酸的浓度，即施用有机肥能增加有机酸的浓度，剥离深度增加降低有机酸浓度；但施用有机肥与剥离深度之间的交互作用对低分子量有机酸的影响在种植玉米小区和种植大豆小区内均不显著。

连续 7 年施用有机肥后，各侵蚀程度农田黑土中根际土壤中主要低分子量有机酸浓度比单施化肥处理提升了 9～70 倍，非根际土壤中主要低分子量有机酸浓度比单施化肥处理增加了 6.5～62 倍。这与 Francisco 和 Birl（2003）之前报道的施用有机肥能增加土壤中有机酸的累积一致。

施用有机肥后种植玉米小区主要低分子量有机酸浓度比种植大豆小区高。在剥离 30 cm 处理中，施用有机肥后玉米根际主要有机酸浓度比单施化肥提升了 70 倍，施用有机肥后大豆根际主要有机酸浓度比单施化肥提升了 28 倍，说明施用有机肥对玉米田主要低分子量有机酸的影响要强于大豆田。

Sui 等（2009）研究发现，玉米产量要比大豆产量对表土剥离更敏感，并且玉米的光合速率和根系干重都比大豆高。有文献记载玉米根际的可溶性有机碳与微生物量都要远比大豆根际高，并且玉米残茬也要明显比大豆多。Zhou 等（2012）研究发现，施用有机肥能促进根系生长，尤其是增加根系表面积和根系干重。施用有机肥后也会使土壤微生物量和细菌活性增强（米亮等，2010）。

综上，施用有机肥后玉米地块有机酸浓度比大豆地块高主要是由以下原因造成的：①更多的光合产物能迁移到玉米根系；②玉米根系生物量大，能分泌更多的有机酸；③微生物活性增强。

此外，由于种植作物类型不同，施用有机肥后作物根系向土壤中分泌的有机酸类型也不同。我们研究发现，玉米小区内草酸浓度在施用有机肥后比单施化肥显著升高，但在大豆小区内却没有这种现象；大豆小区内丙二酸浓度在施用有机肥后比单施化肥显著升高，但在玉米小区内却没有这种现象。

Bentley（1952）报道，豆科植物能分泌较多的丙二酸，进入土壤后，能抑制三羧酸循环（TCA 循环）中一种关键酶——琥珀酸脱氢酶的活性。因此，尽管植物分泌有机酸受个别有机酸的分解速率和吸附所调控，但土壤中有机酸的主要来源可能不是有机肥而是植物。该结果为科学研究带来了新的挑战，如何区分土壤中的有机酸是来源于植物还是有机肥亟待深入研究。

我们的研究还发现，玉米根际土壤中的有机酸主要是草酸，而大豆根际土壤中的有机酸主要是丙二酸。尽管植物根系分泌物类型很大程度上取决于环境异质性，但目前关于玉米根系和大豆根系是否选择性分泌草酸和丙二酸仍是未知的。例如，在低磷胁迫下，大豆根系草酸分泌量增加，但在铝胁迫下，玉米根系苹果酸分泌量增加而大豆根系柠檬酸分泌量增加。在石灰性土壤中，种植玉米时苹果酸浓度高，降解速度快，但草酸因被钙盐保护起来，其抗微生物降解能力较强。

土壤退化会导致土壤生物学性状发生巨大改变，导致土壤微生物量降低，进而造成微生物活性减弱，养分有效性降低，进而抑制作物生长。

我们研究发现，主要低分子量有机酸总量与每种低分子量有机酸浓度均随土壤侵蚀程度的加剧而降低（$P<0.05$），与未侵蚀对照相比，在剥离深度 30 cm 处理中根际土壤中有机酸含量减少了将近 90%，非根际土壤中减少了将近 60%。但是施用有机肥能大幅度提升剥离 30 cm 处理中有机酸含量，证实了施用有机肥等有机修复物能消除土壤侵蚀带来的负面效应。

施用有机肥后，剥离 30 cm 处理玉米和大豆产量的增加也能增加土壤中有机酸含量，而且对侵蚀程度越严重的黑土，施用有机肥的修复效果越明显。因此，施用有机肥引起的低分子量有机酸含量变化是有机肥修复侵蚀黑土生产力的机制之一。

二、对土壤微生物的影响

表 8-21 为黑土土层剥离对土壤可培养细菌、真菌和放线菌数量的影响。随着土壤剥离深度的增加，土壤三大类可培养微生物数量显著降低（$P<0.05$）。不同施肥处理对土壤三大类菌影响也存在差异，化肥配施有机肥处理的三大类菌数量显著高于相对应的单施化肥处理，即 0-CF+M>0-CF、10-CF+M > 10-CF 和 30-CF+M > 30-CF。可见，增施有机肥比单施化肥更有利于提高三大类菌的数量。

表 8-21　表层土壤剥离和施肥处理对黑土可培养细菌、真菌、放线菌数量的影响

处理	剥离深度/cm	细菌/（$\times10^6$ 个/g 干土）	真菌/（$\times10^4$ 个/g 干土）	放线菌/（$\times10^5$ 个/g 干土）
单施化肥	0	4.67±0.45	4.28±0.41	3.56±0.38
	10	2.81±0.25	2.36±0.22	2.39±0.34
	30	0.19±0.16	0.26±0.13	0.29±0.11
化肥配施有机肥	0	13.81±0.86	8.17±0.82	3.61±0.44
	10	8.28±0.46	3.82±0.39	2.59±0.32
	30	1.28±0.13	1.12±0.12	1.12±0.12

由图 8-11 可知，土壤剥离对土壤微生物生物量碳影响显著，随着剥离深度的增加土壤微生物生物量碳含量逐渐降低。

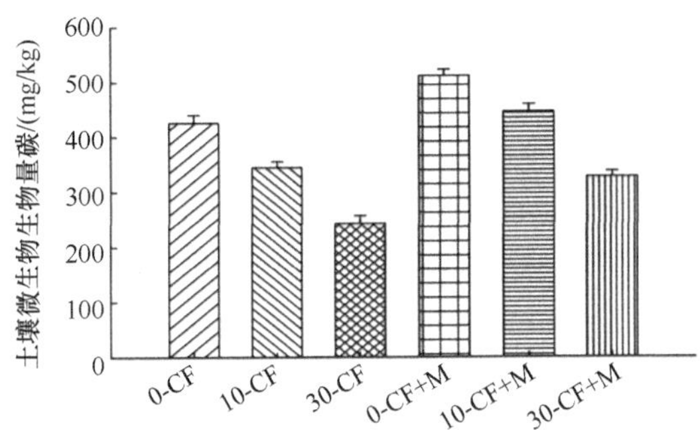

图 8-11　表层土壤剥离和施肥处理对黑土土壤微生物生物量碳的影响

CF. 单施化肥；CF+M. 化肥配施有机肥；下同

土层剥离 10 cm 和 30 cm 处理的土壤微生物生物量碳较未剥离处理，单施化肥处理分别降低了 19%和 42%，化肥配施有机肥处理分别降低了 13%和 36%。

增施有机肥较单施化肥有利于提高土壤微生物生物量碳，其中未剥离、剥离 10 cm 和 30 cm 处理分别提高了 20%、29%和 35%。

土壤微生物生物量只反映了群落总量的差异，需要进一步的研究来显示微生物群落组成在长期施用有机肥后的变化。例如，如果我们能够提供“残留群落”和“接种群落”内微生物物种之间的竞争机制，将是很有价值的，因为较大比例的水溶性基质需要很少的能量来吸收和利用；这种激烈的竞争很可能导致群落组成的迅速变化。

在一定条件下，通过酶活性的测定可以获得土壤质量方面的状况。深入研究侵蚀黑土微生物生物量和土壤酶活性，了解土壤微生物群落组成变化，在长期的农业管理实践中具有重要的参考价值。

对 Biolog-EcoPlate 单孔平均光密度（AWCD）计算结果表明，随着培养时间的延长，所有处理 AWCD 值呈逐渐上升的趋势，但不同处理土壤细菌群落单孔平均光密度变化的快慢存在差异（图 8-12），表明土层剥离和施肥方式对土壤细菌群落的代谢活性产生了影响。

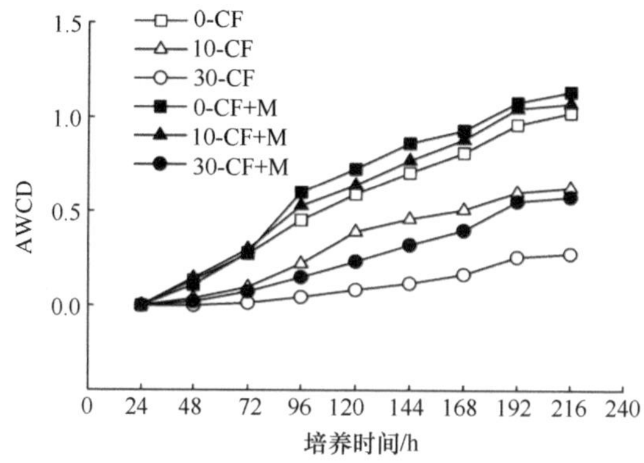

图 8-12　不同处理土壤细菌群落单孔平均光密度的变化

由图 8-12 可知，土层剥离，特别是单施化肥的土层剥离对土壤细菌群落代谢活性的影响明显，即 0-CF > 10-CF > 30-CF。化肥和有机肥配合施用较单施化肥处理可以提高土壤细菌群落的代谢活性。试验中，0-CF+M 和 10-CF+M 处理的 AWCD 值相差不大，而与 30-CF + M 处理的数据差异显著，说明施用有机肥有助于一定剥离深度的土壤微生物恢复其代谢活性，而单施化肥作用不明显。

表 8-22 结果显示，土壤细菌群落底物碳源利用数和 Shannon 多样性指数的大小顺序为 0-CF > 10-CF >30-CF 和 0-CF + M > 10-CF + M > 30-CF + M，表明随着土壤剥离深度的增加，土壤细菌群落利用碳源的种类数减少，Shannon 多样性指数降低。而对于不同施肥处理，有机肥与化肥配施与单施化肥相比有助于提高 Shannon 多样性指数，而对碳源利用数的影响差异不显著。

表 8-22　不同处理土壤细菌群落底物代谢的 Shannon 多样性指数（*H*）和底物碳源利用数（*S*）

处理	剥离深度/cm	Shannon 多样性指数	底物碳源利用数
单施化肥	0	4.26±0.11	21.33±1.16
	10	3.97±0.9	18.67±2.8
	30	3.14±0.7	11.67±1.53
化肥配施有机肥	0	5.53±0.17	23.67±2.8
	10	4.62±0.15	19.66±1.16
	30	3.54±0.15	13.33±1.53

基于 Biolog 数据，我们进行了主成分分析。分析结果表明，鉴于主成分 1 的贡献度为 51.3%，远大于主成分 2 的贡献度 18.2%，所以供试土壤样品细菌群落的底物代谢功能可分为两大类群，即单施化肥处理和化肥配施有机肥处理（图 8-13）。

在同一类群内，表层土壤未剥离与剥离 10 cm 处理的散点接近，而与剥离 30 cm 处理的散点距离较远，表明在施用化肥和化肥配施有机肥条件下，表层土壤剥离 10 cm 对黑土细菌群落代谢功能影响不大，而随着剥离深度的增加，细菌群落的代谢功能变化较大，这种现象在单施化肥条件下表现得更加明显。

采用平板培养和对土壤微生物生物量的测定结果表明，随着土层剥离深度的增加，

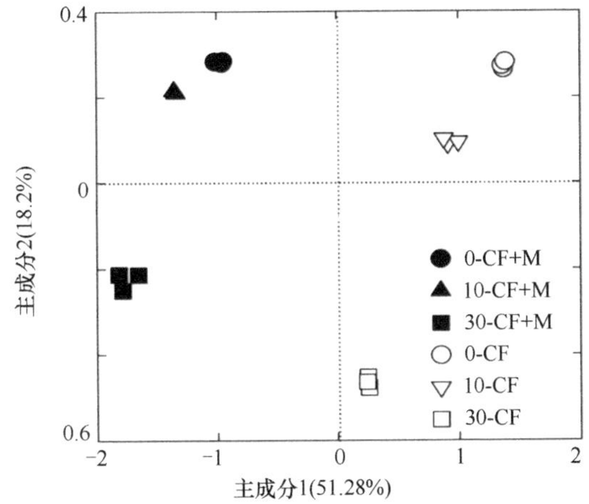

图 8-13　不同处理土壤细菌群落对 Biolog-EcoPlate 底物碳源代谢的主成分分析

土壤可培养微生物数量和土壤微生物生物量碳都呈显著降低趋势，而增施有机肥处理与单施化肥处理相比，可培养微生物数量和微生物生物量碳都有显著的增加。

分析产生这种结果的原因应归结于不同土层有机质含量的差异，已有的研究结果证明，土壤微生物数量与土壤有机质含量呈极显著正相关（王光华等，2007）。增施有机肥无疑增加了土壤的有机质含量，从而提高了土壤微生物数量。

Biolog 方法常用来研究土壤微生物群落的代谢功能，AWCD 值随时间的变化情况代表了土壤微生物群落对底物碳源利用的动力学特征。黎宁等（2006）研究发现，AWCD 值与土壤有机质含量呈显著正相关，这一结论与本研究结果相吻合，即随着土层剥离深度的增加，土壤有机质含量减少，土壤可培养微生物数量或土壤微生物生物量下降，AWCD 值随之减小，土壤细菌群落代谢活性降低。

同理采用增施有机肥的方法，可以提高土壤有机质含量，增施的有机肥为土壤微生物的繁殖提供了能量，促进了土壤微生物生物量的提高，从而较单施化肥处理提高了土壤微生物的代谢活性。

对土壤微生物 Biolog 试验结果进行主成分分析表明，施肥方式的不同是导致土壤细菌群落代谢产生分异的主导因素，而土壤剥离为次要因素。从剥离 10 cm 与未剥离处理的土壤细菌群落代谢图谱相近，而与剥离 30 cm 处理差异较大的结果分析，在一定剥离范围内，尽管土壤微生物数量下降显著，但土壤细菌群落代谢功能变化不大，具有一定的稳定性，增施有机肥可以更好地恢复土壤微生物原有的代谢活性。这一结果与张兴义等（2007）在相同试验条件下对大豆和玉米产量的测定结果相吻合，即在人为剥离表土层 10 cm 条件下，未对产量造成显著影响，施用有机肥可适当减轻表土损失对产量的影响。

三、对土壤酶活性的影响

土壤酶活性能反映土壤中各种生化过程的强度和反应方向，在土壤微生物与土壤酶的共同作用下，推动着土壤中物质的转化。土壤酶是指示土壤肥力的重要生物学指标，也是一项敏感的生物学指标。

两种施肥处理中各侵蚀程度农田黑土脲酶、磷酸酶、转化酶和过氧化氢酶活性如图 8-14 所示。

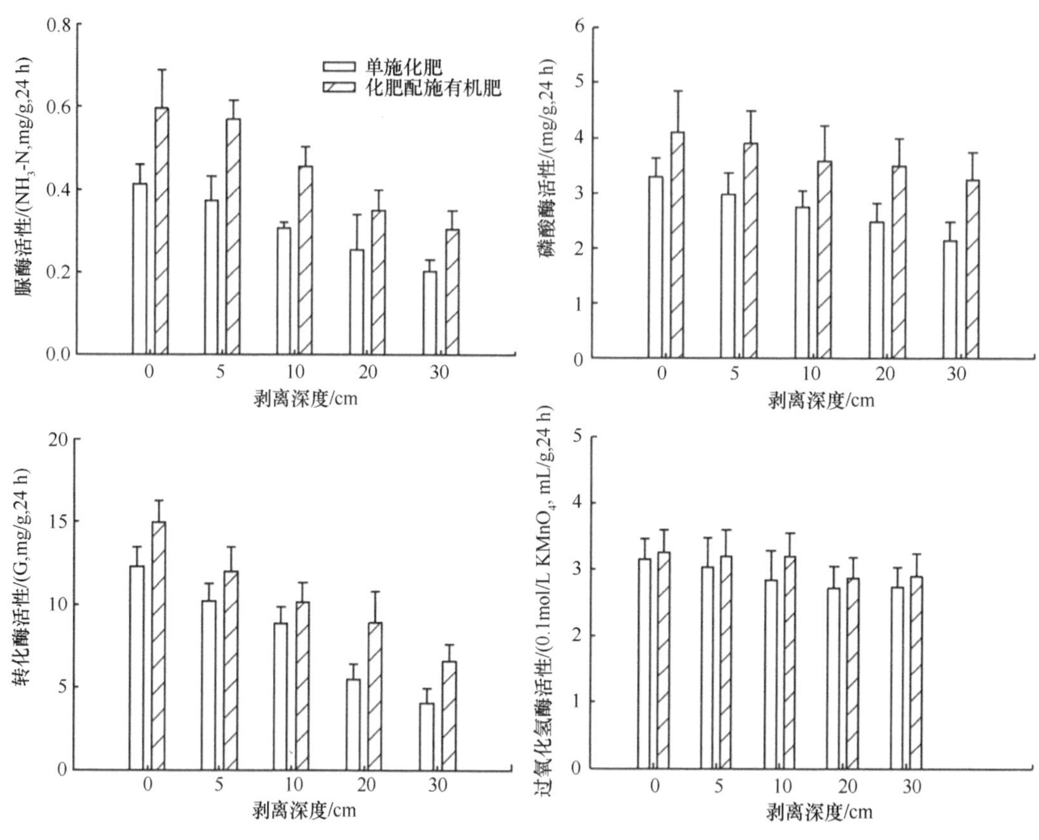

图 8-14 不同侵蚀程度农田黑土脲酶、磷酸酶、转化酶和过氧化氢酶活性

两种施肥方式下，脲酶、磷酸酶和转化酶活性均随剥离深度的增加而降低。在化肥配施有机肥处理中，这 3 种酶的活性在各剥离深度间差异显著（$P<0.05$），但在单施化肥处理中个别剥离深度之间差异不显著。

剥离深度 30 cm，脲酶、磷酸酶和转化酶活性在化肥配施有机肥处理中分别降低了 33.8%、39.8%和 55.9%，在单施化肥处理中分别降低了 38.7%、45.2%和 67.1%。随着剥离深度的加剧，转化酶活性降低幅度最大，为 55.9%～67.1%；磷酸酶活性降低幅度次之，为 39.8%～45.2%。可见，转化酶与磷酸酶对土壤侵蚀的响应最为敏感。

两种施肥方式下，过氧化氢酶活性随土壤侵蚀程度加剧无明显变化规律。施用有机肥后过氧化氢酶活性比单施化肥略有增强，但未达到显著水平。这与报道的过氧化氢酶活性对施肥响应不敏感的研究结果类似。

土壤养分的数量与质量能限制土壤微生物生物量和土壤酶活性，土壤微生物和酶活性也能影响土壤理化性状，故土壤理化性状与微生物生物量和酶活性间应存在密切的相关性。土壤微生物生物量、酶活性及土壤理化性状之间的相关性如表 8-23 所示。

表 8-23　土壤微生物生物量、酶活性及土壤理化性状之间的相关性

酶活性	有机碳	全氮	全磷	碱解氮	速效磷	容重	田间持水量
磷酸酶	0.847**	0.590*	0.913**	0.312	0.794**	0.217	0.413
转化酶	0.801**	0.526*	0.534*	0.591*	0.511*	0.376	0.365
过氧化氢酶	0.431	0.417	0.389	0.446	0.365	0.332	0.123
脲酶	0.597*	0.401	0.601*	0.863**	0.643*	0.21	0.186
微生物生物量碳	0.872**	0.579*	0.615*	0.844**	0.322	0.377	0.287
微生物生物量氮	0.607*	0.565*	0.577*	0.703*	0.356	0.401	0.276

注：*代表在 0.05 水平上显著相关；**代表在 0.01 水平上显著相关

土壤有机质含量、全磷、酶活性、微生物生物量及土壤呼吸之间存在显著的正相关（$P < 0.05$）；磷酸酶、转化酶、土壤微生物生物量碳和氮均与土壤全氮显著正相关（$P < 0.05$）；转化酶、磷酸酶和脲酶的活性与速效磷分别呈极显著或显著正相关（$P < 0.05$）。但是，土壤微生物生物量和酶活性与容重和田间持水量之间不存在显著的相关性。

土壤中所有生化反应都是由酶催化的，土壤酶是土壤养分循环的一个组成部分。土壤酶主要来源于微生物，少量来源于土壤动物和植物。土壤酶一般存在于活细胞中，但可以从活细胞中排出或随着细胞死亡释放到土壤中。游离态的酶可与腐殖质胶体复合，稳定在黏土表面和有机质中。

土壤酶因与土壤生物关系紧密、测定简易和对土壤管理变化反应敏感，已被作为土壤质量的重要指标。例如，如图 8-14 所示，随着土壤侵蚀程度的加剧，不仅个别酶活性下降，而且酶作为一个综合系统也由于侵蚀程度的增加而恶化。这可能是由于土壤侵蚀加剧，土壤熟化度和肥力降低。土壤营养状况可能不利于酶的形成，从而降低酶的活性。但施用有机肥后土壤持水能力增强，有利于土壤有机碳的富集。因此，土壤微生物生物量碳、微生物生物量氮、磷酸酶、脲酶和转化酶活性都将得到较大程度的提高。

土壤酶可表征土壤微生物结构和功能，在流域尺度内辨别性较高。由于土壤有机碳和有效氮的差异，施肥可能是造成微生物群落分异的原因。

土壤养分含量、酶活性、微生物生物量之间存在很强的相关性，并且这种相关性能反映土壤质量状况。我们的研究发现，随着土壤侵蚀程度的加剧，磷酸酶活性、转化酶活性和微生物生物量都发生了明显的改变。土壤全氮、有机碳、磷酸酶活性、转化酶活性和微生物生物量碳、氮之间存在显著的相关性。这些结果进一步说明了微生物生物量碳、转化酶活性和磷酸酶活性对土壤扰动的响应十分敏感，这些指标可作为反映土壤质量变化的重要生物学指标。

四、对土壤微生物过程的影响

土壤基础呼吸能指示土壤质量并反映土壤肥力的特征，在一定程度上显示出土壤的微生物活性，尤其是微生物的代谢强度。

我们的研究表明，在单施化肥和化肥配施有机肥处理中，土壤基础呼吸速率随土壤

深度的增加而降低。例如，化肥配施有机肥处理中，在 0 cm 剥离深度，土壤基础呼吸速率为 4.12 mg CO_2-C/（g·h），30 cm 剥离深度中为 2.65 mg CO_2-C/（g·h），下降速率显著（P <0.05）。

在各剥离深度土壤中，化肥配施有机肥处理的土壤基础呼吸速率均高于单施化肥处理（图 8-15）。在相同施肥处理中，5～10 cm 深的土壤基础呼吸速率变化差异小于 20～30 cm 深的土壤基础呼吸速率变化差异。

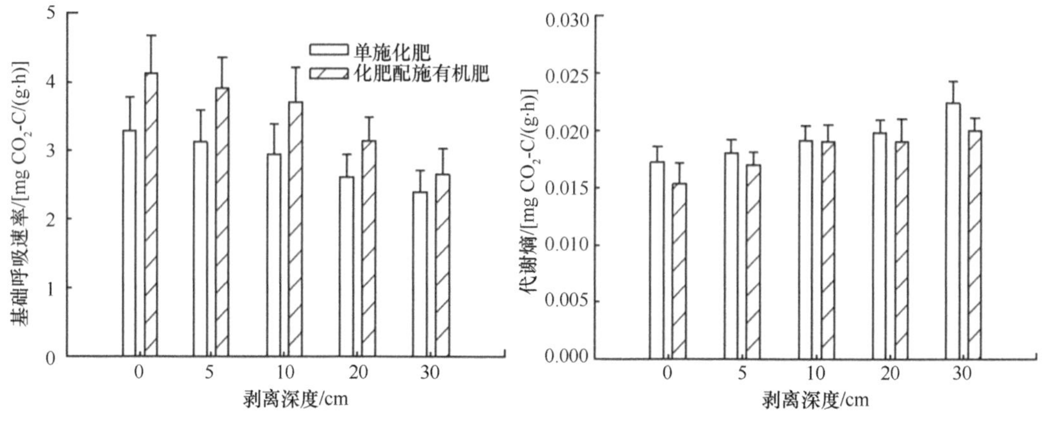

图 8-15　不同侵蚀程度农田黑土基础呼吸速率与代谢熵

土壤微生物代谢熵是微生物呼吸的 CO_2-C 量与土壤 MBC 的比率，能表明土壤微生物群落的特征和系统中底物的可利用性，也可用于评估土壤生态系统中微生物群落组成的变化和不同残留物的分解速率。

从图 8-15 可以明显看出，在所有 5 个剥离深度中，化肥配施有机肥处理的微生物代谢熵均比单施化肥处理小，但差异不显著。在化肥配施有机肥处理中，代谢商 0 cm 剥离深度最小，为 0.015 mg CO_2-C/（g·h），在 30 cm 剥离深度最大，为 0.02 mg CO_2-C/（g·h）。

土壤代谢熵可以反映微生物群落的有机物利用效率。代谢熵低可以指示微生物生物量碳的高效利用。如图 8-15 所示，施用有机肥后 qCO_2 在一定程度上减少，说明微生物生物量碳的利用效率比单施化肥高。如果 qCO_2 升高，则说明土壤养分利用削弱。

Odum（1985）指出，所有的生态系统都遭受着来自自然或人为的扰动；当这种扰动十分极端时，生态系统的修复能力会加速生态系统的转变。扰动的修复需要漫长的时间来完成。我们的研究结果表明，剥离表土 30 cm 带来的巨大扰动会在一定程度上抑制土壤养分利用效率。

潜在可矿化氮（PMN）随侵蚀程度加剧而急剧降低（图 8-16）。在某一特定剥离深度，施用有机肥比单施化肥显著提升了土壤中的 PMN（P<0.05）。

在施用有机肥处理中，剥离 0 cm、5 cm、10 cm、20 cm、30 cm 内 PMN 占 TN 的比例分别为 3.64%、3.12%、2.89%、2.80%和 2.67%；在单施化肥处理中，剥离 0 cm、5 cm、10 cm、20 cm、30 cm 内 PMN 占 TN 的比例分别为 3.56%、3.21%、2.84%、2.64%和 2.43%。

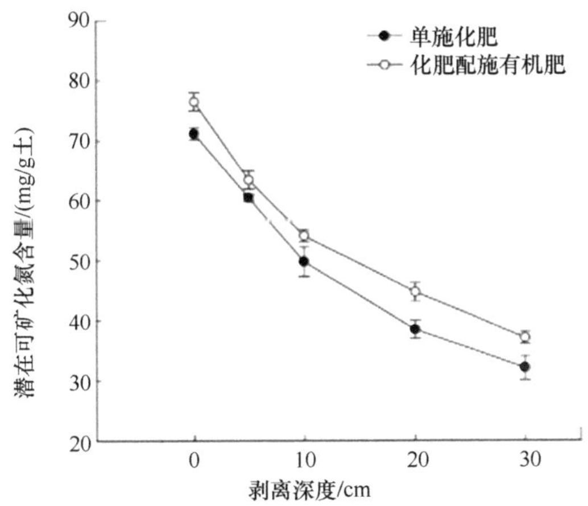

图 8-16　不同侵蚀程度农田黑土潜在可矿化氮含量

PMN/TN 在不同施肥处理中的变化表明，施用有机肥能提升土壤有机氮库中易矿化组分含量，活性氮库随有机质含量的变化主要是由于氮素矿化是一个由微生物调控的过程，这一过程很大程度上受有机质含量与质量的影响。此外，施用有机肥后土壤有机质活性组分含量增加（Sui et al.，2013a），能直接调控氮素矿化和硝化过程，并且能为氮素循环提供能源。

根据试验当地的农业管理措施，粮食生产过程中只施用化肥，故单施化肥未剥离农田黑土可被视为正常耕作条件下的未侵蚀对照。尽管在施用有机肥处理中各剥离深度的农田黑土从有机肥中获得了大量的有机质，但土壤微生物生物量碳和潜在可矿化氮含量仍显著低于未侵蚀对照（$P<0.05$），说明连续 8 年施用有机肥仍不能将侵蚀农田黑土微生物生物量碳和潜在可矿化氮恢复至未侵蚀水平。尽管一些土壤化学性状能在连续 8 年施用有机肥后恢复，但部分生物学性状仍不能完全恢复至未侵蚀水平。

第九章　侵蚀退化黑土地力恢复

第一节　坡耕地作物产量空间分布特征

坡耕地独特的地貌特征导致土壤理化性状空间异质性，人类耕作导致土壤水土流失加剧，土壤侵蚀强度沿坡面分布不均匀，呈现明显的侵蚀强弱交替变化规律，进而使该坡面空间异质性改变，降低坡耕地的生产力，引起土壤质量与作物产量的空间分布差异。

一、土壤质量的空间分布差异

土壤质量综合指数在坡面尺度与坡面土壤侵蚀强度分布特征相反，即土壤沉积速率最大的坡下部位，数值最高，土壤侵蚀速率最小的坡上部位，数值处于中间水平，土壤侵蚀速率最大的坡中部位，数值最低。说明黑土区土壤侵蚀是造成土壤质量下降的重要原因。

（一）土壤厚度、容重、水稳性团聚体和 pH 空间分布特征

目前，有关黑土区土壤质量主要指标空间变异的研究已经取得了一定成果，杨维鸽（2016）曾对黑土典型坡面进行调查统计分析，发现坡面黑土层厚度空间分布呈斑块状和条带状相间分布。从分布趋势上看，黑土层厚度由右中部向左上部和左下部增加，最大值位于坡面顶部和左下部，最小值位于右中部（图 9-1a）。

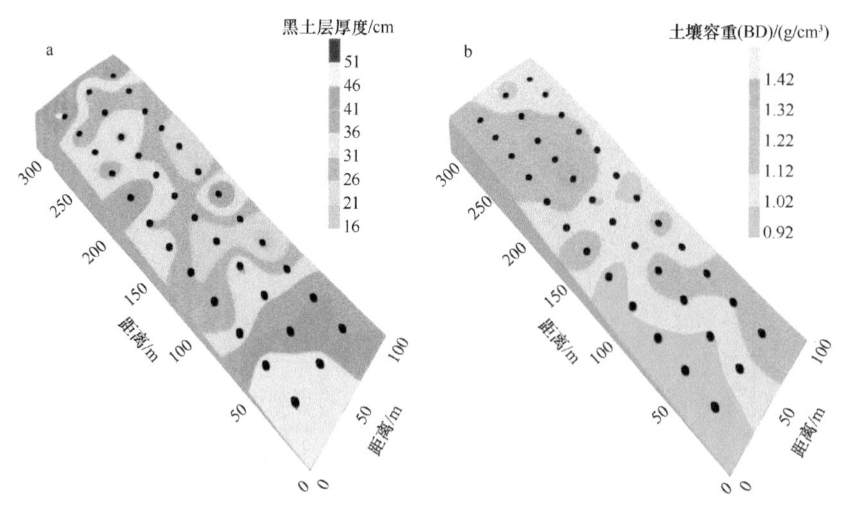

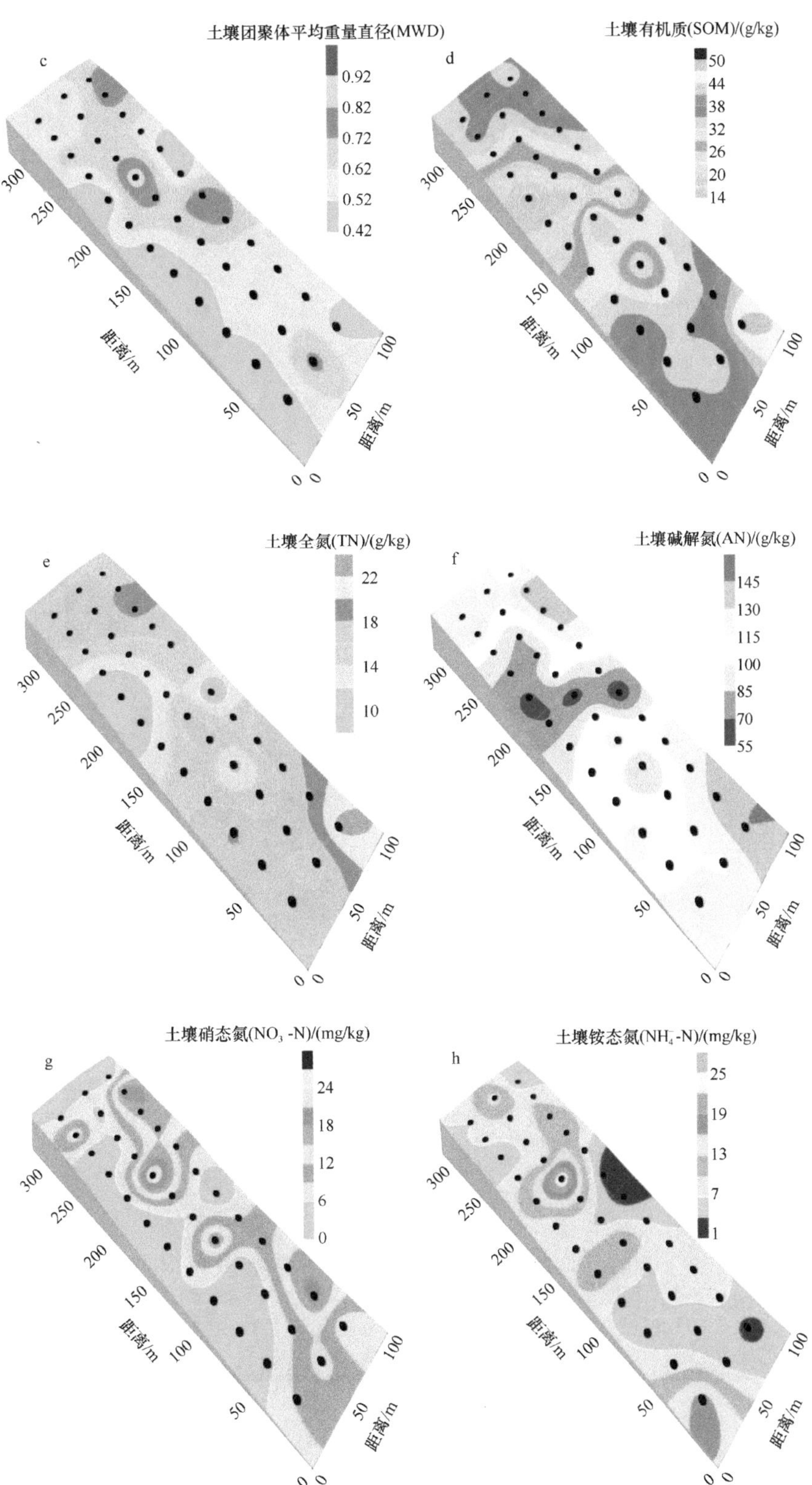

c
土壤团聚体平均重量直径(MWD)
0.92
0.82
0.72
0.62
0.52
0.42
d
土壤有机质(SOM)/(g/kg)
50
44
38
32
26
20
14
e
土壤全氮(TN)/(g/kg)
22
18
14
10
f
土壤碱解氮(AN)/(g/kg)
145
130
115
100
85
70
55
g
土壤硝态氮(NO3-N)/(mg/kg)
24
18
12
6
0
h
土壤铵态氮(NH4-N)/(mg/kg)
25
19
13
7
1
距离/m

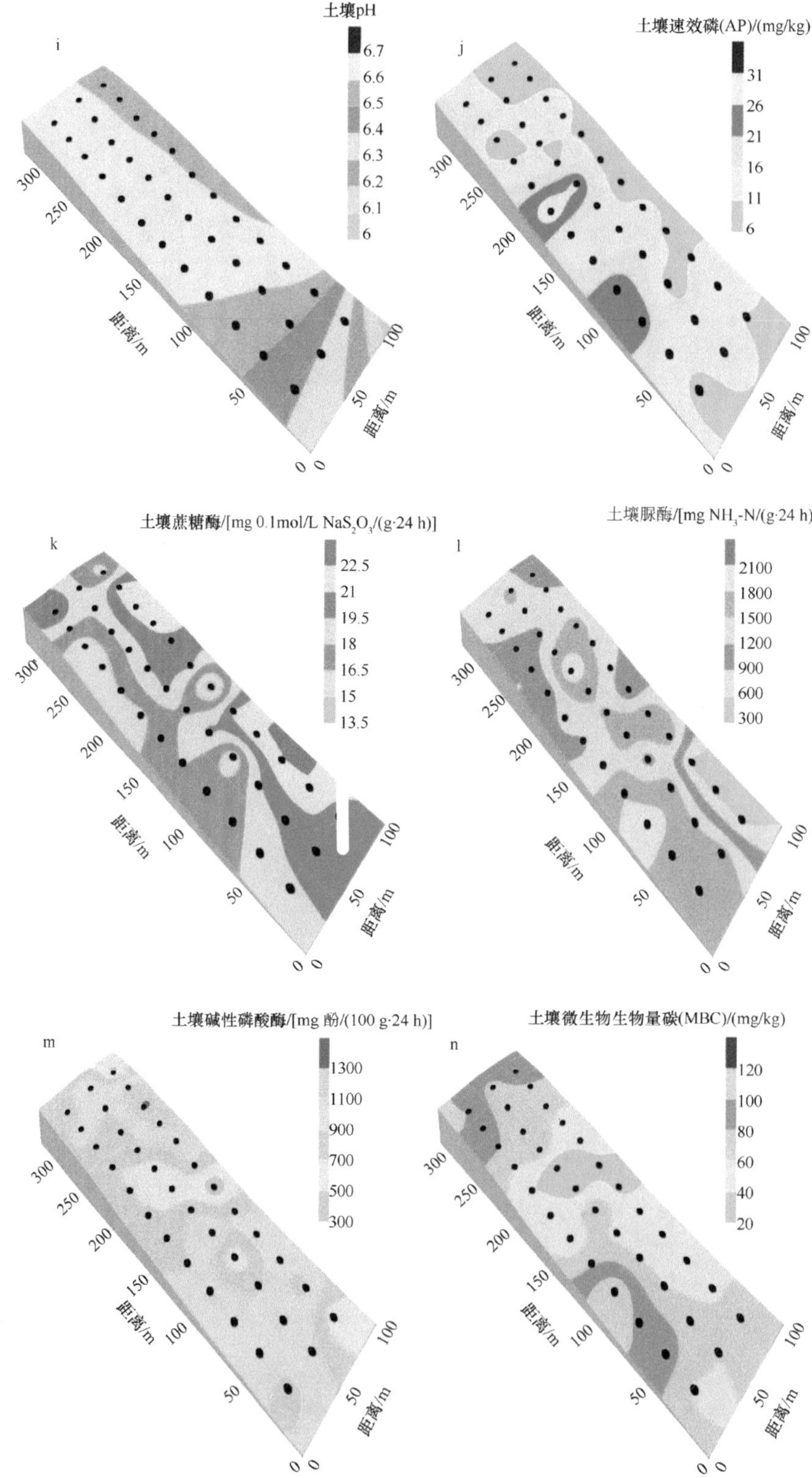
i
土壤pH
6.7
6.6
6.5
6.4
6.3
6.2
6.1
6
j
土壤速效磷(AP)/(mg/kg)
31
26
21
16
11
6
k
土壤蔗糖酶/[mg 0.1mol/L NaS2O3/(g·24 h)]
22.5
21
19.5
18
16.5
15
13.5
l
土壤脲酶/[mg NH3-N/(g·24 h)
2100
1800
1500
1200
900
600
300
m
土壤碱性磷酸酶/[mg 酚/(100 g·24 h)]
1300
1100
900
700
500
300
n
土壤微生物生物量碳(MBC)/(mg/kg)
120
100
80
60
40
20
距离/m
300
250
200
150
100
50
0
距离/m
100
50
0

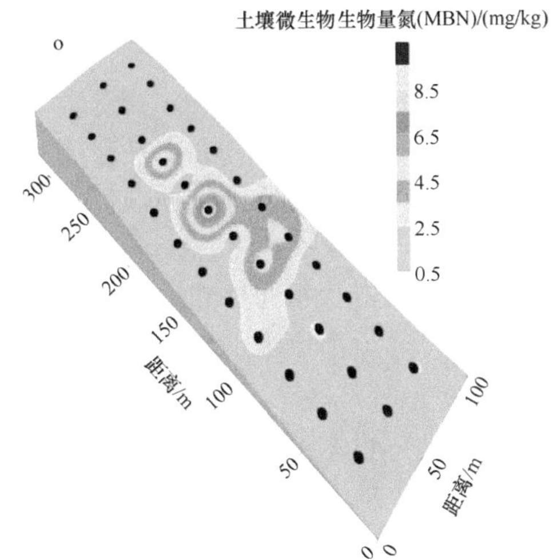

图 9-1 典型坡面土壤质量主要指标分布图（杨维鸽，2016）（彩图请扫封底二维码）

而典型坡面土壤容重和土壤团聚体平均重量直径空间分布相似，均呈斑块状和条带状相间分布。从分布趋势上看，土壤容重和土壤团聚体平均重量直径均在坡面左下部相对较低，坡面中部和右上部相对较高，且其最大值均出现在坡面中上部，最小值出现在坡下（图 9-1b，图 9-1c）。坡面土壤 pH 空间分布呈条带状，且 pH 从右下部向左上部呈增加趋势（图 9-1i）。

（二）土壤酶和微生物生物量空间分布特征

典型坡面的土壤酶和微生物生物量空间分布特征如下（杨维鸽，2016）。

坡面土壤微生物生物量碳含量呈斑块状和条带状相间分布。从分布趋势上看，土壤微生物生物量碳在坡面由右中部向左上部和左下部呈增加趋势。最大值位于坡面左上部和左下部，最小值位于坡面右侧中部（图 9-1n）。

坡面土壤微生物生物量氮呈斑块状和条带状相间分布。从分布趋势上看，坡面土壤微生物生物量氮含量由坡面四周向中部呈增加趋势，最小值位于坡面左侧和右侧，中上部出现最大值（图 9-1o）。

坡面土壤脲酶活性呈斑块状和条带状相间分布。从分布趋势上看，坡面土壤脲酶活性由右下部向左上部呈增加趋势，最大值位于坡面左下部和中上部，最小值位于坡面右下部（图 9-1l）。

坡面土壤蔗糖酶活性呈斑块状和条带状相间分布。从分布趋势上看，坡面土壤蔗糖酶活性由左侧向右侧呈增加趋势，最小值位于坡面左侧，右侧出现最大值（图 9-1k）。

坡面土壤碱性磷酸酶活性呈斑块状和条带状相间分布。土壤碱性磷酸酶活性在坡面的分布比较复杂，最小值位于坡面中上部，最大值位于坡面多个位置，分别是坡顶偏下、坡下部（图 9-1m）。

（三）土壤养分空间分布特征

从分布趋势上看，坡面土壤养分的空间分布也呈现明显的规律性，坡面的土壤有机质、全氮、碱解氮呈斑块状和条带状相间分布，坡面土壤有机质、全氮、碱解氮有机质含量由左中部分别向右上部和右下部呈增加趋势，最大值位于坡面右下部，最小值位于坡面左中部（图 9-1d～图 9-1f）。

坡面土壤铵态氮呈斑块状和条带状相间分布。从分布趋势上看，坡面土壤铵态氮含量由左侧向右侧呈增加趋势，最小值位于坡面左侧，最大值分布在坡面右侧中上部（图 9-1g）。

坡面土壤硝态氮呈斑块状和条带状相间分布。从分布趋势上看，坡面土壤硝态氮含量由右侧向左侧呈增加趋势，最小值位于坡面右侧，最大值分布在坡面中上部（图 9-1h）。

坡面土壤速效磷分布呈斑块状和条带状特征。从分布趋势上看，坡面土壤速效磷含量由右部向左部呈增加趋势，最大值位于坡面左侧中下部，最小值位于坡面右侧中上部（图 9-1j）。

中国科学院东北地理与农业生态研究所在海伦水土保持监测研究站曾对典型黑土坡面养分空间分布特征进行系统研究（Zhang et al.，2015），结果发现，土壤养分的水平和垂直分布明显不同（表 9-1），土壤有机质和全氮在坡顶、坡中和坡底都随着土壤厚度的增加而降低，其中在 0～20 cm 土层深处，坡顶的土壤有机质和全氮含量最高，其次是坡中和坡底；而在 50～60 cm 土层深处，坡底的土壤有机质和全氮含量最高，其次是坡顶和坡中。

表 9-1　坡面土壤养分的垂直和水平分布（Zhang et al.，2015）

土壤养分	土层深度/cm	坡顶（n=34）		坡中（n=62）		坡底（n=30）	
		平均值±标准差	变异系数	平均值±标准差	变异系数	平均值±标准差	变异系数
SOM/（g/kg）	0～20	46.7±10.0	0.21	43.9±12.1	0.28	41.3±12.0	0.29
	20～30	39.9±12.0	0.30	41.2±13.6	0.33	36.3±16.3	0.45
	30～40	35.9±13.2	0.37	28.2±16.7	0.59	34.3±16.5	0.48
	40～50	26.1±11.6	0.44	26.8±18.7	0.70	24.1±17.6	0.52
	50～60	27.9±16.8	0.60	24.6±15.8	0.64	29.2±18.8	0.64
TN/（g/kg）	0～20	1.79±0.42	0.24	1.68±0.51	0.30	1.63±0.49	0.30
	20～30	1.41±0.53	0.38	1.43±0.56	0.39	1.33±0.65	0.49
	30～40	1.20±0.58	0.48	0.84±0.67	0.71	1.23±0.68	0.56
	40～50	0.88±0.44	0.49	0.87±0.75	0.86	1.20±0.70	0.59
	50～60	0.93±0.67	0.73	0.79±0.60	0.64	1.02±0.77	0.76
TP/（g/kg）	0～20	0.67±0.23	0.34	0.55±0.17	0.32	0.73±0.36	0.49
	20～30	0.56±0.24	0.42	0.54±0.23	0.42	0.64±0.37	0.58
	30～40	0.57±0.31	0.54	0.44±0.28	0.64	0.55±0.25	0.45
	40～50	0.42±0.23	0.55	0.41±0.25	0.62	0.61±0.31	0.50
	50～60	0.49±0.28	0.57	0.45±0.24	0.53	0.54±0.30	0.56
AP/（mg/kg）	0～20	18.89±11.99	0.63	11.78±5.88	0.50	14.75±8.35	0.56
	20～30	9.60±8.85	0.92	6.61±6.61	1.00	5.69±4.92	0.86
	30～40	7.12±6.44	0.90	4.82±3.87	0.80	6.96±7.90	1.13

续表

土壤养分	土层深度/cm	坡顶（n=34）		坡中（n=62）		坡底（n=30）	
		平均值±标准差	变异系数	平均值±标准差	变异系数	平均值±标准差	变异系数
AP/（mg/kg）	40～50	6.87±6.80	0.99	6.01±5.98	1.00	9.10±8.64	0.95
	50～60	6.39±3.98	0.62	6.29±4.71	0.75	9.31±8.83	0.95
AK/（mg/kg）	0～20	229.9±68.2	0.30	174.9±35.1	0.20	190.9±53.8	0.28
	20～30	195.7±46.7	0.24	172.7±39.9	0.23	177.6±45.1	0.25
	30～40	196.4±43.3	0.22	192.2±40.9	0.21	175.4±36.5	0.21
	40～50	195.4±52.2	0.27	195.5±36.5	0.19	193.2±40.5	0.21
	50～60	210.2±47.7	0.23	201.6±35.1	0.17	207.9±48.4	0.23

注：SOM. 土壤有机质；TN. 全氮；TP. 全磷；AP. 速效磷；AK. 速效钾

全磷在坡顶和坡底位置都相对较高，除 30～40 cm 深处外，其他位置都是坡底的全磷含量最高。所有位置的速效钾和坡中、坡底位置的速效磷都随土壤深度的增加而先降低后升高，而坡顶的速效磷主要随土壤深度的增加而降低。在 0～40 cm 深处，坡顶位置的速效磷和速效钾含量最高。

坡面土壤养分含量和土壤侵蚀-沉积速率也呈线性正相关，坡面侵蚀速率越大，土壤养分含量越低，沉积速率越大，土壤养分含量越高。原因主要是坡面径流和泥沙挟带过程引起坡面养分的流失，坡面侵蚀强度越大，流失泥沙量越大，径流量越大，养分流失也越多，说明坡面土壤侵蚀造成坡面土壤养分降低，肥力下降，土壤贫瘠化；而坡面沉积过程导致土壤养分累积，含量提高。

二、作物产量空间分布差异

杨维鸽（2016）对东北黑土区典型坡面的玉米进行样方测产，结果表明：坡面玉米产量均值为 9362 kg/hm^2，变化范围为 6976～11 410 kg/hm^2，极差为 4434 kg/hm^2，即坡面各样方玉米产量之间的差异较明显。均值与中位数接近，说明其受异常值影响较小。玉米产量的变异系数为 13%，属于中等变异。峰度为–0.35，偏度为–0.53，表明坡面玉米的测产结果呈近似符合正态分布的左偏扁平分布。坡面玉米产量分布呈条带状和斑块状特征。玉米产量沿坡面分布差异比较明显，玉米产量最大值分布在坡下，最小值分布在坡中。玉米产量沿坡面分布趋势与土壤质量坡面分布特征比较一致，反映出土壤质量的坡面空间分布对玉米产量的坡面分布有着重要影响。玉米产量在坡面分布的高低与坡面土壤侵蚀速率弱强相对应，反映出侵蚀强度坡面空间分布对玉米产量的坡面分布也有着重要影响。

张孝存（2013）的研究也同样发现，黑土玉米产量沿坡长分布呈现坡下部>坡顶部>坡上部>坡中部，玉米产量与土壤质量呈现极显著正相关关系，表明土壤质量对玉米产量的高低和空间分布具有积极作用，而土壤侵蚀则有负向影响。张兴义等（2006）对黑土区的研究发现，坡地中上部产量最低，坡脚部位产量最高。Rockstrom 等（1999）的研究结果也表明，坡耕地玉米产量沿坡脚向坡顶呈递减趋势。

根据东北黑土区玉米高、中、低产田划分标准：玉米产量水平≥9000 kg/hm^{2}的为高产田，6750～9000 kg/hm^{2}的为中产田，<6750 kg/hm^{2}的为低产田，杨维鸽（2016）对坡面产量分布进行分析，玉米产量<6750 kg/hm^{2}的面积占整个坡面的面积最小，玉米产量6750～9000 kg/hm^{2}的面积居中，>9000 kg/hm^{2}的面积最大，表明研究坡面高产田面积最大，中产田面积居中，低产田面积最小，研究坡面以高产田为主。

张兴义等（2006）利用经典统计学和地统计学方法，对典型黑土坡耕地土壤湿度时空演变特征以及大豆产量与海拔和不同时期土壤湿度的空间关系进行了分析，研究发现，黑土坡耕地土壤含水量具有较强的空间异质性，有效空间相关距离为159.3～506.6 m，而且它们随着降雨和农田管理措施的作用而改变，进而导致大豆产量的空间异质性。测定结果表明，大豆产量的整个空间变化为0.05～0.26 kg/m^2，大豆产量的变异系数为0.262，为中等强度变异。产量最低的区域分布在坡降最大的中部，方向与坡向相反，为西南至东北方向，并不是水分最低区域，因此可以推断，尽管大豆产量受播种前后土壤含水量的显著影响，但同时还可能受养分等性状的影响（图9-2）。

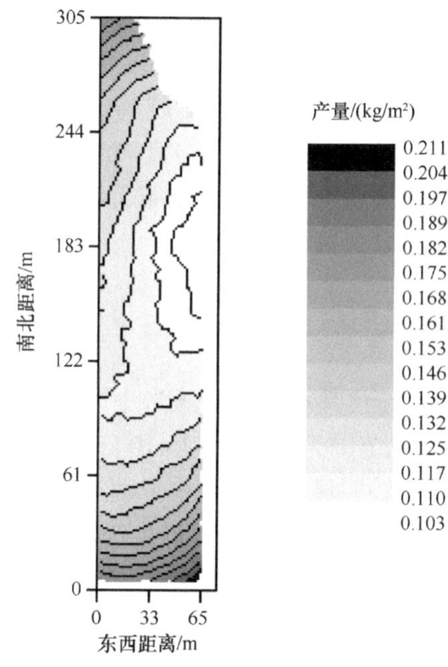

图9-2 大豆产量的空间异质性

第二节 影响坡耕地作物产量的主要因素

一、土壤侵蚀因素

（一）水土流失

黑土坡耕地是土壤侵蚀发生的主要区域，土壤侵蚀发生后，表土层和地表的植被残体、凋落物被冲刷流失，表层土壤结构遭到破坏，表层土壤团聚体受到雨滴的击溅及降雨径流的冲刷作用而破碎，土壤细颗粒及轻质有机质等养分随径流迁移，进而导致土壤肥力下降，土壤生产力降低。与此同时，大量富含有机碳的细颗粒物质在沉积区累积，发生富集，使得沉积区土壤质量相对较好，土壤的保温性及持水能力较强、湿度也较大（冯志珍，2018）。由于土壤的重新分配，坡耕地土壤空间分布具有差异性，据观测，同一块坡耕地小麦最高产量与最低产量差异高达 5 倍以上（Reyniers et al.，2006），侵蚀坡地玉米和大豆的产量均显著低于附近平地或坡地坡脚的产量。

对于农业土壤而言，土壤侵蚀导致土壤结构破坏，有机质和养分含量减少，水分有效性降低，耕层变薄，肥力下降，作物产量下降。张兴义等（2006）研究表明，当 30 cm 耕层剥离即黑土层消失时，大豆产量降低了 59.2%，而玉米产量降低了 95.4%。王志强等（2009）通过模拟侵蚀深度分别为 0 cm、10 cm、20 cm、30 cm、40 cm、50 cm、60 cm 和 70 cm 来研究黑土侵蚀对土地生产力的影响，发现侵蚀少量黑土就会造成生产力大幅降低，施肥情况下产量分别减产 28.6%、37.5%、43.5%、52.4%、53.6%、52.4%和 63.7%，不施肥情况下产量分别减产 34.8%、42.2%、54.8%、55.6%、67.4%、71.1%和 73.3%（表 9-2）。可见，黑土层的存在对黑土农田作物产量的维持至关重要。

此外，土壤侵蚀对产量的影响年际也有差异。干旱年份侵蚀土壤造成植物有效持水量或入渗速率低，产量明显低于非侵蚀土壤，而在正常年份或降雨高于平均水平的年份产量基本相当。

（二）土壤理化性状改变

已有研究发现，影响作物产量的主要因素有土壤温度、持水量、土壤水稳性团聚体、平均重量直径、土壤有机质、全氮、碱解氮、速效磷、土壤质地等，肥沃的表土对作物的产量有至关重要的作用，表层土壤的厚度和有机质含量与作物产量呈正相关关系（刘晓冰等，2012）。

土壤侵蚀和沉积引起土壤养分的迁移与再分布是导致土壤理化性质差异的重要原因，土壤理化性质的差异引起了作物产量的不同，土壤理化性状的高低与作物产量直接相关。王志强等（2009）研究发现，许多土壤理化性状均随土壤侵蚀程度不同而发生变化，且作物产量随侵蚀程度的增加呈指数函数递减（表 9-2）。

表 9-2 不同侵蚀深度大豆产量（王志强等，2009）

侵蚀深度/cm	施肥产量/（t/hm^2）	不施肥产量/（t/hm^2）
0	1.68±0.07	1.35±0.07
10	1.20±0.08	0.88±0.10
20	1.05±0.09	0.78±0.07
30	0.95±0.05	0.61±0.04
40	0.80±0.06	0.60±0.05
50	0.78±0.06	0.44±0.04
60	0.80±0.08	0.39±0.03
70	0.61±0.03	0.36±0.05
平均	0.98±0.04	0.68±0.04

注：表中籽粒产量为 3 个重复小区 2005～2007 年的年平均值

鄂丽丽（2018）通过选取典型严重侵蚀退化黑土坡耕地进行长期定位模拟试验，通过表土剥离与覆土试验以及施肥处理，定量研究坡耕地侵蚀导致的不同程度土层剥离和沉积对土壤理化性状与土地生产力的影响。研究发现，对玉米而言，不施用化肥条件下，土壤有机质、全氮、碱解氮、全磷、速效钾分别决定了玉米产量变化的65%～87%，土壤团聚体平均重量直径（MWD）、平均几何直径（GMD）、田间持水量分别决定了玉米产量变化的31%～59%，说明不施用化肥条件下，玉米产量变化主要受土壤侵蚀引起的土壤养分变化的影响。施用化肥条件下，土壤>0.25 mm 水稳性团聚体含量（$WR_{0.25}$）、MWD、GMD 分别决定了玉米产量变化的 76%～86%，土壤有机质、碱解氮、全磷、有效磷、速效钾分别决定玉米产量变化的 51%～67%，土壤孔隙度、体积含水量、田间持水量、饱和含水量、全氮分别决定玉米产量变化的 27%～49%。说明施用化肥条件下，玉米产量变化主要受土壤侵蚀引起的土壤团聚体稳定性和土壤养分变化的影响。

而对大豆而言，不施用化肥条件下，土壤 $WR_{0.25}$、MWD、GMD、有机质、全氮、全磷分别决定了大豆产量的 53%～63%，土壤容重、孔隙度、饱和含水量、硝态氮、有效磷、速效钾分别决定了大豆产量的 31%～44%，说明不施用化肥条件下，大豆产量变化主要受土壤侵蚀引起的土壤团聚体稳定性和土壤养分变化的影响。施用化肥条件下，土壤 $WR_{0.25}$、GMD 决定大豆产量的 43%～45%。

坡耕地土壤含水量坡脚最高，坡降最大的坡肩位置最低，水分胁迫是造成作物局部减产的主要原因。然而，同等坡位条件下，水分胁迫显然不是引起产量降低的直接原因。即坡耕地侵蚀影响作物的产量涉及坡度、坡长、土壤性状、表土层厚度等诸因子。随着表土不断被剥离，势必导致土壤有机质含量的降低。显然，耕层变薄是土壤侵蚀影响产量的表面现象，而实质是侵蚀引起土壤物理、化学、生物因素，尤其是土壤养分、pH 和微生物活性等改变，抑制了作物根际效应，导致根系生长发育不良而引起的。

第六章和第七章已详细分析了黑土层厚度对作物根系产量和土壤酶活性及养分的影响。

二、根分泌物和土壤微生物活性因素

土壤侵蚀严重影响根系分泌物和微生物的种类及活性。根系分泌物和微生物活性影响着土壤养分循环、根系生长并促进植物发育，根际分泌物强烈影响根际有机碳的转化，表现为能够显著激发或抑制土壤有机碳的矿化。根际分泌物对土壤有机碳分解的这种促进或抑制作用，称为激发效应。

研究表明，植物光合作用能够显著影响根际分泌物的释放，从而影响土壤有机质分解的激发强度。当光合作用增强时，根际分泌物增多，激发作用增强，反之则随之减弱。根际分泌物产生正激发效应的机制在于分泌物释放进入土壤后，根际微生物迅速利用这些低糖类物质，微生物活性大大增强，从而加快土壤有机碳的分解。

此外，根系生长能够破碎土壤团聚体，也加快了土壤有机碳的矿化。根际微系统中，土壤有机质分解的激发效应不仅仅是土壤微生物的单一过程，而是土壤微生物-土壤动物-植物根系共同作用的相互过程，这些过程的相互关联决定了根际微系统的复杂性。

三、施肥因素

恢复侵蚀土壤的生产力，有两种选择。最普通的选择就是额外增加化学肥料减少由侵蚀而引起的养分损失。施用有机肥是恢复生产力的另一种选择，Izaurralde 等（1998）研究了表层土壤剥离后，施用化肥对小麦产量的影响，结果表明，氮、磷化肥的施用对侵蚀地块的小麦，不仅表现出产量的增加，同时也表现为氮、磷养分吸收含量的增加，然而，增加的产量并未达到非侵蚀土壤相同化肥施用量的产量。但是，土壤剥离和化肥施用均不影响印度尼西亚花生地上部的钾营养水平。

研究表明（Zhou et al.，2015；张兴义等，2007，2006），在正常化肥施用量的基础上，增施 15 t/hm^2 腐熟的牛粪，能够弥补 5 cm（大豆）和 10 cm（玉米）耕层土壤流失的产量损失。增施牛粪显著增加玉米、大豆地上部干物质积累，促进作物的根系生长，耕层水稳性团聚体（>0.25 mm）及其团聚体结合的有机碳含量明显增加，并发现水稳性大团聚体（>1 mm）的多少与有机碳含量呈正相关，三叶期玉米根系表面积和地上部氮、磷、钾养分积累显著增加，尤其是钾素含量。研究人员惊奇地发现，严重侵蚀土壤（30 cm 耕层剥离）在连续施用牛粪 15 t/hm^2 7 年之后，其大豆的生产力与未侵蚀仅施用化肥的产量相当。有机肥 30 t/hm^2 配合 150 kg/hm^2 氮和 150 kg/hm^2 磷具有较好的恢复效果，而且在干旱年份，施用有机肥的产量更高。

上述结果表明，有机肥对侵蚀土壤的改良作用更为明显，其明显的增产效果可能与补偿表层剥离后养分缺失密切相关，也就是有机肥施用到侵蚀黑土后，向耕层中释放养分的能力增强了。

鉴于有机肥养分的释放转化更多地受到土壤的生物化学活性和根际环境变化的影响，明确施用有机肥改善根际土壤环境、恢复土壤微生物原有的代谢活性、增强根系分泌物和关键土壤酶活性、提高土壤养分有效性、促进养分吸收转化对恢复侵蚀黑土生产力的关键生物学效应，将为侵蚀黑土农田生产力的恢复提供系统科学的数据和理论支撑。

有机肥施用恢复侵蚀黑土生产力的机制已在第八章中详细论述。

第三节 水土保持工程的地力提升作用

一、对土壤侵蚀的影响

东北漫川漫岗区的坡耕地水土保持措施主要以横垄、地埂植物带、水平梯田为主，且措施多布设在坡面上方或下方。

王佳楠（2019）选取 3 个坡面作为研究对象，分别为水土保持措施上方布设坡面（MUS，梯田）、水土保持措施下方布设坡面（MBS，地埂植物带）和无措施对照坡面（CK）。基于野外观测、室内试验、^{137}Cs 示踪技术和 GIS 空间技术相结合的方法，研究了不同水土保持措施布设对坡面土壤容重、有机质、团聚体及土壤侵蚀速率的影响。发现 3 个坡面平均侵蚀速率分别为 1101 t/（km^2·a）（MBS）、937 t/（km^2·a）（MUS）和 3866 t/（km^2·a）

（CK），3 个坡面均以侵蚀为主，但两个有水土保持措施的坡面平均土壤流失速率均远低于无措施对照坡面。

两个有措施坡面相比，MUS 坡面的平均土壤流失速率低于 MBS，且 MUS 变异系数小于 MBS。与无措施对照坡面相比，水土保持措施布设后的坡面，无论在坡面中的上坡位或下坡位布设，坡面土壤侵蚀程度均有所降低，坡面土壤流失量与无措施对照坡面相比均有所减少。在有水土保持措施布设的坡面中，措施布设所在的坡位土壤流失速率均有所减弱，两个有水土保持措施布设的坡面相比，措施在上方布设的坡面土壤流失速率较小，各坡位土壤在坡面中侵蚀与沉积分布更均匀。

二、对土壤理化性质的影响

（一）水土保持工程对土壤容重的影响

土壤容重可以直接反映土壤的松紧程度和结构状况，而且对土壤的透气性、入渗性能、持水性能以及土壤的抗侵蚀能力都有非常大的影响。王佳楠（2019）的研究发现，有水土保持措施布设的坡面土壤容重与无措施对照坡面相比，两个坡面土壤容重在春季融冻期与夏季降雨期均未出现较大变化，水土保持措施在春季解冻期后再经历夏季降雨侵蚀的情况下改变坡面土壤容重方面效果不明显。

（二）水土保持工程对土壤团聚体的影响

土壤团聚体是反映土壤结构的基本指标，是土壤生态系统的重要组成部分，团聚体的稳定性极大地影响着土壤的物理性质和土壤中发生的各种过程，同时也是作为预测土壤抗蚀力的指标。王佳楠（2019）的研究发现，与顺垄无措施坡面相比，有水土保持措施布设的坡面在经过春季解冻期后再经历夏季降雨期，>0.2 mm 团聚体含量变化与 CK 相比更为稳定。两个有措施布设的坡面中，措施在下方布设的坡面与措施在上方布设的坡面相比，>0.2 mm 团聚体含量在垂直运动中更加具有规律性。

在春季解冻期，坡面上方布设措施与无措施对照坡面相比，虽然坡面土壤稳定性更好，但与下方布设措施的坡面相比，措施在下方布设的坡面可在坡中拦蓄坡面上方向下流失的土壤，坡下地埂可减缓坡下土壤的侵蚀强度，因此，措施在下方布设的坡面>0.2 mm 团聚体含量更高，土壤稳定性更好。

在夏季降雨期，两个有措施坡面各土层>0.2 mm 团聚体含量均大于春季解冻期，比较两坡面坡上与坡下部位>0.2 mm 团聚体含量，除 MBS 坡上横垄表层高于坡下梯田外，坡上横垄其余土层及坡下地埂 3 个土层均低于 MUS。比较两个坡面的坡中措施连接处与坡脚处，在两个坡位中，MBS >0.2 mm 团聚体含量均高于 MUS。

将两个时期 3 个坡面 3 个土层深度的团聚体 MWD 值进行对比，结果为夏季降雨期>春季解冻期。将两个有措施坡面 3 个土层深度的团聚体 MWD 值进行对比，结果为 MBS>MUS。3 个坡面夏季降雨期的土壤团聚体稳定性好于春季解冻期，措施在下方布设的坡面土壤团聚体稳定性好于措施在上方布设的坡面。

（三）水土保持工程对土壤养分的影响

水土保持措施能够有效减少径流与土壤侵蚀，并提高渗透与土壤肥力，此外，水土保持措施能够在受侵蚀较为严重的地区提高土壤有机质含量。

王佳楠（2019）将两个黑土典型坡面在春季解冻期及夏季降雨期的有机质含量进行了比较，发现有水土保持措施布设的坡面在春季解冻期后再经历夏季降雨侵蚀，其有机质含量与对照相比较高。因此，水土保持措施的布设能够明显减少坡面土壤有机质含量的下降，从而减少坡面养分流失，并使土壤有机质均匀分布。有水土保持措施布设的坡面，虽然受降雨侵蚀影响，坡面有机质含量减少，但仍大于对照。与无措施坡面相比，有措施坡面的有机质含量空间变化更为均匀。

李海强（2017）的研究发现，坡耕地采取水土保持措施后土壤养分有一定的富集，含量显著高于无措施对照区，且水土保持措施能使坡耕地土壤养分在垂直方向上相对均匀分布；无措施坡耕地坡上、坡中和坡下部位土壤养分呈规律性斑块分布。上坡位的水保林地对全氮、全磷和有机质的拦蓄作用最好，中坡位的水平梯田对有效磷的拦蓄作用显著。由于下坡位的无措施对照区作为土壤养分流失的必经区域，土壤养分含量有所富集，表现出地埂植物带对养分的拦蓄作用不显著。

统计分析表明，水土保持措施区 0～15 cm 有机质和全氮变异系数大于无措施对照区，但土壤全磷和有效磷变异系数则小于无措施对照区；无措施对照区 15～30 cm 有机质、全氮、全磷和有效磷变异系数大于水土保持措施区。水土保持措施对不同深度土壤养分含量有显著提升作用，0～15 cm 与 15～30 cm 两层土壤全氮和有效磷之间均呈显著正相关，而 0～15 cm 与 15～30 cm 两层土壤其他各指标关系间均呈极显著正相关关系。

不同深度有机质、全氮、全磷和有效磷含量均随月份变化先增加后降低，但其变化程度因水土保持措施的不同而不同。植物篱宽度与坡面有机质、有效磷含量之间存在一定的相关性，在上坡位布设较宽植物篱能更好地使土壤有效磷在坡面上均匀分布。0～15 cm 有机质和有效磷的变化受植物篱的影响较大，15～30 cm 有机质和有效磷变化幅度较小。植物篱可以改变坡面微地形，0～15 cm 有机质和有效磷在植物带上富集，含量最高，而 15～30 cm 层在植物带上含量最高。有机质在坡面呈高度耗损，而有效磷呈高度富集。

因此，种植草本植物篱时，应该考虑合适宽度，选择适时适地的植物种，考虑植物篱给带下和带间部位带来的养分流失，加强植物篱带下和带间土壤的管护，从而提高整体土地生产力。

第四节 水土保持耕作的地力提升作用

一、对土壤侵蚀的影响

（一）水土保持耕作的保水保土作用

水土保持耕作法是通过耕作栽培作物，增加田面的粗糙度和作物覆被度，达到保持水土目的的措施。水土保持耕作法既要保持水土，又要有利于作物的生长，应用这种方法，一般在坡度不大的耕地效果较好。本区黑土漫岗耕地区，坡度较缓，适合采取等高耕作、横坡垄作、带状间作、作物轮作与密植、少耕和免耕等。

张少良（2010）通过野外径流小区定位观测试验发现：免耕、少耕和传统耕作措施下，径流主要发生在降雨集中和植被盖度较低的6～8月，侵蚀主要发生在6～7月。裸地的径流和侵蚀取决于降雨分布。其中免耕、少耕、传统耕作和裸地的次径流深均与降雨量具有很强的相关性；除免耕侵蚀量与最大30 min雨强（I_{30}）相关性较强外，少耕、传统耕作和裸地的次侵蚀量均与最大60 min雨强（I_{60}）具有较强的相关性。现行传统耕作措施下年均发生水土流失次数12次，径流深为48.4 mm，径流系数为9.6%，壤中流量仅占地表径流的1.9%；土壤流失量为1357 t/km^2。

免耕具有显著的水土保持功效。与传统耕作相比，免耕年均产流次数和产沙次数分别减少3次和6次；年均地表径流深仅为3.7 mm，降低了92.4%，径流系数只有0.8%，减少了8.8%；年均土壤侵蚀量为23.2 t/km^2，减少了98.3%。免耕在减少地表径流的同时增加0～170 cm 土壤含水量，特别是降雨集中时期可提高此深度范围土壤水分含量8%～14%，年壤中流流量占地表径流的11.1%。

少耕不但没有表现出明显的水土保持功效，反而增加了土壤侵蚀量。与传统耕作相比，少耕年均产流次数增加2次，而产沙次数减少3次；少耕年均地表径流深为48.5 mm，径流系数为9.6%，与传统耕作持平；少耕年均土壤侵蚀量为2118 t/km^2，比传统耕作增加56%，少耕壤中流流量仅占地表径流量的2.7%。

（二）水土保持耕作对养分流失的影响

张少良（2010）通过两年的原位观测结果发现，无论种植大豆还是玉米，免耕均能有效地减少随径流流失的土壤养分，而少耕与传统耕作相比未能有效减少养分流失。少耕是耕作次数介于传统耕作和免耕之间的一种耕作措施，耕层相对于传统耕作具有较高的氮素含量，径流中氮素含量一般处于较高水平，但其地表径流相对于传统耕作较少。3种耕作措施养分主要是通过地表径流流失，其中，免耕69%～98%，少耕94%～99%，传统耕作89%～98%（表9-3，表9-4）。

表9-3 不同耕作措施下年径流养分流失量（张少良，2010）

处理		降雨/mm	TN/［kg/（km^2·a）］	TP/［kg/（km^2·a）］	NH_4^+-N/［kg/（km^2·a）］	NO_3^--N/［kg/（km^2·a）］
2008年						
NT	大豆	598	6.6	0.4	1.4	1.9
RT	大豆	598	217	12.1	25.4	54.1
CT	大豆	598	153	12.3	20.1	33.1
2009年						
NT	玉米	461	49.2	4.9	28.2	15.7
RT	玉米	461	1087	48.2	98.4	497
CT	玉米	461	640	34.7	108.2	331
平均						
NT		530	27.9	2.65	14.8	8.8
RT		530	652	30.15	61.9	276
CT		530	396.5	23.5	64.15	182

注：NT为免耕，RT为少耕，CT为传统耕作

表 9-4 不同耕作措施下年壤中流养分流失量（张少良，2010）

处理		降雨/mm	深度/cm	TN/[kg/(km²·a)]	TP/[kg/(km²·a)]	NH_4^+-N/[kg/(km²·a)]	NO_3^--N/[kg/(km²·a)]
2008 年							
NT	大豆	598	30	1.17	0.03	0.12	0.23
	大豆	598	70	0.34	0.01	0.07	0.08
	大豆	598	100	0.36	0.02	0.04	0.06
	合计		0～100	1.87	0.06	0.23	0.37
RT	大豆	598	30	0.19	0.01	0.04	0.08
	大豆	598	70	3.14	0.25	0.14	0.86
	大豆	598	100	3.97	0.16	0.35	1.01
	合计		0～100	7.30	0.42	0.53	1.95
CT	大豆	598	30	0.54	0.05	0.18	0.11
	大豆	598	70	3.84	0.16	0.38	0.85
	大豆	598	100	3.15	0.13	0.36	0.92
	合计		0～100	7.53	0.34	0.92	1.88
2009 年							
NT	玉米	461	30	0	0	0	0
	玉米	461	70	0.05	0	0.01	0.01
	玉米	461	100	23.20	0.07	1.57	7.33
	合计		0～100	23.25	0.07	1.58	7.34
RT	玉米	461	30	0.56	0.25	0.01	0.34
	玉米	461	70	3.96	0.22	0.25	2.56
	玉米	461	100	53.70	0.20	0.44	29.1
	合计		0～100	58.22	0.67	0.70	32.1
CT	玉米	461	30	0.37	0.03	0.22	0.09
	玉米	461	70	0.07	0.01	0.03	0.44
	玉米	461	100	89.70	0.10	2.48	22.4
	合计		0～100	90.14	0.14	2.73	22.9

注：NT 为免耕，RT 为少耕，CT 为传统耕作

二、对作物产量的影响

（一）等高耕作和横坡垄作

黑土地区坡耕地过去多采取顺坡垄作，是造成水土流失的重要原因之一，改顺坡垄为水平垄或斜坡垄将会显著减少水土流失，促进作物产量提高。根据宾县材料，治理后的耕地径流减少 67%～75%，保土能力提高 60%以上，保肥能力提高 57%左右，平均产量提高 25%；根据克山水土保持试验站数据，横坡垄种高粱、大豆、谷子比顺坡垄增产 43%～50%；绥化民吉村改垄后，每公顷冲刷量从 347 m³ 减至 55 m³，减少 84%。

（二）带状间作

未经治理和初步治理的坡耕地，可采用牧草与作物带状相间种植，建立密生而较长期覆被地表的草带，增加作物覆被度。带的宽度按具体情况而定，一般牧草带宽 2～3 m，作物带宽 5 m。黑土区适宜栽植的牧草以苜蓿为主。据黑龙江克山水土保持试验站数据，采用草田轮作，大豆增产 100%、谷子增产 17%、马铃薯增产 45%。

（三）少耕和免耕

张少良（2010）研究发现，免耕提高了大豆产量和经济效益，而少耕对大豆无增产效果。与传统耕作相比，免耕和少耕春季地温均低于传统耕作，5 cm 处免耕和少耕的平均地温分别比传统耕作低 1.5℃和 0.2℃，免耕推迟作物出苗 2～3 天，而少耕和传统耕作出苗时间相近。

免耕大豆生长初期叶面积指数和干物质量均低于传统耕作和少耕，生长后期均高于传统耕作和少耕，干物质比传统耕作高 11.1%。种植大豆时，免耕产量和净经济效益都显著高于传统耕作，分别提高了 15.6%和 30.5%，少耕产量和经济效益与传统耕作无明显差异。种植玉米时，免耕经济效益比传统耕作低 11.2%，而少耕经济效益比传统耕作增加了 1.4%，但是各耕作处理之间差异均未达到显著水平。

三、对土壤理化性质的影响

（一）水土保持耕作对土壤物理性状的影响

耕作措施对土壤性状最直接的影响就是对土壤物理性状的影响，主要体现在容重、孔隙度、团聚体等方面。相比传统耕作方式，水土保持耕作改善土壤结构，提高土壤导水率，增加土壤养分含量，保水、保土、保肥功效也优于传统耕作方式。

陈强（2016）的长期定位研究发现，深松处理能够降低土壤容重，改善土壤结构，少耕由于雨季前垄沟深松，土壤容重在 6 月最小，显著低于其他耕作方式。

不同耕作方式处理平地和坡耕地土壤容重相似，免耕除播种外未扰动土壤，季节性变化差异不显著，垄台和垄沟差异也不显著，表明连续免耕土壤容重较大，但能够保持土壤结构稳定；少耕未实施秋整地，仅实施中耕，垄台土壤容重的季节性变化较小，而垄沟由于进行深松，其 6 月容重显著降低；传统耕作在作物收获后进行旋耕，垄台容重逐渐增大且季节差异较大，垄沟容重较大且季节变化小。

通过耕作方式之间比较发现，免耕整体土壤容重高于其他耕作方式。在作物生长初期，传统耕作垄台 5 月土壤容重低于其他耕作方式，孔隙度高，而随着时间推移，差异性逐渐减小。少耕 6 月垄沟土壤容重显著低于免耕与传统耕作。

坡耕地 0～20 cm 土层土壤含水量随着降雨量的变化而变化。但各耕作方式之间存在一定的差异性。在作物整个生育期，与少耕和传统耕作相比，免耕能够提高垄台和垄沟 0～20 cm 土层的土壤含水量，尤其在连续无降雨的情况下，免耕依然能够维持较高的土壤含水量，而少耕与传统耕作地表缺少覆盖物，土壤含水量呈显著减少趋势，二者的土壤含水量均显著低于免耕。

各耕作方式中 10～2 mm 粒级（10～5 mm 与 5～2 mm 粒级之和）与 1～0.5 mm 粒级团聚体存在较为明显的季节变化，且二者变化呈负相关关系，10～2 mm 粒级团聚体多破碎为 1～0.5 mm 粒级。在 0～40 cm 土层，免耕 8 月 10～2 mm 粒级团聚体含量和团聚体稳定性高于其他月份；少耕和传统耕作下 10～2 mm 粒级团聚体含量呈现降低趋势，土壤抗蚀性逐渐降低。

各耕作方式下>0.25 mm 团聚体含量随着时间推移呈现降低趋势，且传统耕作在 0～20 cm 土层 10 月>0.25 mm 水稳定团聚体含量显著低于 5 月，土壤团粒含量降低，土壤结构变差。免耕>0.25 mm 团聚体含量高于少耕、传统耕作，表明免耕土壤团聚度高，稳定性强。

在 0～40 cm 土层，免耕 8 月的土壤团聚体 MWD 值高于其他月份，少耕 MWD 值则随时间推移呈现先增加后降低趋势。在作物全生育期，免耕 MWD 值均高于传统耕作，且大部分月份二者差异达到显著水平。少耕 MWD 值介于二者之间，但其 6 月表层 0～10 cm 的稳定性高于免耕和传统耕作。综上所述，免耕处理能够提高土壤表层团聚体含量，尤其 10～2 mm 粒级，同时也能维持较高的稳定性。

土壤入渗速率与土壤结构相关。研究发现，免耕在 8 月的团粒结构好，大粒级团聚体含量高，垄台初始入渗速率和稳定入渗速率均高于其他月份，而传统耕作和少耕则随着团粒结构稳定性的降低其入渗速率也逐渐降低。垄沟土壤入渗速率的研究结果表明，少耕雨季前深松处理，改善土壤结构，提高土壤初始入渗速率和稳定入渗速率，有利于降雨时地表水分渗入，减少地表径流。耕作方式之间比较发现，3 种耕作方式在 5 月结构差异相对较小，因此渗透性能差异也小；少耕 6 月垄沟土壤初始入渗速率和稳定入渗速率高于免耕与传统耕作，而免耕 8 月垄台初始入渗速率和稳定入渗速率高于其他耕作，10 月的初始入渗速率也高于传统耕作，稳定入渗速率差异则较小（陈强，2016）。综上所述，免耕和少耕整体土壤渗透特性优于传统耕作。

（二）水土保持耕作对土壤化学性状的影响

土壤有机质是土壤的重要组成部分。尽管土壤有机质只占土壤总质量的很小一部分，但它在提高土壤肥力、促进农业可持续发展等方面都起着至关重要的作用。一方面土壤有机质含有植物生长所需的多种元素，另一方面土壤有机质对全球碳平衡也起着重要的作用。与传统耕作相比，水土保持耕作对土壤养分具有显著的影响。

陈强（2016）的长期定位研究发现，通过对平地和坡耕地 0～100 cm 土层土壤有机碳含量的季节变化研究，少耕、免耕、传统耕作 3 种耕作方式表层 0～20 cm 土层土壤有机碳含量存在较为明显的季节变化，但各深度季节差异均未达到显著水平，其变化与 10～2 mm 粒级团聚体含量及稳定性季节变化表现出一定的相关性。其中，免耕 8 月土壤有机碳含量高于其他月份，而少耕和传统耕作则随时间推移土壤有机碳含量逐渐降低。在 20～100 cm 土层，各耕作方式季节变幅较小。

在整个作物生育期，免耕表层 0～10 cm 土壤有机碳含量均显著高于少耕和传统耕作，随着深度的增加，耕作方式之间的差异性逐渐减小，可见，免耕有利于有机碳在土壤表层的积累。

少耕表层 0～10 cm 土层土壤有机碳含量也是坡耕地数值较高。这个结果说明，实施少耕与传统耕作年限越长，表层土壤有机碳的流失量越高，而长期免耕则能够提高表层土壤有机碳含量。

土壤全氮与有机碳含量的季节变化表现为正相关。土壤表层 0～20 cm 的免耕 8 月土壤全氮含量也最高，而少耕和传统耕作土壤全氮含量随时间推移逐渐降低；在

20～40 cm 土层，免耕 8 月土壤全氮含量高于其他月份，在 40～100 cm 土层，各耕作方式季节差异小。

随着土层增加，土壤全氮含量呈现降低的趋势，免耕表层 0～20 cm 土壤全氮变化幅度较大，而少耕与传统耕作在该土层下全氮分布较均匀，差异小。在 0～20 cm 土层，免耕平均土壤全氮含量高于传统耕作且 8 月差异最大，在 0～5 cm 与 5～10 cm 土层，免耕与传统耕作全氮含量差异达到显著水平。而在 40～100 cm 土层，各耕作方式之间无显著差异。可见，相比传统耕作，免耕主要提高了表层土壤全氮的积累。综上所述，长期耕作均有利于土壤全氮的积累，而免耕积累量高于其他耕作。

第五篇

黑土侵蚀防控

第十章　黑土坡面侵蚀防控措施

第五章已经谈及，黑土区<6°的坡耕地占整个黑土区耕地面积的 97%以上，极易发生坡面侵蚀。坡上的黑土在降水时未及时入渗的雨水形成地表径流，沿坡面向坡下部流失，部分地表黑土形成泥沙径流，由坡上和坡中转移到坡下，甚至流入江河，由此引起黑土层变薄，这就是人们所说的面蚀，即面状侵蚀（范昊明等，2004）。

研究认为，坡面侵蚀危害严重，造成耕地生产力降低，平均黑土层厚度已由 20 世纪 50 年代的 50～60 cm 下降到目前的 20～40 cm（张兴义等，2018）。因此，开展坡面侵蚀防控，关系到黑土农业的可持续发展，影响国家粮食安全和区域生态功能。

尽管东北地区坡面侵蚀防控的历史较短，但从 20 世纪 60 年代起，国务院颁发了《国务院关于奖励人民公社兴修水土保持工程的规定》（国农办恢字〔1962〕159 号），对东北黑土坡耕地水土保持和生态保护起到了积极作用。

21 世纪初启动实施的东北水土保持建设等工程，在为东北黑土区全面实施水土保持生态建设提供组织管理体系以及资金的基础上，进一步推进了系列单项技术和治理模式的研发及其应用，坡面水土流失治理取得了显著成效。

第一节　坡耕地水土保持措施

东北黑土区耕地中约有 80%为旱作农田，旱田中 80%以上为坡耕地，存在不同程度的水土流失，既是我国最大商品粮基地的核心产区，又是东北黑土区水土流失最为严重的区域，被列为重点水土流失治理区。东北黑土区坡耕地坡度 95%以上低于 7°，多集中在 0.5°～5°，坡缓且长，开垦初期为了尽快熟化土壤和利于耕作，多采用顺坡或斜坡垄作，由于顺坡加之垄沟的存在，夏季集中降雨导致严重的水土流失。

经过几十年的治理实践，已形成了独具东北特色、效果较好的坡耕地水土保持技术体系，总体上可分为坡耕地水土保持工程措施、耕作措施和植物措施，包括改垄、地埂植物带和梯田为主体的黑土坡耕地水土保持工程技术和免耕、少耕等水土保持耕作技术，以及适于农垦大地块大机械作业的沟管洞缝水土保持技术。同时，根据坡度制定了相应的以汇水区或坡面为单元的水土保持建设模式。

一、工程措施

通过在坡耕地上实施诸如改垄、筑埂、填沟等截短坡长、降低地表径流坡度、增加水入渗时间、地下导排水等水土保持工程，减少地表径流从而达到降低土壤侵蚀的目的。

（一）改垄

东北黑土区为我国最北部的农区，气候冷凉，农业生产采用垄作。垄体的大小由北部的宽 70 cm 逐渐减小到南部垄宽 55 cm，垄台高度为 20 cm 左右。每年多在秋收后秋整地，耕深为 15～20 cm，起垄后越冬，少部分春季播种前起垄，春季除播种外还进行 2 或 3 次中耕作业。机械在垄沟内行走，结果导致垄体土壤疏松，垄沟土壤紧实。降雨后，雨水很快汇集到垄沟中，如存在坡降，将产生地表径流，加之长坡长，水分进一步汇集，增加对土壤的冲刷，造成严重水土流失。

采取等高垄作，尽管降雨时雨水仍汇集到垄沟中，由于高 20 cm 垄台的存在，将雨水隔离在垄沟中，使其有足够的时间渗透进入土壤。因此，改垄为东北黑土区最为有效且投入最低的水土保持技术，若东北黑土坡耕地全部采用等高垄作，水土流失至少降低 50%。当然在降雨量和雨强均较大时，雨水有漫过垄台的可能，易形成侵蚀沟，表明改垄也要有一定的适用范围。对于坡度较大，如改垄不能有效遏止水土流失，应加以地埂或梯田，隔断坡面，缩短坡长。

单纯横坡改垄适用于 3°以下坡耕地。横坡改垄应遵循以下原则：适用于顺坡、斜坡垄耕种的坡耕地，在改垄时应根据不同地形、土质、坡度、气候等条件，原则上按等高线，大弯就势，小弯曲直，便于机械作业等综合因素调整垄向，改垄应视立地条件与截留沟、地埂植物带等水土保持措施配套使用；将原有顺坡垄、斜坡垄改为横坡垄时，先利用大中型农机具将地旋平或深翻后耙平，踏勘测量定出基线，沿基线开好第一犁。

鉴于东北黑土区地势起伏不规则，难以实现横坡垄作，多采用等高垄作，沿垄向可以留有一定的坡降，起到适当排水、减少沟蚀风险的作用，但不应大于 0.5°，等高垄作见图 10-1。适当的坡降对于排出暴雨形成的积水是有利的。垄距按不同作物的生育需要确定，一般垄距为 60～70 cm；每年耕作时从上向下翻土，使地面坡度逐渐减缓；一般采用深耕松土和增施有机肥等农事耕作，改良土壤理化性质，增加入渗，提高土壤抗蚀性能，减轻土壤冲刷。深耕（25～30 cm）时耕松深度要打破犁底层，增加

图 10-1　等高垄作（张兴义，2018）

土壤的入渗能力；增施有机肥的目的是促进土壤团粒结构的形成，提高田间持水能力和土壤抗蚀性能。

等高改垄是东北黑土区坡耕地水土保持最基本的措施，是所有其他水土保持措施实施的基础。黑土区现有小于3°的坡耕地约占总坡耕地的50%，即通过等高改垄就可完成一半的坡耕地治理。操作简单，只需利用农机具平整土地后沿等高线重新起垄即可。投资低，每公顷需投入改垄费用约 3000 元。只需一次实施，永久受益，3°以下坡耕地实施等高垄作，土壤流失量可降低到黑土允许流失量 200 t/（km^2·a）以下，应是东北黑土区坡耕地首选主推的水土保持技术。实施等高改垄需重新分地，当前土地承包责任制实行 30 年耕地使用权不变，在一定程度上限制其实施。

（二）地埂植物带

1. 传统地埂植物带

地埂植物带是独具东北特色，实施面积大，防治效果显著的坡耕地水土保持措施（图版 3）。对于坡度相对较大，高强度降雨，单纯改垄难以彻底防控水土流失，可在坡面顺坡垄改水平垄的基础上，按照坡度和土层厚度的不同，沿坡面每隔一定宽度布设一条土埂，埂上栽植苕条、紫穗槐等经济灌木，形成一条植物防冲带，为地埂植物带技术，其作用在于截短了坡长、降低水势、控制坡面径流下泄，有效防止坡耕地漫垄面蚀和断垄出沟的发生，达到防治水土流失和提高土地生产力的目标。

地埂植物带技术应遵循的原则：适用于 3°～5°坡耕地；沿横坡垄向等距培修土埂，间距应保证其地埂之间不发生坡面径流冲刷为原则，以十年一遇 6 h 最大暴雨量为标准，根据当地气候、土壤、坡形、坡面特征，确定地埂断面尺寸与埂间距；间距可按机耕播幅倍数结合当地治理经验取值；埂顶宽一般为 30～50 cm，埂高为 50～60 cm，内外坡比均为 1∶0.5；如遇水线凹陷时，地埂可适当加高，埂基要夯实，地埂毁损要及时修复；无实测数据时，埂间距可根据降水量来确定（降水量<300 mm，埂间距为 60 m；降水量 300～500 mm，埂间距为 50 m；降水量>500 mm，埂间距为 40 m）；地埂修成后，在地埂上种植经济价值高的护埂植物，灌木每隔 2～3 年需平茬一次。

2. 埂带"逆向排水法"

在 3°～5°坡耕地，实施改垄不能完全遏止水土流失，有时会冲毁垄体形成侵蚀沟，为此需在一定的间隔修建地埂，并种植护埂植物，降低坡长，分隔雨水，减少冲力。由于难以实现横向完全水平，发现水多向一侧流淌出田地，降低了农田的水分利用效率。穆棱市的做法是在流出端修筑土埂，阻拦水流，横向地埂在流出端短一截，让水流汇入下一埂带间的田块，延长了水线，减缓了水流，增加了雨水入渗时间，即增加了雨水入渗到土壤中的量，提高了土壤含水量，增加了作物水分利用效率，促进了作物增产，并在穆棱市水土保持建设中广泛应用。

3. 双埂带技术

黑龙江省穆棱市地处低山丘陵区，位于黑龙江省东南部，面积为 6196 km^2，地势南高北低，东西两侧高，中部低，山脉属于长白山系老爷岭山脉，呈西南东北走向，平均海拔为 500～700 m，耕地面积为 5.22 万 hm^2，多数宜林地被人为开垦为耕地，开垦于低矮山地和山体的中下部，水土流失十分严重。鉴于穆棱市的坡耕地坡度相对较大，又由于多开垦于山地，土层薄，土壤质量差，修筑梯田难度大。经过几十年的探索实践，总结出先治山、后治河，山河同治，先治坡、后治沟，沟坡同步的经验，创造了双埂带技术，即中部开沟，两侧筑埂后，中部沟中再间隔修筑地埂，少水时储水，大雨多水时导水，埂上栽种紫穗槐固埂，双埂带技术实施简单，在不利于梯田修筑的情况下，起到了梯田的水土保持作用。此外，开垦农田后，沿山体坡面多形成平行的侵蚀沟，当双埂修到侵蚀沟的位置时，将沟填平，双埂水平通过，这样就相当于在侵蚀沟中修筑了一道道土谷坊，治理后的径流只能沿着双埂带横向流动，遏止或减缓了对侵蚀沟的冲刷，同时实现了侵蚀沟的治理，草木得以逐步恢复。

以上 3 种地埂植物带技术是当前黑土坡耕地水土保持建设的主要措施，效果显著，虽然修建地埂占用了约 5%的耕地，但从坡耕地保护效益和黑土地可持续利用来看，还是值得大力提倡的。地埂植物带和复合植物带每公顷的建设费用分别为 3070 元和 7230 元。

（三）梯田

在坡度大于 5°且土层较厚的坡耕地上适合修筑梯田。梯田的布设原则与地埂植物带相似，根据坡面坡度和土层厚度确定。土埂的标准要比地埂植物带高，且埂间宽度小于地埂植物带的田面宽度（图 10-2）。

图 10-2　地埂植物带（张兴义，2018）

梯田（图 10-3）布设应遵循的原则：适用于 5°以上坡耕地；应该能拦蓄十年一遇最大 3～6 h 降雨的径流量及两年的坡面泥土淤积量；间距可按机耕播幅倍数及坡度确定，埂内测角 60°，埂高依坡度和埂间距确定；以机械修筑为主，人工辅助整形；梯埂修成后，在地埂上种植经济价值高的护埂植物，灌木每隔 2～3 年需平茬一次。

图 10-3 梯田（李浩，2016）

坡式梯田主要采取人机结合的方式修筑。首先挖掘机沿田面中间线将田面表层黑土剥离存储于田面中间；然后将上侧的底层土移置于下侧，用上侧的底土修筑上侧的梯埂；最后将田面中间的表土均匀覆盖于田面和修筑的田埂上。也可用拖拉机配筑埂犁沿埂线向上翻土，一条链轨压埂，然后在埂线下方向上翻土，返回时继续向埂线上方拉沟，这样往返筑埂直到达到设计埂高，最后经人工整形拍实。在埂上种植胡枝子、桑树、黄花菜或牧草等固埂植物，护埂固埂。田埂筑成后，进行田面翻耙起垄。人畜破坏或被水毁坏应及时补修。

梯田是遏止水土流失、保护坡度较大农田的重要措施，典型黑土区土层深厚，易于机械作业，修建梯田成本较低。梯田埂为土体夯造，内部为下层挖出的生土，上覆熟土。缺点是建造成本相对较高，占地 10%以上，农民不愿接受。此外，以往在梯田埂上种植苕条等埂带植物，现已无经济价值，高效埂带植物已成为本项措施应用的瓶颈之一。

（四）鼠道暗管技术

东北黑土区农垦系统的农业生产明显不同于地方，其特点是大地块，单地块多在千亩以上；大机械化作业，地块长，多在 1000 m 以上；集约化经营，每个地块统一耕种；土地规整，农田基本建设基础好，地块两侧栽植防护林，设有排水沟。这些特点决定了难以改垄、修建地埂和梯田等。农垦系统的经营者在实践中创造了适于大地块大机械化作业的具有农垦特色的沟管洞缝水土保持技术，最常用的为鼠道暗管技术（图 10-4）。

鼠道暗管技术应遵循的原则：适用于 5°以上坡耕地；适用于土层深厚、土质黏重、排水不畅的坡耕地；鼠道应采用专门的鼠道犁进行作业，同一条鼠道应一次性完成，避免中途起犁导致鼠道堵塞；鼠道宜布设在田面下 50～60 cm，并应满足间距 3～5 m，在坡度小于 1.5°时，鼠道应与地形坡度一致，可顺坡作业，也可横坡作业；当耕地坡度大于 1.5°时，应按 1%～2%的比降作业；鼠道与暗管配合使用，暗管的布设可分为棋盘形、鱼刺形和不规则形 3 种；暗管的直径应满足设计排水量的要求，不形成满管出流，暗管应低于鼠道，宜为 80～90 cm；暗管的铺设应按设计坡降顺直地铺设在基土、滤料或垫

图 10-4 鼠道暗管

层上，不应出现倒坡及起伏；暗管的坡降依地形和所选定的管径等确定，宜为 1/300～1/100；暗管的间距宜为 50～100 m；暗管的铺设，先用开沟机或人工按定线开挖沟，沿沟布设暗管后管身周围应用粗砂覆盖；覆土恢复平整田面，用鼠道犁开鼠道。

人工在地下半米处建成的鼠道网络，可收集土壤中的水，沿鼠道快速迁移到暗管处，并进入暗管中，排放到农田的排水沟渠中，可收集土壤中过多的水分。造价经济，鼠道和暗管有机结合，能排除土壤中的渍水，调节田间土壤水分，改善水文过程，防止农田内涝、渍涝，避免影响农业机械的正常作业，还可有效防止或减缓径流对地表的冲刷。

（五）坡耕地侵蚀沟秸秆复垦

黑龙江省农垦系统在全国率先实现了大机械化田间作业，但由于旱作农田多处于漫川漫岗黑土坡耕地上，汇水区常在低洼处汇水形成小型侵蚀沟，损毁耕地，造成耕地破碎化，阻碍农业机械通行和连片作业，降低了作业效率。

鉴于此，黑龙江省垦区利用自身的机械化程度高、秸秆富裕等优势，通过几年的摸索，创造出一种侵蚀沟复垦技术，将侵蚀沟人工修成方字形沟，利用大型收割机，将收获的麦秸和玉米秸打成边长 0.5 m 左右的紧实秸秆块，铺设于沟体内，上覆约半米厚的表土，抚平侵蚀沟，汇入原沟渠的水，通过沟底布设的暗管流出农田，减小或避免了地表径流冲刷。

坡耕地侵蚀沟秸秆复垦技术可以恢复耕地，同时保证了农机具自由通行，保证地块的连通性，降低田间管理成本，且充分利用秸秆等农业附属产品，非常适用于东北黑土区的大规模机械化作业。以秸秆复垦技术为基础，也衍生出煤矸石、风化石填沟复垦侵蚀沟治理技术，具体的应用原则和布设过程详见第十一章第三节。

二、耕作措施

对未实施或难以实施水土保持工程的坡耕地，可通过土壤耕作，增加地表径流入渗，进而实现减少土壤侵蚀的作用。东北黑土区地块大，农业机械化水平高，为水土保持耕作措施的实施创造了有利条件。

（一）深松耕作

在不能或尚未实施水土保持工程的顺坡或斜坡垄作坡耕地，可实施苗期垄沟深松技术，减少或遏止水土流失，同时具有很好的粮食增产作用。深松耕作应遵循的原则：适用于 3°以下坡耕地；适用于耕作层薄，土壤质地为中壤土、重壤土或黏土的坡耕地；在最后一次中耕后马上实施，小型拖拉机和大型拖拉机均可，深松深度 20 cm 以上（图 10-5）。

图 10-5　深松耕作（张兴义，2018）

深松耕作是保护性耕作中一种常见的耕作方式，与传统耕作相比，深松耕作能够改善表土层土壤物理结构，对耕层破坏较轻，降低风蚀、水蚀以及水土养分的流失，提高了产量、生产效率和经济收益，保障了农业的可持续发展。

（二）垄向区田技术

在不能或尚未实施水土保持工程的顺坡或斜坡垄作坡耕地，可实施垄向区田技术。垄向区田是指在坡耕地的垄沟中按一定距离修筑土挡，将垄沟分成许多小区段，形成许多小浅穴，用以拦蓄雨水而不产生径流，起到保水、保土、保肥的作用，从而有效防止坡耕地水土流失（图 10-6）。

垄向区田技术应遵循的原则：适用于 5°以下坡耕地；在最后一次中耕后马上实施，小型拖拉机和大型拖拉机均可；区田的土埂应从田块最高处开始修筑；土埂的高度应低于垄台 2～3 cm，宜为 14～16 cm；土埂间隔依据坡度和能存储十年一遇最大 1 h 降雨量设定，宜为 60～120 cm，底宽宜为 20～30 cm，顶宽宜为 10～20 cm。

垄向区田类似防风固沙的草方格，在“面”上实现了农田面源污染控制，尤其适用于东北坡耕地。

图 10-6 垄向区田（张兴义，2018）

（三）免耕技术

作为农业领域最具革命性的创新保护性技术之一的免耕起源于 20 世纪的美国，已成为发达国家可持续农业的主导技术之一。免耕技术以免耕播种、秸秆覆盖为主体，国内外研究已充分证明，免耕保护土壤，可有效减少地表径流，防止土壤侵蚀的发生。

免耕技术应遵循的原则：适用于 3°以上坡耕地；秋收后秸秆全部覆盖于地表，不进行秋、春整地，留茬越冬；春季免耕播种，除播种外，不再扰动土壤，不进行中耕作业；田面喷洒除草剂。

免耕措施可以有效减少坡耕地水土流失，增加表土养分含量，增加土壤含水量（表 10-1），但是在东北冷凉区，免耕会导致土壤温度偏低（表 10-2），不利于作物生长，造成一定的减产。

（四）秸秆覆盖免耕和条耕技术

作为保护性耕作的最主要代表，秸秆覆盖免耕已在欧美广泛应用，成为保护黑土的最主要措施，实现了秸秆全量还田，有效地提高了农田土壤持水保水能力（图 10-7）。然而，我国黑土区气候相对冷凉，中国科学院东北地理与农业生态研究所在黑龙江省海伦市连续

表 10-1 坡耕地不同耕作措施下表土水分含量（0～20 cm）（Chen et al.，2011）（%）

耕作措施	种植天数											
	0 天		15 天		35 天		45 天		65 天		150 天	
	垄台	垄沟	垄台	垄沟	垄台	垄沟	垄台	垄沟	垄台	垄沟	垄台	垄沟
免耕	36.0a*	35.4a	37.3a	33.4c	40.6a	38.3a	35.3a	35.4b	38.5a	38.2b	24.9a	24.5a
少耕	28.5b	34.9b	35.9b	37.5b	39.3a	41.6a	34.0a	40.2a	36.9b	41.3a	22.2b	22.4b
传统耕作	26.7b	36.5a	34.5c	39.2a	38.9a	43.8a	31.1b	39.1a	35.5b	42.2a	21.0b	24.1a

注：*同一位置不同字母表示差异有统计学意义，$P < 0.05$

表 10-2　坡耕地不同耕作措施下表土土壤温度（0～10 cm）（Chen et al.，2011）

耕作措施	土壤温度/℃			
	播种期	幼苗期	拔节期	灌浆期
免耕	7.1	19.6	16.7	18.4
少耕	9.2	23.4	20.1	19.3
传统耕作	9.9	25.7	21.0	20.3

注：温度是试验观测年份的平均值

图 10-7　秸秆覆盖条耕技术

10 年（2004～2014 年）的田间定位试验表明，玉米秸秆覆盖免耕减产 15%～30%。秸秆覆盖免耕增加了春季土壤含水量（约 3%），却降低了土壤温度 2～3℃，致使玉米出苗晚且出苗率低，同时早起苗生长弱小，是减产的主要原因。而条耕技术有应用发展潜力。

技术原理：秋收秸秆粉碎覆盖地表后，利用条耕犁创造疏松种床条带，第二年春季在温暖的种床上直接播种，其他管理措施与免耕相同。

技术要点：秋季机械收获时秸秆粉碎直接抛撒覆盖于地表，利用条耕犁犁刀将根茬切碎后，在垄台中部耕深不低于 20 cm、宽约为 20 cm 的疏松土壤条带，条带间秸秆覆盖。第二年春季在条带上直接播种，除了喷施除草剂和叶肥等外，不再进行其他耕作作业。

相比免耕措施，条耕秸秆全量还田土壤有机质含量不减少，且能够提高种床土壤温度，作物略减产或不减产，较农民的传统旋耕作业减少机耕投入约 400 元/hm^2，非常适宜于东北冷凉区的农业生产。

三、植物措施

（一）植物缓冲带（植物篱）

植物篱技术生态环保，延迟产流，减少土壤养分流失，改善水稳性土壤团粒结构，在陡坡耕地效果更明显；此外能增加土壤有机碳和提高干旱时期土壤湿度。

植物缓冲带应遵循的原则如下。

宜布设在任何河流、水库和湖泊等地表水体的周边。重点布设在耕地、放牧地等非点源污染区域与河流、水库和湖泊等受纳水体之间的地面，并临近水体岸边；布设位置应垂直于地表径流方向，与受纳水体岸边长度方向平行，植物缓冲带的树种应选择耐水湿或中生的乔木和灌木。植物缓冲带的草种应选择地上部分生长迅速，茎叶繁茂，地下部分根系发达，兼具牧草作用的多年生草本。

植物缓冲带的最小宽度应不小于 10 m，当下游水体为非饮用水水源时，植物缓冲带宽可取 10～15 m；当下游水体为饮用水水源时，植物缓冲带宽不应小于 15 m；当植物缓冲带宽不小于 15 m 时，应将植物缓冲带分为 A、B 两个区；当植物缓冲带不小于 20 m 时，应将植物缓冲带分为 A、B、C 3 个区；A 区靠近水体岸边，为永久性保护的植物带，其宽度宜为 10～15 m；B 区紧邻 A 区，为允许有计划地进行砍伐更新的植物带，其宽度宜为 5～10 m；C 区位于 B 区外侧，为临近耕地的植物带，其宽度宜为 5～8 m；3 个区的植物带应分别种植乔、灌、草，种植顺序可根据立地条件灵活掌握；树种初植密度，乔木阔叶林株行距可取 2.0 m×2.0 m，针叶林株行距可取 1.5 m×2.0 m，灌木林株行距根据不同树种的树冠大小，可采用 0.5 m×0.5 m、0.5 m× 1.0 m 或 1.0 m× 1.0 m；除必要的修剪管理活动，应避免对 A 区的植被进行任何干扰；对 B 区的植物，应定期进行改良；对 C 区的植物，应定期修剪和控制杂草，维持植被的旺盛生长。

（二）地埂植物

水土流失严重的坡耕地修筑地埂是黑土区有效的水土保持措施，埂带种植高效水土保持植物，不仅能有效防治水土流失，而且能提高耕地的经济收入，为破解坡耕地水土流失综合防治困局提供了一条有效的途径。

中国科学院海伦水土保持监测研究站经过多年研究，对不同植物的生态适应性、蓄水保土效益、经济效益和建植成本进行评价分析，筛选出东北黑土区埂带的首选植物。首选植物按得分高低依次为石刁柏、长白楤木、宁杞 3 号、食用大黄、大果榛子、黑茶藨子、宁杞 5 号和紫花苜蓿等 8 种（图 10-8）。

图 10-8　地埂植物

东北黑土区地埂适宜种植的植物多数为乡土植物，少数为综合效能较高的引进种/边缘种和长期栽培已适应的归化种等。该类植物适应性强，即植物的生态适应性、蓄水保土效益、经济效益和建植成本等量化因子得分较高，符合东北黑土区地埂植物的引进要求，满足筛选条件，同时也是东北黑土区高效益地埂植物。2014年对部分首选植物在黑龙江省海伦市田间地埂进行试种植，各项指标均符合水土保持地埂植物的要求。

实践证明，地埂植物与地埂相结合，在东北黑土区起到了保水保土的作用，截短了坡长、降低水势、控制坡面径流下泄，配合筛选的经济植物，具有明显的经济效益。根据王禹宸（2015）的研究结果，埂带植物的引进不仅凸显水土保持效益，还可以收获经济效益，在栽种第二年就可获得经济产出，在第三年达到显著经济产出。2014年埂带植物经济产出较高的为大果榛子、食用大黄、石刁柏，年收益分别为10 000元/km、8000元/km、6000元/km。黑茶藨子、宁夏枸杞、辽东楤木年收益也分别可达5200元/km、5000元/km、4000元/km，紫花苜蓿年收益较少，为1500元/km，具备推广的价值。

第二节 荒坡地水土保持措施

东北黑土区荒坡地主要分布于丘陵沟壑区，坡上土层较薄，一般为30～50 cm，地表植被覆盖率低，多为次生疏林地、荒草地或荒山荒坡，侵蚀沟已接近山顶，地表蒸发量大，保水、保肥能力下降，土地生产力极其低下，在西北部干旱区，有的已岩石裸露，直接栽种树木已难以成活。

治理的主要途径为在疏林地和荒草地依靠生态修复改善生态环境；在荒山荒坡采取工程措施层层拦蓄，防治侵蚀沟溯源侵蚀，同时改善立地条件，种植灌木或经济林，提高林草覆盖度，增加土壤含水量，改善生态环境，提高土地生产力，提高农民经济收入。在坡上林地与坡面坡耕地交接处修建截水沟拦蓄径流，保护坡耕地。

一、生态修复技术

丘陵沟壑区年降雨量一般大于300 mm，适宜进行生态修复。

生态修复是最简单、投入最少、见效最快的措施。对郁闭度小于0.3的疏林地及荒草地，在人工补种、补植的基础上，采取人工封育的生态修复措施，依靠大自然的自我修复能力恢复生态。对于划定的生态修复区，禁止放牧、打草、砍柴等人为活动，设置管护员加强管护。在生态修复区周边设置宣传牌及警示牌，在靠近村屯、道路周边设置围栏进行保护。对于水土条件较好的坡荒地，封育当年植被覆盖率显著增加，水土流失得以缓解。对于土质较差和降雨较少的地区，需辅以人工措施加以修复，3～5年后才能见效。围栏由混凝土桩、刺线、铁丝、砾石等构成，铁丝一般选用8号线，混凝土桩直径在10 cm以上、间距4 m，地下埋深0.65 m，地上高1.20 m，隔2根混凝土桩用砾石加固根部。水平布设刺线5道，间距0.20 m，对角线2道。

二、水平坑造林技术

大于 10°荒山荒坡，由于地表裸露，降雨极易形成径流，既对坡面形成冲刷产生沟蚀，又导致荒坡地干旱，影响植被恢复及造林成活。针对荒山荒坡的水土流失特点，采取水平坑工程造林技术，既能有效拦截径流、防治水土流失，又能蓄水、改善立地条件、提高造林成活率。

水平坑沿等高线呈竹节布设，水平坑数量和技术参数根据地面坡度、土质和暴雨强度确定。一般防御标准按十年一遇 24 h 最大降雨产生的径流量确定。每个坑长 60～100 cm，宽 30～50 cm，深 20～40 cm，坑间埂宽 20～40 cm。坑中挖出的土和沙石堆于下侧，修筑拦水埂，埂上种植灌木，树种主要选择易成活、耐干旱的灌木，如柠条、沙棘、刺槐等。待自然冲刷 23 年后，在坑中栽植松树等。水平坑措施具有操作简单、成本低、易推广的优点，无需特殊设备，适用性广，保水、保土效果显著，见效快、功效长；有限雨水和优质土壤均汇集于水平沟中，为后期植树造林创造了良好的生境。该项技术主要适用于西部退化严重的秃山植被恢复。

三、果树台田技术

丘陵沟壑区年平均降雨在 450 mm 以上，土层厚 30～50 cm，水热条件较好。丘陵沟壑区之所以出现一些坡荒地，是由于森林砍伐后，牛、羊进一步啃食，多是由于坡度较大，不适宜开垦农田，造成生态进一步恶化。该区域最应发展林业，但由于见效慢，考虑短期效益和长远效益结合，地方逐渐建立了果树台田生产模式，既有效防治水土流失，又创造了可观的经济效益。

果树台田技术应遵循的原则：适用于低山丘陵、漫川漫岗土层较薄、水土流失严重、地形复杂的坡地；田面长度应为果树株距的整数倍，但不宜超过 8 m，大于 8 m 时应修新的台田面；田块高度应按拦蓄当地十年一遇 24 h 最大降雨量设计；果树台田田面呈方形，四周设土埂，根据地形品字形布设，保证每个田面水平，拦蓄径流，防治水土流失，保证经济林所需水分。

果树台田尺寸主要根据所栽果树品种的株行距确定。根据典型设计的果树台田结构尺寸，果树台田每公顷动用土方 1200 m^3。每公顷果树台田 850 个，每坑造林 1 株，每公顷造林 850 株。施工时要保证台田田面平整，拦水埂整齐、密实。

辽宁省的南部、东部水热条件较好，适宜种植苹果；西部水分条件较差，适宜种植山杏、大扁杏及大枣。吉林及黑龙江适宜种植苹果梨及耐寒的苹果、梨、李子等。

第三节 坡面水土保持措施效果

坡面水土保持措施对于保水、保土，土壤肥力提升、作物增产和生态恢复效益显著，本节将从水土保持工程措施和水土保持耕作措施两个方面阐述坡面水土保持措施效果。

一、水土保持效益

东北黑土区水土流失最直接的危害是部分降雨随地表径流流出坡面，导致土壤水分胁迫，降低土地生产力，而流出的这部分雨水如能进入土壤，正是土壤有效水部分；另外，在降雨侵蚀力的作用下，肥沃的表土被地表径流不断冲刷剥离流失，黑土层变薄，土壤质量下降，也造成土地生产力下降。因此，坡面水土保持措施建设的首要任务是保水、保土。

东北黑土区水土保持建设的保水、保土效果数据主要来自标准径流小区。20 世纪 90 年代，东北区域水土保持专业研究所就在典型区域建立水土保持监测站，开展水土流失监测。例如，黑龙江省水土保持科学研究所（现黑龙江省水利科学研究院，下同）分别在典型黑土区黑龙江省克山县和宾县建立了黑土区水土保持监测站，在牡丹江建立了低山丘陵区水土保持监测站，在齐齐哈尔市建立了风蚀监测站，并开展了长期监测。后期由于缺少运行和维修经费，部分径流小区被毁坏。

2003 年，国家在启动东北黑土区水土流失综合治理试点工程时，同时启动了水土保持监测，在项目区黑龙江省的宾县、吉林的梅河口、辽宁的阜新蒙古族自治县、内蒙古的扎兰屯等修建了标准坡面观测场。随后，国家启动了全国水土保持监测网络和信息系统，开展二期工程水土流失监测点建设，以省为单位，以流域为单元，合理优化布局。2011 年，已在东北黑土区建成以标准坡面观测场和小流域控制站为主体的由 124 个监测站点组成的监测网络。

（一）水土保持工程措施效果

不同的坡面水土保持工程措施可以起到良好的保水、保土效果，如黑龙江省拜泉县通过估算结果认为，采用水土保持措施工程治理后的坡耕地减少径流量 67.6%，减少泥沙流失量 84.2%；辽宁省阜新蒙古族自治县治理后减少径流量 74.7%，减少泥沙流失量 80.8%；辽宁省彰武县治理后减少径流量 78.8%，减少泥沙流失量 57.5%。黑龙江省宾县三岔河小流域 2005～2006 年的监测表明，年平均侵蚀强度依次为水平台田 11.55 t/（km^2·a）<地埂植物带 74.85 t/（km^2·a）<改垄 105.35 t/（km^2·a）。黑龙江省农垦九三管理局的估算结果表明，水土保持措施保水率为 45%～85%，平均保水效益达 68%；保土率为 75%～87%，平均减蚀率为 83.4%（表 10-3）。

表 10-3 九三农场项目区坡面工程措施水土保持效益

措施	保水率/%	保土率/%
改垄	70	85
串带地埂	70	85
截流沟	45	85
造林整地	70	87
生态修复	85	75

上述估算结果可以通过坡面水土流失监测结果证明。黑龙江省水土保持科学研究所在薄层黑土区坡面径流观测场的监测结果表明：5°以下的坡耕地通过改垄实施等高种植，可基本遏止水土流失，与顺坡垄作相比，保水、保土效果达 95%以上，对于 8°的坡耕地如生长灌木，无土壤侵蚀，保水效果也显著。在辽宁省阜新蒙古族自治县监测点，研究表明改垄、水平梯田和地埂植物带的侵蚀模数分别为 24.8 t/（hm^2·a）、27.8 t/（hm^2·a）和 24.8 t/（hm^2·a），减少程度分别为 49.7%、94.9%和 84.9%。

近年来随着设备和监测手段的创新，研究人员已开始探索治理后水土保持效益的直接测定。2009 年水利部启动了公益性行业科研专项“东北黑土区水土保持措施效益评估及防治技术”，利用中国科学院东北地理与农业生态研究所自主创新研制的专利产品“一种可移动地表径流观测装置”（专利号：ZL200610163240.9），对项目区田块尺度的水土保持效益进行了监测，并获得了直接监测数据（表 10-4）。

表 10-4　水土保持工程水土保持效益

地块名称	坡面坡度/(°)	降雨量/mm	产流次数/次	产沙次数/次	较 5°顺坡保水率/%	较 5°顺坡保土率/%
改垄	5.8	524.8	17	17	77.6	86.1
梯田	6.2	524.8	17	16	79.9	87.3
地埂植物带	3.2	524.8	17	17	62.7	68.4
3°对照	2.89	524.8	17	17	17.6	23.8
5°对照	4.98	524.8	17	17	0.0	0.0

在 2011 年降雨量为 524.8 mm，在设备安置后侵蚀降雨量达 267.1 mm 的情况下，改垄与 5°顺坡垄作相比，保水效益增加 77.6%，每年少流失了雨水 23.3 mm；保土效益增加 86.1%。与 3°顺坡垄相比，保水效益增加 72.9%，保土效益增加 81.8%。

梯田与 5°顺坡垄作相比，保水效益增加 79.9%，每年少流失了雨水 24.0 mm；保土效益增加 87.3%。与 3°顺坡垄作相比，保水效益增加 75.7%；保土效益增加 83.4%。

地埂植物带与 5°顺坡垄作相比，保水效益增加 62.7%，每年少流失雨水 18.8 mm；保土效益增加 68.4%。与 3°顺坡垄作相比，保水效益增加 54.8%，保土效益增加 58.6%。

（二）水土保持耕作措施效果

中国科学院东北地理与农业生态研究所海伦水土保持监测研究站连续 7 年的小区观测结果表明，裸地径流系数高达 20%，土壤侵蚀模数高达 7000 t/（km^2·a）。与裸地相比，耕地和草地的保水效益分别提高 72%和 98%，保土效益分别提高 83%和 99%；草地相对于耕地，保水、保土能力分别提高了 88%和 98%，几乎无土壤侵蚀（图 10-9）。

实施水土保持耕作也起到很好的保水、保土作用。免耕保水效果达 90%以上，横坡垄作的保水效果接近 90%；免耕和横坡垄作的保土效果更佳，均达 97%以上。需说明的是夏季苗期垄沟深松，水土保持作用因年份不同而效果不同，垄沟深松虽然疏松了垄沟土壤，增加了土壤渗透速率，然而在夏季集中降雨时，疏松的垄沟土壤抗侵蚀能力降低，土壤更易被冲走，导致土壤流失加剧（图 10-10）。以上监测结果是在 5°坡地上获取的，因此，少耕虽然有水土保持作用，但有其适用性的问题。

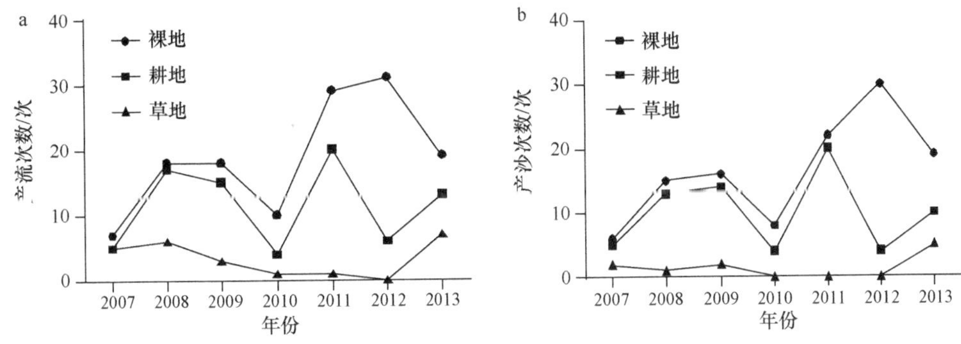

图 10-9　耕地、草地和裸地的保水、保土效果

a. 保水效果；b. 保土效果

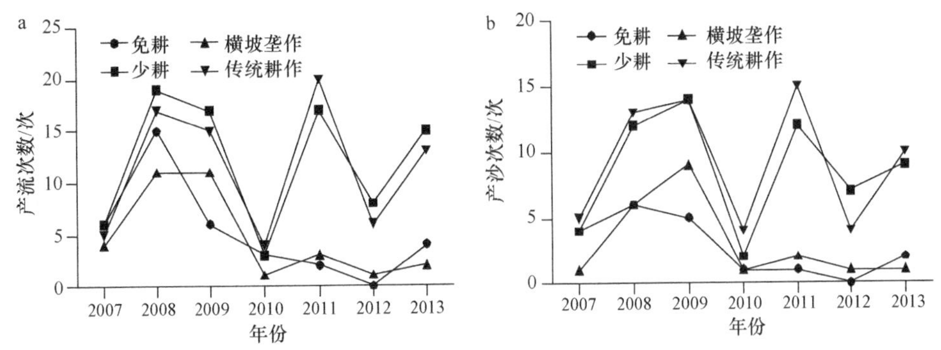

图 10-10　水土保持耕作措施的保水、保土效果

a. 保水效果；b. 保土效果

连续 7 年的监测结果还明确了一项重要的科学问题，要想科学评价水土保持效益，需连续多年的结果。例如，2009～2011 年的水土流失状况差异较大，而 3～10 月总降雨量分别为 461 mm、450 mm、525 mm，2011 年降雨偏多，尽管径流发生次数明显多于其他两年，但径流系数并不是最高。2009 年降雨频率明显大于其他两年，即次降雨发生的时间间隔短，降雨集中，这是造成侵蚀严重的主要原因。

据黑龙江省水土保持科学研究所研究分析，在不同坡度上采取垄向区田措施保水、保土效果都有大幅度的提高，可提高土壤含水量 19.3%，减少地表径流量 85%～100%，减少产沙量 90%～100%，产流时间延长 15～17 倍，该措施即通过改变坡面小地形，拦截和减缓了地表径流，增强了土壤的抗冲蚀和蓄水能力，使水土流失得到控制。

二、土壤肥力培育效益

土壤肥力主要由水（土壤储存的水）、肥（也称基础肥力，可用养分含量衡量）、气（土壤空气，可用气相土壤孔隙来衡量）、热（土壤热量，可用土温来衡量）组成。就单纯坡面水土保持措施而言，并无直接培肥土壤的作用，但遏止或减少肥沃的表土流失，可以减缓土壤退化，长期发生侵蚀的区域在水土流失被遏止后，当生产模式不变时，土壤肥力也可能朝着增加的方向发展，一些坡面水土保持耕作措施诸如少耕、免耕、留茬和秸秆还田等，增加了土壤有机物料归还量，进而起到了培肥土壤的作用。同时，水土保持措施遏止或减少地表径流，增加了土壤入渗量，提高了土壤水分利用效率，增加了土壤肥力。这在以往水土保持措施对培肥土壤的作用评价中多被忽视。

（一）土壤养分增加

表土流失加之随地表径流水分流失是侵蚀土壤肥力下降的主要原因。黑土水土流失使得土壤从最上层逐渐被剥离，即黑土层变薄，导致土壤肥力下降。以土壤侵蚀速率 2 mm/a 计，每平方公里每年将有 80 t 的土壤有机质和 4 t 土壤氮流失。

据中国科学院东北地理与农业生态研究所在黑龙江省典型黑土区取样调查，近 20 年，在水土流失严重的县（市）黑土有机质以年平均 13.5%的速率下降，也从另一个侧面证实了黑土肥力因侵蚀而快速下降。此外也发现，在管理模式不变的前提下，土壤有机质含量最后趋于稳定，达到土壤有机质平衡点，此时如果土壤有机物料输入增加，还会使土壤有机质含量增加。坡耕地经过多年严重侵蚀后，当土壤有机质含量降至很低，如 20 g/kg 以下，实施水土保持措施后，会明显遏止表土流失，坡耕地土壤有机质完全有可能缓慢增加，即水土保持的培肥土壤作用。

特别是对于少耕、免耕等保护性耕作措施，尽量减少对土壤的扰动，有效地遏止了水土流失，减缓了土壤退化，免耕可减少地表径流 90%以上，几乎无土壤流失；同时通过增加残茬和秸秆还田从而增加土壤有机质来源，是坡耕地培肥土壤的另一个重要途径。免耕可提高表层土壤有机质含量，培肥土壤（图 10-11）。

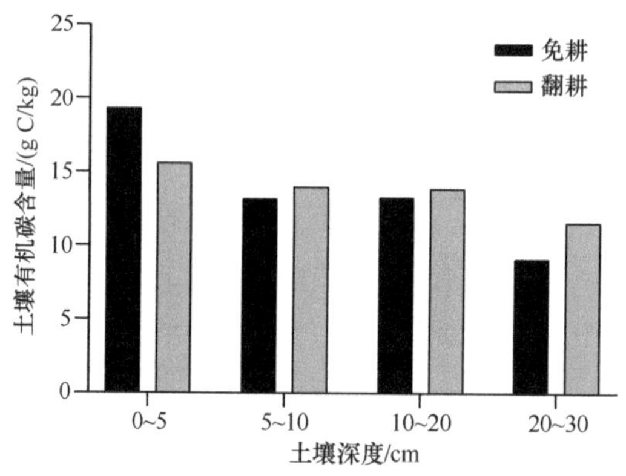

图 10-11 免耕对土壤有机碳含量的影响

（二）土壤水分增加

水土保持措施增加土壤储水量，提高水分利用效率，提高土壤肥力的作用远大于保土培肥的作用。已有研究表明，黑土坡耕地作物产量与土壤含水量呈显著相关关系，水土流失致使水分胁迫是导致坡耕地生产力下降的最主要原因。

多年的监测结果表明，东北黑土区坡耕地地表径流系数为 10%左右，以年平均降雨 500 mm 计，年流失的雨水约 50 mm。水土保持措施遏止或减少地表径流，这部分雨水渗入土壤，至少年增加土壤水 30 mm，而这部分进入土壤中的水全部为作物有效水，即增加的是土壤有效水部分，对提高土壤肥力的作用显而易见。

每年 7 月是降雨的集中区，也是坡耕地水土流失发生次数最多、流失最严重的时期。以随地表径流流失土壤少存储 30 mm 的雨水计，大豆和玉米亏缺水分 30 mm，约占总耗水量的 6%，导致土壤水分胁迫，势必要造成作物产量降低，即肥力下降。因此，降雨随地表径流流失导致土壤肥力下降，实施水土保持措施可增加土壤含水量，提高土壤肥力，使作物增产。

三、作物增产效益

在水土保持建设的同时，要求对建设成效进行评价，除水土保持效益外，还要评价作物增产效益。在作物增产效益中，起主要作用的是水土保持工程措施和水土保持耕作措施，如改垄、梯田、地埂等设施的修建，对于坡耕地的作物增产起到重要作用。由于东北黑土区水土保持建设多以小流域为单元，小流域地形多变，在治理过程中难以找到未治理的对照区对作物增产效益开展横向比较。由于缺乏治理前地块作物产量历史数据，又难以用时间序列开展作物产量对比。因此，各水土保持项目区多采取部分观测、调查加估算的方法，水土保持作物增产的结果缺乏可信性。近些年来，为服务于水土保持建设，解决东北黑土区水土保持效益评价明显滞后于治理、评价不科学的问题，各科研院所及大学开展了一些探讨性研究，取得了初步结果。

实施水土保持措施下大豆产量与示范区（面积为 22 km^2）平均产量比较，采用单项水土保持措施，作物显著增产，尤其是在 2009 年。水土保持措施展示田平均产量为 1950 kg/hm^2，较试区平均单产增产 16.1%，较示范田增产 65%，而雨水较好的 2008 年最高增产仅为 30%。

梯田由于间隔修建了田埂，横坡垄作，有效地遏止了水土流失，加之地处高位，横向较小坡降的存在，已成为旱涝稳产田。如图 10-12 所示，全坡位平均产量为 1680 kg/hm^2，较试区平均单产增产 20.5%。在可控的前提下，通过调控生长季作物的水热因子，同时增加作物化学调控，可显著提高大豆产量，超高产展示田平均产量为 4080 kg/hm^2。

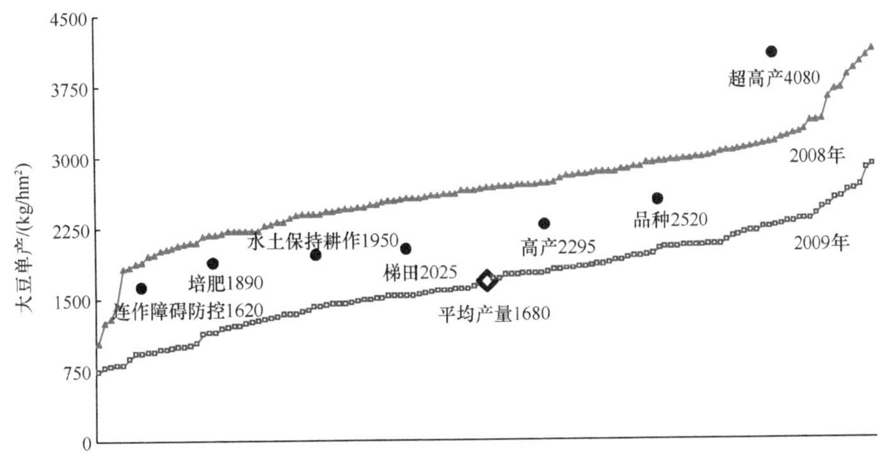

图 10-12　区域尺度水土保持措施的增产作用（黑龙江省海伦市）

下面分别就水土保持工程措施和水土保持耕作措施的作物增产效益进行阐述。

（一）水土保持工程措施作物增产效益的评价

水土保持工程措施作物增产效益评价主要以黑龙江省拜泉县为例，拜泉县是东北黑土区水土保持建设的楷模，以建设时间长、不间断、建设标准高、治理面积大、效果显著而闻名国内外，具有典型代表意义，经过多年的实践，总结出黑土坡耕地不同水土保持工程措施对作物的增产效果：改垄增产约 10%，地埂植物带作物增产 15%，梯田增产 25%。

与顺坡耕作相比，改垄耕作 1.5°～3°坡耕地地块粮食生产能力以每年 45 kg/hm^2 的速度递增，3°～5°的地梗植物带粮食生产能力以每年 54 kg/hm^2 的速度递增，5°～7°水平梯田粮食生产能力以每年 75 kg/hm^2 的速度递增，并被业界所认同。

2005 年拜泉县粮豆薯总产达 6.37 亿 kg，比 1985 年提高了 54%，其中就有水土保持建设的作用。以拜泉县通双小流域为例，梯田比坡耕地单位面积增产 36.6%，全流域 10 700 亩[①]梯田，平均单位面积增产 300 kg，共增产 321 万 kg（表 10-5）。

表 10-5　梯田与坡耕地产量比较

年份	作物	梯田/（kg/hm^2）	坡耕地/（kg/hm^2）	增产/（kg/hm^2）	增产/%
1980	高粱	7004	4403	2601	59.1
1981	玉米	6263	4404	1859	42.2
1982	谷子	4020	2955	1065	36.0
1983	大豆	5903	4802	1101	22.9
1984	高粱	4842	4133	710	17.2
1985	玉米	7545	5340	2205	41.3
平均		5930	4340	1590	36.6

中国科学院东北地理与农业生态研究所以黑龙江省拜泉县相邻的海伦市粮食单产为对照，对水保成效进行了分析。两县（市）为东西毗邻县，均处在典型黑土侵蚀区的核心，拜泉县近 30 年将 70%耕地实施了水土保持措施，使坡耕地水土流失得以有效遏止。海伦市尽管地形起伏较拜泉县略小，但也是典型黑土带上水土流失严重的县市之一，多为传统顺坡垄作。该市虽然对水土流失进行了一定治理，但以小流域为主，对坡耕地基本未采取有效的水土保持措施。

1950～1970 年，拜泉县粮食单产以最低单产为对照，波动幅度为 72.4%，而海伦市粮食单产以最低单产为对照，波动幅度仅为 20.4%。这两个数据说明，新中国成立后 20 年间拜泉县的水土流失已严重影响拜泉县的粮食生产，造成粮食波动较大；1985～2004 年，拜泉县粮食单产以最低单产为对照，波动幅度为 54.1%，而海伦市粮食单产以最低单产为对照，波动幅度高达 192.9%（图 10-13）。该数据充分反映出拜泉县的水土保持成效。拜泉县由于实施水土保持工程，坡耕地抵御自然灾害的能力显著提高，尽管近 20 年出现了大旱大涝之年，但粮食单产最高和最低波动幅度仅为 50%左右，表明水土保持对粮食稳产和增产的作用是显著的，对粮食增产作用至少为 10%。

---

① 1 亩≈666.7 m^2

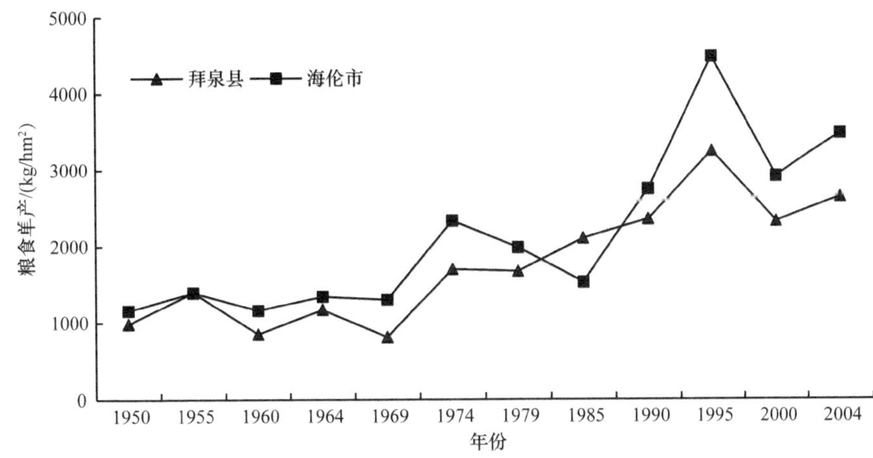

图 10-13　拜泉县和海伦市粮食单产波动比较

（二）水土保持耕作措施作物增产效益的评价

1. 田间对比试验

坡耕地水土保持耕作措施并不改变原有的垄向等，因此可设田间对比试验。中国科学院东北地理与农业生态研究所在承担“十一五”国家科技支撑计划课题“侵蚀黑土农田保水保肥关键技术及生态修复技术试验示范”时，在黑龙江省海伦市光荣小流域开展了水土保持技术的试验示范，并对作物产量进行对比研究。通过 2009～2011 年测产调查发现，6°横坡种植比顺坡垄作种植大豆增产 331 kg/hm^2，辅以深松则增产 515 kg/hm^2，分别增产 14.2%和 20.1%。深松表现增产幅度大，并且坡度越大增产效果越好（表 10-6）。主要原因是深松可以储存更多降水，供给作物吸收利用。

表 10-6　坡向对作物产量的影响　　（单位：kg/hm^2）

坡向	2°			4°			6°		
	深松	无深松	深松增产	深松	无深松	深松增产	深松	无深松	深松增产
横坡	9063*	8807*	2.9%	2336	2208	5.8%	3074	2664	15.4%
顺坡	2148	2099	2.3%	9426*	9128*	3.3%	2559	2333	9.7%
横坡比顺坡增产	—	—	—	—	—	—	20.1%	14.2%	

注：*为玉米产量，其余为大豆产量

多数坡度（2°、4°）不同规格的垄向区田处理对作物产量都有一定的增产趋势，4°顺坡垄向区田增产 3.1%～7.3%，0.7 m 区田+垄沟深松比无区田无深松处理增产 9.3%（图 10-14）。

开展传统 70 cm 垄和新型 130 cm 大垄水土流失监测，收获时测定大垄密植、大垄密植覆膜、传统垄作的作物产量。利用大型农机具作业的抗旱保墒节水土壤耕作技术播种的 392 亩水保大垄密植大豆单产达到 3222 kg/hm^2，比对照 2501 kg/hm^2 增产 28.8%；采取大垄密植覆膜综合调控技术，单产最高达到 3705 kg/hm^2，比对照 2501 kg/hm^2 增产 48.1%，比大垄密植 3075 kg/hm^2 增产 20.5%（表 10-7）。

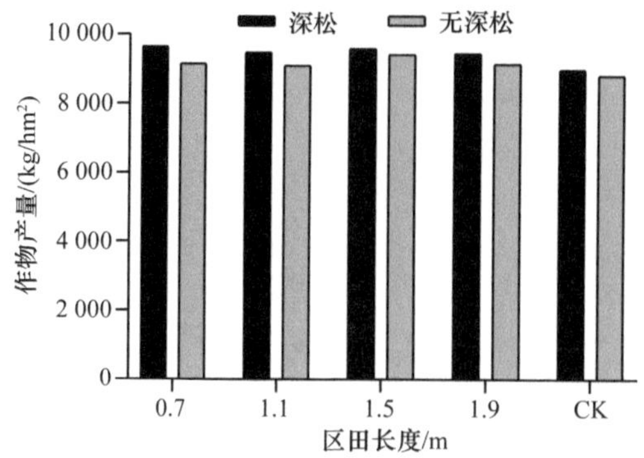

图 10-14　垄向区田对作物产量的影响

表 10-7　大垄密植技术产量

品种（系）	品种来源	示范面积/亩	栽培措施	产量/（kg/hm^2）
合农 60	黑龙江省农业科学院合江农业科学研究所	2	大垄密植覆膜	3327
		2	大垄密植	3075
黑河 38	黑龙江省农业科学院黑河农业科学研究所	2	大垄密植	3032
绥农 26	黑龙江省农业科学院绥化农业科学研究所	8	大垄密植覆膜	3705
		120	大垄密植	3077
东生 1	中国科学院东北地理与农业生态研究所	258	大垄密植	3116

利用移动径流观测装置对坡度为 4.5°的秸秆粉碎还田（作物为玉米）地块和同坡度同种作物的对照地块进行观测的结果显示，秸秆粉碎还田与秸秆覆盖还田测产（7410 kg/hm^2）平均比对照（6590 kg/hm^2）增加产量 12.4%。

2. 标准径流小区试验

标准径流小区虽然主要用于水土流失监测，同时也开展不同水土保持措施下的土壤、作物等研究。水利部全国水土流失公告项目 30 个重点小流域黑龙江省海伦市光荣小流域坡面场 4 年的试验结果表明（表 10-8），在 5°的黑土坡耕地上，横坡垄作效果稳定，增产效果好，大豆平均增产 9.4%，玉米平均增产 7.7%。而美国针对遏止黑土地水土流失研发并广泛应用的免耕技术，在黑土区中北部冷凉区域虽然水土保持效果极佳，

表 10-8　标准径流小区水土保持措施的增产作用

作物	年份	传统垄作	横坡垄作		免耕		少耕	
		产量/（kg/hm^2）	产量/（kg/hm^2）	较传统垄作增加/%	产量/（kg/hm^2）	较传统垄作增加/%	产量/（kg/hm^2）	较传统垄作增加/%
大豆	2008	2527	2833	12.1	2847	12.7	2504	−0.91
	2010	2956	3155	6.73	3393	14.8	3145	6.39
玉米	2009	8096	9283	14.7	6822	−15.7	8008	−1.09
	2011	8635	8703	0.79	8815	2.08	8326	−3.58

大豆平均增产 13.8%，但玉米却减产 6.8%。以苗期垄沟深松为主体技术的少耕，水土保持效果中等，对作物增产作用不显著。

该结果说明，在东北黑土区如实施等高垄作，不但可有效遏止水土流失，同时还有很好的增产作用。在大豆种植面积 70%以上的黑土区的北部冷凉区域实施免耕，可遏止水土流失，还可增加大豆产量，但不适用于玉米。

四、生态恢复效益

水土流失对坡面生态环境的破坏主要表现为涵养水源功能变差、蚕食土地资源、耕地数量和质量双重下降、土地生产力下降、损坏和减少生物资源等。东北黑土区水土流失对生态的主要表现为涵养水源功能下降，是造成 1998 年嫩江和松花江发大水的主要原因之一；此外，低山区山体光秃难以恢复，耕地质量下降，作物减产，约有 10%的坡耕地呈现“破皮黄”，沦为低产田。

（一）山区坡面植被恢复效益

辽宁西部和内蒙古东四盟的低山区，很多山体森林被砍伐殆尽，只剩下薄薄的草皮覆盖或岩石裸露，山体严重干旱，直接植树难以成活。地方水土保持工作者和广大农民探索出了一套有效的植被恢复措施。

首先沿山体等高挖鱼鳞坑，挖出的沙石在鱼鳞坑的下游修筑石埂，降雨全部汇集到鱼鳞坑中，雨水进入鱼鳞坑的同时，洗刷碎石和土壤，淤积在鱼鳞坑中，实施层层拦蓄雨水，并集中泥土于鱼鳞坑中。其次在石埂上栽植当地耐瘠薄、干旱的柠条，遮挡阳光，减少蒸发，促进植被演替。最后修筑刺线围栏，全面封育，禁止牛、羊啃食，2～3 年后在鱼鳞坑中栽植松树，全面恢复植被。

实践表明，柠条当年成活，5 年后柠条高度达 1 m 以上，地埂全部被柠条郁闭，埂间长满杂草，鱼鳞坑中的松树成活率达 70%以上，山体换绿装，生机盎然，植被正向演替，生物多样性稳步增加。充分证明人既是生态环境的破坏者，也是生态环境的修复者，可加速生态恢复。

（二）低山丘陵区坡面植被恢复效益

在长白山、小兴安岭和完达山等低山丘陵区部分山体森林被过度砍伐，加之牛、羊啃食，植被严重破坏，水土流失加剧，土层变薄，沟壑增多。由于该区域降雨较多，土壤水分状况较好，土层厚度也要好于西部山区，尽管生态遭到了严重破坏，但自然恢复能力较强，采取封禁后，可以直接人工造林，当年就可被杂草全部覆盖，植被向正向演替，面蚀得以有效遏止，治理成本低，效果显著。

以黑龙江省宾县东方小流域为例，流域水土流失面积为 1308.7 hm^2，占总面积的 70%，生态严重退化坡荒地为 320 hm^2。在整体规划的指导下，开展了以生态恢复为主的综合治理，取得了显著的成绩。治理后的东方小流域，农林牧副渔结构得以重新调整，耕地所占的比例由原来的 47.8%调整为 35%，林地（包括经济林、用材林、水保林、薪炭林）由原来的 33%调整为 50%，其他用地除居住用地、水域和交通道路用地外全部为草地。

坡荒地沿草地—灌木—乔木的恢复路线，农坡耕地采取梯田、横坡等高条带种植、秸秆还田覆盖、增加生物隔离带和农田防护林的模式。在确保生态恢复的前提下，尽可能地组装效益较高、短期和长期经济效益兼顾的生态单元，在较小的资金投入下，获得较高的生态效益、经济效益和社会效益。

（三）漫川漫岗区坡面植被恢复效益

东北漫川漫岗黑土区主要为农区，黑土地大部分被开垦为农田，垦殖率在 70%以上，土地利用主要为农田、村屯、道路和农田防护林、沟壑废弃地等。原始植被破坏殆尽，自然环境发生了改观，农田存在着季节性裸露，风蚀、水蚀加剧，土壤质量严重下降。本区域的生态恢复，难以改变农业的主导地位，主要以坡耕地农田防护林和水保林建设改变生态环境，提高农田生态系统的生产力和抵御自然灾害的能力。

以拜泉县为例，随着人口的急剧增长，人类干预自然的能力不断提高和生态保护意识越来越淡薄，盲目、掠夺式的毁林开荒愈演愈烈，使坡面植被遭到严重破坏，拜泉县曾是东北黑土区坡面水土流失最为严重的县之一。20 世纪 70 年代末，全县森林覆盖率已下降到 3.7%，约有 97.4%的土地发生了水土流失，中度侵蚀面积为 2257.4 km^2，占流失面积的 64.4%。水土流失造成地表植被破坏，生态环境恶性循环，自然灾害频繁发生，其中风蚀和水蚀成为该县最严峻的生态问题，严重影响了县域经济发展和生态环境质量，农民生活困难，生存质量低下，被列入全国重点贫困县。

经过 40 多年的生态恢复与重建，到 2005 年县域生态环境得到了根本改善。全县累计完成水土流失治理面积 460 万亩，占应治理面积的 85%，工程完好率达 90%以上。其中，种植植物防冲带 90 200 hm^2，营造水保林 51 067 hm^2，营造农田防护林网格 10 000 余个。全县共营造人工林 123 万亩，森林覆被率由 3.7%提高到 22.8%，活立木蓄积量为 549 万 m^3，500 m×500 m 的农田防护林网格 10 629 个。各项水土保持措施相得益彰，群体防护作用突出，并取得了显著的生态、经济和社会效益。

第十一章　黑土沟道侵蚀防控措施与修复模式

东北黑土区侵蚀沟发生、发展，造成耕地切割和蚕食，土地生产力下降，水土资源和生态环境破坏；造成河床淤积，河道行洪能力降低；对“东北粮仓”乃至全国粮食安全构成严重威胁，制约了东北经济社会的可持续发展。因此开展侵蚀沟治理，有利于解决以下问题。

（1）保护黑土地资源，保障国家粮食安全

东北黑土区粮食生产在全国占有举足轻重的地位，每年向国家提供的商品粮占全国商品粮的 1/3 左右，其中仅黑龙江农垦系统每年生产的商品粮，可以解决北京、天津、上海三大直辖市和解放军陆海空三军全年的口粮。然而由于侵蚀沟的危害，每年损失粮食达 287 万 t。为了保证国家粮食生产安全和可持续发展，必须尽快实施东北黑土区侵蚀沟治理。

（2）改善东北黑土区农村生产生活条件

侵蚀沟是坡面沟蚀发生、发育的最终形态，通过沟底下切、沟岸扩张、沟头前进等形式不断切割地面，使得地面支离破碎、起伏不平、沟壑发育。侵蚀沟淤积和埋压耕地，毁坏农业配套设施，加剧水旱自然灾害，恶化当地人居环境，一些村（屯）周边的侵蚀沟甚至威胁到群众的生命财产安全。通过侵蚀沟治理，有利于控制沟道下切，许多快速发展的侵蚀沟通过治理变为稳定的可再利用的土地，既增加了耕地数量，又改善了群众生产生活条件。

（3）提高防洪减灾能力，保护生态环境

侵蚀沟是东北黑土区水土流失的主要来源地，也是泥沙进入江河水库的主要通道。大量泥沙通过侵蚀沟进入水库、河道，造成水库、河道严重淤积，影响其正常运行，同时也给流域防洪带来极大的隐患。开展侵蚀沟治理，对减少泥沙淤积、提高防洪减灾能力、保护生态环境具有重要意义。

（4）增加农民收入，保障经济社会健康发展

侵蚀沟造成耕地减少，道路破坏，直接影响农民的经济收入，影响国家“三农”政策的推进，阻碍社会经济的发展。侵蚀沟治理既能改善农业生产条件，又能解决交通困难，还能增加农村劳动力就业机会，帮助农户致富。加快侵蚀沟治理，有利于促进农业生产、增加农民收入、推动地方经济发展。

（5）夯实东北黑土区水土保持工作基础

东北黑土区尽管经过十几年规模治理，但是由于投资标准较低等，在治理过程中，往往重视坡面治理，而侵蚀沟治理比例较低或者等待下一步治理，未能达到坡面侵蚀和沟道侵蚀兼治的实际需要，开展侵蚀沟治理是完善东北黑土区水土流失治理体系的需要。

2003 年水利部启动实施了东北黑土区水土流失综合防治试点工程，标志着国家层面大规模治理东北黑土区侵蚀沟的开端。2008 年、2011 年与 2014 年分别启动农发工程一

期、二期、三期。截至 2016 年底，累计完成水土流失治理面积 2.2 万 km^2。2016 年又启动了侵蚀沟治理专项工程。历年的水土流失治理工程为水土流失技术的积累提供了宝贵的实践经验。本章归纳了东北黑土区侵蚀沟治理的基本原则、已有措施和组合模式，并对治理成效、典型案例与存在的部分问题进行总结，以期为东北黑土区侵蚀沟治理提供一定的技术支撑。

第一节　黑土沟道侵蚀治理目标与原则

一、治理目标

（一）治理方向

针对东北侵蚀沟分布广泛、数量众多、类型复杂、发展速度快，且广泛分布于坡耕地和村（屯）农田道路周边的特点，鉴于沟道不断扩张吞噬农田，阻断交通，破坏土地完整性并降低机耕效率，诱发环境地质灾害，严重影响农业生产并威胁群众生命财产安全等问题，开展与当地自然条件相适应、与经济社会可持续发展相协调的侵蚀沟生态治理，实现耕地资源的可持续利用与生态环境的可持续发展，保障国家粮食安全和生态安全。

（二）治理重点

以保护黑土资源、保障国家粮食安全为目标，增加农户收益，对低山丘陵和漫川漫岗区粮食主产区耕地中的发展型中、小侵蚀沟进行重点治理。以保护水源地、维护生态屏障为目的，对山地丘陵区、山前台地耕地中的侵蚀沟通过预防与治理相结合的方式进行综合防治。

（三）具体目标

治理后的侵蚀沟不再发展，沟头停止挺进，沟底不再下切，并通过谷坊或修整，沟底抬升，沟壁不再坍塌，侵蚀沟被植被完全封育。治理后的侵蚀沟仍具有导排水功能，被林草所覆盖，抵御水土流失功能显著增强，对农田、道路、村（屯）危害基本被遏止，生态景观显著改善。

二、治理原则

（一）科学布设，注重实效

以稳固沟道、恢复生态为目标，科学选取治理模式，布设治理措施，治理后措施完好率达 90%以上，侵蚀沟不再发展，沟底淤积抬升，植被逐渐恢复。

（二）因地制宜，就地取材

无论是治理模式还是单项治理措施，均不是一成不变的，依据治理侵蚀沟所在的立地条件和沟道本身特征，选用当地易采集、资源丰富的材料，设置适当措施方式，构建治理模式。

（三）粮食为主，结合生态保护

以保护耕地、服务农业可持续发展为优先选项，对耕地中小型沟或支毛沟能够复垦的尽量复垦，与农田道路交汇的侵蚀沟修筑桥涵或过水路面谷坊，遏止大中型侵蚀沟发展毁地。

（四）厉行节俭，注重效益

在同等防护作用情况下，优先选取造价低的措施，注重经济单元的选配，治理的同时获取经济收益，使农民增收。

（五）恢复生态，改善民生

优先开展危害农民生产、生活乃至生命财产村（屯）附近的侵蚀沟治理，恢复生态景观，服务乡村振兴。优先选取已开展坡面治理，且当地政府和农民积极性较高的区域开展侵蚀沟治理。

三、防治策略

对稳定性侵蚀沟采取生态自然修复为主，辅以开发利用；发展型侵蚀沟采取治理为主，预防和治理相结合的综合防治策略。耕地中的发展型侵蚀沟为治理重中之重，以治理为主，预防和治理相结合；林草地及其他用地中的发展型侵蚀沟以预防为主，预防与治理相结合。即防治策略因区域不同而异。

（一）以治理为主，预防和治理相结合

适合丘陵、漫川漫岗区，以耕地中的发展型侵蚀沟为主的粮食主产区，主要包括东北漫川漫岗土壤保持区、大兴安岭东南低山丘陵土壤保持区和辽宁西部丘陵保土拦沙区。主要采取工程和植物措施相结合的办法进行防治。在拦截、引导坡耕地上游坡面来水来沙综合治理的基础上，以坡耕地上的侵蚀沟防治为重点，兼顾疏林地和草地。

防治模式：在侵蚀沟发育初期采取垡带措施，正在发育扩张的侵蚀沟采取沟头修建跌水、沟头防护，沟底建谷坊，沟坡削坡插柳、育林封沟，控制沟道下切和两岸扩张，实现顺水保土（图 11-1）。

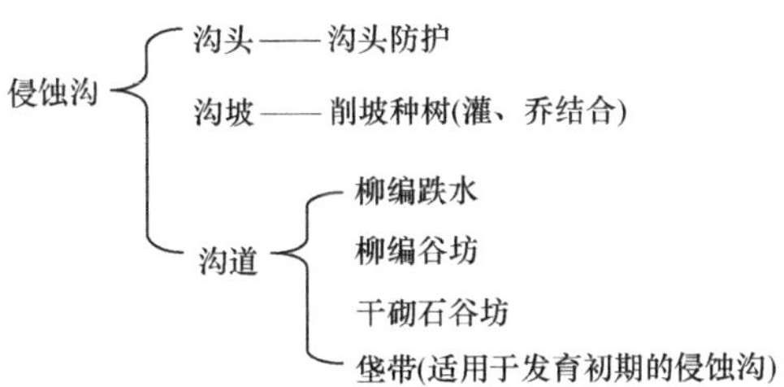

图 11-1 侵蚀沟治理的生物措施原则

（二）治理和预防并重

适合山地丘陵区，区域森林植被较好，以耕地和林地中的发展型侵蚀沟为主的地区，主要包括长白山山地水源涵养减灾区、长白山山地丘陵水质维护保土区。本区应加强天然林保护，对于林地上的侵蚀沟以自然修复为主，促进自然稳定；对于坡耕地上的侵蚀沟防治，以沟坡和沟谷治理为重点。

防治模式：在减缓径流的基础上进行沟头防护和谷坊建设，配合植物封沟，稳定沟头，防止沟底下切和沟岸扩张，同时建设水源工程，发展灌溉及养殖业，提高经济效益（图 11-2）。

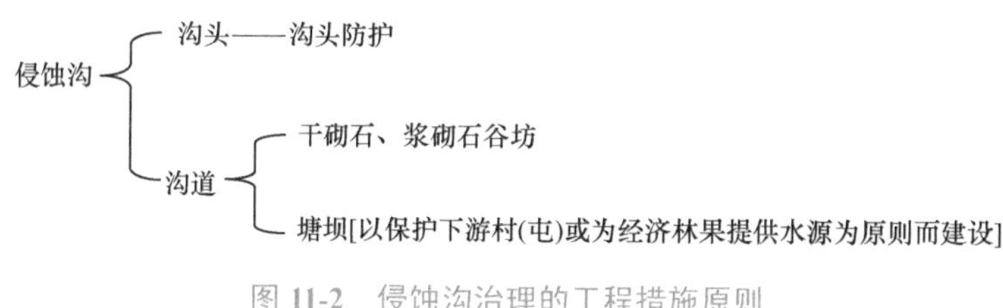

图 11-2　侵蚀沟治理的工程措施原则

（三）以预防为主，治理和预防相结合

适合山地丘陵区、平原区沟壑密度相对较低，区域森林植被较好，沟蚀危害较轻的地区，主要包括小兴安岭山地丘陵生态维护保土区、呼伦贝尔高原丘陵防沙生态维护区、三江平原-兴凯湖生态维护农田防护区。

防治模式：本区应以预防为主，对于林地上的侵蚀沟以自然修复为主，加强上游植被保护，加强坡面排水入渗，林区道路及采伐区集材道两侧侵蚀沟通过人工植被补植，抑制沟道发展。对于坡耕地上的侵蚀沟在防治上游来水的基础上建立侵蚀沟防治体系，沟头采取排水型沟头防护，沟底采取谷坊等工程，控制沟底下切，沟坡整地造林。

（四）以生态自然修复为主，辅以开发利用

适合山地林区、丘陵平原居住区、平原风沙区侵蚀沟数量少，沟蚀危害不严重的地区，主要包括辽东半岛人居环境维护减灾区、辽河平原人居环境维护农田防护区、松辽平原防沙农田防护区和大兴安岭山地水源涵养生态维护区。

防治模式：本区应以生态自然修复为主，强化监督管理，限制资源开发，并辅以适当治理和利用。对于林草地通过封禁、补植、撒种草籽等手段增加林草植被覆盖度；对于耕地中的侵蚀沟以沟底和沟坡治理为主，进行整地，修建果树台田。

第二节　黑土沟道侵蚀治理措施

沟道侵蚀治理措施包括沟头防护措施、沟头跌水措施、沟底稳固措施、护岸措施和植被恢复措施。

一、治理措施选取原则

选择措施时应遵循以下 4 个原则。

种类的选取：应根据侵蚀沟所在的立地条件、沟道自身特征以及所在地的材料资源选取。

结构的确定：注重治理实效，科学确定单项措施的结构。

规格的确定：依据洪峰股流量、措施所布设位置的沟道特征以及治理成效设定。

整体性：全沟道整体布设，不留死角。

二、沟头防护措施

沟头防护措施是在侵蚀沟沟头外围布设的，其作用为拦截上方汇水并引导回流沿侵蚀沟外缘排出，减少上方汇水对侵蚀沟沟头的直接冲刷，包括环沟埂和导流埂。

（一）环沟埂

环沟埂是沿沟岸环形修筑的拦截土埂，如 GB 51018 中 14.3 的“沟埂”，SL 446 中 5.3.2 的“封沟埂”，GB/T 16453.3 中 3.1.4 的“沟边埂”（图 11-3）。

图 11-3　环沟埂

a. 远景；b. 局部

结构：环梯形土埂+竹节沟。沿沟岸线修筑，外侧挖沟取土置于沟岸线外侧约 1 m 处，埂高 0.5～1.0 m，顶宽 0.5～1.5 m，内外坎比约 1∶1。竹节沟深 0.3～0.5 m，长、宽依据所在沟岸可利用土地资源和筑埂所需土量而定，环沟埂在主沟头和支沟头处留口，与跌水相连。

建材：就地取沟岸的土壤，修筑后春季埂上栽植沙棘、紫穗槐、胡枝子等护埂灌木。

功能：坡面来水不仅集中于沟头，在沟岸常有多处径流分散进入沟道，围绕沟边修筑的环形埂，阻止坡面随意进入沟道，阻止沟道分支，按人为设置的通道经跌水导入沟中。

适用性：大中型侵蚀沟。

辅助说明：依据沟道自然状况，在沟岸中上部落差较大处留出分支跌水口，避免由于修筑环形埂部分汇水不能进入沟道，在外侧再次成沟。

（二）导流埂

导流埂是修筑于跌水上端将坡面汇流导向跌水的挡水墙。

结构：跌水上端沿沟岸向两侧修筑挡水墙，中部留口，与收集口相连。土质埂规格同“环沟埂”，条件允许则修浆砌石墙体，高≥0.5 m，宽≥0.3 m，地基深 0.5 m，长度依地势而定，同时利用机械修整埂前地势，使得径流导向收集口（图 11-4）。

图 11-4　导流埂

建材：就地取沟岸的土壤，修筑后春季埂上栽植沙棘、紫穗槐、胡枝子等护埂灌木，并辅助采取浆砌石、石块、水泥和沙等。

功能：通过导流埂将坡面径流汇集导向跌水收集口，较小范围内有多个沟头水，通过导流埂全部汇集一处，只需修筑一跌水。

适用性：大中型侵蚀沟主沟头。

辅助说明：导流埂是沟头跌水的辅助设施，可减少沟头跌水数量，降低成本，常被忽视，应被列为侵蚀沟治理不可缺少的措施。

三、沟头跌水措施

跌水是修筑于沟头将汇流导入沟底从而阻止沟头发展的工程措施，目前东北黑土区有 10 种类型的沟头跌水，包括弧形钢筋混凝土跌水、弧形集流槽+导流槽浆砌石跌水、中型浆砌石跌水、大型浆砌石跌水、弧形钢筋混凝土大型跌水、槽型钢筋混凝土跌水、小型石笼跌水、中型石笼跌水、大型石笼跌水和浆砌石谷坊辅助跌水。

（一）弧形钢筋混凝土跌水

利用混凝土在沟头修筑的半圆弧形导流槽。

结构：弧形凹槽，上下两端趋于平缓，20 cm 厚钢筋混凝土，比降< 45%，宽度约为 2 m。削坡平整压实后，铺设 20 cm 沙石垫层，然后在其上浇筑弧形混凝土，槽体两侧边缘的土壤压实，呈自然坡度，并栽植灌木护坡（图 11-5）。

图 11-5　钢筋混凝土跌水

建材：沙、碎石、水泥、钢筋等。

功能：将坡面汇流通过弧形导流槽导入沟底，起到稳固沟头的作用。

适用性：上游来水量较小的小型侵蚀沟、路边沟、林边沟等。

辅助说明：属于一级直排式跌水，结构简单，易实施，由于是一体浇筑，内衬钢筋，虽然受冻胀，略上下起伏，但不易产生裂缝损毁，效果较好，消力作用略显不足。

（二）弧形集流槽+导流槽浆砌石跌水

由弧形汇水槽和斜坡式导流槽及海漫组成的二级沟头跌水。

结构：由 2/3 圆弧形汇水槽+方形斜坡导流槽+环坡海漫组成。圆弧形汇水槽由浆砌石斜坡式修筑，厚约 40 cm，高约 1.5 m，墙体倾角为 50°～75°，上与地表平，用 2 cm 水泥压盖；方形斜坡导流槽也由浆砌石修筑，宽与圆弧形汇水槽底宽相同，厚 20 cm，下铺 20 cm 沙石垫层，两侧修筑高 30～50 cm 耳墙，比降 15%～30%；底端与沟底浆砌石海漫相连。

建材：石块、水泥、沙、碎石。

功能：将坡面汇流通过二级跌水后导入沟底，起到稳固沟头的作用。

适用性：坡面来水较大的中小型沟的沟头防护。

辅助说明：在不修筑沟头导水墙的情况下，汇集沟头来水面广，消力功能较强。修筑时应注意石头码放整齐，石缝密实，压盖水泥要达到高标号，不开裂。

（三）中型浆砌石跌水

一种应用于中型侵蚀沟沟头跌水，坡面汇水先进入汇水槽后由挡墙直立式跌入沟底的消力池。

结构：由汇水槽、挡墙、带护岸的消力池组成，汇水槽为弧形，与基准水平面向下倾斜比降不高于 10%，由小石块和水泥浇筑，厚 20 cm，宽与沟头处沟宽相同；汇水槽沟侧筑浆砌石坝体，地基 1.5 m，外露坝体高不超过 3 m，厚 50 cm，上留倒梯形宽口；消力池由两侧沿沟壁修筑的护墙和沟底方形池组成，墙体厚度不小于 30 cm（图 11-6）。

图 11-6　中型（a）与大型（b）浆砌石跌水

建材：石块、水泥、沙、碎石。

功能：坡面来水先汇集于上端汇水槽中，再沿坝体跌落于消力池中，导入沟底，起到稳固沟头的作用。

适用性：坡面来水较大的中型侵蚀沟的沟头防护。

辅助说明：虽然属于一级直落式跌水，但前段汇水槽和消力池均起到一定的消能作用。本措施地基对防冻胀至关重要，需修筑到冻土层下，否则冻胀造成墙体裂缝，会损毁设施。

（四）大型浆砌石跌水

为满足大流量的汇水而修筑的大型沟头跌水。

结构：由长而缓的导水渠、垂直墙体和消力池组成，全部由浆砌石修筑，导水渠在沟头削坡后修筑，“U”形槽槽体横断面尺寸以满足当地十年一遇 3 h 最大降雨为标准的径流量设计，槽体厚度为 30～50 cm，长度以比降 25%左右、由沟头到沟底的斜坡长为准，导水渠可为直线型，也可有一定弯曲；垂直墙体修筑于导水渠下端，高 1～2 m，上端与导水渠底持平，宽与导水渠相同，墙体厚 50 cm；消力池为紧连垂直墙体修筑，规格依照消力池规范。

建材：石块、沙、碎石、水泥。

功能：将坡面汇水导入一条或多条导水渠，然后垂直跌入设在沟底的消力池，再导入沟底，起到稳固沟头的作用。

适用性：沟头宽阔、水线较多、来水量大、比降较缓的大型侵蚀沟的沟头防护。

辅助说明：防护能力强，但成本较高，建议注重沟头导流埂的建设，并修整地面，将汇水全部由一条导水渠导入沟中，导水渠的尺寸由来水量确定。此外，导水渠下松软的地段可铺设钢筋混凝土底，增强稳固度。

（五）弧形钢筋混凝土大型跌水

一次性修筑的高强度混凝土跌水沟头防护措施。

结构：由混凝土和石笼组成的270°弧形跌水工程，阶梯形石笼护坡、石笼消力池。弧形主体墙由半圆加长方形组成，采用钢筋混凝土浇筑，地基深2 m，墙体厚50 cm，高5 m；墙体修筑高出地面0.5 m的耳墙，半圆形全部为钢筋石笼，两侧为间隔钢筋石笼；跌水内部设二级跌水消力池，墙体为钢筋混凝土，内部地面铺设石笼；紧连主体工程，修筑阶梯状石笼护岸，单层石笼宽1 m，厚1 m，长5 m（图11-7）。

图11-7　弧形钢筋混凝土大型跌水

建材：钢筋、水泥、沙、小砺石、石块、铁丝笼。

功能：汇集到沟头的径流可从270°范围内进入跌水，先经石笼过滤，淤积部分泥沙；径流经二级水平强消力后进入沟道底部。

适用性：汇流量大，沟头下切严重陡直，上端保护需求迫切的大型侵蚀沟的沟头防护。

辅助说明：本措施最大的优点是防护能力强，修筑后牢固，不被损坏，消力效果好，径流经过高度落差后平稳，对下游冲刷小。限制方面是工程量大，单体建设投资约30万元。

（六）槽型钢筋混凝土跌水

坡面汇水通过“U”形钢筋混凝土槽导入沟底的跌水措施。

结构：导水埂+挡土墙+钢筋混凝土槽+支撑地基+消力池。导水埂由浆砌石修筑于入口的两侧，长度依据将沟头来水全部导入跌水而定，高度1 m，地上、地下各0.5 m；挡土墙是修筑于跌水入口下的钢筋混凝土墙，长8 m，高2.8 m，厚0.3 m，其作用一是支撑钢筋混凝土导水槽，二是防止上端土体浸泡后径流由下端进入沟道，损毁沟头防护工程；钢筋混凝土槽比降为30%，宽1.5 m，两侧墙高1.2 m，厚0.3 m，其规格以能够将最大股流导入沟道不外溢为准；支撑地基是横向修筑于钢筋混凝土槽中下部的浆砌石支撑墙体，深 1.5 m，宽 2.0 m，厚 0.5 m；消力池为修筑于沟底，紧连钢筋混凝土槽的石笼海漫，宽 2 m，厚 0.3 m，长 4 m。

建材：钢筋、水泥、沙、小砺石、石块、铁丝笼。

功能：通过导流，能够将沟头前 180°范围的径流导入跌水；通过混凝土可将高流量、高冲刷力的股流导入沟底后消力，其沟头防护标准高，施工简单，造价较低。

适用性：土层深厚，雨水充足，汇水量大，来水急的大中型侵蚀沟。

辅助说明：主体工程导流槽由混凝土浇筑，且修筑防冻胀支撑墙，该跌水稳固性强，一经修筑，不易损毁；另外将汇流、导流、阻流、消力组合，防控效果好。

（七）小型石笼跌水

利用修筑的小型导水沟式沟头谷坊。

结构："S"形凹槽式，与沟头收集口和下端海漫一体修筑，石笼厚 0.3 m，下铺垫层，垫层上铺土工布，1 m×1 m 石笼网格，槽体宽和长依具体修筑位置而定，但坡度不宜超过 45°（图 11-8a）。

图 11-8 小型（a）与中型（b）石笼跌水

建材：块石、土工布、碎石、沙、铁丝网。

功能：沟头坡面汇水通过石笼跌水槽进入沟底，稳固沟头。

适用性：小型或上游来水较少的半稳定侵蚀沟。

辅助说明：用料少，结构简单，易修筑，造价低，但不适用于沟头来水大的防护。

（八）中型石笼跌水

为了疏导较大来水，用石笼修筑的多级跌水。

结构：阶梯式石笼、护墙和消力池。均由高 0.6 m，宽 0.6 m，长 0.8 m 的石笼网格组成（图 11-8b）。

建材：块石、土工布、碎石、沙、铁丝网格。

功能：沟头坡面汇水通过多级石笼墙体跌入沟底，并经海漫消力，稳固沟头。

适用性：上游来水较大的中型侵蚀沟。

辅助说明：尽管用料较多，但修筑相对简单，易施工，防护标准高，不易损毁，适用范围广。

（九）大型石笼跌水

为了满足汇水面和汇水量大而采用的石笼沟头防护措施。

结构：斜坡式环坡修筑，上有缓坡，下连海漫。石笼网格长、宽为 1 m×1 m 格笼，厚 0.4 m，下铺垫层 0.2 m，垫层上铺土工布，再铺塑料网。

建材：块石、土工布、碎石、沙、铁丝网。

功能：收集多方向来水，导入沟底。

适用性：大型宽沟头侵蚀沟。

辅助说明：尽管用料较多，工程量较大，需辅助沟头整形工程，但修筑相对简单，易施工，适用范围较小。

（十）浆砌石谷坊辅助跌水

沟头较深的侵蚀沟，需有谷坊辅助的沟头防护工程。

结构：由收集口、挡土墙、谷坊组成，收集口由浆砌石修筑，上面水泥封面，倒梯形，浆砌石厚 0.5 m，长、宽尺寸依据沟头具体情况而定；挡土墙是由浆砌石在沟头横向修筑的墙体，高度高于沟头线 0.5 m，厚 0.5 m，中间留溢流口；谷坊修筑于挡土墙下端，谷坊溢流口水平线高于其上挡土墙沟底水平线 1 m（图 11-9）。

图 11-9　浆砌石谷坊辅助跌水

建材：石块、水泥、沙。

功能：沟头跌水，导流，消能，谷坊淤积，抬升沟底，稳固跌水和沟头。

适用性：中小型侵蚀沟。

辅助说明：对于深沟头，采用此种方式可提高跌水稳固性。

四、沟底稳固措施

沟底稳固措施包括土谷坊、浆砌石谷坊、石笼谷坊、干砌石谷坊、桥涵谷坊、过水路面谷坊和植物谷坊。

（一）土石谷坊

就地取材，在沟底取土横向修筑的土谷坊。

结构：梯形坝体，上坎略较下坎陡。高宜取 1～3 m，顶宽宜取 0.5～1.5 m（图 11-10）。

图 11-10　土石谷坊

建材：沟底土、灌木。

功能：巩固并抬高沟床，阻止沟底下切，同时也稳定沟坡、阻止沟岸扩张，减小沟道侵蚀量，减缓并减少径流流失量。

适用性：股流量小的小型沟或半干旱区全坡面治理的中小型侵蚀沟。

辅助说明：是谷坊中施工简单、就地取材、造价低的沟底防护措施，但防护能力相对较弱，除拦土、导土谷坊外，其他土谷坊多以拦截径流和泥沙为主，不导排，谷坊修筑后需在上面栽植锦鸡儿、沙棘、胡枝子等保土植被。

（二）浆砌石谷坊

利用浆砌石横向修筑于沟底的谷坊。

结构：通常由梯形坝体、护岸墙、消力池组成，坝体高 2～5 m，谷坊坝体尺寸应根据谷坊所在沟位置的地形条件先确定坝体高度，再相应确定顶高、底宽、迎水坡比和背水坡比，可参照 GB/T 16453.3 中“4”执行；溢流口形状有倒梯形、矩形、阶梯形等，断面尺寸应满足洪峰流量，总体从沟头至沟底溢流口逐渐加大；护岸墙主要是修筑在坝体两侧、保护沟岸的浆砌石墙体，宜沿沟向在坝体与沟岸交汇处耳状修筑，墙体厚 0.3～0.5 m；消力池是修筑于坝体下方沟底的方形槽，浆砌石垫底（图 11-11）。

建材：块石、水泥、沙。

功能：拦截淤积泥沙，巩固并抬高沟床，阻止沟底下切，同时也稳定沟坡、阻止沟岸扩张，减小沟道侵蚀量，减缓并减少径流流失量，为植被恢复创造条件。

适用性：各种大小、各种立地条件下的侵蚀沟，需就近有石料资源。

图 11-11　浆砌石谷坊

辅助说明：浆砌石谷坊坝体不透水，阻挡水流，消力，有利于泥沙淤积，防护效果好，但易受冻胀损毁，现保存下来的浆砌石谷坊，迎水面已被淤平，沟道植被恢复，多修筑了地基，地基深 1.5 m，此外水泥标号高，石缝密实，水泥照面 20 年后仍坚硬，几乎无裂缝。故在东北黑土区如采用浆砌石作为治沟措施，必须打地基，地基深度不少于 1.5 m，坝体两侧应修筑护耳。

（三）石笼谷坊

利用石笼修筑谷坊的沟底防护措施。

结构：石笼谷坊总体与浆砌石谷坊结构相同，只是用石笼网格作为建筑形式，具体可分为单坝体、阶梯式、单消力池、双消力池、护墙和海漫等结构。石笼谷坊坝体高度不宜大于 5 m，顶宽宜取 1.0～1.5 m，迎水面陡，背水面缓。石笼由 0.6 m×0.6 m×0.8 m 网格相连组成，大石块在外，内用小石块填充，外露石缝控制在 2 cm，石笼铁丝网铁线 8～10 号，最好用防腐铁丝，网眼规格不宜过大，建议 12 cm×12 cm。护墙和海漫等只需单层铺设即可（图 11-12）。

图 11-12　石笼谷坊

建材：石块、石笼铁丝网格、沙、土工布。

功能：拦截淤积泥沙，巩固并抬高沟床，阻止沟底下切，同时也稳定沟坡、阻止沟岸扩张，减小沟道侵蚀量，减缓并减少径流流失量，为植被恢复创造条件。

适用性：各种大小、各种立地条件下的侵蚀沟，需就近有石料资源。

辅助说明：石笼谷坊主要是针对浆砌石谷坊坝体易受冻胀损毁的弊端，采用石笼网格填充石块而在沟底修筑谷坊措施，其具有一定的伸缩性，冻胀损伤显著降低，此外还有用材少、修筑简单、成本较低的优势。然而因其具有一定的通透性，拦截泥沙的作用较浆砌石谷坊差，水流易于在坝底或两侧形成水洞，损毁设施，尤其是在典型黑土区由于土壤深厚，土壤颗粒小，水分足，石笼防护效果较差，使用时应注意。修筑时应打地基，地基深 0.5 m，石笼谷坊至少需深入沟底地表 0.2 m，且与土接触面应铺设透水阻土的土工布。

（四）干砌石谷坊

用石块横向修筑于沟底具有拦排功能的坝体。

结构：梯形单坝体，带溢流口，迎水面陡，背水面缓，坝高一般不超过 2.5 m，坝顶宽 1.0～1.5 m，大石块码砌，平整外落面，内部用小石块填充（图 11-13）。

图 11-13　干砌石谷坊

建材：石块，最好有单体平面的石块。

功能：拦截泥沙，淤积抬升沟底，减缓径流，导排水，稳固沟底。

适用性：来水量较少的小型侵蚀沟或半干旱区侵蚀沟。

辅助说明：干砌石谷坊较土谷坊防控能力略强，较石笼谷坊弱，不但具有拦截功能，还具有一定的导排功能，施工更加简单，降低造价，但对石块码放要求较高，建筑质量决定成败，修筑在低山丘陵区砂质土地上的效果好于黏壤土。

（五）桥涵谷坊

将谷坊修成既具有拦截、导排作用，又具有桥通行功能。

结构：由桥、涵洞、谷坊护墙组成。按桥面宽度修筑双坝体，坝体中部顺沟向布设涵洞，双坝体间用泥土填充压实，桥表面与两侧沟岸面齐。坝体以钢筋混凝土浇筑，地基深 1.5 m，厚 0.4 m，宽为沟宽+1 m，高出地面 20 cm，作为桥面两侧护耳；在浇筑的同时，在双坝体中部顺沟向安置直径 1 m 金属螺纹涵管，螺纹涵管上部略与桥面相差 0.5 m；修筑后坝体中间用挖掘出的土壤填充压实；在桥涵谷坊迎水面和背水面分别修筑斜坡护岸墙，高度与沟岸线地面齐，厚 0.3 m，长 3～5 m，护岸墙可选浆砌石、石笼、水泥板（图 11-14）。

建材：沙、碎石、水泥、钢筋、石块、土工布。

图 11-14 桥涵谷坊

功能：谷坊功能，拦截淤积泥沙，护沟底；涵洞功能，消能后排水；桥的功能，人和机械横向通过侵蚀沟。

适用性：道路边、耕地边中型和小型侵蚀沟。

辅助说明：耕地中或耕地边的侵蚀沟的一个明显危害是机械不能通过，人难以进地，特别是侵蚀沟损毁的农田道路，在修筑谷坊的同时，有目的地间隔设置一些进地桥涵是非常受农民欢迎的，桥涵谷坊创建于黑龙江省垦区，现正在各地应用。

（六）过水路面谷坊

修筑于侵蚀沟和道路交汇处的下凹缓坡型水泥路面。

结构：下凹缓坡型混凝土路面+背水面沟底消力。混凝土路面与迎水面沟底齐，并向下修筑 0.3～0.5 m 混凝土挡水墙，混凝土斜坡修筑到两侧沟岸线处，混凝土下为不少于 0.2 m 的垫层；消力可为阶梯式浆砌石水泥照面，也可在背水面沟底修筑石笼或浆砌石海漫。

建材：碎石、沙、水泥、块石、石笼。

功能：保护道路，疏导水流。

适用性：中小型侵蚀沟与农田道路交汇处。

辅助说明：较桥涵谷坊修筑简单，造价低，应用较为普遍，受农民欢迎。

（七）植物谷坊

利用植物措施修建的具有谷坊作用的护沟底措施。

结构：主要以柳编或柳桩为主体。在多条等间距柳编中间填土或碎石块，柳编用木桩和木杆固定，用铁丝牵连，柳条 2～3 年生，插入土中 0.3～0.5 m，地上填土或碎石 0.5 m 左右，在高出填埋面 0.2 m 处剪断柳梢；柳桩谷坊则由横向 10 道以上柳桩组成，单个柳桩粗 3 cm 以上，柳桩间距小于 20 cm，每行柳桩间距 0.5 m，插入地下 0.5 m，地上留 1.0 m 左右（图 11-15）。

图 11-15　植物谷坊

建材：2～3 年生柳条、直径大于 3 cm 的柳干、木杆、碎石、铁丝。

功能：具有谷坊拦截和导排水功能。

适用性：水土资源较好的中小型侵蚀沟或沟道下端平缓、水土条件好的侵蚀沟。

辅助说明：利用植物资源修筑的活体谷坊，施工简单，造价低，是工程措施和植物措施的有机组合。

五、护岸措施

东北黑土区侵蚀沟在小流域的位置总体分为两类：一类是分布于坡面比降较大的大、中、小型侵蚀沟，为当前治理的重点；另一类是分布于小流域下游由坡面至小流域出口与河道相连的主干侵蚀沟，其相对平缓，沟道较宽，多弯曲。对后一类侵蚀沟的防治明显不同于前一类，以沟岸防护和土地整理为主。目前防护措施主要有护岸导水墙和护岸工程两类。

（一）护岸导水墙

护岸导水墙是在转弯处水流冲刷严重的沟岸处局部修筑的工程防护墙。

结构：多由单体墙面组成，修筑于冲刷严重的沟岸处，就坡岸形状修筑，可为直线型，也可呈弧形、陡直形、缓坡形，以不再被侵蚀为目标。墙体高度与沟岸高度齐，长度以冲刷面为准，墙体厚 0.3～0.5 m，下挖 0.3 m 修筑地基，建筑种类可分为浆砌石和石笼两类（图 11-16）。

建材：石块、沙、水泥、石笼铁丝网、土工布等。

图 11-16　护岸导水墙

功能：阻止水流冲刷，稳固沟岸，人为导流，沟道不再发展。

适用性：东北黑土区小流域下游主干沟防护。

辅助说明：由于该沟道比降较小，不需修筑谷坊等护底工程，只需对因冲刷扩张的沟岸进行保护，工程施工简单，易于操作。

（二）护岸工程

修筑于侵蚀沟道两侧沟岸边，保护沟岸的工程措施。

结构：多为单墙体结构，主要有浆砌石、石笼和柳桩 3 种。墙体高度最高不超过沟岸线，厚 0.3～0.5 m，长度依具体情况而定。在个别沟底比降较大的断面可贴于地表横向修筑坝体护底（图 11-17）。

图 11-17　铰接式生态砖护岸、柳桩石笼护岸

建材：石块、沙、水泥、石笼铁丝网、土工布、柳桩、柳条等。

功能：阻止水流冲刷，稳固沟岸；通过沟岸防护，人为修整规划沟道，可再造部分土地。

适用性：东北黑土区小流域下游主干沟防护和村（屯）居住区侵蚀沟。

辅助说明：这类侵蚀沟沟道整体稳定，沟底不再下切，但部分沟岸仍被冲蚀扩张，通过修建沟岸防护工程，整理规划沟道，在阻止沟岸扩张的同时，修整沟岸两侧土地，恢复生态，保障农村生产和生活。

六、植被恢复措施

东北黑土区侵蚀沟治理的总体原则是优先使用植物措施治沟，采用工程措施稳固沟道后，也应采用植物措施封育。故植物措施在侵蚀沟治理中起到重要的作用。主要包括连续柳桩、灌木封沟和乔木封沟。

（一）连续柳桩

沟道底部为径流汇集区，总体土壤水分状况较坡面好，为栽植植被创造了有利条件，黑龙江省拜泉县实施连续柳跌水已有几十年的经验，逐步在东北黑土区推广。

结构：从沟头向沟尾连续布设，也可根据土壤和水分状况分段布设，沟底采用连续柳跌水，依照 SL 446—2009 中“5.3.1”执行，但结构由等宽长方形调整为宽弧形，确保沟底汇水全部由柳跌水通过，木桩改为活体柳桩；两侧沟坡修整为 25°以下，间隔 0.5 m 插植直径不小于 2 cm 的柳桩，柳桩插入土中至少 30 cm，地上至少留 2 个芽位，柳桩顶端用于封闭，减少水分损失，柳桩按 50 cm 间距插植（图 11-18）。

图 11-18　柳封沟

建材：柳条、柳桩、土、油漆。

功能：进入沟道的地表径流全部通过植物水道，沟坡用柳桩封育。

适用性：土质较好且深厚，降水较为充足的耕地中或道路旁小型沟道或大中型侵蚀沟的小型支沟。

辅助说明：以“拜泉模式”为主体的植物治沟措施，可全沟段布设，也可局部布设，主体措施为柳桩，为 5 年以上的灌木柳，直径不小于 2 cm，收割后最好 3 天内插植，如不能及时插植，可埋在湿土中或浸在水中短期保存。柳干较柳条宜插植，宜存活，插植后生长快速，及时发挥防护作用。

（二）灌木封沟

全部栽植灌木治理，最终全沟道被低矮植被封育。

结构：对应发展的侵蚀沟需在削坡的基础上，布设灌木沟头跌水、沟中谷坊，选取的最佳植物为灌木柳，沟头自上至下横向插植柳编，柳编间距 0.2～0.4 m，沟底间隔 5～

10 m 修筑柳编谷坊，谷坊间可适当插柳；对于采用工程措施稳固淤积后的侵蚀沟，在沟岸、沟坡间隔 50 cm 栽植灌木。

建材：灌木柳、沙棘、柠条、榛子、胡枝子等。

功能：稳固侵蚀沟，恢复生态。

适用性：耕地中不宜栽植乔木的侵蚀沟。

辅助说明：在当前的耕地利用强度下，难以在耕地中或耕地边的侵蚀沟栽植高大乔木，固为遮阴造成临缘作物减产。

（三）乔木封沟

侵蚀沟被高大乔木全部覆盖，远看就是一片林。

结构：在沟岸、沟底栽植乔木，栽植密度较经济林密，宜 1.5 m×1.5 m；有条件的地方建议乔灌间隔种植，条带间距 1 m，乔木株距 1.5 m，灌木株距 0.5 m，栽植的灌木生长快速，能够快速封育地面，有利于治理前期的保护，乔木生长起来后，灌木可作为林下植被继续发挥作用；治理前有一定植被基础的，尽量保留，促进自然恢复（图 11-19）。

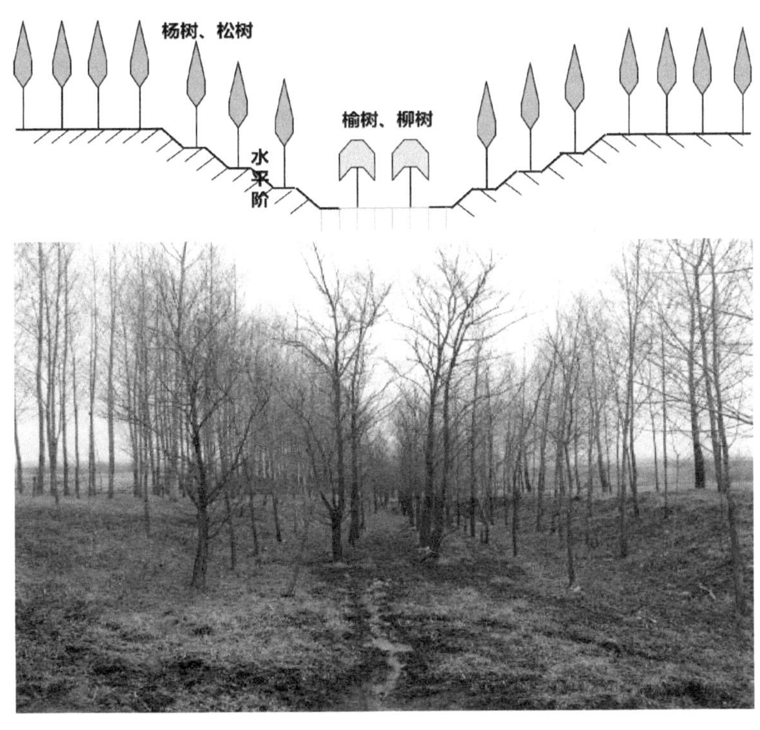

图 11-19　乔木封沟（上图为结构示意图，下图为乔木封育 10 年后）

建材：乔木柳、榆树、杨树、松树，辅助种植沙棘、锦鸡儿、胡枝子等灌木。

功能：恢复侵蚀沟植被，稳固沟道。

适用性：大中型稳定、半稳定或治理后的侵蚀沟。

辅助说明：植被恢复是侵蚀沟治理的终极目标，依据侵蚀沟立地条件，合理组装栽植乔木，乔灌混合，通过人工林建设，恢复生态。

第三节 黑土沟道侵蚀修复模式

侵蚀沟修复模式是多种治理措施的组合，主要包括石笼固沟模式、浆砌石固沟模式、干砌石固沟模式、土+灌木谷坊固沟模式、灌木封沟模式、乔木封沟模式、以连续柳跌水为主体的乔灌封沟模式、以工程为主以植物为辅治沟模式、以植物为主以工程为辅治沟模式、半干旱区沟坡一体化治沟模式、复式地埂沟坡一体化治沟模式、填埋复垦治沟模式、小流域主沟道治理模式、复合治沟模式、立体经济开发治沟模式和生态封育治沟模式。

一、石笼固沟模式

以石笼为主体工程措施治理侵蚀沟的模式，包括石笼沟头跌水和石笼谷坊，以及植被恢复措施，其优点是施工相对简单，可有效地抗冻胀，可应用于东北全区域。

（一）基本原则

①附近有石料来源；②治理的侵蚀沟处于发展状态，沟头挺进，沟底下切，沟岸坍塌；③主要包括沟头跌水和沟底谷坊两大主体工程措施；④所有沟头或沟岸来水均应通过跌水进入沟道，谷坊的规格应以其足以抵御上部冲刷和重力压力，以及冻胀破坏。

石笼沟头跌水与石笼谷坊的一般设计参考第二节中沟头防护措施与沟底稳固措施的基本原则。特殊要求如下。

1）石料为毛石或鹅卵石。

2）坝体高度：沟深小于 6 m 时，谷坊坝体溢流口距沟岸线垂直高度控制在 1 m 左右，即沟深减去 1 m；当沟深大于 6 m 时，谷坊高度修筑为 5 m；对于新发育陡坡小型侵蚀沟，沟深为 1 m 或不足 1 m，如需修筑谷坊，谷坊坝体溢流口距沟岸线垂直高度控制在 0.5 m 左右，建议此类侵蚀沟优先采取填埋复垦方式治理（参见下面介绍的填埋复垦治沟模式）。

3）坝体坡面：迎水面边坡宜取（1∶0.2）～（1∶0.5），背水面边坡宜取（1∶1.0）～（1∶1.5）。可在石笼设施迎水面或背水面两侧布设护耳，防止集中径流在两侧冲刷沟道，造成跌水和谷坊等与沟体脱离。

（二）施工过程

定线：根据确定的谷坊（沟头防护）位置，按设计在地面上画出坝基轮廓线。

清基：应清除表面的强风化层。基岩面应凿成向上游倾斜的锯齿状，两岸沟壁凿成竖向结合槽。

砌筑：石笼谷坊砌筑时，先清除地表的强风化层，按谷坊轮廓在两岸沟壁挖出结合槽，谷坊嵌入土体 1.0～1.5 m。根据设计尺寸，由下向上分层垒砌，上、下层石笼之间品字形交错排列，错缝砌筑，并逐层向内收坡，石料应填满铅丝笼，铺砌时要求石块厚度不小于 0.2 m，石笼间接缝宽度不大于 0.02 m，用 8 号铁丝固定形成整体结构。并做到“平、稳、紧”(砌石顶部要平，每层铺砌要稳，相邻石料要靠紧)，同时在砌筑过程中预先根据进度编制石笼，并使其安全牢固。

施工时间宜为秋收后耕地冻结前。

(三)主要子模式

1. 重力式石笼固沟模式

石笼谷坊两侧均为斜面，迎水面较陡，背水面较缓，施工较复杂(图 11-20)。

图 11-20　重力式石笼固沟模式
a. 远景；b. 局部

2. 阶梯式石笼固沟模式

施工技术较简单，但需石料较多，质量要求较高。分为单级台阶式和多级台阶式。单级台阶式多用于落差 1.5～2.5 m 且各种地形落差比较集中的沟段；多级台阶式多用于落差较大且各种地形落差距离较长的沟段(图 11-21)。

图 11-21　阶梯式石笼固沟模式
a. 远景；b. 局部

3. 柳桩石笼固沟模式

石笼建埋柳桩，柳桩一般为 2 或 3 排，排间底部用柳枝纵向铺放，并埋土压实，用柳枝编篱，最后再用石块或卵石填入桩间(图 11-22)。

4. 护耳式石笼固沟模式

在石笼设施迎水面或背水面两侧布设护耳(图 11-23)。

图 11-22　柳桩石笼固沟模式
a. 远景；b. 局部

图 11-23　护耳式石笼固沟模式
a. 远景；b. 局部

5. 耕地中小型石笼固沟模式

沟道较浅，石笼谷坊高出地面 30 cm 左右，沟道淤积土高度与两侧耕地相近，故不耽误在沟中种地（图 11-24）。

图 11-24　耕地中小型石笼固沟模式
a. 远景；b. 局部

二、浆砌石固沟模式

以浆砌石为主体工程措施治理侵蚀沟的模式，包括浆砌石沟头跌水和浆砌石谷坊，以及植被恢复措施，其优点是稳定性较强，合理施工后能够抵御较大集中径流，拦蓄泥沙。

适用于东北黑土区低山丘陵区土层薄、有砾石、石质裸露的侵蚀沟；漫川漫岗黑土区需进行防冻胀处理。

（一）基本原则

①附近有石料资源；②治理的侵蚀沟呈发展态势，沟头挺进，沟底下切，沟岸坍塌；③主要包括沟头跌水和沟底谷坊两大主体工程措施；④所有沟头或沟岸来水均应通过跌水进入沟道，谷坊的规格应以其足以抵御上部冲刷和重力压力，以及冻胀破坏。

浆砌石沟头跌水与浆砌石谷坊的一般设计参考本章第二节中沟头防护措施与沟底稳固措施的基本原则。特殊要求如下。

1）石料为块石。

2）坝体高度：沟深小于 6 m 时，谷坊坝体溢流口距沟岸线垂直高度控制在 1 m 左右，即沟深减去 1 m；当沟深大于 6 m 时，谷坊高度修筑为 5 m；对于新发育陡坡小型侵蚀沟，沟深为 1 m 或不足 1 m，如需修筑谷坊，谷坊坝体溢流口距沟岸线垂直高度控制在 0.5 m 左右，建议此类侵蚀沟采取填埋复垦方式治理（参见下面介绍的填埋复垦治沟模式）。

3）坝体坡面：迎水面边坡宜取（1∶0.2）～（1∶0.5），背水面边坡宜取（1∶1.0）～（1∶1.5）。可在谷坊迎水面或背水面两侧布设护耳，防止集中径流在两侧冲刷沟道，造成跌水、谷坊等与沟体脱离。

（二）施工过程

包括清基、放线、砌石及勾缝过程。

浆砌石工程的地基在施工前应做清理及处理，在非岩基上应除去淤泥、腐殖土，直至露出坚实土壤。砌石之前应进行施工放线，定出基础范围、伸缩缝的位置，以及砌石时必需的样板、准绳等。

浆砌方法。在工程中常用挤浆法砌面石，以保证砌体的形状，而内芯采用填砌。挤浆法是边铺浆边砌石的一种方法，其施工步骤是先将石块干摆试放，然后移开、铺浆，再行砌石，并用小石块填紧卡稳，将灰浆挤满。该法砌石质量较高，用灰少，工效随石块加大而提高，一般低于灌浆法，常用于重要的砌体，以及灌浆砌体边缘的成形砌石。为了保证石块能与砂浆结合牢固，在砌石前应用钢刷将块石上的泥污物刷净。另外，块石刷净后，在砌筑前应淋水浸湿，在炎热的气候下施工更易被忽视。砌筑时，先清除地表的强风化层，按谷坊轮廓在两岸沟壁挖出结合槽，谷坊嵌入土体 1.0～1.5 m。

对砌筑好的坡面用高压水冲洗块石表面及缝隙，清除杂物及污泥。然后向砌石缝隙灌注强度等级为 C20 的一级配混凝土，混凝土的抗冻标号为 D20，最大骨料粒径为 20 mm，砂的细度模数不小于 3.0。常用的砌筑胶结材料有水泥砂浆和小石子砂浆。水泥砂浆所用的砂应级配良好、质地坚硬，最大粒径不超过 5 mm，杂质含量不超过 5%。

浆砌与干砌的接口部位是最容易毁坏的部位，因此需选用体积较大、较方正的石块垒砌，中间块石应立砌，较宽的一侧与渗流方向垂直，相邻块石呈梅花形排列，六角靠紧。应自下游坡面向上游坡面一排紧挨一排地铺砌，同一排的块石应尽量一致，其长轴线可略向下游倾斜，但不可向上游倾斜，防止砌成逆水缝，坝体上表面最好用水泥照面，厚度不小于 3 cm。

浆砌石谷坊修好后，在每次出现较大降雨后，要及时进行检查，如发现谷坊四周发生侵蚀时要及时覆土踏实，如发现谷坊损坏时要及时修复，以保证谷坊正常使用。

（三）主要子模式

1. 重力式浆砌石固沟模式

陡坡式沟头防护是用石料、混凝土或钢材等制成的急流槽，因槽的底坡大于水流临界坡度，所以一般发生急流。为了减少急流的冲刷作用，有时采用人工方法来增加急流槽的粗糙程度。一般用于落差较小，地形落差较长的沟段（图 11-25）。

图 11-25　重力式浆砌石固沟模式

a. 远景；b. 局部

2. 梯田式浆砌石固沟模式

梯田埂在一定程度上扩大了汇流面积，因此集中汇流能力较无梯田埂时可能更强。因此需要布设类似梯田结构的浆砌石固沟设施，以包裹跌水、谷坊、排水系统等。可将原土梯田埂废除后布设，主要是为了梯田区域的快速排水。

3. 阶梯式浆砌石固沟模式

分为单级式和多级式。单级式多用于落差 1.5～2.5 m，且地形落差比较集中的沟段；多级式多用于落差较大且地形落差距离较长的沟段。

4. 盖式浆砌石固沟模式

浆砌石设施上方用水泥抹平，减少上方积水在浆砌石设施上部的长时间下渗水量，防止内部冻胀、水分渗漏造成的破坏。

5. 护翼式浆砌石固沟模式

在浆砌石设施迎水面或背水面两侧布设护耳，防止集中径流在两侧冲刷沟道，造成跌水、谷坊等与沟体脱离，降低拦水作用。

6. 混砌石固沟模式

以干混砌石为主体工程措施治理侵蚀沟的模式，包括混砌石沟头跌水和混砌石谷坊，以及植被恢复措施，其优点是施工相对简单，可有效抗冻胀。

三、干砌石固沟模式

以干砌石为主体工程措施治理侵蚀沟的模式（图 11-26），主要包括干砌石谷坊，以及植被恢复措施，其优点是施工相对简单。干砌石结构稳定性较差，适宜于半干旱、降水量较少的区域。由于该模式不易布设沟头跌水，故应结合其他模式的沟头防护。此外，干砌石是依靠石块之间相互挤紧维持稳定的，若局部发生松动毁坏，将会导致整体破坏。

图 11-26　干砌石固沟模式
a. 远景；b. 局部

（一）基本原则

①附近有石料资源；②治理的侵蚀沟呈发展态势，沟头挺进，沟底下切，沟岸坍塌；③主要包括沟底谷坊主体工程措施；④谷坊修筑的位置应满足淤积后沟底抬升至距沟岸 1～1.5 m，谷坊的规格应以其足以抵御上部冲刷和重力压力，以及冻胀破坏。

干砌石沟头跌水与干砌石谷坊的一般设计参考本章第二节中沟头防护措施与沟底稳固措施的基本原则。特殊要求如下。

1）石料为块石，顶面与下游面用毛料石护面。

2）一般为梯形结构。高度不大于 3 m。沟深小于 4 m 时，谷坊坝体溢流口距沟岸线垂直高度控制在 1 m 左右，即沟深减去 1 m；当沟深大于 4 m 时，谷坊高度修筑为 3 m；对于新发育陡坡小型侵蚀沟，沟深为 1 m 或不足 1 m，如需修筑谷坊，谷坊坝体溢流口距沟岸线垂直高度控制在 0.5 m 左右，建议此类沟采取填埋复垦方式治理（参见下面介绍的填埋复垦治沟模式）。

3）坝体坡面：迎水面边坡宜取 1∶0.5，背水面边坡宜取 1∶1.0。可在干砌石谷坊迎水面或背水面两侧布设护耳，防止集中径流在两侧冲刷沟道，造成跌水、谷坊等与沟体脱离。

4）为了排泄坝内洪水，干砌石谷坊顶部可设梯形或簸箕形断面溢流口，下游沟床铺设海漫从而防止冲刷。

（二）施工过程

砌石体采用毛石砌体和卵石砌体。

干砌块石有花缝砌筑和平缝砌筑两种方法。花缝砌筑是依石块原有形状，使尖对拐、拐对尖，互相联系砌成，砌筑时不分层次，大面向上。花缝砌筑表面平整，但底部空虚，易被水流淘刷破坏，适宜于流速不大的沟道。平缝砌筑是将石块宽面与坡面横向平行分层砌筑，在砌筑前应先行试放，不适之处用锤修凿，使其能够砌筑密实，较大空隙用小石块填补塞紧，做到缝紧底实，以免水流把底部的砂石从缝隙中冲出，破坏砌体。

四、土+灌木谷坊固沟模式

该种固沟模式包括土谷坊、植物谷坊，以及植被恢复措施，其优点是施工相对简单，快速增加植被覆盖。适用于东北漫川漫岗黑土区和其他区域土层深厚、水分状况良好、不易布设石谷坊，以及缺乏石料来源区域的侵蚀沟或沟段。

（一）基本原则

①土层深厚；②主要包括土谷坊；③所有沟头或沟岸来水均应通过跌水进入沟道，谷坊修筑的位置应满足淤积后沟底抬升至距沟岸 0.5～1.5 m，谷坊的规格应以其足以抵御上部冲刷和重力压力，以及冻胀破坏。

土谷坊的一般设计参考本章第二节中沟头防护措施与沟底稳固措施的基本原则。特殊要求如下。

1）沟道土体黏滞性高，土谷坊稳定性好。

2）土谷坊坝体高度宜小于 3 m。沟深小于 4 m 时，谷坊坝体溢流口距沟岸线垂直高度控制在 1 m 左右，即沟深 1 m；当沟深大于 4 m 时，谷坊高度修筑为 4 m；对于新发育的陡坡小型侵蚀沟，沟深为 1 m 或不足 1 m，如需修筑谷坊，谷坊坝体溢流口距沟岸线垂直高度控制在 0.5 m 左右，建议此类沟采取填埋复垦方式治理（参见下面介绍的填埋复垦治沟模式）。顶宽宜取 1.0～3.0 m，上游边坡宜取（1∶1.5）～（1∶2.0），下游边坡宜取（1∶2.25）～（1∶1.75）。

3）植物谷坊是将易成活的柳、锦鸡儿等植物材料，与土、石等建筑材料结合在一起修筑而成的谷坊。最常用的为柳谷坊，包括单排、双排及多排柳谷坊。通常只拦泥不蓄水。

4）主要包括沟埂式沟头防护、土谷坊、植物谷坊。

（二）施工过程

土谷坊：按规定的谷坊坝址及谷坊的设计平面图、实际断面图，按线将坝基、坝肩虚土、草皮、树根和含腐殖质较多的杂土清理干净，清基深度 0.3～0.6 m，清至露出坚实的土基或完整的岩层基，同时，沿轴线开挖结合槽，宽梁 0.5～1.0 m。清基后分层填土夯实，每层填土 25～30 cm 夯实一次，如此分层填筑，直到设计坝高，土料要选择细砂黏土和壤土，含水量控制在 18%～20%，干容重控制在 1.3～1.5 g/cm^3。坝体与地基以结合槽紧密连接。允许坝面溢流时，可在坝顶、坝坡种植草、灌或砌面保护。

溢洪道：设在土坝一侧的坚实土层或岩基上，上、下两座谷坊的溢洪口尽可能左右交错布置。对于两岸为平地、沟深小于 3 m 的沟道，坝端没有适宜开挖溢洪口的位置，可将土坝高度修到高出沟床 0.5～1.0 m，坝体在沟道两岸平地上各延伸 2～3 m，并用草皮和块石护砌，使洪水从坝的两端漫至坝下农、林、牧地，或安全转入沟谷，不允许水流直接回流到坝脚处。坝面不过水时，在坝顶或坝端一侧设溢水口，溢水口应用石料砌筑。在沟头坡地地形较完整时，可做成连续式沟埂；若沟头坡地地形较破碎时，可做成断续式沟埂。护底用砖、石头砌护。

灌木措施：在谷坊上部、侧面及沟道内种植胡枝子、柳等植物。

植物谷坊：以柳谷坊为例。主要材料为活柳枝秆。选取直径 5～10 cm、端直的活柳枝秆，截成长 1.5～2.0 m 的柳桩，将其打入沟底，入土深 0.5～0.8 m 处。根据沟底坡度和枝道宽窄，布设一排、两排或多排柳桩，并用柳条交叉在桩上编篱形成柳排，柳排上游底部铺垫枝梢，上压石块或堆筑塑料编织土袋，即成柳谷坊。单排柳谷坊只在沟道打一排柳桩编篱而成，双排柳谷坊或多排柳谷坊则需在沟道打两排或多排柳桩编篱。柳桩桩距为 0.2～0.3 m，排距为 1.0 m。柳编谷坊的修筑标准见《水土保持综合治理技术规范沟壑治理技术》（GB/T 16453.3—1996）。

（三）柳编谷坊的设计需要把握的几个要点

1. 通透性

柳编谷坊具有既通又阻的特点，通阻适中是柳编谷坊设计与施工中的要点。通要通得合理，阻要阻得适当，具体地说，如果柳条栽植过稀，阻率较低，达不到减流降速、减轻沟道侵蚀的目的；反之栽植过密，阻率过大，壅水过高，容易冲毁谷坊工程。因此，把握好柳编谷坊的通透性是柳编谷坊设计与施工中的重要指标，栽柳栅栏的稀密要得当，一般来说株距以 2～3 cm 为宜。

2. 栽植标准

主要有以下 3 个方面的要求：一是柳编深度一般为 40～50 cm，地上部分留 50～70 cm，并用柳条带勒好，必要时使用木桩加固；二是柳编带宽度应略大于沟道中心流水沟的宽度，柳编带两侧应栽植到流水沟的流水部位以上，以防止沟边两侧走水产生侧向冲刷，使谷坊不能发挥最佳效益；三是每处柳编谷坊的栽植排数一般应为 4 或 5 排，排与排之间的距离以 1.0～1.5 m 为宜。因此，每处谷坊便形成了一个多层柳障，可以达到有效降低流速、减轻沟道冲刷的目的。

3. 柳种的选择

选择耐水性较好的灌木柳，如东北的紫皮水柳，其耐水性好，抗涝耐水，易在水中成活，对于季节性有水的沟壑成活率最佳。

4. 栽植季节

柳条（灌木柳）的栽植季节对于柳编谷坊的建设至关重要，一般选在春季 4～5 月栽植，该季节沟道中水量较小，柳条成活率高，同时也便于施工；也可以选择在秋季栽植，但由于接下来要经历冬天的考验，如果保护不到位，柳条很容易干枯或冻伤。柳编谷坊效益的发挥，关键在于柳条的成活，如果栽植季节不合适，质量不佳，成活不好，有时在很短时间内就会腐烂，使谷坊工程失去效力，因此要特别注重栽植的季节性，确保成活。

（四）主要子模式

1. 无泄洪道土埂固沟模式

沟头上方有土埂，坡面有一定的治理措施，土谷坊高度较大，预期集中径流不会漫过土谷坊，故土谷坊侧面不设溢洪道（图 11-27a）。

图 11-27　土埂固沟模式

a. 无泄洪式；b. 有泄洪式

2. 有泄洪道土埂固沟模式

坡面均为耕地，集中径流较大，沟头上方有土埂拦蓄措施。同时沟道深度较浅。预期集中径流能够漫过土谷坊，故在土谷坊侧面不设溢洪道（图 11-27b）。

3. 植物谷坊固沟模式

对于降水量适宜灌木生长的土层深厚的侵蚀沟，利用杨、柳等布设植物谷坊，主要起拦沙作用（图 11-28）。

五、灌木封沟模式

以种植灌木措施为主体的侵蚀沟治理模式，包括沟底插柳、沟坡插柳、重置沙棘、种植紫穗槐等（图 11-29）。其优点是植被覆盖率高，沟头与沟道全部用灌木封育。可应用于东北典型黑土区土层深厚的半湿润地区。适用于小型切沟，比降小于 10%，汇水面积小于 20 hm^2，土层深厚，降雨适中的地区。

图 11-28　植物谷坊固沟模式

a. 远景；b. 局部

图 11-29　灌木封沟模式

a. 低山丘陵区灌木封沟远景；b. 沟底插柳；c. 典型黑土区灌木封沟远景；d. 沟道灌木

（一）基本原则

①土层深厚，降雨适中；②预治理的侵蚀沟为半发展半稳定小型侵蚀沟；③主要包括土埂导排水和沟体灌木植被两大措施；④土埂拦截沟头或沟岸来水并导入插柳沟道，减缓沟头挺进，初冬布设灌木植被措施。

（二）设计与施工

当沟头上方径流有多个进入沟道的水流通道时，可在沟道外围布设导流土埂，将上方径流按照预定沟头导入沟道中，减少沟头挺进。

削坡的重点位置为沟道侧坡有天然集流槽，暴雨中有径流进入沟道且易引起沟岸坍塌的地方。削坡的沟沿上方与沟沿 2～4 m 处应修封沟埂，在集水区较大的沟蚀区，可在封沟埂以上间隔 2～15 m 的地方加筑一道水平沟埂，详见《黑土区水土流失综合防治技术标准》（SL 446—2009）中图 5.3.2。在削坡后的沟岸种植胡枝子、紫穗槐等灌木，沟道内插柳。

沟道削坡整形，沟道外侧做导流土埂，沟岸种植胡枝子、紫穗槐等灌木，沟道内插柳。

削坡前首先确定削坡的基准线。沿沟底向沟沿引一条直线，直线与水平成 35°，削坡后的坡度应不大于土体自然倾角，并应符合下列要求。

1）实施削坡的地段与未削坡地段的连接应自然顺直平整，避免产生急剧边坡。

2）沟岸削下的土壤经平整夯实后，可反压坡脚，或与谷坊工程结合利用。

3）封沟埂、水平沟埂边坡宜为（1∶0.5）～（1∶1）。水平沟深不应小于 30 cm，封沟埂高不应小于 30 cm。封沟埂修筑前应清基，筑埂时应分层夯实，土壤容重应达 1.4～1.5 g/cm^3。水平沟中每隔 5～10 m 应修筑 20 cm 高的小土挡。

由于柳谷坊仅能拦土不能拦水，因此需加强沟底防护措施。

插柳株距 0.5 m，行距 0.5 m，造林密度为 40 000 株/hm^2，地上留 0.3～0.5 m，插入地下 0.3～0.5 m。用大一年苗龄的同种树苗进行补植；补植时间最好在秋季。

六、乔木封沟模式

利用乔木根部的固土保水作用延缓大中型侵蚀沟发展。

该模式适用于已过发展期，趋于稳定的大中型侵蚀沟；沟坡小于 25°，沟道比降小于 10%，汇水面积小于 200 hm^2。

（一）基本原则

①大中型侵蚀沟，沟坡、沟底占地较大的荒地；②预治理的侵蚀沟呈半稳定状态，沟头、沟岸较稳定，有一定的沟底下切；③主要包括沟头防护林、沟底防冲林和护坡林。

（二）设计与施工

措施布设：主要有沟头防护林、沟底防冲林和护坡林。宜选择根蘖性强、根系密结的乔木树种，沟底防冲林宜选择耐湿、抗冲刷、根蘖性强的乔、灌木树种；护坡林宜选择耐瘠薄、树冠茂密的速生乔、灌木树种（图 11-30）。

在沟头种植沟头防护林，沟底布设防冲林，沟岸布设护坡林。施工按如下原则进行：①造林方法宜采用植苗造林，采取穴状整地，穴径应为 0.3 m，深应为 0.3 m；②株行距宜采用（1.5 m×1.5 m）～（1.5 m×2.0 m）；③对于坡度大于 15°的边坡，可采用直接造林；④新造幼林应实行封育，在幼林郁闭前，应禁止修枝；⑤成活率为 30%～70%的固沟林应进行补植，成活率低于 30%的重新造林；⑥应采用低强度的松土除草，加强病虫害防治。

图 11-30　乔木封沟模式

七、以连续柳跌水为主体的乔灌封沟模式

从沟头到沟底布设连续多级柳跌水，层层拦水，降低水流冲刷力并拦蓄泥土，沟坡栽植乔木，即黑龙江省“拜泉模式”（图 11-31）。其优点是投入低，生态效益好。沟头与沟道全部用灌木封育；沟头不再溯源发展。

图 11-31　以连续柳跌水为主体的乔灌封沟模式

适用范围为小型切沟，比降小于 10%，汇水面积小于 20 hm^2，土层深厚、降雨适中的典型黑土区。

（一）基本原则

①本区域降雨较多，土层较厚，适宜灌木柳等生长；②主要包括柳跌水，沟道与沟坡种植乔、灌木等；③所有沟头或沟岸来水均应通过跌水进入沟道。

（二）设计与施工

主要措施包括沟头导流土埂，削坡，柳跌水，乔、灌木种植等。

用推土机整形的较浅的沟道边坡为 1∶3，较深的沟道边坡为 1∶2.5，推好边坡以后在沟底推出和水文计算宽度相同的沟槽，沟槽不宜过深，一般为 25 cm 左右，便于铺设柳条捆。人工整形或可采用修台阶的方法削坡，即按照每升高 40 cm 修一个台阶，台阶的宽度为 50 cm，从沟底一直修到坡顶，然后也在沟底修出一条沟槽。

柳跌水的布设有两种方案：一是当侵蚀沟道平均纵比降比较大时，从沟道到沟头均匀布设柳跌水；二是当侵蚀沟道平均纵比降较小时，在沟道陡坡处布设柳跌水。把柳条撴齐，捆成 25 cm 左右的条捆备用。在沟道末端沿垂直水流的方向挖一条沟槽，放入柳条捆，即“枕头”，然后在上面铺设一层柳条捆，在柳条捆的上面铺设两个“枕头”。

铺设第二层的柳条捆根部要搭在第一层柳条捆的第二个“枕头”上，依次类推，一直铺设到沟头，快到沟头时，要适当减小两个“枕头”间的距离，这样可以提高柳条捆升高的速度，以便和沟头搭接。修好沟底以后，要在沟坡做好集水槽。柳跌水的修筑标准见《黑土区水土流失综合治理技术标准》（SL 446—2009），为了避免沟底股流溢出连续柳跌水水道，应将沟头跌水由原长方形改为扇面形，横向水平沟底跌水修改为略向两岸延伸的弧形排水道。

在新修筑的柳跌水沟头防护附近修筑土挡。在修筑柳跌水和柳编谷坊初期，柳条尚未形成密集根系，其固土保水能力有限，易被沟内集中径流冲毁。因此，在侵蚀沟沟头外沿修筑土挡阻挡上游来水进入沟道，并引导上游来水在沟道两侧排出。待 2～3 年柳条生长茂密后，再清除土挡。其高度宜为 25 cm 左右，宽度宜为 30 cm，长度随坡面而定，需要将坡面汇流导引至人工修饰的沟头。

沟坡上植树，边坡上最好种植苕条、沙棘、柳条等灌木和杨树、松树等乔木。

八、以工程为主以植物为辅治沟模式

利用石跌水、石谷坊、护底护岸等工程措施拦截沉积泥沙，营造适宜植物自然生长的环境，侵蚀沟沟坡或沟岸采用灌木或水保林的植物措施的封沟固土作用抑制侵蚀沟发展（图 11-32）。

适用范围为沟道深大，砾石显露，沟中来水量大，沟道内土壤较少，需采用工程措施拦截泥沙，以方便乔、灌木生长的原始沟。

（一）基本原则

①沟头陡峭、沟底比降较大且土层浅薄的切沟；②预治理的侵蚀沟呈发展态势，沟头挺进，沟底下切，沟岸坍塌；③工程措施包括石谷坊、石跌水、拦截坝、导流埂或导水渠、生态砖等沟底沟岸防护、桥涵等，植物措施包括沟头、沟岸沙棘护沟，水保林，插柳或灌木。

图 11-32　以工程为主以植物为辅治沟模式

a. 远景；b. 生态砖防护；c. 土谷坊+植物谷坊；d. 沟底灌木

（二）施工过程

1）在侵蚀沟沟头修筑石质导水渠，用以稳固沟头及上方汇水线，防止沟头溯源侵蚀。

2）在导水渠附近修筑拦截坝，将侵蚀沟集水区域的坡面汇水导入导水渠，确保坡面汇水从人工修饰的导水渠进入侵蚀沟。

3）在侵蚀沟沟头或沟道内坡降较大的沟位修筑石跌水及消力池，以消除沟头处集中径流的冲刷势能，减少沟头下切。石跌水的修筑标准见《水土保持综合治理技术规范 沟壑治理技术》（GB/T 16453.3—1996）。

4）在侵蚀沟沟道每隔一段距离修建石谷坊及消力池，以拦蓄集中径流，增大泥沙沉积。石谷坊的修筑标准见《黑土区水土流失综合治理技术标准》（SL 446—2009）。

5）在对侵蚀沟整形后铺设连锁式生态砖进行防护。生态砖包括空心砌砖、铭石砖、护坡砖、植草砖及路沿石等。沟坡按 1∶1 削坡后铺设生态砖。生态砖下设 10 cm 碎石垫层，底部整体铺设无纺布。连锁式生态砖规格为 40 cm×50 cm，厚 10 cm，咬合槽宽度为 5 cm，植草孔为 10 cm×10 cm 的生态砖。其主要效果有：①抗冲刷稳定性，按照《堤防工程设计规范》（GB 50286—98）提供的计算方法，10 cm 厚的砖体抗冲刷流速不小于 3 m/s；②抗拔起能力，由于空隙率、有效孔径较大，填充的土壤化学材料刺激草根发育，故在表面植草后，草的根系可以很快穿透砖体，并将其锚固在土地上，据测定，长草一年后的拔起力为砖重力的 3～6 倍；③植物适应性，在空隙内充满的植物生长材料，包括大量富含羧酸基的角蛋白类物质，可将混凝土的高盐碱性水析出物转化为植物所需的缓释肥料，使得各类植物基本都可以在砖上生长。

6）侵蚀沟整形，以创造适宜于植物生长的立地环境。实施方案见以连续柳跌水为主体的乔灌封沟模式。

7）布设植物措施。实施方案见以植物为主以工程为辅治沟模式。

8）石笼坡式护岸。将装满石块的蜂巢结构形状的石笼网直接铺护在堤防或滩岸临水坡面，防止水流、风浪的侵蚀和冲刷。这种防护形式顺水流方向布置，断面临水面坡度缓于 1∶1，对水流的影响较小。

9）植物措施。参考以植物为主以工程为辅治沟模式。

九、以植物为主以工程为辅治沟模式

利用柳跌水、灌木或乔木水保林的植物封沟固土作用抑制侵蚀沟发展；在沟底比降较大、采用植物措施难以有效防治的沟段，附以石谷坊；当沟体不适宜种植植物时，采取工程措施（削坡、鱼鳞坑、水平阶等）对侵蚀沟做沟形修饰，从而确保植物措施的实施、植物成活与生长（图 11-33）。

图 11-33　以植物为主以工程为辅治沟模式

a. 远景；b. 沟道整形削坡；c. 柳桩护岸石笼护底；d. 石谷坊伸入沟岸过浅

适用于半湿润干旱区，沟道内土层深厚，适宜乔、灌木生长的大中型切沟。

（一）基本原则

①降雨足量，沟道内土层深厚，乔、灌木能够生长；②大中型切沟，部分沟段需辅以工程措施抑制沟头挺进，沟底下切。

（二）设计与施工

工程措施包括石谷坊、石跌水、拦截坝、导流埂或导水渠、生态砖等沟底与沟岸防护、桥涵等，植物措施包括沟头与沟岸沙棘护沟、水保林、插柳或灌木。

1）削坡。当侵蚀沟沟坡大于 35°时，使用挖掘机将沟坡修整到小于 35°。削坡的修筑标准见《黑土区水土流失综合治理技术标准》（SL 446—2009）。

2）沟道整形。包括侵蚀沟沟头入水沟道与沟底水道的整形，该措施多为柳跌水或柳编谷坊的布设作准备，因此其修筑标准见《黑土区水土流失综合治理技术标准》（SL 446—2009）的柳跌水或柳谷坊的修筑标准。

3）拦截埂。在修筑柳跌水和柳编谷坊初期，柳条尚未形成密集根系，其固土保水能力有限，易被沟内集中径流冲毁。因此在侵蚀沟沟头外沿修筑土挡从而阻挡上游来水进入沟道，并引导上游来水从沟道两侧排出。待 2～3 年柳条生长茂密后，再清除土挡。其高度宜为 25 cm 左右，宽度宜为 30 cm，长度随坡面而定，需要将坡面汇流导引至人工修饰的沟头。

4）导流埂。在侵蚀沟沟岸外沿修建导流埂，其作用是将坡面汇流沿固定的、人工修饰的集中流、导入侵蚀沟，并对集中径流有较好的缓解作用，从而避免坡面漫流对沟岸的冲刷，引起沟岸崩塌。其高度宜为 25 cm 左右，宽度宜为 30 cm，长度随坡面而定，需要将坡面汇流导引至人工修饰的沟头。

5）柳桩护岸。植物护坡的一种，主要采用柳桩编篱的方式。柳桩桩高为 60 cm，插入地下 40 cm，柳桩直径为 7～10 cm，桩与桩间距为 30 cm，共插 4 排柳桩，行与行之间呈品字形排列，每行柳桩编织成篱。在每两排篱间用编织袋装土砌筑挡墙，编织袋挡墙总高度为 50 cm，顶部与柳桩平齐，用铅丝将前后 4 排柳桩联系捆绑，使之成为整体，加强抗冲刷能力。

6）柳跌水和柳编谷坊参考灌木封沟模式和以连续柳跌水为主体的乔灌封沟模式。

7）沟岸沙棘等灌木防护。在侵蚀沟沟岸栽植沙棘等灌木，起到巩固沟岸及防止牲畜进入侵蚀沟道的作用。采用植苗造林，穴状整地，穴径应为 0.3 m，深 0.3 m，秋季挖穴，春季栽植，株行距为 0.8 m×0.8 m，栽植后应注意控制杂草。

8）水保林参考乔木封沟模式。

9）沟头柳跌水、柳编护沟、侵蚀沟造林及栽植沙棘根据气温可以在 4～6 月进行施工。

十、半干旱区沟坡一体化治沟模式

半干旱区域坡度较大的小流域内，利用鱼鳞坑、水平阶等将坡面变成多级水平，改变小地形蓄水拦沙，减少地面径流，增加坡面生产用地土壤水分，减少坡面侵蚀泥沙汇入沟道。对于未能就地拦蓄的径流引入沟底，沟底种植灌木等拦沙。将坡面与沟道结合治理。

适用于气候干旱、坡陡、土层浅薄、基岩裸露、植被破坏严重的区域，山体保水、保土能力弱，水分条件已不足以支持灌木、乔木生长的植被恢复（图 11-34）。

图 11-34 半干旱区沟坡一体化治沟模式
a. 远景；b. 水平阶；c. 鱼鳞坑；d. 沟底石谷坊

（一）基本原则

①汇水区坡度较大；②增大坡面降雨入渗量，多余水分导入沟底；③既是坡面保护工程，又可造林整地。

（二）设计与施工

设计包括鱼鳞坑、水平阶、环形埂、土谷坊、耐旱与耐瘠薄先锋植物等。

坡面布设鱼鳞坑、水平阶，营造适宜灌木生长的良好水土环境。种植紫穗槐等耐旱、耐瘠薄先锋植物。沟头布设环形埂，将沟头上方来水导入沟道中，防止对沟岸的冲刷。沟道中布设土谷坊、干砌石或石笼谷坊，抬升沟底高程，抑制沟底下切。

1. 鱼鳞坑

在沟坡上沿等高线自上而下挖半月形坑，其具有蓄水能力，在坑内栽树，可保水、保肥，保证树木成活。设计标准为五年一遇；鱼鳞坑密度根据栽种的树种来确定；开挖面呈半圆形，长径 100～120 cm，短径 70～100 cm，深 50～70 cm，土埂高 15～20 cm，埂顶宽 10 cm；采用人工直接刨挖，表土回填，生土培埂。

2. 水平阶

反坡水平阶是山区沿等高线自上而下内切外垫，修成一外高内低（坡度为 1°～3°）的台面，适合在土石山区、坡度大（10°～25°）坡面上应用。反坡水平阶上可种植乔木或灌木，具有蓄水保土的功能。反坡水平阶的设计计算同梯田，实际相当于窄式梯田。阶面面积与坡面面积之比为 1∶（1～4）。可应用梯田的计算方法[详见《黑土区水土流失综合治理技术标准》（SL 446—2009）]。

谷坊设施的施工参考石笼固沟模式、浆砌石固沟模式、干砌石固沟模式等。

坡面可种植松树苗、果树等，增加经济效益。沟底可种植灌木，增大沟底防下切能力，拦截泥沙。

十一、复式地埂沟坡一体化治沟模式

由坡面间隔修筑的复式地埂和谷坊工程稳固后的侵蚀沟组成。复式地埂是坡耕地布设双埂、中间夹导水沟、沟中修间隔坝、埂上和（间隔坝上）沟中栽种水保植物的一项坡面水土保持工程技术。水较少时由上位地埂拦截，水较多时径流进入中部导水沟，导水沟留有 1%坡降，水较少时存储于沟中间隔坝筑起的储水池中，保水蓄水；水较多时沿排水沟导出田块，泥沙沉积于排水沟中（图 11-35）。

图 11-35　复式地埂沟坡一体化治沟模式

a. 远景；b. 局部

通过上述复式地埂将坡面径流层层拦截导排，当横向经过深度小于 2 m 的侵蚀沟时，先在沟底修筑宽体拦截坝，在其上延续修筑复式地埂，延长导排水道，侵蚀沟被类似于土谷坊宽体拦截坝层层拦截，农机具也可在坝体上通过；当遇到汇水线上深度大于 2 m 的水打沟时，水导入复式地埂中，在排水沟中修筑浆砌石谷坊，层层拦截，起到稳定的排水作用，实现全流域或坡面沟坡一体化水土流失防控，适用于面积较大、土层厚度不足 30 cm 的低山丘陵区 3°～20°坡耕地。

（一）基本原则

①坡耕地坡度一般大于 10°；②坡面径流经埂带拦截进入双埂之间的导水沟中，导水沟比降 1%，减缓径流流速，沉积泥沙；③导水沟通过深度小于 2 m 的侵蚀沟处，在沟中修筑宽土坝，坝上继续修筑复式地埂，延长导水沟长，侵蚀沟被层层土坝拦截，导水沟遇到深度大于 2 m 的侵蚀沟，则导入径流，修筑谷坊稳固侵蚀沟，作为排水沟；

④埂带间距的设计原则应能够防止坡耕地水土流失，且尽量少占地。

（二）设计与施工

主要设计包括双埂，导水沟，间隔坝，水保植物，石谷坊。

一是用筑埂犁修筑两条平行地埂；二是用人工或机械剥离 1/3 的田面及埂间表土，用生土筑埂并拍实，使地埂断面尺寸达到设计标准，然后再将表土复原；三是在两埂间修筑间距为 5～10 m 并垂直于地埂的土挡；四是耙地改垄，使田面垄向与地埂平行；五是第二年春季在地埂上栽植护埂植物。复式地埂总宽 7～10 m，双埂间距大于 1.5 m。

现在的主流复式地埂总宽在 4 m 左右，双埂间距为 1 m 左右，并可根据坡度和坡面汇水情况，对复式地埂规格进行调整。主要通过增加埂间距，提高其蓄水和导水能力。

十二、填埋复垦治沟模式

坡耕地中生成的小型侵蚀沟，吞噬耕地，阻碍机械化通行。利用秸秆包、煤矸石等填埋侵蚀沟，上覆土，实现沟毁耕地再造，恢复垦殖，同时保证了农机具自由通行，提高了工作效率。适用于东北黑土区坡耕地中形成的沟深小于 2 m 的小型切沟或支沟。

（一）基本原则

①治理前沟深小于 2 m；②填埋复垦后的侵蚀沟能够允许大型农机具通行。

（二）设计

主要内容包括侵蚀沟沟底修整、暗管铺设、填埋物铺设、表土填埋、渗井布设等。

（三）主要子模式及施工

1. 秸秆填沟复垦

秋收后，使用挖掘机，首先对侵蚀沟沟底修整，进行削坡，削坡角度接近直角（90°），下游较为平缓的沟尾处继续挖掘呈方形沟至排水沟处，遵循大弯取直、小弯就势的原则，土方临时堆放于沟边（图 11-36）。

（1）暗管铺设

将直径为 20 cm 以上的建筑用 PVC 排水管从侵蚀沟沟头处一直铺设到沟尾，PVC 排水管上半部钻直径为 3 mm、间距为 5 cm 的导水孔，并用 16～100 目的尼龙网覆盖，用尼龙绳间隔 50 cm 捆绑一道；也可采用盲管外包土工布布设。

（2）秸秆打捆

在就近地块，机械收割玉米后，利用秸秆打捆机将秸秆打捆，秸秆捆尺寸（长×宽×高）为 0.6 m×0.5 m×0.4 m，打捆选用耐腐的尼龙绳，压实打紧，秸秆捆的密度要大于 250 kg/m^3。

图 11-36　秸秆填沟复垦

a. 远景施工过程；b. 铺设秸秆包；c. 秸秆包上覆土；d. 复垦后耕地，可通过农业机械

（3）秸秆铺设

将秸秆捆分层紧密排列铺设于沟底，铺设的高度以低于沟岸 50 cm 为准。

（4）表土填埋

秸秆捆平铺沟底后，将削坡土方平铺在秸秆上面，土方平铺厚度为 40～50 cm，不够的土方，可利用附近耕地截流沟挖方。

（5）渗井布设

垂直修筑于暗管上方，露出地表，底层填充碎石，上层铺设粗砂，高度等同于沟深，渗井横截面 1 m×1 m，渗井下田面横向修筑弧形拦截埂，埂高 0.5～1.0 m，宽以有利于机械通过耕地为准，不少于 3 m。

2. 煤矸石填沟复垦模式

（1）削坡

首先对侵蚀沟进行适当削坡，土方临时堆放于沟边。

（2）铺块石

选用适当的煤矸石，沿沟底铺设至上口剩余 0.5 m 处，将>20 cm 大块煤矸石铺设底层，逐层向上石块变小。

（3）填土

煤矸石平铺沟底，将削坡土方平铺在煤矸石上面，土方不足的从附近林带截根深挖取土，土方填筑分为压实土层和松土层，压实土层厚 0.2 m（压实系数 0.95），松土层根据沟深填土厚度为 0.5 m。侵蚀沟治理后不影响耕地的完整性，有利于机械化作业，提高耕地利用率。

（4）修筑渗井

间隔 30 m 以上，修筑类似秸秆填沟的渗井，上层用碎煤矸石填充至地表。

3. 风化石填沟复垦模式

适宜于风化石较多的区域，施工过程与煤矸石填沟类似（图 11-37）。

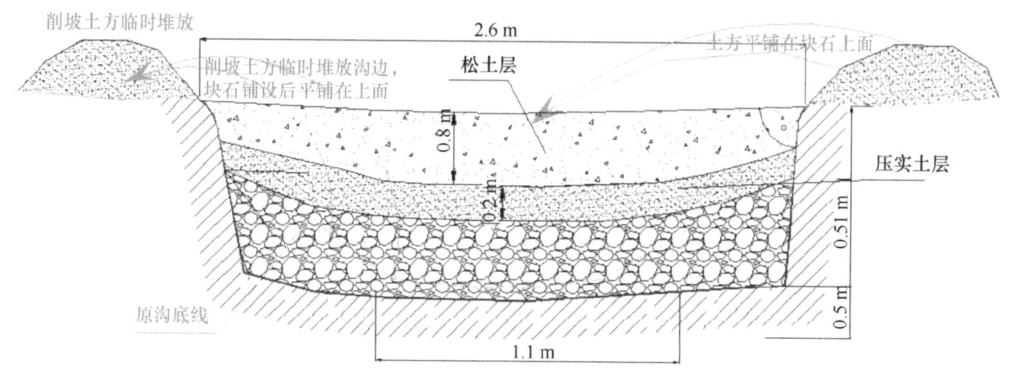

图 11-37　风化石填沟复垦模式

十三、小流域主沟道治理模式

该模式针对小流域下游，侵蚀沟沟道比降趋缓，变浅，变宽，上游汇水面积较大，在集中降雨时间段径流量较大，甚至出现漫流，损毁耕地。通过主沟道修整，修筑护岸、护底等工程措施，导流，保护耕地和道路。适用于末级河道相连的比降较小但集中汇流量较大的侵蚀沟主干沟（图 11-38）。

图 11-38　小流域主沟道治理模式

a. 远景；b. 石笼护底、护岸

（一）基本原则

①主沟道沟深较浅，但较宽；②防止沟岸扩张，阻止漫流。

（二）设计与施工

沟岸防护工程、沟底治理工程及其他工程。主要材料为石笼或浆砌石。小型切沟沟底可插柳等布设植物措施。

1. 护坡工程/护岸堤

（1）土工布铺设

铺设前清除场地上的杂物，要先将窄幅缝接，并应裁剪成要求的尺寸，铺放应平顺，松紧适度，并应与铺设面密贴；有损坏处，应修补或更换；相邻土工布块交叉搭接 30 cm 宽度，以防止可能发生的位移；不平地、软土上和水下铺设时搭接宽度应适当加大；坡面上宜自下而上进行铺设，在顶部和底部应固定；坡面上应设防滑钉，并应随铺随压重。

（2）石笼铺设

石笼所用的编织材料为镀锌钢丝，镀锌钢丝笼的网格大小视块石大小而定，以块石不露出网格为准，一般控制在 8 cm×10 cm 以内，采用人工编织镀锌钢丝网。石笼铺设时采用分段施工，每个石笼的长与宽为 10 m×（0.5～2）m，石笼的厚度为 0.3 m，若施工部位尺寸比规定尺寸小，可按照实际尺寸施工，石笼的长或者宽超过规定尺寸，都需要分段施工。

（3）垫层铺设（碎石）

铺设厚度为 20 cm，采用 1～4 cm 碎石。铺设时土工布一定要拉紧，配合工具固定，注意其平整度，碎石垫层的铺设范围及厚度不小于设计值，采用装载机初平，人工配合机械精平。

2. 护基（脚）工程

常潜没于水中，时刻都受到水流的冲击和侵蚀作用。施工工序为基础开挖、网箱砌筑、基础及墙后回填。

施工时采用镀锌钢丝笼网箱，分上、下两层网箱，每个网箱 10 m 长。网箱铺设面上应清除一切树根、杂草和尖石，保证铺设砂砾石垫层面平整。排出铺设工作范围内的所有积水。装填石料时，采用人工填筑石料，以保证石笼形状不受破坏。若施工部位尺寸比规定尺寸小，可按照实际尺寸施工，石笼的长或者宽超过规定尺寸，都需要分段施工。在连接时，要沿着两片石笼连接处水平缠绕。

十四、复合治沟模式

因地制宜，植物措施优先，措施布设不拘一格，由多种类型措施综合组成的治理模式（图 11-39）。适用于东北黑土区发展型大中型侵蚀沟。

（一）基本原则

①植物措施优先，简单实用；②因地制宜，分段布设；③利用工程措施营造适宜植物措施布设的水土环境；④措施布设后的最初几年为工程措施起主要拦沙作用，待植物长成后植物措施成为主要措施。

图 11-39　复合治沟模式

a. 远景；b. 阶梯式大型沟头防护；c. 石笼护底；d. 柳桩护岸；e. 生态砖沟头防护；f. 植物谷坊

（二）设计与施工

在沟头跌差较大的地方设置沟头防护，沟底比降超过5%处布设谷坊，在沟道较宽而浅的区域适当布设护岸、护底，在沟道、沟坡及沟岸布设灌木措施。

1. 排水式沟头防护

布设在上方有坡面天然集流槽，且暴雨产生的径流由集流槽泄入沟头，引起沟头前进的区域。多为沟道上方有较大汇流面积且有明显高差的沟头处。通过对沟头整形布设排水式沟头防护，缓解水流对沟道的冲刷。

2. 谷坊

谷坊工程主要修建在沟底比降较大、沟底下切剧烈发展的沟段。其主要任务是巩固并抬高沟床，防止沟底下切，稳定沟坡，防止沟岸扩张。选在沟底和岸坡，地形、地质状况良好，无孔洞或破碎地层，没有不易清除的乱石和杂物，且坝轴线短、工程量小、库容大的位置。

3. 石笼跌水

石笼跌水主要布设在沟道沟底有明显高差处。通过对沟底整形布设石跌水，缓解水流对沟道的冲刷。

4. 削坡整形

对沟坡较陡，植被条件差，坡面破碎，不规则、不稳定的侵蚀沟边坡采取削坡整形措施，保证边坡规整、稳定，便于林草措施的实施。

5. 植物谷坊

植物谷坊布设在水分及土壤条件较好的侵蚀沟沟底，其主要作用是巩固并抬高沟床，防止沟底下切，稳定沟坡，防止沟岸扩张，同时增加侵蚀沟植被覆盖率。

6. 柳桩护岸和石笼护坡

比降10%以下，水分、土壤条件好的侵蚀沟沟坡布设柳桩护岸措施；石笼护坡布设在侵蚀沟横向冲刷严重段。

7. 生态砖防护

布设在新建梯田区域的小型侵蚀沟或中型侵蚀沟上游支沟中，将沟道整形后铺设连锁式生态砖进行防护，有效排泄梯田汇流。

8. 沟壑造林

在天然植被条件较差的侵蚀沟沟坡及较宽沟底的滩地布设沟壑造林措施。

沟头种植沙棘、胡枝子、紫穗槐等，削坡后的沟坡窄缝栽植。在柳谷坊间的沟底空地扦插柳树，可在春、秋两季实施，柳条插入土中至少 20 cm，插好后剪枝，地面留出 20 cm 左右的枝条。沟头防护林宜选择根蘖性强、根底密结的灌木树种；沟底防冲林宜选择耐湿、抗冲刷、根蘖性强的乔、灌木树种；护坡林宜选择耐瘠薄、树冠茂密的速生乔、灌木树种。

十五、立体经济开发治沟模式

对于耕地利用相对不紧张、降水量适中区域的荒山缓坡，宜在山坡种植果树等经济林，在沟底修池养鸭等，综合开发。相对于种地等农业生产，经济效益显著（图 11-40）。

（一）基本原则

①适用于荒坡和荒沟一体化治理；②立体种植，考虑经济效益，近期、远期效益相结合。

图 11-40 立体经济开发治沟模式

a. 远景；b. 局部

（二）设计与施工

在保证水土保持作用的前提下，适当栽植经济植物，立体条带种植。

以治沟治坡为主攻方向，设立“三道防线”，层层拦蓄，控制水土流失：第一道防线是坡面防护工程，在山顶栽松树，在林地与耕地接壤处开挖截流沟，控制上游林地来水漫入下游农田；第二道防线是田间工程，等距离营造农田防护林，等高打垄修梯田，蓄水保墒，就地渗透；第三道防线是沟道工程，沟道修跌水，沟底修谷坊，沟侧削坡栽植经济植物，育林封沟，顺水保土。

十六、生态封育治沟模式

主要针对内蒙古牧区，由于牛、羊过度啃食，坡面草场严重破坏，甚至表土裸露，侵蚀沟生成、发育。实施生态封育，禁止放牧，恢复林草，阻止或减少地表径流，进而控制沟道侵蚀。

适用于内蒙古草原地带，生态承载力弱，表土层薄的区域。

（一）基本原则

①封育区需分区，科学布设；②需布设一定的沟头和沟底防护措施；③恢复植被，控制径流。

（二）设计与施工

退耕还草或轮牧，封禁，禁止牛、羊踩踏啃食，实施沟道稳固工程。

沟头保护草带配合沟头防护工程。在沟头防护工程内侧首先种植 3～5 m 灌木带，最里面栽培 1～2 m 的苜蓿或芨芨草。

封育区一般划分为封育割草区与轮封轮牧区。封育割草区为立地条件较好、草类生长较快、离村庄较近的地方，只能定期割草，不许放牧。轮封轮牧区为立地条件较差、草类生长较慢、离村庄较远的地方。

结合封育还应采取松耙、补播、施肥及灌溉等措施，以促进草类的生长；草地封育后，牧草生长较快，应及时利用，避免草类营养价值的降低。

对天然草场进行一定的改良。5°左右大面积缓坡天然草场，有条件的地方引水灌溉。15°以上陡坡，应沿等高线分成条带，隔带更新，在每条条带下犁水平沟。陡坡草场，可在上述措施基础上，每隔2～3条条带，增设一条灌木饲料林带。

保护措施有设置铁丝网、围栏、电围栏、草坯墙、石头墙、生物围栏等。

第四节　黑土沟道治理效果

随着东北黑土区粮仓地位的逐渐稳固与沟道侵蚀对粮食生产安全的影响，国家加大了对该区域沟道侵蚀治理的工作力度。在国家实施的水土流失治理工程中，沟道侵蚀多与坡面侵蚀治理体系同时存在。在多年的沟道侵蚀治理工作中，管理者与实施者应用逐渐成熟的侵蚀沟治理技术，在沟道侵蚀治理项目和工作中取得了较好的治理效果。

一、水土流失治理历程

（一）新中国成立初期水土流失治理

新中国成立后，国家最关注的是黄土高原的水土保持。东北的水土保持建设还是零星开展的，主要在开发较早、水土流失毁坏较重的辽宁省。此外，黑龙江省拜泉县地处典型黑土带中部，水土流失面积大，占土地面积的97%。1957～1979年进行治沟造林，改垄修梯试验、示范和推广，即治沟治坡阶段。1959年成立拜泉县水土保持工作站，开始对全县水土流失现状进行调查、分析水土流失成因及危害，提出治理措施。

野外调查发现，新中国成立初期修建的水土保持工程，诸如梯田在一些地方仍保存完好，如辽宁的彰武县、黑龙江省的宾县等，田块整齐，未见新生成沟，土壤肥沃，农田生产力保持在较高的水平（图11-41）。

a

b

图11-41　新中国成立初期治坡治沟工程

a. 辽宁省彰武县梯田；b. 黑龙江省宾县梯田

（二）改革开放初期水土流失治理

实施改革开放，使得我国经济高速发展，东北黑土区水土保持建设走向正规化、系统化、科学化和规模化，治理的级别提高为县、省级，治理的区域由田块提升为小流域，侧重的是小流域生态综合治理，形成了全国基本一致的具有中国特色的小流域综合治理模式，即山顶戴帽，腰间扎带子，山下修池塘种植稻草和养鱼。

东北涌现了大批成功治理的小流域，如吉林的柳河小流域、黑龙江省的东风小流域、黑龙江省东方小流域等。最著名的是黑龙江省拜泉县的通双小流域，拜泉县通过30多年的不断治理，全县水土流失治理面积已达70%以上，成为国内外闻名的水土保持先进县，2013年被国家命名为国家水土保持生态文明县。1983年，第一个国家级水土流失重点防治工程启动实施，将黑土区的柳河流域列入重点治理区，截至2003年，柳河重点治理区累计完成治理面积1004.3 km^2，取得了显著的成效，探索了治理路线，积累了丰富的经验。

20世纪80年代以来，水利部在东北地区组织实施了小流域综合治理试点35个（其中32个在黑土区内），累计治理水土流失面积340 km^2，探索了不同类型区的水土流失规律和治理模式，为大面积开展治理积累了宝贵经验。

1998年，中央实施积极的财政政策，在黑土区50多个县实施了水土保持重点防治工程，累计治理水土流失面积3600 km^2。

（三）试点工程后水土流失治理

1998年松花江流域发生了大洪灾，东北水土保持建设进一步引起了东北三省和内蒙古自治区以及国家的重视。2003年9月，东北黑土区水土流失综合防治试点工程正式启动。随着试点工程的实施，东北黑土区水土保持建设自此走向了国家层面的大规模建设。

试点项目区选择以小流域为单元并适当考虑行政区划的完整性，在松花江流域的黑龙江选定2个项目区、吉林选定2个项目区、内蒙古选定2个项目区；在辽河流域的辽宁选定2个项目区，共计8个项目区，依次为乌裕尔河、松花江干流、辉发河、大沟、雅鲁河、霍林河、柳河、绕阳河项目区。区域总面积为5583.2 km^2，其中水土流失面积为 2221.2 km^2，涉及四省（区）15个县（旗）76 个乡（苏木、镇）。8个项目区总治理面积为1804 km^2，其中，黑龙江为700 km^2，吉林为204 km^2，辽宁为600 km^2，内蒙古为300 km^2，总计治理 226 个小流域。

项目共实施3年，国家共投资1.1988亿元。3年累计治理水土流失面积1804 km^2，其中坡耕地改造616.9 km^2，治理荒山200.4 km^2，开展生态修复950.1 km^2，修塘坝91座，修筑谷坊、蓄水池9596座，修筑防护作业路1670 km。

东北黑土区水土流失综合防治试点工程的实施，为东北黑土区全面实施水土保持生态建设摸索出一系列单项技术和治理模式，组织管理体制，工程管理制度，以及资金投入和管理经验。

继试点工程后，国家农业综合开发办公室和水利部又分别于2008年和2011年启动了“东北黑土区水土流失重点治理”一期和二期工程。以保持水土和治理土地为基础，以治理坡耕地水土流失和危害耕地的侵蚀沟为重点，以小流域为单元，山、水、田、林、路、村统一规划，综合治理，以实现生态、经济、社会效益协调统一为主线推进落实。一期工程为2008～2010年，该项目总投资为8.01亿元，其中中央投资4.26亿元。以水土流失严重的漫川漫岗为重点，以县为单位，集中连片，实现规模治理。项目实施后，重点改造坡耕地 2750 km^2，保护黑土 6000 km^2，促进退耕还林 25 万亩；重点治理侵蚀沟 3500 多条。在黑龙江省拜泉县、克山县等 15 个县（市、区），黑龙江省原农垦总局红星、克山等 5 个农场，以及吉林省前郭县、榆树市等 10 个县（市、区）实施。

2011 年又启动了二期工程，中央投资 6.7 亿元，在东北 54 个县（市、旗）开展水土流失治理，3 年治理水土流失面积 4363.8 km^2，进一步推动了黑土区水土流失的治理。

2014 年再次启动了“东北黑土区水土流失重点治理”三期工程，在东北 60 个县（市、旗）开展水土流失治理，进一步稳步推进黑土区水土流失的治理。中央累计投入达 17 亿元，完成水土流失治理面积 1.8 万 km^2，治理区水土流失治理取得了显著成效，农村落后面貌和农业生产条件明显改观。

除国家农业综合开发项目外，2010 年 5 月，国家发展和改革委员会决定在 20 个省（自治区、直辖市）的 70 个县（市、旗）启动实施首批全国坡耕地水土流失综合治理试点工程。2017 年国家启动了东北黑土区侵蚀沟治理专项工程，国家每年投资约 5 亿元，2017～2020 年治理侵蚀沟 1 万条。

二、具体案例

（一）黑龙江省海伦市光荣小流域

光荣小流域距离海伦市城区 15 km，位于中国科学院海伦黑土水土保持监测研究站内。流域面积为 12.2 hm^2，平均坡度为 2.2°。流域内黑土层约为 45 cm，已完全开垦为耕地，大豆、玉米轮作。光荣小流域侵蚀沟基本信息如表 11-1。

表 11-1　光荣小流域侵蚀沟基本信息

长度/m	平均宽度/m	平均深度/m	最大深度/m	比降/%	面积/hm^2
455	4.2	1.2	2.2	10	0.25

治理措施及组配见图 11-42，栽植沟头防护林沙棘面积为 158 m^2，修筑柳跌水 2 处，柳谷坊 21 个，插柳面积为 0.12 hm^2，土方为 46 m^3，工程量详见表 11-2。

1. 具体措施

（1）沟头沙棘防护

沟头上游有一长 22.2 m、宽 7.2 m 的平缓处，纵比降为 4.5%，此处栽植沙棘，起到巩固沟头及防止牲畜进入侵蚀沟道的作用。采用植苗造林，穴状整地，穴径应为 0.3 m，深 0.3 m，秋季挖穴，春季栽植，株行距为 0.8 m×0.8 m，栽植后注意控制杂草。

（2）沟头连续柳跌水

共计 2 处，一处在距侵蚀沟沟头 22～42 m 处，沟头汇水面积为 2.3 hm^2；另一处在距侵蚀沟沟头 356～366 m 处，为沟底二次下切处，汇水面积为 136 hm^2。以十年一遇最大 1 h 暴雨为设计标准，沟道的水流正对柳跌水进入沟道，不再冲刷沟头，沟头稳定。柳跌水的柳条铺设厚度为 15 cm，每级柳跌水和整个柳跌水的边沿应用柳条捆压住，并

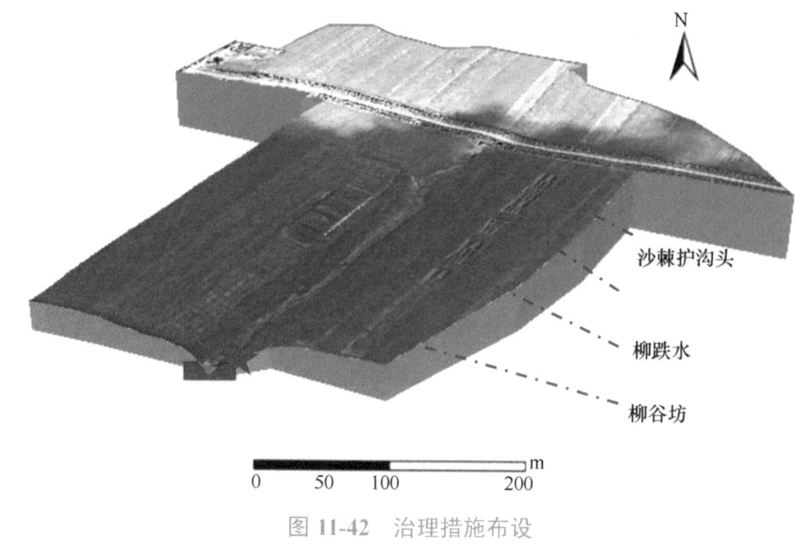

图 11-42　治理措施布设

表 11-2　治理措施工程量

柳条/根	柳桩/根	沙棘苗/株	土方/m³
2000	320	247	46

用直径 5 cm 的杨树、柳树干打桩入土 50 cm 钉牢。柳条捆直径为 10 cm，用铅丝捆住。跌水 1 宽度为 630 cm，长度为 20 m；跌水 2 宽度为 450 cm，长度为 10 m（图 11-43）。

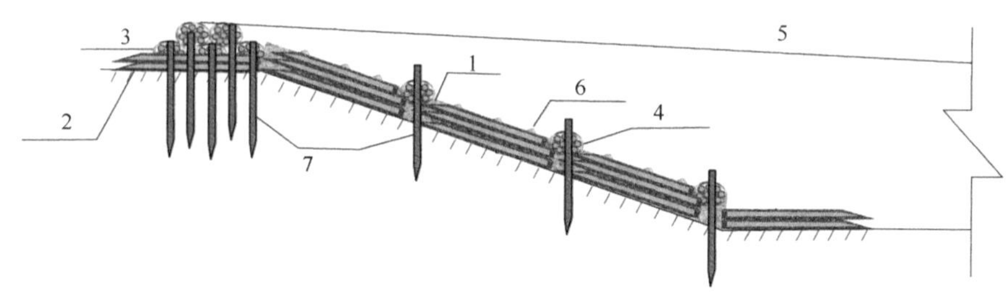

图 11-43　柳跌水纵断面示意图

1. 铺土；2. 铺柳条；3. 地面；4. 柳条捆（横向）；5. 沟顶线；6. 柳条捆（纵向）；7. 木桩

（3）沟底柳谷坊

按照顶底相照的原则确定柳谷坊的座数，按照沟道的径流量和冲刷程度确定谷坊高度。柳谷坊需满足十年一遇最大 3～6 h 暴雨的径流冲刷。共计 21 处，分别在侵蚀沟 43 m、52 m、61 m、73 m、81 m、96 m、107 m、118 m、167 m、182 m、194 m、208 m、216 m、242 m、257 m、315 m、342 m、368 m、397 m、420 m、440 m 处，柳谷坊的高度为 0.5 m。

修建柳谷坊时，需在沟底开挖 0.4～0.5 m 深的基沟。柳谷坊施工时，先横过沟道定线，清基后，开挖深 0.5 m、宽 0.2 m 的小沟，间隔 0.8～1.0 m 的 3 条平行沟，两端切入沟坡 1.0 m，然后将 2～3 年生柳条挨着并排埋入土中，敷土踩实，以利于成活。每排柳再用横木桩将柳条均匀横分在两侧，用铁丝固定，并用三道铁丝横拉将两排柳固定，三排柳间填土并踩实，土高出沟底 0.4～0.5 m；三排柳剪枝高出沟底 0.5～0.8 m（图 11-44）。

图 11-44　柳谷坊

（4）沟底插柳

在柳谷坊间的沟底空地扦插柳树，可在春、秋两季实施，柳条插入土中至少 20 cm，插好后剪枝，地面留出 20 cm 左右的枝条。

2. 治理效果

本案例所采取的侵蚀沟治理措施均是在沟道范围内实施的，治理前与治理后的开垦指数均接近 100%，很好地保护了耕地；共设置了 25 m 长导流埂，2 座柳跌水，18 座柳谷坊，侵蚀沟沟底与沟坡密植灌木（图 11-45）。与治理前相比，沟头得到很好的防护，不再溯源发展；柳谷坊的拦水蓄水作用使得沟内集中径流的流速变缓，增大了集中径流的沟内入渗；径流中的绝大部分泥沙在沟内沉积，侵蚀模数已由治理前的 6600 t/km^2 降低为治理后的 502 t/km^2，比治理前减少 92.4%（表 11-3）。柳谷坊的根部固土作用与泥沙的沉

图 11-45　治理后效果

表 11-3 治理前后对比

治理指标	治理前	治理后
耕地比例/%	95	95
侵蚀沟植被覆盖度/%	25	95
土壤侵蚀模数/（t/km^2）	6600	502
径流系数/%	10	8
年经济产出/元	0	200

积不仅阻止了沟底的下切，而且抬高了沟底；沟底与沟岸的落差减小，使得从沟岸进入侵蚀沟的坡面漫流的侵蚀力降低，减少了沟岸崩塌，进一步保护了沟岸。侵蚀沟的灌木覆盖率由治理前的25%增加到95%，生态结构显著改善，水土保持能力显著增强。

3. 投入产出

本案例的治理成本共计 5144.2 元（表 11-4），其主要花费是沟道整形的工程措施与布设植物措施的人工费用。柳条与沙棘均产自本地，因此购买成本很低。按照柳条与沙棘果的年产出经济效益为 200 元/年计算，收回成本时间为 26 年。

表 11-4 建设成本

项目	工程量	单价	措施费用/元
柳条	7500 根	0.4 元/根	3000
柳桩	320 根	1 元/根	320
沙棘苗	247 株	0.6 元/株	148.2
土方	$46m^3$	6 元/m^3	276
人工			1500
总计			5144.2

（二）黑龙江省讷河市讷南镇

实施地点在讷南镇兴业村西南 1 km 处。该地坡度为 6.5°，坡长为 250 m，在坡的中下腹有一条南北走向的侵蚀沟，水由南向北流，整个集水区面积为 38.7 hm^2，降水从东、南、西 3 个方向同时汇集一处。到治理时，该侵蚀沟沟长已达 650 m；沟口平均宽度为 6.97 m，最宽处达 9.80 m；总面积为 4500 m^2；平均沟深为 2.18 m，最深处高达 3.24 m。治理前一年流失的土壤为 250 m^3，侵蚀农田 1000 m^2。

针对该侵蚀沟侵蚀严重、发展迅速的特点。在治理过程中，采取了以生物措施为主，生物措施和工程措施相结合、沟坡结合治理的方法。

1. 生物措施

主要包括以下几个方面：①在沟头上方 750 m 处营造了一条东西走向的乔（杨）灌（柳）结合的截流林带，林带宽 30 m，长 500 m，株行距为 1.5 m × 1.5 m，杨、柳栽植比例为 2∶1；②林带到沟头之间沿流水线营造了一条南北走向的宽 10 m、长 70 m 的密植柳林，其扦插密度为 9 株/m^2；③沿沟的两侧各营造一条 15 m 宽乔（杨）灌（柳）结合的防蚀林带，株行距为 1.5 m × 1.5 m，杨、柳比例为 1∶1.5；④在距沟沿 1.5 m 处开始削坡，削坡角度为 45°，然后在削坡斜面上营造密生柳林，其扦插密度为 9 株/m^2；⑤在沟底沿水流路线纵向栽植一条长 650 m、宽 1.5～2.0 m 的防冲柳林带，栽植密度为 9 株/m^2。以上林带中柳树于秋季栽植完成，杨树于秋整地挖好树坑，第二年春季定植。在定植时施足底肥，浇足水，确保一次成活，并做好幼林的保护工作。

2. 工程措施

主要包括以下几方面：①在沟头上方 10 m 处采用塑料编织袋装土堆积成长 20 m、底边宽 1.5 m、上宽 0.5 m、高 0.5 m 的拦水土坝，土坝内缘用活柳木桩固定，堆积方向为东西向；②在侵蚀沟两侧防护林带内缘各修筑一条底宽 0.6 m、上宽 0.3 m、高 0.5 m 的土埂；③在沟头采用塑料编织袋装土，由沟底向上台阶式堆积。在堆积的每层顺着流水沟方向压放活柳条，并将不同长度的活柳木桩打入地下固定，堆积高度与沟口相平，宽度与沟宽一致；④在沟内非等距相间配置 15 个土谷坊和 16 个柳谷坊。

土谷坊用塑料编织袋装土堆积筑成，底宽 2 m，上口宽 0.6 m，高 1.0～1.3 m，长度与沟底宽相同。柳谷坊采用 5～10 个 1.5～2.0 m 长的活柳木桩，打入地下 0.5 m 左右后，用活柳条缠绕编织而成，再从两侧回填土，达到底宽 2 m、高 1.0～1.3 m 为止。各种谷坊间在侵蚀沟的上段（由沟头向下 80 m）和下段（由沟头向下 165～650 m）采用非等距配置。由于侵蚀相对较轻，谷坊间距为 25 m；在沟的中段（由沟头向下 80～165 m），由于侵蚀较重，每隔 15 m 配置一处谷坊。

3. 实施后的效果

（1）径流被阻截

径流在沟头被林带和土坝层层拦蓄截流，减少了沟内径流量、减缓了流速，削弱了雨水的冲击力，从根本上控制了沟壑的发展。

（2）减轻了冲刷

侵蚀沟两侧的防蚀林带和土埂减轻了两侧地下径流对沟沿的冲刷，起到了保护表土、固定沟床、防止下切、保护沟帮和减少崩塌的作用，有效防止了沟蚀的发展。

（3）巩固了侵蚀基点

沟底的防冲林带和谷坊起到了减缓水流、拦泥积淤、巩固侵蚀基点的作用，使沟底不再继续受到冲刷，而且柳树成活后，可随淤泥面的升高而生长，逐渐发展成林。

4. 观测结果

为了定量地研究确定治理效果，从沟头到沟尾每隔 50 m 设置一个固定观测点，总计设置 13 个，对沟头后退速度、沟帮崩塌速度、侵蚀沟面积及容积变化、沟底沿淤落沙的数量及积淤厚度等指标，连续开展了 6 年的实地观测（表 11-5）。

治理后与治理前相比，每年沟头后退侵蚀速度由 2.50 m 减少到 0.1 m、沟岸崩塌速度由 11.5 m 减少到 8.0 m；每年侵蚀农田数量由 1000 m^2 减少到 20 m^2；平均沟深由 2.18 m

表 11-5 治理后的观测结果

治理时间	侵蚀沟长度/m	沟头后退速度/（m/a）	沟口平均宽度/m	沟岸崩塌速度/（m/a）	沟口面积/m²	侵蚀耕地面积/（m²/a）	平均沟深/m	沟底平均淤积厚度/（m/a）	沟底平均宽度/m	侵蚀沟容积/m³	侵蚀量/（m³/a）
第一年	650	2.5	7.0	11.5	4531	1000	2.18		2.9	7014	2500
第二年	651	0.8	7.5	3.5	4855	325	2.10	0.08	3.1	7182	168
第三年	651	0.3	7.7	0.3	5027	172	2.01	0.09	3.2	7113	69
第四年	651	0.2	7.9	0.2	5126	99	1.92	0.09	3.3	6972	141
第五年	651	0.1	8.0	0.1	5178	53	1.79	0.13	3.5	6652	320
第六年	651	0.1	8.0	0.0	5198	20	1.66	0.13	3.7	6294	358

变为 1.66 m；侵蚀量由 2500 m³ 降到 358m³，6 年内共淤泥沙 720 m³。由此可见，该侵蚀沟通过 6 年的综合治理，完全控制了侵蚀的发展，已经变为稳定的有利于农业生产的排水沟，并且可以预测，随着林带、林墙、林网的进一步生长和成熟，它们的防护功能会不断增强，沟底的淤积速度会成倍增加，数年后，该条侵蚀沟可成为生产用地。

（三）秸秆填沟复垦案例

2017 年 11 月在典型黑土带的中部，漫川漫岗黑土区核心地带，松嫩平原粮食核心产区，也是沟道侵蚀严重区域的黑龙江省海伦市前进乡光荣村（47°21′N，126°49′E），建设了一条秸秆填埋复垦试验示范沟。

该侵蚀沟为发育于耕地中的小型沟，沟下端与横向交叉的一条大型沟连接，切沟长 280 m，宽约 3 m，深 1.5 m，上端与两条分叉的浅沟相连，浅沟长各约 100 m，到达分水岭处。修复沟毁耕地再造面积为 740 m²，工程投资为 2.53 万元，每再造一平方米耕地 35 元（表 11-6）。

表 11-6 示范沟复垦工程量

种类	土方/m³	秸秆/捆	暗管/m	人工/天	复垦面积/m²	投资/（元/m²）
工程量及费用	760	6400	300	25	740	35

1. 秸秆填沟复垦施工

（1）秸秆打捆

秸秆来源于沟周围 2 km 内的玉米地，利用秸秆打捆机收集打捆，打捆绳采用耐腐烂的塑料绳，秸秆捆规格根据打捆机设定，为 40 cm×50 cm×60 cm，紧实度控制在不小于 230 kg/m³。

（2）沟道整形

依据沟道自然形状，将整形后的沟宽设定为 3.5 m 和 2 m 两个宽度，用挖掘机将前者挖成长 120 m、深 2.0 m 和后者长 160 m、深 1.5 m 两个矩形断面沟道。

（3）暗管布设

暗管选取塑料排水盲管，管壁由塑料丝编织而成，透水性极佳，外部用土工布包裹，单管长 2 m，管间用带皮金属线连接，直至沟底出水口，沟底比降为 3%～5%。

（4）秸秆填埋

下端宽体段秸秆捆铺设 3 层，上端窄体段秸秆捆铺设 2 层。

（5）拦截埂和竖井

共布设 2 道，分别位于距沟尾 120 m 和 200 m 处，单井规格为 2 m×1 m，内填直径 2 cm 左右的碎毛石，上覆约 20 cm 厚的粗砂。

（6）出口防护

以暗管出口为中心，修筑砖混挡墙。

2. 复垦后的效果及其推广

填埋后的原侵蚀沟位田面全部恢复了作物种植，保证了农业机械通行（图 11-46）。除封冻外，暗管连续排水，降雨期增大，在 2018 年的丰水年也未重新成沟，达到了设计要求，取得了预期效果，实现了沟毁耕地再造。

图 11-46　侵蚀沟填埋后的耕地

沟毁耕地再造复垦技术已被纳入黑土地保护试点工程、东北黑土区侵蚀沟治理专项工程、黑土地整治工程、秸秆综合利用工程，在黑龙江省宁安黑土地保护试点、辽宁省开原市侵蚀沟治理专项、黑龙江省红光农场黑土地整治工程中得以规模化应用，截至目前，已在东北累计修复耕地中的侵蚀沟 500 余条，再造耕地近 133.3 hm^2。

三、存在的问题

（一）后期管护不足

依照现行的水土保持生态建设工程管理规定，实施完成后的水土保持工程，交由土地所有者管护。调查时发现已有的治理侵蚀沟多处于无人管护状态，成为自由放牧的场所，尤其是在治理完成初期，栽植的树木被牲畜啃食、践踏，春季放荒林木尤其灌木被烧死，严重削弱了治理成效。

（二）存在过度布设工程措施，忽略植物措施的现象

实地调查侵蚀沟治理工程发现，目前很多工程设计存在工程措施过多而植被措施较少的现象。具体表现为侵蚀沟治理结束后，沟道内几乎全是块石、石笼等，而治理时布设的插柳、植草等植物措施很少。侵蚀沟治理的最终形态应当是沟道成为绿色过水通道，应有植被覆盖。尽管工程措施稳定后侵蚀沟亦能起到安全排水的作用，且随着侵蚀沟的稳定，植被会自然恢复，但沟道治理时应当布设植物措施，应当保证植物一定的存活率，从而提高对沟道的保护作用。

（三）缺少专业施工队伍

由于水土保持工程近些年来才开始，社会上缺乏真正懂并会干的专业施工队伍，多为获取经济收益组建的公司，真正懂水土保持工程的是常年从事水土保持工作的水保站人员、具有多年开展水土保持建设的当地农民。探索侵蚀沟治理工程施工组织模式，落实水利部近年倡导的“以奖代补”的形式，鼓励侵蚀沟所在村（屯）农民在自己的土地上施工建设，具有众多好处，农民可直接获取建设收益，化解在建设中用地、损地的矛盾，提高建设质量，通过农民直接参与，提高工程建设质量。

第十二章　控制黑土侵蚀退化的策略

第一节　乌拉圭黑土长期定位试验的启示

乌拉圭东岸共和国，简称乌拉圭，地处南美洲 30°S～35°S，属于温带亚湿润气候带，全国年平均降水量 1200 mm，平均年降水量南方 1000 mm，东北 1500 mm，日平均气温冬季 13℃，夏季 25℃，即冬季较寒冷，但无降雪、土壤无冻融；夏季较热，平均每月降水分布相当均匀，但潜在蒸发蒸腾量较大。

乌拉圭总土地面积约为 1600 万 hm^2（2.4 亿亩），其中黑土面积为 1300 万 hm^2，占总土地面积的 81%，因此，黑土是该国农牧业发展的基石，对促进国民经济和农牧产品出口起着决定性作用。

由于气候因素，传统上，乌拉圭 80%的景观由自然与再生的多年生和一年生 C3、C4 草原植被组成，用于草食动物生产，剩余的 20%以不同轮作方式种植作物和牧草。近些年来，由于商品价格的上涨，农业土地面积不断增加，而且免耕面积增加到农业土地面积的 50%以上（Garcia-Prechac et al.，2004）。

农业土壤的退化（土壤肥力耗竭、土壤侵蚀）是乌拉圭政府部门、农业工作者及种植户关注的主要问题。这主要源于常规耕作及作物轮作的弊端。与世界其他国家类似，常规耕作作物轮作 28 年后，土壤有机碳（SOC）损失 25%（Diaz-Rosello，1992）。为了防止土壤退化，基于农业科技工作者的长期定位试验结果，乌拉圭的种植体系从 20 世纪后半叶开始经历了从原有作物的长期轮作向常规耕作基础上的一年生作物与牧草轮作过渡，以及逐步向基于作物—牧草轮作的免耕体系方向过渡两个阶段。

客观地说，始于 20 世纪 60 年代乌拉圭的作物—牧草多体轮作制是不同于世界其他黑土区最有影响和特色的种植体系，它是一个更具多样性，具有更强的抗御气候和经济变化缓冲力的系统。明晰乌拉圭特色种植体系的不同构成，清晰深入理解不同体系长期实施之后土壤有机碳及其相关指标的变化，为我国农牧交错带适宜类型区确定持续发展措施提供成熟技术体系，很有借鉴意义。

一、作物—牧草多体轮作制长期定位试验及其构成

基于新西兰的模式，位于乌拉圭派桑杜省（Paysandu）La Estanzuela 市郊的乌拉圭国家农牧研究院（INIA）农业试验站（34°20′S，57°43′W），从 1962 年建立并于 1963 年开始实施作物—牧草多体轮作种植模式的长期定位试验，目的在于评估 7 个种植体系的持续性，每个体系 6 年为一个周期，每个小区 25 m 宽，200 m 长，坡度为 2°～4°，土壤类型为粉砂黏壤土，属于典型的黏淀湿润软土（typic arguidoll）。该区属于亚湿润气候，年平均温度为 17℃，冬季和夏季平均气温分别为 12℃和 24℃。

该长期定位试验基本的作物种植顺序是包括 4 种作物和 1 种绿肥作物的 3 年轮作，即高粱—小麦、向日葵—玉米和燕麦；另一种作物种植顺序是用大豆替代了高粱和玉米。1974 年、1983 年和 2008 年有所调整，2008 年后所用试验均为免耕。氮、磷采用测土配方施肥，收获一年生谷物并移走籽实，牧草定期切割以促进放牧，饲料残体留在小区中。每年的 3 月或者 4 月采集 0～15 cm 耕层土壤，测定有机碳、全氮、pH、有效磷（Bray 1，树脂法）、交换性钾，并对所用样品烘干研磨、保存归档。详细轮作方式和处理组成如表 12-1 所示。

表 12-1　乌拉圭国家农牧研究院农业试验站作物—牧草多体轮作长期定位试验

处理	第 1 年	第 2 年	第 3 年	第 4 年	第 5 年	第 6 年	说明
作物轮作 I	燕麦—高粱	小麦—向日葵	玉米	燕麦—高粱	小麦—向日葵	玉米	正常施肥作物 3 年一个周期
作物轮作不施肥	燕麦—高粱	小麦—向日葵	玉米	燕麦—高粱	小麦—向日葵	玉米	作物 3 年一个周期不施肥
作物轮作 II	燕麦—大豆	小麦—向日葵	大豆	燕麦—大豆	小麦—向日葵	大豆	以大豆为主的作物轮作
4 年作物 2 年红三叶草	高粱	小麦—向日葵	红三叶草	高粱	小麦—向日葵	红三叶草	与牧草短期轮作
3 年作物 3 年牧草混播	燕麦—高粱	小麦—向日葵	玉米	牧草混播	牧草混播	牧草混播	混播牧草为羊茅、白车轴草和红三叶草
3 年作物 3 年百脉根	燕麦—高粱	小麦—向日葵	玉米	百脉根	百脉根	百脉根	作物与百脉根轮作
2 年作物 4 年牧草混播	玉米	牧草混播	高粱	牧草混播	牧草混播	牧草混播	混播牧草为羊茅、白车轴草和红三叶草

在自然牧区，该模式主要增添豆科牧草和增施磷肥，而不是把自然牧区变成人为的新的牧草体系，因此影响较小。然而，在作物种植区，尽管多年生牧草种植的第一年有土壤侵蚀和牧草产量下降的危险，但由于作物生产的施肥量较多，土壤有效磷含量相对高，豆科牧草的表现尚好，而且该体系省时、节本、减少土壤退化的程度，因此该体系作为一个能够恢复多年农作物轮作导致的生产力下降的策略被逐渐采纳，并成为作物生产和肥牛育肥有机结合的典范（Garcia-Prechac et al.，2004）。

二、作物—牧草多体轮作制下土壤有机碳和碳储量的变化

Ernst 和 Siri-Prieto（2009）对上述长期定位试验中 4 个种植体系的有机碳年际变化趋势分析表明，从 1962 年建立，1963 年开始实施，到 2015 年的 52 年，土壤有机碳（SOC）在 3 年作物 3 年牧草混乱和 2 年作物 4 年牧草混乱处理下的总体趋势是实施 30 年后 SOC 含量略有逐渐增加的趋势，而作物轮作的 SOC 呈现明显下降，尤以轮作不施肥下降显著，与初始期 1963 年的 SOC 含量相比，作物轮作不施肥下降 50%，而作物轮作施肥下降 20%。

一般，SOC 在牧草阶段增加，在作物阶段降低，但两个阶段结束后 SOC 无净变化。1964～1990 年的回归分析表明，作物轮作导致每年减少 Ap 层 SOC 540 kg/hm^2，而作物—牧草多体轮作制减少 Ap 层 SOC 80 kg/hm^2（Garcia-Prechac et al.，2004）。

进一步对 52 年后 7 种种植体系的碳储量差异（以每公顷土壤重量 2500 Mg/hm^2）分析发现，52 年后，3 年作物 3 年百脉根、3 年作物 3 年牧草混播和 2 年作物 4 年牧草混播种植体系的碳储量没有差异，为 54～57 Mg C/hm^2，并以 2 年作物 4 年牧草处理碳储量最高。而这 3 种体系与其他 4 种种植体系的碳储量差异显著。作物轮作不施肥碳储量最低，为 31 Mg C/hm^2，施肥条件下正常作物轮作和以大豆为主的轮作之间无差异，而 4 年作物 2 年红三叶草居中，为 49 Mg C/hm^2。

由此可见：①就农作物轮作种植而言，要注重施肥的作用，不施肥将显著降低有机碳储量；②作物轮作和牧草轮作有机结合，是保持土壤有机碳库的有效途径。

三、不同耕作方式下多年生牧草—作物长期轮作及其土壤有机碳动态

作物—牧草多体轮作种植模式体系导致两个潜在的问题：表土的压实和土壤表面残茬的减少，加之乌拉圭降水量的分布及其土壤的特性，土壤的水蚀危害很高，而免耕能够降低土壤有机质的矿化和减少土壤侵蚀作用，因此研究者又从 1993 年开始设计了不同耕作方式下多年生牧草—作物轮作的长期定位试验，这是类似该区盛行的 3 年作物（每年种植两季）3 年牧草试验，作物种植顺序如表 12-2 所示。该试验是随机区组设计，3 次重复，每个小区 10 m 宽，50 m 长。

表 12-2　常规耕作和免耕作物—牧草轮作的作物种植顺序（1993～2003 年）

年份	冬季作物	夏季作物
1993/1994	大麦	高粱
1994/1995	小麦	向日葵
1995/1996	小麦与多年生牧草	多年生牧草
1996/1997	多年生牧草	多年生牧草
1997/1998	多年生牧草	多年生牧草
1998/1999	休闲	玉米
1999/2000	小麦	休闲
2000/2001	小麦	大豆
2001/2002	休闲	向日葵
2002/2003	小麦与多年生牧草	多年生牧草
2003	多年生牧草	多年生牧草

注：多年生牧草组成是苇状羊茅（*Festuca arundinacea*）、百脉根（*Lotus corniculatus*）和白车轴草（*Trifolium repens*）

Salvo 等（2014）详细报道了实施免耕和常规耕作 9.5 年后，多年生牧草轮作耕层 0～6 cm、6～12 cm、12～18 cm 的有机碳含量及其组成的变化。他们的研究惊奇地发现，9.5 年之后，常规耕作与免耕的不同耕层深度的有机碳没有差异，1994 年 18 cm 耕层内初始的有机碳是 21.4 g/kg，2003 年常规耕作与免耕的有机碳分别是 19.8 g/kg 和 20.0 g/kg，即在牧草—作物轮作体系下，与免耕相比，常规耕作并未导致有机碳损失的增加。

尽管处理间有机碳含量差异不大，研究者却发现有机碳的组成差异较大，尤其是颗粒有机碳（POC）含量明显减少，并以>200 μm POC 减少比例最多，3 个耕层平均分别

较少 53%、71%和 79%。总体上，颗粒有机碳与土壤有机碳比值，由起始期的 18.4%降到 6.8%，即大部分颗粒有机碳矿化并以 CO_2 形式释放到大气中，而矿质结合的有机碳含量没有变化。研究认为与 SOC 比较，POC 是土壤利用和管理中更为敏感的指标。另外，他们还有一个很有意义的发现，即 9.5 年之后，0～18 cm 耕层只有 14.5%的 SOC 是新鲜的 SOC，来自作物的碳投入只有 17%保持到 0～6 cm 表层。并估测土壤有机质半减期为 28 年，且 POC 的半减期为 5 年，而矿质结合的有机碳的半减期为 400 年。由此提出，即使是在常规耕作条件下，只要是作物轮作体系中有多年生牧草加入同样可以维持 SOC 水平。

Terra 等（2006）也曾指出，免耕条件下牧草—作物轮作 8 年的土壤有机碳含量与自然牧草植被的有机碳含量相近，但 POC 含量下降 32%。在南美阿根廷，Steinbach 和 Alvarez（2006）报道，60 项研究中有 13 项免耕的 SOC 含量比常规耕作低，而且初始 SOC 含量低的增加 15%，而初始 SOC 含量高的损失 5%（表 12-2）。

很明显，他们的研究结论与其他地区免耕增加土壤有机碳含量的结果不同。由于该种植系统每年种植两季作物并组合多年生牧草，土壤裸露的时间短，植被连续覆盖，减少了土壤发生侵蚀的机会。此外，免耕条件下牧草—作物轮作增加有机碳的程度与牧草类型、放牧状态和作物阶段的养分管理有关（Guo and Gifford，2002）。

四、作物—牧草多体轮作制对土壤侵蚀的影响

Garcia-Prechac 等（2004）综合比较不同耕作方式下 7 种体系的 7 年和 18 年土壤平均侵蚀量，结果表明，常规耕作作物轮作体系的土壤平均年侵蚀量最高，为 19.2 Mg/（hm^2·a），而少耕作物轮作体系、常规耕作作物—牧草多体轮作制和简化耕作作物—牧草多体轮作制分别为 8.6 Mg/（hm^2·a）、7.2 Mg/（hm^2·a）和 4.4 Mg/（hm^2·a）；免耕作物轮作体系的土壤平均年侵蚀量只有 3.2 Mg/（hm^2·a），免耕作物—牧草多体轮作制为 1.3 Mg/（hm^2·a），自然牧草最低，仅为 1.2 Mg/（hm^2·a）。总体上，作物—牧草轮作体系由常规耕作转换为免耕后，土壤侵蚀速率降低 50%以上。

进一步的研究认为，作物轮作体系最先发生地表径流，其次是作物轮作下的免耕，最晚的是作物—牧草多体轮作下的免耕（Ernst and Siri-Prieto，2009）。由于免耕有 100%的残茬覆盖，比常规耕作地表径流发生的时间延迟 72%（30.3 s vs. 108.2 s），而且径流量减少 31%，一旦牧草体系加入，径流量将会显著减少。我国学者郑粉莉等（2004）曾指出，常规耕作的径流速率要比免耕高出 1.7～1.9 倍。她们总结提出，与常规耕作比较，免耕降低径流 25%，由于雨滴对裸露土壤的作用，引起团聚体破坏，运移更多的颗粒和小团聚体，降低渗透速率，增加径流，导致土壤侵蚀。

由于常规耕作基础上的作物轮作降低土壤生产力，被认为不是持续的管理方式。鉴于免耕条件下，牧草加入作物轮作体系中，牧草密集的细根促进团聚体作用，土壤团聚体的稳定性迅速增加，由此提出免耕条件下的作物—牧草多体轮作制是避免土壤侵蚀的可持续体系。实际上从 2004 年开始，乌拉圭就有 52%的农场和 25%的奶牛场采纳免耕方式。

五、作物轮作与多年生牧草—作物轮作长期试验及其土壤有机碳动态

研究者同样设计了不同耕作条件下多年生牧草—作物轮作与作物轮作对比长期定位试验，并比较分析了 SOC 动态（表 12-3）。研究发现，12 年之后，无论是作物轮作还是作物—牧草轮作，免耕 SOC 比常规耕作 SOC 平均高出 7%，而土壤总有机氮（STN）变化则不同于 SOC。STN 均下降，其中作物轮作的降低幅度最大，降低 15.5%（1.63 g/kg vs. 1.93 g/kg）。作物—牧草轮作下两种耕作体系能够缓解 STN 降低幅度 56%，并发现作物—牧草轮作下 C/N 值有所下降，研究认为与作物轮作相比，作物—牧草轮作潜在的有机氮矿化度高，即作物轮作增加对 N 的需求。关于 STN 的研究结果与其他国家研究认为有豆类作物参与的轮作体系增加 STN 的报道也不一致。

表 12-3　作物轮作和作物—牧草轮作的作物种植顺序（1993～2004 年）

年份	作物轮作		作物—牧草轮作	
	冬季作物	夏季作物	冬季作物	夏季作物
1993/1994	大麦	高粱	大麦	高粱
1994/1995	小麦	向日葵	小麦	向日葵
1995/1996	小麦	高粱	小麦与多年生牧草	多年生牧草
1996/1997	休闲	玉米	多年生牧草	多年生牧草
1997/1998	燕麦	大豆	多年生牧草	多年生牧草
1998/1999	休闲	玉米	休闲	玉米
1999/2000	小麦	休闲	小麦	休闲
2000/2001	小麦	大豆	小麦	大豆
2001/2002	休闲	向日葵	休闲	向日葵
2002/2003	小麦	大豆	小麦与多年生牧草	多年生牧草
2003	休闲	向日葵	多年生牧草	多年生牧草
2004	大麦	大豆	多年生牧草	多年生牧草

注：多年生牧草组成是苇状羊茅（*Festuca arundinacea*）、百脉根（*Lotus corniculatus*）和白车轴草（*Trifolium repens*）

他们的研究还发现，作物—牧草轮作的湿稳定性团聚体的平均重量直径（MWD）比作物轮作增加 140%。免耕比常规耕作的 MWD 高（2.52 mm vs. 1.55 mm），免耕条件下，牧草改进 MWD 的作用是 24%。作物轮作条件下，免耕比常规耕作对 MWD 的影响明显（2.24 mm vs. 0.91 mm）。实际上，大团聚体的稳定性是暂时的，而且对农业管理措施相当敏感，因为作为稳定剂的真菌菌丝和细菌产物相当脆弱（Oades，1984）。也就是说，一旦体系转换成常规耕作，这种团聚体改善的效果就会消失。

六、作物轮作和耕作对氧化亚氮排放的影响

自然和农业土壤是氧化亚氮（N_2O）的重要来源，据估计每年全球的排放量分别为 6.0 Tg 和 4.2 Tg N_2O（IPCC，2013）。乌拉圭环境气候变化部的报告认为，该国 99%的 N_2O 排放来自农业产业。研究表明：土地利用方式影响 N_2O 的排放强度，作物种类对

N_2O 的排放影响很大，草原植物和非谷类作物的影响远远高于谷类作物（Smit and Cohen，2004）。耕作方式对 N_2O 的排放影响变化较大，其与环境关系较大（Parkin and Kaspar，2006）。有研究认为，免耕导致很高的 N_2O 排放（Passianoto et al.，2003），而常规耕作导致 N_2O 的排放增加很少甚至没有变化（Robertson et al.，2000）。

Perdomo 等（2009）比较了不同耕作方式下作物轮作与多年生牧草—作物轮作与自然牧草植被的 N_2O 排放，其目的在于更好地预测今后土地变化对 N_2O 排放的影响，并提高乌拉圭 N_2O 排放的准确度。他们的研究发现，向日葵和大麦种植以及氮肥施用后土壤中 NO_3^-增高，降雨后显著降低，且 NO_3^-的降低恰好与 N_2O 的排放高峰重合，而土壤 NH_4^+则与之相反，含量很低且相当稳定。两种耕作方式下作物轮作土壤 NO_3^-含量显著高于多年生牧草—作物轮作，处理间差异显著（7.5 mg N/kg vs. 2.6 mg N/kg），说明牧草吸附了更多的矿物氮。

进一步分析表明，常规耕作下的作物轮作 N_2O 的排放量最高[99 g N/（hm^2·d）]，发生在年最大降雨之后，此时土壤温度为 15℃。N_2O 的高排放量多半发生在土壤处于淹水状态导致的反硝化作用增强或者土壤 NO_3^-含量高的阶段（如休闲）。研究发现，自然牧草植被 N_2O 的排放量几乎总是低于 5 g N/（hm^2·d），明显低于不同耕作方式下作物轮作与多年生牧草—作物轮作处理。研究认为自然牧草植被由于不耕作、不施肥，生产力低，土壤 NO_3^-含量低，土壤矿化和硝化作用慢。但是，研究没有发现不同耕作措施之间 N_2O 排放的规律性差异。他们的研究结果也与已有的相关研究相违。

Gregorich 等（2005）曾指出，与一年生作物比较，豆类牧草作物释放的 N_2O 量低。阿根廷 Steinbach 和 Alvarez（2006）的研究认为，免耕释放更多的 N_2O。分析认为前者是由于土壤紧实，后者是由于土壤水分含量高。由此认为，控制 N_2O 的排放是一个与种植方式有关的复杂的互作过程。一方面，耕作提高土壤空气的渗透性，降低 N_2O 的排放量；另一方面，有机物料翻埋到土壤里强化 N_2O 的生成。

乌拉圭特定生态环境和特别的种植体系下得出的不同于其他地区的研究结果或结论，对进一步深化农业生产区域性的理解意义重大。免耕体系下的作物—牧草多体轮作制是乌拉圭现行生态和生产条件下更持续的管理体系，因为该体系改善土壤质量，减轻土壤侵蚀。但是必须指出，这种体系是在乌拉圭以及阿根廷的部分地区资源禀赋、人口和经济现状下实施的（Diaz-Zorita et al.，2002），我国相应类型区只能借鉴，不可照搬。

显然，农业生产的持续性依赖于很多因素，但是其中两个主要因素就是控制土壤侵蚀和保持 SOC 的水平。通过土壤管理措施增加 SOC 依赖于土壤原有的 SOC 含量、潜在的净生产能力和当地气候条件。

第二节　聚丙烯酰胺在土壤侵蚀管理中的应用

水溶性的聚丙烯酰胺（polyacrylamide，PAM）泛指一类聚合化合物，它们在聚合物链的长度、功能团的数量和类型上各异。目前，至少有上百种特殊的 PAM。第二次世界大战时，在土壤中稳定的聚丙烯酰胺曾被用于道路和河床建设，20 世纪 50 年代初人们开始探讨其在农业上的应用（Weeks and Colter，1952）。由于当时一般要在不同的喷射带或耕作带喷施约 100 kg/hm^2 PAM，材料和成本都限制了 PAM 的应用。20 世纪 80 年代，随着聚合物的成本、剂型和纯度的不断改进，其应用得以推广。

20 世纪 90 年代初的研究和实践证明：PAM 可以有效地控制土壤侵蚀、提高地下水质量，并且可以显著降低动物废弃物中的细菌和养分含量，当其和植被方式一起应用时，对降低污染物的含量更加有效。目前，PAM 已被应用于不同的农业目标来进行土壤的改良，因为它影响土壤的分散、结絮和团聚作用而稳定土壤的结构和提高土壤的渗流，从而可以使得土壤地表水的径流、土壤侵蚀和板结降低到最小程度（Barvenik，1994；Sojka and Lentz，1996）。此外，PAM 处理可以降低水中藻类、细菌、真菌数量和微生物生物量，尤其在与 $Al_2(SO_4)_3$ 和 CaO 混合时，效果更好，与对照相比，可以减少牛、鱼和养猪废水中粪便大肠杆菌和链球菌总量，同时，明显降低牛和猪废水中淋洗液或表面径流中的 NH_4^+、PO_4^{3-} 和全磷的含量（Sojka and Entry，2000）。

PAM 最先在美国出售用于土壤侵蚀控制是 1995 年，20 世纪末，美国就有 40 万 hm^2 的土地进行过 PAM 处理。商业上用于控制土壤侵蚀的 PAM 主要有两种类型：一种最常用的是细颗粒形态；另一种常用的剂型是浓缩的液体乳剂和矿物晶，液体乳剂常用于 PAM 的喷灌而不是沟灌。由于 PAM 是改善水质量最有效、最经济和影响最小的管理方式，预计今后在这方面应用的市场会更大。

一、土壤和水特性对聚丙烯酰胺吸附作用的影响

有关聚丙烯酰胺（PAM）的吸附作用，前人已经在沙子、石英、矾土、黏土矿物、乳胶和纤维素等材料上进行过研究。早在 1972 年和 1982 年，Greenland 和 Theng 就分别综述了黏土悬浮液中的聚合物吸附作用，认为 PAM 的吸附等温线均呈“L”形，可以用 Langmuir 方程表述，黏土矿物对 PAM 的亲和性高，因为其长链中具有多段吸附作用（Theng，1982）。

Nadler 和 Letey（1989）及 Malik 和 Letey（1991）利用氚标记的聚合物测定了砂壤土几种多聚阴离子的吸附等温线，结果认为，土壤对聚合物的吸附主要是局限于外表面，且明显受到水质量的影响。Nadler 等（1992）发现当吸附在土壤中后，就不再发生解吸作用。Pefferkorn 等（1999）讨论了 PAM 吸附作用的界面过程。然而，由于应用在灌溉中的 PAM 的分子量相当高，但是浓度很低，当 PAM 浓度低于 10 mg/L 时，在土壤溶液中很难测定到 PAM。因此，对于 PAM 吸附行为的认识有助于预测使用量的多少、处理的有效深度、在土壤中的移动性和土壤物理条件的变化。明确聚合物与土壤的互作，即可以提供最优的聚合物使用数量。目前认为土壤质地、黏土矿物、有机质和溶解在水中的盐的浓度将影响到 PAM 的吸附作用。

（一）土壤质地对聚丙烯酰胺吸附的影响

典型的 PAM 是水溶性的阴离子聚合物，分子量为 12～15 mg/mol（即每个分子中含有 150 000 单体单位），商业上它们作为工业絮凝聚合物（可以加速固体从液体悬浮液中的分离，如阴沟污泥脱水、采矿、制纸业、精制糖和果汁的分级）和动物饲料制备的稠化剂。

与小分子有机化合物或非离子型聚合物不同，阴离子聚合物并不进入膨胀层状硅酸盐的层间空隙，主要是由于长链上电荷相斥而形成的 PAM 的延伸圈状结构，因此，PAM 的吸附作用只局限于外表面（Theng，1982）。影响外表面的因素，如悬浮液中土壤团聚体大小、厚薄、形状均会影响 PAM 吸附的数量。

Malik 和 Letey（1991）证明小颗粒要比大颗粒吸附的 PAM 多。Lu 等（2002）发现在一定盐浓度范围内，黏土矿物吸附的 PAM 要比土壤吸附的高出几倍，比细砂多吸附 10 倍甚至几百倍。由于土壤无机成分的化学组成主要是硅酸盐类或铝硅酸盐类，一般认为沙子、粉砂和黏土组分具有相似的 PAM 吸附的活跃位点。研究认为：当溶液中含有相同类型和相同浓度的阳离子时，质地好的土壤如黏壤土、粉砂质黏土要比质地差的壤质砂土和砂土吸附更多的 PAM（Lu et al.，2002）。

（二）溶解的盐对聚丙烯酰胺的影响

Lu 等（2002）研究表明：随着溶解盐的浓度增加，相同矿物和土壤对 PAM 的吸附增加。他们发现在 0.01 mol/L NaCl 条件下，PAM 饱和吸附的数量要比无离子水状态下多吸附 0.5～1.5 倍，而在 0.005 mol/L $CaCl_2$ 条件下，要比无离子水状态下多吸附 4～9 倍。具有较高溶解盐的土壤，如壤质砂土比粉砂壤土吸附更多的 PAM，尽管前者的质地比后者更为粗糙。有关阴离子聚合物与土壤材料之间的互作本质尚不清楚，氢键和配体交换（ligand exchange）是两种结合机制。

氢键通常发生于聚合物的酰胺基团和吸附剂表面的游离羟基基团之间（Pefferkorn et al.，1999）。配体交换结合模式则是 PAM 羧基进入边缘 Al 的内部配位层，形成配位复合体。然而，在土壤 pH 正常情况下（pH 5.0～9.0），阴离子 PAM 和土壤材料的表面都是带有负电荷的，静电排斥阻止 PAM 通过氢键、配位交换或其他未知的机制吸附。因此，吸附过程完全受到聚合物与土壤表面有效互作及静电排斥与静电引力之间竞争的控制（Lecourtier et al.，1990）。这样，当静电排斥通过阳离子的抑制而减少时，PAM 的吸附快速增加，而且静电排斥的减少同样有利于吸附的和未吸附的 PAM 分子之间的吸引，使得更多的分子趋向界面，有利于吸附。

通过阳离子的抑制而提高 PAM 吸附的另一种可能机制是 PAM 分子结构配置的改变。土壤溶液中的主要阳离子是 Na^+、K^+、Ca^{2+}和 Mg^{2+}，Lu 等（2002）研究发现，在相同浓度情况下，在提高 PAM 的吸附上，二价阳离子比一价阳离子有效得多，平均增加 28 倍。当阴离子 PAM 应用到分散的土壤中时，土壤通常带有较高的负电荷，因此，灌溉水中一定含量的阳离子，尤其 Ca^{2+}是保证 PAM 使用有效性所必需的，因为吸附是 PAM 在稳定土壤团聚体中起作用的前提。Ca^{2+}使得土壤颗粒周边的双电子层皱缩变小，构架起土壤颗粒和 PAM 分子的阴离子表面，产生絮凝作用（Orts et al.，2001）。

因此，当应用阴离子 PAM 来提高絮凝作用和控制土壤侵蚀时，灌溉水中需要电解质钙。研究认为：钙离子主要作为阴离子土壤表面和阴离子 PAM 大分子的桥（Sojka and Lentz，1996）。钙离子有两个电荷，水合半径小，有利于絮凝作用。与之相反，钠离子水合半径大，抑制离子桥作用，一般导致固体颗粒的分散而不是絮凝。因此，增施石灰或施用硝酸钙化肥的同时使用 PAM 可以减少表面的结皮，加速土壤颗粒的淋溶。沟灌中，PAM 只需要处理拟防控地块的 25%即可以，因此每公顷只需要 1～2 kg 即能稳定土壤表面结构，使得空隙一致而停止侵蚀、改善渗透。

（三）有机质对聚丙烯酰胺吸附的影响

目前认为：PAM 的饱和吸附与土壤质地和团聚化作用的程度高度相关，而正常情况下，有机质的多数功能团携带负电荷，有机质含量降低，减少了土壤颗粒与阴离子 PAM 之间的静电排斥，由此增加了 PAM 的吸附。去掉土壤有机质会破坏团聚体，为 PAM 的吸附增加新的位点，从而增加吸附量（Malik and Letey，1991）。因此，正常情况下 PAM 的吸附必须克服静电排斥，因为土壤表面大部分都携带负电荷。

Lu 等（2002）研究表明：当去除土壤中的一些有机质后，土壤对 PAM 的吸附亲和力增加。例如，当黏壤土的有机质利用过氧化氢氧化时，有机质的含量从原有的 38.8 g/kg 分别降到 32.4 g/kg 和 20.1 g/kg 时，PAM 饱和吸附量由 0.28 mg/g 分别增加到 0.32 mg/g 和 0.38 mg/g。由于氧化作用并未改变土壤的质地和含盐量，增加的 PAM 吸附主要来自有机质的降低。因此，土壤中的有机质含量对 PAM 的吸附有负面影响。

土壤有机质对 PAM 吸附的负面影响程度与土壤质地有关。对于质地良好的土壤如黏壤土和粉砂黏土，有机质含量稍微降低即可导致 PAM 吸附的显著增加，而在质地粗糙的土壤如砂壤土和粉砂壤土，PAM 的吸附增加相对较少。这是由于有机质黏接黏土比黏接砂土更有效。由于有些功能团如—OH、—COOH 和—NH_2 可以与 PAM 分子中—COOH、—NH_2 形成氢键，因此，有机质应该有利于 PAM 的吸附。然而，有机质氧化后 PAM 吸附增加表明：该种氢键不能抑制上述讲到的两种机制，可能有机质对 PAM 的吸附仅占 PAM 总吸附的很少一部分。这一点明显不同于小分子化合物如杀虫剂和除草剂的表现，因为对于后者而言，有机质决定它们在吸附中起到绝对作用，与无机成分比较，多数除草剂和杀虫剂与有机质的亲和性达上百倍或上千倍。

二、聚丙烯酰胺分子量及其电荷对土壤渗透作用的影响

土壤的渗透速率和团聚体稳定性显著影响大田土壤的功能，是土壤质量的重要指标（Doran and Parkin，1996）。对于农业利用的土壤而言，土壤水分的补给和稳定的团聚作用至关重要。较高的团聚体稳定性有助于为渗透作用保持足够的空隙空间。当渗透作用降低时，径流和侵蚀发生，由此使得土壤退化。质地（尤其是黏粒含量）、黏土类型、有机质含量、土壤溶液中的离子类型等土壤特性对 PAM 吸附有着重要影响，我们可称其为外界因素，而 PAM 本身，尤其是分子量的大小、电荷和电荷密度是影响 PAM 吸附作用效果的主要内在因素（Seybold，1994）。

（一）分子量的影响

典型的商业用 PAM 的分子量介于 20 mg/mol 到几千 mg/mol，增加分子量即增加聚合物链的长度和 PAM 溶液的黏稠度（Barvenik，1994）。高分子量的 PAM 比低分子量

的 PAM 对絮凝作用更为有效。高分子量（12～15 mg/mol）和低电荷密度（18%～20%）的阴离子 PAM 已经被有效地应用在干旱和地中海气候区（主要是利用喷灌系统将 PAM 喷在土壤上或直接利用高压喷射器喷洒 PAM），可以稳定土壤结构、增加渗透作用、减少水分利用和降低沟灌大田的侵蚀，在高强度的降雨且电解质存在的情况下更是如此（Lentz and Sojka，1994；Trout et al.，1995）。

此外，PAM（10～15 mg/mol 和电荷密度 20%）在雨养农业和喷灌中也很有效（Ben-hur et al.，1989；Levy et al.，1992；Shainberge and Levy，1994）。研究表明：聚合物的分子量对粗糙质地土壤的 PAM 吸附有效性的影响显著，而对质地好的土壤没有影响（Levy and Agassi，1995）。质地好的土壤（黏粒含量高）黏土颗粒之间距离短，因此，即使短链的聚合物（低分子量）也能使黏土颗粒连接起来。此外，黏土的化学特性在控制封闭层形成、提高 PAM 的有效性中也起到重要作用。较高的阳离子交换量（CEC）意味着较高含量的二价阳离子，会促进 PAM 吸收的阳离子搭桥过程。二价阳离子既结合带负电荷的 PAM，也结合带负电荷的黏土表面。PAM 的长链能以这种方式结合数个黏土表面，使团聚体稳定。

渗透速率随着降水量的增多而减少，渗透速率的降低是团聚体的物理结构破坏和黏土分散而导致的表面密封薄膜的形成而引起的（Le Bissonnais，1996）。<2 mm 的土壤材料比< 4 mm 的土壤材料形成的土壤密封层快且多。黏土含量高对密封层的形成产生更大的阻力。Ben-Hur 等（1989）报道，200 g/kg 黏粒含量是密封层形成的临界点。他们观察到当黏粒含量增加到 200 g/kg 时，饱和导水率降低，而黏粒含量超过 200 g/kg 后，饱和导水率增加，这是由于黏粒的稳定特性和结合特性。黏粒含量高的土壤由黏粒键结合在一起，使得稳定性很好。黏粒含量低的土壤没有黏粒来分散，易引起土壤表面的封闭结皮。

（二）电荷数量的影响

PAM 上的电荷数量称为电荷密度（CD），是阴离子 PAM 中带电共聚单体的摩尔百分比。商用的 PAM 一般电荷密度为 2%～40%。实际上，电荷密度可以理解为 OH^-替代丙烯酰胺基的百分比。

Green 等（2000）发现 PAM 处理不同土壤最终提高的渗透速率不同，对于黏土可以提高 2.63～4.22 倍，且电荷密度的影响达到显著水平，分子量的影响并未达到显著水平。20%和 30%的电荷密度比 40%电荷密度表现好，这是因为高电荷密度诱导聚合物的排斥性，限制聚合物的卷曲，降低在黏土颗粒上的吸附（Theng，1982）。而对于砂壤土渗透率提高 1.41～3.35 倍，PAM 分子量对该种土壤的吸附具有明显影响，12 mg/mol PAM 比 6 mg/mol 和 18 mg/mol 吸附作用更强。因此，聚合物吸附到土壤中的方式是影响其作为土壤改良剂的关键。

阴离子 PAM 像黏土表面一样由于带有负电荷，会经历来自负电荷黏土位点的排斥，PAM 的酰胺功能团被含有钠离子或质子的功能团所替代，它们在水中自由解离，提供负电荷场所。它们可以和某些负电荷的位点结合，主要通过一种称为阳离子架桥的过程（Laird，1997）。双价阳离子可以把两个负电荷物质结合在一起，双价阳离子的每一个正电荷结合到某一负电荷位点，即 PAM 溶液或黏土表面，所以，双价阳离子对有效的土壤稳定作用是必要的（Laird，1997）。

在酸性条件下，阴离子 PAM 可以吸附到已经过质子化过程的不同电荷表面的正位点（Theng，1982）。Levy 和 Agassi（1995）研究表明：在减少土壤损失和维持渗透速率上，20 mg/mol 比 0.2 mg/mol 表现好。因此，进一步明确不同分子组成的 PAM 与具有不同物理和化学特性的土壤之间的互作，可以使土壤管理者选择适合他们特定土壤和条件的最有效的 PAM 产品，更好地保护土壤。

三、聚丙烯酰胺在土壤和水中的降解与环境安全

尽管 PAM 的应用可以很明显地减少侵蚀，防止因来自其他侵蚀地块的淤泥和污染物的水污染，并显著减少灌溉回流中养分和杀虫剂的含量及生化需氧量（BOD）（Agassi et al.，1995；Lentz and Sojka，2000），但一个重要的环境和使用安全的顾虑就是所应用的 PAM 的丙烯酰胺单体（AMD）浓度要低于 0.05%。AMD 是神经毒素，只有含有低于 0.05% AMD 的 PAM 的应用才更为安全（Barvenik，1994）。土壤中，由于物理、化学、生物和光化学过程及反应，PAM 以每年至少 10%的速率降解，AMD 的降解更快（Tolstikh et al.，1992）。

由于 PAM 对紫外线的降解非常敏感，当应用在控制土壤表面侵蚀时，降解的速率可能更高。一旦降解，PAM 则不再转化成 AMD。此外，AMD 很容易被土壤和生物活性水中的微生物所代谢，半衰期为几十小时。Bologna 等（1999）研究表明：AMD 在 5 天之内完全降解，当每千克花园土中使用 500 mg AMD 时，植物组织不能吸收 AMD，即使注射到植物组织中，也会快速分解。迄今为止还没有关于建议的使用量内，引起水生土壤动物区系、土壤微生物或作物种类负面影响的报道。尽管尿素的硝化作用有所加快（两周内增加 10%左右），但对化肥的归宿没有显著影响（Kay-Shoemake et al.，2000）。即使在很高浓度下，PAM 对生物的影响也可被存在于水中的杂质如淤泥、腐植酸等的解吸附作用和钝化作用缓冲（Goodrich et al.，1991）。

有关 PAM 使用对土壤和水中细菌生物量影响的报道比较复杂，甚至结果相反，这可能是由于 PAM 的影响对地点比较专一，且可能与其他重要因子相互作用，如营养水平、作物覆盖类型或除草剂的用量等。研究者已经发现一种对 PAM 专一的酰胺酶（amidase），该酶由存在 PAM 的土壤诱导（Kay-Schoemake et al.，1998）。

总体来讲，PAM 在土壤和水中的降解机制可能包括通过微生物的活性除去 N 素、利用紫外线和抗剪切阻力切断长链，从而形成不同片段的 PAM。利用 PAM 管理土壤和水分的优点是可以用于点源污染的处理，可以观测土壤板结形成的动态过程，但是，PAM 稳定土壤结构，不修复太差的土壤结构（Cook and Nelson，1986）。因此，土壤类型和 PAM 组成间的互作值得进一步研究。

第三节 土壤侵蚀日发布系统

确定土壤侵蚀程度对于估算土壤流失速度、评估不同水土保持措施的功用具有重要

的科学意义。土壤侵蚀发布系统研发作为世界土壤侵蚀学科的前沿领域，在土壤侵蚀过程定量研究中发挥了重要的作用。国际上土壤侵蚀发布系统研究以美国为代表，先后开发了通用土壤流失方程（USLE）、修正通用土壤流失方程（RUSLE）、水蚀预报模型（WEPP）以及最近兴起的农业非点源年侵蚀预测系统（annualized agricultural non-point source，AnnAGNPS）（Shrestha et al.，2006；Karki et al.，2017）。我国土壤侵蚀发布系统以刘宝元 2001 年建立的中国土壤流失方程（Chinese soil loss equation，CSLE）最具代表性。

土壤侵蚀是生物物理和人为因素导致发生的一系列连续事件，它是降雨特征、土壤类型、地形、土壤和作物管理方式等因素共同作用的结果。目前，大多数土壤侵蚀发布系统主要依据一年内仅有的几次降雨事件或者利用多年平均降雨数据，进行土壤侵蚀程度估算（Cruse et al.，2006）。这些土壤侵蚀发布系统存在或者没有考虑到以下 3 个问题：①降雨类型的时空变异性会导致土壤侵蚀程度的高度变异性（Cruse，2012；Vogel et al.，2016）；②降雨对土壤侵蚀程度的影响还受到自然条件如地形、土壤性质和人为因素包括土壤、作物管理方式的影响（Asadi et al.，2007；Yoo et al.，2015）；③极端降雨事件无法通过多年平均降雨量来估算（Jebari et al.，2012；Correa et al.，2016）。

因此，现有土壤侵蚀发布系统无法对一次平均水平的土壤侵蚀事件进行定量描述，更无法回答土壤侵蚀在何时何地发生、土壤侵蚀的动态变化及降雨、地形、土壤和作物管理方式、极端事件的时空变化对土壤侵蚀的影响。

以美国艾奥瓦州立大学理查德·M. 克鲁斯（Richard M. Cruse）教授为核心，联合美国农业部国家土壤侵蚀实验室、国家农业与环境实验室和科罗拉多州立大学众多科研人员，共同合作开发的基于土壤侵蚀过程的土壤侵蚀日发布系统（Daily Erosion Project，DEP），解决了以往土壤侵蚀发布系统大多依靠多年平均数据评价和预报潜在土壤侵蚀能力的问题。

DEP 是当今土壤侵蚀发布系统领域最为先进的土壤侵蚀发布系统和首个日发布系统，它通过侵蚀模型、地理信息、土地利用、植被变化等集合信息，逐日模拟降雨、径流、剥离、土壤流失等指标，同时结合第二代天气雷达（next-generation weather radar，NEXRAD）云图生成侵蚀状况图，实现土壤侵蚀日发布。DEP 的最大特点是能够实时逐日发布土壤侵蚀数据。

DEP 自 2006 年问世以来历经数年运行，现已发展到第二代，在美国应用范围从艾奥瓦州扩展到明尼苏达、堪萨斯、内布拉斯加等州，目前已覆盖美国中东部绝大部分地区。第一代与第二代 DEP 的最大区别在于气象数据来源不同，第一代 DEP 的气象数据来自传统气象雷达，而第二代 DEP 的气象数据来自 NEXRAD。因此，第二代 DEP 具有气象数据精度更高、时空分辨率更高的优点。该系统对我国未来土壤侵蚀发布系统领域研究具有很好的参考应用价值。

一、土壤侵蚀日发布系统的核心组成

土壤侵蚀日发布系统由 4 个核心组成：水蚀预报模型（WEPP）；逐日气象数据；土

壤与作物管理方式数据库；基于逐日模拟预报的采集和尺度变换方法。

（一）水蚀预报模型（WEPP）

土壤侵蚀日发布系统选择 WEPP v2012.8 版本作为本底土壤侵蚀模型，该版本较之前版本的优势在于更加关注土壤侵蚀过程，更加注重与地理信息系统的融合。目前，国内有关这方面的研究大多局限在区域应用及适用性评价上，而且存在一个误区，即 WEPP 模型只能估算年侵蚀量，WEPP 模型里很多强大的功能还没有得到利用。

土壤侵蚀日发布系统正是利用了 WEPP 模型可以进行每天连续模拟及其以复杂坡面上径流和侵蚀建模为基础的功能和特点，进行以日为步长的降雨、径流、剥离、土壤流失的估算。土壤侵蚀日发布系统估算剥离的原因是为了更加全面分析土壤侵蚀的动态变化，除了分析土壤流失即沉积搬运量的动态变化，还需分析剥离即沉积的动态变化。除了天气数据，WEPP 模型需要输入土壤、地形、土壤和作物管理方式数据。

（二）逐日气象数据

输入 WEPP 模型中需要的最高、最低气温，太阳辐射率，平均风速，平均露点温度和降雨量。上述参数中除降雨量外均来自美国中尺度气象观测网络平台，这些数据利用 ArcGIS 中的反距离权重法（inverse distance weighting，IDW）栅格化成 0.01°×0.01°分辨率的栅格。降雨量数据来自美国国家海洋和大气管理局（National Oceanic and Atmospheric Administration，NOAA）第二代气象雷达 NEXRAD，这部分数据为 2 min 间隔条件下 0.01°分辨率的降雨情况。

（三）土壤与作物管理方式数据库

在第一代DEP中，土壤与作物管理方式数据来自美国自然资源保护局（National Resources Inventory，NRI）；地形数据中假设坡面坡长和坡降百分比（%）一致。然而，实际上各坡面具有不同的特点，这种复杂性导致了坡面不同位置侵蚀和沉积量的变异性。因此，在第二代即最新一代 DEP 中，采用了高分辨率的激光雷达（light detection and ranging，LiDAR）数据，通过提取 3 m 分辨率的数字高程模型（digital elevation model，DEM），确定每个 HUC12[其中，HUC（hydrologic unit code）代表美国水文单位代码；12 相当于 93 km^2，近似于中国乡镇一级的面积]流域水平下每个支流集水区（subcatchment）内的坡面坡长和坡降百分比（%）。

土壤数据来自美国网格土壤调查地理数据库［gridded soil survey geographic（gSSURGO）database］，包括土壤质地、有机质含量和阳离子交换量，同时将这部分数据与上述每个数字高程模型（DEM）相匹配。土壤与作物管理方式数据在 DEP 中分别约为 6 hm^2 面积内耕作和轮作单独输入数据。每个地块的轮作数据来自美国农业统计服务中心的农田数据库。利用每个地块近 6 年的作物耕作与轮作情况作为 WEPP 模型中该模块运行的初始值，DEP 运行时以当年的具体种植作物为准。

耕作方式数据通过地球资源观测卫星 8 号图像确定。通过归一化耕作指数（normalized difference tillage index，NDTI）获得每个地块的作物秸秆残留覆盖量，进而确定不同耕作强度即典型传统耕作（typical conventional tillage，TCT）、密集覆盖耕作（intensive mulch tillage，IMT）、零散覆盖（reduced mulch tillage，RMT）和免耕（no tillage，NT）（Gelder et al.，2009）。确定土壤与作物管理方式数据后，将这部分数据与土壤和地形数据一起栅格化后填入 WEPP 模型地表径流和坡面输入文件中。

（四）基于逐日模拟预报的采集和尺度变换方法

DEP 逐日侵蚀和径流情况来自所有坡面的结果，但是以每个 HUC12 流域水平下所有支流集水区内坡面的平均数据为发布结果。总体思路为采用分层随机抽样的方法确保选取的坡面在每个 HUC12 流域水平下随机分布，即调查对象总体中每个部分都有同等被抽中的可能，保证样本的代表性，抽样数量为 100～200 个。

具体采集和尺度变换方法为利用数字高程模型地形分析法（Terrain analysis using Digital Elebation Models，TauDEM）（Tarboton，2014），将每个 HUC12 流域划分成若干（100～200）个支流集水区（图 12-1）。支流集水区的数量取决于每个 HUC12 流域的尺寸与形状及耕作和作物种植情况。

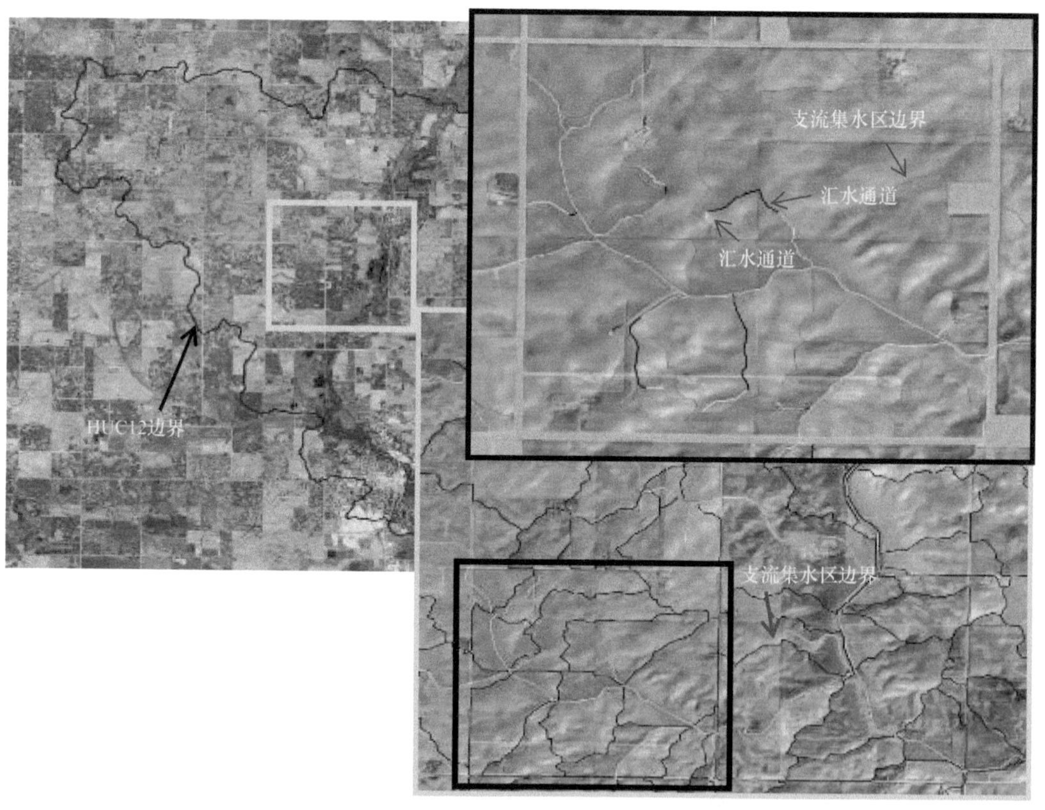

图 12-1　HUC12 流域、支流集水区及汇水通道示意图（左侧为 HUC12 边界图，右下为支流集水区边界图，右上为支流集水区内的汇水通道）

在每个支流集水区的 DEM 中每个网格单元（分辨率为 10 m，网格单位大小为 3 m×3 m）对应于一个汇流累积量等级（flow accumulation class），每个像元累积流量的网格单元通过流量确定，汇流累积量等级由流入每个下坡像元的所有像元的累积权重决定。

所有汇流累积量为 0 的网格单元为各汇水通道（flow path）的起始点，随机选取一个汇流累积量为 0 的网格单元，利用 DEM 判断该栅格单元内各个汇水通道在其他网格内的水流流向，汇水通道将终止于无农业土地利用或水流被地形特征（如公路沟渠、梯田等）中断处。此外，当集合流（collective flow）在汇水通道中占据支配地位时，将缩短汇水通道。集合流通过 Strahler 河网分级法将所有没有支流的连接线都视为同一级别，称为第一级别；当级别相同的河流交汇时，河网分级将升高一级。但是，级别不同的两条连接线相交不会使级别升高，河网分级以较高级别的连接线为准。然后，将汇水通道栅格化并登记到地形、土壤和管理方式地理空间数据库中。

从上述地理空间数据库中提取每个汇水通道里各个网格单元内的坡面、土壤及管理方式数据，并写入 WEPP 输入文件夹中。每个土壤和管理方式的组合输出一个坡面流元素（overland flow element，OFE），所有坡面流元素相加即是一个完整坡面的结果（图 12-2）。WEPP 模型中应用的最基本载体是坡面，可包括一个或者更多个坡面流元素。一个坡面流元素代表一个独立的坡面或包含土壤及管理方式的全坡面的一部分。经过 Python 软件编程、基于 WEPP 逐日模拟，将每个 HUC12 流域水平下所有汇水通道的输出结果取平均值，然后将这些平均值在地图上显示出来，发布在土壤侵蚀日发布系统官方网站 https://dailyerosion.org/上。

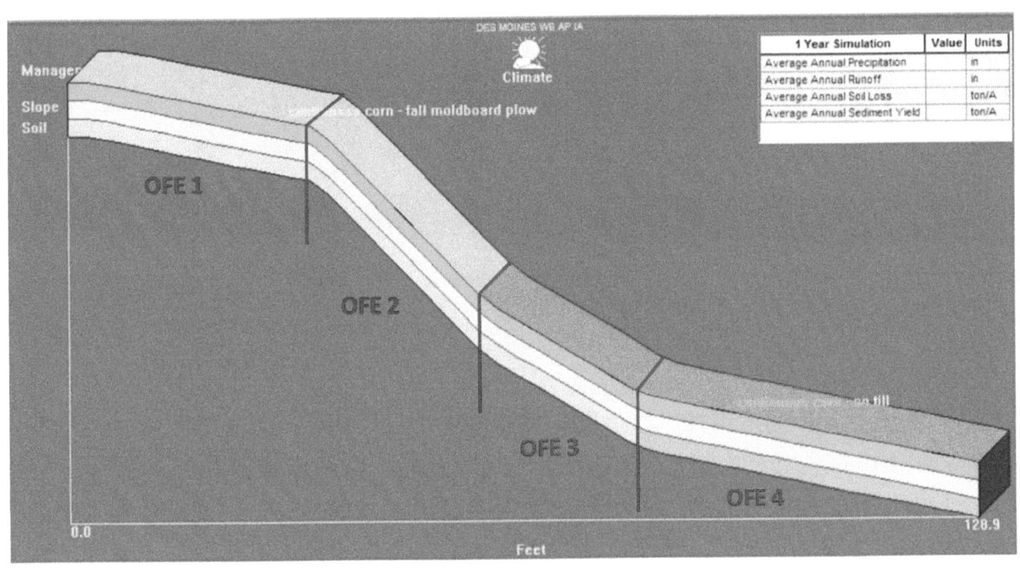

图 12-2　WEPP 模型中各坡面流元素示意图

二、应用实例及在我国的应用前景

（一）应用实例分析

DEP 于 2006 年最早在美国艾奥瓦州开始运行，2007 年开始应用到明尼苏达、堪萨斯、内布拉斯加等州，现已成为美国中东部绝大部分地区应用较为广泛的土壤侵蚀发布系统，目前运行效果良好。

图 12-3 所示为 DEP 自运行以来第一个 10 年（2007 年 1 月 1 日至 2016 年 12 月 31 日）期间每天（雷达气象数据 2 min 的步长）累计运行的结果图，包括降雨、径流、剥离和土壤流失。在土壤侵蚀日发布系统官方网站 https://dailyerosion.org/上，可通过输入具体时间、地点来获得相应指标的信息图。

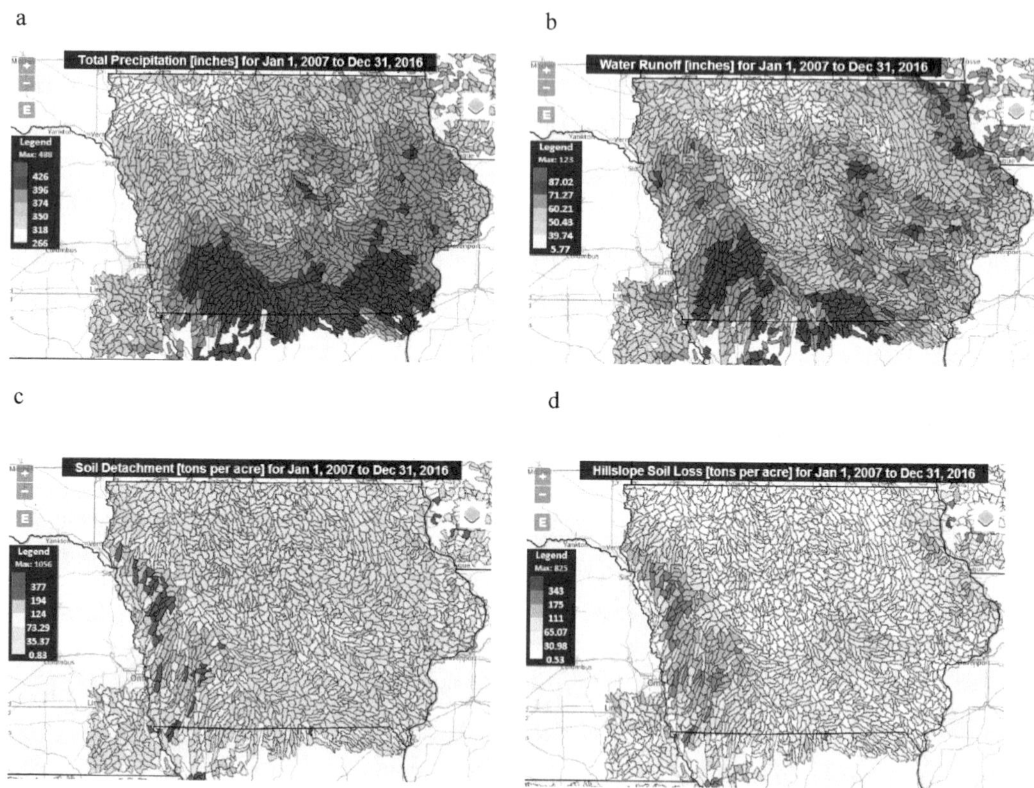

图 12-3 土壤侵蚀日发布系统 2007 年 1 月 1 日至 2016 年 12 月 31 日期间的降雨（ft[①]）（a）、径流（ft）（b）、剥离（t/hm^2）（c）、土壤流失（t/hm^2）（d）情况图

为了检验 DEP 的适用性，以美国自然资源保护局（NRI）2015 年发布的艾奥瓦州 2007～2014 年的平均土壤流失量为基准，进行了比较，具体步骤如下。

1）由于理论上汇水通道的数量会影响对土壤流失量的估算，因此首先对艾奥瓦州内每个 HUC12 流域水平下、每个支流集水区选取 1 个汇水通道和选取 2～10 个汇水通道进行模拟，分别得出年平均土壤流失量。

2）在艾奥瓦州 10 个主要农业生产区中，各选择 3 个 HUC12 流域即 30 个 HUC12 流域，重复上述步骤 1）；在选取 1 个汇水通道和 2～10 个汇水通道条件下，分别得出年平均土壤流失量。

3）运用两个独立样本 t 检验，分析年平均土壤流失量是否会随着汇水通道数量的增加而增加。

① 1 ft=0.3048 m

结果表明，DEP 发布的年平均土壤流失量不以汇水通道数量的变化而改变；由上述方法估算得出艾奥瓦州 2007～2014 年 8 年的平均土壤流失量为 5.7 t/(hm^2·a)(图 12-4)，说明土壤侵蚀日发布系统具有较好的适用性。

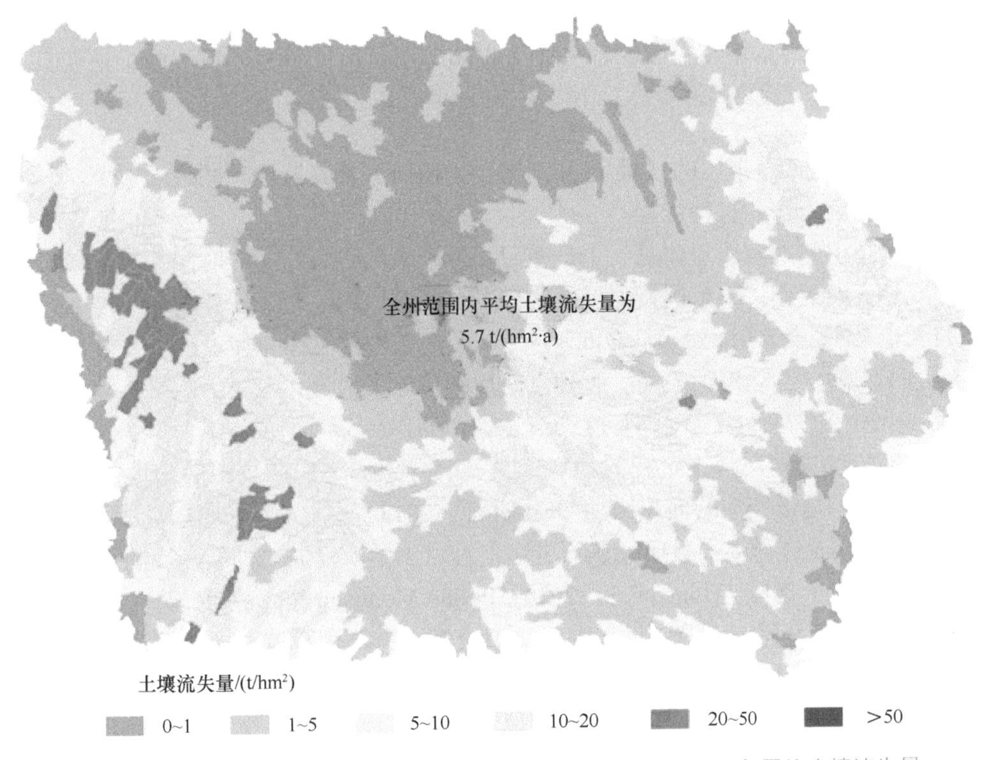

图 12-4 基于 DEP 系统的美国艾奥瓦州全州范围内 2007～2014 年平均土壤流失量

（二）在我国的应用前景

DEP 在综合考虑天气（降雨）、土壤、地形、作物管理方式基础上，实现了以日为步长的土壤侵蚀情况发布，这与以往常用的以年为步长发布的土壤侵蚀情况明显不同，不仅提高了发布的精度和时间尺度，而且促进了对土壤侵蚀动态变化的理解和认识。DEP 是目前土壤侵蚀发布系统领域最为先进的土壤侵蚀发布系统。

鉴于 DEP 的诸多优点，在理论层面上，该系统在我国同样具有良好的应用前景。我国东北地区应该是最适宜应用的地区之一，因为该地区与美国中东部地区纬度相近，气候、地形、土壤、作物管理方式等也较为相似。此外，我国东北地区和美国中东部地区又都是土壤侵蚀较为严重的区域。从应用方式上看，通过建立乡镇水平的土壤侵蚀日发布系统，逐步发展为县域水平的土壤侵蚀日发布系统，依次类推，逐步扩大应用范围和面积。

在技术外延方面，目前的土壤侵蚀日发布系统未考虑沟道侵蚀，在未来的应用中可以在原有坡面基础上开发基于沟道的土壤侵蚀日发布系统。另外，因 WEPP 模型是该系统的本底土壤侵蚀模型，所以土壤侵蚀日发布系统的输出结果为降雨、径流、剥离、土壤流失，未来研究中可以根据实际需要灵活选择输出参数类型，如营养元素磷的流失情况。建立适合我国的土壤侵蚀日发布系统将对合理制定土地利用政策、有效实行水土保持措施具有科学的借鉴和实践意义。

第四节　沟道侵蚀研究存在的问题及展望

一、沟道侵蚀研究存在的问题

客观地讲，全球范围内有关面蚀和细沟侵蚀的研究及其监测预测进展显著，但沟道研究仍然是前沿工作，有待加强。

临时沟道引起的土壤退化是一个严重且不断发展的过程，随着时间的推移，其受到两个主要过程的控制：一个是大雨引起的地表径流的增加，大雨具有足够的侵蚀力移走大量的表土（Nachtergaele et al.，2002）；另一个是以机械运作为代表，其主要目的是利用周边的土壤材料回填侵蚀表面。此种做法尽管消除了沟道、恢复了原有地貌，但使得周边深层土层暴露在外，易受到下次径流侵蚀力的作用。

从长期角度来看，两个过程的循环实质都会导致沟道侵蚀周边的土壤剖面逐渐变薄，最终的结果是侵蚀沟的面积增加（Liu et al.，2013）。此外，侵蚀沟道周边养分集中的表层肥力也可能下降。多数研究认为土壤侵蚀对土壤质量退化及其环境的影响主要通过评估物理和化学指标（Bone et al.，2014；Pulido Moncada et al.，2015）。Ollobarren 等（2016）研究了意大利南部西西里岛临时沟道及其沟道填埋对坡耕地土壤质量退化的影响，发现利用周边的土壤不仅未能消灭临时沟道和减缓土壤退化，且恶化这一过程，并对周边区域的物质沉积影响更大，即土壤侵蚀的区外影响。

控制土壤侵蚀过程的障碍是很难确定侵蚀的程度（李锐，2008）。现有的文献认为有 4 个原因：时空差异很大，缺乏精确测定侵蚀的方法，由小区数据推断大尺度存在困难，以及侵蚀与生产力和经济效益的转换，或者称之为影响，而且测定技术需要发展，矫正和验证。采用铯-137 技术可以测定土壤颗粒的再分配以及侵蚀速率，利用 USLE 模型能够进行预测，但该模型往往过高估计了侵蚀速率，不能很好地反映大田实测结果。

鉴于沟道侵蚀显著改变景观，干扰人类对土地的利用，受人类活动诱发的土地变化和极端降雨的共同作用，对土壤和植被产生极大危害，土壤和植被互作加速恶化程度，且使得水质退化，改变水文生境，是一个长期存在的最受关注的世界性环境问题，也是土地退化最严重的一种表现形式（Billi and Dramis，2003；Pimentel and Burguess，2013），有必要重视沟道侵蚀的研究。

二、侵蚀沟道研究展望

作为土壤侵蚀科学中一个独立的研究领域，沟道侵蚀研究方面发表的论文只占土壤侵蚀方面的 10%。分析沟道侵蚀的研究内容，大约有 2/3 以上的研究集中在沟道的观测、退化速率的定量化、退化过程的评估及其影响因素的分析等方面，长期和短期评价主要基于对正射投影的解释，其他是模型和沟道预测指数的研究，很少一部分是实验室研究、定性描述和防治研究。沟道预测指数的研究主要基于环境指标（如地形或者多因素）的分析来预测沟道的地点和严重程度（Castillo and Gómez，2016）。

20 世纪 90 年代初，主要开展了有关沟道测定和定性方面的研究，之后实验室模拟研究受到重视。1999～2005 年开始开发和利用侵蚀模型开展研究。2006 年以来，沟道侵蚀预测指数的研究受到重视。同期，沟道侵蚀对土壤质量、生产力和生产成本影响的研究也逐步受到关注。目前的研究更加趋向于更复杂的表面过程和地下过程分析。这些研究加深了人们对沟道侵蚀发生发展过程及其防治的认识，也为沟道侵蚀危害性评价提供了一定的依据。深入开展对沟道的监测、研究和模拟，是预测环境变化影响沟道侵蚀速率的基础，有助于人类深入认识沟道侵蚀发生的机制，从而采取阻控措施减缓沟道侵蚀的持续发生。

但是，从时间和强度角度看，沟道侵蚀并不是一个均质同类的过程，具有多要素和非一致性的形成特点，依赖于尺度，还存在着年内的差异性（气候促使和深层剖面的依赖性）（Castillo and Gómez，2016）。长期研究表明：从全球范围内来讲，沟道侵蚀的驱动力并不相同。例如，20 世纪中叶机械的引进是欧洲近期沟道侵蚀的主要因素（Martínez-Casasnovas，2003；Gómez-Gutiérrez et al.，2009）。由于沟道侵蚀过程的复杂性、非线性、突发性、区域差异性等特点，加之研究方法的局限和受人为耕作活动影响的特殊性，沟道侵蚀方面尚有许多深入探讨的问题，急需加强研究。

郑粉莉等（2016）提出，目前沟道侵蚀过程的定量研究、沟道发生的临界地形和动力条件、发育过程的定量描述、水流的剥离方程及泥沙搬运能力，包括切沟侵蚀的流域侵蚀预报模型、动态监测切沟侵蚀过程的新方法等研究还相对薄弱，有待加强。另外，至今尚未有公认的沟蚀过程定量表达式，使得现有侵蚀预报模型尚不能预报沟蚀量，并且对控制沟道侵蚀动态的基本过程分析的关注较少，迫切需要加强沟蚀过程的研究。此外，她们也提出应重视冻融作用对土壤抗侵蚀能力的影响机制，并量化冻融作用、融雪、降雨径流和风力侵蚀对坡面侵蚀与沟蚀的贡献（郑粉莉等，2019）。

张科利和刘宏远（2018）在强调冻融影响作用评价因子的量化的同时，认为今后也要注重不同下垫面类型土壤冻融交替变化规律，冻融作用的水土流失响应和冻融作用对流域尺度上土壤侵蚀的贡献研究。

土壤侵蚀发生规律具有很强的区域特征，与土壤性质和气候紧密相关。我国黑土区具有典型的漫川漫岗地形和相对集中的降雨特征，土壤黏重，虽然研究者对黑土区土壤侵蚀机理的研究已经开展了一些工作，但是相对于其他区域还比较薄弱。因此，今后要深入研究东北黑土区沟道侵蚀空间分布特征，绘制黑土区侵蚀沟土壤流失量空间分布图，定量化标识东北黑土区细沟及细沟间侵蚀，界定侵蚀沟生成的临界条件，明晰沟蚀发生发展过程及其多种侵蚀外营力交互、耦合与叠加作用机制，量化侵蚀沟发展所受外营力的作用揭示沟道侵蚀机理，提出东北黑土区沟道侵蚀防治、修复措施选择与布设及其科学依据，构建以侵蚀沟治理为核心的农田集水区蓄–导–排一体化径流调控与侵蚀防治技术体系。

根据国内外沟道侵蚀研究的进展和成果，以下方面仍需要进一步加强和明确。

1）从水力学、降雨、地形、土壤和土地利用角度，明确特定区域沟道发生、发展和填充的水力阈值、降雨阈值和地形阈值。

2）从土壤抗切割的能力、土壤剖面中渗透条件或者坡度的不稳定性方面，定量评估地下过程对沟道侵蚀的动态学和敏感性的影响。

3）冻融过程、土壤开裂、地下水文学和渗漏力对沟道形成的作用，沟道侵蚀与水文和其他土壤退化过程的互作。

4）既然细沟和片蚀有一个能够接受的土壤损失值，那么沟道侵蚀是否需要确定一个最小的或者一个可以接受的土壤损失值，以此确定需要采取控制措施的条件。

5）管理措施的空间模式是如何影响沟道侵蚀空间变化和沉积速率的，不同土地利用、不同气候环境下，不同时空尺度沟道侵蚀对整个土壤流失和沉积的贡献率。

6）对易发生沟道侵蚀的区域，在沟道侵蚀初期，土地管理、植被重建对沟道侵蚀发生发展的影响程度，可以尽早有效控制沟头挺进的农业或工程措施。

7）应该注重地下侵蚀，尤其是土壤管流（soil piping），这是几乎在所有气候区、土壤类型和各种土地利用条件下都会发生的一个明显的土壤退化过程。它影响水文和沉积物的连通性及边坡的稳定性，迫切需要改进土壤管流导致的土壤流失的估算和计算方法，总体上改进集水区水文和土壤侵蚀模型，管流网络检测技术和方法，明晰地下侵蚀测定及其与边坡稳定性的关系及其对水文连通性和集水水文学的重要性，分析管流和泥沙分离输移的控制因素，研发预防及控制措施。同时，探讨渗透侵蚀、剥蚀及内部侵蚀与管流侵蚀的密切关系。

8）完善有效阻止和控制沟道侵蚀的技术方法，总结沟道治理计划经验等，研发预测各种时空条件下沟道侵蚀速率，以及沟道对水文学、产沙量和景观演化影响的适宜模型，由此制定防控和恢复策略。

9）沟道普查的方法也需要改进，除了详细的沟道形态的时间和空间测定，也要对诸如排水量和产沙量进行测定。陆地摄影测量方法和三维摄影重建技术已经被用于测定和模拟细沟与沟道（Gómez-Gutiérrez et al.，2009），今后需要探讨不同时空尺度下，监测和研究沟道类型的适宜的测定技术。

10）全球变化对沟道侵蚀的直接影响（降雨量、降雨强度和降雨时空分布变化）和间接影响（全球增温影响植被覆盖和土壤含水量变化以及人类社会经济因素的变化）也需要关注。也就是说，从过去侧重土壤侵蚀特征研究转变为更加关注土壤侵蚀对全球变化和人类活动的响应。

第五节　恢复土壤质量以缓解土壤侵蚀退化

土壤退化是 21 世纪的全球性问题，而土壤侵蚀是最具毁灭性的土壤退化现象。土壤的面积是有限的，在人类时间尺度上不可再生，当前土壤侵蚀所带来的威胁比历史上任何时候都严重。尽管地质侵蚀不受人为活动的影响，但多数侵蚀是由人类活动引起的，因此，我们必须采取行动，治理土壤侵蚀。

土壤退化意味着土壤质量下降（Lal，2009），同时伴随着生态系统功能和服务功能的减少。土壤的生态系统服务功能包括供应食物、饲料、纤维，通过碳循环调节气候，废物处理，水过滤和净化，元素循环等（Graber et al.，1995；Robinson et al.，2012）。因此，必须保护或恢复土壤质量，确定减轻土壤退化风险的策略，以增强这些服务功能。

一、恢复土壤质量的土壤有机碳阈值

有机碳（SOC）库（包括数量和质量）是土壤质量的决定性成分，也是土壤退化的主要原因。土壤退化会耗竭SOC库，同时还会消耗植物有效氮和其他必需营养元素（如磷和硫），因此，土壤SOC库是土壤退化最关键的指标（Manlay et al.，2007；Rajan et al.，2010）。观测的目的应该是最终确定土壤有机质的阈值或临界水平。

Loveland 和 Webb（2003）从英国农业持续发展的角度，认为广泛可以接受的温带土壤有机质阈值是34 g/kg（3.4%），即SOC为20 g/kg，低于这个阈值土壤质量将严重下降。Lal（2015）估计，全球角度土壤SOC阈值或临界水平为10～15 g/kg（1.0%～1.5%），即有机质含量为17～25.5 g/kg（1.7%～2.55%），由此提出，研发并实施以确保有机碳库增加并较好地保持在10～15 g/kg的阈值或临界水平以上的措施，对于降低土壤退化风险和逆转退化趋势至关重要。Körschens 等（1998）指出，土壤有机碳还存在下限阈值，低于该阈值，作物产量严重下降，无耕种价值。

张兴义研究组基于黑土有机质含量梯度长期定位田间试验，揭示了黑土有机质含量与生产力呈单峰曲线关系，发现土壤有机质含量对生产力的影响存在阈值，不施肥为70 g/kg，施用化肥时该阈值降为60 g/kg，土壤有机质含量高于该阈值，作物产量不但不随有机质含量升高而增加，反而降低。土壤有机质含量从60 g/kg（6.0%）分别下降为50 g/kg（5.0%）、32 g/kg（3.2%）和17 g/kg（1.7%），土壤生产力分别降低了38.6%、41.3%、54.6%，即土壤有机质含量每下降1个百分点，土壤生产力平均下降12.7%；目前黑龙江省黑土有机质平均含量为38.9 g/kg（3.89%），土壤自然生产力已下降了20%（张兴义和刘晓冰，2020）。

由此提出，退化黑土培育并不需达到垦前土壤有机质含量水平，对于东北北部黑土区，农田有机质含量达60 g/kg为最佳，黑土有机质对维持土壤生产力起着极其重要的作用。

二、养分综合管理与植被覆盖

养分综合管理是一种体现有机碳库及其动态的可持续管理策略（Vanlauwe et al.，2012）。该管理措施可以创造正向的土壤/生态系统碳平衡，可以提高农田生产率，还可以将大气CO_2固持到土壤碳库中。例如，美国实施的保护性农业种植玉米时，玉米带起到碳汇的作用。

植被覆盖与有机碳库之间也存在着密切的关系，因为植被覆盖的过度减少会加剧土壤退化和有机碳库耗竭的风险。在南非亚热带湿润草原上开展的一项研究表明，草地植被覆盖率从100%降至0～5%时，土壤有机碳库会减少1.25 kg/m^2，土壤有机氮（SON）库也会相应地减少0.074 kg/m^2（Dlamini et al.，2014）。随着地上草地覆盖率的下降，C/N值以及淤泥和黏土部分中SOC和SON的比例也随之下降，这对酸性砂壤土的生态系统功能产生了负面影响。因此，地上植被覆盖的变化可作为脆弱环境中土壤生态系统功能变化的早期指标。

植被覆盖的变化也受到土地利用或气候变化的影响。除了 SOC 和 SON 库，土壤水分状况是气候变化的另一个重要指标（Eaton et al.，2012）。结合土壤水分状况的变化，预计全球变暖也可能影响 SOC 分解速率（Melillo et al.，2002），包括细木屑的分解速率。田间试验表明，气候变暖使所有植物质量损失高达 30%。然而，较大的碎片和具有较高初始木质素含量的植物的分解速度比更小的碎片和具有更低的木质素含量的植物的分解速率慢得多。事实上，木质素的降解与总质量损失的趋势可能不同（Berbeco et al.，2012）。由于土壤侵蚀和其他退化过程的不利影响，SOC 库也可能随着气候变化，尤其是温度和湿度状况的变化而发生变化。

三、土壤质量指数与保护性农业

SOC 库是土壤质量的关键指标，也是农业可持续发展的重要驱动力。除数量外，SOC 的其他参数还包括深度分布、质量或属性（物理、化学、生物）、周转率或平均停留时间。

土壤物理质量的相关指标包括团聚体的稳定性，结皮和压实敏感性，孔隙几何形状和孔隙度的连续性，水分运输（渗透率和数量），植物有效持水量，通气性和气体交换，有效根层深度，土壤热容量和温度状况。土壤化学质量的相关指标包括 pH、阳离子交换量、养分有效性；以及有益元素的含量多少和重金属元素的含量多少等。土壤生物质量的相关指标有微生物生物量碳、土壤动植物群落的活性和多样性，病原体和害虫的数量。这些特性的最佳组合会影响农艺生产力，水分、养分和其他投入的利用效率，以及管理系统的可持续性。

土壤质量指标因土壤类型、气候和土地利用不同而有所不同。基于反射光谱应用的土壤光谱质量指数也被提出作为评估土壤质量的诊断指标（Paz-Kagan et al.，2014）。该反射光谱技术可以提供物理、化学和生物属性的表征，这些属性可以合并在一起，以表明土壤在特定用途中的功能状况（Andrews et al.，2004；Zhou et al.，2020）。

保护性农业的四项基本原则是：①保留作物残茬覆盖物；②在轮作周期中加入覆盖作物；③使用综合养分管理技术，包括化学和生物肥料的组合；④消除土壤机械扰动。在适当的土壤类型中实施保护性农业有许多好处，可以降低燃料消耗和增加土壤固碳能力。机械耕作是一种能源密集型的过程，减少或消除机械耕作可以减少化石燃料的消耗。例如，从常规的翻耕转换为保护性农业可以减少柴油消耗多达 41 L/hm^2（Labreuche et al.，2011）。

此外，保护性农业下 SOC 库的增加可能发生在不易加速侵蚀的土壤中，以及具有最佳管理策略的土壤中。肯尼亚西部的模拟研究表明，特定地点的最佳管理策略可使 0.1 m 深度的有机碳库达 20～40 Mg/hm^2，玉米产量达 3.5～4.2 Mg/hm^2（Kimetu et al.，2008）。最理想的耕作系统是那些能够恢复土壤质量、减少土壤侵蚀风险、提高降水和肥料利用效率并最大限度地降低 SOC 和养分枯竭风险的系统。

图 12-5 概述了保护性农业对土壤质量恢复的影响，这是一个不断螺旋上升的过程。

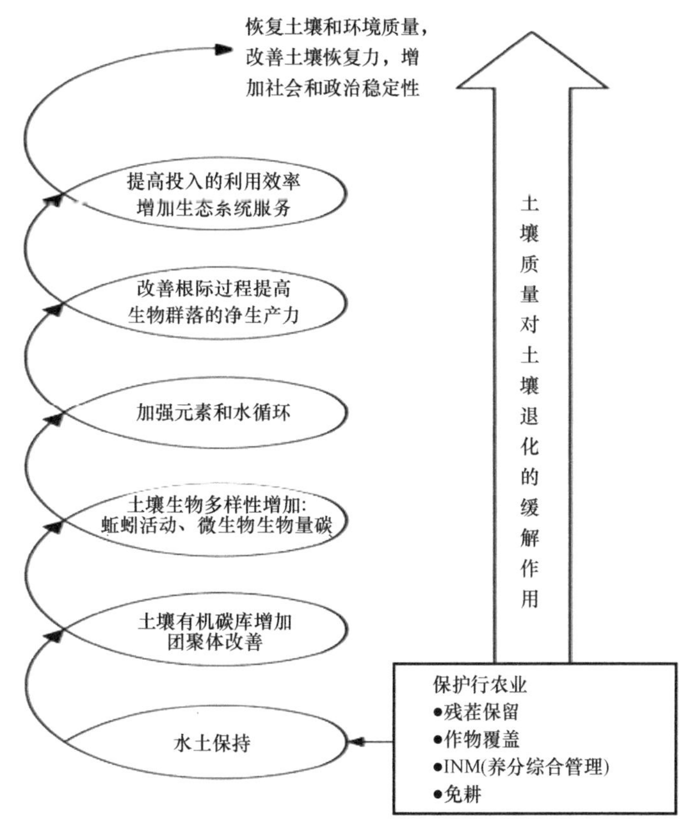

图 12-5　保护性农业可以增加土壤恢复力和减轻土壤退化（Lal，2015）

不加选择地耕翻，再加上作物残茬的过分清除和化学肥料的不平衡使用，会降低土壤质量、消耗有机碳库、加剧土壤侵蚀的风险。相比之下，将翻耕/传统的耕作方式转换为保护性农业，特别是在坡耕地和那些在常规管理下容易受到水蚀和风蚀的土壤上，可以起到保护土壤和扭转退化趋势的作用，并以螺旋上升的方式启动土壤恢复过程。

保留作物残茬覆盖层，并在消除休耕地的同时，在轮作周期中加入覆盖作物（饲料），可以保护土壤和水分，并增加表层的 SOC 库。土壤生物多样性、微生物生物量碳以及蚯蚓和白蚁活动的增加，都可以提高土壤的团聚能力，并将碳固定在稳定的微团聚体中。循环利用有机副产品（包括城市垃圾）和畜禽粪便是提高土壤肥力，改善结构稳定性或团聚体的有效策略（Abiven et al.，2008；Miao et al.，2019）。

加强元素循环，结合碳和水循环，可以增加土壤表层的碳库容量；通过增加蚯蚓或白蚁的生物扰动能力并种植深根性的植物（如木豆、矮笔花豆、紫花苜蓿），可以增加土壤剖面深度。土壤质量提高将增加生物群落净生产力，提高水分和营养元素的利用率，增加生态系统中地上和地下部分的生物量碳。此外，由生物机制所驱动的根际过程的逐渐改善将恢复土壤质量、减缓土壤退化（图 12-4）。

因此，对于维持土壤肥力、恢复土壤质量、提高生产力，仅仅增加化肥投入或改良品种是不够的，真正的问题是要改善土壤质量的物理、生物和生态组成（Tiessen et al.，1994；Lal，2015）。

四、土壤质量恢复策略

恢复退化土壤质量是一项具有挑战性的任务，需要明确对土壤多功能必不可少的SOC库的转化，也需要定期输入生物质碳和必需元素（即N、P和S）（Lal，2014）。

针对不同区域和土壤类型，科技工作者已经研发了一系列恢复土壤质量的措施，但由于气候、自然、社会、经济、文化的差异，每种技术都有其适宜的实施局限，恢复土壤质量没有灵丹妙药。但是，总体上，恢复土壤质量有3种基本策略：①最大限度地减少土壤圈或土壤的损失；②创造正向的土壤碳平衡，同时提高生物多样性；③加强水循环和元素循环（图12-6）。

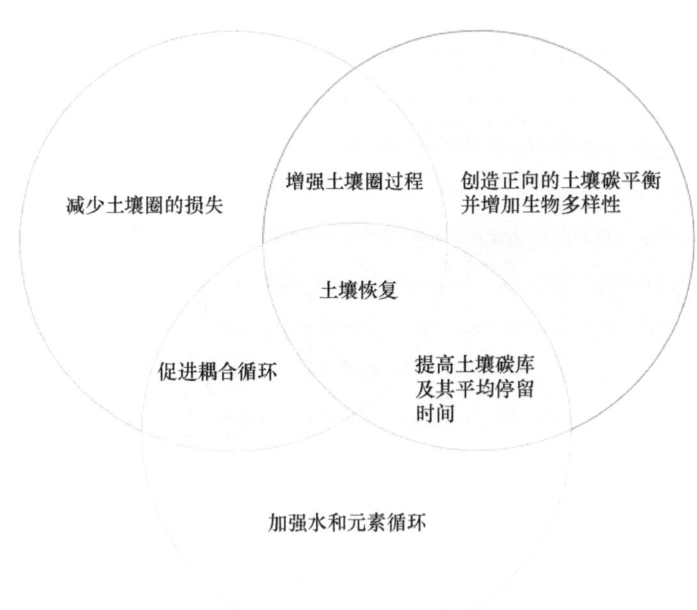

图12-6　恢复和管理土壤质量以减轻土壤退化风险的3种策略（Lal，2015）

（一）土壤容许流失量 *T* 值及其管理

针对土壤侵蚀导致的土壤流失，学界提出了土壤容许流失量 *T* 值的概念。

T 值是对于某一特定土壤，在不影响土壤长期生产力前提下的每年水蚀和风蚀产生的最大土壤流失量。一般认为，土壤侵蚀容许流失量要低于每年12.5 Mg/hm^2。

目前，美国的土壤 *T* 值为5～11 Mg/hm^2，这依赖于土壤质量和管理因素，包括耕层深度、有机质含量和水分管理措施等。瘠薄、耕层浅、渗透性差的土壤一般 *T* 值接近底线。事实上，美国多数农业土壤的 *T* 值接近11 Mg/hm^2，这代表了每年耕层最大的允许损失是0.9 mm，如果Ap层是20 cm，大约需要225年整个表层才会遗失。对于较深、渗透性强的土壤剖面，在较好的农业管理措施下，就有足够的时间通过亚耕层形成新的土壤来代替遗失的土壤（Brady and Weil，2008）。

土壤侵蚀会耗尽SOC库和养分储量。一般，SOC、黏粒和必需植物营养素（N、P、S）

的富集比> 1（并且通常高达 5 或更多）。从传统的耕翻转换为保护性农业可以降低与土壤侵蚀和养分流失相关的风险，而明确因果关系就是减少风险的一种重要策略。

过度放牧和践踏作用导致的植被覆盖减少会导致土壤结构退化，减少入渗，增加地表径流，加重土壤侵蚀。例如，在南非的研究表明，过度放牧导致的植被覆盖显著减少了 SOC 库，对碳循环有很强的影响（Mchunu and Chaplot，2012）。在干旱地区，由火灾引起的植被覆盖的减少也会加剧这一问题，尤其是在暴雨之后，因为土壤表面留下的灰分会在固液相之间形成接触钝角，从而加剧疏水性。当保护性枯枝落叶被烧毁时，第一次降雨通常导致高地表径流并加剧侵蚀。在西班牙进行的试验表明，火灾后土壤的退化风险很高，需要确定一种短期策略，使得可侵蚀的土壤在陡峭的山坡上能够保持土壤和水分（Badia and Marti，2008）。

因此，明确土壤容许流失量和不同植被覆盖的作用，对有效制定特定区域土壤侵蚀的技术措施相当重要。

（二）改善土壤/农业生物多样性

土壤生物种群可降低土壤退化和荒漠化的风险，对土壤质量恢复相当重要。实际上，土壤生物种群是全球陆地生物多样性的主要组成部分，并在关键的生态系统功能中发挥关键作用（如生物量分解、养分循环、减少 CO_2 释放、产生抑病性土壤等）。因此，改善土壤动植物（微观、中观和宏观）的活性和物种多样性对恢复与改善土壤质量、降低土壤退化风险至关重要。

农业管理对土壤微生物质量的不利影响是另一个全球性问题。作为管理工具，微生物质量指数或微生物降解指数可用于决策过程（Bastida et al.，2006; Moreno et al.，2008）。相关参数包括微生物生物量碳（MBC）、微生物呼吸、水溶性碳水化合物、酶活性、脱氢酶活性和其他重要的水解酶（如脲酶、蛋白酶、磷酸酶和 β-葡萄糖苷酶）活性。生物和非生物因素也有明显的季节性变化，影响土壤资源的生物组成。受季节变化影响的植被覆盖对土壤微生物过程有很大影响。在干旱和半干旱地区的退化土壤中，土壤水分状况的变化也会影响 MBC（Fterich et al.，2014）。

人们已经广泛认识到土壤生物（如蚯蚓、白蚁）对恢复土壤质量的重要性。蚯蚓、白蚁和其他土壤生物种群的存在通常被认为是热带土壤质量的重要指标（Ayuke et al.，2012）。保护性耕作可以增加蚯蚓活动，改善土壤表面团聚体粒级和团聚体的稳定性，增加水分渗透，并提高与土壤质量相关的大多数指标，也可能对农业污染物向排水中的运输产生影响（Edwards et al.，1988）。因此，通过采用改善土壤生物过程的土地利用和管理系统，以及通过选择性接种将有益生物引入土壤，可以减轻土壤退化的风险。

（三）改善种植管理体系

农业种植管理体系，包括轮作、土壤肥力管理、放牧/放养率和水分管理，通过改变 SOC 库、土壤结构形态和其他特性来影响土壤退化的类型、速率和严重程度。具体而言，作物轮作和放牧可以显著影响 SOC 库及土壤其他特性（Ryan et al.，2008）。

与耕地相似，管理牧场的土壤质量对于降低退化风险也至关重要。过度放牧的高度变异性以及恶劣的环境，使得牧场土壤的可持续管理更具挑战性。适于牛羊采食的多年生植物比例的下降，致使土壤更加紧实以及 SOC 的降低等，都是需要克服的限制因素（Emmerich and Heitschmidt，2002；Snyman and du Preez，2005）。降低牧场土壤退化风险的一项重要战略是通过更好地了解水文属性来保护和有效管理土壤水分（Oesterheld et al.，2001；Wiegand et al.，2004）。

在西非的气候条件下，建造石滩和建立等高的植被灌木可以有效地保护水资源（Thapa and Yila，2012）。建立和管理饲用乔木（即金合欢 *Acacia fadherbia*）和草豆类混合物也可以提高牧场土壤的质量（Garrity et al.，2010；Muir et al.，2011）。

（四）增强土壤恢复力

除了上述 3 个策略外，增强土壤恢复力也应该是一个减轻土壤退化的途径。

土壤恢复力一词指的是土壤在自然或人为扰动下恢复其质量的能力。土壤恢复力与土壤阻力不同，因为恢复力指的是弹性属性，使土壤在任何扰动和非稳定因素影响下能够恢复其质量（Greenland and Szabolcs，1994；Lal，1997）。

良好的根际过程对土壤抵抗人为或者自然扰动的恢复力至关重要。作为微生物代谢的主要场所，根际与确定刺激土壤微生物活性和相关微生物过程的管理系统是相互联系的。在此背景下，研究人员提出“生理生态指标”来评估土壤恢复力对土壤过程的影响（Lynch，2002）。管理 SOC 库的数量和质量再次成为确定适当管理实践活动的关键指导原则，这些实践活动将增强土壤恢复力并降低土壤退化风险。

SOC 库的大小与地上和地下的生物量碳输入量密切相关。持续的生物量碳的输入可以调节 MBC，为植物提供必要的营养元素（如 N、P、S）的供应从而影响养分循环，并且改善/稳定土壤结构形态和几何形状。生物炭是一种富含碳的土壤改良剂，它通过热解方法从生物质中提取，也可以从人类污水中产生并用于改善土壤的恢复力，同时也可以缓解气候变化（Breulmann et al.，2015）。

Yao 等（2017b）研究发现，施用生物炭对土壤理化性质的改良具有长期效应，增加了土壤全碳和全氮含量、增强土壤持水能力、提高土壤 pH 和降低土壤容重。同时发现，施用生物炭增加了土壤微生物数量，改变了细菌和真菌群落结构组成；此外，施用生物炭增加了芽孢杆菌属（*Bacillus*）和土微菌属（*Pedomicrobium*）等一些有益细菌的相对丰度，降低了潜在植物病原菌镰刀菌属（*Fusarium*）和黑粉菌属（*Ustilago*）的相对丰度。这些研究表明，施用生物炭具有抑制有害植物病原菌生长繁殖的作用，即施用生物炭直接改变了黑土理化性质，间接改变了土壤微生物群落结构组成，从而有利于形成健康的土壤微环境（Yao et al.，2017a）。

客观地讲，没有普遍适用的土壤恢复力管理技术，实施确保土壤可持续管理的每一种措施都需要权衡，必须进行客观和严格的评估，为恢复土壤质量的物理、化学、生物和生态组分，必须确定特定地点和适当的土地管理方法，采用全面的管理方法来改善土壤质量。其目标应该是提高单位面积、时间和能源投入的生产力，同时恢复土壤质量，降低环境退化风险（图 12-7）。

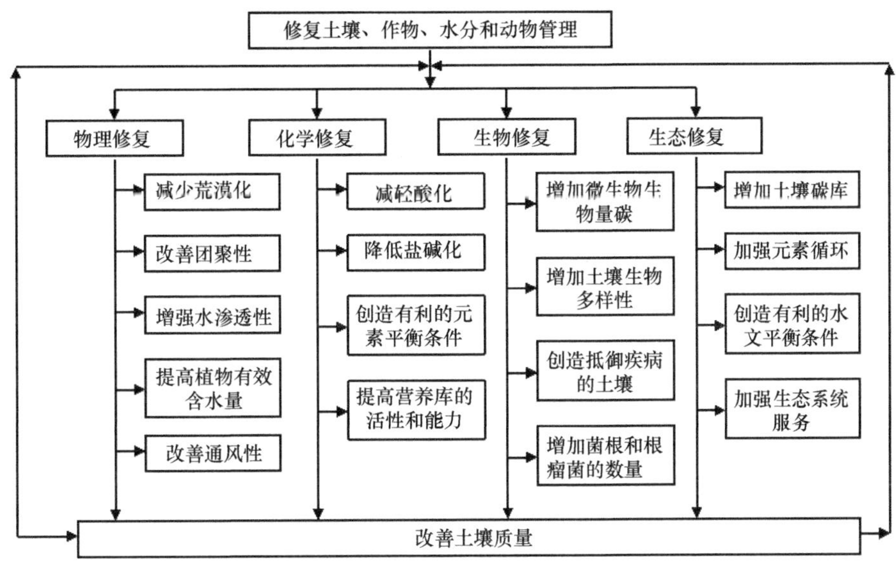

图 12-7　修复土壤质量的措施（Lal，2015）

因此，土壤质量恢复和降低环境退化风险的重要战略是：①减少土壤侵蚀；②创造正向的土壤/生态系统碳平衡；③提高大量营养元素（N、P、S）和微量营养元素（Zn、Fe、Cu、Mo、Se）的有效性；④增加土壤生物多样性，特别是微生物过程；⑤加强根际过程。最终目标应该是采用整体和综合的方法来进行土壤资源管理。

从长远上讲，区域自然背景、文化传统、社会经济条件都对土壤退化起着主要作用，因此，恢复传统的土壤管理知识，并使之整合到当代土壤保护管理的策略中也是急需加强的方面。

土壤侵蚀的严重度、频率和广度将会由于全球变化以及土地利用方式的改变而变化，由此可能会放大目前的侵蚀问题，而且超过一定的侵蚀阈值，将会导致新的问题出现。我们观测土壤侵蚀的原因是：①确定侵蚀和水土保持措施对环境的影响；②明细土壤侵蚀的机理；③研发并评估土壤侵蚀控制技术；④研发预测土壤侵蚀的技术；⑤研发布设措施，提出规范和政策以及研究项目（Toy et al.，2002）。

实际上，土壤侵蚀可以从多方面进行控制：①道义劝说结合相关法规，如土地利用方式的改变；②提高公众保护意识，增强媒体宣传；③补贴和其他激励政策。

张兴义和刘晓冰（2020）针对东北黑土区侵蚀沟治理存在的投资标准较低、治理成效差、措施配置不当、未能起到防护作用、沟道削坡和治理后保护成为难点等问题，提出 4 个方面的防治对策。

首先，从法律政策层面，完善法律法规，颁布黑土耕地保护刚性条款，对于侵蚀强度达到某种程度的坡耕地必须采取水土保持措施，为黑土区侵蚀沟治理扫清障碍。侵蚀沟治理首先要对沟道进行整形，削坡是侵蚀沟治理必不可少的措施，东北黑土区侵蚀沟多发育形成于耕地中，削坡必然要占用耕地，是当前黑土区侵蚀沟治理工程实施的难点。

其次，从国家粮食安全黑土地系统保护规划层面，整合现有黑土地保护工程，将主要发育形成于耕地中的黑土区侵蚀沟纳入农田水系建设体系，发挥其导排水功能，沟坡协同防治，提升黑土地力。侵蚀沟发育形成于汇水线，在小流域中侵蚀沟是生态系统水系通道，封堵是不现实的，治理后的侵蚀沟包括填埋后的侵蚀沟仍然会承担着导排水功能，因此应将侵蚀沟治理纳入以耕地为主的小流域农田水系建设体系中。

再次，要进一步梳理东北黑土区侵蚀沟治理的成功经验，加强技术创新研发，构建成熟适用的侵蚀沟防治技术体系，颁布技术标准，从技术层面确保侵蚀沟的科学高效治理。东北黑土区侵蚀沟无论是科学研究还是治理均起步晚，规模化治理起始于 2017 年国家启动的东北黑土区侵蚀沟治理专项工程，可借鉴的经验少，关键技术创新不足，尚未颁布区域侵蚀沟治理技术标准，对于其他区域的技术不能简单照搬。

最后，要以服务国家粮食安全需求为核心，以坡耕地中侵蚀沟治理为重点，优先实施填埋复垦技术，修复沟毁耕地，是保护农田黑土的重要措施之一，是保护“耕地中大熊猫”的重要体现，可为现代农业发展提供保障。东北黑土区侵蚀沟数量多，对农田危害大，尤其还呈发展加剧的态势。然而，主要发育形成于耕地的侵蚀沟，形成的时间短，多以中小型为主，相对易于治理。因此，应利用国家重视黑土地保护的契机，加强侵蚀沟治理，做实新时代水土保持和生态文明建设。

参 考 文 献

安韶山, 黄懿梅, 郑粉莉. 2005. 黄土丘陵区草地土壤脲酶活性特征及其与土壤性质的关系. 草地学报, 13(3): 233-237.

白建宏. 2017a. 东北黑土区侵蚀沟分级初探. 中国水土保持, 10: 41-42.

白建宏. 2017b. 基于水土保持三级区划的东北黑土区侵蚀沟分布现状及综合防治策略. 中国水土保持, 11: 20-22.

白舒婷, 张树文, 王让虎, 等. 2018. 基于高分影像与地理国情普查成果的侵蚀沟分异特征分析. 地理与地理信息科学, 34(3): 109-113.

蔡强国, 刘纪根. 2003. 关于我国土壤侵蚀模型研究进展. 地理科学进展, 22(3): 242-250.

蔡强国, 袁再健, 程琴娟, 等. 2006. 分布式侵蚀产沙模型研究进展. 地理科学进展, 25(3): 48-54.

曹慧, 孙辉, 杨浩, 等. 2003. 土壤酶活性及其对土壤质量的指示研究进展. 应用与环境生物学报, 1: 105-109.

常守仁, 谢军. 1989. 黑龙江省中部黑土地区土壤侵蚀状况及其治理措施. 东北水利水电, 9: 32-37.

陈丽华, 李杰, 刘丽君, 等. 2002. 大豆蛋白质的积累动态及其与产质量形成的关系. 东北农业大学学报, 33(2): 116-124.

陈强. 2016. 耕作方式对黑土理化性状季节变化的影响. 北京: 中国科学院大学博士学位论文.

陈书. 1989. 克拜地区土体冻融作用与侵蚀沟发育特征浅析. 中国水土保持, 11: 20-22.

陈文婷, 付岩梅, 隋跃宇, 等. 2013. 长期施肥对不同有机质含量农田黑土土壤酶活性及土壤肥力的影响. 中国农学通报, 29(15): 78-83.

陈学文, Cruse R M, Gelder B K, 等. 2017. 土壤侵蚀日发布系统. 土壤与作物, 6(4): 312-319.

陈一民, 焦晓光, 王贵强, 等. 2012. 空间移位下农田黑土过氧化氢酶与土壤养分的相关性研究. 黑龙江大学工程学报, 3(4): 46-50.

陈一民, 徐欣, 侯萌, 等. 2019. 两种气候条件下梯度有机质含量农田黑土纤维素酶和 β-葡糖苷酶活性研究. 土壤与作物, 8(3): 273-279.

陈永宗. 1984. 黄河中游黄土丘陵区的沟谷类型. 地理科学, 4(4): 35-41.

丁晓斌, 郑粉莉, 王彬, 等. 2011. 子午岭地区坡面浅沟侵蚀临界模型研究. 水土保持通报, 31(3): 122-125.

杜国明, 雷国平, 宗晓丹. 2011. 东北典型黑土漫岗区切沟侵蚀空间格局分析. 水土保持研究, 18(2): 94-97.

鄂丽丽. 2018. 不同侵蚀程度对黑土理化性状和农田生产力的影响. 哈尔滨: 东北农业大学硕士学位论文.

范昊明, 蔡国强, 王红闪. 2004. 中国东北黑土区土壤侵蚀环境. 水土保持学报, 18(2): 66-70.

范昊明, 王铁良, 蔡强国, 等. 2014. 东北黑土漫岗区侵蚀沟发展模式研究. 水土保持研究, 14(6): 384-387.

方华军, 杨学明, 张晓平, 等. 2005. ^{137}Cs 示踪技术研究坡耕地黑土侵蚀和沉积特征. 生态学报, 25(6): 1376-1382.

冯志珍. 2018. 东北薄层黑土区土壤侵蚀—沉积对土壤性质和玉米产量的影响研究. 杨凌: 西北农林科技大学博士学位论文.

符素华, 刘宝元. 2002. 土壤侵蚀量预报模型研究进展. 地球科学进展, 17(1): 78-84.

傅伯杰, 陈利顶, 马诚. 1997. 土地可持续利用评价的指标体系与方法. 自然资源学报, 12(2): 113-118.
龚伟, 颜晓元, 蔡祖聪, 等. 2008. 长期施肥对小麦-玉米作物系统土壤颗粒有机碳和氮的影响. 应用生态学报, 19(11): 2375-2381.
龚子同. 2014. 中国土壤地理. 北京: 科学出版社.
龚子同, 陈志诚, 张甘霖, 等. 1999. 中国土壤系统分类: 理论・方法・实践. 北京: 科学出版社.
贯丛, 张树文, 王让虎, 等. 2019. 三岔河流域坡耕地垄向与侵蚀沟分布耦合分析. 资源科学, 41(2): 394-404.
胡刚, 伍永秋. 2005. 发生沟蚀(切沟)的地貌临界研究综述. 山地学报, 23(5): 565-570.
胡刚, 伍永秋, 刘宝元, 等. 2006. 东北漫川漫岗黑土区浅沟和切沟发生的地貌临界模型探讨. 地理科学, 26(4): 449-454.
胡刚, 伍永秋, 刘宝元, 等. 2009. 东北漫岗黑土区浅沟侵蚀发育特征. 地理科学, 29(4): 545-549.
胡天然. 2016. 乌裕尔河流域侵蚀沟格局及其演变过程. 哈尔滨: 东北林业大学博士学位论文.
胡伟, 翟星雨, 李浩, 等. 2019. 黑土区农地集水区次降雨径流与输沙特征研究. 土壤与作物, 8(4): 405-414.
姜永清, 王占礼. 1999. 瓦背状浅沟分布特征分析. 水土保持研究, 6(2): 181-184.
金剑, 刘晓冰, 王光华, 等. 2004. 大豆生殖生长期根系形态性状与产量关系研究. 大豆科学, 23(4): 253-257.
金剑, 王光华, 刘晓冰, 等. 2000. 作物生育期内光合碳在地下部的分配及转化. 生态学杂志, 27(8): 1393-1399.
靳长兴. 1996. 坡度在坡面侵蚀中的作用. 地理研究, 15(3): 57-62.
荆瑞勇, 曹焜, 刘俊杰, 等. 2015. 东北农田黑土土壤酶活性与理化性质的关系研究. 水土保持研究, 22(4): 132-137.
景可. 1986. 黄土高原沟谷侵蚀研究. 地理科学, 6(4): 340-347.
景可, 王万忠, 郑粉莉. 2005. 中国土壤侵蚀与环境. 北京: 科学出版社.
雷廷武, 邵明安, 李占斌, 等. 1999. 土壤侵蚀预报模型及其在中国发展的考虑. 水土保持研究, 6(2): 162-166.
冷疏影, 冯仁国, 李锐, 等. 2004. 土壤侵蚀与水土保持科学重点研究领域与问题. 水土保持学报, 18(1): 1-6.
黎宁, 李华兴, 朱凤娇, 等. 2006. 菜园土壤微生物生态特征与土壤理化性质的关系. 应用生态学报, 17(2): 285-289.
李斌兵, 郑粉莉, 张鹏, 等. 2008. 黄土高原丘陵沟壑区小流域浅沟和切沟侵蚀区的界定. 水土保持通报, 28(5): 16-20.
李飞, 张树文, 李天奇. 2012. 东北典型黑土区南部侵蚀沟与地形要素之间的空间分布关系. 土壤与作物, 1(3): 148-154.
李海强. 2017. 水土保持措施下坡面土壤养分变化特征研究. 沈阳: 沈阳农业大学硕士学位论文.
李浩. 2016. 典型黑土区不同尺度沟蚀演化过程及效应研究. 北京: 中国科学院研究生院(东北地理与农业生态研究所)博士学位论文.
李浩, 杨薇, 刘晓冰, 等. 2019. 沟蚀发生的地貌临界理论计算中数据获取方法及应用. 农业工程学报, 35(18): 127-133.
李浩, 张兴义, 刘爽, 等. 2012. 典型黑土区村级尺度侵蚀沟演变. 中国水土保持科学, 10(2): 21-28.
李建维, 焦晓光, 隋跃宇, 等. 2011. 吉林东部暗棕壤在中国土壤系统分类中的归属. 中国农学通报, 27(24): 74-79.
李建维, 隋跃宇, 焦晓光, 等. 2016. 吉林西部典型风砂土的土系分类研究及归属初探. 土壤与作物, 5(1): 30-35.
李蕊, 杨越, 李彦生, 等. 2018. 基于玉米-大豆轮作的不同施肥体系对大豆开花后根系形态及产量的影响. 中国油料作物学报, 40(1): 64-73.
李锐. 2008. 中国水土流失基础研究的机遇与挑战. 自然杂志, 30(1): 6-11.
李锐, 杨勤科, 吴普特, 等. 2003. 中国水土保持科技发展战略思考. 中国水土保持科学, 1(3): 5-9.
李锐, 赵牡丹, 杨勤科. 2014. 中国土壤侵蚀地图集. 中国地图出版社.
李士文, 吴景才. 1989. 黑土侵蚀区土壤侵蚀演变规律及对策. 中国水土保持, 4: 7-10.
李天奇. 2012. 东北黑土区侵蚀沟成因与模型研究. 北京: 中国科学院研究生院(东北地理与农业生态研究所)博士学位论文.
李智广, 王岩松, 刘宪春, 等. 2013. 我国东北黑土区侵蚀沟道的普查方法与成果. 中国水土保持科学, 11(5): 9-13.
李忠武, 蔡强国, 唐政洪. 2002b. 基于侵蚀条件下的作物生产力模型研究. 水土保持学报, 16(1): 51-54.
李忠武, 蔡强国, 唐政洪, 等. 2002a. 作物生产力模型及其应用研究. 应用生态学报, 13(9): 1174-1178.
刘宝元, 史培军. 1998. WEPP 水蚀预报模型. 水土保持通报, 18(5): 6-12.
刘宝元, 谢云, 张科利. 2001. 土壤侵蚀预报模型. 北京: 中国科学技术出版社.
刘宝元, 阎百兴, 沈波, 等. 2008. 东北黑土区农地水土流失现状与综合治理对策. 中国水土保持科学, 6(1): 1-8.
刘春柱, 侯萌, 张晴, 等. 2017. 长期施入不同量有机肥对农田黑土土壤养分、产量的影响. 中国农学通报, 33(8): 68-71.
刘俊娥, 王占礼, 高素娟, 等. 2012. 黄土坡面片蚀过程动力学机理试验研究. 农业工程学报, 28(7): 144-149.
刘晓冰, Herbert S J, Hashemi M, 等. 2003. 影响聚丙烯酰胺在土壤和水分管理应用的因素. 农业系统科学与综合研究, 19(3): 165-168.
刘晓冰, 孟凯, 刘晓昱. 1999. 生产生态学初探. 农业系统科学与综合研究, 15(1): 14-25.
刘晓冰, 宋春雨, Herbert S J, 等. 2002. 覆盖作物的生态效应. 应用生态学报, 13(3): 365-368.
刘晓冰, 张兴义. 2018. 沟道侵蚀的多样性和发生过程及研究展望. 土壤与作物, 7(2): 90-102.
刘晓冰, 周克琴, 苗淑杰, 等. 2012. 土壤侵蚀影响作物产量及其因素分析. 土壤与作物, 1(4): 205-211.
刘兴土, 阎百兴. 2009. 东北黑土区水土流失与粮食安全. 中国水土保持, 1: 17-19.
刘绪军. 2003. 浅谈黑龙江省黑土地保土耕作法的机理及效应. 中国水土保持, 12: 34-36.
刘元保, 朱显谟, 周佩华, 等. 1988. 黄土高原坡面沟蚀的类型及其发生发展规律. 中国科学院西北水土保持研究所集刊, 1: 9-18.
路小芳. 2017. 氮肥对紧凑型夏玉米农艺性状产量和生育期的影响. 河北农业科学, 21(4): 34-36.
罗来兴. 1956. 划分晋西、陕北、陇东黄土区域沟间地与沟谷的地貌类型. 地理学报, 23(3): 201-222.
孟凯, 张兴义. 1998. 松嫩平原黑土退化的机理及其生态复原. 土壤通报, 29(3): 5-7.
孟凯, 张兴义, 隋跃宇. 2001. 农田黑土水分调节能力分析. 中国生态农业学报, 9(1): 46-49.
孟令钦, 李勇. 2009. 东北黑土区坡耕地侵蚀沟发育机理初探. 水土保持学报, 23(1): 7-11.
米亮, 隋跃宇, 张兴义, 等. 2010. 施肥对模拟侵蚀黑土土壤微生物群落代谢活性的影响. 农业系统科学与综合研究, 26(1): 97-101.
穆兴民, 高鹏, 王双银, 等. 2009. 东北三省人类活动与水土流失关系的演进. 中国水土保持科学, 7(5): 37-42.
潘竟虎, 张伟强, 秦晓娟. 2008. 陇东黄土高原土壤侵蚀的人文因素及经济损失分析. 中国水利, 12(372): 39.
秦伟, 朱清科, 赵磊磊, 等. 2010. 基于 RS 和 GIS 的黄土丘陵沟壑区浅沟侵蚀地形特征研究. 农业工程学报, 26(6) : 58-64.
全国土壤普查办公室. 1998. 中国土壤. 北京: 中国农业出版社.
水利部. 2010. 中国水土流失防治与生态安全: 东北黑土区卷. 北京: 科学出版社.
水利部. 2013. 第一次全国水利普查水土保持情况公报. http://www.gov.cn/gzdt/2013-05/18/content_

2405623.htm [2013-5-18].
水利部. 2019. 2018 年中国水土保持公报. http: //www.mwr.gov.cn/sj/tjgb/zgstbcgb/201908/t20190820_1353674.html [2019-8-20].
宋凤斌, 赵兰坡. 2010. 东北农业水土资源优化调控理论与实践. 北京: 科学出版社.
宋玥. 2011. 黑土坡耕地不同水土保持措施的产沙产流与侵蚀性降雨研究. 哈尔滨: 东北农业大学硕士学位论文.
隋跃宇, 冯学民, 赵军. 2013. 关于黑土、白浆土、沼泽土的论述. 哈尔滨: 哈尔滨地图出版社.
隋跃宇, 焦晓光, 程守全, 等. 2007. 海伦市农田黑土机械组成与土壤全量养分相关关系研究. 农业系统科学与综合研究, 23(4): 456-458.
隋跃宇, 焦晓光, 高崇生, 等. 2009. 土壤有机质含量与土壤微生物量及土壤酶活性关系的研究. 土壤通报, 40(5): 1036-1039.
隋跃宇, 焦晓光, 李建维. 2019. 中国土系志 • 吉林卷. 北京: 科学出版社.
隋跃宇, 焦晓光, 张之一. 2011. 中国土壤系统分类均腐殖质特性应用中的问题和意见. 土壤, 43(1): 140-142.
隋跃宇, 张兴义, 焦晓光. 2007. 不同施肥制度对玉米生育期土壤微生物量的影响. 中国生态农业学报, 20(3): 52-54.
隋跃宇, 张兴义, 张少良, 等. 2008. 黑龙江典型县域农田黑土土壤有机质现状分析. 土壤通报, 39(1): 186-188.
唐克丽, 等. 2004. 中国水土保持. 北京: 科学出版社.
王春莲, 鞠方成. 2017. 钾肥施用对“新丹 336”玉米产量及产量性状的影响. 辽东学院学报(自然科学版), 24(4): 259-262.
王光华, 金剑, 韩晓增, 等. 2007. 不同土地管理方式对黑土土壤微生物量碳和酶活性的影响. 应用生态学报, 18 (6): 1275-1280.
王光华, 金剑, 刘晓冰. 2018. 农田分子生态学科组 10 年来研究进展回顾及展望. 土壤与作物, 7(2): 212-221.
王佳楠. 2019. 东北复合侵蚀及理化性质对坡面水土保持措施配置的响应. 沈阳: 沈阳农业大学硕士学位论文.
王念忠, 沈波. 2011. 东北黑土区侵蚀沟发展状况及其对粮食安全的影响. 中国水土保持科学, 9(5): 7-10.
王让虎. 2017. 基于多源多尺度数据的东北典型黑土区侵蚀沟遥感监测体系研究. 长春: 吉林大学博士学位论文.
王文娟, 邓荣鑫, 张树文, 等. 2019. 东北典型黑土区侵蚀沟发育演化特征分析. 地理与地理信息科学, 35(4): 16-21.
王文娟, 邓荣鑫, 张树文. 2012a. 东北典型黑土区 40 年来沟蚀空间格局变化及地形分异规律. 地理与地理信息科学, 28(3): 72-75.
王文娟, 张树文, 方海燕. 2012b. 东北典型黑土区坡沟侵蚀耦合关系. 自然资源学报, 27(12): 2113-2122.
王文娟, 张树文, 李颖, 等. 2009. 东北黑土区近 40 年沟谷侵蚀动态及影响因素分析. 水土保持学报, 5: 51-55.
王晓光, 曹敏建, 王伟, 等. 2005. 钾对大豆根系形态与生理特性的影响. 大豆科学, 24(2): 126-129.
王岩松, 王念忠, 钟云飞, 等. 2013. 东北黑土区侵蚀沟省际分布特征. 中国水土保持, 10: 67-69.
王禹宸. 2015. 黑土区埂带植物筛选及其效益评价. 哈尔滨: 东北农业大学硕士学位论文.
王玉玺, 解运杰, 王萍. 2002. 东北黑土区水土流失成因分析. 水土保持科技情报, 3(3): 27-30.
王占礼, 邵明安. 1998. 黄土丘陵沟壑区第二副区山坡地土壤侵蚀特征研究. 水土保持研究, 5(4): 11-21.
王志强, 刘宝元, 王旭艳, 等. 2009. 东北黑土区土壤侵蚀对土地生产力影响试验研究. 中国科学(D 辑: 地球科学), 39(10): 1397-1412.

魏永霞, 张忠学, 赵雨森. 2010. 坡耕地水土保持理论与技术研究. 北京: 中国农业出版社.
谢志煌, 李彦生, 金剑, 等. 2018. 增施牛粪有机肥对黑土农田大豆营养品质的影响. 土壤与作物, 7(4): 421-427.
徐欣, 郑利远, 周珂, 等. 2019. 长期施肥对不同有机质水平黑土蛋白酶活性及氮素的影响. 中国土壤与肥料, 1: 44-48.
闫业超, 岳书平, 张树文, 等. 2009. 黑土区土壤侵蚀经济损失价值估算及其特征分析——以黑龙江克拜东部黑土区为例. 自然资源学报, 24(12): 135-146.
闫业超, 张树文, 李晓燕, 等. 2005. 黑龙江克拜黑土区 50 多年来侵蚀沟时空变化. 地理学报, 60(6): 1015-1020.
闫业超, 张树文, 岳书平. 2006. 基于 Corona 和 Spot 影响的近 40 年黑土典型区侵蚀沟动态变化. 资源科学, 20(6): 154-160.
闫业超, 张树文, 岳书平. 2010. 近 40a 黑土典型区坡沟侵蚀动态变化. 农业工程学报, 26(2): 109-115.
阎百兴, 沈波, 刘宝元. 2010. 东北黑土区水土流失与生态安全研究. 北京: 科学出版社.
阎百兴, 汤洁. 2005. 黑土侵蚀速率及其对土壤质量的影响研究. 地理研究, 24(4): 499-506.
杨洁, 龙明忠. 2005. 喀斯特峡谷区土壤侵蚀的经济损失初步估值与分析——以花江示范区为例. 贵州师范大学学报(自然科学版) , 23(4): 13-17.
杨维鸽. 2016. 典型黑土区土壤侵蚀对土壤质量和玉米产量的影响研究. 杨凌: 中国科学院教育部水土保持与生态环境研究中心博士学位论文.
杨育红, 阎百兴, 曹会聪. 2010. ^{137}Cs 示踪法在黑土区农业非点源污染负荷研究中的应用. 地理科学, 5: 76-82.
杨越. 2018. 黑土不同耕层厚度对作物养分吸收及根系分布的影响. 哈尔滨: 东北农业大学硕士学位论文.
杨越, 李蕊, 李彦生, 等. 2019. 黑土不同耕层厚度对玉米根系形态空间分布及其产量的影响. 玉米科学, 27(1): 97-103.
杨志新, 郑大玮, 李永贵. 2004. 北京市土壤侵蚀经济损失分析及价值估算. 水土保持学报, 18(3): 175-178.
殷文, 冯福学, 赵财, 等. 2016. 小麦秸秆还田方式对轮作玉米干物质累积分配及产生量的影响. 作物学报, 42(5): 751-757.
游智敏, 伍永秋, 刘宝元. 2004. 利用 GPS 进行切沟侵蚀监测研究. 水土保持学报, 18(5): 91-94.
于国强, 张霞, 张茂省, 等. 2012. 植被对黄土高原坡沟系统重力侵蚀调控机理研究. 自然资源学报, 27(6): 922-932.
于镇华, 李彦生, 金剑, 等. 2018. 不同施肥措施对农田黑土剖面土壤酶活性特征的影响. 土壤与作物, 7(3): 276-283.
喻江, 于镇华, Makoto I, 等. 2016. 施用有机肥对侵蚀黑土玉米苗期根内生细菌多样性的影响. 应用生态学报, 227(8): 2663-2669.
曾海鳌, 吴敬禄, 林琳. 2008. ^{137}Cs 示踪法研究太湖流域土壤侵蚀分布与总量. 海洋地质与第四纪地质, 28(2): 79-85.
曾昭顺. 1958. 关于白浆土的形成问题. 中国科学院林业土壤研究所集刊, 1: 26-36.
曾昭顺, 徐琪, 高子勤, 等. 1987. 中国白浆土. 北京: 科学出版社.
张科利. 1988. 陕北黄土丘陵沟壑区坡耕地浅沟及其防治途径. 杨陵: 中国科学院水利部水土保持研究所硕士学位论文.
张科利. 1991. 黄土坡面侵蚀产沙分配及其与降雨特征关系的研究. 泥沙研究, 4: 39-47.
张科利, 刘宏远. 2018. 东北黑土区冻融侵蚀研究进展与展望. 中国水土保持科学, 16(1): 17-24.
张鹏, 郑粉莉, 陈吉强, 等. 2009. 利用高精度 GPS 动态监测沟蚀发育过程. 热带地理, 29(4): 368-406.
张平宇. 2008. 东北区域发展报告. 北京: 科学出版社.
张千丰, 元野, 刘居东, 等. 2013. 室内模拟: 生物炭对白浆土和黑土中氮素淋溶的影响. 土壤与作物,

2(2): 88-96.
张少良. 2010. 水土保持措施对黑土水土流失过程的影响及其效益评价. 北京: 中国科学院研究生院博士学位论文.
张宪奎, 许靖华. 1992. 黑龙江省土壤流失方程的研究. 水土保持通报, 12(4): 1-8.
张孝存. 2013. 东北典型黑土区流域侵蚀—沉积对土壤质量的影响. 西安: 陕西师范大学博士学位论文.
张信宝, 温仲明, 冯明义, 等. 2007. 应用 ^{137}Cs 示踪技术破译黄土丘陵区小流域坝库沉积赋存的产沙记录. 中国科学(D 辑: 地球科学), 37(3): 405-410.
张兴义, 刘晓冰. 2020. 中国黑土研究的热点问题及水土流失防治对策. 水土保持通报, 40(4): 340-344.
张兴义, 刘晓冰. 2021. 东北黑土区沟道侵蚀现状及其防治对策. 农业工程学报, 37(3): 320-326.
张兴义, 刘晓冰, 隋跃宇. 2006. 人为剥离黑土层对大豆生育和产量的影响. 大豆科学, 25(2): 123-126.
张兴义, 刘晓冰, 赵军. 2018. 黑土利用与保护. 北京: 科学出版社.
张兴义, 孟令钦, 刘晓冰. 2007. 黑土区水土流失对玉米干物质积累及产量的影响. 中国水利, 22: 47-49.
张兴义, 隋跃宇, 宋春雨. 2013. 农田黑土退化过程. 土壤与作物, 2(1): 1-6.
张兴义, 隋跃宇, 王其存, 等. 2007. 土壤有机质含量与玉米生产力的关系. 土壤通报, 38(4): 657-660.
张兴义, 王其存, 隋跃宇, 等. 2005. 大豆坡耕地土壤湿度时空演变及其与产量的空间相关性分析. 土壤, 38(4): 410-416.
张兴义, 王其存, 隋跃宇, 等. 2006. 黑土坡耕地土壤湿度时空演变及其与大豆产量空间相关性分析. 土壤, 38(4): 410-415.
张兴义, 张少良, 刘爽, 等. 2010. 严重侵蚀退化黑土农田地力快速提升技术研究. 水土保持研究, 4: 1-5.
张兴义, 甄怀才, 杨薇, 等. 2019. 基于 PhotoScan 的径流小区三维重建参数优化. 农业机械学报, 50(12): 144-150.
张永光, 伍永秋, 刘宝元, 等. 2006. 东北漫岗黑土区春季冻融期浅沟侵蚀. 山地学报, 24(3): 306-311.
张永光, 伍永秋, 刘洪鹄, 等. 2007. 东北漫岗黑土区地形因子对浅沟侵蚀的影响分析. 水土保持学报, 21(1): 35-38.
张永光, 伍永秋, 汪言在, 等. 2008. 典型黑土区小流域浅沟侵蚀季节差异分析. 地理研究, 27(1): 145-154.
张之一. 2005. 关于黑土分类和分布问题的探讨. 黑龙江八一农垦大学学报, 17(1): 5-8.
张之一. 2010. 黑土开垦后黑土层厚度的变化. 黑龙江八一农垦大学学报, 5: 1-3.
张之一, Cameron D. 1996. 利用牧草改良白浆土. 北京: 中国农业科技出版社.
张之一, 田秀萍, 辛刚. 1999. 黑龙江省土壤分类与中国系统分类参比分析. 黑龙江八一农垦大学学报, 31(2): 1-6.
张之一, 翟瑞常, 蔡德利. 2006. 黑龙江土系概论. 哈尔滨: 哈尔滨地图出版社.
章杨德. 1988. 苏联土壤分类与土壤分类研究. 北京: 科学出版社.
赵军, 葛翠萍, 孟凯, 等. 2007. 海伦市土地利用与土壤侵蚀时空变化分析. 水土保持通报, 27(2): 71-75.
赵克静, 刘厚军. 2001. 土壤有机质含量对春小麦产量贡献率的研究. 现代化农业, 5: 23-24.
赵仁竹, 汤洁, 梁爽, 等. 2015. 吉林西部盐碱田土壤蔗糖酶活性和有机碳分布特征及其相关关系. 生态环境学报, 24(2): 244-249.
赵岩, 王治国, 孙保平, 等. 2013. 中国水土保持区划方案初步研究. 地理学报, 68(3): 307-317.
赵月. 2019. 基于玉米大豆轮作的农田黑土酶活性对耕层厚度的响应. 哈尔滨: 东北农业大学硕士学位论文.
赵月, 王春雨, 隋跃宇, 等. 2019. 基于玉米大豆轮作的黑土玉米农田酶活性对不同耕层厚度的响应. 玉米科学, 27(6): 95-103.
郑粉莉. 1989. 细沟侵蚀量测算方法的探讨. 水土保持通报, 9(4): 41-47.

郑粉莉, 高学田. 2000. 黄土坡面土壤侵蚀过程与模拟. 西安: 陕西人民出版社.

郑粉莉, 康绍忠. 1998. 黄土坡面不同侵蚀带侵蚀产沙关系及其机理. 地理学报, 53(5): 422-428.

郑粉莉, 刘峰, 杨勤科, 等. 2001. 土壤侵蚀预报模型研究进展. 水土保持通报, 21(6): 16-18.

郑粉莉, 王占礼, 杨勤科. 2004. 土壤侵蚀学科发展战略. 水土保持研究, 11(4): 1-10.

郑粉莉, 武敏, 张玉斌, 等. 2006. 黄土陡坡裸露坡耕地浅沟发育过程研究. 地理科学, 26(4): 438-442.

郑粉莉, 徐锡蒙, 覃超. 2016. 沟蚀过程研究进展. 农业机械学报, 8: 48-59.

郑粉莉, 张加琼, 刘刚, 等. 2019. 东北黑土区坡耕地土壤侵蚀特征与多营力复合侵蚀的研究重点. 水土保持通报, 39: 314-319.

周萌, 肖扬, 刘晓冰. 2019. 土壤活性有机质组成及其研究进展. 土壤与作物, 8(4): 349-360.

周萌, 肖扬, 刘晓冰. 2020. 光谱特性的分析方法及其在土壤活性有机碳组分研究中的应用. 土壤, 52(6): 1093-1104.

周玮, 苏春花, 杨春兰, 等. 2016. 岩溶区土层厚度对土壤酶活性及植物多样性的影响——以贵阳市花溪区为例. 贵州师范学院学报, 32(12): 43-47.

朱显谟. 1956. 黄土区土壤侵蚀的分类. 土壤学报, 4(2): 99-115.

朱永官. 2003. 土壤-植物系统中的微界面过程及其生态环境效应. 环境科学学报, 2: 205-210.

朱芸芸, 李敏, 曲博, 等. 2016. 湿地植物根际土壤磷酸酶活性变化规律研究. 环境科学与技术, 39(10): 106-112.

Abiven S, Menasseri S, Chenu C. 2008. The effects of organic inputs over time on soil aggregate stability. Soil Biol Biochem, 41: 1-12.

Agassi M, Letey J, Farmer W J, et al. 1995. Soil erosion contribution to pesticide transport by furrow irrigation. J Environ Qual, 24: 892-895.

Ambers R K R, Druckenbrod D L, Ambers C P. 2006. Geomorphic response to historical agriculture at Monument Hill in the Blue Ridge foothills of central Virginia. Catena, 65(1): 49-60.

Anderson D W. 1987. Pedogenesis in the grassland and adjacent forest of the Great Plains. *In*: Stewart B A. Advances in Soil Science. New York: Springer-Verlag: 53-93.

Andrews S, Karlen D, Cambardella C. 2004. The soil management assessment framework: a quantitative soil quality evaluation method. Soil Sci Soc Am J, 68: 1945-1962.

Arriaga J F, Lowery B. 2003. Soil physical properties and crop productivity of an eroded soil amended with cattle manure. Soil Science, 168(12): 888-899.

Asadi H, Ghadiri H, Rose C W, et al. 2007. An investigation of flow-driven soil erosion processes at low stream powers. Journal of Hydrology, 342(1-2): 134-142.

Asmar F, Eiland F, Nielsen N E. 1994. Effect of extracellular-enzyme activities on solubilization rate of soil organic nitrogen. Biology and Fertility of Soils, 17(1): 32-38.

Auzet A V, Boiffin J, Papy F, et al. 1993. Rill erosion as a function of the characteristics of cultivated catchments in the north of France. Catena, 20: 41-62.

Avni Y. 2005. Gully incision as a key factor in desertification in an environment, the Negev highlands, Israel. Catena, 63: 185-220.

Ayuke F, Karanja N, Okello J, et al. 2012. Agrobiodiversity and potential use for enhancing soil health in tropical soils of Africa. Soils and Food Security, 35: 94-134.

Badia D, Marti C. 2008. Fire and rainfall energy effects on soil erosion and runoff generation in semi-arid forested lands. Arid Land Res Manag, 22: 93-108.

Baethgen W, Moron A. 1994. Carbon sequestration in agricultural production systems of Uruguay: observed data and CENTURY model simulations runs. V Reunion de la Red Latinoamericana de Agricultura Conservacionista. Anales en CD-ROM. Florianopokis, Brazil.

Bakker M M, Govers G, Rounsevell M D A. 2004. The crop productivity-erosion relationship: an analysis based on experimental work. Catena, 57: 55-76.

Barak P, Jobe B O, Krueger A R, et al. 1997. Effects of long-term soil acidification due to nitrogen fertilizer inputs in Wisconsin. Plant and Soil, 197: 61-69.

Barrows H L, Kilmer V J. 1963. Plant nutrient losses from soils by water erosion. Adv Agron, 15: 303-316.

Barvenik F W. 1994. Polyacrylamide characteristics related to soil applications. Soil Science, 158: 235-243.

Bastida F, Moreno J, Hernandez T, et al. 2006. Microbiological degradation index of soils in a semiarid climate. Soil Biol Biochem, 38: 3463-3473.

Baver L D. 1939. Ewald Wolny—a pioneer in soil and water conservation research. Soil Science Society of America Journal, 3(C): 330-333.

Beavis S G. 2000. Structural controls on the orientation of erosion gullies in mid-western New South Wales, Australia. Geomorphology, 33: 59-72.

Beer C E, Johnson H P. 1963. Factors in gully growth in the deep loess area of western Iowa. Trans Am Soc Agric Eng, 6: 237-240.

Begin Z B, Schumm S A. 1979. Instability of alluvial valley floors: a method for its assessment. Trans Am Soc Agric Eng, 22: 347-350.

Ben-Hur M, Faris J, Malik M, et al. 1989. Polymers as soil conditioners under consecutive irrigations and rainfall. Soil Sci Soc Am J, 53: 1173-1177.

Bennett H H. 1949. Elements of Soil Conservation. New York: McGraw-Hill: 358.

Bentley L E. 1952. Occurrence of malonic acid in plants. Nature, 170: 847-848.

Berbeco M, Melillo J, Orians C. 2012. Soil warming accelerates decomposition of fine woody debris. Plant and Soil, 356: 405-417.

Bernard B, Eric R. 2002. Aggregate stability as an indicator of soil susceptibility to runoff and erosion: validation at several levels. Catena, 47: 133-149.

Bettis E A, Thompson D M. 1985. Gully erosion. Rangelands, 7(2): 70-72.

Betts H D, Trustrum N A, De Rose R C. 2003. Geomorphic changes in a complex gully system measured from sequential digital elevation models, and implications for management. Earth Surf Process Landf, 28: 1043-1058.

Billi P, Dramis F. 2003. Geomorphological investigation on gully erosion in the Rift Valley and the northern highlands of Ethiopia. Catena, 50: 353-368.

Boardman J. 2006. Soil erosion science: reflections on the limitations of current approaches. Catena, 68: 73-86.

Boardman J. 2014. How old are the gullies (dongas) of the Sneeuberg uplands, Eastern Karoo, South Africa? Catena, 113: 79-85.

Boardman J, Parsons A J, Holland R, et al. 2003. Development of badlands and gullies in the Sneeuberg, Great Karoo, South Africa. Catena, 50: 165-184.

Bocco G. 1991. Gully erosion — processes and models. Prog Phys Geogr, 15: 392-406.

Boerner R E J, Brinkman J A, Smith A. 2005. Seasonal variations in enzyme activity and organic carbon in soil of a burned and unburned hardwood forest. Soil Biol Biochem, 37(8): 1419-1426.

Böhm W. 1996. Ewald Wollny, Bahnbrecher für eine neue Sicht des Pflflanzenbaus. Göttingen: Auretim Verlag: 80.

Bologna L S, Andrawes F F, Barvenik F W, et al. 1999. Analysis of residual acrylamide in field crops. J Chromat Sci, 37: 240-244.

Bone J, Barraclough D, Eggleton P, et al. 2014. Prioritising soil quality assessment through the screening of sites: the use of publicly collected data. Land Degrad Dev, 25: 251-266.

Bork H R. 1989. Soil erosion during the past millennium in central Europe and its significance within the geomorphodynamics of the Holocene. Catena, 15: 121-131.

Bork H R, Mieth A, Tschochner B. 2004. Nothing but stones? A review of the extent and technical efforts of prehistoric stone mulching on Rapa Nui. Rapa Nui Journal, 18(1): 10-14.

Bossi J. 1966. Geologia del Uruguay. Universidad de la Republica. Montevideo, Uruguay

Brady N C, Weil R R. 2008. The Nature and Properties of Soils (Fourteenth Edition). Pearson Education Inc. New York: USA.

Breulmann M, van Afferden M, Fühner C. 2015. Biochar: bring on the sewage. Nature, 518: 483.

Brevik E C, Hartemink A E. 2010. Early soil knowledge and the birth and development of soil science.

Catena, 83(1): 23-33.
Bridges E M, Oldeman L R. 1999. Global assessment of human-induced soil degradation. Arid Soil Res Rehabil, 13(4): 319-325.
Brodowski R. 2013. Soil detachment caused by divided rain power from raindrop parts splashed downward on a sloping surface. Catena, 105: 52-61.
Bronick C J, Lal R. 2005. Manuring and rotation effects on soil organic carbon concentration for different aggregate size fractions on two soils in northeastern Ohio, USA. Soil Tillage Research, 81(2): 239-252.
Brown N. 2001. History and climate change: An Eurocentric Perspective. London: Routledge: 391.
Bryan R B. 2000. Soil erodibility and processes of water erosion on hillslope. Geomorphology, 32: 385-415.
Bryan R B, Yair A. 1982. Perspectives on studies of badlands geomorphology. *In*: Bryan R B, Yair A. Badlands Geomorphology and Piping, Norwich: GeoBooks: 1-12.
Burkham D E. 1967. Hydrology of cornfield wash area and the effects of land-treatment practices, Sandoval County, New Mexico, 1951-1960. Pediatric Research, 41(3): 201.
Burns R G, Dick R P. 2001. Enzymes in the Environment: Ecology, Activity and Applications. New York: Marcel Dekker, Inc.
Burras C L, Veenstra J J, Ibrahim M, et al. 2010. Black soils of the USA-A brief introduction *In*: Liu X B, Song C Y, Richard R M, et al. New Advances in Research and Management of World Mollisols. Harbin: Northeast Forestry University Press: 46-50.
Burras L, McLaughlin J. 2002. Soil organic carbon in fields of switchgrass and row crops as well as woodlots and pastures across the Chariton Valley, Iowa. Final Report.
Capra A. 2013. Ephemeral gully and gully erosion in cultivated land: a review. Drainage Basins and Catchment Management Classification. Modelling and Environmental Assessment. New York: Nova Publishers: 109-141.
Capra A, Ferro V, Porto P, et al. 2012. Quantifying interrill and ephemeral gully erosion in a small Sicilian basin. Z Geomorphol, 56: 9-25.
Capra A, La Spada C. 2015. Medium-term evolution of some ephemeral gullies in Sicily (Italy). Soil Tillage Research, 154: 34-43.
Capra A, Porto P, Scicolone B. 2009. Relationships between rainfall characteristics and ephemeral gully erosion in a cultivated catchment in Sicily (Italy). Soil Tillage Research, 105: 77-87.
Capra A, Scicolone B. 2002. Ephemeral gully erosion in a wheat-cultivated area in Sicily (Italy). Biosyst Eng, 83: 119-126.
Casali J, Gimenez R, Campo-Bescos M A. 2015. Gully geometry: what are we measuring? Soil, 1(2): 509-513.
Casalí J, López J J, Giráldez J V. 1999. Ephemeral gully erosion in southern Navarra (Spain). Catena, 36: 65-84.
Castillo C, Gómez J A. 2016. A century of gully erosion research: urgency, complexity and study approaches. Earth Science Reviews, 160: 300-319.
Chaplot V, Brown J, Dlamini P, et al. 2011. Rainfall simulation to identify the storm-scale mechanisms of gully bank retreat. Agr Water Manage, 98: 1704-1710.
Chaplot V, Brozec E C L, Silvera N, et al. 2005. Spatial and temporal assessment of linear erosion in catchments under sloping lands of northern Laos. Catena, 63: 167-184.
Chen Y, Liu S, Li H, et al. 2011. Effects of conservation tillage on corn and soybean yield in the humid continental climate region of Northeast China. Soil Tillage Research, 115-116: 56-61.
Chen Y M, Sui Y Y, Jiao X G, et al. 2017. Eight-year cattle manure amendment alters chemical and biochemical properties of eroded Mollisols. Agron J, 109: 1-6.
Chen Y M, Xu X, Jiao X G, et al. 2018. Responses of labile organic nitrogen fractions and enzyme activities in eroded Mollisols after 8-year manure amendment. Sci Rep, 8: 14179.
Cheng H, Zou X, Wu Y, et al. 2007. Morphology parameters of ephemeral gully in characteristics hillslopes on the Loess Plateau of China. Soil Tillage Research, 94(1): 4-14.
Collins A I, Wallling D E. 2002. Selecting finger-print properties for discriminating sediment sources in river

basins. Journal of Hydrology, 261: 218-244.

Collison A J C. 2001. The cycle of instability: stress release and fissure flow as controls on gully head retreat. Hydrol Process, 15: 3-12.

Cook D F, Nelson S D. 1986. Effect of polyarcylamide on the seedling emergence in crust-forming soils. Soil Science, 141: 328-333.

Correa S W, Mello C R, Chou S C, et al. 2016. Soil erosion risk associated with climate change at Mantaro River basin, Peruvian Andes. Catena, 147: 110-124.

Costa F M, Prado Bacellar L A. 2007. Analysis of the influence of gully erosion in the flow pattern of catchment streams, Southeastern Brazil. Catena, 69: 230-238.

Cotching W E, Hawkins K, Sparrow L A, et al. 2002. Crop yields and soil properties on eroded slopes of red ferrosols in north-west Tasmania. Aust J Soil Res, 40: 625-642.

Cox R, Zentner D, Rakotondrazafy A, et al. 2010. Shakedown in Madagascar: occurrence of lavakas (erosional gullies) associated with seismic activity. Geology, 38: 179-182.

Critchley W R S, Netshikovhela E M. 1998. Land degradation in South Africa: conventional views, changing paradigms and a tradition of soil conservation. Development Southern Africa, 15: 449-469.

Cronon W. 2003. Changes in the Land—Indians, Colonists, and the Ecology of New England. New York: Farrar, Straus and Giroux: 257.

Cruse R, Flanagan D, Frankenberger J, et al. 2006. Daily estimates of rainfall, water runoff, and soil erosion in Iowa. J Soil Water Conserv, 61(4): 191-199.

Cruse S. 2012. Catastrophic soil erosion in Iceland: impact of long-term climate change, compounded natural disturbances and human driven land-use changes. Catena, 98: 41-54.

Dahal R H, Kim J. 2017. *Rhodanobacter humi* sp. nov., a novel acid tolerant and alkali tolerant gammaproteobacterium isolated from Kyonggi University forest soil. Int J Syst Evol Microbiol, 67: 1185-1190.

De Baets S, Poesen J, Reubens B, et al. 2008. Root tensile strength and root distribution of typical Mediterranean plant species and their contribution to soil shear strength. Plant and Soil, 305: 207-226.

De Boodt M, Gabriels D. 1980. Assessment of Erosion. Chichester: John Wiley and Sons Ltd.

De Rose R C, Gomez B, Marden M, et al. 1998. Gully erosion in Mangatu forest, New Zealand, estimated from digital elevation models. Earth Surf Process Landf, 23: 1045-1053.

De Santisteban L M, Casali J, Lopez J J. 2006. Assessing soil erosion rates in cultivated areas of Navarre (Spain). Earth Surf Process Landf, 31: 487-506.

De Vente J, Poesen J, Verstraeten G. 2005. The application of semi-quantitative methods and reservoir sedimentation rates for the prediction of basin sediment yield in Spain. Journal of Hydrology, 305: 63-86.

Dearing J A, Battarbee R W, Dikau R, et al. 2006. Human–environment interactions: learning from the past. Regional Environmental Change, 6(1-2): 1-16.

Delamuta J R M, Ribeiro R, Ormeño-Orrillo E, et al. 2015. *Bradyrhizobium tropiciagri* sp. nov. and *Bradyrhizobium embrapense* sp. nov., nitrogen fixing symbionts of tropical forage legumes. Int J Syst Evol Microbiol, 65: 4424-4433.

Den Biggelaar C, Lal R, Wiebe K, et al. 2001. Impact of soil erosion on crop yields in North America. Advances in Agronomy, 72: 1-52.

Deoliverira M A T. 1990. Slope geometry and gully erosion development: Bananal, Sao Paulo, Brazil. Zeitschrift für Geomorphologie, 34(4): 423-434.

Desmet P J J, Poesen J, Govers G, et al. 1999. Importance of slope gradient and contributing area for optimal prediction of the initiation and trajectory of ephemeral gullies. Catena, 37: 377-392.

Di Stefano C, Ferro V, Pampalone V. 2016. Measuring field rill erodibility by a simplified method. Land Degrad Dev, 27(2): 239-247.

Diaz-Rosello R M. 1992. Organic matter evolution in crops and pasture rotations. Revisa INIA-Uruguay Inv. Agr, 1(1): 103-110.

Diaz-Zorita M, Duarte G A, Grove J H. 2002. A review of no-till systems and soil management for sustainable crop production in the subhumid and semiarid Pampas of Argentina. Soil Tillage Research, 65: 1-18.

Ding G W, Liu X B, Herbert S J, et al. 2006. Effect of cover crop management on soil organic matter, Geoderma, 130: 229-239.

Dlamini P, Chivenge P, Manson A, et al. 2014. Land degradation impact on soil organic carbon and nitrogen stocks of sub-tropical humid grasslands in South Africa. Geoderma, 235: 372-381.

Dobrovolskiy G V, Urusevskaya I S. 2004. Soil Geography. Textbook. Second Edition. M., MSU, Spike, Russia.

Doran J W, Parkin T B. 1996. Quantitative indicators of soil quality: a minimum data set. *In*: Doran J W, Jones A J. Methods for Assessing Soil Quality. Madiso: SSSA Spec Publ: 25-37.

Doran J W, Safley M. 1997. Defining and assessing soil health and sustainable productivity. *In*: Pankhurst C E, Doube B M, Gupta V V S R. Biological Indicators of Soil Health. New York: CAB International: 1-28.

Dotterweich M, Dreibrodt S. 2011. Past land use and soil erosion processes in central Europe. PAGES news, 19(2): 49-51.

Dotterweich M, Rodzik J, Zglobicki W, et al. 2012. High resolution gully erosion and sedimentation processes, and land use changes since the Bronze Age and future trajectories in the Kazimierz Dolny area (Naleczow Plateau, SE-Poland). Catena, 95: 50-62.

Dotterweich M. 2013. The history of human-induced soil erosion: geomorphic legacies, early descriptions and research, and the development of soil conservation—A global synopsis. Geomorphology, 201: 1-34.

Duran A, Califra A, Molfino J H. 2005. Aplicacion de la Taxonomia de Suelos en Clasificacion y Cartografia Edafologica en el Uruguay 1 a Reunion Uruguaya de la Ciebcia del Suelo. Colonia, Uruguay.

Duran A. 2010. An overview of South American mollisols: soil formation, classification, suitability and environmental challenges. *In*: Liu X B, Song C Y, Richard R M, et al. New Advances in Research and Management of World Mollisols. Harbin: Northeast Forestry University Press: 31-45.

Duran A, Garcia Prechac F. 2007. Suelos del Uruguay. Origen, classificacion, manejoy conservacion. Hemisferio Sur Montevideo. Vol. I: 334.

Eaton W, Roed M, Chassot O, et al. 2012. Differences in soil moisture, nutrients and the microbial community between forests on the upper Pacific and Caribbean slopes at Monteverde, Cordillera de Tilaran: implications for responses to climate change. Trop Ecol, 53: 235-240.

Edwards W M, Shipitalo M J, Norton L D. 1988. Contribution of macroporosity to infiltration into a continuous corn no-tilled watershed: Implications for contaminant movement. J Contam Hydrol, 3: 193-205.

El Maaoui M A, Felfoul M S, Boussema M R, et al. 2012. Sediment yield from irregularly shaped gullies located on the Fortuna lithologic formation in semi-arid area of Tunisia. Catena, 93: 97-104.

Ellison W D. 1947. Soil erosion studies. Agric Eng, 28: 145-146.

Emmerich W, Heitschmidt R. 2002. Drought and grazing: II. Effects on runoff and water quality. J Range Manage, 55: 229-234.

Environment Agency. 2002. Agriculture and natural resources: benefits, costs and potential solutions. Bristol: Environment Agency.

Ernst O, Siri-Prieto G. 2009. Impact of perennial pasture and tillage systems on carbon input and soil quality indicators. Soil Tillage Research, 105: 260-268.

Eustace A H, Pringle M J, Denham R J. 2011. A risk map for gully locations in central Queensland, Australia. Eur J Soil Sci, 62: 431-441.

Faust D, Schmidt M. 2009. Soil erosion processes and sediment fluxes in a Mediterranean marl landscape, Campina de Cadiz, SW Spain. Z Geomorphol, 53: 247-265.

Fenton T E. 1983. Mollisols. *In*: Wilding L P, Smeck N E, Hall G F. Pedogenesis and Soil Taxonomy: The Soil Orders. Amsterdam: Elsevier: 125-163.

Fisher K A, Yarwood S A, James B R. 2017. Soil urease activity and bacterial *ureC* gene copy numbers: effect of pH. Geoderma, 285: 1-8.

Follett R F, Delgado J A. 2002. Nitrogen fate and transport in agricultural systems. Journal of Soil and Water Conservation, 57(6): 402-408.

Foster G R. 1986. Understanding ephemeral gully erosion. *In*: Soil Conservation Service, Board on Agriculture, National Research Council. Committee on Conservation Needs and Opportunities. Assessing the National Resources Inventory. Washington, D.C.: National Academy Press: 90-125.

Francisco A J, Birl L. 2003. Soil physical properties and crop productivity of an eroded soil amended with cattle manure. Soil Science, 168: 888-899.

Frankl A, Poesen J, Haile M, et al. 2013. Quantifying long-term changes in gully networks and volumes in dryland environments: the case of Northern Ethiopia. Geomorphology, 201: 254-263.

Franzluebbers A J, Stuedemann J A. 2002. Particulate and non-particulate fractions of soil organic carbon under pastures in the Southern Piedmont. Environmental Pollution, 116(Supp. 1): 53-62.

Fraser E D G. 2010. Can economic, land use and climatic stresses lead to famine, disease, warfare and death? Using Europe's calamitous 14th century as a parable for the modern age. Ecological Economics, 70(7): 1269-1279.

Fterich A, Mahdhi M, Mars M. 2014. Seasonal changes of microbiological properties in steppe soils from degraded arid area in Tunisia. Arid Land Res Manag, 28: 49-58.

Gaertner C, Dedecek R A, Biscaia R M. 2003. Wheat and soybean productivity on a Dark Red Latosol due to simulated and rainfall erosion. Pesqui Agropecu Bras, 38(12): 1443-1449.

Galang M A, Morris L A, Markewitz D, et al. 2010. Prescribed burning effects on the hydrologic behavior of gullies in the South Carolina Piedmont. For Ecol Manag, 259: 1959-1970.

Gao B, Water M T, Steenhuis T S, et al. 2005. Investigating raindrop effects on transport of sediment and non-sorbed chemicals from soil to surface runoff. Journal of Hydrology, 308: 313-320.

Garcia-Gil J C, Plaza C, Soler-Rovira P, et al. 2000. Long-term effects of municipal solid waste compost application on soil enzyme activities and microbial biomass. Soil Biol Biochem, 32(13): 1907-1913.

Garcia-Prechac F, Ernst O, Siri-Prieto G, et al. 2004. Integrating no-till into crop-pasture rotations in Uruguay. Soil Tillage Research, 77: 1-13.

García-Ruiz J M, Lana-Renault N. 2011. Hydrological and erosive consequences of farmland abandonment in Europe, with special reference to the Mediterranean region: a review. Agriculture, Ecosystems and Environment, 140 (3-4): 317-338.

Garrity D, Akinnifesi F, Ajayi O, et al. 2010. Evergreen Agriculture: a robust approach to sustainable food security in Africa. Food Security, 2: 197-214.

Gelder B K, Kaleita A L, Cruse R M. 2009. Estimating mean field residue cover on Midwestern soils using satellite imagery. Agron J, 101: 635-643.

Godagnone R, de la Fuente J. 2010. Los suelos de Punta Armonia, Islas Shetland, Antartida Argentina. Contribuciones Cientificas GAEA, 22: 267-277.

Gollany H T, Schumacher T E, Lindstrom M J. 1992. Topsoil depth and desurfacing effects on properties and productivity of a typic argiustoll. Soil Sci Soc Am J, 56: 220-225.

Golosov V. 2003. Application of Chernobyl-derived ^{137}Cs for assessment of soil redistribution within a cultivated field. Soil Tillage Research, 69: 85-98.

Gómez-Gutiérrez A, Schnabel S, Contador F L. 2009. Gully erosion, land use and topographical thresholds during the last 60 years in a small rangeland catchment in SW Spain. Land Degrad Dev, 20: 535-550.

Goodrich M S, Dulak L H, Freidman M A, et al. 1991. Acute and long term toxicity of water-soluble cationic polymers to rainbow trout and the modification of toxicity by humic acid. Environ Toxicol Chem, 10: 509-551.

Govers G. 1991. Rill erosion on arable land in central Belgium: rates, controls and predictability. Catena, 18: 133-155.

Graber D R, Jones W A, Johnson J A. 1995. Human and ecosystem health. J Agromedicine, 2: 47-64.

Grace P R, Post W M, Godwin D C, et al. 1998. Soil carbon dynamics in relation to soil surface management and cropping systems in Australian agrosystems. *In*: Lal R, Kimble J M, Follett R F, et al. Management of Carbon Sequestration in Soil. Advances in Soil Science. New York: CRC Press: 175-194.

Green V S, Stott D E, Norton L D, et al. 2000. Polyacrylamide molecular weight and charge effects on infiltration under simulated rainfall. Soil Sci Soc Am J, 64: 1786-1791.

Greenland D J, Szabolcs I. 1994. Soil Resilience and Sustainable Land Use. Wallingford: CAB International.

Gregorich E G, Rochette P, Angers D A, et al. 2005. Greenhouse gas contributions of agricultural soils and potential mitigation practices in Eastern Canada. Soil Tillage Research, 83: 53-72.

Gregory K J. 2006. The human role in changing river channels. Geomorphology, 79(3-4): 172-191.

Grellier S, Kemp J, Janeau J L, et al. 2012. The indirect impact of encroaching trees on gully extension: a 64 year study in a sub-humid grassland of South Africa. Catena, 98: 110-119.

Grissinger E H, Murphey J B. 1984. Chronologies of valley-fill units in Northern Mississippi. Journal of the Mississippi Academy of Sciences, 29: 89-96.

Guo L B, Gifford R M. 2002. Soil carbon stocks and land use change: a meta-analysis. Global Change Biology, 8: 345-360.

Gyssels G, Poesen J, Bochet E, et al. 2005. Impact of plant roots on the resistance of soils to erosion by water: a review. Prog Phys Geogr, 29 (2): 189-217.

Hadley R F, Lal R, Onstad C A, et al. 1985. Recent developments in erosion and sediment yield studies. Technical Documents in Hydrology. Paris: UNESCO.

Haile G W, Fetene M. 2012. Assessment of soil erosion hazard in Kilie catchment, East Shoa, Ethiopia. Land Degrad Dev, 23: 293-306.

Han S I, Lee Y R, Kim J O, et al. 2016. *Terrimonas rhizosphaerae* sp. nov., isolated from ginseng rhizosphere soil. Int J Syst Evol Microbiol, 67: 391-395.

Harvey A. 1982. The role of piping in the development of badlands and gully systems in southeast Spain. *In*: Bryan R, Yair A. Badland Geomorphology and Piping. Norwich: GeoBooks: 317-335.

Hayas A, Vanwalleghem T, Laguna A, et al. 2017. Reconstructing long-term gully dynamics in Mediterranean agricultural areas. Hydrology and Earth System Sciences, 21(1): 235-249.

He X, Zhou J, Zhang X, et al. 2006. Soil erosion response to climatic change and human activity during the Quaternary on the Loess Plateau, China. Regional Environmental Change, 6(1-2): 62-70.

Helms D. 2010. Hugh Hammond Bennett and the creation of the Soil Conservation Service. J Soil Water Conserv, 65(2): 37-47.

Hempel L. 1957. Das morphologische Landschaftsbild des Unter-Eichsfeldes unter besonderer Berücksichtigung der Bodenerosion und ihrer Kleinformen. Forschungen zur deutschen Landeskunde, 98: 1-55.

Herbert S J, Barzegar R, Liu X B, et al. 2003. Evaluation of PAM-sprayed buffer strips for controlling soil erosion 2003 Agronomy Research Report Amherst, MA, Agricultural Experiment Station, University of Massachusetts Extension, College of Natural Resources and the Environment, USDA cooperating: 15-18.

Hewitt A E. 1992. New Zealand Soil Classification. DSIR Land Resources Scientific Report No.19.

Hoffmann T, Erkens G, Cohen K M, et al. 2007. Holocene floodplain sediment storage and hillslope erosion within the Rhine catchment. The Holocene, 17(1): 105-118.

Horton R E. 1945. Erosional development of streams and their drainage basins; hydrophysical approach to quantitative morphology. Bulletin of the American Geological Society, 56: 275-370.

Hu G, Wu Y, Liu B, et al. 2007. Short-term gully retreat rates over rolling hill areas in black soil of Northeast China. Catena, 71: 321-329.

Hudson N W. 1995. Soil Conservation. Ames: Iowa State University Press.

ICOLD. 2009. Sedimentation and Sustainable Use of Reservoirs and River Systems. Paris: Draft ICOLD Bulletin, International Commission on Large Dams (ICOLD).

Ionita I, Niacsu L, Petrovici G, et al. 2015. Gully development in eastern Romania: a case study from Falciu Hills. Nat Hazards, 79(Suppl. 1): 113-138.

IPCC. 2013. Climate Change 2013: the physical science basis contribution of working group I to the fifth assessment report of the intergovernmental panel on climate change (pp. 159-218). Cambridge: Cambridge University Press.

Ireland H A. 1939. "Lyell" gully, a record of a century of erosion. Journal of Geology, 47: 47-63.
Iutynskaya G A, Patyka V F. 2010. Soil biology: problems and perspectives. Agricultural chemistry and soil science. *In*: Proceedings of Soil Science Council. Vol.1. Zhitomir, Ruta: 208[In Ukrainian].
Izaurralde R C, Solberg E D, Nyborg M, et al. 1998. Immediate effects of topsoil removal on crop productivity loss and its restoration with commercial fertilizers. Soil Tillage Research, 46(3-4): 251-259.
Jarecki M K, Lal R. 2006. Compost and mulch effects on gaseous flux from an alfisol in Ohio. Soil Science, 171(3): 249-260
Jebari S, Berndtsson R, Olssonc J, et al. 2012. Soil erosion estimation based on rainfall disaggregation. Journal of Hydrology, 436-437: 102-110.
Jin J, Wang G, Liu J, et al. 2013. The fate of soybean photosynthetic carbon varies in Mollisols differing in organic carbon. European Journal of Soil Science, 64: 500-507.
Karki R, Tagert M L M, Paz J O, et al. 2017. Application of AnnAGNPS to model an agricultural watershed in East-Central Mississippi for the evaluation of an on-farm water storage (OFWS) system. Agricultural Water Management, 192: 103-114.
Katz H A, Daniels J M, Ryan S. 2014. Slope-area thresholds of road-induced gully erosion and consequent hillslope-channel interactions. Earth Surf Process Landf, 39(3): 285-295.
Kay-Shoemake J L, Watwood M E, Kilpatrick L, et al. 2000. Exchangeable ammonium and nitrate from different nitrogen fertilizer preparations in polyacrylamide-treated and untreated agricultural soils. Biol Fertil Soils, 31: 245-248.
Kay-Shoemake J L, Watwood M E, Sojka R E, et al. 1998. Polyacrylamide as a substrate for microbial amidase. Soil Bio Biochem, 30: 1045-1052.
Kennedy B A. 2001. Charles Lyell and "Modern changes of the Earth": the Milledgeville Gully. Geomorphology, 40: 91-98.
Khakural B R, Robert P C, Huggins D R, 1998. Variability of corn/soybean yield and soil/landscape properties across a southwestern Minnesota landscape. *In*: Robert P C. Proceedings of the Fourth International Conference on Precision Agriculture. Minneapolis and Madison: American Society of Agronomy, ASA, CSSA, SSA: 573-579.
Kim Y E, Yoon H, Kim M, et al. 2014. Metagenomic analysis of bacterial communities on Dokdo Island. J Gen Appl Microbiol, 60: 65-74.
Kimetu J, Lehmann J, Ngoze S, et al. 2008. Reversibility of soil productivity decline with organic matter of differing quality along a degradation gradient. Ecosystems, 11: 726-739.
Kinnell P I A. 2005. Raindrop-induced erosion processes and prediction: a review. Hydro Process, 19(14): 2815-2844.
Knapen A, Poesen J. 2010. Soil erosion resistance effects on rill and gully initiation points and dimensions. Earth Surf Process Landf, 35: 217-228.
Knighton D. 1998. Fluvial Forms and Processes a New Perspective. London: Arnold.
Knox J C. 2006. Floodplain sedimentation in the Upper Mississippi Valley: natural versus human accelerated. Geomorphology, 79(3-4): 286-310.
Körschens M, Weigel A, Schulze E. 1998. Turnover of soil organic matter (SOM) and long-term balances—tools for evaluating sustainable productivity of soils. Zeitschr Pflanzenernahr Bodenk, 161: 409-424.
Krause A K, Franks S W, Kalma J D, et al. 2003. Multi parameter finger printing of sediment deposition in a small gullied catchment in SE Australia. Catena, 53(4): 327-348.
Kravchenko Y S, Chen Q, Liu X B, et al. 2016. Conservation practices and management in Ukrainian Mollisols. J Agri Sci and Tech, 18(3): 845-854.
Kravchenko Y, Petrenko L, Zhang X Y. 2010. Ukrainian chernozems: genesis, properties and amendment. *In*: Liu X B, Song C Y, Cruse R M, et al. New Advances in Research and Management of World Mollisols. Harbin: Northeast Forestry University: 3-24.
Labreuche J, Lellahi A, Malaval C, et al. 2011. Impact of no-tillage agricultural methods on the energy balance and the greenhouse gas balance of cropping systems. Cah Agric, 20: 204-215.

Laird D A. 1997. Bonding between polyarylamide and clay mineral surfaces. Soil Science, 162: 826-832.

Lal R. 1997. Degradation and resilience of soils. Phil Trans R Soc Lond B, 352: 997-1010.

Lal R. 1998. Soil erosion impact on agronomic productivity and environmental quality. Critical Reviews in Plant Sciences, 17: 319-464.

Lal R. 2003. Soil erosion and the global carbon budget. Environment International, 29(4): 437-450.

Lal R. 2007. Evolution of the plow over 10, 000 years and the rationale for no-till farming. Soil Tillage Research, 93: 1-12.

Lal R. 2009. Soil degradation as a reason for inadequate human nutrition. Food Security, 1: 45-57.

Lal R. 2014. Societal value of soil carbon. J Soil Water Conserv, 69: 186-192.

Lal R. 2015. Restoring soil quality to mitigate soil degradation. Sustainability, 7(5): 5875-5895.

Lal R, Ahmadi M, Bajracharya R. 2000. Erosional impacts on soil properties and corn yield on Alfisols in Central Ohio. Land Degradation and Development, 11: 575-585.

Lane P. 2009. Environmental narratives and the history of soil erosion in Kondoa District, Tanzania: an archaeological perspective. Intern J African Historical Studies, 42(3): 457-484.

Larney F J, Izaurralde R C, Janzen H H. 1995. Soil erosion-crop productivity relationships for six Alberta soils. J Soil Water Conserv, 50(1): 87-91.

Larney F J, Janzen H H, Olson A F. 2011. Residual effects of one-time manure, crop residue and fertilizer amendments on a desurfaced soil. Can J Soil Sci, 91: 1029-1043.

Larney F J, Janzen H H. 2012. Long-term erosion-productivity relationships: the Lethbridge Soil scalping studies. Prairie Soils Crops, 5: 139-146.

Larney F J, Olson B M, Janzen H J, et al. 2000. Early impact of topsoil removal and soil amendments on crop productivity. Agron J, 92: 948-956.

Laykam K E, Vysotskaya N A, Epyhina A V, et al. 2009. Agriculture, hunting and forestry in Russia. Statistical yearbook. Federal service of state statistics. Russian statistics. -S29, Moscow, Russia: 439.

Le Bissonnais Y. 1996. Aggregate stability and assessment of soil crustability and erodibility: I. theory and methodology. European Journal of Soil Science, 47(4): 425-437.

Lecourtier J, Lee L T, Chauveteau G. 1990. Adsorption of polyacrylamides on siliceous minerals. Colloids Surf, 47: 219-231.

Lentz R D, Sojka R E. 1994. Field results using polyacrylamide to manage furrow erosion and infiltration. Soil Science, 158: 274-282.

Lentz R D, Sojka R E. 2000. Applying polymers to irrigation water: Evaluating strategies for furrow erosion control. Transactions of the ASAE. 43: 1561-1568.

Leopold L B, Wolman M G, Miller J P. 1964. Fluvial processes in geomorphology. San Francisco: W. H. Freeman and Company.

Lesschen J P, Kok K, Verburg P H, et al. 2007. Identification of vulnerable areas for gully erosion under different scenarios of land abandonment in Southeast Spain. Catena, 71: 110-121.

Levy G J, Agassi J M. 1995. Polymer molecular weight and degree of drying effects on infiltration and erosion of three different soils. Aust J Soil Res, 33: 1007-1018.

Levy G J, Levin J M, Ben-Hur G M, et al. 1992. Polymers' effects on infiltration and soil erosion during consecutive simulated sprinkler irrigations. Soil Sci Soc Am J. 56: 902-907.

Li D H, He L Y, Liu W D. 2003. Organic acid secretion from roots in the Al-tolerant and Al-sensitive Maize inbred lines. J Plant Physiol Mol Biol, 29: 114-120.

Li H, Cruse R M, Bingner R L, et al. 2016a. Evaluating ephemeral gully erosion impact on *Zea mays* L. yield and economics using AnnAGNPS. Soil Tillage Research, 155: 157-165.

Li H, Cruse R M, Liu X B, et al. 2016b. Effects of topography and land use change on gully development in typical Mollisol region of Northeast China. Chinese Geographical Science, 26(6): 779-788.

Li S, Lobb D A, Mcconkey B G. 2010. The impacts of land use on the risk of soil erosion on agricultural land in Canada. *In*: Proceedings of the 19th World Congress of Soil Science, Soil Solutions for a Changing World. Brisbane: 114-117.

Li Y S, Liu X B, Wang G H, et al. 2016. Shift in origin of plant nitrogen alters carbon and nitrogen assimilation during reproductive stages of soybean grown in a Mollisols. Crop and Pasture Science, 67(8): 872-880.

Li Z H, Chen D, Sun X Q, et al. 1999. Effects of phosphorus deficiency on excretion of organic acids for different maize genotypes and mobilization of undissolved phosphorus. Plant Physiol Commun, 35: 455-457.

Li Z, Zhang Y, Zhu Q, et al. 2015. Assessment of bank gully development and vegetation coverage on the Chinese Loess Plateau. Geomorphology, 228: 462-469.

Lian T X, Wang G H, Yu Z H, et al. 2016. Carbon input from 13C-labelled soybean residues in particulate organic carbon fractions in a Mollisol. Biology and Fertility of Soils, 52: 331-339.

Liu C A, Zhou L M. 2017. Soil organic carbon sequestration and fertility response to newly-built terraces with organic manure and mineral fertilizer in a semi-arid environment. Soil Tillage Research, 172: 39-47.

Liu H, Zhang T, Liu B, et al. 2013. Effects of gully erosion and gully filling on soil depth and crop production in the black soil region, northeast China. Environ Earth Sci, 68: 1723-1732.

Liu J J, Sui Y Y, Yu Z H, et al. 2015. Soil carbon content drives the biogeographical distribution of fungal communities in the black soil zone of northeast China. Soil Biol Biochem, 83: 29-39.

Liu X B, Burras C L, Kravchenko Y S, et al. 2012. Overview of mollisols in the world: distribution, land use and management. Can J Soil Sci, 92(3): 383-402.

Liu X B, Gu S Y. 2016. A brief discussion on energy use and greenhouse gas emission in organic farming Intern. J Plant Production, 10(1): 85-95.

Liu X B, Han X Z, Song C Y, et al. 2003. Soil organic carbon dynamics in black soil of China under different agricultural management systems. Commun Soil Sci Plant Anal, 34 (7-8): 973-984.

Liu X B, Herbert S J, Hashemi A M, et al. 2006. Effect of agricultural management on soil organic carbon and transformation. Plant Soil Environ, 52 (12): 531-543.

Liu X B, Li H, Zhang S M, et al. 2019. Gully erosion control practices in Northeast China. Sustainability, 11: 5065.

Liu X B, Liu J D, Xing B S, et al. 2005. Effects of long-term continuous cropping, tillage, and fertilization on soil carbon and nitrogen in Chinese Mollisols. Commun. Soil Sci Plant Anal, 36(9-10): 1229-1239.

Liu X B, Song C Y, Cruse R M. et al. 2010a. Advances in Research and Management of World Mollisols. Harbin: Northeast Forestry University Press.

Liu X B, Song C Y, Xing B. 2002. Characteristics of natural organic matter affect sorption of organic contaminants. Journal of Environmental Sciences, 14(3): 351-356.

Liu X B, Zhang S L, Zhang X Y, et al. 2011. Soil erosion control practices in Northeast China: a mini-review. Soil Tillage Research, 117: 44-48.

Liu X B, Zhang X Y, Herbert S J. 2010b. Feeding China's growing need for grain. Nature, 465(7297): 420-420.

Liu X B, Zhang X Y, Wang Y, et al. 2010c. Soil degradation: A problem threatening the sustainable development of agriculture in Northeast China. Plant Soil Environ, 56(2): 1-11.

Lobo D, Lozano Z, Delgado F. 2005. Water erosion risk assessment and impact on productivity of a Venezuelan soil. Catena, 64(2-3): 297-306.

López A H, Poesen J, Vanwalleghem T. 2017. Rainfall and vegetation effects on temporal variation of topographic thresholds for gully initiation in mediterranean cropland and olive groves. Land Degrad Dev, 28(8): 2540-2552.

Loveland P, Webb J. 2003. Is there a critical level of organic matter in the agricultural soils of temperate regions: a review. Soil Tillage Research, 70(1): 1-18.

Lu J H, Wu L, Letey J. 2002. Effects of soil and water properties on anionic polyacrylamide sorption. Soil Sci Soc Am J, 66: 578-584.

Lynch J. 2002. Resilience of the rhizosphere to anthropogenic disturbance. Biodegradation, 13: 21-27.

Machado R L, de Resende A S. 2010. Soil and nutrient losses in erosion gullies at different degrees of restoration. Rev Bras Cienc Solo, 34: 945-954.

Macklin M G, Jones A F, Lewin J. 2010. River response to rapid Holocene environmental change: evidence and explanation in British catchments. Quaternary Science Reviews, 29(13-14): 1555-1576.

Maetens W, Vanmaercke M, Poesen J, et al. 2012. Effects of land use on annual runoff and soil loss in Europe and the Mediterranean: a meta-analysis of plot data. Prog Phys Geogr, 36(5): 599-653.

Magrath W B, Arens P. 1989. The cost of soil erosion on Java: a natural resource accounting approach. Environment Department Working Paper 18, World Bank Policy Planning and Research Staff, World Bank, Washington, D.C.

Makanzu Imwangana F, Dewitte O, Ntombi M, et al. 2014. Topographic and road control of mega-gullies in Kinshasa (DR Congo). Geomorphology, 217: 131-139.

Malhi S S, Izaurralde R C, Nyborg M. et al. 1994. Influence of topsoil removal on soil fertility and barley growth. J Soil Water Conserv, 49: 96-101.

Malik M, Letey L. 1991. Adsorption of polyacrymalide and polysaccharide polymers on soil materials. Soil Sci Soc Am J, 55: 380-383.

Mamedov A I, Shainberg I, Levy G J. 2002. Wetting rate and sodicity effects on interrill erosion from semi-arid Israeli soils. Soil Tillage Research, 68(2): 121-132.

Manlay R, Feller C, Swift M. 2007. Historical evolution of soil organic matter concepts and their relationships with the fertility and sustainability of cropping systems. Agric Ecosyst Environ, 119: 217-233.

Manna M C, Swarup A, Wanjari R H, et al. 2005. Long-term effect of fertilizer and manure application on soil organic carbon storage, soil quality and yield sustainability under sub-humid and semi-arid tropical India. Field Crops Research, 93(2): 264-280.

Mararakanye N, Le Roux J J. 2012. Gully location mapping at a national scale for South Africa. S Afr Geogr J, 94: 208-218.

Marchetti M. 2002. Environmental changes in the central Po Plain (northern Italy) due to fluvial modifications and anthropogenic activities. Geomorphology, 44(3-4): 361-373.

Marden M, Arnold G, Seymour A, et al. 2012. History and distribution of steepland gullies in response to land use change, East Coast region, North Island, New Zealand. Geomorphology, 153: 81-90.

Marques da Silva J R, Silva L L. 2008. Evaluation of the relationship between maize yield spatial and temporal variability and different topographic attributes. Biosystems Engineering, 101: 183-190.

Marshall T J, Holmes J W, Rose C W. 1996. Soil Physics. Cambridge: Cambridge University Press.

Martínez-Casasnovas J A. 2003. A spatial information technology approach for the mapping and quantification of gully erosion. Catena, 50: 293-308.

Martin-Moreno C, Fidalgo Hijano C, Martin Duque J F. et al. 2014. The Ribagorda sand gully (east-central Spain): sediment yield and human-induced origin. Geomorphology, 224: 122-138.

Maugnard A, Cordonnier H, Degre A, et al. 2014. Uncertainty assessment of ephemeral gully identification, characteristics and topographic threshold when using aerial photographs in agricultural settings. Earth Surf Process Landf, 39: 1319-1330.

McDonald A. 1941. Early American Soil Conservationists. USDA Miscellaneous Publication, No. 449. U.S. Dept. of Agriculture, Washington, D.C.: 1-109. http: //www.soilandhealth.org/01aglibrary/010107.early.am.pdf, Access: 03.12.2012.

Mchunu C, Chaplot V. 2012. Land degradation impact on soil carbon losses through water erosion and CO_2 emissions. Geoderma, 177: 72-79.

Medvedev V V. 2002. Soil monitoring of Ukraine. The concept, preliminary results, tasks. Khatkiv. “Antikva”: 428 [In Russian].

Melillo J, Steudler P, Aber J, et al. 2002. Soil warming and carbon-cycle feedbacks to the climate system. Science, 298: 2173-2176.

Menzel R G, Jung P, Ryu K. 1987. Estimating soil erosion losses in Korea with fallout cesium-137. Applied Radiation and Isotopes, 38: 451-454.

Messerli B, Grosjean M, Hofer T, et al. 2000. From nature-dominated to human-dominated environmental changes. Quaternary Science Reviews, 19(1-5): 459-479.

Meyer L D, Wischmeier W H. 1969. Mathematical simulation of the process of soil erosion by water. Transactions of the ASAE, 12: 138.

Miao S J, Qiao Y F, Tang C, et al. 2019. Ten-year application of cattle manure contributes to the build-up of soil organic matter in eroded Mollisols. Journal of Soils and Sediments, 19: 3035-3043.

Miao S J, Shi H, Wang G H, et al. 2013. Seven years of repeated cattle manure addition to eroded Chinese Mollisols increase low-molecular-weight organic acids in soil solution. Plant and Soil, 369: 577-584.

Miao S J, Zhou K Q, Sui Y Y, et al. 2015. Impact of 8-yr topsoil removal and soil amendments on soil CO_2 emission in an eroded Chinese Mollisols. Agron J, 107(4): 1280-1286.

Mieth A, Bork H R. 2005. History, origin and extent of soil erosion on Easter Island (Rapa Nui). Catena, 63: 244-260.

Moeyersons J, Makanzu Imwangana F, Dewitte O. 2015. Site-and rainfall-specific runoff coefficients and mega-gully development in Kinshasa (DR Congo). Natural Hazards, 79: 203-233.

Mokma D L, Fenton T E, Olson K R. 1996. Effects of erosion on morphology and classification of soils in the north central United States. J Soil Water Conservation, 51: 171-175.

Mondal A, Khare D, Kundu S, et al. 2015 Impact of climate change on future soil erosion in different slope, land use, and soil-type conditions in a part of the Narmada River Basin, India. J Hydrol Eng, 20(6).

Monreal C M, Zentner R P, Robertson J A. 1995. The influence of management on soil loss and yield of wheat in chernozemic and luvisolic soils. Can J Soil Sci, 75: 567-574.

Montgomery D R. 2007. Soil erosion and agricultural sustainability. Proc Natl Acad Sci USA, 104: 13268-13272.

Montgomery D R, Dietrich W E. 1988. Where do channels begin? Nature, 336(6196): 232-234.

Moore I O, Burch G J, Mackenzie D H. 1988. Topographic effects on the distribution of surface soil water and the location of ephemeral gullies. Transactions of the ASAE, 31(4): 1098-1107.

Moreno J, Bastida F, Hernandez T, et al. 2008. Relationship between the agricultural management of a semi-arid soil and microbiological quality. Commun Soil Sci Plant Anal, 39: 421-439.

Morgan R P C, Mngomezulu D. 2003. Threshold conditions for initiation of valley-side gullies in the Midddle Veld of Swaziand. Catena, 50: 401-414.

Morgan R P C, Quinton J N, Smith R E, et al. 1998. The European Soil Erosion Model (EUROSEM): a dynamic approach for predicting sediment transport from fields and small catchments. Earth Surface Process and Landforms, 23(6): 527-544.

Morgan R P C. 2005. Soil Erosion and Conservation. Third edition. Cornwall: Blackwell Publishing.

Morris R A, Garrity D P. 1993. Resource capture and utilization in intercropping: non nitrogen nutrients. Field Crop Res, 34: 319-334.

Muir J, Pitman W, Foster J. 2011. Sustainable, low-input, warm-season, grass-legume grassland mixtures: Mission (nearly) impossible? Grass and Forage Science, 66: 301-315.

Mullan D. 2013. Managing soil erosion in Northern Ireland: a review of past and present approaches. Agriculture, 3(4): 684-699.

Mullan D, Favis-Mortlock D, Fealy R. 2012. Addressing key limitations associated with modelling soil erosion under the impacts of future climate change. Agricultural and Forest Meteorology, 156: 18-30.

Nachtergaele J, Poesen J, Sidorchuk A, et al. 2002. Prediction of concentrated flow width in ephemeral gully channels. Hydrol Process, 16(10): 1935-1953.

Nachtergaele J, Poesen J, Vandekerckhove L, et al. 2001. Testing the ephemeral gully erosion model (EGEM) for two Mediterranean environments. Earth Surface Process and Landforms, 26(1): 17-30.

Nadler A, Letey L. 1989. Adsorption isotherms of polyanions on soils using Tritium labeled compounds. Soil Sci Soc Am J, 53: 1375-1378.

Nadler A, Malik M, Letey J. 1992. Desorption of polyacrylamide and polysaccharide polymers from soil materials. Soil Technol, 5: 91-95.

Nalin R, Simonet P, Vogel T M, et al. 1999. *Rhodanobacter lindaniclasticus* gen. nov., sp. nov., a lindane-degrading bacterium. Int J Syst Evol Microbiol, 49: 19-23.

Nardi S, Morari F, Berti A, et al. 2004. Soil organic matter prop-erties after 40 years of different use of organic and mineral fertilisers. Eur J Agron, 21: 357-367.

Samani A N, Ahmadi H, Mohammadi A, et al. 2010. Factors controlling gully advancement and models evaluation (Hableh Rood Basin, Iran). Water Resour Manag, 24: 1532-1549.

Nearing M A. 2001. Potential changes in rainfall erosivity in the US with climate change during the 21(st) century. J Soil and Water Conserv, 56(3): 220-232.

Neumann K. 2005. The romance of farming: plant cultivation and domestication in Africa. *In*: Stahl AB. African Archaeology: A Critical Introduction. Malden: Blackwell Publishing: 249-275.

Nyssen J, Clymans W, Descheemaeker K, et al. 2010. Impact of soil and water conservation on catchment hydrological response — a case in northern Ethiopia. Hydrol Process, 24: 1880-1895.

Nyssen J, Poesen J, Veyret-Picot M, et al. 2006. Assessment of gully erosion rates through interviews and measurements: a case study from northern Ethiopia. Earth Surf Process Landf, 31: 167-185.

Oades J M. 1984. Soil organic matter and structural stability: mechanism and implications for management. Plant and Soil, 76: 319-337.

Odum E. 1985. Trends expected in stressed ecosystems. Biology Science, 35: 419-422.

Oesterheld M, Loreti J, Semmartin M, et al. 2001. Inter-annual variation in primary production of a semi-arid grassland related to previous-year production. J Veg Sci, 12: 137-142.

Okoyeh E I, Akpan A E, Egboka B C E, et al. 2014. An assessment of the influences of surface and subsurface water level dynamics in the development of gullies in Anambra State, Southeastern Nigeria. Earth Interactions, 18: 4.

Ollobarren P, Capra A, Gelsomino A, et al. 2016. Effects of ephemeral gully erosion on soil degradation in a cultivated area in Sicily (Italy). Catena, 145: 334-345.

Olsen S R. 1986. The role of organic matter and ammonium in producing high corn yields. *In*: Chen Y, Avnimelech Y. The Role of Organic Matter in Modern Agriculture. Dordrecht: Martinus Nijhoff: 29-70.

Orts W J, Sojka R E, Glenn G M, et al. 2001. Biopolymer additives for the reduction of soil erosion losses during irrigation. *In*: Gross R A, Schoz C. Biopolymers from Polysacharides and Agroproteins (ACS Seris 786). Washington, D.C.: American Chemica Society: 102-116.

Othman Z, Ismail W R. 2012. Using Environmental Radionuclides, ^{137}Cs to investigate soil redistribution in agricultural plot in Kalumpang, Selangor, Malaysia. Kajian Malaysia, 30(2): 45-70.

Oygarden L. 2003. Rill and gully development during an extreme winter runoff event in Norway. Catena, 50: 217-242.

Padgitt M, Newton D, Penn R, et al. 2000. Production practices for major crops in U.S. Agriculture, 1990-1997. Resource Economics Division, Economic Research Service, USDA Stat. Bull. No. 969. http://www.ers.usda.gov/pulications/sb969[2010-6-27].

Palmieri F, dos Santos H, Gomes I, et al. 2002. The Brazilian soil classification system. *In*: Eswaran H, Rice T, Ahrens R, et al. Soil classification—A Global Desk Reference. Boca Raton: CRC Press.

Parkin T B, Kaspar T C. 2006. Nitrous oxide emissions from corn-soybean systems in the Midwest. J Environ Qual, 35: 1496-1506.

Parkner T, Page M J, Marutani T, et al. 2006. Development and controlling factors of gullies and gully complexes, East Coast, New Zealand. Earth Surf Process Landf, 3: 187-199.

Parkner T, Page M, Marden M, et al. 2007. Gully systems under undisturbed indigenous forest, East Coast Region, New Zealand. Geomorphology, 84: 241-253.

Parsons A J, Foster I D L. 2011. What can we learn about soil erosion from the use of ^{137}Cs? Earth Science Reviews, 108: 101-113.

Passianoto C, Ahrens T, Feigl B J, et al. 2003. Emissions of CO_2, N_2O, and NO in conventional and no-till management practices in Rondonia, Brazil. Biol Fertil Soils, 38: 200-208.

Patrocinio A C, Andrello A C. 2009. Preliminary study of the Chronology of the sedimentation process in lakes. *In*: International Nuclear Atlantic Conference - INAC, Rio de Janeiro, RJ, Brazil.

Patton P, Schumm S. 1975. Gully erosion, Northwestern Colorado—threshold phenomenon. Geology, 3: 88-90.

Paustian K, Collins H P, Paul E A. 1997. Management controls on soil carbon. *In*: Paul E A, Elliott E T,

Paustian K, et al. Soil Organic Matter in Temperate Agroecosystems: long-term experiments in North America. Boca Raton: CRC Press: 15-49.

Paz-Kagan T, Shachak M, Zaady E, et al. 2014. A spectral soil quality index (SSQI) for characterizing soil function in areas of changed land use. Geoderma, 230: 171-184.

Pefferkorn E, Jean-Chronberge A C, Chauveteau G, et al. 1999. Adsorption of hydrolyzed polyacrylamides onto amphoteric surfaces. J Colloid Interface Sci, 137: 66-74.

Perdomo C, Irisarri P, Ernst O. 2009. Nitrous oxide emissions from an Uruguayan argiudoll under different tillage and rotation treatments. Nutr Cycl Agroecosys, 84: 119-128.

Perroy R L, Bookhagen B, Asner G P, et al. 2010. Comparison of gully erosion estimates using airborne and ground-based LiDAR on Santa Cruz Island, California. Geomorphology, 118: 288-300.

Peter K D, d'Oleire-Oltmanns S, Ries J B, et al. 2014. Soil erosion in gully catchments affected by land-levelling measures in the Souss Basin, Morocco, analysed by rainfall simulation and UAV remote sensing data. Catena, 113: 24-40.

Phillips J D. 1993. Pre- and post-colonial sediment sources and storage in the lower Neuse Basin, North Carolina. Physical Geography, 14(3): 272-284.

Piccarreta M, Capolongo D, Miccoli M N. 2012. Deep gullies entrenchment in valley fills during the Late Holocene in the Basento basin, Basilicata (southern Italy). Geomorphologie-Relief Processus Environment, 2: 239-248.

Piccolo A, Spaccini R, Nieder R, et al. 2004. Sequestration of a biologically labile organic carbon in soils by humified organic matter. Climate Change, 67: 329-343.

Piest R F, Spomer R G. 1968. Sheet and gully erosion in the Missouri valley loessial region. Trans Am Soc Agri Eng, 11: 850-853.

Pimentel D, Burguess M. 2013. Soil erosion threatens food production. Agriculture, 3: 443-463.

Poesen J. 2011. Challenges in gully erosion research. Landf Anal, 17: 5-9.

Poesen J, Nachtergaele J, Verstraeten G, et al. 2003. Gully erosion and environmental change: importance and research needs. Catena, 91: 91-133.

Poesen J, Vandekerckhove L, Nachtergaele J, et al. 2002. Gully erosion in dryland environments. *In*: Bull L J, Kirkby M J. Dryland Rivers: Hydrology and Geomorphology of Semi-arid Channels. Chichester: Wiley: 229-262.

Porto P, Walling D E. 2012. Validating the use of ^{137}Cs and ^{210}Pb ex measurements to estimate rates of soil loss from cultivated land in southern Italy. Journal of Environmental Radioactivity, 106: 47-57.

Prakash O, Green S J, Jasrotia P, et al. 2012. *Rhodanobacter denitrificans* sp. nov., isolated from nitrate-rich zones of a contaminated aquifer. Int J Syst Evol Microbiol, 62: 2457-2462.

Prosser I, Slade C. 1994. Gully formation and the role of valley-floor vegetation, southeastern Australia. Geology, 22: 1127-1130.

Pulido Moncada M, Gabriels D, Cornelis W, et al. 2015. Comparing aggregate stability tests for soil physical quality indicators. Land Degrad Dev, 26: 843-852.

Qiao Y F, Miao S J, Li N, et al. 2015. Crop species affect soil organic carbon turnover in soil profile and among aggregate sizes in a Mollisols as estimated from natural ^{13}C abundance. Plant and Soil, 2: 163-174.

Radoane M, Ichim I, Radoane N. 1995. Gully distribution and development in Moldavia, Romania. Catena, 24: 127-146.

Rajan K, Natarajan A, Kumar K, et al. 2010. Soil organic carbon—the most reliable indicator for monitoring land degradation by soil erosion. Curr Sci, 99: 823-827.

Ramos M C, Martinez-Canasnovas J A. 2006. Nutrient losses by runoff in vineyards of the Mediterranean Alt Penedès region (NE Spain). Agric Ecosyst Environ, 113: 356-363.

Ren M E, Zhu X. 1994. Anthropogenic influences on changes in the sediment load of the Yellow River, China, during the Holocene. The Holocene, 4 (3): 314-320.

Renard K G, Foster G R, Weesies G A, et al. 1997. Predicting Soil Erosion by Water: A guide to Conservation Planning with the Revised Universal Soil Loss Equation (RUSLE). Washington, D.C.:

USDA Agricultural Handbook 703. U.S. Government Printing Office.

Reyniers M, Maertens K, Vrindts E. 2006. Yield variability related to landscape properties of a loamy soil in central Belgium. Soil Tillage Research, 88(1-2): 262-273.

Rieke-Zapp D H, Nichols M H. 2011. Headcut retreat in a semiarid watershed in the Southwestern United States since 1935. Catena, 87: 1-10.

Robertson G P, Paul E A, Harwood R R. 2000. Greenhouse gases in intensive agriculture: contributions of individual gases to the radiative forcing of the atmosphere. Science, 289: 1922-1925.

Robinson D, Blackman J D. 1990. Some costs and consequences of soil erosion and flooding around Brighton and Hove, autumn 1987. *In*: Boardman J, Foster I D L, Dearing J A. Soil Erosion on Agricultural Land. Chichester: Wiley: 369-382.

Robinson D, Emmett B, Reynolds B, et al. 2012. Soil Natural Capital and Ecosystem Service Delivery in a World of Global Soil Change. Soils and Food Security, 35: 41-68.

Rockstrom J, Barron J, Brouwer J, et al. 1999. On-farm spatial and temporal variability of soil and water in pear millet cultivation. Soil Sci Soc Am J, 63: 1308-1319.

Rodzik J, Furtak T, Zglobicki W. 2009. The impact of snowmelt and heavy rainfall runoff on erosion rates in a gully system, Lublin Upland, Poland. Earth Surf Process Landf, 34: 1938-1950.

Romdhane S, Devers-Lamrani M, Martin-Laurent F, et al. 2016. Isolation and characterization of *Bradyrhizobium* sp. SR1 degrading two β-triketone herbicides. Environ Sci Pollut Res, 23: 4138-4148.

Romkens M J. 2010. Erosion and sedimentation research in agricultural watersheds in the USA: from past to present and beyond. *In*: Banasik K, Horowitz A J, Owens P N, et al. Sediment Dynamics for a Changing Future. IAHS Publication, vol. 337. Wallingford: IAHS Press: 17-26.

Rosa D, Moreno J A, Mayol F, et al. 2000. Assessment of soil erosion vulnerability in western Europe and potential impact on crop productivity due to loss of soil depth using the ImpelERO model. Agriculture, Ecosystems and Environment, 81: 179-190.

Rossi M, Torri D, Santi E. 2015. Bias in topographic thresholds for gully heads. Natural Hazards, 79(S1): 51-69.

Rouhipuro H, Ghadiri H, Rose C W. 2006. Investigation of the interaction between flow-driven and rainfall-driven erosion processes. Australian Journal of Soil Research, 44(5): 503-514.

Rozanov A S, Bryanskaya A V, Malup T K, et al. 2014. Molecular analysis of the benthos microbial community in Zavarzin thermal spring (Uzon Caldera, Kamchatka, Russia). BMC Genomics, 15: S12.

Rubey W W. 1928. Gullies in the Great Plains formed by sinking of the ground. American Journal of Science, 215: 417-22.

Ryan J, Masri S, Ibrikci H, et al. 2008. Implications of cereal-based crop rotations, nitrogen fertilization, and stubble grazing on soil organic matter in a Mediterranean-type environment. Turkish J Agric For, 32: 289-297.

Salvo L, Hernandaz J, Ernst O. 2014. Soil organic carbon dynamics under different tillage systems in rotations with perennial pastures. Soil Tillage Research, 135: 41-48.

Samani A N, Ahmadi H, Mohammadi A, et al. 2010. Factors controlling gully advancement and models evaluation (Hableh Rood Basin, Iran). Water Resour Manag, 24: 1531-1549.

Sanchis M P, Torri D, Borselli L, et al. 2008. Climate effects on soil erodibility. Earth Surf Process Landf, 33: 1082-1097.

Savat J, De Ploey J. 1982. Sheet wash and rill development by surface flow. *In*: Bryan R B, Yair A. Badlands Geomorphology and Piping. Norwich: GeoBooks: 113-126.

Saxton N E, Olley J M, Smith S, et al. 2012. Gully erosion in sub-tropical southeast Queensland, Australia. Geomorphology, 173: 80-87.

Schmidt G, Ziert M, Frühauf M. 2010. Zur Geschichte der Bodenerosion und ihrer Erforschung. BVB-Materialien: 15.

Schumm S A, Hadley R F. 1957. Arroyos and the semiarid cycle of erosion. Am Jour Sci, 255: 164-174.

Seutloali K E, Beckedahl H R, Dube T, et al. 2016. An assessment of gully erosion along major armoured roads in south-eastern region of South Africa: a remote sensing and GIS approach. Geocarto Int, 31: 225-239.

Seybold C A. 1994. Polyarylamide review: soil conditioning and environmental fate. Commun Soil Sci Plant Anal, 25: 2171-2185.

Shaffer M J, Schumacher T E. 1995. Simulating the effects of erosion on corn productivity. Soil Sci Soc Am J, 59: 672-679.

Shainberge I, Levy G J. 1994. Organic polymers and soil sealing in cultivated soils. Soil Science, 158: 267-273.

Shellberg J G, Brooks A P, Rose C W. 2013. Sediment production and yield from an alluvial gully in northern Queensland, Australia. Earth Surf Process Landf, 38: 1765-1778.

Shi Z H, Fang N F, Wu F Z, et al. 2012. Soil erosion processes and sediment sorting associated with transport mechanisms on steep slopes. Journal of Hydrology, 454: 123-130.

Shi Z H, Yue B J, Wang L, et al. 2013. Effects of mulch cover rate on interrill erosion processes and the size selectivity of eroded sediment on steep slopes. Soil Sci Soc Am J, 77(1): 257-267.

Shikula M K. 1988. Soil Fertility Reproduction in Conservation Farming. Kiev: National Agricultural University of Ukraine.

Showers K B. 2006. Soil erosion and conservation: an international history and a cautionary tale. *In*: Warkentin B P. Footprints in the Soil. New York: Elsevier: 369-406.

Shrestha S, Babel M S, Gupta A D, et al. 2006. Evaluation of annualized agricultural nonpoint source model for a watershed in the Siwalik Hills of Nepal. Environmental Modelling and Software, 21(7): 961-975.

Sidorchuk A. 2006. Stages in gully evolution and self-organized criticality. Earth Surf Process Landf, 31(11): 1329-1344.

Skidmore E L. 1986. Wind erosion climatic erosivity. Climate Change, 9: 195-208.

Sidorchuk A. 1999. Dynamic and static models of gully erosion. Catena, 37(3-4): 401-414.

Smit K A, Cohen F. 2004. Impacts of land management on fluxes of trace greenhouse gases. Soil Use and Management, 20: 255-262.

Snyman H, du Preez C. 2005. Rangeland degradation in a semi-arid South Africa—II: influence on soil quality. J Arid Environ, 60: 483-507.

So H, Kirchhof G, Bakker R, et al. 2001. Low input tillage/cropping systems for limited resource areas. Soil Tillage Research, 61: 109-123.

Soil Survey Staff. 2010. Keys to Soil Taxonomy. 11th ed. Washington, D.C.: United States Department of Agriculture Natural Resources Conservation Service.

Sojka R E, Entry J A. 2000. Influence of polyacrylamide application to soil on movement of microorganisms in runoff water. Environmental Pollution, 108: 405-412.

Sojka R E, Lentz R D. 1996. A PAM Primer: a brief history of PAM and PAM-issues related to irrigation. *In*: Sojka R E, Lentz R D. Proceedings: managing irrigation-induced erosion and infiltration with polyacrylamide. May 6-8, 1996. College of Southern Idaho, Twin Falls, ID. University of Idaho Misc. Pub. 101-96.University of Idaho, Twin Falls, ID. 1996.

Sokolov A V, Fridland V M. 1974. Agrochemical characteristics of main soils of USSR. M., Science.

Sokolyn V L, Baranov E F, Gelvanovskiiy M I, et al. 2009. Russian statistical yearbook. Federal service of state statistics. Russian statistics. Moscow: 76 [In Russian].

Song C Y, Zhang X Y, Liu X B, et al. 2010. Impact of long-term fertilization on soil water content in Haploborolls. Plant Soil Environ, 56(9): 408-411.

Song C Y, Zhang X Y, Liu X B, et al. 2012. Effect of soil temperature and moisture on soil test P with different extractants. Can J Soil Sci, 92(3): 537-542.

Song Z Z, Li X H, Li J, et al. 2014. Long-term effects of mineral versus organic fertilizers on soil labile nitrogen fractions and soil enzyme activities in agricultural soil. Journal of Plant Nutrition and Fertilizer, 20(3): 525-533.

Statistics Canada. 2007. Agriculture overview, Canada and the provinces. http: //www.statcan.gc.ca/pub/95-629-x/1/4123806-eng.htm [2011-2-15].

Statistics of Russian Regions. 2009. The socio-economic indexes. Federal service of state statistics. Moscow: 990 [In Russian].

Statistics Ukraine. 2009. Agriculture of Ukraine. State Statistics Committee of Ukraine. Kyiv: Derzhanalitinform:

361 [In Ukrainian].

Steinbach H S, Alvarez R. 2006. Changes in soil organic carbon contents and nitrous oxide emissions after introduction of no-till in Pampean agroecosystems. J Environ Qual, 35: 3-13.

Stöcker C, Eltner A, Karrasch P. 2015. Measuring gullies by synergetic application of UAV and close range photogrammetry—a case study from Andalusia, Spain. Catena, 132: 1-11.

Sui Y Y, Jiao X G, Chen W T, et al. 2013a. Labile organic matter content and distribution as affected by six-year soil amendments to eroded Chinese Mollisols. Chin Geogra Sci, 23(6): 692-699.

Sui Y Y, Jiao X G, Liu X B, et al. 2012. Water-stable aggregates and their organic carbon distribution after five years of chemical fertilizer and manure treatments on eroded farmland of Chinese Mollisols. Can J Soil Sci, 92(3): 551-557.

Sui Y Y, Jiao X G, Liu X B, et al. 2013b. Response of soil microbial biomass and enzyme activity to soil fertilization in an eroded farmland of Chinese Mollisols. Commun Soil Sci Plant Anal, 44(19): 2809-2819.

Sui Y Y, Jin J, Liu X B, et al. 2017. Soil carbon sequestration and crop yield in response to application of chemical fertilizer combined with cattle manure to an artificially eroded phaeozem. Archives of Agronomy and Soil Science, 63(11): 1510-1522.

Sui Y Y, Liu X B, Jin J, et al. 2009. Differentiating the short-term impacts of topsoil removal and soil amendments on crop performance/productivity of corn and soybean in eroded farmland of Chinese Mollisols. Field Crops Res, 111: 276-283.

Szoboszlay M, White-Monsant A, Moe L A. 2016. The effect of root exudate 7, 4′-dihydroxyflavone and naringenin on soil bacterial community structure. PLoS One, 11: e0146555.

Taguas E V, Yuan Y, Bingner R L, et al. 2012. Modeling the contribution of ephemeral gully erosion under different soil managements: a case study in an olive orchard microcatchment using the AnnAGNPS model. Catena, 98: 1-16.

Tang J L, Cheng X Q, Zhu B, et al. 2015. Rainfall and tillage impacts on soil erosion of sloping cropland with subtropical monsoon climate: a case study in hilly purple soil area, China. J Mt Sci, 12(1): 134-144.

Tang W, Liu H, Liu B. 2013. Effects of gully erosion and gully filling on soil degradation in the black soil region of Northeast China. J Mt Sci, 10(5): 913-922.

Tarboton D G. 2014. Terrain analysis using digital elevation models (Taudem). Utah Water Research Laboratory, Utah State University.

Tebebu T Y, Abiy A Z, Zegeye A D, et al. 2010. Surface and subsurface flow effect on permanent gully formation and upland erosion near Lake Tana in the northern highlands of Ethiopia. Hydrol Earth Syst Sci, 14: 2207-2217.

Tengberg A, Stocking M A, da Virga M. 1997. The impact of erosion on the productivity of a Ferralsol and a Cambisol in Santa Catanina, southern Brazil. Soil Use and Management, 13: 90-96.

Terra J A, Garcia-Phrchac F, Salvo L, et al. 2006. Soil use intensity impacts on total and particulate soil organic matter in no-till crop-pasture rotations under direct grazing, sustainability-its impact on soil management and environment. Adv Geoecol, 38: 233-241.

Thapa G, Yila O. 2012. Farmers land management practices and status of agricultural land in the Jos Plateau, Nigeria. Land Degrad Dev, 23: 263-277.

Theng B K G.1982. Clay-polymer interaction: summary and perspectives. Clays Clay Miner, 30: 1-10.

Tiessen H, Cuevas E, Chacon P. 1994. The role of soil organic-matter in sustaining soil fertility. Nature, 371: 783-785.

Tirol-Padre A, Ladha J K, Regmi A P, et al. 2007. Organic amendments affect soil parameters in two long-term rice wheat experiments. Soil Sci Soc Am J, 71: 442-452.

Tolstikh L K, Akimov, N I, Golubeva, I A, et al. 1992. Degradation and stabilization of polyacrylamide in polymer flooding conditions. Int J Polymeric Material, 17: 177-193.

Torri D, Poesen J. 2014. A review of topographic threshold conditions for gully head development in different environments. Earth Science Reviews, 130: 73-85.

Toy T J, Foster G R, Renard K G. 2002. Soil Erosion: Processes, Prediction, Measurement and Control. New

York: Wiley & Sons, Inc.

Tricart J, Cailleux A. 1972. Introduction to Climatic Geomorphology. London: Longman.

Trout T J, Sojka R E, Lentz R D. 1995. Polyacrylamide effect on furrow erosion and infiltration. Transactions of the ASAE, 38: 761-765.

Valcarcel M, Taboada M T, Paz A, et al. 2003. Ephemeral gully erosion in northwestern Spain. Catena, 50(2): 199-216.

Valentin C, Poesen J, Yong L. 2005. Gully erosion: impacts, factors and control. Catena, 63: 132-153.

Van Oost K, Govers G, Desmet P. 2000. Evaluating the effects of changes in landscape structure on soil erosion by water and tillage. Landscape Ecology, 15(6): 577-589.

Vandaele K, Poesen J, Govers G, et al. 1996. Geomorphic threshold conditions for ephemeral gully incision. Geomorphology, 16: 161-173.

Vandekerckhove L, Poesen J, Wijdenes D O, et al. 2000. Thresholds for gully initiation and sedimentation in Mediterranean Europe. Earth Surf Process Landf, 25(11): 1201-1220.

Vandekerckhove L, Poesen J, Wijdenes D O, et al. 2001. Short-term bank gully retreat rates in Mediterranean environments. Catena, 44: 133-161.

Vandekerckhove L, Poesen J, Wijdenes D O, et al. 1998. Topographical thresholds for ephemeral gully initiation in intensively cultivated areas of the Mediterranean. Catena, 33: 271-292.

VanInsberghe D, Maas R K, Cardenas E, et al. 2015. Non-symbiotic *Bradyrhizobium* ecotypes dominate North American forest soils. ISME J, 9: 2435-2441.

Vanlauwe B, Hester R, Harrison R. 2012. Organic matter availability and management in the context of integrated soil fertility management in sub-Saharan Africa. Soils and Food Security, 35: 135-157.

Vanmaercke M, Poesen J, Van Mele B, et al. 2016. How fast do gully headcuts retreat? Earth-Sci Rev, 154: 336-355.

Vannoppen W, Vanmaercke M, De Baets, et al. 2015. A review of the mechanical effects of plant roots on concentrated flow erosion rates. Earth Sci Rev, 150: 666-678.

Vanwallaghem T, Bork H R, Poesen J, et al. 2005. Rapid development and infilling of a buried gully under cropland, central Belgium. Catena, 63: 221-243.

Vanwalleghem T, Van Den Eeckhaut M, Poesen J, et al. 2003. Characteristics and controlling factors of old gullies under forest in a temperate humid climate: a case study from the Meerdaal Forest (Central Belgium). Geomorphology, 56(1): 15-29.

Veenstra J J. 2010. Fifty years of agricultural soil change in Iowa. Ph.D dissertation, Iowa State University Library, Ames: 80.

Vinci A, Brigante R, Todisco F, et al. 2015. Measuring rill erosion by laser scanning. Catena, 124: 97-108.

Voarintsoa N R G, Cox R, Razanatseheno M O M, et al. 2012. Relation between bedrock geology, topography and lavaka distribution in Madagascar. S Afr J Geol, 115: 225-250.

Vogel E, Deumlich D, Kaupenjohann M. 2016. Bioenergy maize and soil erosion-risk assessment and erosion control concepts. Geoderma, 261: 80-92.

Wairiu M, Lal R. 2003. Soil organic carbon in relation to cultivation and topsoil removal on sloping lands of Kolombangara, Solomon Islands. Soil Tillage Research, 70: 19-27.

Wallach R, Grigorin G, Byk J R. 2001. A comprehensive mathematical model for transport of soil-dissolved chemicals by overland flow. Journal of Hydrology, 247: 85-99.

Walter M T, Gao B, Parlange J Y. 2007. Modelling soil solute release into runoff with infiltration. Journal of Hydrology, 347: 430-437.

Wang D, Fan H. 2019. Distribution characteristics of gullies with slope gradient in Northeast China. Environmental Monitoring and Assessment, 191(6): 379.

Wang L, Shao M, Wang Q J, et al. 2006. Historical changes in the environment of the Chinese Loess Plateau. Environmental Science and Policy, 9(7-8): 675-684.

Wang L, Shi Z H, Wang J, et al. 2014. Rainfall kinetic energy controlling erosion processes and sediment sorting on steep hillslopes: a case study of clay loam sol from the Loess Plateau, China. Journal of Hydrology, 512: 168-176.

Wani P A, Khan M S, Zaidi A, et al. 2007. Effect of metal tolerant plant growth promoting *Bradyrhizobium* sp. (vigna) on growth, symbiosis, seed yield and metal uptake by green gram plants. Chemosphere, 70: 36-45.

Wasson R J. 2006. Exploitation and conservation of soil in the 3000-year agricultural and forestry history of South Asia. *In*: McNeill J R, Winiwarter V. Soils and Societies: Perspectives from Environmental History. Isle of Harris: The White Horse Press: 13-50.

Watson D A, Laflen J M, Franti T G. 1986. Estimating ephemeral gully erosion. Paper 86-2020. *In*: Proceedings Summer Meeting American Society of Agricultural Engineers, San Luis Obispo.

Webb R H, Hereford R. 2001. Floods and geomorphic change in the southwestern United States: an historical perspective. Proceedings of the Seventh Federal Interagency Sedimentation Conf March, 25-29, Reno, Nevada, USA: IV30-IV37.

Weeks L E, Colter W G. 1952. Effect of synthetic soil conditioners on erosion control. Soil Science, 73: 473-484.

Wells R R, Momm H G, Bennett S J, et al. 2016. A measurement method for rill and ephemeral gully erosion assessments. Soil Sci Soc Am J, 80(1): 203-214.

Wen X, Wang M, Ti J, et al. 2017. Bacterial community composition in the rhizosphere of maize cultivars widely grown in different decades. Biol Fertil Soils, 53: 221-229.

Wessén E, Nyberg K, Jansson J K, et al. 2010. Responses of bacterial and archaeal ammonia oxidizers to soil organic and fertilizer amendments under long-term management. Applied Soil Ecology, 45(3): 193-200.

Wiegand T, Snyman H, Kellner K, et al. 2004. Do grasslands have a memory: modeling phytomass production of a semiarid South African grassland. Ecosystems, 7: 243-258.

Wilkinson B H. 2005. Humans as geologic agents: a deep-time perspective. Geology, 33(3): 161-164.

Williams J, Nearing M, Nicks A, et al. 1996. Using soil erosion models for global change studies. J Soil Water Conserv, 51(5): 381-385.

Wilson G V. 2011. Understanding soil pipe flow and its role in ephemeral gully erosion. Hydrological Processes, 25(15): 2354-2364.

Wilson G V, Cullum R F, Römkens M J M. 2008. Ephemeral gully erosion by preferential flow through a discontinuous soil-pipe. Catena, 73(1): 98-106.

Wischmeier W H, Smith D D. 1965. Predicting rainfall-erosion losses from cropland east of the Rocky Mountains. Agr. Handbook No. 282, U.S. Department of Agriculture, Washington, D.C.

Woodward D E. 1999. Method to predict cropland ephemeral gully erosion. Catena, 37: 393-399.

Wrońska-Wałach D. 2014. Differing responses to extreme rainfall events in headwater areas recorded by wood anatomy in roots (Gorce Mountains, Poland). Catena, 118: 41-54.

Xing B S, Liu J D, Liu X B, et al. 2005. Extraction and characterization of humic acids and humin fractions from a Black Soil of China. Pedosphere, 15(1): 1-8.

Xing B S, Liu X B, Liu J D, et al. 2004a. Physical and chemical characteristics of a typical Mollisol in China. Commun. Soil Sci Plant Anal, 35(13-14): 1829-1838.

Xing B S, Liu X B, Zhang X Y. 2004b. Evaluation of parent material uniformity of white clay soils in Heilongjiang Province, China. Commun Soil Sci Plant Anal, 35(13-14): 1839-1850.

Xu F L, Liang Y L, Zhang C E, et al. 2004. Effects of fertilization on cucumber growth and soil biological characteristics in sunlight greenhouse. Chinese Journal of Applied Ecology, 15: 1227-1230.

Xu J Z, Li H, Liu X B, et al. 2019. Gully erosion induced by snowmelt in Northeast China: a case study. Sustainability, 11: 2088.

Yakovchenko V, Sikora L J, Kaufman D D. 1996. A biologically based indicator of soil quality. Biology and Fertility of Soils, 21(4): 245-251.

Yao Q, Liu J J, Yu Z H, et al. 2017a. Changes of bacterial community compositions after three years of biochar application in a black soil of northeast China. Applied Soil Ecology, 113: 11-21.

Yao Q, Liu J J, Yu Z H, et al. 2017b. Three years of biochar amendment alters soil physiochemical properties and fungal community composition in a black soil of northeast China. Soil Biol Biochem, 110: 56-67.

Yoo K, Fisher B, Ji J, et al. 2015. The geochemical transformation of soils by agriculture and its dependence on soil erosion: an application of the geochemical mass balance approach. Science of the Total Environment, 521-522: 326-335.

Young A. 1969. Present rate of land erosion. Nature, 224: 851-852.

Young A. 1980. Comment in working session: evaluation of erosion risks and erosion mapping. *In*: De Boodt M, Gabriels D. Assessment of Erosion. Chichester: John Wiley and Sons Ltd: 109.

Yu Z H, Jian J, Li Y S, et al. 2019. Distinct effects of short-term reconstructed topsoil on soybean and corn rhizosphere bacterial abundance and communities in Chinese Mollisol. Royal Society Open Science, 6: 181054.

Yu Z H, Liu J J, Liu J D, et al. 2016. Responses of ammonia-oxidizing bacterial communities to land-use and seasonal changes in Mollisols of Northeast China. European Journal of Soil Biology, 74: 121-127.

Zaimes G N, Schultz R C. 2012. Assessing riparian conservation land management practice impacts on gully erosion in Iowa. Environ Manag, 49: 1009-1021.

Zecchin S, Corsini A, Martin M, et al. 2017. Influence of water management on the active root-associated microbiota involved in arsenic, iron, and sulfur cycles in rice paddies. Appl Microbiol Biotechnol, 101: 6725-6738.

Zeng D H, Hu Y L, Chang S X, et al. 2009. Land cover change effects on soil chemical and biological properties after planting Mongolian pine (*Pinus sylvestris* var. *mongolica*) in sandy lands in Keerqin, northeastern China. Plant and Soil, 317(1-2): 121-133.

Zglobicki W, Baran-Zglobicka B. 2011. Gullies as an indicator of human impact on loess landscape (case study: north western part of Lublin Upland, Poland). Z Geomorphol, 55: 119-137.

Zhang G H, Liu B Y, Nearing M A, et al. 2002. Soil detachment by shallow flow. Transactions of the ASAE, 45(2): 351-356.

Zhang G H, Chan K Y, Oates A, et al. 2007. Relationship between soil structure and runoff/soil loss after 24 years of conservation tillage. Soil Tillage Research, 92(1-2): 122-128.

Zhang S L, Jiang L, Liu X B, et al. 2015. Soil nutrient variance by slope position in a Mollisol farmland area of Northeast China. Chinese Geographical Science, 26: 508-517.

Zhang S L, Wang X, Xiao Z, et al. 2020. Quantitative studies of gully slope erosion and soil physiochemical properties during freeze-thaw cycling in a Mollisol region. Science of The Total Environment, 707: 136-191.

Zhang S L, Zhang X Y, Liu X B, et al. 2013. Spatial distribution of soil nutrient at depth in black soil of Northeast China: a case study of soil available potassium. Nutr Cycl Agroecosyst, 95: 319-331.

Zhang S W, Li F, Li T, et al. 2015. Remote sensing monitoring of gullies on a regional scale: a case study of Kebai region in Heilongjiang Province, China. Chinese Geographical Science, 25(5): 602-611.

Zhang T, Liu G, Duan X, et al. 2016. Spatial distribution and morphologic characteristics of gullies in the Black Soil Region of Northeast China: Hebei watershed. Physical Geography, 37(3-4): 228-250.

Zhang X Y, Cruse R M, Sui Y Y, et al. 2006. Soil compaction induced by small tractor traffic in Northeast China. Soil Sci Soc Am J, 70(2): 613-619.

Zhang X Y, Sui Y Y, Zhang X D, et al. 2007. Spatial variability of nutrient properties in black soil of northeast China. Pedosphere, 17(1): 19-29.

Zhang Y M, Zhou G Y, Wu N, et al. 2004. Soil enzyme activity changes in different-aged spruce forests of the eastern Qinghai-TibetanPlateau. Pedosphere, 14(3): 305-312.

Zhang Y, Wu Y, Lin B, et al. 2007. Characteristics and factors controlling the development of ephemeral gullies in cultivated catchments of black soil region, Northeast China. Soil Tillage Research, 96: 28-41.

Zhou K Q, Liu X B, Zhang X Y, et al. 2012. Corn root growth and nutrient accumulation improved by five years of repeated cattle manure addition to eroded Chinese Mollisols. Can J Soil Sci, 92(3): 521-527.

Zhou K Q, Sui Y Y, Liu X B, et al. 2015. Crop rotation with 9-year continuous cattle manure addition restores farmland productivity of artificially eroded Mollisols in Northeast China. Field Crops Res, 171: 138-145.

Zhou M, Yang X, Li Y S, et al. 2020. Soil quality index evaluation model in responses to six-year fertilization practices in Mollisols. Archives of Agronomy and Soil Science, DoI: 10.1080/03650340.2020.1827395.